KURZES LEHRBUCH
DER
ANORGANISCHEN CHEMIE

VON

NIELS BJERRUM
PROFESSOR DER CHEMIE
AN DER KÖNIGL. LANDWIRTSCH. U. TIERÄRZTL. HOCHSCHULE
IN KOPENHAGEN

AUS DEM DÄNISCHEN ÜBERSETZT UND
DEUTSCH HERAUSGEGEBEN

VON

LUDWIG EBERT
A.O. PROFESSOR FÜR PHYSIKAL. CHEMIE AN DER UNIVERSITÄT
WÜRZBURG

MIT 17 ABBILDUNGEN

BERLIN
VERLAG VON JULIUS SPRINGER
1933

ISBN-13: 978-3-642-89291-2   e-ISBN-13: 978-3-642-91147-7
DOI: 10.1007/978-3-642-91147-7

ALLE RECHTE, INSBESONDERE DAS DER
ÜBERSETZUNG IN FREMDE SPRACHEN, VORBEHALTEN.
COPYRIGHT 1933 BY JULIUS SPRINGER IN BERLIN.
Softcover reprint of the hardcover 1st edition 1933

Vorwort zur deutschen Ausgabe.

Der Entschluß, das mir seit meinem zweijährigen Aufenthalt im BJERRUMschen Laboratorium wohlbekannte Buch zu übersetzen und deutsch herauszugeben, beruht auf dem Eindruck, daß darin eine besonders glückliche Form gefunden war, dem Anfänger diejenigen allgemeinen Dinge nahezubringen, die ihm vom ersten Anfang an zum Verständnis jeder experimentellen Tätigkeit unumgänglich notwendig sind. Das Buch ist aus Vorlesungen an der Kgl. Landwirtschaftlichen Hochschule in Kopenhagen, d. h. aus Unterrichtserfahrungen an einem biologisch und medizinisch interessierten Schülerkreis hervorgegangen. Die Darstellung vermeidet daher manche Dinge, die vielleicht mehr aus historischen Rücksichten oder gewohnheitsmäßig, als unbedingt notwendigerweise im Unterricht gebracht zu werden pflegen. Dadurch sollte Raum für wichtigere Dinge geschaffen werden. Wenn sich das Buch nicht nur für den Studenten, der Chemie als Nebenfach braucht, als geeignet bewährt, sondern in gewissem Umfange auch als erste Einführung für junge Chemiker dienen kann, so wäre dies eine schöne Anerkennung unserer Bemühung.

Was die *allgemeinen* Abschnitte angeht, wird man vielleicht an manchen Stellen als für deutsche Verhältnisse ungewöhnlich die BRØNSTEDsche Behandlung der Säuren-Basen-Systeme empfinden, die auch vom Autor erst in die dritte dänische Auflage (1932) aufgenommen wurde. Gerade ein Lehrbuch für Anfänger soll mit Neuerungen in Nomenklaturfragen zurückhaltend sein, wenn es sich nicht um wirklich durchgreifende Klärungen und Vereinfachungen handelt. Die neuen Definitionen der Säuren und Basen gehen nun zweifellos auf die Wurzel der sauren und basischen Funktion zurück, nämlich auf die denkbar *einfachsten Elementarvorgänge*; sie allein lassen klar hervortreten, daß es sich um *genau reziproke Funktionen* handelt; weiter sind sie völlig *eindeutig*, so daß hiernach Zweifel, ob man ein bestimmtes Molekül (oder Ion) als Säure oder Base anzusprechen hat, ausgeschlossen sind; schließlich gibt es *keine eigentlichen Gegensätze* zu dem bisherigen Gebrauch: alle bisher Säuren und Basen genannten Moleküle behalten diesen Namen; die altgewohnten Bezeichnungen erfahren nur eine gewisse

Ausdehnung, die aber unvermeidlich ist, wenn man der rein funktionellen Natur der Definitionen gerecht werden will. Nach reiflicher Überlegung, als Ergebnis vieler Diskussionen und bestärkt durch den Beifall einer ganzen Anzahl von Kollegen, habe ich die fraglichen Abschnitte und ihre Folgerungen im übrigen Text beibehalten; ich bin der Überzeugung, daß sie auch für den Anfänger eine Erleichterung und einen begrüßenswerten Fortschritt in der Pädagogik der Chemie bedeuten. Alle skeptischen Kollegen seien gebeten, den fraglichen Abschnitt wohlwollend zu prüfen und ihre Bedenken rückhaltlos zu äußern, zu deren Aufklärung ich nach Kräften beitragen will.

Bei der Ungleichmäßigkeit der Vorbildung, die unsere Studenten mitbringen, schien auch die von BJERRUM gewählte spezielle Art der Verwebung von *Tatsachenbericht* und Theorie recht gut dem nötigen Kompromiß zu entsprechen. Die Absicht des Autors wurde festgehalten, nämlich die Beispiele auf solche zu beschränken, die entweder allgemeine Bedeutung haben oder für die Tätigkeit des Studenten wichtig sind.

In allen Stadien der Entstehung und Ausarbeitung des Buches ist mir die starke Anteilnahme und die unermüdliche Hilfe des Verfassers, als Anregung wie als Kritik, zugutegekommen.

Manuskript oder Korrektur des Buches wurden weiterhin in höchst dankenswerter Weise von mehreren Kollegen ganz oder teilweise durchgesehen (MEERWEIN-Marburg, MEISENHEIMER-Tübingen, HIEBER-Stuttgart, FREUDENBERG-Heidelberg, SCHÖBERL-Würzburg), die wertvolle Bemerkungen zur Verfügung gestellt haben. Der vorliegende Umfang des Buches sollte keinesfalls überschritten werden; in Zweifelsfällen wurde daher mancher Anregung, den Stoff zu erweitern, eher *nicht* gefolgt. Besonderer Dank sei Herrn Prof. Dr. H. KAPPEN-Bonn abgestattet für die Anpassung der Angaben über landwirtschaftliche Anwendungen auf unsere deutschen Verhältnisse, sowie meinem Freunde Dr. phil. et med. WOLFGANG WIRTH, Assistent am Pharmakologischen Institut der Universität Würzburg, der die Angaben über Gift- und Heilwirkungen nachgeprüft und wesentlich ergänzt hat. Ausgezeichnete Hilfe bei der Herstellung des Manuskripts und des Registers leisteten mir meine Frau und mein Assistent Dr. R. BÜLL. Der Verlag JULIUS SPRINGER ist in traditionell vorbildlicher Weise auf alle meine Anregungen bezüglich Ausstattung, Druck und Preis eingegangen.

An alle Fachgenossen richte ich die Bitte, mir Mängel des Buches mitzuteilen.

Chemische Kenntnisse und chemisches Verständnis gehören zu den Grundlagen zahlreicher Tätigkeiten. Allein die Leistung unseres Nährstandes, im neuen Staate zum Fundament des inneren Aufbaus erhoben, ist eng, ja schicksalhaft an die Leistung chemisch-wissenschaftlicher Forschung und chemisch-technischer Erzeugung geknüpft. Das Buch kommt aus einem Lande besonders hoch entwickelter natürlicher Erzeugung, und läßt die Verknüpfung der Chemie mit diesem Gebiete menschlicher Tätigkeit deutlich erkennen. Sollte es dazu beitragen, grundlegende Kenntnisse unseres Faches, entsprechend seiner Bedeutung im Gesamtleben des Volkes, zu verbreiten und zu vertiefen, so wäre dies erwünschter Lohn für die Mühe der Bearbeitung.

Würzburg, Oktober 1933. L. EBERT.

Inhaltsverzeichnis.

	Seite
Vorwort	III
Einige öfter gebrauchte Zeichen und Symbole	XI
Internationale praktische Atomgewichte 1933	XII
Einleitung	1

Der Begriff des chemischen Elementes S. 1. — Die wichtigsten Grundstoffe S. 2. — Die Entwicklung des Elementbegriffes S. 5. — Säuren, Salze und Basen S. 7. — Neutralisation S. 10.

Atomtheorie 12
   Der Atombegriff 12
   Zusammengesetzte Stoffe 13
      Mechanische Mischungen S. 13. — Reine Stoffe (Elemente und chemische Verbindungen) S. 14. — Lösungen S. 16. — *Kristalle* S. 16.

   Der Molekülbegriff 18
      Die Zustandsformen (Aggregatzustände) S. 18. — Physikalische und chemische Vorgänge S. 19.

   Mengenverhältnisse bei der Bildung von Lösungen 20
      Gesättigte Lösungen S. 20. — Löslichkeitskurven S. 21. — Übersättigte Lösungen S. 22. — Gefrierpunkts- und Siedepunktskurven S. 22. — *Kristallwasser* S. 23. — Die Löslichkeit von Gasen S. 24.

   Das Mengenverhältnisse bei der Bildung chemischer Verbindungen ... 24
      Das Gesetz der konstanten Proportionen S. 24. — Das Gesetz der multiplen Proportionen S. 26. — Das Gesetz der äquivalenten Proportionen S. 27.

   Die mechanische Wärmetheorie 28
   Die Hypothese von AVOGADRO 29
   Die Bestimmung des Molgewichtes gasförmiger Stoffe 30
      Das Gramm-Mol S. 32. — Die Dampfdichte S. 32. — *Das wahre Gewicht der Moleküle* S. 32.

   Die Bestimmung der Anzahl der Atome in den Molekülen. Die Atomgewichte 33
      Atomsymbole S. 34. — Chemische Formeln S. 34.

   Die Molgewichtsbestimmung von gelösten Stoffen 35
      Halbdurchlässige Wände S. 36. — Osmotischer Druck S. 36. — Wesen des osmotischen Druckes S. 38. — Diffusion S. 38. — Molgewichtsbestimmung aus dem osmotischen Druck S. 38. — Molgewichtsbestimmung mit Hilfe von Gefrierpunkts- oder Siedepunktsmessungen S. 39.

   Die chemischen Formeln einiger wichtiger Verbindungen 40
   Der Valenzbegriff 42
      Valenzstriche S. 44. — Radikale S. 45. — Äquivalentgewicht S. 46.

   Chemische Berechnungen 46
   Zur Geschichte der Atomtheorie 48

Inhaltsverzeichnis. VII

	Seite
Die Metalloide	50
Wasserstoff	50

Freier Wasserstoff S. 50. — Sauerstoffverbindungen des Wasserstoffs S. 53.

Der chemische Vorgang. I. Geschwindigkeit und Gleichgewicht bei der Wasserbildung aus Knallgas 58

Geschwindigkeit S. 59. — Gleichgewicht S. 60. — Affinität S. 62.

Die Halogene 62
Chlor 63

Freies Chlor S. 63. — Chlorwasserstoff S. 65. — Die sauerstoffhaltigen Verbindungen des Chlors S. 68. — *Die Oxydationsstufen S. 71.*

Fluor 72
Brom 73
Jod 74
Übersicht über die Halogengruppe 76

Der chemische Vorgang. II. Die chemische Reaktionsgeschwindigkeit. 76

Temperatureinfluß S. 78. — Graphische Darstellung des Verlaufs einer chemischen Reaktion S. 79. — Konzentrationseinfluß. Das Massenwirkungsgesetz für die chemische Reaktionsgeschwindigkeit S. 80.

Die Sauerstoffgruppe 81
Sauerstoff 81

Freier Sauerstoff S. 81. — *Die Zusammensetzung der atmosphärischen Luft* S. 83. — Die Verbindungen des Sauerstoffs S. 84. — *Die Nomenklatur der Oxyde* S. 84.

Schwefel 85

Freier Schwefel S. 86. — Schwefelwasserstoff S. 88. — Die Oxyde und sauerstoffhaltigen Säuren des Schwefels S. 90.

Ein- und mehrbasische Säuren. Molare und normale Lösungen . . 98

Ionentheorie 99

Elektrolytische Dissoziation 99

Elektrolyse und Ionen S. 99. — Chemische Zusammensetzung der Ionen S. 100. — Größe der Ionenladung S. 102. — Hydratation der Ionen S. 103. — Die elektrische Natur der Ionen S. 104. — Zustand und Menge der Ionen in Elektrolytlösungen S. 106. — Salzmischungen S. 109. — Ionisation in festen Salzen S. 111. — Ionisation reiner wasserfreier Säuren S. 112.

Saure und basische Reaktion 113

Dissoziationskonstante des Wassers S. 113. — Reaktionsskala S. 114. — Kolorimetrische Bestimmung von pH S. 116. — Elektrometrische Bestimmung von pH S. 117. — Anwendungen der quantitativen pH-Bestimmungen S. 118. — Die Reaktionszahl pH in Salzlösungen S. 119.

Säuren und Basen 120

Säuren S. 121. — Basen S. 122. — Ampholyte S. 124. — Umsetzungen zwischen Säuren und Basen S. 125. — Wäßrige Lösungen starker Säuren und Basen S. 127. — Reaktion in Salzlösungen S. 128. — Quantitative Angaben für die Stärke von Säuren und Basen S. 128. — Berechnung und graphische Darstellung des Verhältnisses (Säure): (Zugehörige Base) als

VIII   Inhaltsverzeichnis.

Seite

Funktion von pH S. 129. — *Reaktionszahlen in wäßrigen Säurelösungen S.* 132. — *Reaktionszahlen in wäßrigen Basenlösungen S.* 134. — *Puffermischungen S.* 135. — *Indikatortheorie S.* 137.

Die Löslichkeitsverhältnisse von Elektrolyten 137
    Lösungsmittel für Salze S. 137. — *Theorie des Löslichkeitsproduktes S.* 138. — *Analytische Fällungsreaktionen S.* 140. *Über die Löslichkeit von Salzen in Säuren und Basen S.* 141.

Über den Gebrauch von Ionensymbolen in chemischen Gleichungen und Reaktionsschemata 144

Die Stickstoffgruppe 146
  Stickstoff 146
    Wasserstoffverbindungen des Stickstoffes 148
      Ammoniak S. 148.— *Theorie der Ammoniaksynthese* S.149.—
      Ammoniumsalze S. 150. — Ammoniumamalgam S. 153. —
      Hydrazin S. 153.
    Die Oxyde des Stickstoffs 153
      Stickoxydul S. 154. — Stickoxyd S. 154. — Stickstoffdioxyd S. 155. — *Theorie der Stickoxyd-Synthese S.* 155.
    Die sauerstoffhaltigen Säuren des Stickstoffs 156
      Salpetrige Säure S. 157. — Salpetersäure S. 157. — *Stickstoffdünger S.* 161.
    Die Halogenverbindungen des Stickstoffs 162

Der chemische Vorgang. III. Gesetze des chemischen Gleichgewichtes. 162
    Beweglichkeit von chemischen Vorgängen S. 162. — *Prinzip von* LE CHATELIER *S.* 163. — *Einfluß der Temperatur S.* 164. — *Einfluß des Druckes S.* 165. — *Einfluß von Konzentrationsänderungen S.* 165. — *Das Massenwirkungsgesetz für das chemische Gleichgewicht S.* 166.

  Phosphor 170
    Wasserstoff- und Sauerstoffverbindungen des Phosphors S. 171. — Die Halogenverbindungen des Phosphors S. 177.
  Arsen 178
  Übersicht über die Stickstoffgruppe 180

Die Kohlenstoffgruppe 180
  Kohlenstoff 180
    Reiner Kohlenstoff S. 181. — *Molekülgröße und Siedepunkt* S. 184. — Kohlenwasserstoffe S. 186. — Die Oxyde des Kohlenstoffes S. 187.

Der chemische Vorgang. IV. Thermochemie 194
    Anwendung des Gesetzes von der Erhaltung der Energie S. 194.— *Thermochemische Gleichungen S.* 195. — *Thermochemische Berechnungen S.* 195. — *Wärmetönungen S.* 196. — *Affinität und Wärmetönung S.* 196.

  Die Beständigkeit von Kohlendioxyd und -monoxyd 198
    Die Schwefelverbindung des Kohlenstoffs 199
    Die Stickstoffverbindungen des Kohlenstoffs 199
    Die Metallverbindungen des Kohlenstoffs 203
  Brennstoffe 203
    Feste Brennstoffe 203
    Das Heizen 206

Inhaltsverzeichnis.

	Seite
Flüssige Brennstoffe	208
Gasförmige Brennstoffe	210
Die Flamme und ihr Leuchten	212

Silicium 214
   Sauerstoffhaltige Verbindungen des Siliciums 214
      Siliciumdioxyd S. 214. — Kieselsäure S. 216. — Silicate S. 218. — *Silicatmineralien* S. 219. — *Tonwaren* S. 221. — *Glas* S. 222.
   Fluorverbindungen des Siliciums 223

Der kolloidale Zustand 223
   Kolloidale Lösungen S. 223. — *Zustand der kolloid gelösten Stoffe* S. 224. — *Optischer Nachweis für die kolloide Natur von Lösungen* S. 226. — *Einteilungsschema* S. 227. — *Darstellung von kolloiden Lösungen* S. 227. — *Koagulieren und Gelatinieren* S. 229. — *Kolloidale Stoffe und kolloidaler Zustand* S. 230. — *Adsorption und Quellung* S. 231. — *Theorie der Stabilität kolloidaler Lösungen* S. 232. — *Elektrische Verhältnisse* S. 232.

Die Borgruppe 234
   Bor 234
Die Argongruppe (Edelgase) 235
   Argon. — Helium 235

Die Leichtmetalle 236
   Die Alkalimetalle 238
     Natrium 238
       Übersicht über die Natriumsalze S. 246.
     Kalium 246
       Kalidünger S. 249. — Übersicht über die Kaliumsalze S. 250.
     Übersicht über die Alkalimetalle 250
   Die Calciumgruppe 250
     Magnesium 250
     Calcium 253
       Mörtel und Zement S. 255. — Übersicht über die Calciumsalze S. 259.
     Barium 260
     Radium 262
     Radioaktivität 262
     Übersicht über die Calciumgruppe 266
   Die Aluminiumgruppe 266
     Aluminium 266
       Kationaustauschende Stoffe S. 272. — Übersicht über die Aluminiumsalze S. 273.

Das periodische System 273
Der Atombau 276
   Das Atommodell von RUTHERFORD S. 276. — *Die Atomtheorie von* BOHR S. 278. — *Isotope* S. 280. — *Ganzzahlige Atomgewichte* S. 281. — *Atomumwandlungen und die Zusammensetzung der Atomkerne* S. 282.

Die Spannungsreihe 283
   Die Normalpotentiale der Metalle 286

Die Schwermetalle 287
   Die Silbergruppe 287
     Kupfer 288

Inhaltsverzeichnis.

Medizinische Bedeutung der Schwermetallsalze S. 289. — Cupriverbindungen S. 289. — Cuproverbindungen S. 291. — Übergang zwischen Cupro- und Cupriverbindungen S. 292.
Silber 293
   Komplexe Silberverbindungen S. 295. — *Galvanische Versilberung* S. 296. — *Photographie* S. 296.
Gold 297
Übersicht über die Silbergruppe 298
Über Zusammensetzung und Wesen der chemischen Verbindungen .. 299
   Die Koordinationszahl 299
   Elektrovalenz und Koordinationszahl 300
   Das Wesen der chemischen Bindung 301
Die Zinkgruppe 305
   Zink 305
   Die Theorie der Schwefelwasserstoff-Fällung 307
   Quecksilber................... 307
      Mercuriverbindungen S. 309. — Mercuroverbindungen S. 311.
   Übersicht über die Zinkgruppe.............. 311
Die Zinngruppe 312
   Zinn 312
      Stannoverbindungen S. 313 — Stanniverbindungen S. 313.
   Blei 314
      Plumboverbindungen S. 315. — Plumbiverbindungen S. 316.
   Der Bleiakkumulator 317
   Übersicht über die Zinngruppe.............. 317
Die Antimongruppe.................. 317.
   Antimon. 318
   Wismut 318
   Legierungen 319
      Aufbau S. 319. — *Schmelz- und Erstarrungskurven* S. 320.
Die Chromgruppe 321
   Chrom 321
      Chromatverbindungen S. 321. — Chromiverbindungen S. 322.
   Molybdän, Wolfram, Uran................ 322
   Übersicht über die Chromgruppe 323
Die Mangangruppe 323
   Mangan 323
      Manganoverbindungen S. 324. — Mangandioxyd S. 324. — Manganate S. 324. — Permanganate S. 325.
Die Eisengruppe 326
   Eisen 326
      Die Herstellung des Eisens und die technischen Eisensorten . 328
      Ferroverbindungen S. 332. — Ferriverbindungen S. 334. — Übergang zwischen Ferro- und Ferriverbindungen S. 336. — Andere Eisenverbindungen S. 337.
   Nickel..................... 338
   Kobalt..................... 338
   Platin..................... 339
   Oxydations- und Reduktionsmittel 340
      Oxydations- und Reduktionskapazität S. 341. — *Redoxreaktionen* S. 342. — *Das Oxydationspotential* S. 343.
Sachverzeichnis 345

Einige öfter gebrauchte Zeichen und Symbole.

Zeichen	Bedeutung	Seite
c	Molare Volumkonzentration (Mole im Liter Lösung) oder Molarität . . .	98 f., 114
c_{H^+}	Wasserstoffionenkonzentration	114
$pH = -\log c_{H^+}$ . .	Reaktionszahl (Wasserstoffionenexponent), pH-Zahl	115
K	Gleichgewichtskonstante einer Reaktion, speziell: Dissoziationskonstante einer Säure oder Stärkezahl des Säure-Basen-Systems	167 f. 129 f.
$pK = -\log K$ . .	Stärkeexponent eines Säure-Basen-Systems	129 f.
L	Löslichkeitsprodukt eines Salzes . . .	139

Berichtigungen:

S. 31 soll die Randbemerkung heißen: S. S. 34.
S. 89 soll die erste Randbemerkung heißen: S. S. 120.
S. 300 soll die Überschrift heißen: Die Elektrovalenz.

Internationale praktische Atomgewichte 1933.

	Symbol	Ordnungszahl	Atomgewicht		Symbol	Ordnungszahl	Atomgewicht
Aluminium	Al	13	26,97	Neon	Ne	10	20,183
Antimon.......	Sb	51	121,76	Nickel	Ni	28	58,69
Argon	Ar	18	39,944	Niob	Nb	41	93,3
Arsen	As	33	74,93	Osmium	Os	76	190,8
Barium	Ba	56	137,36	Palladium	Pd	46	106,7
Beryllium......	Be	4	9,02	Phosphor	P	15	31,02
Blei	Pb	82	207,22	Platin	Pt	78	195,23
Bor	B	5	10,82	Praseodym.....	Pr	59	140,92
Brom	Br	35	79,916	Quecksilber ...	Hg	80	200,61
Cadmium	Cd	48	112,41	Radium	Ra	88	225,97
Caesium	Cs	55	132,81	Radon	Rn	86	222
Calcium	Ca	20	40,08	Rhenium	Re	75	186,31
Cassiopeium....	Cp	71	175,0	Rhodium	Rh	45	102,91
Cer	Ce	58	140,13	Rubidium	Rb	37	85,44
Chlor..........	Cl	17	35,457	Ruthenium	Ru	44	101,7
Chrom	Cr	24	52,01	Samarium	Sm	62	150,43
Dysprosium....	Dy	66	162,46	Sauerstoff	O	8	16,0000
Eisen	Fe	26	55,84	Scandium......	Sc	21	45,10
Erbium........	Er	68	167,64	Schwefel.......	S	16	32,06
Europium	Eu	63	152,0	Selen..........	Se	34	79,2
Fluor	F	9	19,00	Silber	Ag	47	107,880
Gadolinium ...	Gd	64	157,3	Silicium	Si	14	28,06
Gallium	Ga	31	69,72	Stickstoff	N	7	14,008
Germanium ...	Ge	32	72,60	Strontium	Sr	38	87,63
Gold	Au	79	197,2	Tantal	Ta	73	181,4
Hafnium	Hf	72	178,6	Tellur	Te	52	127,5
Helium	He	2	4,002	Terbium	Tb	65	159,2
Holmium	Ho	67	163,5	Thallium	Tl	81	204,39
Indium	In	49	114,8	Thorium	Th	90	232,12
Iridium........	Ir	77	193,1	Thulium	Tm	69	169,4
Jod	J	53	126,92	Titan	Ti	22	47,90
Kalium	K	19	39,10	Uran	U	92	238,14
Kobalt	Co	27	58,94	Vanadin	V	23	50,95
Kohlenstoff	C	6	12,00	Wasserstoff	H	1	1,0078
Krypton	Kr	36	83,7	Wismut	Bi	83	209,00
Kupfer	Cu	29	63,57	Wolfram......	W	74	184,0
Lanthan	La	57	138,92	Xenon	X	54	131,3
Lithium	Li	3	6,940	Ytterbium	Yb	70	173,5
Magnesium	Mg	12	24,32	Yttrium	Y	39	88,92
Mangan	Mn	25	54,93	Zink	Zn	30	65,38
Molybdän......	Mo	42	96,0	Zinn	Sn	50	118,70
Natrium	Na	11	22,997	Zirkonium	Zr	40	91,22
Neodym	Nd	60	144,27				

Einleitung.

Der Begriff des chemischen Elementes.

Die Chemie ist ein Teilgebiet der Lehre von den Stoffen. Sie behandelt die Herstellung und die Zusammensetzung der verschiedenen Stoffe, sowie ihre gegenseitigen Umwandlungen und ihre Anwendung.

Es hat sich gezeigt, daß die meisten Stoffe *zusammengesetzt* sind; denn sie lassen sich in zwei oder mehrere Stoffe zerlegen. Welches die typischen chemischen Methoden sind, mit deren Hilfe man praktisch Stoffe zerlegen kann, sollen folgende Beispiele verdeutlichen. *Zentrifugieren* zerlegt die Milch in Rahm und Magermilch; aus Meerwasser gewinnt man durch *Destillieren* Salz und reines (destilliertes) Wasser; *glüht* man Kalkstein im Kalkofen, so entstehen gebrannter Kalk, der zurückbleibt, und Kohlendioxyd, das als. Gas entweicht. Weiterhin ist die *Elektrizität* ein besonders wirksames Mittel, um Stoffe zu zerlegen: leitet man z. B. einen elektrischen Strom durch Wasser, das durch Zusatz von etwas Säure leitend gemacht ist, so wird das Wasser in Sauerstoff und Wasserstoff gespalten *(Elektrolyse)*.

Außer durch Zerlegen *(Analyse)* kann man die zusammengesetzte Natur von Stoffen auch durch ihren Aufbau *(Synthese)* beweisen. Messing muß z. B. ein zusammengesetzter Stoff sein, weil man es durch Zusammenschmelzen von Kupfer und Zink herstellen kann.

Die Gesamtheit der Arbeitsmethoden, die der Chemiker für seine analytischen und synthetischen Arbeiten benützt, wollen wir als die *chemischen Arbeitsmethoden* bezeichnen. Diese Methoden umfassen z. B.: Zentrifugieren, Filtrieren, Destillieren, Schmelzen, Umkristallisieren, und an gewaltsameren Verfahren: Erwärmen bis zu mehreren tausend Graden, Elektrolysieren, Belichten, Zusatz anderer Stoffe.

Stoffe, die man mit Hilfe der chemischen Methoden weder in einfachere zerlegen noch aus anderen aufbauen kann, nennt man Grundstoffe oder chemische Elemente. Bei der ersten Zerlegung eines Stoffes entstehen jedoch oft nicht nur Elemente, sondern auch — ausschließlich oder teilweise — neue zusammengesetzte Stoffe. Diese lassen sich aber weiter spalten, wobei wieder Elemente oder neue zusammengesetzte Stoffe entstehen können;

nach gehöriger Fortsetzung dieses Verfahrens muß der ursprünglich vorgelegene Stoff schließlich in lauter Elemente zerlegt sein. Auf Grund zahlloser Untersuchungen hat man nach und nach festgestellt, daß sich alle bekannten Stoffe aus nur etwa 90 verschiedenen Grundstoffen aufbauen.

Über die Verwandelbarkeit der Elemente läßt sich heute folgendes sagen. Die Alchimisten hofften, aus unedlen Metallen Gold machen zu können, was jedoch niemals glückte. Tatsächlich kann man Gold *mit Hilfe der chemischen Methoden* nur aus ganz wenigen Stoffen gewinnen, nämlich aus denen, die sich bei ihrer Zerlegung in Grundstoffe (Elementaranalyse) als goldhaltig erweisen, und bei der Zerlegung eines goldhaltigen Stoffes läßt sich niemals eine größere Menge Gold gewinnen als die, welche wir brauchen, um diesen Stoff synthetisch darzustellen. Diese Erfahrung drücken wir dadurch aus, daß wir sagen: Gold ist gegenüber den chemischen Arbeitsmethoden *unzerstörbar*. In ähnlicher Weise haben sich auch die anderen Elemente als unzerstörbar erwiesen *(Gesetz der Unveränderlichkeit der chemischen Elemente)*.

S.S. 282f. Die Beständigkeit der Elemente gegenüber den gewöhnlichen chemischen Methoden steht zwar völlig fest. Neuerdings ist es aber mit Hilfe besonderer, äußerst wirksamer physikalischer Methoden gelungen, kleine Mengen gewisser Elemente in einfachere Bestandteile zu zerlegen oder in andere Elemente zu verwandeln. Hiernach kann die Unzerstörbarkeit der Grundstoffe nicht als absolut angesehen werden.

Die wichtigsten Grundstoffe.

Die Elemente werden nach ihrem Aussehen im freien Zustand eingeteilt in *Metalloide*, die keinen Metallglanz besitzen, und in *Metalle*. Im folgenden seien kurz die acht wichtigsten Metalloide und die wichtigsten Metalle beschrieben.

Sauerstoff ist ein farbloses Gas, das man durch Erhitzen von Kaliumchlorat darstellt; Zusatz von Braunstein beschleunigt die Gasentwicklung. Stoffe, die Sauerstoff in Verbindung mit einem anderen Element enthalten, nennt man *Oxyde*. Jede Verbrennung geht in Sauerstoff schneller vor sich als in Luft.

Verbrennung. Bei jeder Verbrennung muß Sauerstoff zugegen sein. Der brennbare Stoff verbindet sich mit Sauerstoff (wird oxydiert); dabei entsteht das entsprechende Oxyd: *eine Verbrennung ist eine besonders lebhafte Sauerstoffaufnahme (Oxydation)*. Die atmosphärische Luft enthält ungefähr ein Fünftel Sauerstoff und besteht außerdem aus einem Gase (Stickstoff), das die Verbrennung nicht unterhält. Die meisten Stoffe, die in atmosphärischer Luft brennen, verbinden sich nur mit dem Sauerstoff, und der Stickstoff bleibt zurück. Ist der Sauerstoff der Luft verbraucht, so hört die Verbrennung auf, bis wieder frische Luft zugeführt wird.

Stickstoff bildet als farbloses Gas vier Fünftel der Atmosphäre. Er ist ein Bestandteil von Salpeter, Salpetersäure und Ammoniak.

Wasserstoff ist ein farbloses, sehr leichtes Gas und wird durch Übergießen von Zink mit Schwefelsäure dargestellt; es *verbrennt zu Wasser*, wobei sich zwei Raumteile Wasserstoff mit einem Raumteil Sauerstoff verbinden. *Hydrate* nennt man Stoffe, die durch Anlagerung von Wasser an andere Stoffe entstehen. Unter einem *Anhydrid* versteht man einen Stoff, der nach einer Wasserabspaltung zurückbleibt.

Chlor ist ein schweres, gelbgrünes, giftiges Gas, das die Schleimhäute der Luftwege angreift und zerstört. Kochsalz und Salzsäure enthalten Chlor.

Außer diesen vier gasförmigen Metalloiden sind noch vier feste Metalloide besonders wichtig.

Schwefel ist ein gelber, spröder Stoff, der sich entzünden läßt und zu Schwefeldioxyd, einem stechend riechenden Gas, verbrennt. Schwefel ist ein Bestandteil der Schwefelsäure.

Saure Reaktion. Schwefeldioxyd ist in Wasser löslich; die Lösung *schmeckt sauer.* Außer durch den Geschmack kann man die saure Natur einer Lösung auch durch Eintauchen eines blauen Lackmuspapiers feststellen: *eine Lösung, die blaues Lackmuspapier rötet, „reagiert sauer".*

Phosphor ist in zwei Formen bekannt: gelber und roter Phosphor. Der gelbe Phosphor ist giftig und äußerst leicht entzündlich, weshalb er unter Wasser aufbewahrt wird. Der rote ist nicht giftig und entzündet sich schwieriger. Beide Formen von Phosphor verbrennen zu dem gleichen Oxyd, dem festen, weißen *Phosphorpentoxyd*, das sich mit saurer Reaktion in Wasser auflöst. Hierbei entsteht Phosphorsäure, die man durch Eindampfen dieser Lösung in fester Form gewinnen kann: Phosphorsäure ist das *Hydrat* des Phosphorpentoxyds, das umgekehrt das *Anhydrid* der Phosphorsäure (Phosphorsäureanhydrid) ist.

Kohlenstoff kommt in drei Formen vor: Diamant, Graphit und amorphe Kohle. Alle diese Formen sind fest und unschmelzbar. Bei der Verbrennung von Kohlenstoff entsteht ein gasförmiges Oxyd, *Kohlendioxyd*, das Kalkwasser trübt (Kalkwasser entsteht beim Schütteln von Wasser mit gebranntem Kalk). Petroleum und Leuchtgas bestehen hauptsächlich aus Verbindungen von Kohlenstoff und Wasserstoff; bei ihrer Verbrennung entstehen daher gleichzeitig Kohlendioxyd und Wasser. *Alle organischen Stoffe enthalten Kohlenstoff,* außerdem noch andere Elemente, von denen Sauerstoff und Wasserstoff (in den Fetten und Zuckerarten) und außer diesen noch Stickstoff (in den Eiweißstoffen) die wichtigsten sind.

Die Atmung. In allen lebenden Organismen geht eine *langsame Oxydation* (langsame Verbrennung) der vorhandenen organischen Stoffe vor sich. Wir atmen den zur Verbrennung notwendigen Sauerstoff ein und atmen die Verbrennungsprodukte, Kohlendioxyd und Wasser, aus. Die Körperwärme stammt von der bei dieser langsamen Verbrennung entwickelten Wärme.

Silicium ist ein festes, kohlenstoffähnliches Nichtmetall, dessen Oxyd unsere gewöhnlichen Erd- und Steinarten, z. B. Ton, Sand, Kieselstein, Granit, in großer Menge enthalten.

Die Metalle bilden eine Stoffgruppe mit gemeinsamen, charakteristischen Eigenschaften: Metallglanz, Leitvermögen für Wärme und Elektrizität u. a. Die wichtigsten Metalle sind folgende:

Leichtmetalle		Schwermetalle	
Kalium	} Alkalimetalle	Mangan	
Natrium		Zink	
Barium	} Erdalkalimetalle	Eisen	
Calcium		Blei	
Magnesium		Zinn	
Aluminium		Kupfer	
		Quecksilber	
		Silber	} Edelmetalle
		Gold	
		Platin	

Die Metalle sind hier nach der Stärke ihrer Neigung, sich mit *Sauerstoff zu verbinden,* geordnet. Alle Leichtmetalle, sowie das Zink, können an der Luft verbrennen; Eisen verbrennt nur in reinem Sauerstoff; Blei, Zinn und Kupfer oxydieren sich beim Erhitzen in Luft, jedoch ohne Verbrennungserscheinungen. Die Edelmetalle (Silber, Gold, Platin) lassen sich durch Erwärmen überhaupt nicht oxydieren; im Gegenteil, ihre Oxyde zersetzen sich beim Glühen. Quecksilber bildet den Übergang zu den Edelmetallen: schwach erwärmt oxydiert es sich, bei stärkerem Erhitzen zersetzt sich das gebildete Oxyd wieder. Die meisten Metalle werden schon bei gewöhnlicher Temperatur durch die Einwirkung der Atmosphäre langsam angegriffen (sie *rosten, laufen an* usw.): hierbei nehmen sie Sauerstoff und Wasserdampf aus der Luft auf. Die Alkalimetalle werden so heftig angegriffen, daß man sie unter Petroleum aufbewahren muß. Die nächsten Metalle in der Reihe bis einschließlich Kupfer werden zwar auch angegriffen, aber langsamer und mehr oder minder oberflächlich. Nur Quecksilber und die Edelmetalle erweisen sich gegenüber dem gleichzeitigen Angriff des atmosphärischen Sauerstoffs und Wasserdampfes als widerstandsfähig.

Die Metalloxyde haben meistens erdige oder kalkige Beschaffenheit. Früher bezeichnete man sie daher als „*Erden*" oder „*Kalke*", und die Oxydation der Metalle als *Verkalken* oder *Calcinieren*.

Die Entwicklung des Elementbegriffes.

Schon im Altertum nahm man an, daß die vielen verschiedenen Stoffe aus einer *geringen* Anzahl Elemente aufgebaut seien. Zunächst lagen aber nur sehr unvollständige Beobachtungen über die Zusammensetzung der Stoffe vor, und man verstand auch nicht, diese spärlichen Kenntnisse durch Versuche zu vervollständigen; außerdem legte man dem Wort „Element" eine ganz andere Bedeutung bei als heute (s. unten), und so war die Reihe der Elemente, die man aufstellte, recht irreführend. Über tausend Jahre lang rechnete man hauptsächlich mit den *vier Elementen von* ARISTOTELES: *Feuer, Luft, Wasser* und *Erde*. Die Alchimisten des Mittelalters fügten, um das Verhalten der Metalle beschreiben zu können, die neuen Elemente *Quecksilber, Schwefel* und *Salz* hinzu. Erst im 17. und besonders im 18. Jahrhundert entstanden die meisten Untersuchungen, die es zu Ende des 18. Jahrhunderts LAVOISIER möglich machten, eine Liste der Elemente aufzustellen, die im wesentlichen mit der jetzigen übereinstimmt. Seit dieser Zeit datiert die rasche Entwicklung der Chemie.

In dem ersten Verzeichnis der Elemente von LAVOISIER fehlen die Leichtmetalle; an ihrer Stelle stehen die Alkalien und eine Reihe von „Erden". Aber schon LAVOISIER selbst kam wegen der äußerlichen Ähnlichkeit dieser Alkalien und Erden mit den Metalloxyden zu der Ansicht, diese Stoffe seien Oxyde unbekannter Metalle. Nach LAVOISIERS Tod hat DAVY nachgewiesen, daß man sie tatsächlich in Sauerstoff und in die, bis dahin unbekannten, Leichtmetalle zerlegen kann. Es handelt sich um folgende Stoffe:

Alkalien.

Kali, zusammengesetzt aus: Kalium und Sauerstoff;
Natron,   „   „ : Natrium und Sauerstoff.

Erden.

Magnesia, zusammengesetzt aus: Magnesium und Sauerstoff;
Kalk,   „   „ : Calcium und Sauerstoff;
Baryt,   „   „ : Barium und Sauerstoff;
Tonerde,   „   „ : Aluminium und Sauerstoff.

Um zu verstehen, wie sich ARISTOTELES mit seinen vier Elementen begnügen konnte und wie die Alchimisten glauben konnten, daß alle Metalle sich nur aus diesen und den drei weiteren genannten

Elementen aufbauen, muß man wissen, daß man früher gewöhnlich annahm, zwei Stoffe seien sich nur deswegen in bestimmten *Eigenschaften ähnlich*, weil sie einen *gemeinsamen Bestandteil* enthielten, der gerade diese gemeinsamen Eigenschaften in ausgeprägtem Maße besitzt. Tatsächlich verhält es sich *oft* so. Man braucht nur an Stoffe zu denken wie Regenwasser, Quellwasser, Meerwasser; die gemeinsamen Eigenschaften dieser drei Stoffe rühren wirklich daher, daß sie alle drei als Hauptbestandteil Wasser enthalten. Aber es ist durchaus nicht *immer* zulässig, gemeinsame Eigenschaften einer Stoffgruppe auf entsprechende gemeinsame stoffliche Bestandteile zurückzuführen. Solange allerdings die Vorstellungen über die Zusammensetzung der Stoffe nicht durch *direkte Analyse oder Synthese kontrolliert* wurden, war es unmöglich, zwischen richtigen und falschen Vorstellungen zu entscheiden. So unterschied man bis in die neuere Zeit nicht zwischen den verschiedenen Gasen; war ein Stoff gasförmig, so schloß man daraus, daß er das Element „Luft" enthielt. Ähnlich begründet war die Meinung der Alchimisten, daß alle Metalle im wesentlichen aus ein- und demselben Element bestehen, das nur in den verschiedenen Metallen mit Verunreinigungen mehr oder weniger gemischt („gefärbt") sei. Den Alchimisten erschien Quecksilber als das reine Metall, Schwefel galt als das typische brennbare Element, Salz als das in Wasser lösliche oder feuerfeste Element; je nachdem nun ein Metall mehr oder weniger verkalkbar, feuerfest oder salzbildend war, vermutete man mehr oder weniger der entsprechenden Elemente in seiner Zusammensetzung.

Ein letzter Rest von dem alten unklaren Elementbegriff erhielt sich lange in der *Phlogistontheorie*, die erst LAVOISIER am Ende des 18. Jahrhunderts umstieß. Nach dieser Phlogistonhypothese erklärte man die *Eigenschaft* der Brennbarkeit aller brennbaren Stoffe mit ihrem *Gehalt* an dem mystischen Element Phlogiston, das bei der Verbrennung entweicht. Diejenigen Stoffe, die wenig Asche hinterlassen, sollten hauptsächlich aus Phlogiston bestehen. Sowohl die eigentlichen als auch die langsamen Verbrennungen (z. B. die Verkalkung der Metalle und die Oxydationsvorgänge in den lebenden Organismen) bestanden nach der Phlogistontheorie in einer *Abgabe* von Phlogiston. LAVOISIER stellte jedoch durch die Beobachtung von Gewichtsveränderungen fest, daß das Gemeinsame bei allen diesen Vorgängen nicht die *Abgabe* irgend eines Stoffes war, sondern im Gegenteil die *Aufnahme* von Sauerstoff. Er beseitigte hiermit aus der Chemie den letzten Rest des veralteten Elementbegriffs, nach dem die „Elemente" eigentlich als Prinzipien aufzufassen sind, welche charakteristische allgemeine *Eigenschaften* innerhalb der Stoffwelt bezeichnen.

Säuren, Salze und Basen.

Eine wäßrige Lösung kann entweder *sauer, neutral* oder *basisch* reagieren. Eine saure Lösung schmeckt sauer, wie etwa Essig oder Citronensaft. Eine basische Lösung schmeckt laugenartig, wie Soda oder Seife. *Alkalische* Reaktion ist das gleiche wie basische Reaktion. Im Laboratorium untersucht man gewöhnlich die Reaktion einer Lösung mit Hilfe eines Farbstoff-Indikators, dessen *Farbe sich je nach der Reaktion der Lösung verändert.* Eine Lösung, die weder sauer noch basisch reagiert, bezeichnet man als *neutral.*

Die Farben einiger Indikatoren.

Farbstoff	In saurer Lösung	In neutraler Lösung	In basischer Lösung
Lackmus	rot	blaurot	blau
Methylorange . .	rot	gelb	gelb
Methylrot . . .	rot	gelb	gelb
Curcuma . . .	gelb	gelb	braun
Phenolphthalein	farblos	farblos	rot

Säuren. Unter einer *Säure* wollen wir vorläufig einen *wasserstoffhaltigen Stoff* verstehen, *dessen wäßrige Lösung sauer reagiert.* Eine genauere Säuredefinition werden wir später geben. Die S. S. 120. wichtigsten Säuren und die Elemente, aus denen sie bestehen, sind folgende:

Chlorwasserstoff (Salzsäure), enthält: Wasserstoff + Chlor;
Salpetersäure, enthält: Wasserstoff + Stickstoff + Sauerstoff;
Schweflige Säure, ,, : Wasserstoff + Schwefel + Sauerstoff;
Schwefelsäure, ,, : Wasserstoff + Schwefel + Sauerstoff;
Phosphorsäure, ,, : Wasserstoff + Phosphor + Sauerstoff;
Kohlensäure, enthält: Wasserstoff + Kohlenstoff + Sauerstoff;
Oxalsäure, ,, : Wasserstoff + Kohlenstoff + Sauerstoff;
Essigsäure, ,, : Wasserstoff + Kohlenstoff + Sauerstoff;
Kieselsäure, ,, : Wasserstoff + Silicium + Sauerstoff.

Schwefelsäure unterscheidet sich von der schwefligen Säure durch einen höheren Sauerstoffgehalt. Ebenso unterscheiden sich Kohlensäure, Oxalsäure und Essigsäure dadurch voneinander, daß sie die drei gemeinsamen Elemente jeweils in verschiedenen Mengen enthalten.

Salpetersäure und Schwefelsäure sind Flüssigkeiten; Essigsäure ist ein fester Stoff, der bei 17° schmilzt. Phosphorsäure, Oxalsäure und Kieselsäure sind feste Stoffe. Chlorwasserstoff ist ein Gas, das in großen Mengen von Wasser aufgenommen wird; diese Lösung wird Salzsäure genannt. Kohlensäure und schweflige

Säure kennt man nur in Lösung; dampft man ihre Lösungen ein, so spalten sie Wasser ab, und es entwickelt sich gasförmiges Kohlendioxyd, bzw. Schwefeldioxyd. Ebenso kann man die meisten anderen sauerstoffhaltigen Säuren in Wasser und Metalloidoxyde zerlegen, allerdings erst durch stärkeres Erhitzen. Umgekehrt können sich viele Metalloidoxyde mit Wasser zu Säuren verbinden; die *Verbrennungsprodukte der Metalloide* reagieren daher in wäßriger Lösung gewöhnlich *sauer*.

Unter dem *Säurerest* einer Säure versteht man die Bestandteile der Säure, abzüglich des Wasserstoffs:

Säurerest = Säure — Wasserstoff; oder:
Säure   = Wasserstoff + Säurerest.

Eine wichtige Eigenschaft der Säuren und ihrer wäßrigen Lösungen ist die *Fähigkeit, Metalle unter Wasserstoffentwicklung aufzulösen*. Alle die Metalle, die im Verzeichnis S. 4 vor Kupfer stehen, werden von Säuren unter Wasserstoffentwicklung aufgelöst, und an je früherer Stelle das Metall aufgeführt ist, desto lebhafter verläuft die Auflösung. Will man Wasserstoff darstellen, so läßt man gewöhnlich verdünnte Schwefelsäure auf Zink einwirken.

Salze. Wenn man den Wasserstoff einer Säure durch ein Metall ersetzt, bekommt man in den meisten Fällen Stoffe, die salzähnlich sind, d. h. in vielen Eigenschaften an Kochsalz erinnern. Man bezeichnet daher in erweitertem Sinne als Salze alle Stoffe, die man von Säuren durch den Ersatz des Wasserstoffs durch Metalle ableiten kann. (Allerdings wächst neuerdings die Neigung, nur solche Stoffe Salze zu nennen, die wirklich dem Kochsalz in allen wesentlichen Eigenschaften ähnlich sind.)

Ein Salz besteht also aus Metall und Säurerest; allgemein läßt sich die Salzbildung folgendermaßen formulieren:

Metall + Säure → Wasserstoff + Salz.
   (Wasserstoff-   (Metall-
    Säurerest)   Säurerest)

Die Salze der Salzsäure   nennt man: *Chloride;*
  „   „   „ Salpetersäure   „   „ : *Nitrate;*
  „   „   „ schwefligen Säure „   „ : *Sulfite;*
  „   „   „ Schwefelsäure   „   „ : *Sulfate;*
  „   „   „ Phosphorsäure   „   „ : *Phosphate;*
  „   „   „ Kohlensäure   „   „ : *Carbonate;*
  „   „   „ Essigsäure   „   „ : *Acetate;*
  „   „   „ Oxalsäure   „   „ : *Oxalate;*
  „   „   „ Kieselsäure   „   „ : *Silicate.*

Von den Salzen der Salzsäure ist Natriumchlorid unter dem Namen Kochsalz allgemein bekannt. Das wichtigste Salz der

Salpetersäure ist Natriumnitrat (Chilesalpeter). Von den Salzen der Schwefelsäure seien Calciumsulfat (Gips), Kupfersulfat (Kupfervitriol) und Zinksulfat genannt; letzteres bildet sich bei der Wasserstoffdarstellung aus Zink und verdünnter Schwefelsäure:

Zink + Schwefelsäure → Wasserstoff + Zinksulfat.
(Wasserstoffsulfat)

Auch die Alaune sind Sulfate (der gewöhnliche Alaun enthält Aluminium- und Kaliumsulfat).

Soda ist Natriumcarbonat; Kalkstein, Marmor und Kreide sind Calciumcarbonat. Ton und Glimmer sind Silicate.

Doppeltkohlensaures Natron ist ein Zwischending zwischen Kohlensäure und Natriumcarbonat; es ist Kohlensäure, in der nur die Hälfte des Wasserstoffs durch Natrium ersetzt ist. Solche Salze, in denen der Säurewasserstoff nur teilweise durch Metall ersetzt ist, nennt man *saure Salze*. Der richtige chemische Name für doppeltkohlensaures Natron ist *saures Natriumcarbonat* oder *Natriumhydrocarbonat* („hydro" bedeutet hier Wasserstoff).

Basen. Alle diejenigen Stoffe, die sich in Wasser mit basischer Reaktion auflösen, wollen wir vorläufig *basische Stoffe* oder *Basen* nennen. Eine genauere Definition der Basen können wir erst später geben. S. S. 120.

Löst man *Natriumoxyd* in Wasser, so bildet sich eine basisch reagierende Lösung. Diese Lösung enthält jedoch nicht mehr das unveränderte Natriumoxyd, sondern eine Verbindung des Oxyds mit Wasser. Dampft man nämlich die Lösung ein, so kristallisiert nicht mehr Natriumoxyd aus, sondern eine neue Verbindung, ein fester, weißer, stark ätzender Stoff: *Natriumhydroxyd*. Er hat sich aus Natriumoxyd und Wasser gebildet; daher muß dieser Stoff, auf die gleiche Wasserstoffmenge berechnet, mehr Sauerstoff als das Wasser enthalten, nämlich so viel mehr Sauerstoff, wie das Natriumoxyd mitgebracht hat. Genauere Untersuchungen haben gezeigt, daß er gerade doppelt so viel Sauerstoff enthält. Die Mengen von Natriumoxyd und Wasser, die sich miteinander zu dem Hydroxyd verbunden haben, enthalten nämlich *gleichviel* Sauerstoff.

Gase lassen sich zwar auch wägen, wie die flüssigen und festen Stoffe; meistens mißt man Gasmengen aber durch die *Volumina*, die sie bei bestimmtem Druck und bestimmter Temperatur einnehmen. Ausgedrückt in Raumteilen bei gleichen Bedingungen, ergeben sich für gasförmige Elemente in vielen Verbindungen besonders einfache Mengenverhältnisse: im Wasser beträgt — wenn die Mengen der gasförmigen Elemente in Raumteilen gemessen werden — das Verhältnis von Wasserstoff zu Sauerstoff 2 zu 1, in Natriumhydroxyd beträgt das Verhältnis der gleichen Elemente 1 zu 1:

Natriumoxyd + Wasser → Natriumhydroxyd.
Natrium + 1 Vol.   1 Vol. Sauerstoffgas   Natrium + 2 Vol. Sauerstoffgas
Sauerstoffgas   + 2 Vol. Wasserstoffgas   + 2 Vol. Wasserstoffgas

Bezeichnet man die Verbindung solcher Mengen von Wasserstoff und Sauerstoff, die gleichen Volumina der beiden Gase entsprechen, als *Hydroxyl*, so kann man sagen, daß Natriumhydroxyd aus Natrium und Hydroxyl besteht. Wasser kann man nach Belieben entweder als eine Verbindung von Wasserstoff und Sauerstoff oder als eine Verbindung von Wasserstoff und Hydroxyl bezeichnen.

Natriumhydroxyd erhält man auch bei der direkten Einwirkung von Natrium auf Wasser. Diese Operation muß mit größter Vorsicht vorgenommen werden; man darf nur ganz kleine Stücke Natrium einzeln reagieren lassen, da die Reaktion sehr heftig ist:

Natrium + Wasser → Wasserstoff + Natriumhydroxyd.
(Wasserstoff-Hydroxyl)   (Natrium-Hydroxyl)

Auch andere *Metalloxyde* und *-hydroxyde* besitzen im allgemeinen *basische* Eigenschaften. Kaliumhydroxyd, Calciumhydroxyd und Bariumhydroxyd sind (ähnlich wie Natriumhydroxyd) ungefärbte, in Wasser lösliche Stoffe, deren wäßrige Lösungen stark basisch reagieren.

Die Hydroxyde der Metalle nannte man früher **Oxydhydrate** (Natronhydrat, Kalihydrat, Kalkhydrat, Barythydrat). Die Lösungen von Kaliumhydroxyd, bzw. Natriumhydroxyd in Wasser nannte man früher allgemein, und nennt sie teilweise noch jetzt **Kalilauge**, bzw. **Natronlauge** oder noch kürzer **Kali**, bzw. **Natron**; die Lösungen von Calciumhydroxyd, bzw. Bariumhydroxyd wurden oder werden in gleichem Sinne **Kalkwasser**, bzw. **Barytwasser** genannt. **Gelöschter Kalk** ist Calciumhydroxyd im festen (wasserfreien) oder teigigen (wasserhaltigen) Zustand.

Die Oxyde und Hydroxyde der Metalle bilden eine wichtige Gruppe der basischen Stoffe. Zu einer anderen wichtigen Gruppe von Basen gehört das *Ammoniak*. Dieser Stoff ist ein farbloses Gas und besteht aus Stickstoff und Wasserstoff. Ammoniak löst sich äußerst leicht in Wasser zu einer basisch reagierenden Lösung.

Neutralisation.

Säuren und Basen können gegenseitig ihre Wirkungen auf Farbstoffindikatoren aufheben oder schwächen, *neutralisieren*, und durch Mischen in richtigem Verhältnis kann man gewöhnlich eine

Lösung herstellen, die weder sauer noch alkalisch reagiert, sondern *neutral* ist. Neutralisiert man z. B. Natriumhydroxyd mit Salzsäure und dampft zur Trockne ein, so gewinnt man einen festen Stoff, dessen Geschmack und übrige Eigenschaften beweisen, daß er Natriumchlorid ist. Was bei dieser *Neutralisation* geschieht, läßt sich in folgendem Reaktionsschema ausdrücken:

Natriumhydroxyd + Salzsäure → Natriumchlorid + Wasser.
Natrium-Hydroxyl Wasserstoff-Chlor Natrium-Chlor Wasserstoff-Hydroxyl

Für ein beliebiges *Metallhydroxyd* und eine beliebige Säure gilt analog:

Metallhydroxyd + Säure → Salz + Wasser.
Metall-Hydroxyl Wasserstoff-Säurerest Metall-Säurerest Wasserstoff-Hydroxyl

Wird eine Säure durch ein *Metalloxyd* neutralisiert, so bilden sich ebenfalls Salz und Wasser, z. B.:

Salzsäure + Calciumoxyd → Calciumchlorid + Wasser.
Wasserstoff-Chlor Wasserstoff-Sauerstoff

Wird eine Säure mit *Ammoniak* neutralisiert, so bildet sich kein Wasser, sondern ausschließlich ein *Ammoniumsalz*, d. h. ein salzartiger Stoff, in dem das Metall durch eine wasserstoffreiche Verbindung von Stickstoff und Wasserstoff, das sogenannte *Ammoniumradikal,* ersetzt ist:

Salzsäure + Ammoniak → Ammoniumchlorid.
Wasserstoff-Chlor Stickstoff-Wasserstoff Stickstoff-Wasserstoff-Chlor

Säure- und Basenmengen, die sich gegenseitig genau neutralisieren, nennt man *äquivalent*. Diese Bezeichnung benutzt man auch für solche Mengen verschiedener Säuren (bzw. Basen), die zur Neutralisation dieselbe Basenmenge (bzw. Säuremenge) benötigen.

Ist eine Wasserstoffverbindung in Wasser unlöslich, so kann man die Frage, ob es sich um eine Säure handelt, nicht durch den Geschmack oder dadurch entscheiden, daß man die Reaktion der wäßrigen Lösung mit Indikatoren untersucht. Kann indessen eine solche unlösliche Wasserstoffverbindung — ähnlich wie eine lösliche Säure — die alkalische Reaktion einer basischen Lösung aufheben (oder wenigstens vermindern), so nennt man sie auch eine Säure. Auf diese Weise kann man z. B. zeigen, daß die in Wasser unlösliche Kieselsäure eine Säure ist. Ganz entsprechend nennt man jeden Stoff, der die saure Reaktion einer Lösung aufheben oder schwächen kann, eine Base. Da die meisten Metalloxyde oder Hydroxyde in Wasser unlöslich sind, ist es nur auf diese Weise möglich, sie als Basen zu charakterisieren.

Die verschiedenen Säuren zeigen die Säureeigenschaften *nicht in gleicher Stärke*. Je weniger rein die rote Farbe des *Lackmusstreifens* in der wäßrigen Lösung des Stoffes erscheint, je schwächer die *Wasserstoffentwicklung mit Zink* und je unvollständiger die *Fähigkeit basische Stoffe aufzulösen und zu neutralisieren* ist, als desto schwächer bezeichnet man eine Säure, und ganz entsprechend unterscheidet man zwischen starken und schwachen Basen.

Atomtheorie.

Der Atombegriff.

Zusammengesetzte Stoffe besitzen im allgemeinen nicht die gleichen Eigenschaften wie ihre Bestandteile. Nur *eine* Eigenschaft ihrer Bestandteile ändert sich niemals, nämlich ihre *Masse:* das Gewicht eines zusammengesetzten Stoffes beträgt genau die Summe der Gewichte aller seiner Bestandteile. Man kann auch sagen: bei der Bildung zusammengesetzter Stoffe bleibt das Gesamtgewicht unverändert *(Gesetz von der Erhaltung der Materie)*. Man versteht dieses Gesetz und das früher besprochene Gesetz von der Unvergänglichkeit der Elemente am leichtesten durch die Annahme, daß alle zusammengesetzten Stoffe aus sehr kleinen Teilchen der beteiligten Elemente aufgebaut sind. Die meisten zusammengesetzten Stoffe machen allerdings äußerlich einen durchaus einheitlichen Eindruck; kann man ja nicht einmal mit dem Mikroskop die einzelnen Partikel der verschiedenen Elemente erkennen, die, nach Ausweis der chemischen Analyse, einen Stoff zusammensetzen. Wenn jedoch diese Partikelchen hinreichend klein und innigst gemischt sind, so muß auch ein zusammengesetzter Stoff einen ganz einheitlichen Eindruck machen, selbst wenn er aus verschiedenartigen Partikeln aufgebaut ist.

Die kleinsten Teilchen eines Elementes, die in irgendeinem zusammengesetzten Stoff vorkommen, nennt man *Atome*, und die Annahme, wonach die gesamte Stoffwelt aus Atomen aufgebaut ist, heißt die *Atomtheorie*. Die Atome sind bei allen chemischen Vorgängen unzerstörbar; jedes Atom besitzt ein bestimmtes Gewicht (Einzelatomgewicht). Bei der Bildung neuer Stoffe und bei der Spaltung bereits vorhandener, werden die Atome keineswegs vernichtet, sondern nur in bestimmter Weise *gemischt* oder *getrennt*.

Aus diesen Betrachtungen ergibt sich folgende Definition des Begriffes „Element": ein *Element* ist ein Stoff, *dessen sämtliche Atome untereinander gleich sind*.

Enthält ein Stoff verschiedenartige Atome, so muß man nämlich durch die Trennung dieser Atomarten Stoffe mit verschiedenen Eigenschaften gewinnen können: der Stoff ist also spaltbar und kann infolgedessen kein Element sein. Nach der Atomtheorie muß daher jedem von den etwa 90 Grundstoffen eine ganz bestimmte Sorte von Atomen entsprechen, und die gesamte Materie muß aus diesen etwa 90 verschiedenen Arten von Elementarbausteinen aufgebaut sein.

Nach der *mechanischen Wärmetheorie* befinden sich bei ge- S. S. 28. wöhnlicher Temperatur die Atome in lebhafter Bewegung; diese *ungeordnete Bewegung* ist es, was wir als *Wärme* wahrnehmen.

Zusammengesetzte Stoffe.

Mechanische Mischungen. Wie oben erwähnt, erscheinen viele zusammengesetzte Stoffe einheitlich; z. B. kann man in Wasser selbst mit dem besten Mikroskop einzelne Teilchen von Wasserstoff und Sauerstoff nicht unterscheiden. Andere Stoffe sind jedoch gröber zusammengesetzt; betrachtet man z. B. einen gewöhnlichen Granitstein genauer, so bemerkt man leicht, daß er drei verschiedene Stoffe enthält: einen roten (Feldspat), einen grauen (Quarz) und einen dunklen (Glimmer). Ein Material, in dem schon das (nötigenfalls bewaffnete) Auge verschiedenartige Bestandteile erkennt, nennen wir einen *heterogenen* Stoff oder eine *mechanische Mischung*. Erscheint ein Stoff auch bei stärkster Vergrößerung unter dem Mikroskop völlig einheitlich, so nennt man ihn *homogen*. Die gleichartigen Teile eines heterogenen Stoffes bilden zusammen je eine *Phase*. Granit enthält also drei Phasen (Feldspat, Quarz, Glimmer). Homogene Stoffe bestehen aus einer einzigen Phase. Jede *klare Flüssigkeit* und jede *staubfreie Gasmischung* ist ein homogenes System.

Die heterogenen Systeme, die in einer Flüssigkeit kleine feste Teilchen, schwebend oder als Bodensatz, enthalten, sind von besonderer Wichtigkeit. Die beiden Phasen dieser Systeme, die man gewöhnlich als Flüssigkeit und *Niederschlag* bezeichnet, können durch *Filtrieren* getrennt werden. Hierzu läßt man die Mischung durch eine poröse Schicht fließen, deren Poren kleiner sind als die festen Teilchen. In gewöhnlichem Filtrierpapier, das aus dicht zusammengepreßten Zellstoffasern besteht, beträgt die Porengröße einige 0,001 mm (0,001—0,005 mm). Die durchgelaufene Flüssigkeit, das *Filtrat,* ist nicht immer ganz klar; sie kann nämlich Teilchen enthalten, die kleiner sind als die Filterporen und diese daher passieren können. Sehr kleine Poren besitzen die porösen Tonfilter, die man zum Entfernen von Bakterien aus Wasser verwendet. Läßt man eine Flüssigkeit mit einem spezifisch schwereren, schwebenden Niederschlag ruhig stehen, so werden unter dem

Einfluß der Schwerkraft die schwebenden Teilchen allmählich zu Boden sinken, und die überstehende Flüssigkeit kann schließlich klar abgegossen *(dekantiert)* werden; sind die Teilchen leichter als Wasser, so steigen sie nach oben und lassen sich abschöpfen. Dies gilt auch für Systeme, die kleine Flüssigkeitstropfen in einer damit nicht mischbaren Flüssigkeit enthalten, z. B. für die Fettkügelchen der Milch. Viel kräftiger als die Schwerkraft wirkt die Zentrifugalkraft. Hierauf beruht die Anwendung der *Zentrifuge* zum Abschleudern von Niederschlägen, zum Abrahmen der Milch und zur Trennung der Blutkörperchen vom Blutplasma.

Reine Stoffe (Elemente und chemische Verbindungen). Wasser, wie es in der Natur vorkommt, ist oft trübe und enthält kleine feste, schwebende Teilchen; durch Filtrieren erhält man eine klare, homogene Flüssigkeit. Vom chemischen Standpunkt aus ist jedoch auch das filtrierte Wasser noch keineswegs rein. Wenn man es *destilliert* (Abb. 1), d. h. in einem Kessel oder Glaskolben (D) zum Sieden bringt, den Dampf in einem *Kühler* (K) verflüssigt und die Flüssigkeit in einer *Vorlage* (V) sammelt, so verbleibt im Kolben ein fester Rückstand (Kesselstein, Salz). Das im Kühler verflüssigte und in der Vorlage gesammelte „destillierte" Wasser hinterläßt dagegen bei erneuter Destillation keinen solchen Rest und wird deshalb als chemisch rein bezeichnet. Regenwasser ist auf natürliche Weise destilliertes Wasser, wird jedoch beim Niederfallen meistens verunreinigt.

Soll ein Stoff rein genannt werden, so verlangt man in der Chemie, daß er *durch Destillieren nicht in verschiedene Stoffe zerlegt werden kann:* er darf beim Destillieren nicht „fraktioniert" werden. Das gleiche gilt auch für das Ausfrieren. Was beim Ausfrieren zuerst erstarrt, muß bei einem reinen Stoff genau identisch sein mit dem zuletzt erstarrenden Anteil. Läßt man z. B. Meerwasser teilweise erstarren, sammelt das ausgeschiedene Eis und schmilzt dies für sich, so wird man das Schmelzwasser viel salzärmer finden als das ursprüngliche Meerwasser, während die nicht gefrorene Flüssigkeit salziger schmeckt. Meerwasser wird also durch teilweises Erstarren „fraktioniert", und ist daher kein reiner Stoff. Beispiele für reine Stoffe sind offenbar die *reinen Elemente;* für die Entwicklung der Chemie war aber die Erkenntnis von größter Bedeutung, daß auch sehr viele zusammengesetzte Stoffe sich beim Destillieren, Ausfrieren usw. ebensowenig ändern wie es die reinen Elemente tun. *Unter einem chemisch reinen Stoff versteht man einen homogenen Stoff, der beim Wechsel des Aggregatzustandes nicht zerlegt wird.* Ein reiner Stoff kann entweder ein Element oder ein zusammengesetzter Stoff sein. Im letzteren Fall nennt man ihn eine *chemische Verbindung.*

Reine Stoffe.

Der Begriff des *reinen Stoffes* ist theoretisch und praktisch von der größten Wichtigkeit in der Chemie. Die soeben gegebene Definition verlangt den Nachweis, daß beim Destillieren, Schmelzen u. ä. keine chemische Änderung eintritt. Sehr oft läßt sich ein solcher chemischer Nachweis durch eine bequeme physikalische Beobachtung ersetzen, nämlich durch eine *Temperaturmessung:* bei einem reinen Stoffe muß *jeder Übergang von einer zu einer anderen*

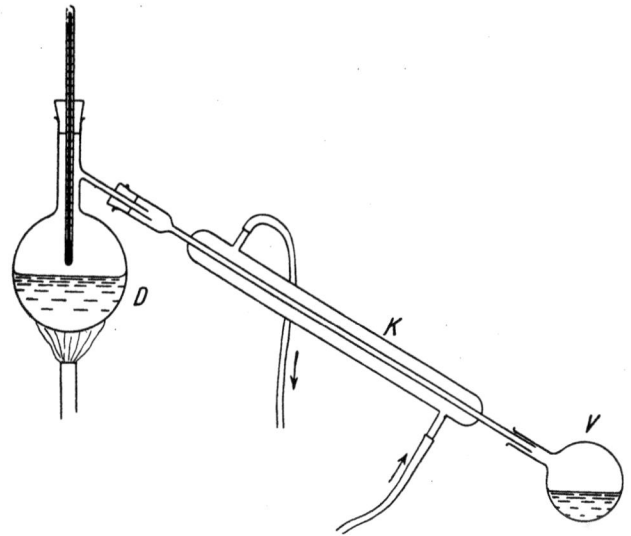

Abb. 1. Schema einer Destillationsvorrichtung: D Glaskolben, in dem die Flüssigkeit erhitzt wird; K Kühler mit strömendem kaltem Wasser zum Kondensieren der in D entwickelten Dämpfe; V Vorlage zum Sammeln des Destillates. (Aus GRÓH-HÁRI, Kurzes Lehrbuch der allg. Chemie. Berlin, Julius Springer 1923.)

Phase, wenn er bei konstantem Drucke (etwa dem Drucke der Atmosphäre) vollzogen wird, *bei einer konstanten Temperatur* vor sich gehen. Siedet oder gefriert ein reiner Stoff bei konstantem Drucke, so verändert sich von jeder Phase nur die vorhandene Menge; völlig konstant bleiben aber für jede einzelne Phase, unabhängig von ihrer Menge, alle chemischen und physikalischen Eigenschaften, also auch die Temperatur, bei der die betreffende Phase in eine andere übergeht. Praktisch drückt man dies in folgender Weise aus: *jeder reine Stoff hat einen konstanten scharfen Siedepunkt (Kochpunkt, Kp.) und einen scharfen Schmelzpunkt (Sm.), bzw. Erstarrungspunkt.* (Wegen der Schärfe solcher Temperaturpunkte werden bekanntlich der Erstarrungs- und der Siedepunkt reinen Wassers als Eichpunkte in der Temperaturmessung benützt; reines

Wasser gefriert bei 0° und siedet bei 100° Celsius unter dem konstanten Druck von 1 Atm.) Will man also die Reinheit einer Flüssigkeit prüfen, so beobachtet man die Siede- oder die Erstarrungstemperatur einer bestimmten Menge *vom Anfang an bis zum Ende* der Destillation bzw. des Erstarrens; bei einem Festkörper verfolgt man in ähnlicher Weise das Schmelzen. In beiden Fällen muß ein in den Dampf, bzw. in das Gemisch von Schmelze und Kristallen tauchendes Thermometer *dauernd gleiche Temperatur* anzeigen. Wegen ihrer Bequemlichkeit werden solche oder ähnliche Versuche sehr häufig angestellt.

Lösungen. Homogene Systeme, die beim Wechsel des Aggregatzustandes teilweise zerlegt werden, heißen homogene Mischungen oder *Lösungen*. Ergibt ein Stoff beim Mischen mit einem anderen eine homogene Mischung, so sagt man, daß sich die Stoffe ineinander *lösen*. Beim Destillieren wird eine Lösung im allgemeinen *fraktioniert*. „Fraktionieren" bedeutet: das Destillat ist verschieden von der ursprünglichen Lösung. Der *Kolbeninhalt ändert* sich also *während der Destillation,* daher kann auch sein Siedepunkt nicht konstant bleiben, der Siedepunkt muß ansteigen. Umgekehrt beweist das Ansteigen des Siedepunktes einer Flüssigkeit während der Destillation, daß die Flüssigkeit fraktioniert wird und daher eine Mischung ist.

Für die Reinigung eines festen Stoffes und für die Reinheitsprüfung benutzt man gewöhnlich das *Umkristallisieren*. Hierzu löst man den Stoff in möglichst wenig warmem Wasser (oder anderem Lösungsmittel) auf und läßt durch Abkühlen einen Teil des Stoffes sich wieder ausscheiden; dann filtriert man den Niederschlag ab, trocknet ihn und untersucht, ob sich seine Zusammensetzung oder seine Eigenschaften (z. B. sein Schmelzpunkt) geändert haben. Unveränderliche Eigenschaften deuten auf Reinheit. Veränderte Eigenschaften beweisen, daß eine Fraktionierung stattgefunden hat, und daß der Stoff also von vornherein nicht rein gewesen ist. Durch Umkristallisieren kann man z. B. beweisen, daß der Salzrückstand des Meerwassers, bzw. der Rohzucker keine reinen Stoffe sind. Umkristallisieren reinigt die Stoffe, und durch Wiederholung dieser Operation kann man chemisch reines Kochsalz, bzw. chemisch reinen Zucker erhalten, die sich bei weiterem Umkristallisieren nicht mehr verändern.

Die Kristalle. Scheidet sich ein Stoff in fester Form aus einer Lösung oder einer Schmelze aus, so geschieht dies gewöhnlich in Form von regelmäßig ausgebildeten Körpern, begrenzt von ebenen Flächen, den sogenannten *Kristallen* (daher der Name Umkristallisieren für den oben beschriebenen Vorgang). Beim Kristallisieren bilden sich in der Lösung bzw. Schmelze zuerst äußerst kleine

Kristallkeime; diese Keime vergrößern sich ständig durch die Anlagerung neuer Schichten an ihrer Oberfläche. Jeder Stoff hat im allgemeinen seine besondere, charakteristische Kristallform. Ein Kristall ist nicht nur durch seine äußere Form gekennzeichnet, sondern auch durch seinen inneren Aufbau. So lassen sich die meisten Kristalle in gewissen Richtungen am leichtesten spalten. Die Bruchflächen kristallinischer Körper haben daher ein anderes Aussehen als der muschelige Bruch unkristallisierter, „amorpher" Stoffe, wie Glas. *Gläser* entstehen aus Flüssigkeiten, die bei der Abkühlung immer dickflüssiger werden und zuletzt erstarren, ohne vorher einzelne kristallisierte Teilchen ausgeschieden zu haben. Kristallisierte Stoffe zeichnen sich oft durch besondere Reinheit aus, da die Materie im Kristallzustand nur eine geringe Fähigkeit besitzt, sich zu mischen (feste Lösungen bilden sich nur schwierig).

Zusammenfassung: Ein zusammengesetzter Stoff ist entweder eine mechanische Mischung oder eine Lösung oder eine chemische Verbindung. Er ist eine *mechanische Mischung*, wenn wir mit dem — nötigenfalls bewaffneten — Auge verschiedene Bestandteile darin erkennen können. Er ist eine *Lösung*, wenn er zwar homogen ist, sich aber beim Wechsel des Aggregatzustandes teilweise in seine Bestandteile zerlegt. Er ist eine *chemische Verbindung*, wenn er homogen ist und bei jedem Wechsel der Zustandsform unverändert bleibt.

Über die Zerlegung zusammengesetzter Stoffe. Während mechanische Mischungen leicht in ihre Bestandteile zerlegt werden können (z. B. durch *Filtrieren, Zentrifugieren* oder ähnliche Operationen), und sich auch die Lösungen mehr oder weniger leicht trennen lassen (durch *Destillieren, Ausfrieren* o. a.), zeigen die chemischen Verbindungen eine größere Beständigkeit und erfordern zu ihrer Spaltung kräftigere Eingriffe. Man muß entweder *stark erhitzen* (z. B. bei der Zerlegung von Kaliumchlorat oder von Kalkstein) oder den *elektrischen Strom* anwenden (z. B. bei der Elektrolyse des Wassers) oder schließlich *chemische Einwirkungen* zu Hilfe nehmen, d. h. die Einwirkung eines anderen Stoffes (z. B. die Einwirkung von Zink auf Schwefelsäure).

Über die Eigenschaften zusammengesetzter Stoffe. In den Eigenschaften einer Lösung oder einer mechanischen Mischung kann man gewöhnlich recht leicht verschiedene von den Eigenschaften der einzelnen Bestandteile erkennen; dagegen ist dies bei einer chemischen Verbindung *nicht* der Fall. Eine Zuckerlösung zeigt mehrere Eigenschaften des Wassers und des Zuckers; aber in der chemischen Verbindung *Wasser* kann man nicht das geringste von den Eigenschaften entdecken, die für freien Sauerstoff oder freien Wasserstoff charakteristisch sind.

Der Molekülbegriff.

Wir haben soeben den grundlegenden Unterschied zwischen *Lösungen* und *reinen chemischen Verbindungen* kennen gelernt. Wie läßt sich dieser Unterschied vom Standpunkte der Atomtheorie aus erklären? Man muß hierzu den *Molekülbegriff* einführen, d. h. die Annahme machen, daß die Atome zu größeren oder kleineren Gruppen zusammentreten können, die beständig genug sind, um als Gruppen zusammenzubleiben, wenn der Stoff seinen Aggregatzustand ändert. Diese Gruppen nennt man *Moleküle*. Sind alle Moleküle eines Stoffes untereinander gleich, so läßt sich der Stoff beim Wechsel der Zustandsform nicht zerlegen: er muß sich wie ein reiner Stoff verhalten. Enthält dagegen ein Stoff mehrere Sorten von Molekülen, so kann bei Zustandsänderungen eine teilweise Trennung dieser verschiedenen Sorten stattfinden, wobei also der Stoff teilweise zerlegt wird: dies entspricht dem Verhalten einer Lösung. Wir kommen damit zu dem wichtigen Ergebnis: *ein reiner Stoff besteht aus gleichartigen Molekülen, eine Lösung besteht aus mehreren verschiedenen Molekülarten*. Die Molekülhypothese macht verständlich, daß eine Lösung in ihren Eigenschaften an die Eigenschaften ihrer Bestandteile erinnert, während bei einer chemischen Verbindung dies nicht der Fall ist. Beim Auflösen bleiben die Moleküle des betreffenden Stoffes erhalten, und damit auch teilweise seine Eigenschaften; bei der Bildung einer chemischen Verbindung jedoch verschwinden die alten Moleküle, und es bilden sich neue mit neuen Eigenschaften.

Die Zustandsformen (Aggregatzustände). Wie erwähnt, beruht der Unterschied zwischen dem festen, flüssigen und gasförmigen Zustand nach der Molekülhypothese nicht darauf, daß die Moleküle in den verschiedenen Zuständen verschieden sind. Man muß also die Existenz der verschiedenen Zustandsformen anders erklären. Hierzu dient die Annahme, daß *sich alle Moleküle einander anziehen*, in merklichem Maße jedoch nur dann, wenn sie sich in *sehr geringem gegenseitigen Abstand* befinden. Diese ganz allgemein vorhandenen Anziehungskräfte nennt man *Kohäsionskräfte*. Im gasförmigen Zustand ist der Abstand von einem Molekül zum anderen im Mittel sehr groß; daher ist die gegenseitige Anziehung zwischen den Molekülen recht gering, und ihre Bewegung verursacht deshalb die Ausbreitung der Moleküle über den ganzen zugänglichen Raum, worin wohl die charakteristischste Eigenheit dieser Zustandsform besteht. In *Flüssigkeiten* befinden sich dagegen die Moleküle dicht beieinander und ziehen sich daher gegenseitig recht merklich an; sie führen also zwar umeinander Bewegungen aus, ohne sich aber voneinander trennen zu können. Dieser Umstand erklärt, daß Flüssigkeiten, im Gegensatz zu Gasen, in offenen Gefäßen aufbewahrt werden können. In den *festen Körpern* sind die Moleküle so fest zusammengefügt, daß sie, obwohl in ständiger Bewegung, ihren Platz nicht verlassen können, sondern nur hin- und herschwingen. Dieser feste Einbau der einzelnen Moleküle verleiht den festen Stoffen ihre typischen mechanischen Eigenschaften. Die festen Stoffe lassen sich wieder unterteilen in die *kristallisierten* Stoffe, in denen die Moleküle gesetzmäßig in Raumgittern angeordnet sind, S. S. 16, und in die *amorphen* Stoffe, in denen sie regellos durcheinander 111, 183. liegen.

Physikalische und chemische Vorgänge. Physikalische Vorgänge nennt man solche, bei denen die Moleküle unverändert bleiben, während man unter den chemischen Vorgängen oder Reaktionen solche versteht, bei denen neue Molekülarten auftreten. Filtrieren, Schmelzen, Verdampfen, Lösen, Umkristallisieren sind Beispiele für physikalische Vorgänge. Die Spaltung von Kaliumchlorat durch Erhitzen, die Zerlegung des Wassers durch Elektrolyse, die Darstellung des Wasserstoffs aus Zink und Schwefelsäure sind Beispiele für chemische Reaktionen. Mit Hilfe physikalischer Vorgänge kann man nur solche Stoffe voneinander trennen, die von vornherein in einer Mischung zugegen waren; in einem chemischen Vorgange jedoch erzeugt man neue Stoffarten. Ist in einer chemischen Reaktion eine neue chemische Verbindung entstanden, so ist sie fast immer verunreinigt, sei es durch unverändertes Ausgangsmaterial, sei es durch andere gleichzeitig gebildete Stoffe. Um den gewünschten Stoff in der nötigen Reinheit zu erhalten, müssen die vorhandenen Verunreinigungen durch physikalische Vorgänge: Destillieren, Umkristallisieren, Filtrieren u. ä. davon getrennt werden. In der präparativen Chemie ist es daher sehr wichtig, diese physikalischen Operationen theoretisch und praktisch zu beherrschen.

Die Entscheidung, ob ein bestimmter Vorgang als ein chemischer oder als ein physikalischer aufzufassen ist, kann oft schwierig sein. Beim Verdampfen, Schmelzen und besonders beim Lösen können gelegentlich auch Veränderungen an den Molekülen eintreten, S. S. 56. womit also dann chemische Vorgänge verbunden sind.

Einige Schwierigkeiten bei der Entscheidung, ob ein bestimmter Stoff eine Mischung oder eine reine chemische Verbindung ist. Man kann von einem reinen chemischen Stoff nicht verlangen, daß er sich *niemals* bei Zustandsänderungen zerlegen läßt; unter besonderen Umständen können sehr wohl dabei Moleküle gespalten werden, womit dann natürlich der betreffende Stoff aufhört, die ursprüngliche einheitliche Verbindung zu sein. Sobald sich aber ein Stoff unter *mehreren* verschiedenen Bedingungen wie ein reiner Stoff verhält, ist man berechtigt, ihn auch als rein zu bezeichnen, selbst wenn er unter anderen Bedingungen zerlegt wird. Beispiel: Rohrzucker und Kaliumchlorat sind reine chemische Verbindungen, weil sie durch Umkristallisieren nicht zerlegt werden. Versucht man sie aber zu destillieren, so zersetzen sie sich: ihre Moleküle werden dabei aufgespalten.

Andererseits kann man auch irregeführt werden, wenn man daran festhält, ein Stoff sei rein, weil er bei einer bestimmten *einzelnen* Zustandsänderung nicht zerlegt wird. Es kann nämlich unter bestimmten Bedingungen auch eine Mischung ihre Zustandsform wechseln, ohne zerlegt zu werden, wenn nämlich die zwei Molekülarten in konstantem Mengenverhältnis von der einen Form in die andere übergehen. Beispiel: Eine Salzsäure mit 20% Chlorwasserstoff läßt sich ohne Änderung ihrer Zusammensetzung destillieren und zeigt daher einen unveränderlichen *Siedepunkt*; dagegen wird sowohl eine stärkere als auch eine schwächere Salzsäure beim Destillieren fraktioniert, so daß im Destillationskolben in jedem Falle 20%ige Salzsäure zurückbleibt. Man hat deshalb lange Zeit geglaubt, die 20%ige Salzsäure sei eine reine chemische Verbindung, und doch ist sie eine Mischung, wie aus ihrer Destillation bei verändertem Druck hervorgeht. Bei 3 Atm. Druck enthält das Destillat einer 20%igen Salzsäure mehr als 20% Chlorwasserstoff; bei diesem Druck bleibt 18%ige Salzsäure bei der Destillation jeder beliebig konzentrierten Salzsäure im Kolben zurück; d. h. die 18%ige Salzsäure destilliert bei 3 Atm. Druck ohne Änderung ihrer Konzentration und bei konstanter Siedetemperatur über. Nur bei einem einzigen ganz bestimmten Druck läßt sich also 20%ige Salzsäure ohne Zerlegung destillieren.

Aus diesen Bemerkungen kann man folgende Regel ableiten: Ein Stoff ist rein, wenn er *unter mehreren verschiedenen Bedingungen* sich wie ein reiner Stoff verhält; er muß sich aber nicht unter allen Umständen wie ein reiner Stoff verhalten.

Mengenverhältnisse bei der Bildung von Lösungen.

Gesättigte Lösungen. Untersucht man die *möglichen Mengenverhältnisse* zwischen den einzelnen Bestandteilen von zusammengesetzten Stoffen, so zeigt sich ein wichtiger *Unterschied* zwischen *mechanischen Mischungen, Lösungen* und *chemischen Verbindungen.* Eine mechanische Mischung zweier Stoffe kann in allen möglichen Mischungsverhältnissen hergestellt werden, vorausgesetzt, daß die Stoffe nicht aufeinander chemisch einwirken und sich gegenseitig nicht lösen. Versucht man dagegen Lösungen von Natriumchlorid (Kochsalz) in Wasser dadurch herzustellen, daß man festes Salz mit Wasser in den verschiedensten Verhältnissen in einer geschlossenen Flasche schüttelt, so beobachtet man eine ganz bestimmte obere Grenze für die Menge Salz, die sich in einer bestimmten Gewichtsmenge Wasser höchstens auflösen läßt. Setzt man zu 100 Teilen Wasser mehr als 36 Teile Salz, so geht selbst bei noch so langem Schütteln niemals alles Salz in Lösung: Lösungen können meistens nicht in allen möglichen Verhältnissen hergestellt werden. Eine Lösung, die von einem Stoff beim Schütteln nichts mehr aufnimmt, nennt man eine mit diesem Stoffe *gesättigte Lösung.* Die Zusammensetzung der gesättigten Lösung eines reinen Stoffes ist davon unabhängig, ob man das Lösungsmittel mit einer kleineren oder größeren Menge des Stoffes schüttelt, wenn man nur soviel verwendet, daß ein ungelöster Rest zurückbleibt. Eine Lösung heißt *ungesättigt*, wenn sie auf die gleiche Menge Lösungsmittel eine geringere Menge des gelösten Stoffes enthält als die gesättigte Lösung. Ungesättigte Lösungen können unterhalb der Grenze, die durch die gesättigte Lösung gegeben ist, in allen Verhältnissen dargestellt werden.

Die *Löslichkeit* eines Stoffes ist die Konzentration seiner gesättigten Lösung. Als Maß für die *Konzentration einer Lösung* benutzt man oft die Zahl, die angibt, wieviel Gramm gelöster Stoff in 100 g Lösungsmittel enthalten sind. Zwischen den Löslichkeiten verschiedener Stoffe in Wasser besteht ein bedeutender Unterschied. Man pflegt solche Stoffe als leicht löslich zu bezeichnen, von denen man mehr als 10% in Lösung bringen kann, als schwer löslich, wenn sich weniger als 1% auflöst, und schließlich nennt man im allgemeinen einen Stoff unlöslich, wenn weniger als 0,01% in Lösung geht. Absolut unlösliche Stoffe gibt es kaum.

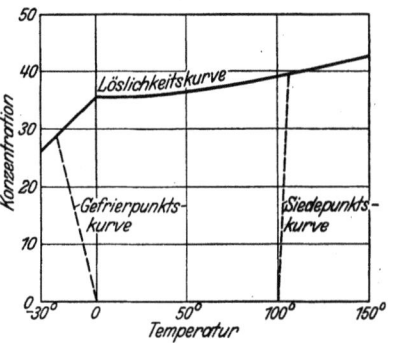

Abb. 2. Die Löslichkeit von Natriumchlorid.

Löslichkeitskurven. In vielen Fällen, aber durchaus nicht immer, wächst die Löslichkeit mit steigender Temperatur. Über die Temperaturabhängigkeit der Löslichkeit gibt am besten eine graphische Darstellung Auskunft. In Abb. 2 zeigt die ausgezogene Kurve, wie sich die Löslichkeit von Kochsalz in Wasser mit der Temperatur verändert. Die untere Skala gibt die Temperatur an, links ist die Löslichkeit aufgetragen. Jeder Punkt in der Abbildung stellt daher eine Lösung bestimmter Konzentration und bestimmter Temperatur dar. Bei der hier angewandten *graphischen Darstellung* bezeichnet man die Temperatur als *Abszisse*, und die Konzentration als *Ordinate*. Alle Punkte, welche die Zusammensetzungen der gesättigten Lösungen bei den verschiedenen Temperaturen darstellen, bilden zusammen die *Löslichkeitskurve*. Die Kurve für Natriumchlorid (vgl. Abb. 2) zeigt, daß sich in 100 g Wasser bei 0° 36 g Salz auflösen und bei 100° 39 g Salz. Dazwischen steigt die Löslichkeit nur ganz schwach an. In der Nähe von 0° besitzt die Löslichkeitskurve einen Knick, und unter 0° nimmt die Löslichkeit mit sinkender Temperatur stärker ab. Die Fläche, die zwischen der Löslichkeitskurve und der Temperaturachse liegt, enthält die Punkte, die den ungesättigten Lösungen entsprechen.

Abb. 3 enthält einige charakteristische Löslichkeitskurven. Die stark ansteigenden Kurven für Natriumnitrat und Bleinitrat zeigen, daß die Löslichkeit dieser Stoffe mit der Temperatur stark zunimmt. Dagegen zeigt die fast wagerechte Kurve von Natriumchlorid, daß sich dessen Löslichkeit nur wenig mit der Temperatur ändert. Die Kurve für Natriumsulfat steigt bis 32° sehr steil an; hier hat sie einen Knick, bei höheren Temperaturen fällt sie etwas ab. Natriumsulfat besitzt bei 32° ein Maximum der Löslichkeit.

Übersättigte Lösungen. Die Punkte in Abb. 2 und 3, die oberhalb der Löslichkeitskurve liegen, entsprechen Lösungen, die konzentrierter als die gesättigten Lösungen sind. Solche „*übersättigten*" Lösungen kann man herstellen. Kühlt man etwa eine warm gesättigte Lösung vorsichtig ab, so wird sich nicht immer der gelöste Stoff sofort ausscheiden, sobald die Lösung mehr enthält, als der Sättigung bei der niedrigen Temperatur entspricht. Die Übersättigung wird aber, wenn nicht vorher von selbst, immer dann aufhören, wenn man einen Kristall des gelösten Stoffes zusetzt (die Lösung „*impft*"). Der zugesetzte Kristall wirkt als *Keim*, d. h. als Ausgangspunkt für die Kristallisation des überschüssig gelösten Salzes. Je seltener in einer übersättigten Lösung von selbst *(spontan)* kleine Kristallkeime entstehen, desto haltbarer wird die übersättigte Lösung sein, solange man sie nur vor Keimen schützt, die von außen kommen können.

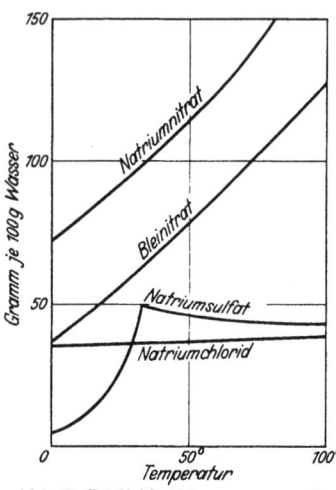

Abb. 3. Löslichkeitskurven von vier Salzen.

Gefrierpunktskurven und Siedepunktskurven. Reines Wasser hat — wie oben als wichtiges allgemeines Kennzeichen reiner Stoffe auseinandergesetzt — eine scharf bestimmte Gefrier- (bzw. Schmelz-) temperatur, ebenso einen scharfen Siedepunkt; solange zwei Phasen eines reinen Stoffes miteinander in Berührung sind, kann man durch Wärmezufuhr oder -entzug nur die Menge beider Phasen ändern, dagegen bleibt die Temperatur des Zweiphasensystems genau konstant. Wäßrige Lösungen scheiden, genügend abgekühlt, ebenfalls Eis aus (gefrieren), und entwickeln, genügend erwärmt, Dampf von Atmosphärendruck (sieden). Beobachtet man aber vom Beginn bis zum Ende die Bildung einer neuen Phase aus einer *Lösung*, so bleibt dabei die Temperatur *nicht konstant*. Man kann deshalb bei

Lösungen nicht im gleichen Sinne wie bei reinen Stoffen von Gefrier- (bzw. Schmelz-)punkten oder Siedepunkten sprechen, sondern nur von Temperatur*intervallen*, innerhalb deren sich die Phasenumwandlung vollzieht.

Spricht man trotzdem auch bei Lösungen von Gefrierpunkten, bzw. Siedepunkten, so meint man damit stets die Temperatur, bei der von der flüssigen Phase her die Phasenumwandlung *beginnt*, wo also die erste Spur Eis entsteht, bzw. die erste merkliche Dampfmenge bei Atmosphärendruck absiedet. Diese Temperaturen sind nun keineswegs identisch mit dem Gefrier-, bzw. Siedepunkt des reinen Wassers; sondern es gilt allgemein: *Gelöste Stoffe erniedrigen den Gefrierpunkt und erhöhen den Siedepunkt*, und zwar um so stärker, je konzentrierter die Lösung ist. Die punktierten Kurven in Abb. 2 zeigen, wie sich diese beiden Punkte für wäßrige Lösungen von Natriumchlorid mit der Konzentration des Salzes verändern. Die Kurven beginnen für die Konzentration Null bei 0^0, bzw. 100^0; geht man zu immer höheren Konzentrationen über, so entfernen sie sich voneinander, bis sie die Löslichkeitskurve erreichen. Nur solche Salzlösungen sind *stabil*, deren Punkte in Abb. 2 auf der Fläche liegen, die von der Temperaturachse, der Gefrierpunktskurve, der Löslichkeits- und der Siedepunktskurve begrenzt wird. Die Lösungen oberhalb der Löslichkeitskurve sind *übersättigt*, und müssen — wenn nicht von selbst, dann bestimmt beim Impfen — *Salz* ausscheiden. Aus den *unterkühlten* Lösungen links der Gefrierpunktskurve wird, insoweit sie sich darstellen lassen, bei dem geringsten Anlaß *Eis* auskristallisieren; Lösungen rechts der Siedepunktkurve müssen, wenn sie überhaupt zu erhalten sind, beim geringsten Anlaß explosionsartig Dampf abgeben („*überhitzt*" sein).

Kristallwasser. Die Kristalle von Stoffen, die sich aus wäßrigen Lösungen abscheiden, enthalten oft chemisch gebundenes Wasser, das beim Trocknen oder beim Erhitzen auf höhere Temperatur abgegeben wird. Einen solchen Wassergehalt nennt man *Kristallwasser.* Natriumsulfat kristallisiert unterhalb von 32^0 mit einer großen Menge Kristallwasser aus, das beim Erwärmen über 32^0 (der „*Umwandlungstemperatur*") wieder abgegeben wird. Die Löslichkeitskurve unterhalb 32^0 stellt die Löslichkeit des kristallwasserhaltigen Salzes dar, während die Löslichkeitskurve oberhalb 32^0 die Löslichkeit des wasserfreien Salzes wiedergibt. Die zwei Kurvenäste, aus denen die gesamte Löslichkeitskurve des Natriumsulfats besteht, entsprechen also zwei verschiedenen festen Stoffen; es ist daher ganz natürlich, daß die zwei Äste nicht glatt ineinander übergehen, sondern in einem Knick zusammenstoßen (s. Abb. 3). Der Knick in der Löslichkeitskurve des Kochsalzes bei etwa 0^0 geht auf einen ganz entsprechenden Sachverhalt zurück: unter 0^0 kristallisiert

nämlich Natriumchlorid mit Kristallwasser, das beim Erwärmen über etwa 0° abgegeben wird (s. Abb. 2).
Die Löslichkeit von Gasen. Die Menge eines Gases, die sich in Wasser auflöst, ist vom Druck abhängig. Es löst sich um so mehr Gas, je größer der Druck des Gases ist; die *gelöste Menge* nimmt bei vielen Gasen recht genau *proportional mit dem Druck zu* (HENRYs *Gesetz*). Dieses Gesetz gilt z. B. für die Löslichkeit von Sauerstoff, Stickstoff und Kohlendioxyd in Wasser; es gilt jedoch nicht für die Löslichkeit von Chlorwasserstoff in Wasser. Durch Sieden *(Auskochen)* kann man alle diejenigen in einer Flüssigkeit gelösten Gase vollständig austreiben, die das Gesetz von HENRY befolgen; sie werden mit dem fortgehenden Dampf weggeführt. Ausgekochtes Wasser enthält deshalb weder freien Sauerstoff, noch Stickstoff oder Kohlendioxyd; enthielt jedoch das Wasser Chlorwasserstoff (Salzsäure), so wird es nach dem Auskochen hiervon nicht befreit sein.

Die Mengenverhältnisse bei der Bildung chemischer Verbindungen.

Wir sind zu dem Begriff des reinen chemischen Stoffes gekommen auf Grund der Erfahrung, daß es zusammengesetzte Stoffe gibt, die sich bei Änderung des Aggregatzustandes nicht in andere Stoffe spalten; als praktisch wichtigstes Merkmal eines reinen Stoffes haben wir seinen scharfen Schmelz-, bzw. Siedepunkt kennengelernt. Die bedeutsamste Eigenart der reinen chemischen Verbindungen tritt aber erst zutage in einer Anzahl grundlegender *Gesetze über die Zusammensetzung der Verbindungen aus den Elementen*. Von vornherein könnte man annehmen, die Verbindungen könnten aus den Elementen nach allen beliebigen Verhältnissen zusammengesetzt sein. Die erwähnten *stöchiometrischen* Gesetze erlauben aber nur *ganz bestimmte* Zusammensetzungen, sie *beschränken* die Zahl der möglichen Verbindungen daher in bedeutendem Maße.

Das Gesetz der konstanten Proportionen. Für jede chemische Verbindung ist es zunächst charakteristisch, daß sie sich nach einem ganz bestimmten, *konstanten Gewichtsverhältnis* bildet.

Mischt man z. B. Wasserstoff und Sauerstoff in verschiedenen Verhältnissen und entzündet diese verschiedenen Mischungen mittels elektrischer Funken, so bildet sich dabei keineswegs Wasser von wechselnder Zusammensetzung, sondern das gebildete Wasser ist in allen Versuchen genau identisch und enthält in allen Fällen 1 Gewichtsteil (G. T.) Wasserstoff auf 8 G. T. Sauerstoff; mißt man die verbrauchten Mengen in Raumteilen (R. T.) der freien Gase, so bedeutet das: 2 R. T. Wasserstoffgas auf 1 R. T. Sauerstoffgas. Das gebildete Wasser hat diese Zusammensetzung, ob nun vorher die Gase genau in diesem Verhältnis gemischt waren, oder ob ein großer Überschuß, sei es an Wasserstoff, sei es an Sauerstoff, vorhanden war, der nach der Explosion ungeändert übrig bleibt.

Außer Wasser kennt man noch einen anderen reinen Stoff, der nur aus Wasserstoff und Sauerstoff besteht, nämlich *Wasserstoffperoxyd*. Er ist auch eine Flüssigkeit, aber mit ganz anderen Eigenschaften wie Wasser. Man kann ihn nicht durch direkte Oxydation (Verbrennung) von Wasserstoff herstellen, sondern nur auf Umwegen. In Wasserstoffperoxyd ist stets 1 G.T. Wasserstoff mit 16 G.T. Sauerstoff (d. h. als freie Gase gemessen: 1 R.T. Sauerstoffgas mit 1 R.T. Wasserstoffgas) verbunden. S. S. 57.

Man kennt also zwei chemische Verbindungen aus Wasserstoff und Sauerstoff, in denen diese Elemente in verschiedenen Verhältnissen verbunden sind, aber jede der Verbindungen hat ihre ganz bestimmte, unter allen Umständen konstant bleibende Zusammensetzung. Ein ähnliches Verhalten zeigen auch die Verbindungen aus anderen Elementen. Z. B. kennt man zwei chemische Verbindungen aus Kupfer und Sauerstoff: rotes Kupferoxyd (Cuprooxyd), das 100 G.T. Kupfer auf 12,58 G.T. Sauerstoff enthält, und schwarzes Kupferoxyd (Cupri-oxyd), in dem 100 G.T. Kupfer mit 25,16 G.T. Sauerstoff verbunden sind. Aus Stickstoff und Sauerstoff bestehen fünf verschiedene Verbindungen, aus Kohlenstoff und Sauerstoff drei usw. Man kann immer nur eine begrenzte, meist sogar recht kleine Zahl von chemischen Verbindungen aus zwei Elementen darstellen; jede dieser Verbindungen ist durch ihre ganz bestimmte Zusammensetzung und ihre besonderen Eigenschaften (besonders ihren Schmelz- und Siedepunkt) gekennzeichnet.

Die drei verschiedenen Typen der zusammengesetzten Stoffe zeigen daher folgende Verschiedenheit. *Mechanische Mischungen* können in allen denkbaren Verhältnissen hergestellt werden. *Lösungen* können nur bis zu der Grenze der Sättigung in allen denkbaren Verhältnissen hergestellt werden. *Chemische Verbindungen* können nur in einzelnen, ganz bestimmten, *konstanten* Gewichtsverhältnissen hergestellt werden. S. S. 17.

Dieser Unterschied zwischen Mischungen und chemischen Verbindungen steht in vollkommener Übereinstimmung mit der Molekülhypothese. Nach dieser Hypothese sind in einer reinen chemischen Verbindung alle Moleküle einander gleich. Das Gewichtsverhältnis zwischen den Bestandteilen einer reinen chemischen Verbindung muß daher das gleiche sein, wie das Gewichtsverhältnis zwischen den Elementen in dem einzelnen Molekül. In einem Molekül können jedoch nur *ganze* Atome vorkommen; daher können sich chemische Verbindungen nur in den ganz bestimmten Gewichtsverhältnissen bilden, die Verhältnissen aus ganzen Zahlen der an der

Molekülbildung teilnehmenden Atome entsprechen. Wie oben betont, hat jedes Atom sein bestimmtes Gewicht. Enthält ein Molekül 3 Atome eines Grundstoffs mit dem Einzelatomgewicht A und 5 Atome eines anderen Elements mit dem Einzelatomgewicht B, so ist das Gewichtsverhältnis $\frac{3A}{5B}$. Wollen wir die Zusammensetzung dieses Moleküls verändern, so müssen wir mindestens *ein* Atom hinzufügen oder wegnehmen; durch Einführung noch eines Atoms A würde sich z. B. das neue Gewichtsverhältnis zu $\frac{4A}{5B}$ ergeben. Jede chemische Verbindung der Atome A und B muß also die Elemente in einem Gewichtsverhältnis enthalten, das einem Bruch $\frac{pA}{qB}$ gleich ist, in dem p und q ganze Zahlen bedeuten.

Das Gesetz der multiplen Proportionen. Bilden zwei Elemente *mehrere* chemische Verbindungen miteinander, so verhalten sich die Gewichtsmengen des einen Elementes, die in den verschiedenen Verbindungen mit der gleichen Menge des anderen verbunden sind, wie *ganze*, und zwar meistens wie *kleine ganze Zahlen*. Oder anders ausgedrückt: diese Mengen sind *Vielfache (Multipla)* einer und derselben Menge. Aus diesem Grunde trägt das Gesetz den Namen: Gesetz der *multiplen* Proportionen.

Gegenüber dem Gesetz der konstanten Proportionen stellt dieses zweite Gesetz eine Erweiterung dar, die wiederum eine natürliche Folge der Atomtheorie ist. Der einfachste Fall ist folgender: Die Elemente A und B sollen zwei Verbindungen bilden, deren jede dem Gesetz der konstanten Proportionen gehorcht; die Anzahl p der Atome A sei in beiden Verbindungen gleich, dagegen sei das Element B in der ersten Verbindung mit q_1 Atomen, in der zweiten mit q_2 Atomen vertreten; q_1 und q_2 sind, wie auch p, ganze Zahlen. Die konstanten Gewichtsverhältnisse sind also:

$\frac{pA}{q_1 B}$ für die erste Verbindung;

$\frac{pA}{q_2 B}$ für die zweite Verbindung.

Das Verhältnis (n) der — jeweils auf die gleiche Menge pA des Elements A bezogenen — Gewichtsmengen von B in den beiden Verbindungen beträgt also:

$$n = \frac{q_1 B}{q_2 B} = \frac{q_1}{q_2}.$$

Dieses Verhältnis ist also ein Bruch zweier ganzer Zahlen: das Gesetz der multiplen Proportionen ist erfüllt. Daß das Verhältnis $q_1 : q_2$ in den meisten Fällen ein Bruch *kleiner* ganzer Zahlen ist, zeigt uns, daß die meisten Moleküle nur *wenige Atome* enthalten.

Gesetze der multiplen und äquivalenten Proportionen.

Beispiele. Für die Verbindungen aus Sauerstoff (A) und Wasserstoff (B) fand man folgende Zusammensetzung:

für Wasserstoffperoxyd . 1 G.T. Wasserstoff auf 16 G.T. Sauerstoff,
(in R.T. der Gase: . . 1 R.T. Wasserstoffgas auf 1 R.T. Sauerstoffgas)

$$\text{d. h.} \quad \frac{pA}{q_1 B} = \frac{16}{1};$$

für Wasser . . . . . . 2 G.T. Wasserstoff auf 16 G.T. Sauerstoff,
(in R.T. der Gase: . . 2 R.T. Wasserstoffgas auf 1 R.T. Sauerstoffgas)

$$\text{d. h.} \quad \frac{pA}{q_2 B} = \frac{16}{2}.$$

Das Verhältnis der Wasserstoffmengen, die jeweils zu der gleichen Sauerstoffmenge gehören, beträgt hier $q_1 : q_2 = 1 : 2$. — In den beiden oben erwähnten Kupferoxyden verhalten sich die Sauerstoffmengen auf je 100 G.T. Kupfer genau wie 1 : 2. — In den fünf Oxyden des Stickstoffs finden sich auf 28 Teile Stickstoff 16 bzw. 32, 48, 64, 80 Teile Sauerstoff; die Sauerstoffmengen verhalten sich also wie 1 : 2 : 3 : 4 : 5. Nach der Atomtheorie müssen daher in den Stickstoffoxyden 1 Atom, bzw. 2, 3, 4 oder 5 Atome Sauerstoff mit stets der gleichen Anzahl Atome Stickstoff verbunden sein.

Das Gesetz der äquivalenten Proportionen. Als *Stöchiometrie* bezeichnet man die Lehre von der quantitativen Zusammensetzung der chemischen Verbindungen. Von den drei Hauptgesetzen dieser Disziplin kennen wir nun die beiden besprochenen Gesetze der konstanten und der multiplen Proportionen. Das zweite Gesetz behandelt den Ersatz wechselnder Mengen *eines und desselben Elementes* in einer Reihe von Verbindungen. Dagegen ist der Gegenstand des dritten Gesetzes, des Gesetzes der äquivalenten Proportionen, *der gegenseitige Ersatz verschiedener Elemente:* das Gewichtsverhältnis, in dem sich zwei Elemente in chemischen Verbindungen gegenseitig vertreten können (in dem sie *einander äquivalent* sind), besitzt im allgemeinen den gleichen Wert, welche Verbindungen man auch zur Bestimmung dieses Verhältnisses benutzen mag.

Beispiel. 23 g Natrium sind einer Menge von 39,1 g Kalium äquivalent, gleichgültig ob man die Chloride, Sulfate oder Nitrate der beiden Metalle zur Bestimmung heranzieht. Diese Gewichtsmengen sind nämlich in den beiden Chloriden mit der gleichen Chlormenge (35,5 g) verbunden, in den beiden Sulfaten mit der gleichen Menge des Sulfatrestes (48 g), und in den beiden Nitraten mit der gleichen Menge des Nitratrestes (62 g).

Man findet jedoch das Verhältnis der äquivalenten Mengen zweier Elemente nicht in allen Fällen gleich. Immer jedoch werden sich die gemessenen Äquivalentverhältnisse zweier Elemente wie *ganze Zahlen* verhalten. Diese Gesetzmäßigkeit gehört auch zu den unmittelbaren Folgerungen aus der Atomtheorie. Hiernach muß ja das Äquivalentverhältnis immer dem Gewichtsverhältnis zwischen ganzen Zahlen der Atome beider Elemente gleich sein.

Beispiel. 23 g Natrium sind beim Vergleich von Natriumchlorid mit Cuprochlorid 63,6 g Kupfer äquivalent; das Äquivalentverhältnis beträgt demnach: 23/63,6. Vergleicht man aber Natriumchlorid mit Cuprichlorid, so findet man als Kupferäquivalent von 23 g Natrium nur 31,8 g; das Äquivalentverhältnis ist hier also 23/31,8. Beide Äquivalentverhältnisse verhalten sich wie 1:2.

Gerade die umfassende experimentelle Bestätigung der stöchiometrischen Gesetze veranlaßte die Chemiker, seit etwa einem Jahrhundert ernsthaft an die Existenz von Atomen und Molekülen zu glauben. Der Nachweis stöchiometrischer Mengenverhältnisse (d. h. der Gültigkeit der stöchiometrischen Gesetze) ist noch heute ein wichtiges Kriterium bei der Beurteilung der chemischen oder physikalischen Natur eines Vorganges.

Die mechanische Wärmetheorie.

Die Physik nimmt an, daß sich die Atome und Moleküle eines Stoffes in um so lebhafterer Bewegung befinden, je höher seine Temperatur ist, und daß diese Bewegungen unsere Wärmeempfindung verursachen. Diese Vorstellung von dem Wesen der Wärme heißt die *mechanische Wärmetheorie*. Durch Hämmern, Pressen oder andere mechanische Bearbeitung kann man einen festen Körper tatsächlich erwärmen, weil die Moleküle des Stoffes durch die mechanische Bearbeitung in lebhaftere Bewegung versetzt werden. Vielleicht könnte diese Annahme, daß die Moleküle in unseren Stoffen in lebhafter Bewegung sein sollen, zunächst nur als kühne Hypothese erscheinen. Man konnte jedoch die Richtigkeit dieser Annahme durch mikroskopische Untersuchungen direkt beweisen. In einem Tropfen Wasser kann man zwar keinesfalls — auch nicht mit Hilfe eines Mikroskops — die einzelnen Wassermoleküle unterscheiden. Befinden sich aber im Wasser kleine Fremdkörperchen, die man gerade noch im Mikroskop gut beobachten kann — z. B. tote Bakterien, feine Staubteilchen oder ähnliches —, so bemerkt man, daß diese Partikel niemals zur Ruhe kommen, sondern ununterbrochen eine unregelmäßige, zitternde Bewegung vollführen, und zwar um so lebhafter, je kleiner die Teilchen sind und je wärmer das Wasser ist. Diese Bewegung wird nach ihrem Entdecker, dem Botaniker BROWN, als BROWNsche Bewegung bezeichnet. Ihre Erklärung ist nur möglich, wenn man sie als die Folge der Stöße der einzelnen unsichtbaren Wassermoleküle gegen die mikroskopisch sichtbaren Teilchen auffaßt. Wir haben es hier mit der sichtbaren Äußerung einer inneren Bewegung in dem als Ganzem scheinbar in Ruhe befindlichen Wasser zu tun, einer Bewegung, die man durch direkte Beobachtung von reinem Wasser nicht gewahr wird.

Ein Körper, dessen Moleküle und Atome sich in völliger Ruhe befinden, enthält keine Wärme; er ist so kalt, wie überhaupt möglich. Dieser *absolute Nullpunkt* der Temperatur liegt bei — 273° C. Man ist nicht imstande, einen Stoff vollständig bis zum absoluten Nullpunkt abzukühlen, doch kommt man dieser Grenztemperatur heutzutage schon recht nahe.

Auf Grund der mechanischen Wärmetheorie versteht man leicht, warum feste Stoffe durch Erwärmen zum Schmelzen und weiterhin zum Verdampfen gebracht werden können. Die Bewegungen der Moleküle in einem festen Stoff sind bei tiefer Temperatur zunächst so geringfügig, daß ein Molekül seine Nachbarn nicht verläßt, sondern im Mittel seinen Platz zwischen diesen beibehält. Erwärmt man den festen Stoff stärker und versetzt man damit seine Moleküle in lebhaftere und weiter ausgreifende Bewegung, so werden schließlich die Moleküle ihre nächste Umgebung verlassen, d. h. der Stoff wird flüssig, er *schmilzt*. Bei weiterer Wärmezufuhr werden die Bewegungen der Moleküle immer kräftiger, einzelne Moleküle können sich in immer größerer Anzahl aus der Oberfläche losreißen und in den freien Raum entweichen; d. h. der Stoff *verdampft* immer schneller. Jeder Temperatur entspricht ein bestimmter *Dampfdruck*, bei dem der Dampf mit der Flüssigkeit im Gleichgewicht steht; bei dieser ganz bestimmten Konzentration des Dampfes kondensieren sich in 1 sec auf 1 qcm der Oberfläche ebensoviele Moleküle, wie in der gleichen Zeit aus 1 qcm verdampfen. Der *Siedepunkt* ist dann erreicht, wenn der Dampfdruck ebenso groß ist wie der äußere Druck, unter dem die Flüssigkeit steht.

Die mechanische Wärmetheorie erklärt auch, warum jedes Gas erst unterhalb einer bestimmten „kritischen" Temperatur *verflüssigt* werden kann. Die Verflüssigung ist eine Wirkung der Anziehungskräfte (Kohäsionskräfte) zwischen den einzelnen freien Gasmolekülen; oberhalb der kritischen Temperatur sind aber die Wärmebewegungen der Moleküle so heftig, daß die Anziehungskräfte zwischen den einzelnen freien Gasmolekülen selbst bei den höchsten Drucken nicht imstande sind, die Moleküle zu einer Flüssigkeit zu kondensieren.

S. S. 18.

Die Hypothese von Avogadro.

Soweit sich die mechanische Wärmetheorie mit Gasen beschäftigt, heißt sie *kinetische Gastheorie*. Nach dieser Theorie rührt der Druck eines Gases auf die Gefäßwände von den Stößen der Gasmoleküle her, die mit großer Geschwindigkeit auf die Wände auftreffen und dort elastisch zurückgeworfen werden. Aus dieser Vorstellung kann man ableiten, daß bei gleicher Temperatur der *Gasdruck* ausschließlich von der *Zahl der Einzelmoleküle pro Liter*, d. h. von der molekularen *Konzentration* der Gasmoleküle abhängt, nicht jedoch von der Größe, Natur oder von der Masse der Moleküle. An dieser Stelle kann der genaue Beweis hierfür nicht gegeben werden; es genügt hier zu erwähnen, daß die schwereren Moleküle deswegen keinen größeren Gasdruck ergeben als die leichteren, weil sich die schwereren bei der gleichen Temperatur durchschnittlich langsamer bewegen. Hängt der Gasdruck ausschließlich von der Anzahl Moleküle des Gases im Liter und von der Temperatur ab, so folgt hieraus als wichtige Folgerung der Satz: *Gleichgroße Volumina verschiedener Gasarten enthalten bei gleichem Druck und gleicher Temperatur die gleiche Anzahl einzelner Moleküle* (AVOGADROs Hypothese). 1 l Wasserstoff, 1 l Luft, 1 l Sauerstoff enthalten also bei Atmosphärendruck und 18⁰ C gleichviele Moleküle.

Mit Hilfe von AVOGADROs Hypothese läßt sich das Molekülverhältnis bestimmen, nach welchem sich zwei gasförmige Stoffe miteinander chemisch verbinden. Denn wenn a Liter des einen Gases mit b Litern eines anderen Gases reagieren, müssen nach AVOGADROs Hypothese auch a Einzelmoleküle der ersten mit b Einzelmolekülen der zweiten Gasart reagieren, und das Molekülverhältnis muß also gleich $a:b$ sein. Bei der Wasserbildung verbindet sich 1 l Sauerstoff mit 2 l Wasserstoff; folglich reagiert je ein Sauerstoffmolekül mit zwei Wasserstoffmolekülen, und das Molekülverhältnis beträgt 1 : 2. Zu Chlorwasserstoff verbinden sich 1 l Chlor und 1 l Wasserstoff; daher reagiert ein Chlormolekül mit einem Wasserstoffmolekül; das Molekülverhältnis ist 1:1.

S. S. 10, 24.

Die meisten chemischen Vorgänge zwischen *Gasen* vollziehen sich nach *einfachen Raumverhältnissen* (Gesetz von GAY-LUSSAC). Bei der Wasserbildung entstehen z. B. aus 1 l Sauerstoff und 2 l Wasserstoff 2 l Wasserdampf (alle Gase bei gleicher Temperatur, z. B. bei 100⁰ C, gemessen); bei der Bildung von Chlorwasserstoff entstehen aus 1 l Chlorgas und 1 l Wasserstoff 2 l Chlorwasserstoff. Man kann daraus sofort schließen, daß diese chemischen Vorgänge nach einfachen Molekülverhältnissen erfolgen. Dies stimmt wieder mit dem Befund überein, daß die Anzahl der Atome in den meisten Molekülen nur gering ist.

S. S. 26.

Die Bestimmung des Molgewichtes gasförmiger Stoffe.

Die einzelnen Moleküle sind zu klein, als daß man sie einzeln wägen könnte. Nichtsdestoweniger lassen sich mit Hilfe von AVOGADROs Hypothese die Molekülgewichte gasförmiger Stoffe untereinander *vergleichen*.

Hat man das Verhältnis zwischen dem Gewicht eines Weizenkorns und eines Roggenkorns zu messen, aber keine genügend feine Wage zur Hand, um diese Körner einzeln abzuwägen, so kann man den einfachen Kunstgriff benutzen, jeweils hundert Körner jeder Sorte abzuzählen und das Gewichtsverhältnis zwischen diesen Mengen zu bestimmen, was ja mit einer gröberen Wage geschehen kann. In ganz entsprechender Weise kann man das Verhältnis der Molekülgewichte von zwei Stoffen bestimmen durch den *Vergleich der Gewichte solcher Stoffmengen, die gleichviele Moleküle enthalten.* Nach AVOGADROS Hypothese braucht man hierzu nur die Gewichte *gleicher Volumina* von zwei Gasen zu vergleichen. Das Verhältnis der Gewichte gleicher Gasvolumina ist gleich dem Verhältnis der Molekülgewichte der beiden Stoffe.

Diese Wägungen lassen sich in einem geschlossenen Gefäß ausführen, das mit einem Hahn versehen ist und zuerst luftleer, hierauf mit den verschiedenen Gasen gefüllt gewogen wird. Findet man, daß ein bestimmtes Gefäß 1,953 g Sauerstoff, dagegen nur 0,123 g Wasserstoff aufnimmt, so muß das Sauerstoffmolekül 1,953 : 0,123 = 15,9mal so schwer sein wie das Wasserstoffmolekül. Derartige Messungen bilden die Grundlage aller unserer Kenntnisse über die Molekülgröße von Gasen und Dämpfen.

Die folgende Tabelle enthält die Litergewichte verschiedener Gase unter ,,*Normalbedingungen*", d. h. *bei 0° und 1 Atm.* Die Molekülgewichte dieser Stoffe müssen sich wie die Litergewichte verhalten. Als *Molgewicht* eines Stoffes definiert man das *Verhältnis seines Molekülgewichtes zum Molekülgewicht des Sauerstoffs, wobei man letzteres zu 32 annimmt*[1]. Hat ein Stoff doppelt so schwere Moleküle wie Sauerstoff, so beträgt sein Molgewicht 64. Als *Einheit für Molgewichte* ist also $1/32$ des Sauerstoffmolgewichtes festgesetzt; die Zweckmäßigkeit dieser Einheit wird erst später verständlich werden. Nennt man das Molgewicht eines Gases M und das Litergewicht unter Normalbedingungen P, so folgt aus AVOGADROS Hypothese (da 1,429 das Litergewicht von Sauerstoff ist):

S. S. 34, 49.

$$\frac{M}{32} = \frac{P}{1,429} \, . \quad \text{Hieraus folgt:} \ M = 22{,}4 \cdot P.$$

Das Molgewicht eines Gases ist folglich 22,4mal dem Litergewicht des Gases in Gramm unter Normalbedingungen. Die folgende Tabelle enthält einige mit Hilfe dieser Formel berechnete Molgewichte.

Hat man das Litergewicht eines Gases bei einer anderen Temperatur als 0° oder bei einem anderen Druck als 1 Atm. bestimmt, so kann man mit Hilfe der allgemeinen Gasgesetze das Litergewicht bei Normalbedingungen berechnen. Dies ist nötig bei der Molgewichtsbestimmung aller Stoffe, die unter Normalbedingungen flüssig oder fest sind. Z. B. muß das Litergewicht von Wasserdampf bei Normalbedingungen aus dem experimentell zugänglichen Litergewicht bei Temperaturen oberhalb 100° berechnet werden.

---

[1] Das Molgewicht darf nicht mit dem (Einzel-) Molekülgewicht verwechselt werden. Das Molgewicht von Sauerstoff ist 32; in 32 g Sauerstoff sind aber — siehe S. 32 — ungeheuer viele, rund $6 \cdot 10^{23}$ einzelne Moleküle enthalten, daher beträgt sein Molekülgewicht $5{,}3 \cdot 10^{-23}$ g.

Atomtheorie.

Das Gramm-Mol. Unter einem Gramm-Mol (kurz oft auch *Mol* genannt), versteht man die Menge von soviel Gramm eines Stoffes, wie das Molgewicht angibt. So ist ein Gramm-Mol Sauerstoff die Menge von 32 g usw. Da man das Molgewicht jedes Gases erhält, wenn man sein Litergewicht bei 0° und 1 Atm. mit 22,4 multipliziert, müssen also *22,4 l jedes Gases unter Normalbedingungen genau 1 Gramm-Mol enthalten.* Hieraus folgt, daß *ein Mol jedes beliebigen Gases unter Normalbedingungen das Volumen von 22,4 l erfüllt.* Dieses Volumen nennt man das *Normalvolumen.*

Tabelle 1. Litergewichte und Molgewichte von Gasen.

Gas	Litergewicht bei 0° und 1 Atm.	Molgewicht (Sauerstoff = 32,00)
Wasser	0,805	18,02
Chlorwasserstoff	1,628	36,47
Kohlenoxyd	1,251	28,00
Kohlendioxyd	1,965	44,00
Wasserstoff	0,090	2,02
Sauerstoff	1,429	32,00
Chlor	3,166	70,92

Die Dichte (d) **eines Gases** oder **Dampfes**, bezogen auf die Dichte der atmosphärischen Luft ist eine von der Temperatur und dem Drucke nahezu unabhängige Größe. Man erhält sie, indem man das Litergewicht (P) des Gases durch das Litergewicht von Luft dividiert. 1 l Luft wiegt unter Normalbedingungen 1,293 g; also besteht die Beziehung: $d = P : 1{,}293$. Führt man in diesen Ausdruck an Stelle des Litergewichtes P das Molgewicht M ein (und zwar mit Hilfe der Beziehung: $M = 22{,}4 \cdot P$) so erhält man:

$$d = \frac{P}{1{,}293} = \frac{M}{22{,}4 \cdot 1{,}293} = \frac{M}{28{,}96}.$$

Man kann also mit guter Annäherung die Dichte eines Dampfes oder Gases berechnen, indem man sein Molgewicht durch 29 dividiert. Die Formel kann auch geschrieben werden: $M = 29 \cdot d$, und zeigt in dieser Form, daß man zu dem Molgewicht eines Gases kommt, indem man seine auf Luft bezogene Dichte mit 29 multipliziert. Die *Dampfdichtemessung* ist die wichtigste Methode der Molgewichtsbestimmung von Gasen.

Das wahre Gewicht der Moleküle. In einem Mol ist die Anzahl der einzelnen Moleküle für alle Stoffe die gleiche. Wir können hier nicht schildern, wie man diese Zahl messen kann, und wollen nur mitteilen, daß sie $6{,}06 \cdot 10^{23}$ beträgt. Diese Zahl wird meistens als AVOGADROsche Zahl bezeichnet. Dividiert man das Molgewicht M durch die AVOGADROsche Zahl, so erhält man das wahre Gewicht eines einzelnen Moleküles des betreffenden Stoffes in Gramm. Diese Gewichte sind außerordentlich klein, von der Ordnung 10^{-23} g.

Die Bestimmung der Anzahl der Atome in den Molekülen. Die Atomgewichte.

Weiß man, daß das Molgewicht des Wassers 18,02 beträgt und kennt man die Zusammensetzung des Wassers nach Gewichtsprozenten, so kann man berechnen, wieviel Wasserstoff und Sauerstoff ein Molgewicht Wasser enthält.

Bei der Wasserbildung werden auf 1 l Sauerstoff 2 l Wasserstoff verbraucht; 1 l Sauerstoff wiegt 1,429 g und 2 l Wasserstoff wiegen $2 \cdot 0{,}090 = 0{,}180$ g. Daraus berechnet sich als Zusammensetzung des Wassers: 11,2% Wasserstoff und 88,8% Sauerstoff. Vergleicht man diese Zahlen mit dem Molgewicht 18,02 des Wassers, so ergibt sich, daß in einem Gramm-Mol Wasser 2,02 g Wasserstoff und 16,00 g Sauerstoff enthalten sein müssen.

Auf genau die gleiche Weise lassen sich für andere Stoffe, deren *Molgewicht* und *prozentische Zusammensetzung* bekannt sind, die Gewichtsmengen der verschiedenen Molekülbestandteile berechnen. Die Ergebnisse solcher Berechnungen enthält die folgende Tabelle 2.

Tabelle 2. Zahlenmaterial zur Bestimmung einiger Atomgewichte.

Gas	Molgewicht	Quantitative Zusammensetzung	Im Molgewicht gefundene Gewichtsmenge				Chemische Formel
			Wasserstoff	Sauerstoff	Chlor	Kohlenstoff	
Wasser	18,02	11,2 } % Wasserstoff	2,02	16,00	—	—	H_2O
Chlorwasserstoff	36,47	2,76	1,01	—	35,46	—	HCl
Äthylen ...	28,04	14,4	4,01	—	—	24,00	C_2H_4
Benzol	78,06	7,76	6,06	—	—	72,00	C_6H_6
Tetrachlorkohlenstoff .	153,84	7,80 } % Kohlenstoff	—	—	141,84	12,00	CCl_4
Kohlenoxyd. .	28,00	42,9	—	16,00	—	12,00	CO
Kohlendioxyd.	44,00	27,3	—	32,00	—	12,00	CO_2
Wasserstoff. .	2,02	—	2,02	—	—	—	H_2
Sauerstoff . .	32,00	—	—	32,00	—	—	O_2
Chlor.....	70,92	—	—	—	70,92	—	Cl_2
Atomgewicht .	—	—	1,01	16,00	35,46	12,00	
Atomsymbol .	—	—	H	O	Cl	C	

Betrachtet man die Wasserstoffmengen in den Molgewichten der verschiedenen Stoffe, so fällt sofort auf, daß es sich ausschließlich um *Vielfache von 1,01* handelt, der geringsten Menge Wasserstoff, die in irgendeinem Molgewicht vorkommt. Daher liegt die Annahme nahe, daß einem Atom Wasserstoff das Gewicht 1,01 entspricht, und daß in den Molekülen solcher Stoffe, deren Molgewicht 1,01 Teile Wasserstoff enthält, ein Wasserstoffatom vorhanden ist. Dagegen würden die Moleküle der Stoffe, deren Molgewichte die n-fache Menge Wasserstoff enthalten, n Wasserstoffatome besitzen. Man nennt daher 1,01 das *Atomgewicht* des Wasserstoffs; ein *Grammatom* Wasserstoff ist die Menge von 1,01 g. Es wäre an sich nicht unmöglich, daß das Atomgewicht des Wasserstoffs kleiner als 1,01 ist, z. B. gleich der Hälfte dieser Zahl. Dies ist jedoch aus vielen Gründen höchst unwahrscheinlich; um nur einen zu nennen: in diesem Fall müßten alle bekannten Wasserstoffverbindungen eine gerade Anzahl Wasserstoffatome im Molekül enthalten. Allgemein bezeichnet man als *Atomgewicht* eines Elementes *die kleinste Menge, in der das Element in den Molgewichten seiner Verbindungen vorkommt.* Aus Tabelle 2 entnimmt man demgemäß, daß das Atomgewicht des Sauerstoffs 16,00 sein muß, das des Chlors 35,46 und das des Kohlenstoffs 12,00. Die Gewichtseinheit für diese Zahlen ist natürlich die gleiche wie für die Molgewichte, also $^1/_{32}$ des Sauerstoffmolgewichts. Durch die Wahl dieser Einheit erreicht man, daß das Atomgewicht des Wasserstoffatomes, des leichtesten aller Atome, nahe gleich 1 wird; hieraus erhellt die Zweckmäßigkeit der Wahl dieser — zunächst vielleicht willkürlich anmutenden — chemischen Gewichtseinheit.

Atomsymbole. Man bezeichnet das Atom eines Elementes gewöhnlich mit dem Anfangsbuchstaben seines lateinischen Namens. Bei gleichen Anfangsbuchstaben mehrerer Elemente fügt man einen der folgenden kleinen Buchstaben hinzu. Zu Beginn des Buches ist ein vollständiges alphabetisches Verzeichnis der Atomgewichte und -symbole aller bekannten Grundstoffe abgedruckt. Hier folgen nur einige Symbole und abgerundete Atomgewichte.

Wasserstoff . H = 1	Natrium . Na = 23	Eisen . . . Fe = 56
Sauerstoff . . O = 16	Kalium . . K = 39	Blei . . . Pb = 207
Stickstoff . . N = 14	Magnesium Mg = 24	Zinn . . . Sn = 119
Chlor . . . . Cl = 35,5	Calcium . Ca = 40	Kupfer . . Cu = 64
Schwefel . . S = 32	Barium . . Ba = 137	Quecksilber Hg = 201
Phosphor . . P = 31	Aluminium Al = 27	Silber . . Ag = 108
Kohlenstoff . C = 12	Mangan . . Mn = 55	Gold . . . Au = 197
Silicium . . . Si = 28	Zink . . . Zn = 65	Platin . . Pt = 195

Chemische Formeln. Mit Hilfe der Atomsymbole läßt sich die atomistische Zusammensetzung der verschiedenen Moleküle einfach und unmißverständlich bezeichnen. Das Wassermolekül, das 2 Wasserstoffatome und 1 Sauerstoffatom enthält, wird H_2O geschrieben. Das Benzolmolekül enthält 6 Kohlenstoffatome und 6 Wasserstoffatome, und erscheint daher als C_6H_6. Diese Bezeichnungen heißen *chemische Formeln.* In den chemischen Formeln und Berechnungen kann man jedes Atomsymbol als Sinnbild der *Menge* eines Grammatoms auffassen.

Ausdrücklich sei bemerkt, daß die Moleküle der wichtigen Gase: Wasserstoff, Sauerstoff, Chlor, jeweils *zwei* Atome enthalten und daher durch die Formeln H_2, O_2, Cl_2 wiederzugeben sind. Auch das Stickstoffmolekül ist zweiatomig, N_2. Man darf aber deshalb nicht glauben, daß alle gasförmigen Elemente zweiatomige Moleküle besitzen; im Gegenteil haben gewisse andere Gase mehr wie zwei Atome im Molekül (z. B. ist Phosphordampf P_4), und wieder andere — allerdings wenig zahlreiche und seltene — Gase bestehen aus freien Atomen (z. B. Helium). In den zweiatomigen Molekülen H_2, O_2, N_2, Cl_2 sind die Atome sehr fest gebunden; erst in neuerer Zeit und mit Hilfe sehr wirksamer Methoden (Erhitzen auf sehr hohe Temperaturen, kräftige elektrische Entladungen) ist es gelungen, diese Moleküle in nennenswertem Umfang in Atome zu zerlegen. Die freien Atome dieser Elemente sind so unbeständig, daß man nur durch besondere Maßnahmen ihr Zusammentreten zu den Molekülen verhindern kann.

Mit Hilfe der in Tabelle 2 abgeleiteten Formeln kann man sofort übersehen, welche *Volumänderungen bei Gasreaktionen* eintreten. So ergibt sich, daß die Chlorwasserstoffbildung — d. h. der Vorgang: 1 Mol H_2 + 1 Mol Cl_2 vereinigen sich zu 2 Molen HCl — ohne Volumenänderung vor sich gehen muß. Daß dies der Erfahrung entspricht, wurde schon oben bei der Besprechung des Gesetzes S. S. 30. von GAY-LUSSAC mitgeteilt.

Die Molgewichtsbestimmung von gelösten Stoffen.

Die erste Aufgabe jeder chemischen Untersuchung eines reinen Stoffes ist die Ermittlung der chemischen Formel seines Moleküls. Hierzu sind, wie wir gesehen haben (vgl. Tabelle 2), zwei Schritte notwendig:

1. die vollständige *quantitative Analyse* des Stoffes;
2. die Ermittlung des *Molgewichtes*.

Bisher haben wir nur die Möglichkeit kennen gelernt, die Molgewichte gasförmiger Stoffe aus der Messung des Litergewichtes, S. S. 31. bzw. der Dampfdichte abzuleiten. Viele Stoffe sieden jedoch so hoch, daß diese Art der Molgewichtsbestimmung unbequem wird; viele andere Stoffe (z. B. Zucker, Kaliumchlorat) zersetzen sich schon weit unterhalb ihres Siedepunktes, so daß ihre Dampfdichte überhaupt nicht zugänglich ist.

Daher war es von größter Bedeutung, noch andere Methoden der Molgewichtsbestimmung zu entwickeln, bei denen ein Verdampfen der Stoffe nicht nötig ist. Alle diese Methoden, die heute praktisch von größerer Bedeutung sind als die Dampfdichtemessung, gründen sich auf gewisse *Eigenschaften verdünnter Lösungen*, die zunächst zu betrachten sind.

Halbdurchlässige Wände. Durch ein Stück Filtrierpapier dringen gelöste Stoffe ebenso gut hindurch wie reines Wasser; nur mechanisch beigemischte Fremdkörper werden zurückgehalten. Man kennt indessen gewisse Häute oder Membrane, durch die zwar das Wasser hindurchtreten kann, die aber gelöste Stoffe langsamer oder nicht passieren lassen. Wände von Pflanzenzellen, tierische Häute und auch künstlich hergestellte Kollodiummembrane sind in dieser Hinsicht für verschiedene Lösungen *halbdurchlässig (semipermeabel)*. So kann z. B. Wasser durch solche Systeme wandern, während in Wasser gelöstes Eiweiß nicht hindurchtritt. Füllt man ein Stück Darm mit Eiweißlösung, bindet es zu und legt es in Wasser, so dringt das Wasser in das Innere des Darmes ein und bläht ihn auf; aber selbst nach längerer Zeit wird man kein Eiweiß in dem Wasser außerhalb des Darmes nachweisen können. Diese Halbdurchlässigkeit kann man mit einer Art von Siebwirkung erklären; hiernach enthält die Darmhaut so enge Poren, daß die kleinen Wassermoleküle noch hindurchtreten können, während die großen Moleküle des gelösten Eiweißstoffes hierzu nicht imstande sind.

Die meisten halbdurchlässigen Wände besitzen diese Eigenschaft nur für eine bestimmte Gruppe gelöster Stoffe, die wegen ihrer leimähnlichen Beschaffenheit (kolla = Leim) *Kolloide* heißen. Eine halbdurchlässige Wand, die auch Nichtkolloide, wie z. B. Zucker und viele Salze, praktisch vollständig zurückhält, läßt sich herstellen aus einer Kupfersulfatlösung, die mit einer Lösung von Kaliumferrocyanid in Berührung gebracht wird. An der Grenzfläche zwischen diesen beiden Lösungen fällt eine braunrote Schicht von Kupferferrocyanid aus, in Form einer zusammenhängenden Haut, die für die Salze, aus denen sie entstanden ist, undurchlässig ist. Die Haut ist mechanisch äußerst empfindlich; man läßt sie sich daher meistens in der Wandung eines unglasierten, porösen Tonzylinders bilden. Hierfür taucht man den mit Kaliumferrocyanidlösung gefüllten Zylinder in die Kupferlösung. Die in den Ton eingelagerte Membran besitzt eine ausgezeichnete Undurchlässigkeit für Zucker und sehr viele Salze; gleichzeitig ist sie mechanisch recht widerstandsfähig.

Osmotischer Druck. Füllt man eine Zuckerlösung in einen derart präparierten Tonzylinder, schließt diesen Zylinder oben mit einem Gummipfropfen dicht ab, der ein dünnes Rohr trägt, und bringt man darauf diesen Apparat in ein Gefäß mit reinem Wasser (s. Abb. 4), so wird Wasser von außen in das Innere des Tonzylinders eindringen, und die Lösung wird in dem dünnen Rohr aufwärts steigen. Hierdurch entsteht ein *hydrostatischer*

Überdruck im Innern des Apparates; ein Maß für diesen Überdruck ist die Höhe, bis zu der die Flüssigkeit in dem dünnen Rohr gestiegen ist (vgl. den Doppelpfeil in Abb. 4). Der im Laufe des Versuches wachsende Überdruck wird dem weiteren Einströmen von Wasser einen entsprechend wachsenden Widerstand entgegensetzen. Bei einer bestimmten Höhe der Flüssigkeitssäule, d. h. des hydrostatischen Überdruckes im Innern, wird das Eindringen des Wassers ganz aufhören. Bestand z. B. die Füllung des Zylinders aus 0,1%iger Zuckerlösung, so wird solange Wasser eindringen, bis der hydrostatische Überdruck im Innern auf etwa 0,07 Atm. (d. h. etwa 72 cm Wassersäule) gestiegen ist. Dieser Endwert des hydrostatischen Überdruckes wird als *osmotischer Druck* der Zuckerlösung bezeichnet; der beschriebene Apparat heißt *Osmometer*. Die Größe des osmotischen Druckes ist von der Natur der verwendeten Membran nicht abhängig; man erhält den gleichen Druck mit den verschiedensten Membranen, wenn sie nur für Wasser durchlässig und für den gelösten Stoff undurchlässig sind.

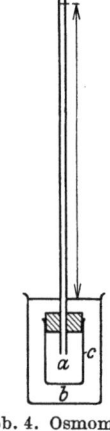

Abb. 4. Osmometer.
a Lösung, b reines Wasser, c Membran.

Der osmotische Druck in einer Lösung verändert sich *proportional der Menge des aufgelösten Stoffes*. Darüber hinaus hat sich aber gezeigt, daß *äquimolare* Lösungen (d. h. Lösungen, die gleichviele Mole gelöster Stoffe im Liter enthalten) den *gleichen osmotischen Druck* besitzen (oder: *isotonisch* sind). Dieses Gesetz läßt sich auch in folgender Weise ausdrücken: *gleichgroße Volumina verschiedener Lösungen, die bei der gleichen Temperatur denselben osmotischen Druck zeigen, enthalten gleichviele gelöste Moleküle*. AVOGADROS Hypothese gilt also, wie man sieht, auch für Lösungen, sobald man nur mit dem osmotischen Druck an Stelle des Gasdruckes rechnet. Ja, die Übereinstimmung zwischen den Gasen und den Lösungen ist so vollkommen, daß eine Lösung, deren osmotischer Druck 1 Atm. beträgt, im Liter genau die gleiche Anzahl Moleküle enthält, wie ein Gas von 1 Atm. Druck (natürlich bei gleicher Temperatur).

Der osmotische Druck kann recht bedeutende Werte annehmen. Besitzt eine Lösung bei $0°$ den osmotischen Druck 1 Atm., so muß sie, nach der soeben formulierten Analogie, im Liter $1/22,4 = 0,045$ Mole gelösten Stoff enthalten. Umgekehrt muß also eine Lösung, die in 1 l ein Mol gelösten Stoff enthält, den beträchtlichen osmotischen Druck von 22,4 Atm. (bei $0°$) zeigen. In einer 10%igen

Natriumchloridlösung beträgt der osmotische Druck etwa 80 Atm. Die Festigkeit von krautartigen Pflanzen, ihre Turgeszenz, die bei Wassermangel nachläßt, rührt von einem hydrostatischen Überdruck (dem Turgordruck) im Innern der Pflanzenzellen her. Die Zellwände sind nämlich halbdurchlässig, und das Wasser wird aus der Erde solange durch die Saftgefäße zu den Zellen wandern und in sie eindringen, bis der Überdruck in den Zellen gleich dem osmotischen Druck der im Zellsaft gelösten Stoffe geworden ist, die nicht durch die halbdurchlässigen Zellwände hindurchtreten können. Daß Gegenstände mit weichen, biegsamen Wänden durch inneren Überdruck hart und steif werden können, ist etwa von den Fahrradschläuchen her bekannt.

Das Wesen des osmotischen Druckes. Ebenso wie der Gasdruck ein Maß ist für die Kraft, mit der sich ein Gas auszudehnen strebt, kann der osmotische Druck als ein Maß für die Kraft aufgefaßt werden, mit der sich ein gelöster Stoff im Lösungsmittel ausbreitet, oder anders ausgedrückt: für die Kraft, mit der sich eine Lösung, sobald ihr neues Lösungsmittel dargeboten wird, zu verdünnen strebt. Gießt man Lösung und Lösungsmittel einfach zusammen in ein Gefäß, so steht dieser Verdünnung keinerlei Hindernis entgegen; im Osmometer (Abb. 4) kann sich dagegen die in die halbdurchlässige Wand *eingeschlossene* Lösung nur in der Weise verdünnen, daß sie Lösungsmittel von außen durch die Wand ansaugt und im Steigrohr emporsteigt. Verschließt man aber das Steigrohr oben mit einem verschiebbaren Stempel, der durch Gewichte belastet werden kann, so kann man mit Hilfe einer ganz bestimmten Belastung das Lösungsmittel gerade verhindern, in die Lösung einzudringen, und kann derart die Ausbreitungsbestreben des aufgelösten Stoffes kompensieren. Folglich kann der osmotische Druck als ein Maß für das Ausbreitungsbestreben des gelösten Stoffes angesehen werden.

Die übereinstimmenden Gesetze für die Größe des Gasdruckes und des osmotischen Druckes deuten auf eine gewisse Verwandtschaft des gasförmigen und gelösten Zustandes hin. Nach allgemeiner Ansicht gründet sich diese auf den Umstand, daß wir es in beiden Fällen mit Stoffen *in verdünntem Zustand* zu tun haben, in dem die Moleküle des Gases, bzw. des gelösten Stoffes weit voneinander entfernt sind.

Diffusion. Schichtet man vorsichtig etwas reines Lösungsmittel über eine Lösung, so wird der gelöste Stoff in das reine Lösungsmittel einwandern (diffundieren), auch wenn man nicht umrührt und alles vollkommen ruhig stehen läßt. Nach einigen Tagen oder Monaten wird der gelöste Stoff völlig gleichmäßig über die ganze Flüssigkeitsmasse verteilt sein. Diese spontan erfolgende Wanderung nennt man *Diffusion*. Die Diffusion ist eine Folge der unregelmäßigen Wärmebewegung der gelösten Moleküle. Diese inneren Bewegungen machen sich äußerlich als Ausdehnungsbestreben des gelösten Stoffes geltend. Der osmotische Druck ist ein Maß dieser Ausbreitungstendenz und kann deshalb als Maß für die treibende Kraft der Diffusion angesehen werden. Wenn die Diffusion trotz der bedeutenden Größe der

S. S. 37. osmotischen Drucke nur sehr langsam vor sich geht, so trägt hieran der große Reibungswiderstand, der sich der Bewegung der aufgelösten Moleküle entgegenstellt, die Schuld.

Molgewichtsbestimmung gelöster Stoffe aus dem osmotischen Druck. Genau so, wie man nach AVOGADRO das Molgewicht eines
S. S. 31. *Gases* mit Hilfe der Gleichung: $M = 22,4 \cdot P$ bestimmt (wo M

das Molgewicht, P das Litergewicht des Gases in Gramm bei 0^0 und 1 Atm. bedeuten), kann man das Molgewicht eines *gelösten Stoffes* mit Hilfe der Gleichung: $M = 22{,}4 \cdot p$ bestimmen; nur bedeutet hier p die Gewichtsmenge (in Gramm) des gelösten Stoffes, die sich in einem Liter derjenigen Lösung befindet, deren *osmotischer Druck* bei 0^0 gerade *1 Atm.* beträgt.

Beispiel. Wurde bei 0^0 C der osmotische Druck einer Lösung, die 7,6 g Rohrzucker auf 1 l enthält, zu 0,5 Atm. gemessen, so wird eine Lösung, die doppelt so viel (nämlich 15,2 g) Zucker in 1 l enthält, einen osmotischen Druck von 1 Atm. besitzen. Folglich muß das Molgewicht des Zuckers betragen: $22{,}4 \cdot 15{,}2 = 340$.

Molgewichtsbestimmung gelöster Stoffe mit Hilfe von Gefrierpunkts- oder Siedepunktsmessungen. Es ist meistens recht schwierig, gute Messungen des osmotischen Druckes zu machen; man bevorzugt daher zur Molgewichtsbestimmung andere, bequemere Methoden. Sowohl durch Versuche als auch auf Grund theoretischer Überlegungen hat sich ergeben, daß solche Lösungen der verschiedensten Stoffe in einem bestimmten Lösungsmittel, die den *gleichen osmotischen Druck* zeigen, auch den *gleichen Gefrier- und Siedepunkt* besitzen. Da nun Lösungen mit gleichem osmotischen Druck S. S. 37. äquimolar sind, müssen auch die Lösungen *gleichen Gefrier- oder gleichen Siedepunktes äquimolar* sein. Eine Lösung, die in 1 l Wasser 1 Gramm-Mol eines beliebigen Stoffes gelöst enthält, besitzt bei 0^0 einen osmotischen Druck von 22,4 Atm., sie gefriert bei $-1{,}86^0$, sie siedet bei $100{,}52^0$. Dabei ist es gleichgültig, welcher Natur der gelöste Stoff ist, der Gefrierpunkt und der Siedepunkt hängen nur von der *Anzahl der Mole* pro Liter Wasser ab. Eine Voraussetzung für die Gültigkeit dieser Beziehungen besteht darin, daß der gelöste Stoff beim Siedepunkt der Lösung nicht merklich flüchtig ist, bzw. sich am Gefrierpunkt nicht zusammen mit dem Lösungsmittel in fester Phase ausscheidet; oder anders ausgedrückt: beim Siedepunkt der Lösung darf nur *reiner Dampf des Lösungsmittels* entstehen, und am Gefrierpunkt der Lösung müssen sich *reine Kristalle des festen Lösungsmittels* ausscheiden.

Als *molare Gefrierpunktserniedrigung* bezeichnet man die Erniedrigung, die von einem gelösten Gramm-Mol in 1 kg Lösungsmittel (also für Wasser nahe gleich 1 l) hervorgebracht wird. In wäßrigen Lösungen beträgt sie $1{,}86^0$. Analog wird die *molare Siedepunkts-* S. S. 22. *erhöhung* definiert durch die Erhöhung in einer Lösung, die 1 Gramm-Mol gelösten Stoff auf 1 kg Lösungsmittel enthält. Für wäßrige Lösungen beträgt sie $0{,}52^0$.

Will man also z. B. das Molgewicht eines in Wasser löslichen Stoffes ermitteln, so stellt man durch Versuche fest, wie viele Gramme in 1 kg Wasser aufgelöst werden müssen, damit die Lösung bei $-1{,}86^0$ gefriert oder bei $100{,}52^0$ siedet. Beträgt diese Menge M Gramm, so ist das Molgewicht gleich M.

Tabelle 3. Molare Gefrierpunktserniedrigungen und Siedepunktserhöhungen.

Lösungsmittel	Molare Gefrierpunktserniedrigung	Molare Siedepunktserhöhung
Wasser . . .	$1{,}86^0$	$0{,}52^0$
Alkohol . .	—	$1{,}15^0$
Äther . . .	—	$2{,}12^0$
Essigsäure .	$3{,}9^0$	$2{,}53^0$
Benzol . . .	$4{,}9^0$	$2{,}67^0$

Beispiel. Durch Auflösen von 10 g Zucker in 1 kg Wasser erhält man eine Lösung, die bei $-0{,}0544^0$ gefriert. Da die Gefrierpunktserniedrigung proportional der gelösten Stoffmenge wächst, wäre es nötig, $10 \cdot \dfrac{1{,}86}{0{,}0544}$ = 342 g Zucker in 1 kg aufzulösen um den Gefrierpunkt um $1{,}86^0$ zu senken. Daher muß das Molgewicht des Zuckers gleich 342 sein. Zucker enthält 42,08% Kohlenstoff, 51,43% Sauerstoff und 6,49% Wasserstoff. Hieraus berechnet sich für ein Gramm-Mol (= 342 g) Zucker ein Gehalt von 144 g Kohlenstoff, 176 g Sauerstoff und 22 g Wasserstoff. Da das Atomgewicht des Kohlenstoffs 12, das des Sauerstoffs 16, das des Wasserstoffs 1 ist, folgt sofort als Formel für das Zuckermolekül: $C_{12}H_{22}O_{11}$.

Die Gesetze für den osmotischen Druck und für den Gefrier- und Siedepunkt von Lösungen gelten in Wirklichkeit nur für *verdünnte* Lösungen genau. Es soll sich höchstens etwa 0,1 Gramm-Mol gelöster Stoff in 1 kg Lösungsmittel befinden. Je verdünnter die Lösungen sind, desto genauer werden die erwähnten Sätze befolgt.

Die chemischen Formeln einiger wichtiger Verbindungen.

In der folgenden Zusammenstellung finden sich die chemischen Formeln einiger wichtiger Stoffe.

Säuren.
Salzsäure . . . . HCl
Chlorsäure . . . . $HClO_3$
Salpetersäure . . . . . . HNO_3
Schwefelsäure . . . . . H_2SO_4
Schweflige Säure . . . . H_2SO_3
Schwefelwasserstoff . . . H_2S
Phosphorsäure . . . . . H_3PO_4
Kohlensäure . . . . . . H_2CO_3
Essigsäure . . . . $HC_2H_3O_2$
Oxalsäure . . . . $H_2C_2O_4$

Oxyde von Nichtmetallen.
Wasser . . . . H_2O
Schwefeldioxyd . . . . . SO_2
Phosphorpentoxyd . . . . P_2O_5
Kohlendioxyd . . . . . . CO_2

Wasserstoffverbindungen von Nichtmetallen.
Chlorwasserstoff . . . . HCl
Wasser . . . . H_2O
Wasserstoffperoxyd . . . H_2O_2
Schwefelwasserstoff . . . H_2S
Ammoniak . . . . NH_3
Phosphorwasserstoff . . . PH_3
Methan . . . . CH_4

Metallhydroxyde.
Natriumhydroxyd . . . . NaOH
Kaliumhydroxyd . . . . KOH
Magnesiumhydroxyd . . . $Mg(OH)_2$
Calciumhydroxyd . . . . $Ca(OH)_2$
Bariumhydroxyd . . . . $Ba(OH)_2$
Zinkhydroxyd . . . . . . $Zn(OH)_2$
Ferrohydroxyd . . . . . $Fe(OH)_2$
Ferrihydroxyd . . . . . $Fe(OH)_3$
Bleihydroxyd . . . . . . $Pb(OH)_2$
Cuprihydroxyd . . . . . $Cu(OH)_2$

Metalloxyde.
Natriumoxyd . . . . . . Na_2O
Kaliumoxyd . . . . K_2O
Magnesiumoxyd . . . . . MgO
Calciumoxyd . . . . . . CaO
Bariumoxyd . . . . BaO
Zinkoxyd . . . . ZnO
Aluminiumoxyd . . . . . Al_2O_3
Ferrooxyd . . . . FeO
Ferrioxyd . . . . Fe_2O_3
Bleioxyd . . . . PbO
Cuprooxyd . . . . Cu_2O
Cuprioxyd . . . . CuO
Mangandioxyd (Braunstein) . . . . MnO_2

Chemische Formeln und Gleichungen.

Aus den angeführten Formeln der Säuren und der Metallhydroxyde lassen sich die Formeln aller Salze ermitteln, die man durch Neutralisation aus diesen Stoffen herstellen kann. Man braucht nur zu beachten, daß bei der Neutralisation jedes Wasserstoffatom einer Säure mit je einer Hydroxylgruppe eines Hydroxydes zusammen ein Molekül Wasser bildet. Wir geben im folgenden einige Beispiele für die Aufstellung von *chemischen Gleichungen* für solche Neutralisationsvorgänge und für die Ableitung von Salzformeln:

S. S. 10 f.

$$NaOH + HCl = \underset{\text{Natriumchlorid}}{NaCl} + H_2O;$$
$$2\,NaOH + H_2SO_4 = \underset{\text{Natriumsulfat}}{Na_2SO_4} + 2\,H_2O;$$
$$3\,NaOH + H_3PO_4 = \underset{\text{Natriumphosphat}}{Na_3PO_4} + 3\,H_2O;$$
$$Ca(OH)_2 + 2\,HCl = \underset{\text{Calciumchlorid}}{CaCl_2} + 2\,H_2O;$$
$$Ca(OH)_2 + H_2SO_4 = \underset{\text{Calciumsulfat}}{CaSO_4} + 2\,H_2O;$$
$$3\,Ca(OH)_2 + 2\,H_3PO_4 = \underset{\text{Calciumphosphat}}{Ca_3(PO_4)_2} + 6\,H_2O.$$

In den chemischen Gleichungen, welche, wie die obenstehenden, den Ablauf eines chemischen Vorgangs versinnbildlichen, muß die Anzahl der Atome aller vorkommenden Elemente auf beiden Seiten des Gleichheitszeichens dieselbe sein. Weiterhin sollen auf der linken Seite die Formeln der verschwindenden Stoffe, auf der rechten Seite die Formeln der neu gebildeten Stoffe stehen. In einer Gleichung für die Neutralisation einer Säure durch ein Metallhydroxyd darf z. B. auf der rechten Seite der Gleichung weder freier Wasserstoff noch freier Sauerstoff erscheinen, es dürfen rechts nur die Formeln des gebildeten Salzes und des Wassers stehen.
Als Beispiel einer chemischen Gleichung für die Neutralisation einer Säure durch ein Metalloxyd sei angeführt:

$$CuO + H_2SO_4 = \underset{\text{Cuprisulfat}}{CuSO_4} + H_2O.$$

Beispiele für die Neutralisation von Säuren durch Ammoniak werden schließlich durch folgende beiden Gleichungen wiedergegeben:

S. S. 11.

$$NH_3 + HCl = \underset{\text{Ammoniumchlorid}}{NH_4Cl};$$
$$2\,NH_3 + H_2SO_4 = \underset{\text{Ammoniumsulfat}}{(NH_4)_2SO_4}.$$

Hier tritt in den gebildeten Salzen an Stelle eines Metallatomes die Atomgruppe NH_4 *(Ammonium)* auf.

An Stelle der chemischen Gleichungen benutzt man oft *Reaktionsschemata*, in denen statt des Gleichheitszeichens ein Pfeil

Der Valenzbegriff.

S. S. 24f. Zwar bedeutet die Gültigkeit der stöchiometrischen Gesetze bereits eine sehr erhebliche Beschränkung für die Anzahl der möglichen chemischen Verbindungen; eine Beschränkung, die in der Atomtheorie eine durchaus befriedigende Erklärung findet. Und doch läßt die Atomtheorie allein immer noch viel mehr Verbindungen zu, als in Wirklichkeit vorkommen. So wäre nach der Atomtheorie die Existenz einer großen Anzahl verschiedener chemischer Verbindungen, die aus Sauerstoff- und Wasserstoffatomen aufgebaut sind, durchaus möglich, z. B. HO, HO_2, HO_3, HO_4 usw.; H_2O, H_2O_2, H_2O_3, H_2O_4 usw. Von diesen vielen denkbaren Verbindungen kennt man jedoch in Wirklichkeit *nur zwei*: H_2O (Wasser) und H_2O_2 (Wasserstoffperoxyd). Ganz ähnliche Verhältnisse findet man bei den anderen Elementen. Die verschiedenen Atome können sich tatsächlich miteinander meistens nur in einem einzigen oder in ganz wenigen Atomverhältnissen verbinden. Um die Möglichkeiten der Atomtheorie der Erfahrung entsprechend einzuschränken, hat man den Begriff der *Valenzzahl* (kurz *Valenz*) oder *Wertigkeit* der Atome eingeführt.

Wir wollen zuerst definieren, was man unter der Valenz oder Wertigkeit eines *Metallatomes* versteht. Die Formel eines Metallsalzes kann aus der Formel der zugehörigen Säure durch den Austausch der Säure-Wasserstoffatome gegen Metallatome abgeleitet werden. So kann man sich die Formel von Natriumsulfat, Na_2SO_4, aus der Formel der Schwefelsäure, H_2SO_4, durch den Ersatz der *zwei* Wasserstoffatome durch *zwei* Natriumatome entstanden denken; ähnlich läßt sich die Formel des Calciumsulfats, $CaSO_4$, aus der Formel der Schwefelsäure durch den Austausch der *zwei* Wasserstoffatome gegen *ein* Calciumatom ableiten. *Die Valenz oder Wertigkeit eines Metallatoms ist gleich der Anzahl Wasserstoffatome, die das Metallatom bei der Salzbildung ersetzt.* Aus den eben erwähnten Beispielen folgt, daß die Valenz des Natriums im Natriumsulfat eins ist, und die Valenz des Calciums im Calciumsulfat zwei. Ist ein Metall imstande, gasförmigen Wasserstoff aus Säuren freizumachen, so läßt sich seine Valenz leicht bestimmen durch die Messung der Menge Wasserstoffgas, die eine bestimmte Menge Metall entwickelt. In anderen Fällen muß man die Formeln der Säure und des Salzes durch geeignete Analysen ermitteln und aus dem Vergleich der beiden Formeln die Valenz des Metalles ableiten.

Der Nutzen des Valenzbegriffes beruht auf dem experimentellen Befund, daß ein bestimmtes Metall in allen seinen Salzen gewöhnlich die gleiche Valenz besitzt:

Na, K, Ag, NH_4 sind monovalent oder einwertig;
Mg, Ca, Ba, Zn, Mn, Pb sind divalent oder zweiwertig;
Al ist trivalent oder dreiwertig.

Einige Metalle können jedoch in verschiedenen Valenzstufen auftreten: Eisen zeigt sowohl die Valenz 2 als 3. Die Salze des zweiwertigen Eisens heißen *Ferrosalze* (oder Eisen(2)-Salze), dagegen die Salze des dreiwertigen Eisens *Ferrisalze* (oder Eisen(3)-Salze). Kupfer ist einwertig in den *Cuprosalzen* (Kupfer(1)-Salzen) und zweiwertig in den *Cuprisalzen* (Kupfer(2)-Salzen). Quecksilber ist einwertig in den *Mercurosalzen* (Quecksilber(1)-Salzen) und zweiwertig in den *Mercurisalzen* (Quecksilber(2)-Salzen).

Kennt man die Formeln der Säuren und die Valenzen der Metalle, so kann man die Formel jedes beliebigen Salzes ableiten; man hat hierzu nur die Säurewasserstoffatome durch Metallatome in dem Atomverhältnis zu ersetzen, das die Metallvalenz vorschreibt. Beispiel: Cuprochlorid ist CuCl, Mercurichlorid ist $HgCl_2$, Ferrichlorid ist $FeCl_3$, Aluminiumsulfat ist $Al_2(SO_4)_3$. Die Formeln der Metall*oxyde* und *-hydroxyde* ergeben sich am einfachsten, indem man diese Verbindungen als *Salze des Wassers* auffaßt. Beispiele: Silberoxyd ist Ag_2O, Calciumhydroxyd ist $Ca(OH)_2$, Ferrihydroxyd $Fe(OH)_3$. —

Die Valenz eines Säurerestes ist gleich der Anzahl Wasserstoffatome, mit denen der Säurerest in der Säure verbunden ist. Aus den chemischen Formeln der Säuren folgt, daß:

Cl, NO_3, $C_2H_3O_2$ (Acetatrest) einwertig sind,
S, SO_3, SO_4, CO_3, C_2O_4 (Oxalatrest) zweiwertig sind,
PO_4 dreiwertig ist.

Für die Formel eines Salzes gilt die wichtige Regel, daß die *Summe der Valenzen aller Metallatome gleich der Summe der Valenzen aller Säurereste* ist. Beispiele: in Calciumchlorid, $CaCl_2$, ist ein zweiwertiges Calciumatom mit zwei einwertigen Chloratomen verbunden; die Valenzsumme beträgt jeweils 2. In Aluminiumsulfat $Al_2(SO_4)_3$ sind zwei dreiwertige Aluminiumatome mit drei zweiwertigen Sulfatresten verbunden; die Valenzsumme ist jeweils gleich 6.

Ganz allgemein bezeichnet man als Valenz eines Atoms die Anzahl Wasserstoffatome, mit denen sich das Atom verbinden oder die es ersetzen kann. Wasserstoff wird unter allen Umständen als einwertig angenommen.

Valenzstriche. Man kann sich vorstellen, die begrenzte Wertigkeit eines Atoms stehe damit in Verbindung, daß sich auf der Atomoberfläche eine bestimmte Anzahl Punkte befinden, von denen die chemischen Kräfte ausgehen, die das Atom an ähnliche Valenzpunkte auf der Oberfläche anderer Atome anheften. Auf einwertigen Atomen gibt es nur einen Valenzpunkt, auf zweiwertigen zwei usw. In den sog. *Struktur-* oder *Valenzformeln* wird die Verknüpfung der Atome im Molekül durch Striche angedeutet. Ein solcher Strich zwischen zwei Atomen bedeutet, daß diese Atome durch je einen Valenzpunkt auf jedem Atom oder, wie man auch sagt, durch eine Valenz verknüpft sind, z. B.:

$$Na-Cl, \quad Ca{<}^{Cl}_{Cl} \quad \text{oder kürzer } Ca=Cl_2, \quad Ca=SO_4,$$
$$Ca=PO_4-Ca-PO_4=Ca, \quad Al\equiv PO_4.$$

In einer Valenzformel gehen von jedem Atom genau so viele Valenzstriche aus, wie die Valenz dieses Atoms beträgt; jeder Valenzstrich beginnt bei einem Atom, um bei einem anderen zu enden: die Valenzen verschiedener Atome *sättigen sich gegenseitig ab*.

Die Existenz von Metallen mit verschiedenen Valenzstufen — wie Eisen, Kupfer oder Quecksilber — zeigt, daß einzelne Valenzpunkte in gewissen Fällen außer Funktion treten können. Bei den Metalloiden ist die Fähigkeit, mit verschiedener Valenz aufzutreten, noch ausgeprägter als bei den Metallen. Doch können die meisten Metalloidatome nur eine einzige ganz bestimmte Anzahl Wasserstoffatome binden, und diese Zahl stellt die typische Valenz des betreffenden Metalloids dar: in HCl ist Chlor einwertig; in H_2O, H_2S sind Sauerstoff und Schwefel zweiwertig; in NH_3, PH_3 sind Stickstoff und Phosphor dreiwertig, in CH_4 ist Kohlenstoff vierwertig.

In den Oxyden erteilt man meistens dem mit Sauerstoff verbundenen Atom diejenige Valenz, die sich unter der Voraussetzung der *Zweiwertigkeit des Sauerstoffatoms* errechnet. So schließt man aus der Formel SO_2 für Schwefeldioxyd, daß hier der Schwefel vierwertig ist; denn das eine Schwefelatom muß die vier Valenzen der zwei Sauerstoffatome sättigen. Dieses Oxyd kann also geschrieben werden:

$$O=S=O.$$

Im Phosphorpentoxyd P_2O_5 ist der Phosphor fünfwertig. Die von den fünf Sauerstoffatomen herrührenden 10 Valenzen verteilen sich ja auf zwei Phosphoratome. Dies erhellt auch aus der Strukturformel:

$${}^O_O{>}P-O-P{<}^O_O.$$

Im Aluminiumoxyd Al_2O_3 ist das Aluminium dreiwertig:

$$O=Al-O-Al=O.$$

Valenzstriche. Radikale.

In dem folgenden Verzeichnis ist eine Reihe verschiedener Oxydtypen zusammengestellt, wobei die römische Zahl über dem Atomsymbol die Valenz des Atoms in dem zugehörigen Oxyd angibt:

I	II	III	IV	V	VI	VII	VIII
R_2O	RO	R_2O_3	RO_2	R_2O_5	RO_3	R_2O_7	RO_4

Beispiele: Na_2O CaO Al_2O_3 CO_2 P_2O_5 SO_3 Cl_2O_7 OsO_4.

Als charakteristisch für ein *einzelnes Atom* gilt zunächst, wie oben definiert, seine *Valenz* gegen *Wasserstoff*. Eine zweite, wichtige, von dieser ersten meistens verschiedene, Zahl ist die *Maximal-* S. S. 50. *wertigkeit* gegen *Sauerstoff*.

Radikale. Eine durch Valenzen verknüpfte Atomgruppe, die einen Teil eines Moleküls bildet, nennt man ein *Radikal*. In der Formel eines Radikals ist mindestens eine Valenz frei (nicht abgesättigt). In allen Metallhydroxyden und in vielen Säuren kommt das Radikal *Hydroxyl* vor, mit der Valenzformel:

$$-O-H.$$

Hydroxyl ist ein einwertiges Radikal; die eine Valenz des Sauerstoffatoms ist frei (nicht abgesättigt).

Nehmen Oxyde Wasser auf und verwandeln sich dadurch in Hydroxyde oder Säuren, so tritt ein Sauerstoffatom mit einem Wassermolekül zusammen und bildet zwei Hydroxylgruppen:

$$CaO + H_2O \rightarrow Ca{<}^{OH}_{OH};$$

$$^{Na}_{Na}{>}O + H_2O \rightarrow ^{Na-OH}_{Na-OH};$$

$$O=C=O + H_2O \rightarrow O=C{<}^{OH}_{OH}.$$

Die Strukturformel für den Kohlensäurerest ist folgende:

$$O=C{<}^{O-}_{O-}.$$

Der Kohlensäurerest ist ein zweiwertiges Radikal, wie dies aus den zwei freien Valenzstrichen hervorgeht.

Spricht man ohne nähere Erläuterung von einem *Säureradikal* — was besonders in der organischen Chemie geschieht — so meint man damit nicht den Säurerest, sondern die Atomgruppe, die übrig bleibt, nachdem man aus der Säure ihre Hydroxylgruppen entfernt hat. Das Radikal der Kohlensäure (Carbonyl) ist: $O=C{<}$.

Wie schon oben erwähnt, enthalten die Moleküle der meisten S. S. 35. Metalloide *mehrere Atome*. Man kennt ihre Atome im freien Zustand nur selten; in der Regel sind sie zu Molekülen aus zwei oder mehreren einzelnen Atomen verbunden, deren Valenzen sich gegenseitig absättigen, z. B.:

$$Cl-Cl, \quad O=O, \quad N\equiv N.$$

Ähnlich kennt man auch die Radikale fast nie im freien Zustand, sondern nur als Bestandteile von Molekülen, die aus miteinander verbundenen Radikalen bestehen, deren freie Valenzen sich gegenseitig absättigen. So kennt man zwar keinen Stoff, dessen Moleküle aus freien Hydroxylgruppen bestehen. In Wasserstoffperoxyd kennt man aber eine Verbindung, deren Molekül die Zusammensetzung H_2O_2 besitzt und vermutlich aus 2 Hydroxylradikalen besteht, wie dies folgende Valenzformeln andeuten:

H—O—O—H oder: HO—OH.

Äquivalentgewicht (Grammäquivalent). Die Annahme von der Einwertigkeit des Wasserstoffes ist die Grundlage, auf der sich das System der Valenzzahlen aller Atome, Radikale und Reste aufbaut. Daher besitzt für jedes Atom, bzw. Radikal auch das *Äquivalentgewicht* eine besondere Wichtigkeit; hierunter versteht man *diejenige Menge eines Atoms bzw. Radikales, die sich mit einem Grammatom (1,008 g) Wasserstoff verbinden oder die diese Menge ersetzen kann* (d. h. die einem Grammatom Wasserstoff *äquivalent* ist). Wie die Formel des Wassers zeigt, wiegt das Grammäquivalent Sauerstoff 8 g. Man sieht, daß für jedes Element gilt:

$$\text{Äquivalentgewicht} = \frac{\text{Atomgewicht}}{\text{Valenz}}.$$

Für Elemente, die in mehreren Valenzstufen auftreten, gibt es also demgemäß auch verschiedene Äquivalentgewichte.

Für Atomgruppen, wie die Radikale, kann man ebenso das *Formelgewicht* definieren, wie für ganze Moleküle das Molgewicht: das Formelgewicht ist die Summe aller in dem Symbol des Radikals vorkommenden Atomgewichte. Für Hydroxyl beträgt es also: $16 + 1,008 = 17,008$; für den Kohlensäurerest, CO_3: $12 + 3 \cdot 16 = 60$. Hier gilt die analoge Beziehung (die die oben gegebene mitumfaßt):

$$\text{Äquivalentgewicht} = \frac{\text{Formelgewicht}}{\text{Valenz}}.$$

Ein Grammäquivalent Hydroxyl wiegt daher 17,008 g; ein Grammäquivalent Kohlensäurerest $60/2 = 30$ g.

Chemische Berechnungen.

Der Nutzen der chemischen Formeln erweist sich besonders deutlich bei verschiedenen chemischen Berechnungen. Wir geben zunächst (a) vier Beispiele für die Berechnung wichtiger chemischer Daten eines reinen Stoffes, dann (b) drei Beispiele für die Berechnung chemischer Reaktionen.

a) 1. *Prozentische Zusammensetzung eines reinen Stoffes.*
Beispiel. Berechnung des Schwefelgehaltes der Schwefelsäure.

Die Schwefelsäure hat die Formel H_2SO_4. Durch Addition der Atomgewichte ergibt sich als ihr Molgewicht 98,08. In 98,08 g Schwefelsäure ist ein Grammatom Schwefel gleich 32,06 g Schwefel enthalten. Eine einfache Rechnung zeigt dann, wieviel Schwefel in 100 g Schwefelsäure enthalten sein muß, nämlich:

$$\frac{32,06}{98,08} \cdot 100 = 32{,}69 \text{ g}.$$

Wasserfreie Schwefelsäure enthält also 32,69% Schwefel. —

2. Die *Dichte eines reinen Stoffes im gasförmigen Zustand* (seine *Dampfdichte*) ergibt sich aus der Formel: S. S. 32.

$$d = M : 29;$$

hier bedeuten: d die Dichte des Gases, bezogen auf atmosphärische Luft, und M das Molgewicht.

3. Das *Litergewicht eines Gases bei 0° und 1 Atm.* folgt aus dem   S. S. 31. Ausdruck $M = 22{,}4 \cdot P$, wo P das Litergewicht des Gases in Gramm bedeutet. Das Litergewicht eines Gases bei etwa 20° und 1 Atm. erhält man, wenn man in dieser Formel die Zahl 22,4 durch 24 ersetzt.

4. Den *Gefrierpunkt der wäßrigen Lösung eines Stoffes* kann   S. S. 39. man nach der Formel berechnen:

$$\Delta = 1{,}86 \cdot \frac{p}{M};$$

hierin bedeuten: Δ die Gefrierpunktserniedrigung der Lösung, 1,86 die molare Gefrierpunktserniedrigung, und p die Anzahl Gramm, die in 1 kg Wasser gelöst ist. Ganz analog findet man die *Siedepunktserhöhung für eine wäßrige Lösung eines nichtflüchtigen Stoffes* nach der Formel:

$$\Delta = 0{,}52 \cdot \frac{p}{M}.$$ S. S. 39f.

b) Eine sehr wichtige Gruppe chemischer Berechnungen beantwortet die Frage, *wieviel Ausgangsmaterial man benötigt*, um eine bestimmte Menge eines gewünschten Produktes zu gewinnen, oder *in welchem Mengenverhältnis zwei Stoffe miteinander reagieren*. Bei chemischen Berechnungen dieser Art kann man drei verschiedene Operationen unterscheiden. Zuerst muß man die richtige *chemische Gleichung* aufstellen. Dann muß man für die Stoffe, auf die es ankommt, die *Molgewichte berechnen* und damit die Gewichtsmengen bestimmen, in denen die Stoffe in der chemischen Gleichung auftreten. Zum Schluß kommt eine *Regeldetrirechnung*.

Beispiel. Gesucht ist die Menge Schwefelsäure, die zur Neutralisation von 100 g Natriumhydroxyd nötig ist. Die chemische Gleichung für diese Neutralisation ist:

$$H_2SO_4 + 2\,NaOH = Na_2SO_4 + 2\,H_2O.$$

Das Molgewicht der Schwefelsäure ist 98,08, und das Molgewicht von 2 NaOH ist 80,01. Hieraus folgt, daß zur Neutralisation von 100 g Natriumhydroxyd $\frac{98{,}08}{80{,}01} \cdot 100 = 122{,}6$ g Schwefelsäure erforderlich sind.

Ist einer der Stoffe, die in der Reaktion vorkommen, gasförmig, so ist es im allgemeinen praktisch, seine Menge in Litern und nicht in Grammen anzugeben. Deswegen wird aber die chemische Rechnung keineswegs schwieriger; man braucht sich ja nur daran zu erinnern, daß ein Gramm-Mol eines beliebigen Gases bei 0^0 und 1 Atm. (Normalbedingungen) den Raum von 22,4 l *(Normal-*
S. S. 31. *volumen)* einnimmt. Da man stets die Symbole in den chemischen Gleichungen als *Gramm-Mole* auffassen kann, lassen sich sofort für feste und flüssige Stoffe die in Frage kommenden Gewichtsmengen und für Gase die Volumina in Liter angeben, mit denen sie in der Gleichung auftreten.

Beispiel. Wieviel Kaliumchlorat braucht man zur Darstellung von 10 l Sauerstoff?

Die chemische Gleichung für die Sauerstoffdarstellung ist:
$$2 \text{ KClO}_3 = 2 \text{ KCl} + 3 \text{ O}_2.$$
Das Gewicht von 2 Gramm-Molen Kaliumchlorat beträgt 245,1 g; das Volumen von 3 Gramm-Molen Sauerstoff bei 0^0 und 1 Atm. ist $3 \cdot 22{,}4 = 67{,}2$ l. Hieraus folgt nach der Regeldetri, daß man für 10 l Sauerstoff benötigt:
$$\frac{245{,}1}{67{,}2} \cdot 10 = 36{,}5 \text{ g Kaliumchlorat.}$$

Beispiel. Wieviel Zink und Schwefelsäure sind zur Darstellung von 10 l Wasserstoff notwendig?

Die chemische Gleichung für die Wasserstoffentwicklung ist:
$$\text{Zn} + \text{H}_2\text{SO}_4 = \text{ZnSO}_4 + \text{H}_2;$$
also liefern 1 Grammatom (= 65,38 g) Zink + 1 Gramm-Mol (= 98,08 g) Schwefelsäure gerade 1 Gramm-Mol (= 22,4 l) Wasserstoffgas. Man benötigt also für 10 l Wasserstoff:
$$\frac{65{,}38}{22{,}4} \cdot 10 = 29{,}2 \text{ g Zink und: } \frac{98{,}08}{22{,}4} \cdot 10 = 43{,}8 \text{ g Schwefelsäure.}$$

Rechnet man mit dem Wert 22,4 l als Normalvolumen, so erhält man das Gasvolumen für 0^0 und 1 Atm. Wünscht man das Gasvolumen bei gewöhnlicher Temperatur (etwa bei 20^0), so hat man mit 24 an Stelle von 22,4 zu rechnen.

Zur Geschichte der Atomtheorie.

Die Vorstellung vom Aufbau der Stoffe aus Atomen geht bis ins griechische Altertum zurück. Aber erst zu Beginn des 19. Jahrhunderts zeigte DALTON, wie man aus den Annahmen der Atomhypothese das Gesetz von den multiplen Proportionen ableiten kann, und gab damit der Hypothese eine sichere Grundlage. Zur gleichen Zeit entdeckte GAY-LUSSAC, daß sich die Gase nach einfachen Volumenverhältnissen verbinden. AVOGADRO sprach

1811 seine wichtige Hypothese über die Anzahl der Moleküle in gasförmigen Stoffen aus. BERZELIUS führte um die gleiche Zeit die auch jetzt noch gebräuchliche chemische Zeichensprache ein und bestimmte in den Jahren 1808—1818 in einer Reihe ausgezeichneter experimenteller Arbeiten die Atomgewichte zahlreicher Elemente. Solche Bestimmungen sind seitdem mit immer steigender Genauigkeit oft wiederholt worden. Die Folgerungen aus AVOGADROS Hypothese fanden erst um 1860 allgemeine Anerkennung; seit dieser Zeit rechnet man mit den richtigen Molgewichten der gasförmigen Stoffe, insbesondere der wichtigen zweiatomigen Elementargase. Schließlich hat VAN'T HOFF im Jahre 1887 die Lehre vom osmotischen Druck entwickelt.

Die Metalloide.

Man teilt die Metalloide am vorteilhaftesten nach ihrer Wertigkeit in folgende vier Hauptgruppen ein:

Gruppenbezeichnung	Wertigkeit gegen Wasserstoff	Maximalvalenz gegen Sauerstoff
Halogene (F, Cl, Br, J) . . .	1	7
Sauerstoffgruppe (O, S) . . .	2	6
Stickstoffgruppe (N, P, As) . .	3	5
Kohlenstoffgruppe (C, Si) . . .	4	4

Je niedriger die Valenz eines Metalloids gegen Wasserstoff, desto höher ist seine Maximalvalenz gegen Sauerstoff. Die Summe der beiden Zahlen beträgt im allgemeinen acht. Bor gehört zu einer 5. Gruppe, welche die Valenz 5 gegen Wasserstoff und 3 gegen Sauerstoff zeigen sollte; bis jetzt kennt man aber noch keine Bor-Wasserstoffverbindung, in der Bor fünfwertig auftritt. Die Gase der *Argongruppe*, die sog. *Edelgase*, bilden eine Gruppe für sich mit der Valenz Null, weil sich diese Gase weder mit Wasserstoff noch mit irgendeinem anderen Stoff verbinden können. *Wasserstoff* nimmt eine Sonderstellung ein: er tritt immer einwertig auf. Wir werden dieses Element zuerst besprechen.

Wasserstoff (Hydrogenium).
$$H = 1{,}0078.$$

Vorkommen. Wasserstoff ist ein sehr verbreitetes Element. In größter Menge tritt es in seiner Verbindung mit Sauerstoff als *Wasser* auf. In Verbindung mit Kohlenstoff kommt es im *Erdöl* vor, aus dem Petroleum, Benzin, Mineralöle gewonnen werden; zusammen mit Kohlenstoff und Sauerstoff findet sich Wasserstoff fast in allen *tierischen* und *pflanzlichen Stoffen*. Schließlich bildet Wasserstoff einen wesentlichen Bestandteil aller *Säuren* und *sauren Salze*.

Freier Wasserstoff, H_2, ist ein farbloses Gas. Seine Dichte d, bezogen auf Luft, läßt sich aus dem Molgewicht M nach der Formel $M = 29 \cdot d$ berechnen:

$$d = \frac{2 \cdot 1{,}0078}{29} = 0{,}0695.$$

Wasserstoff ist das *leichteste* aller Gase.

Wasserstoff besitzt auf Grund seiner geringen Molekülgröße große *Diffusionsfähigkeit*: er durchdringt langsam auch die Wände eines kräftigen Gummischlauchs. Erst bei äußerst niedriger Temperatur läßt sich Wasserstoff zu einer Flüssigkeit verdichten, da seine kritische Temperatur weit unterhalb Zimmertemperatur liegt. S. S. 29. Sein Siedepunkt bei 1 Atm. liegt bei —252° C (21° über dem absoluten Nullpunkt = 21° abs.). Das Gas ist in Wasser nur sehr wenig löslich und kann daher über Wasser aufgefangen werden.

Chemische Eigenschaften. Entzündet man Wasserstoff, der aus einer Öffnung (Düse) ausströmt, so verbrennt er mit schwach leuchtender Flamme zu Wasser (Wasserdampf):

$$2 H_2 + O_2 \rightarrow 2 H_2O.$$

Aus dem Reaktionsschema geht hervor, daß sich 2 R. T. Wasserstoff mit 1 R.T. Sauerstoff zu 2 R.T. Wasserdampf verbinden (alle Volumina auf gleichen Druck und Temperatur bezogen).

Die Reaktion entwickelt eine bedeutende Wärmemenge. Die meisten *freiwillig*, d. h. von selbst verlaufenden chemischen Vorgänge sind von *Wärmeentwicklung* begleitet. Aber in diesem speziel- S. S. 196. len Falle ist die Wärmeentwicklung recht erheblich; die Wasserstoffflamme ist daher besonders heiß. Eine Mischung von Sauerstoff und Wasserstoff, am besten im Volumenverhältnis 2 : 1, das sog. Knallgas, explodiert heftig bei der Entzündung; der gebildete Wasserdampf ist im Augenblick seiner Entstehung auf hohe Temperatur erhitzt und übt daher einen Druck aus, der das Vielfache des ursprünglichen Druckes des Knallgases beträgt (wenn auch die Molekülzahl nach der Reaktion auf $2/3$ vermindert ist).

Die Neigung des Wasserstoffs, sich mit Sauerstoff zu verbinden, ist so groß, daß er beim Erhitzen imstande ist, den Sauerstoff aus den meisten Metalloxyden wegzunehmen und das Metall in Freiheit zu setzen, z. B.:

$$CuO + H_2 \rightarrow Cu + H_2O.$$

Das Wegnehmen von Sauerstoff aus Oxyden *(Desoxydation)* nennt man die *Reduktion der Oxyde*. Die Reduktion der Metalloxyde ist offenbar das Gegenstück zu der *Oxydation der Metalle*. S. S. 4. Die Anlagerung von Wasserstoff wird ebenfalls als Reduktion bezeichnet, heißt aber oft auch *Hydrierung*: in der angeführten Reaktion wird Sauerstoff *hydriert*.

Wasserstoff ist ein wichtiges, oft angewandtes *Reduktionsmittel*.

Freier Wasserstoff ist in erheblicher Menge (etwa 50%) im gewöhnlichen Leuchtgas enthalten.

Zur Darstellung im chemischen Laboratorium läßt man verdünnte Schwefelsäure auf Zink einwirken:

$$H_2SO_4 + Zn \rightarrow H_2 + ZnSO_4.$$

Hierzu dienen meistens besondere Gasentwicklungsapparate, die jederzeit verwendungsbereit sind. Wichtig ist besonders der KIPPsche Apparat, der immer anwendbar ist, wenn ein Gas in der Reaktion einer Flüssigkeit mit groben Stücken eines festen Körpers entsteht (Abb. 5). In die mittlere Kugel des Apparates werden die Stücke des festen Stoffes geschichtet; ihre Öffnung wird durch den Gummistopfen mit Hahnrohr verschlossen, und durch die obere Kugel wird schließlich die Flüssigkeit eingefüllt. Öffnet man den Hahn, so steigt die Flüssigkeit und kommt mit dem festen Stoff in Berührung. Hierbei beginnt sich das Gas zu entwickeln, das in den Flaschen A und B durch feste bzw. flüssige Stoffe gereinigt wird. Schließt man den Hahn, so drückt das zunächst noch weiterentwickelte Gas die Flüssigkeit nach unten, bis die Gasentwicklung aufhört.

Sind das Zink und die Schwefelsäure rein, so wirken sie nur sehr langsam aufeinander ein. Durch Zusatz von etwas Kupfersulfat kann man den Vorgang beschleunigen; es wird dann etwas Kupfer auf dem Zink niedergeschlagen, wodurch die Wasserstoffentwicklung erleichtert wird.

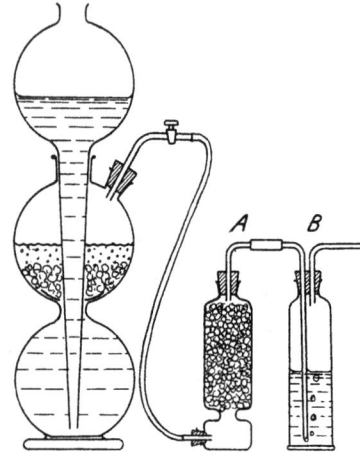

Abb. 5. KIPPscher Apparat zur Darstellung von Gasen. A ist ein Waschturm, B eine Waschflasche zur Behandlung des Gases mit festen, bzw. flüssigen Reinigungsmitteln.

In der Technik stellt man Wasserstoff in sehr billiger Weise dar, indem man Wasserdampf durch hohe Öfen leitet, die mit glühenden Kohlen oder glühendem Eisen gefüllt sind. Diese kräftigen Reduktionsmittel *reduzieren den Wasserdampf*, d. h. sie entreißen dem Wasser den Sauerstoff und machen Wasserstoff frei:

S. S. 51.

$$H_2O + C \to H_2 + CO \text{ (Kohlenoxyd)}$$
$$2 H_2O + C \to 2 H_2 + CO_2 \text{ (Kohlendioxyd)}$$
$$H_2O + Fe \to H_2 + FeO \text{ (Ferrooxyd)}$$
$$4 H_2O + 3 Fe \to 4 H_2 + Fe_3O_4 \text{ (Ferro-ferrioxyd)}$$

Eine Mischung von Wasserstoff und Kohlenoxyd, wie sie nach dem ersten Schema entsteht, wird unter der Bezeichnung **Wassergas** als gasförmiger Brennstoff angewandt. Zur Darstellung von Wasserstoffgas verwendet man jedoch solche Mischungen, in denen die Kohle hauptsächlich in Kohlendioxyd übergeführt ist; hieraus werden die beiden Oxyde des Kohlenstoffs durch besondere Methoden entfernt. Verwendet man Eisen, so erhält man nach der Kondensation des unveränderten Wasserdampfes sofort reinen Wasserstoff, weil die gebildeten Eisenoxyde nicht flüchtig sind. Dafür muß man aber aus wirtschaftlichen Gründen das Eisen wieder regenerieren, was gewöhnlich durch Überleiten von Wassergas über die noch glühenden Eisenoxyde geschieht.

Durch Elektrolyse wäßriger Lösungen von Schwefelsäure oder von Alkalihydroxyden erhält man besonders reinen Wasserstoff; als Nebenprodukt tritt er bei der Elektrolyse von Alkalichloridlösungen auf.

Verwendung findet Wasserstoff wegen seiner geringen Dichte als Füllung für Luftballone. Flüssiger Wasserstoff dient zur Erzeugung sehr tiefer Temperaturen (vgl. seinen tiefen Siedepunkt). Die Ölindustrie verbraucht große Mengen Wasserstoff zur Härtung (Hydrierung) flüssiger Fette. Bei der Kohlehydrierung wird Wasserstoff an Kohlenstoff angelagert, um aus festem Brennstoff höherwertige flüssige Brenn- und Kraftstoffe zu gewinnen. Die größten Mengen benötigt die Kunstdüngerfabrikation zur Ammoniaksynthese. S. S. 209. S. S. 148, 158.

Sauerstoffverbindungen des Wasserstoffs.

Man kennt zwei verschiedene Oxyde: Wasser, H_2O, und Wasserstoffperoxyd, H_2O_2.

Wasser, H_2O, ist eine farblose Flüssigkeit, die unter 1 Atm. Druck bei 0° gefriert und bei 100° siedet. Die Dichte des flüssigen Wassers beträgt bei 4° genau 1 (1 ccm wiegt 1 g) und zeigt bei dieser Temperatur ein Maximum. In Wasser unterhalb 4° steigen deshalb die kälteren Anteile an die Oberfläche. Beim Gefrieren des Wassers vermehrt sich das Volumen um etwa 9%; der Vorgang kann Drucke bis zu 2500 kg/qcm hervrorufen und daher bedeutende mechanische Wirkungen ausüben.

Schon bei gewöhnlicher Temperatur besitzt Wasser einen merklichen Dampfdruck. Luft, die mit flüssigem Wasser in Berührung war, enthält daher Wasserdampf. Ist die Luft mit Wasserdampf gesättigt, so ist der Partialdruck des Wasserdampfes in der Luft gleich dem Dampfdruck des Wassers. Dieser beträgt bei 18° C 15,4 mm. Da der gesamte Luftdruck rund 760 mm beträgt, enthält Luft, die bei 18° C mit Wasserdampf gesättigt ist,

$$\frac{15,4}{760} \cdot 100 = \text{rund } 2\% \text{ Wasserdampf (Volumprozente)}.$$

An der Erdoberfläche ist die atmosphärische Luft durchschnittlich zu etwa $2/3$ mit Wasserdampf gesättigt. Ihr Sättigungsgrad, in Prozenten ausgedrückt, wird oft *relative Feuchtigkeit* genannt; sie beträgt also im Mittel 67%, ist jedoch starken Schwankungen unterworfen. Die relative Feuchtigkeit ist für die Wasseraufnahme hygroskopischer oder quellfähiger Stoffe meistens wichtiger als die absolute Menge Wasserdampf in 1 l Luft.

Wasser ist eine *sehr beständige* chemische Verbindung. Selbst beim Erhitzen bis zur Weißglut zersetzt es sich nur in geringem Maße. Natrium und die meisten anderen Leichtmetalle zersetzen es jedoch schon bei gewöhnlicher Temperatur, wobei sich Wasserstoff entwickelt:

$$2 H_2O + 2 Na \rightarrow H_2 + 2 NaOH.$$

S. S. 52. Viele andere Stoffe, z. B. Kohlenstoff und Eisen, können sich bei hoher Temperatur mit dem Sauerstoff des Wassers verbinden und den Wasserstoff in Freiheit setzen. Es liegt nahe, Wasser als eine Säure zu betrachten, weil sein Wasserstoff durch Metalle ersetzbar ist. Nach der exakten Definition der Säuren, die später S. S. 121. gegeben wird, ist Wasser tatsächlich eine Säure, wenn auch eine recht schwache. Betrachtet man Wasser als eine Säure, so erscheinen die Metallhydroxyde und die Metalloxyde als Salze des Wassers.

Vorkommen. Natürlich vorkommendes Wasser enthält stets Verunreinigungen. So enthält *Meerwasser* bis zu 3,5% Salze, wovon Natriumchlorid etwa $^4/_5$ ausmacht und der Rest aus Magnesium-, Kalium- und Calciumsalzen besteht. *Süßwasser* enthält fast immer Calciumsalze; je nachdem sein Gehalt hieran größer oder kleiner ist, wird es hart oder weich genannt. Die Härte eines Wassers wird in Härtegraden, d. h. in Gramm Kalk (CaO) pro 100 l Wasser angegeben. Das Wasser von Süßwasserseen hat gewöhnlich weniger als 10 Härtegrade, es ist weich. Quellwasser hat dagegen oft eine höhere Härte. Das Leitungswasser in einigen deutschen Städten besitzt im Mittel folgende Härtegrade:

Freiburg i. Br.	Heidelberg	Erlangen	Gießen	Berlin	München	Jena	Göttingen	Würzburg
1,5	2	6	9	13	16	20	24	37

Mineralwasser ist Quellwasser, das sich durch einen besonders hohen Gehalt an einzelnen Stoffen auszeichnet, z. B. an Kohlensäure, Alkalisalzen, Magnesiumsalzen, Eisensalzen oder Schwefelwasserstoff. *Regenwasser* ist das reinste natürliche Wasser, es ist außerordentlich weich. (Näheres über die Härte und Enthärtung des S. 257f. Wassers s. später!)

Gewinnung. Für die Wasserwerke der Städte wird natürliches Wasser verwendet, das durch Filtrieren über Sand und Kies von aufgeschlämmten Teilchen, darunter auch von Bakterien, gereinigt wird. Am liebsten verwendet man Wasser aus tiefliegenden Schichten. Destilliertes Wasser ist von nichtflüchtigen Verunreinigungen befreit, es enthält gewöhnlich etwas Kohlensäure und in sehr geringer Menge Ammoniak. Man verwendet es in den Laboratorien und für medizinische Zwecke *(Aqua destillata)*.

Wäßrige Lösungen. Wasser besitzt in hohem Maße die Fähigkeit, andere Stoffe, namentlich Salze, aufzulösen; es ist unser gebräuchlichstes Lösungsmittel. Viele der Eigenschaften des Wassers verändern sich gesetzmäßig durch die Auflösung von Stoffen. So sinkt für jedes Gramm-Mol, das in 1 kg Wasser gelöst wird, der Gefrierpunkt um etwa 1,86°, und der Siedepunkt erhöht sich gleichzeitig um etwa 0,52°. Gelöste Stoffe erniedrigen den Dampfdruck des Wassers um etwa 2% pro Gramm-Mol im Liter.

Ist der Dampfdruck über der gesättigten Lösung eines Stoffes geringer als der Partialdruck des Wasserdampfes in der Luft, so wird der Stoff, an freier Luft stehend, Wasserdampf aufnehmen und zu einer Lösung *zerfließen*. Je mehr Gramm-Mole eines Stoffes sich in 1 l Wasser lösen, desto geringer ist der Dampfdruck über der gesättigten Lösung des Stoffes, und desto zerfließlicher muß dieser Stoff sein. Nur *sehr* leicht lösliche Stoffe, z.B. Calciumchlorid, Calciumnitrat (Norgesalpeter), Kaliumcarbonat erniedrigen den Dampfdruck so stark, daß sie bei dem normalen Feuchtigkeitsgehalt der Atmosphäre zerfließen. Solche *hygroskopischen* Stoffe dürfen also nicht in Beuteln oder Säcken aufbewahrt werden.

Hydrate. Wasser kann mit vielen Stoffen chemische Verbindungen eingehen. Viele dieser Verbindungen werden als Hydrate bezeichnet, namentlich wenn man zu der Annahme berechtigt ist, die *Atome des Wassermoleküls seien vereinigt geblieben* und als eine *Untereinheit in dem Molekül der Verbindung* vorhanden. Zahlreiche Salze kristallisieren aus wäßrigen Lösungen mit sog. *Kristallwasser* (z. B. $Na_2SO_4 \cdot 10 H_2O$, $Na_2CO_3 \cdot 10 H_2O$, S. S. 23. $CaCl_2 \cdot 6 H_2O$, $CaSO_4 \cdot 2 H_2O$ (Gips), $ZnSO_4 \cdot 7 H_2O$). Die Bindung des Kristallwassers in den verschiedenen Hydraten ist recht verschieden fest. Natriumcarbonat und Natriumsulfat verlieren ihr Kristallwasser ziemlich leicht, nämlich schon beim Liegen an trockener Luft. Die Kristalle zerfallen dabei zu einem Pulver, oder ihre Flächen verlieren ihren Glanz und werden matt: sie *verwittern*. Andere Salzhydrate geben ihr Kristallwasser erst bei schwacher Erwärmung ab, Gips z. B. etwas über 100°. Wieder andere, z. B. Calciumchlorid, müssen zur Entwässerung auf mehrere hundert Grade erhitzt werden. Wasserfreies Calciumchlorid nimmt bei gewöhnlicher Temperatur besonders das erste Molekül Wasser außerordentlich begierig wieder auf. Man verwendet es daher sehr häufig als Trockenmittel.

Sauerstoffhaltige Säuren lassen sich zwar rein formal als Hydrate von Metalloidoxyden auffassen, z. B.:

$$P_2O_5 + 3 H_2O = 2 H_3PO_4.$$

Diese Säuren bezeichnet man jedoch gewöhnlich nicht als Hydrate,

denn in ihren Molekülen sind die Wassermoleküle als solche nicht mehr unterscheidbar. Im Gegenteil gibt man der Phosphorsäure folgende Strukturformel mit drei Hydroxylgruppen:
$$(HO)_3\!\equiv\!P\!=\!O.$$
Auch die Metallhydroxyde bezeichnet man heute nicht mehr als Hydrate. So faßt man Calciumhydroxyd nicht mehr als Hydrat von Calciumoxyd ($CaO \cdot H_2O$) auf, sondern als Hydroxylverbindung von Calcium: $Ca(OH)_2$.

Die Intensität, mit der sich die verschiedenen Oxyde mit Wasser verbinden, ist sehr verschieden. Phosphorpentoxyd gehört zu unseren allerkräftigsten Trockenmitteln; dagegen hält Kohlendioxyd Wasser nur so schwach fest, daß Kohlensäure selbst in wäßriger Lösung weitgehend in Wasser und Kohlendioxyd zerfallen ist.

Viele Stoffe *hydratisieren sich bei der Auflösung in Wasser*, d. h. sie verbinden sich dabei mit Wassermolekülen, so daß der Auflösungsvorgang in diesen Fällen kein einfacher physikalischer Vorgang ist. Man kann im allgemeinen damit rechnen, daß solche Stoffe sich hydratisieren, die bei der Auflösung eine bedeutende *Wärmemenge entwickeln* (z. B. Schwefelsäure, Kaliumhydroxyd, Calciumchlorid). Als Normalfall ist nämlich zu erwarten, daß bei der Auflösung fester Stoffe, ebenso wie beim Schmelzen, Wärme verbraucht wird. Die Lösung eines stark hydratisierten Stoffes ist in Wirklichkeit eine Lösung der erst beim Auflösen neu gebildeten Hydrate und nicht eine Lösung des ursprünglichen Stoffes. Hydratbildung kann man bisweilen feststellen, indem man — nach dem Abdampfen des Lösungswassers — den Verdampfungsrückstand untersucht. In vielen Fällen sind jedoch die Hydrate so unbeständig, daß sie sich schon während des Eindampfens zersetzen; in solchen Fällen kann man auf ihr Vorhandensein in der Lösung nur indirekt schließen. Die Brauchbarkeit der Schwefelsäure und des Kaliumhydroxydes als Trockenmittel rührt von ihrer großen Neigung her, in Lösung Hydrate zu bilden.

Die meisten festen Stoffe tragen an ihrer Oberfläche eine ganz dünne, nur eine oder wenige Molekülschichten dicke Wasserhaut, die sie aus der Atmosphäre anziehen, auch wenn diese nicht mit Feuchtigkeit gesättigt ist. In bedeutendem Maße gilt dies für Glasgegenstände. Bei porösen Stoffen mit stark entwickelter Oberfläche, z. B. Torf, macht sich diese Erscheinung besonders stark geltend. Wasser, das auf diese Weise gebunden ist, wird oft „*hygroskopisches Wasser*" genannt.

Trocknen. Will man einen Stoff von Wasser befreien, so läßt man meistens zunächst das Wasser abtropfen oder entfernt es, so gut es geht, durch Auspressen oder Zentrifugieren. Hierauf kann der Rest des, sozusagen als tropfbare Flüssigkeit vorhandenen,

Wassers durch Trocknen an der Luft entfernt werden (Trocknen von Heu, Getreide, Torf, Wäsche). Auch im Laboratorium trocknet man oft abfiltrierte Kristalle, die noch von der anhängenden Mutterlauge feucht sind, auf diese einfache Weise. Muß man wirksamer trocknen, etwa weil der Stoff an der Luft zerfließt oder sehr hygroskopisch ist, oder weil er chemisch gebundenes Wasser enthält, so kann man den Stoff erhitzen. Die Trockensubstanz in Nahrungsmitteln, überhaupt in organischen Stoffen, bestimmt man meistens durch Trocknen einer abgewogenen Menge des Stoffes in einem *Trockenschrank* bei etwa 100°. Verträgt der Stoff eine längere Erhitzung auf 100° nicht, so kann man ihn mit Hilfe von *wasserentziehenden Substanzen* trocknen. So kann man Gase trocknen, indem man sie durch ein U-Rohr leitet, das mit wasserfreiem Calciumchlorid oder Phosphorpentoxyd oder gebranntem Kalk oder Kaliumhydroxyd gefüllt ist, oder man leitet das Gas durch Waschflaschen mit konzentrierter Schwefelsäure. Flüssigkeiten und feste Stoffe lassen sich in *Exsikkatoren* trocknen, d. h. durch Aufbewahren in geschlossenen Gefäßen, die gleichzeitig ein Trockenmittel enthalten. Ist der Exsikkator luftleer gepumpt (ein Vakuumexsikkator), so geht das Trocknen schneller vor sich.

Bei nicht einheitlichen natürlichen und technischen Stoffen, etwa bei Erde, unterscheidet man oft zwischen dem Wasser, das durch Lufttrocknung entfernt wird, dem Wasser, das erst durch Trocknen bei 100° weggeht, und schließlich dem Rest, der nur bei noch stärkerem Erhitzen verschwindet. Der erste Teil heißt *Poren- oder Kapillarwasser*, weil man sich vorstellt, daß es in flüssigem Zustand kleine Hohlräume innerhalb des Stoffes erfüllt. Die zweite Portion heißt *hygroskopisches Wasser*, weil man annimmt, daß es eine dünne Schicht auf der Oberfläche bildet; und der letzte Teil wird schließlich als *chemisch gebundenes* Wasser bezeichnet. Die Unterscheidung zwischen diesen drei Arten von Wasser ist jedoch keineswegs scharf; man darf auch kein zu großes Gewicht auf die etwas problematischen Annahmen legen, die Anlaß zu diesen Bezeichnungen gegeben haben. —

Wasserstoffperoxyd, H_2O_2 *(Hydrogenium peroxydatum)* ist eine wasserklare Flüssigkeit, die dichter und weniger flüchtig ist als Wasser. Sie ist mit Wasser in jedem Verhältnis mischbar und ist meistens als 3%ige wäßrige Lösung im Handel. Diese Lösung wird in der Medizin häufig als Antiseptikum verwendet. Perhydrol ist eine stärkere, 30%ige Lösung. Eine Lösung von 34 g Wasserstoffperoxyd in 1 kg Wasser gefriert bei $-1,86°$; hieraus folgt das Molgewicht 34. Die Molekülformel muß daher H_2O_2 ($= 34$) sein, nicht HO ($= 17$). Als Strukturformel nimmt man an:

H—O—O—H.

Wasserstoffperoxyd ist *unbeständig*; es zersetzt sich leicht in Sauerstoff und Wasser nach dem Schema:

$$2 H_2O_2 \to 2 H_2O + O_2.$$

Die wäßrige Lösung sehr reinen Peroxydes ist jedoch bei gewöhnlicher Temperatur recht haltbar; die Zersetzung wird durch Erhitzen oder durch die Anwesenheit bestimmter Verunreinigungen beschleunigt.

Mangan- und Eisenoxyde wirken z. B. sehr stark beschleunigend, Glas schwächer. In Blut, Milch, Speichel, den Absonderungen aus Wunden u. ä. sind organische Stoffe vorhanden (Katalasen), die die Zersetzung stark beschleunigen; das gleiche gilt für manche Bodenbestandteile. Andere organische Stoffe, z. B. Harnsäure, wirken umgekehrt sogar in äußerst geringen Konzentrationen konservierend. Diese Tatsache wird zur Stabilisierung von Handelspräparaten benutzt.

Die Leichtigkeit, mit der Wasserstoffperoxyd den Sauerstoff abgibt, macht es zu einem kräftigen *Oxydationsmittel*; wie alle diese wirkt es *desinfizierend* und *bleichend*. Man verwendet es daher zur Reinigung von Wunden und von Zähnen, zum Bleichen von Wäsche und Haaren, sowie zum Beizen von Getreide.

Der Nachweis von Wasserstoffperoxyd geschieht mit einer schwefelsauren Lösung von Titansäure, die gelb gefärbt wird.

Wasserstoffperoxyd wird dargestellt durch Umsetzen von Natriumperoxyd mit Schwefelsäure und Abdestillieren des gebildeten Wasserstoffperoxydes im Vakuum:

$$Na_2O_2 + H_2SO_4 \to Na_2SO_4 + H_2O_2.$$

Eine andere Darstellung besteht in der Behandlung von Bariumperoxyd mit verdünnter Schwefelsäure und Abfiltrieren des ausgefallenen Bariumsulfats:

$$BaO_2 + H_2SO_4 \to BaSO_4 + H_2O_2.$$

Peroxyde. Wasserstoffperoxyd hat die Eigenschaften einer schwachen Säure. Seine Salze heißen Peroxyde. Man nimmt in den Peroxyden, ebenso wie im Wasserstoffperoxyd, zwei aneinandergebundene Sauerstoffatome an:

$$Na-O-O-Na; \quad Ba\begin{cases} O \\ | \\ O \end{cases}.$$

Der chemische Vorgang. I.

Geschwindigkeit und Gleichgewicht bei der Wasserbildung aus Knallgas.

Für das chemische Verständnis ist es von größter Bedeutung, nicht nur die Eigenschaften und Zusammensetzung der verschiedenen chemischen Stoffe zu kennen, sondern auch über die *Gesetze*, *nach denen die chemischen Vorgänge ablaufen*, Bescheid zu wissen. Wir wollen daher schon an dieser Stelle den Verlauf des chemischen Vorgangs, durch den Wasser aus Sauerstoff und Wasserstoff entsteht, genauer betrachten.

Die Reaktionsgeschwindigkeit der Wasserbildung. Läßt man bei gewöhnlicher Temperatur Sauerstoff und Wasserstoff miteinander gemischt stehen, so läßt sich in dieser homogenen Mischung (Knallgas) keine Spur von Wasserbildung feststellen. Sobald aber nur eine kleine Stelle der Mischung auf etwa 700° erhitzt wird, findet explosionsartig die Wasserbildung in der ganzen Gasmischung statt. Man sagt, daß die *Entzündungstemperatur* des Knallgases bei etwa 700° liegt. Man darf sich jedoch nicht hierdurch zu dem Glauben verleiten lassen, als ob sich Sauerstoff und Wasserstoff unterhalb der Entzündungstemperatur miteinander überhaupt nicht verbinden könnten, und als ob die Fähigkeit, Wasser zu bilden, bei dieser Temperatur ganz plötzlich auftrete. Schon mehr als 100° unterhalb der Entzündungstemperatur kann man in Knallgas eine langsame Wasserbildung experimentell nachweisen; je höher man mit der Temperatur geht, desto lebhafter ist die Wasserbildung, desto größer ist, wie man sich ausdrückt, ihre *Reaktionsgeschwindigkeit*. Mit der Wasserbildung ist Entwicklung von Wärme verbunden; eine Mischung, innerhalb der Wasserbildung stattfindet, wird daher über die Temperatur ihrer Umgebung erwärmt. Bei der Entzündungstemperatur geht die Wasserbildung so schnell vor sich, daß sich die entwickelte Wärme in dem Reaktionsgefäß staut, d. h. nicht mehr in genügendem Maße in die Umgebung abfließen kann. Unter diesen Umständen steigt die Temperatur des Knallgases immer höher, und die Wasserbildung wird daher immer schneller. Die ganze Wasserbildung findet während eines geringen Bruchteils einer Sekunde statt und nimmt daher explosionsartigen Charakter an. Wie erwähnt, braucht man nur einen kleinen Teil der Mischung zu erwärmen. Wird an dieser Stelle die Wasserbildung eingeleitet, so genügt die entwickelte Reaktionswärme um die angrenzenden Gasschichten über die Entzündungstemperatur zu erhitzen.

Reines Knallgas, als homogene Gasmischung, kann nur durch Erwärmen in der beschriebenen Weise zur Reaktion gebracht werden. Trotzdem gibt es eine Möglichkeit, die beiden Gase auch bei tiefer Temperatur miteinander zur Reaktion zu bringen. *An der Oberfläche gewisser Stoffe*, z. B. von Platin, geht nämlich die Wasserbildung schon bei Zimmertemperatur meßbar schnell vor sich. Feinverteiltes Platin besitzt im Verhältnis zu seiner Masse eine große Oberfläche. Die Wasserbildung an der Oberfläche, mit ihrer beträchtlichen Wärmeentwicklung, kann daher die geringe Platinmenge hoch genug erhitzen, um die Entzündung des ganzen

Gemisches hervorzurufen. Dieses Verhalten wurde früher in der *Zündmaschine* von DÖBEREINER praktisch ausgenützt, in der Wasserstoff aus einem Rohr ausströmt und sich an einem Stück Platinschwamm entzündet.

Das Gleichgewicht der Wasserbildung. Verbrennt man Wasserstoff in überschüssigem Sauerstoff, so ist die Verbrennung anscheinend vollständig, da man keine Spur von freiem Wasserstoff in den abgekühlten Verbrennungsprodukten nachweisen kann. Auch wenn man Wasserstoff und Sauerstoff im Volumenverhältnis 2:1 entzündet, verbinden sich die Gase praktisch vollständig zu Wasser. Unter diesen Umständen ist die Wasserbildung ein *Vorgang, der bis zu Ende abläuft.* Indessen läßt sich in den glühend heißen Verbrennungsprodukten, solange sie noch wirklich eine genügend hohe Temperatur besitzen, sowohl *freier Wasserstoff* als auch *freier Sauerstoff* nachweisen. Erst während der Abkühlung geht der Vorgang weiter und wird mit fortschreitender Abkühlung immer vollständiger. Kühlt man sehr rasch ab *(schreckt man ab)*, so hat die Wasserbildung nicht genügend Zeit um sich während der Abkühlung zu vervollständigen, das *Gleichgewicht friert ein,* und man hat in den abgeschreckten Verbrennungsprodukten neben dem gebildeten Wasser noch nachweisbare Mengen von Knallgas.

Wegen der experimentell festgestellten Unvollständigkeit der Wasserbildung bei hohen Temperaturen liegt es nahe zu erwarten, daß sich *Wasserdampf,* zur Weißglut erhitzt, in gewissem Grade in Sauerstoff und Wasserstoff *zersetzt.* Eine solche Spaltung läßt sich auch tatsächlich leicht nachweisen. Leitet man Wasserdampf über einen etwa elektrisch geheizten, hellglühenden Platindraht, so findet man bei seiner Kondensation eine kleine, aber gut meßbare Menge von Knallgas. Dieses kann sich nur beim Überleiten des Wasserdampfes über die glühende Oberfläche des Platindrahtes gebildet haben. Eine Spaltung, bei der ein Stoff in Zersetzungsprodukte zerfällt, die sich wieder zu dem Stoffe vereinigen können, heißt *Dissoziation.* Unter dem *Dissoziationsgrad* eines Stoffes versteht man denjenigen Bruchteil seiner Gesamtmenge, der in Form der Spaltprodukte vorliegt; meist gibt man ihn in Prozenten an. So bekommt man aus 100 g Wasser durch Erhitzen auf $2000°$ C eine Mischung, die 98 g Wasserdampf und 2 g Knallgas enthält; von der gesamten Wassermenge sind also 2% dissoziiert oder: der Dissoziationsgrad des Wassers bei $2000°$ beträgt 2%. Versuche haben gezeigt, daß der Dissoziationsgrad des Wasserdampfes bei 1 Atm. Druck mit der Temperatur in folgender Weise zunimmt:

Temperatur	$1000°$	$1500°$	$2000°$	$2500°$ C
Dissoziationsgrad	0,003%	0,1%	2%	10%.

Gleichgewicht der Wasserbildung.

Unterhalb von 1000⁰ ist die Dissoziation des Wasserdampfes verschwindend gering.

Die Dissoziation des Wassers bei hoher Temperatur einerseits, und die Wasserbildung aus Sauerstoff und Wasserstoff andererseits sind einander entgegengerichtete oder *reziproke* Reaktionen. Der Vorgang, den die Gleichung:

$$2 H_2 + O_2 = 2 H_2O$$

wiedergibt, kann also sowohl von links nach rechts als auch umgekehrt verlaufen. Man deutet dies oft durch ein Paar entgegengesetzt gerichteter Pfeile an Stelle des Gleichheitszeichens an:

$$2 H_2 + O_2 \rightleftharpoons 2 H_2O.$$

Ein Vorgang, den man vorwärts und rückwärts verlaufen lassen kann, heißt *umkehrbar* oder *reversibel*.

Zum besseren Verständnis der Eigenheiten dieser umkehrbaren Reaktion wollen wir noch die Verhältnisse bei einer bestimmten Temperatur, z. B. 2000⁰, genauer betrachten. Erhitzt man Wasserdampf bei 1 Atm. auf 2000⁰, so bildet sich nach den oben gegebenen Zahlen eine Mischung, die 98% Wasserdampf und 2% Knallgas enthält. Erhitzt man Knallgas auf die gleiche Temperatur, so erhält man genau die gleiche Mischung. Nur diese Mischung aus Wasserdampf und Knallgas, und keine andere ist bei 2000⁰ und 1 Atm. beständig; alle anderen Mischungen setzen sich um, bis sie diese Zusammensetzung erreicht haben. Man nennt sie diejenige Mischung, die im *chemischen Gleichgewicht* ist.

Der Vorgang: $2 H_2 + O_2 \rightleftharpoons 2 H_2O$ kann also bei 2000⁰ nach beiden Richtungen verlaufen; für die Richtung des Verlaufes ist nur das Mengenverhältnis zwischen Knallgas und Wasserdampf maßgebend. *Der Vorgang wird immer in der Richtung ablaufen, daß man sich dem Gleichgewichtsgemisch mit 2% Knallgas annähert.*

Die Zusammensetzung der Gleichgewichtsmischung, oder anders ausgedrückt: *die Lage des Gleichgewichts,* hängt von der Temperatur ab. Je höher die Temperatur, desto stärker ist der Wasserdampf dissoziiert, desto mehr Knallgas enthält die Gleichgewichtsmischung. Unterhalb 1000⁰ ist im Gleichgewichtsgemisch zu wenig Knallgas enthalten, als daß man es mit den üblichen chemischen Methoden nachweisen könnte; daher macht die Wasserbildung unterhalb 1000⁰ nicht den Eindruck eines reversiblen Vorgangs.

Ebenso wie bei der Wasserbildung muß man auch bei anderen chemischen Vorgängen unterscheiden zwischen:

1. dem *Endzustand,* dem der Vorgang zustrebt (d. h. der Zusammensetzung der *Gleichgewichtsmischung*); und

2. der *Zeit*, die zur Erreichung des Endzustandes benötigt wird (der *Geschwindigkeit des Vorgangs*).

Affinität. Man bezeichnet die Tatsache, daß zwei Stoffe sich chemisch miteinander verbinden können, durch den Ausdruck, daß sie eine gegenseitige *Affinität* besitzen. Die Kräfte, welche die Atome in den Molekülen zusammenhalten, heißen chemische Kräfte oder *Affinitätskräfte*. Nach neuerer Anschauung sind diese Kräfte elektrischer Natur. Ein Maß für die gegenseitige Affinität zweier Stoffe besitzt man in der Beständigkeit ihrer chemischen Verbindung. In je geringerem Grade eine Verbindung in der Gleichgewichtsmischung gespalten ist, oder je höher man erhitzen muß, um eine merkliche Dissoziation zu erhalten, desto größer ist die Affinität zwischen den Stoffen.

Hingegen ist es im allgemeinen nicht korrekt, als Maß für die Affinität die Reaktionsgeschwindigkeit zu benutzen, mit der sich die Stoffe verbinden. Die *Geschwindigkeit* der Wasserbildung steigt z. B. mit der Temperatur an, während die Zusammensetzung der Gleichgewichtsmischung deutlich zeigt, daß die *Affinität* der Wasserbildung mit steigender Temperatur ständig abnimmt.

Warum die Affinität zwischen manchen Elementen groß, zwischen anderen klein ist, kann erst später angedeutet werden. Zunächst ist es notwendig, die Hauptzüge der gegenseitigen Affinitätsverhältnisse zwischen den wichtigsten Elementen kennen zu lernen, deren Beschreibung einen großen Teil der nachfolgenden Ausführungen ausmacht.

Die Halogene.

Zu der Gruppe der Halogene gehören *Fluor, Chlor, Brom* und *Jod*. Diese Metalloide sind sich *in chemischer Hinsicht sehr ähnlich,* wie aus den analogen Formeln und Eigenschaften ihrer Verbindungen deutlich hervorgeht. Man gewinnt über die so zahlreichen chemischen Verbindungen am ehesten einen Überblick, wenn man diejenigen Elemente zu Gruppen zusammenfaßt, die untereinander in bezug auf Wertigkeit und Affinität ähnlich sind. Diese Einteilung in chemisch analoge Gruppen führt schließlich S.S. 273f. zu einem umfassenden natürlichen System aller Elemente.

Als besonders charakteristisch für die Halogene kann man ihre Einwertigkeit gegenüber Wasserstoff und Metallen hervorheben, während sie gegenüber Sauerstoff mit wechselnder Valenz bis zu siebenwertig auftreten. Ihre Verbindungen mit den Metallen sind typische *Salze*. Von diesem Verhalten stammt der Name dieser Gruppe: Halogen bedeutet Salzbildner.

Chlor.
Cl = 35,457.

Vorkommen. Chlor ist ein sehr weitverbreitetes Element, ohne deshalb in besonders großer Menge auf der Erdoberfläche vorzukommen. Man findet es niemals frei, sondern nur in Verbindungen, hauptsächlich in Form von Natriumchlorid, das sowohl gelöst im *Meerwasser* und in *Salzquellen*, als auch kristallisiert als *Steinsalz* vorkommt. Natriumchlorid bildet das Ausgangsmaterial für die Darstellung der meisten anderen Chlorverbindungen.

Freies Chlor, Cl_2, ist ein gelbgrünes Gas von höchst unangenehmem, stechendem Geruch. Einatmen ist sehr schädlich, da Chlor die Schleimhäute der Atmungsorgane angreift. Die Dichte (2,45 bezogen auf Luft) entspricht dem Molekül Cl_2. Unter erhöhtem Druck kann man Chlor leicht zu einer gelben Flüssigkeit verdichten; in diesem Zustand wird es in starken eisernen Flaschen aufbewahrt. Wasser kann bei gewöhnlicher Temperatur etwa 3 Volumina Chlorgas auflösen, wobei sich eine gelbgrüne Lösung, **Chlorwasser**, bildet.

Darstellung. Man erwärmt Braunstein (Mangandioxyd) mit Salzsäure, wobei sich gasförmiges Chlor entwickelt und Manganochlorid bildet:

$$MnO_2 + 4\ HCl \rightarrow MnCl_2 + 2\ H_2O + Cl_2.$$

Das freiwerdende Chlorgas reißt etwas Chlorwasserstoff aus der Reaktionsmischung mit; man befreit es davon dadurch, daß man es durch eine Waschflasche mit wenig Wasser leitet. — (Bei der Reaktion selbst entsteht primär $MnCl_4$, das rasch in $MnCl_2$ und Cl_2 zerfällt.)

Das Endergebnis der Reaktion ist die Wasserstoffabgabe, die *Dehydrogenisation* oder *Dehydrierung*, des Chlorwasserstoffs. Ihrem Wesen nach ist die Reaktion aber eine *Oxydation*: die zwei Wasserstoffatome von zwei Molekülen Chlorwasserstoff sind von dem *einen* (dem „aktiven") Sauerstoffatom des Braunsteins zu Wasser oxydiert worden. Hat Braunstein ein Sauerstoffatom abgegeben, so bleibt Manganooxyd zurück, das sich, ohne Oxydation oder Reduktion, mit Chlorwasserstoff zu Manganochlorid umsetzt.

In erweitertem Sinne nennt man *Oxydation*: die *Aufnahme* S. S. 51. von *Sauerstoff* oder die *Abgabe* von *Wasserstoff*; *Reduktion*: die *Abgabe* von *Sauerstoff* oder die *Aufnahme* von *Wasserstoff*.

Auch andere kräftige Oxydationsmittel können Salzsäure zu Chlor oxydieren. Jedes Atom wirksamer Sauerstoff des Oxydations- S. S. 71 f. mittels setzt 2 Chloratome in Freiheit:

$$2\ HCl + O \rightarrow H_2O + Cl_2.$$

Technisch stellt man Chlor heutzutage meistens durch Elektrolyse einer wäßrigen Natriumchloridlösung her.

Chemische Eigenschaften. Chlor ist ein *sehr reaktionsfähiger* Stoff, der sich schon bei gewöhnlicher Temperatur oder bei schwacher Erwärmung mit den meisten Elementen zu *Chloriden* verbindet. Wasserstoff verbrennt, wenn man ihn in Chlor entzündet, zu gasförmigem Chlorwasserstoff:

$$H_2 + Cl_2 \rightarrow 2\,HCl.$$

Eine Mischung gleicher Raumteile Wasserstoff und Chlor (**Chlorknallgas**) explodiert nicht nur beim Entzünden, sondern auch bei kräftiger *Belichtung*. Phosphor verbrennt in Chlor zu einer farblosen Flüssigkeit, Phosphortrichlorid:

$$2\,P + 3\,Cl_2 \rightarrow 2\,PCl_3,$$

das mit weiteren Mengen Chlor das feste, gelbliche, leichtflüchtige Phosphorpentachlorid bildet:

$$PCl_3 + Cl_2 \rightarrow PCl_5.$$

Eisen verbrennt in Chlor zu braunem, festem, schwer flüchtigem Ferrichlorid:

$$2\,Fe + 3\,Cl_2 \rightarrow 2\,FeCl_3.$$

Mit Sauerstoff und Stickstoff verbindet sich Chlor nicht direkt. Verbindungen dieser Elemente mit Chlor kann man auf Umwegen darstellen; sie sind jedoch so unbeständig, daß sie sich bei der geringsten Veranlassung explosionsartig zersetzen.

In Gegenwart von Wasser wirkt Chlor oft *oxydierend* nach der Gleichung:

$$Cl_2 + H_2O \rightarrow 2\,HCl + O.$$

So wird schweflige Säure durch Chlor zu Schwefelsäure oxydiert:

$$Cl_2 + H_2O + H_2SO_3 \rightarrow 2\,HCl + H_2SO_4.$$

In vollkommen trockenem Zustand ist Chlor weniger reaktionsfähig als in feuchtem Zustand und greift z. B. Eisen nicht an; deswegen kann man flüssiges Chlor in Eisenflaschen aufbewahren.

Die Chlorverbindungen der Metalle sind im allgemeinen *salzartige*, feste Stoffe (Salze der Chlorwasserstoffsäure), während die Chlorverbindungen der Metalloide gewöhnlich *flüssige* Stoffe sind, die sich bei der Einwirkung von Wasser zersetzen, und zwar in Chlorwasserstoff und eine sauerstoffhaltige Säure. So gibt Phosphorpentachlorid mit Wasser in heftiger Reaktion Phosphorsäure und Chlorwasserstoff:

$$PCl_5 + 4\,H_2O \rightarrow H_3PO_4 + 5\,HCl.$$

Vorgänge, bei denen sich, wie hier, ein Stoff unter Aufnahme von Wasser zersetzt, nennt man *Hydrolysen*; unser Beispiel ist also die Hydrolyse des Phosphorpentachlorids.

Chlorwasserstoff.

Chlorwasserstoff, HCl, ist ein ungefärbtes Gas von stechendem Geruch. Es ist, ähnlich dem Wasser, eine sehr beständige Verbindung. Man bereitet Chlorwasserstoff durch Erwärmen von Natriumchlorid mit Schwefelsäure:

$$2\ NaCl + H_2SO_4 \to 2\ HCl + Na_2SO_4.$$

Erwärmt man nicht sehr stark, so tritt nur das eine Wasserstoffatom der Schwefelsäure in Reaktion:

$$NaCl + H_2SO_4 \to HCl + NaHSO_4.$$
Saures Natriumsulfat

Selbst wenn man für jedes Molekül Schwefelsäure zwei Moleküle Salz zugibt, geht der Prozeß nicht weiter. Erst bei stärkerem Erwärmen tritt noch der Vorgang:

$$NaCl + NaHSO_4 \to HCl + Na_2SO_4$$

hinzu. Als Bruttoreaktion erhält man dann die Summe der beiden Teilreaktionen, d. h. die zuerst angegebene Reaktion.

Das Austreiben einer Säure aus ihren Salzen durch eine andere Säure. Für diese wichtige Klasse von chemischen Vorgängen ist die beschriebene Darstellung des Chlorwasserstoffs ein gutes Beispiel. Aus dem Salz der Chlorwasserstoffsäure wird durch Zugabe der Schwefelsäure der Chlorwasserstoff frei gemacht oder *ausgetrieben.* Im allgemeinen kann eine bestimmte Säure aus ihren Salzen nur durch eine stärkere Säure ausgetrieben werden; die Fähigkeit, andere Säuren aus ihren Salzen auszutreiben, gehört also auch zu den früher schon teilweise aufgezählten Eigenschaften, S. S. 12. nach denen man die Stärke verschiedener Säuren abschätzen kann.

Salzsäure. Chlorwasserstoff löst sich außerordentlich leicht in Wasser unter Entwicklung einer bedeutenden Wärmemenge, wobei sich eine wasserklare, *stark sauer* reagierende Flüssigkeit bildet, die man Salzsäure *(Acidum hydrochloricum)* nennt. Die mit Chlorwasserstoff bei gewöhnlicher Temperatur gesättigte wäßrige Lösung enthält etwa 42% HCl und raucht stark an der Luft, da der entweichende Chlorwasserstoff mit dem Wasserdampf der Atmosphäre kleine Tropfen Salzsäure bildet (rauchende Salzsäure). Die reine Handelsware enthält gewöhnlich etwa 38%; die rohe Salzsäure, verunreinigt und daher stets gelb gefärbt, ist noch etwas schwächer. Sehr bequem kann man den Gehalt einer Salzsäure aus der *Dichte* ermitteln. Je stärker die Salzsäure ist, desto größer ist ihre Dichte. Die Dichte einer Salzsäure von $x\%$ Gehalt an HCl ist sehr nahe gleich:

$$1 + \frac{x}{200}.$$

Durch Auskochen kann man aus Salzsäure den gelösten Chlorwasserstoff nicht austreiben. Dies hängt eng zusammen mit dem
S. S. 20. *Verhalten der Salzsäure beim Destillieren.* Hierüber gibt Abb. 6 Auskunft. Sie zeigt, wie der Siedepunkt von Salzsäure bei 1 Atm. Druck sich mit ihrer Konzentration verändert. Auf der Abszissenachse ist eine Konzentrationsskala aufgetragen; der Abstand von der Abszissenachse bis zu der eingezeichneten Kurve gibt den Siedepunkt der zugehörigen Salzsäure an. Die Temperaturskala ist auf der senkrechten Achse links (auf der Ordinatenachse) aufgetragen. Die Kurve zeigt, daß eine 20%ige Salzsäure bei 110° siedet und damit einen höheren Siedepunkt besitzt, als sowohl die stärkeren als auch die schwächeren Salzsäuren. Während der Destillation einer Mischung kann der Siedepunkt entweder konstant bleiben oder steigen, keinesfalls kann er fallen. Daher muß während der Destillation jeder Salzsäure die Zusammensetzung der noch nicht überdestillierten Säure immer näher bei 20% liegen, als es für die ursprüngliche Säure der Fall war; d. h. aus den verdünnten Salzsäuren muß vorzugsweise Wasser wegdestillieren und aus den konzentrierten Säuren überwiegend Chlorwasserstoff. Eine 20%ige Salzsäure muß *unverändert übergehen*; denn wenn sie bei der Destillation einen der Stoffe in überwiegendem Maße abgeben würde, sei es nun Wasser oder Chlorwasserstoff, so müßte der Siedepunkt fallen, was jedoch nicht möglich ist.

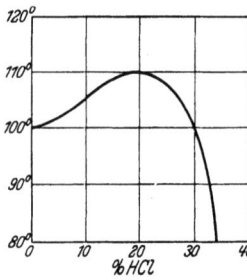

Abb. 6. Die Siedepunktskurve von Salzsäure.

Die beträchtliche Wärmeentwicklung beim Auflösen von Chlorwasserstoff in Wasser deutet darauf hin, daß damit starke *Hydrat-*
S. S. 56. *bildung* verbunden ist, und daß die Salzsäure die Lösung eines Chlorwasserstoffhydrates in Wasser ist. Eine solche Hydratbildung macht es auch verständlich, daß Chlorwasserstoff, im Gegensatz zu anderen Gasen, nicht aus seiner wäßrigen Lösung durch Kochen ausgetrieben werden kann.

Salzsäure ist eine starke Säure. Mit Zink entwickelt sie lebhaft Wasserstoff:

$$Zn + 2\ HCl \rightarrow ZnCl_2 + H_2.$$

Sie ist ein gutes Lösungsmittel für Carbonate und Phosphate, die in Wasser unlöslich sind:

$$CaCO_3 + 2\ HCl \rightarrow CaCl_2 + H_2O + CO_2,$$
$$Ca_3(PO_4)_2 + 6\ HCl \rightarrow 3\ CaCl_2 + 2\ H_3PO_4,$$

und kann sich selbst mit sehr schwachen Basen umsetzen.

Man verwendet Salzsäure in der chemischen Industrie und in Laboratorien. Außerdem findet sie Verwendung zu Reinigungszwecken. In der Medizin wird sie bei Säuremangel im Magen verabreicht; im Magensaft des gesunden Menschen ist etwa 0,2% Salzsäure enthalten. Neuerdings benützt man sie zum Konservieren von Grünfutter und anderen wasserreichen Futtermitteln, die in Silo-Turmen eingelagert (ensiliert) werden, da sich die Säuerung des Futters mit Salzsäure vorzüglich bewährt hat. Bei ihrer Anwendung ist zu beachten, daß sie wie alle starken Säuren *ätzend* und *giftig* ist, und daß sie Eisen- oder Zinkbehälter auflöst. Nicht selten kommen im Haushalt zufällige Vergiftungen vor, die auf unzweckmäßige Aufbewahrung, Verwechslungen u. ä. zurückzuführen sind.

Chloride. Die meisten Salze der Salzsäure (Chloride) sind wasserlöslich. Ausnahmen hiervon sind Silberchlorid, Cuprochlorid und Mercurochlorid, die praktisch unlöslich sind, sowie Bleichlorid, das in kaltem Wasser schwer löslich ist. Salzsäure und Chloride fällen daher gelöste Silber-, Cupro- und Mercurosalze, sowie Bleisalze aus, die letzteren jedoch nur, wenn die Lösung nicht zu verdünnt ist.

Der Nachweis des Salzsäurerestes. Setzt man zu Salzsäure Silbernitrat, so entsteht ein unlöslicher Niederschlag von Silberchlorid, ein weißer Stoff, der im ersten Augenblick die Flüssigkeit trübt, sich jedoch bald zu einem käsigen Niederschlag sammelt:

$$H \cdot Cl + Ag \cdot NO_3 \rightarrow Ag \cdot Cl + H \cdot NO_3.$$

Silberchlorid bildet sich hier in einer sog. *doppelten Umsetzung*. Unter einer doppelten Umsetzung zwischen einer Säure und einem Salz, oder zwischen zwei Salzen versteht man einen Vorgang, bei dem entweder Wasserstoff mit einem Metall oder zwei Metalle miteinander Platz tauschen, ohne daß sich die Säurereste ändern. In diesem Zusammenhang sei daran erinnert, daß die Metallhydroxyde Salze des Wassers sind. Kann bei einer solchen doppelten Umsetzung ein *schwer löslicher Stoff* entstehen, so *fällt dieser stets aus*. Diese Gesetzmäßigkeit läßt sich, wie später gezeigt wird, höchst einfach aus der Ionentheorie ableiten. Da jedes Salz, das den Salzsäurerest (Chlorid-Chlor) enthält, bei einer doppelten Umsetzung mit Silbernitrat das schwer lösliche Silberchlorid bilden kann, müssen außer Salzsäure auch ihre sämtlichen Salze den charakteristischen Niederschlag mit Silbernitrat ergeben. Auch Phosphorsäure und Kohlensäure bilden in Wasser schwer lösliche Silbersalze, jedoch sind diese Silbersalze im Gegensatz zu Silberchlorid in Salpetersäure löslich. Man kann daher dadurch, daß man die zu analysierende Lösung salpetersauer macht, Silbernitrat zum

S. S. 43, 54.

Nachweis des Salzsäurerestes neben dem Phosphatrest und dem Carbonatrest benutzen.

Die sauerstoffhaltigen Verbindungen des Chlors.

Die Oxyde des Chlors sind von geringem Interesse. Wir behandeln hier hauptsächlich einige sauerstoffhaltige *Säuren* und ihre Salze. Diese Säuren enthalten alle — wie Chlorwasserstoff — ein Atom Chlor auf ein Atom Wasserstoff, unterscheiden sich aber untereinander und gegenüber Chlorwasserstoff durch ihren Gehalt an Sauerstoff. Die folgende Zusammenstellung gibt eine Übersicht über diese Säuren und ihre Formeln, sowie über die Bezeichnungen ihrer Salze.

Tabelle 4. Die chlorhaltigen Säuren.

Formel	Name der Säure	Bezeichnung der Salze
HCl	Chlorwasserstoff (Salzsäure)	Chloride
HClO	Unterchlorige Säure	Hypochlorite
HClO$_2$	Chlorige Säure	Chlorite
HClO$_3$	Chlorsäure	Chlorate
HClO$_4$	Über-(Per-)Chlorsäure	Perchlorate

Die Benennung der Säuren und Salze. Man bildet die Namen dieser Säuren und Salze nach bestimmten Regeln, die auch in anderen Fällen benützt werden. Die Nachsilbe *-ige* bezeichnet eine Säure, welche einen geringeren Sauerstoffgehalt besitzt als die gewöhnliche „*Säure*", und die Vorsilben *unter-* und *über- (per-)* bezeichnen geringeren bzw. größeren Sauerstoffgehalt. Die Namen der Salze der *Säure* schlechthin endigen auf *-at*, diejenigen der Salze einer *-igen* Säure endigen auf *-it*, und die Vorsilben *unter-* und *über-* übersetzt man in die Salznamen mit *hypo-* und *per-*. Schließlich endigen die Namen der Salze der *sauerstoffreien* Säure meistens auf *-id*. (Von diesen chemischen Bezeichnungen weichen die *pharmazeutischen* Namen oft in einer Weise ab, die zu Verwechslungen Anlaß geben kann; z. B. heißt Natriumchlorid: *Natrium chloratum*, Natriumchlorat: *Natrium chloricum*.)

Chlorige Säure und ihre Salze besitzen kein besonderes Interesse und werden hier nicht näher besprochen.

Unterchlorige Säure, HClO, ist nur in wäßriger Lösung bekannt. Diese Lösung läßt sich destillieren und besitzt einen charakteristischen Geruch. Die unterchlorige Säure ist eine sehr schwache Säure, die man aus ihren Salzen selbst durch eine so schwache Säure wie Kohlensäure austreiben kann. Sie gibt ihren Sauerstoff leicht ab und ist daher ein sehr wirksames *Oxydationsmittel*.

Im Chlorwasser hat sich ein Teil des gelösten Chlors mit Wasser umgesetzt:

$$Cl_2 + H_2O \rightleftharpoons HCl + HClO,$$

unter Bildung von Salzsäure und unterchloriger Säure. Chlor ist also in wäßriger Lösung teilweise *hydrolysiert*. Diese Hydrolyse S. S. 64. ist umkehrbar: Salzsäure und unterchlorige Säure reagieren umgekehrt miteinander unter Bildung von Chlor und Wasser. Die beiden Vorgänge führen von beiden Seiten her zu der gleichen Mischung von Chlor mit seinen Hydrolysenprodukten, d. h. zu einem echten *chemischen Gleichgewicht*. Da beide Vorgänge rasch verlaufen, bildet sich diese Gleichgewichtsmischung praktisch momentan, gleichgültig, ob man von Chlor und Wasser ausgeht oder von Salzsäure und unterchloriger Säure. In gesättigtem Chlorwasser sind etwa 30% des Chlors hydrolysiert. Die oxydierende Wirkung des Chlorwassers kann durch seinen Gehalt an unterchloriger Säure erklärt werden.

Hypochlorite. Diese Salze der unterchlorigen Säure sind in Wasser leicht löslich und wirken *oxydierend*, wie die Säure selbst, wenn auch weniger kräftig. Es handelt sich um ziemlich unbeständige Stoffe, die sich beim Stehen allmählich entweder in Mischungen von Chlorid und Chlorat verwandeln oder Sauerstoff abgeben. D. h. sie reagieren entweder nach dem Schema:

$$3\ NaClO \rightarrow 2\ NaCl + NaClO_3,$$

oder nach:

$$2\ NaClO \rightarrow 2\ NaCl + O_2.$$

Leitet man Chlor in Lösungen von Metallhydroxyden, so bilden sich Mischungen von Hypochloriten und Chloriden. Aus Chlor und *kalter* verdünnter Kalilauge entsteht eine Mischung von Kaliumhypochlorit und Kaliumchlorid *(Eau de Javelle)*, nach dem Schema:

$$2\ KOH + Cl_2 \rightarrow KClO + KCl + H_2O.$$

Diese Reaktion ist leicht verständlich: bei der Hydrolyse des Chlors entsteht je ein Molekül unterchlorige Säure und Salzsäure, die beide von dem Kaliumhydroxyd neutralisiert werden; damit werden also die Hydrolysenprodukte des Chlors ständig entfernt, und die Hydrolyse muß so lange weitergehen, bis alles Chlor aufgebraucht ist. Technisch besonders wichtig ist der

Chlorkalk, ein weißer pulverförmiger Stoff, den man durch Einwirkung von Chlor auf festes Calciumhydroxyd (Ätzkalk) darstellt:

$$2\ Ca(OH)_2 + 2\ Cl_2 \rightarrow Ca(ClO)_2 + CaCl_2 + 2\ H_2O.$$

In Wasser löst sich Chlorkalk größtenteils auf, da Calciumhypochlorit und Calciumchlorid leicht löslich sind; zurück bleibt nur etwas nicht umgesetztes Calciumhydroxyd. Dem Chlorkalk ist ein charakteristischer, unangenehmer Geruch eigen; er rührt von der unterchlorigen Säure her, die ihrerseits durch das, in der Atmosphäre vorhandene Kohlendioxyd freigemacht wird. Chlorkalk S. S. 68.

entwickelt mit überschüssiger Salzsäure momentan Chlor; die Salzsäure macht dabei zunächst unterchlorige Säure frei, die weitere Salzsäure sofort zu Chlor und Wasser oxydiert:

$$Ca(ClO)_2 + 4\ HCl \rightarrow CaCl_2 + 2\ Cl_2 + 2\ H_2O.$$

Man verwendet Chlorkalk (offiz. *Calcaria chlorata*) zur Desinfektion (auch von Wunden) und zum Bleichen von pflanzlichen Geweben (Baumwolle, Leinen, Papier). Fleckenwasser zum Entfernen von Flecken aus Wäsche oder ähnliches ist oft verdünnte Chlorkalklösung. Wolle und Seide werden von Hypochloriten angegriffen und dürfen daher mit hypochlorithaltigen Bleichmitteln nicht behandelt werden. Bei längerer Einwirkung werden selbst Baumwolle und Leinen angegriffen, weshalb das Bleichmittel gründlich ausgewaschen werden muß. Manchmal entfernt man die letzte Spur des „Chlors" mit „Antichlor", d. h. Natriumthiosulfat. Auch die Verwendung des Chlorkalkes für Desinfektionen ist dadurch beschränkt, daß er Stoffe, Tapeten, Metalle angreift und Farben ausbleicht. Im modernen *Gasschutz* spielt Chlorkalk eine große Rolle als Vernichtungsmittel für Kampfstoffe vom Typ der Gelbkreuzstoffe. — Handelsüblicher Chlorkalk enthält meistens 25—35% aktives Chlor, neuerdings ist auch reines Calciumhypochlorit im Handel mit bedeutend höherem Oxydationswert. Chlorkalk und Bleichwasser verlieren nach längerer Aufbewahrung ihre Wirksamkeit, da die Hypochlorite sich in eine Mischung von Chloriden und Chloraten umwandeln oder ihren Sauerstoff in Gasform abgeben.

Die Chlorate sind die Salze der ziemlich unbeständigen Chlorsäure, $HClO_3$. Erwärmt man die Lösung eines Hypochlorits, so wandelt sich dieses recht rasch in die beständigere Mischung aus Chlorid und Chlorat um, besonders schnell, wenn etwas freies Chlor anwesend ist. Leitet man *überschüssiges* Chlor in eine *warme* Lösung von Kaliumhydroxyd, so hat sich nach kurzer Zeit eine Mischung von Kaliumchlorid und Kaliumchlorat gebildet, weil sich das zuerst gebildete Hypochlorit in Chlorat umgewandelt hat. Die Gleichung für den gesamten Vorgang (die Bruttogleichung) ist:

$$6\ KOH + 3\ Cl_2 = KClO_3 + 5\ KCl + 3\ H_2O.$$

Bei der Abkühlung scheidet sich Kaliumchlorat aus, das in kaltem Wasser schwer löslich ist und durch Abfiltrieren, Umkristallisieren und Trocknen rein gewonnen werden kann.

Kaliumchlorat (älterer Name[1]: Chlorsaures Kali) gibt bei der Erwärmung Sauerstoff ab und dient daher, gewöhnlich nach

---

[1] Die wissenschaftliche Nomenklatur wird in diesem Buch konsequent gebraucht, obwohl für viele Verbindungen ältere Bezeichnungen und Trivialnamen noch oft benutzt werden. Wir erwähnen diese dort, wo der betreffende Stoff näher besprochen wird (*kursive* Zahlen des Registers!).

Zugabe von etwas Braunstein, zur Darstellung von reinem Sauerstoff:

$$2 KClO_3 \rightarrow 2 KCl + 3 O_2.$$

Mischungen von Kaliumchlorat mit brennbaren Stoffen (z. B. Schwefel, Sulfiden) sind äußerst explosiv und finden in der Zündholzindustrie und in Zündhütchen Anwendung. Die Chlorate sind schwächere Oxydationsmittel als die Hypochlorite. Man kann sie deshalb z. B. nicht zum Bleichen benutzen; dafür sind sie haltbarer.

Die Perchlorate sind die Salze der **Überchlorsäure**, $HClO_4$. Erhitzt man Kaliumchlorat solange, bis etwa $1/3$ seines Sauerstoffes entfernt ist, so entsteht eine Mischung aus Kaliumchlorid und Kaliumperchlorat:

$$2 KClO_3 \rightarrow KCl + KClO_4 + O_2.$$

Die Perchlorate sind die beständigsten und am schwächsten oxydierenden Salze der ganzen Klasse. Aber auch sie sind noch brauchbare Oxydationsmittel.

Perchlorate finden sich gelegentlich im Chilesalpeter. Da sie für Pflanzen giftig sind, kann ihre Anwesenheit bei der Anwendung des Chilesalpeters als Düngemittel schädlich wirken.

Die Lösungen der Hypochlorite, Chlorate und Perchlorate geben mit Silbernitrat keinen Niederschlag. Die Silbersalze dieser drei Säuren sind sämtlich in Wasser löslich. Silberchlorid, das bekanntermaßen unlöslich ist, kann sich aus diesen Chlorverbindungen in doppelter Umsetzung (bei der die Säurereste erhalten bleiben) nicht bilden, sondern seine Bildung erfordert die Zerstörung des Säurerestes (ClO, ClO_3, ClO_4). Daher ist das Verhalten dieser Lösungen gegen Silbernitrat in guter Übereinstimmung mit der oben formulierten Regel. S. S. 67.

Die Oxydationsstufen. Die **Anhydride** der soeben besprochenen Säuren besitzen folgende Formeln:

$2 HClO \;\;- H_2O = Cl_2O$, Unterchlorigsäureanhydrid;
$2 HClO_3 - H_2O = Cl_2O_5$, Chlorsäureanhydrid (unbekannt);
$2 HClO_4 - H_2O = Cl_2O_7$, Überchlorsäureanhydrid.

Aus der Zusammensetzung dieser Anhydride kann man die Oxydationsstufen des Chlors in den verschiedenen Säuren ableiten.

Man schreibt dem Chlor in der unterchlorigen Säure, in den Hypochloriten und im Unterchlorigsäureanhydrid *dieselbe Oxydationsstufe* zu, da man diese Verbindungen ineinander *ohne Oxydation oder Reduktion*, sondern einfach durch Aufnahme oder Abgabe von Wasser oder Basen verwandeln kann. Man gibt die Oxydationsstufe in *Äquivalenten Sauerstoff* ($= 1/2$ O) *pro Chloratom* S. S. 46. an. Aus der Formel des Anhydrids Cl_2O geht hervor, daß Chlor in diesen Verbindungen die Oxydationsstufe 1 einnimmt. In der Chlorsäure, den Chloraten und dem zugehörigen Anhydrid Cl_2O_5 beträgt die Oxydationsstufe des Chlors 5. In der Überchlorsäure, den Perchloraten und dem Anhydrid Cl_2O_7 ist sie gleich 7. Aus diesen Zahlen kann man berechnen, mit wie vielen Äquivalenten man oxydieren muß, um von einer Verbindungsreihe in die andere zu gelangen. So benötigt man zur Oxydation eines Hypochlorites zu einem Chlorat: $5-1=4$ Äquivalente Sauerstoff, oder anders ausgedrückt: 2 Atome Sauerstoff auf ein Atom Chlor. Man kann dies auch unmittelbar aus den Formeln dieser Salze ablesen. In freiem Chlor ist die Oxydationsstufe natürlich gleich 0. Um aus Chlorwasserstoff (oder Chloriden) freies Chlor herzustellen, muß man mit einem Äquivalent Sauerstoff je 1 Cl oxydieren:

$$2\,HCl + O = Cl_2 + H_2O.$$

Die Oxydationsstufe in diesen Verbindungen ist daher niedriger als 0, nämlich -1. Um Chlorwasserstoff zu Chlorsäure zu oxydieren, benötigt man nach den angegebenen Oxydationsstufen: $5-(-1)=6$ Äquivalente Sauerstoff, d. h. 3 Atome Sauerstoff, wie es sich auch aus den Formeln ergibt.

In Unterchlorigsäureanhydrid ist das Chlor einwertig, genau wie in der unterchlorigen Säure selbst, deren Valenzformel lautet: H—O—Cl. In Chlorsäureanhydrid ist das Chlor fünfwertig, ebenso in der Chlorsäure selbst, deren Strukturformel ist:

$$H-O-Cl{\begin{array}{c}\nearrow O\\ \searrow O\end{array}}.$$

In Überchlorsäureanhydrid ist Chlor siebenwertig, wie in der Überchlorsäure, deren Strukturformel lautet:

$$H-O-\underset{\underset{O}{\|}}{\overset{\overset{O}{\|}}{Cl}}=O.$$

Fluor.
F = 19,00.

Vorkommen. Fluorverbindungen sind auf der Erdoberfläche weitverbreitet, finden aber keine sehr ausgebreitete Anwendung. Die wichtigsten Fluormineralien sind **Flußspat**, CaF_2, und **Kryolith**, Na_3AlF_6, der nur auf Grönland vorkommt. Etwas Calciumfluorid ist in Knochen und Zähnen enthalten, wie auch in den wichtigsten Phosphatmineralien, Apatit und Phosphorit.

Fluor, F_2, ist in freiem Zustand ein Gas mit schwach gelbgrüner Farbe. Es verbindet sich schon bei gewöhnlicher Temperatur mit

Wasserstoff und zersetzt momentan Wasser unter Sauerstoffentwicklung:
$$F_2 + H_2 \rightarrow 2\,HF,$$
$$F_2 + H_2O \rightarrow 2\,HF + O.$$
Die Affinität zu Wasserstoff und zu vielen anderen Stoffen ist bei Fluor noch größer als bei Chlor. Daher ist es recht schwierig, freies Fluor darzustellen. Am besten geschieht die Darstellung durch Elektrolyse von wasserfreiem Fluorwasserstoff.

Fluorwasserstoff, HF, ist eine farblose, leicht flüchtige Flüssigkeit (Kp. 20°). Ihre Dämpfe sind sehr giftig. Die wäßrige Lösung heißt Flußsäure. Sie ist eine erheblich schwächere Säure als Salzsäure und *zeichnet sich aus durch ihre Fähigkeit Glas zu ätzen und aufzulösen* (Näheres hierüber bei den Fluorverbindungen des Siliciums). S. S. 223.

Molgewichtsbestimmungen am Dampf liefern, besonders bei tiefen Temperaturen, Werte weit größer als 20. Eine solche Zusammenlagerung mehrerer gleicher Moleküle wird *Assoziation* genannt. S. S. 185.

Zur Darstellung von Flußsäure erwärmt man pulverisierten Flußspat oder Kryolith mit Schwefelsäure in einer Destillationsanordnung aus Blei oder Platin. Hierbei destilliert der freigesetzte Fluorwasserstoff über:
$$CaF_2 + H_2SO_4 \rightarrow CaSO_4 + 2\,HF.$$
Von den Salzen der Flußsäure ist Calciumfluorid das wichtigste; es ist in Wasser sehr schwer löslich, in ausgesprochenem Gegensatz zu den anderen Calciumhalogeniden.

Im Gegensatz zu Chlor bildet Fluor keine sauerstoffhaltigen Säuren.

Brom.

Br = 79,916.

Brom ist ein ziemlich seltenes Element; im *Meerwasser* sind geringe Mengen Bromide enthalten.

Brom, Br_2, ist eine dunkelbraune, schwere, merklich flüchtige Flüssigkeit (Kp. 59°), die gefährliche Wunden auf der menschlichen Haut erzeugt, und deren braune Dämpfe sehr giftig sind. In Wasser ist Brom merklich löslich; die rotbraune Lösung heißt Bromwasser.

Bromwasserstoff, HBr, ist ein *ungefärbtes* Gas. Seine wäßrige Lösung, Bromwasserstoffsäure, ist eine *sehr starke Säure*. Bromwasserstoff und seine Salze, die Bromide, sind etwas weniger beständig als Chlorwasserstoff und die Chloride. Daher kann Chlor aus den Bromiden das Brom in Freiheit setzen; z. B.:
$$2\,NaBr + Cl_2 \rightarrow 2\,NaCl + Br_2.$$

Stellt man Natriumchlorid aus unreinem Steinsalz oder aus Meerwasser dar, so enthält die Mutterlauge, die als Abfallprodukt übrig bleibt, alles Bromid, das im Ausgangsmaterial enthalten war. Aus diesen Mutterlaugen gewinnt man freies Brom, indem man Chlor zuleitet und das gebildete Brom abdestilliert.

Bromide. Natriumbromid und Kaliumbromid *(Natrium* bzw. *Kalium bromatum)* sind weiße, wasserlösliche Salze, die als Beruhigungsmittel Verwendung finden. Silberbromid ist ein gelblich weißer Stoff, unlöslich in Wasser und Salpetersäure. Es ist wegen seiner Lichtempfindlichkeit ein wichtiger Bestandteil der photographischen Schichten.

Die **sauerstoffhaltigen Verbindungen des Broms** sind denen des Chlors ähnlich.

Jod.
$$J = 126{,}92.$$

Vorkommen. Jod ist ein noch selteneres Element als Brom. Reines Jod und seine Verbindungen sind daher ziemlich teuer. Im *Meerwasser* ist Jod, jedoch in überaus geringer Menge, vorhanden. In den *Salpeterlagern* von Chile findet sich Natriumjodat in geringer Menge neben dem Salpeter. Für den Menschen und die höheren Tiere ist Jod ein wichtiger Stoff, da es ein wesentlicher Bestandteil der Schilddrüse ist. Jodmangel verursacht Kretinismus und endemischen Kropf.

Jod, J_2, ist in freiem Zustand ein fester, nahezu schwarzer Stoff mit schwachem Metallglanz. Schon bei schwacher Erwärmung entwickelt es schön rötlich-violett gefärbten Joddampf, der sich bei der Abkühlung direkt zu Jodkristallen verdichtet: Jod *sublimiert*. Unter *Sublimation* versteht man einen Vorgang, bei dem ein Stoff verdampft und bei der Abkühlung unmittelbar in den Kristallzustand übergeht, ohne dazwischen den flüssigen Zustand angenommen zu haben. In reinem Wasser ist Jod nahezu unlöslich. Es löst sich jedoch mit *brauner* Farbe, wenn gleichzeitig Jodwasserstoff oder ein Jodid, z. B. Kaliumjodid, zugegen ist. In Alkohol löst sich Jod ebenfalls mit *brauner* Farbe (Jodtinktur); dagegen besitzt die Lösung in Schwefelkohlenstoff eine *rötlich-violette* Farbe, die der Farbe des Dampfes sehr ähnlich ist. Weil der rotviolette Joddampf nach seiner Dampfdichte zweiatomige Moleküle (J_2) enthält, schließt man, daß die ähnlich gefärbten Jodlösungen in Schwefelkohlenstoff ebenfalls zweiatomige Jodmoleküle enthalten. In den braungefärbten Lösungen liegen dagegen Verbindungen des Jods mit dem Lösungsmittel vor. So ist in der Alkohollösung eine Verbindung von Jod und Alkohol zugegen, und in der Lösung von Jod in wäßrigem Kaliumjodid hat sich Kaliumtrijodid gebildet,

KJ_3. Diese braunen Jodverbindungen sind unbeständig und teilweise *dissoziiert*. Ihre Wirkungen sind daher qualitativ die gleichen wie die von freiem Jod, entsprechen aber quantitativ der geringeren Konzentration. Mit Stärke ergibt freies Jod eine sehr charakteristische tiefblaue Färbung. Jod ist giftig.

Die Jodtinktur *(Tinctura jodi)* wird in der Medizin wegen ihrer starken antiseptischen Wirkung sehr viel verwendet. Die Lösung greift Metalle an und färbt die Haut tiefbraun.

Darstellung. Im Meerwasser finden sich nur so geringe Mengen Jod, daß sich die Gewinnung aus den Mutterlaugen der Salzdarstellung nicht lohnt. Gewisse Tangpflanzen reichern jedoch recht bedeutende Jodmengen aus dem Meerwasser an; nach dem Verkohlen des Tangs gewinnt man durch Auslaugen der kohligen Rückstände mit Wasser eine Lösung von Natriumjodid, aus der man das Jod mit Hilfe von Chlor freimacht:

$$2\ NaJ + Cl_2 \rightarrow 2\ NaCl + J_2.$$

Jodwasserstoff, HJ, ist ein *ungefärbtes*, stechend riechendes Gas, dessen wäßrige Lösung, Jodwasserstoffsäure, eine *sehr starke Säure* ist. Jod hat von allen Halogenen die geringste Affinität zu Wasserstoff und zu Metallen, so daß Jodwasserstoff eine recht unbeständige Verbindung ist. Er gibt leicht seinen Wasserstoff an Sauerstoff ab, wobei Jod und Wasser entstehen:

$$2\ HJ + O \rightarrow H_2O + J_2.$$

Aus diesem Grund ist Jodwasserstoffsäure fast immer wegen des darin gelösten freien Jods mehr oder weniger bräunlich gefärbt. Jodwasserstoff wirkt *stark sauerstoffentziehend* oder *reduzierend*. S. S. 63. So wird *konzentrierte* Schwefelsäure von Jodwasserstoff zu Schwefeldioxyd reduziert:

$$2\ HJ + H_2SO_4 \rightarrow J_2 + SO_2 + 2\ H_2O.$$

Man kann daher Jodwasserstoff nicht durch Erwärmen von Jodiden mit konzentrierter Schwefelsäure darstellen. Zur Darstellung schmilzt man Jod mit Phosphor zusammen, und *hydrolysiert* S. S. 64. das hierbei gebildete Phosphortrijodid, d. h. man zersetzt es mit Wasser:

$$PJ_3 + 3\ HOH \rightarrow 3\ HJ + H_3PO_3.$$

Jodide. Die wichtigsten Jodide sind Kaliumjodid, ein leichtlösliches weißes Salz, und Silberjodid, ein *eigelbes*, in Wasser und Salpetersäure unlösliches Salz. Kleine Mengen Jodide werden in jodarmen Gegenden dem Speisesalz zugesetzt (Vollsalz), um die gesundheitlichen Schädigungen des Jodmangels zu bekämpfen.

Jodsäure, HJO_3. Jod bildet von allen Halogenen mit Sauerstoff die beständigsten Verbindungen. Jodsäure, HJO_3, ist ein fester, weißer Stoff, der bei der Oxydation von Jod mit Salpetersäure entsteht und durch Eindampfen der Lösung bis zur Kristallisation gewonnen wird. Ihre Salze heißen **Jodate**.

Übersicht über die Halogengruppe.

Die Halogene sind gefärbte Stoffe, die mit Wasserstoff ungefärbte flüchtige Verbindungen bilden. Diese Halogenwasserstoffe sind in Wasser sehr leicht löslich; sie sind starke Säuren (Fluorwasserstoff ist jedoch nur mittelstark), und ihre Metallverbindungen sind typische Salze. Die Sauerstoffverbindungen der Halogene sind wenig beständig und besitzen Oxydationsfähigkeit.

Gegenüber Wasserstoff und den Metallen sind die Halogene einwertig; gegenüber Sauerstoff treten sie meistens mit den Valenzen 1, 5 oder 7 auf.

Ordnet man sie nach ihren Atomgewichten, so ergibt sich die Reihenfolge:

$F = 19,0$; $Cl = 35,457$; $Br = 79,916$; $J = 126,92$.

Die gleiche Reihenfolge ergibt sich, wenn man diese Elemente nach anderen Eigenschaften ordnet. So nimmt die Flüchtigkeit der freien Halogene in der gleichen Ordnung ab und die Farbtiefe gleichzeitig zu. Über die chemischen Eigenschaften sei gesagt, daß die Affinität zu Wasserstoff und zu den Metallen von Fluor über Chlor und Brom zu Jod abnimmt, während umgekehrt die Affinität zu Sauerstoff in dieser Reihenfolge wächst.

Der chemische Vorgang. II.

Die chemische Reaktionsgeschwindigkeit.

Jeder chemische Vorgang braucht zu seinem Ablauf eine gewisse Zeit. Dieser Zeitbedarf· ist jedoch außerordentlich verschieden. So geht z. B. die Neutralisation von Säuren durch Laugen praktisch momentan vor sich; man kann auf keine Weise feststellen, daß diese chemische Reaktion mehr Zeit verbraucht, als man benötigt, um die Säure und Lauge zusammenfließen zu lassen. Auch die Bildung der Hypochlorite bei der Einwirkung von Chlor auf gelöste Metallhydroxyde geht äußerst schnell vor sich. Dagegen vollzieht sich die Verwandlung von Hypochlorit in Chlorat ziemlich langsam; eine Chlorkalklösung verliert erst nach monatelanger Aufbewahrung ihre bleichende Kraft. Solange dauert es also, bis das darin enthaltene Hypochlorit in Chlorat verwandelt ist.

Die Zeit, die ein chemischer Vorgang benötigt, oder, anders ausgedrückt, die *Geschwindigkeit*, mit der ein chemischer Vorgang abläuft, hängt in hohem Grade von den äußeren Bedingungen ab, deren drei wichtigste hier aufgezählt seien:

Die chemische Reaktionsgeschwindigkeit. 77

1. Zunächst verläuft ein Vorgang um so rascher, je höher die *Temperatur* ist.

2. Weiter kann die *Konzentration* eine Rolle spielen. Im allgemeinen setzt sich eine konzentrierte Lösung schneller um als eine verdünnte.

3. Schließlich haben oft *fremde Stoffe* eine beschleunigende Wirkung. Solche Stoffe, sofern schon ihre bloße Anwesenheit eine beschleunigende Wirkung auslöst, und sofern sie selbst durch die Reaktion nicht verändert werden, nennt man *Katalysatoren*. So *katalysiert* fein verteiltes Platin die Wasserbildung aus Knallgas, S. S. 59. und Braunstein die Sauerstoffentwicklung aus Kaliumchlorat. Ist der Katalysator, wie in diesen Fällen, ein fester Stoff, an dessen Oberfläche die Reaktion besonders schnell verläuft, so nennt man ihn oft eine *Kontaktsubstanz* oder *Kontaktmasse*, oder kurz einen *Kontakt*; eine solche Katalyse heißt eine *heterogene Katalyse*. Es gibt aber auch viele Fälle von *homogener Katalyse*, wo ein homogen beigemischter Stoff eine Reaktion beschleunigt. *Enzyme* sind Katalysatoren biologischer Herkunft (Vgl. Organ. Chemie!).

Die verschiedenen erwähnten Faktoren und ihren Einfluß auf die Geschwindigkeit einer chemischen Reaktion kann man sehr gut an der Reaktion zwischen *Kaliumjodat* und *schwefliger Säure* in wäßriger Lösung demonstrieren. Das Jodat oxydiert die schweflige Säure zu Schwefelsäure nach der Gleichung:

$$KJO_3 + 3 H_2SO_3 \rightarrow KJ + 3 H_2SO_4.$$

Nimmt man einen Überschuß von Kaliumjodat, so kann man das Ende der Reaktion leicht beobachten. Sobald nämlich die schweflige Säure aufgebraucht ist, wird in der Lösung Jod frei, und zwar durch die Einwirkung der gebildeten Schwefelsäure auf die Mischung von Jodid und Jodat:

$$KJO_3 + 5 KJ + 3 H_2SO_4 \rightarrow 3 J_2 + 3 K_2SO_4 + 3 H_2O.$$

Durch diese Reaktion wird schon Jod gebildet, während noch schweflige Säure zugegen ist; da jedoch Jod von schwefliger Säure augenblicklich zu Jodwasserstoff reduziert wird:

$$J_2 + H_2SO_3 + H_2O \rightarrow 2 HJ + H_2SO_4,$$

kann freies Jod erst dann sichtbar werden, wenn alle schweflige Säure verbraucht ist. Den Zeitpunkt, an dem freies Jod auftritt, kann man an der braunen Farbe des (in Kaliumjodid gelösten) Jods oder, nach Zusatz von Stärkelösung, noch empfindlicher an der blauen Farbe der Jodstärke erkennen.

Zu diesen Versuchen verwendet man eine Lösung von etwa 50 g Kaliumjodat auf 1 l und eine schweflige Säure mit etwa 3 g Schwefeldioxid in 1 l. Setzt man 25 ccm jeder dieser beiden Lösungen zu 400 ccm Wasser, so wird es bei 18° etwa 22 Sekunden dauern, bis die Farbe des Jods erscheint. Bei 35° erscheint das Jod schon nach 13 Sekunden; *Temperatursteigerung beschleunigt* also die Reaktion. Den Einfluß der *Konzentration* erkennt man aus einem Versuch mit der doppelten Menge Kaliumjodat: bei 18° und Verwendung von 50 ccm Jodatlösung erscheint das freie Jod schon nach 12 Sekunden. Schließlich kann man noch zeigen, daß *homogen* gelöste Salzsäure die Reaktion *katalysiert*: 6 Tropfen konzentrierter Salzsäure kürzen die Reaktionszeit bei 18° und für 25 ccm Kaliumjodat auf 4 Sekunden ab.

Vollzieht sich ein chemischer Vorgang zwischen lauter Gasen oder zwischen Stoffen, die ineinander oder in einem Lösungsmittel gelöst sind, also in einem homogenen System, so nennt man ihn eine *homogene Reaktion*. (Beispiel einer homogenen Gasreaktion: Wasserbildung aus Knallgas durch Erwärmen; Beispiel für eine Homogenreaktion in wäßriger Lösung: die Chloratbildung aus Hypo-

S. S. 69. chlorit.) Vollzieht sich dagegen eine Reaktion zwischen einem Gase und einem festen Stoffe (z. B. die Verbrennung von Kohle) oder zwischen einer Flüssigkeit und einem festen Stoffe (z. B. die Auflösung von Zink in verdünnter Schwefelsäure, die Auflösung fester Salze in Wasser), also in einem heterogenen System an der Oberfläche zwischen den verschiedenen Phasen, so nennt man ihn eine *heterogene Reaktion*.

Die Reaktionsgeschwindigkeit heterogener Vorgänge hängt außer von den bereits oben erwähnten drei Faktoren auch noch von der Größe der Oberfläche zwischen den beiden miteinander reagierenden Phasen, sowie von der Intensität des Rührens ab. So wird die Auflösung des Zinks in verdünnter Schwefelsäure beschleunigt außer durch: 1. *Erwärmen*, 2. Verwenden einer *stärkeren* Schwefelsäurelösung, 3. *Katalysatoren* (z. B. Kupfersulfat), auch noch durch: 4. Anwendung sehr *fein verteilten* Zinks mit großer reagierender Oberfläche (z. B. Zinkstaub), 5. *Umrühren*, wodurch ständig frische Säure mit der Oberfläche des Metalls in Berührung kommt.

Temperatureinfluß. Die Untersuchung der verschiedensten chemischen Reaktionen ergab die Regel, daß die chemische Reaktionsgeschwindigkeit im allgemeinen *für jede 10^0 Temperatursteigerung etwa 2—3mal größer wird* (VAN'T HOFFsche Regel). Dies besagt, daß der Temperatureinfluß sehr bedeutend ist. Rechnet man mit einer Verdopplung für je 10^0, so entspricht einer Temperatursteigerung von 100^0 eine Steigerung der Reaktionsgeschwindigkeit aufs $2^{10} = 1024$fache.

Man kann sehr oft beobachten, daß eine chemische Reaktion bei Zimmertemperatur nicht vor sich geht, daß ihre Geschwindigkeit also unmeßbar klein ist; daß aber die Reaktion bei geeigneter Erwärmung sofort in Gang kommt. Dies gilt z. B. für die Sauerstoffentwicklung aus Kaliumchlorat, und für alle chemischen Reaktionen, die man durch Entzünden einleitet. Beim chemischen Arbeiten ist es ein alltäglicher Kunstgriff, Reaktionen durch Erwärmen zu beschleunigen. Bei analytischen Arbeiten, bei denen gewöhnlich mit wäßrigen Lösungen gearbeitet wird, bildet jedoch der Siedepunkt des Wassers eine obere Grenze für die mögliche Erwärmung.

Ganz besondere Wichtigkeit besitzt der Temperatureinfluß auf *biologische Vorgänge*. Bei den Kaltblütern ist die Körpertemperatur, und damit auch der Ablauf der chemischen Vorgänge im Innern des Körpers, von der Außentemperatur abhängig, was sich sehr deutlich an allen Lebensäußerungen dieser Tiere zeigt. Das Herz einer Schildkröte schlägt bei 20° etwa 2,5 mal schneller als bei 10°; eine Kaulquappe wächst bei 20° 2—3 mal so schnell wie bei 10°. Im Körper der Warmblüter sind Regulierungsmechanismen vorhanden, die eine konstante Körpertemperatur gewährleisten. Die normale Körpertemperatur des Menschen ist bekanntlich 37°. Die konstante Temperatur ist eine notwendige Bedingung für den gleichmäßigen Ablauf der chemischen Reaktionen, die alle Lebenstätigkeit bedingen. Die Konstanz der Körpertemperatur bei den Säugetieren ist die Ursache für die Unabhängigkeit ihrer Trächtigkeitsdauer von der Außentemperatur, einer Zeit, die für jede bestimmte Säugetierart eine bestimmte Länge besitzt.

Bekanntlich wird technisch die Abkühlung in großem Maßstab zum *Konservieren und Aufbewahren von Nahrungsmitteln* benutzt. Die Abkühlung erniedrigt die Geschwindigkeiten der Vorgänge, die das Verderben der Waren herbeiführen. Kühlt man so stark ab, daß das Wasser in den betreffenden Nahrungsmitteln, z. B. Fleisch, gefriert, so steigt die Haltbarkeit in noch höherem Maße, als die Temperaturerniedrigung allein voraussehen ließe.

Die graphische Darstellung des Verlaufes einer chemischen Reaktion. (Das Umsatz-Zeit-Diagramm.) Zur vollständigen Kenntnis des Verlaufes einer chemischen Reaktion muß nicht nur ihre Gesamtdauer bekannt sein, sondern auch die Zeiten, die für bestimmte Bruchteile des ganzen Vorgangs notwendig sind. In der folgenden Tabelle 5 sind die Zeiten zusammengestellt, welche bei verschiedenen Temperaturen nötig sind, damit sich bestimmte Prozentteile des Hypochlorits einer Kaliumhypochloritlösung in Chlorat verwandelt haben, nach dem Schema: S. S. 69.

$$3 \text{ KClO} \rightarrow \text{KClO}_3 + 2 \text{ KCl}.$$

Die hier benutzte Lösung von Kaliumhypochlorit wurde durch Einleiten von Chlor in Kalilauge dargestellt. Der Ablauf der Reaktion hängt von dem Überschuß an eingeleitetem Chlor ab. In unserem Falle betrug der Überschuß ungefähr einen Raumteil Chlorgas auf einen Raumteil Lösung. Dagegen hängt der Verlauf nicht merklich von der Konzentration der Lauge ab.

Tabelle 5. Die Umwandlung von Hypochlorit in Chlorat.

Gebildetes Chlorat	20°	30°	40°	50°
20%	6,9 Min.	2,8 Min.	1,1 Min.	0,4 Min.
40%	15,3 ,,	6,1 ,,	2,4 ,,	1,0 ,,
60%	28,4 ,,	11,4 ,,	4,5 ,,	1,8 ,,
80%	50 ,,	20 ,,	8,0 ,,	3,2 ,,
99%	143 ,,	57 ,,	22,9 ,,	9,2 ,,

Als anschauliches Bild von dem Ablauf dieses Vorgangs benutzt man am besten eine graphische Darstellung (Abb. 7). Die Abszisse bedeutet hier die *Zeit*, und die Ordinate den Grad der Umwandlung, den *Umsatz*. Mit Hilfe der Zahlen der Tabelle sind in diesem *Umsatz-Zeit-Diagramm* die vier Kurven für den Verlauf der Reaktion bei den vier verschiedenen Versuchstemperaturen eingezeichnet. Das Kurvenbild zeigt besonders deutlich die beschleunigende Wirkung einer Temperaturerhöhung. Je größer die Reaktionsgeschwindigkeit der Chloratbildung ist, desto steiler verläuft die Kurve, die den Reaktionsverlauf wiedergibt. Die Steilheit jeder einzelnen Kurve in der Abbildung nimmt während des Verlaufs der Reaktion ständig ab. Dies bedeutet eine *Abnahme der Reaktionsgeschwindigkeit* mit dem *Fortschritt der Reaktion*. Diese Abnahme ist recht verständlich. Im selben Maße, in dem die Konzentration des Hypochlorits abnimmt, verwandeln sich in der Zeiteinheit immer kleinere Mengen zu Chlorat.

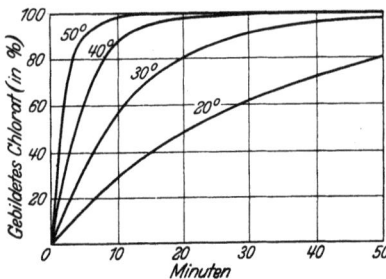

Abb. 7. Zeitlicher Verlauf der Umwandlung von Hypochlorit in Chlorat bei verschiedenen Temperaturen.

Konzentrationseinfluß. Das Massenwirkungsgesetz für die Reaktionsgeschwindigkeit. Wir haben bisher den Ausdruck Reaktionsgeschwindigkeit ohne genauere Definition benutzt. Die strengere Bedeutung dieses Wortes wird aus folgender Definition klar. Man faßt hierzu einen ganz bestimmten Stoff ins Auge, der verschwindet oder entsteht; unter der Reaktionsgeschwindigkeit versteht man dann *die Menge dieses Stoffes, die sich in der Zeiteinheit umsetzt*. (Diese Definition entspricht vollständig der üblichen Definition der Geschwindigkeit in der Physik als Weg, der in der Zeiteinheit durchlaufen wird.) Die Stoffmenge gibt man dabei gewöhnlich in *Gramm-Molen pro Liter* an, und die Zeit in Minuten.

Das *Massenwirkungsgesetz* für die Reaktionsgeschwindigkeit sagt aus: die Reaktionsgeschwindigkeit einer homogenen Reaktion ist *proportional der Konzentration jeder zur Reaktion nötigen Molekülart*. Tritt ein Stoff mit 2 Molekülen in eine Reaktion ein, so sollte die Reaktionsgeschwindigkeit also der zweiten Potenz der Konzentration dieses Stoffes proportional sein. So müßte die Reaktionsgeschwindigkeit der Wasserbildung: $2 H_2 + O_2 \rightarrow 2 H_2O$ nach dem Massenwirkungsgesetz sich proportional der zweiten Potenz des Wasserstoffdruckes und der ersten Potenz des Sauerstoffdruckes verändern (bei Gasen kann man den Druck als Maß ihrer Konzentration benützen).

Bei Messungen der Reaktionsgeschwindigkeit trifft man sehr oft — auch z. B. bei der eben genannten Reaktion — auf scheinbare Abweichungen von derartigen Forderungen des Massenwirkungsgesetzes. Für solche Abweichungen ist die Erklärung folgende: Vorgänge, deren chemische Gleichungen auf der linken Seite drei oder noch mehr Moleküle enthalten, gehen im allgemeinen *in mehreren Stufen* vor sich. Das Massenwirkungsgesetz gilt in solchen Fällen für jeden *einzelnen Teilvorgang*, jedoch nicht für den Gesamtvorgang. Für die Reaktion zwischen Kaliumjodat und schwefliger Säure lautet die Bruttogleichung: $KJO_3 + 3 H_2SO_3 = KJ + 3 H_2SO_4$; die gemessene Reaktionsgeschwindigkeit wächst aber durchaus nicht proportional der 3. Potenz der Konzentration von H_2SO_3, sondern nahezu proportional der 1. Potenz. Nimmt man jedoch an, erstens, daß Kaliumjodat zunächst relativ *langsam*, d. h. mit meßbarer Geschwindigkeit, zu einem (im übrigen unbekannten) Zwischenstoff KJO_2, Kaliumjodit, reduziert wird (nach der Gleichung: $KJO_3 + H_2SO_3 = KJO_2 + H_2SO_4$), und nimmt man zweitens an, daß das Kaliumjodit hierauf von der schwefligen Säure *sehr rasch* zu Jodid reduziert wird (nach der Gleichung: $KJO_2 + 2 H_2SO_3 = KJ + 2 H_2SO_4$), so müßte die beobachtete Reaktionsgeschwindigkeit durch die Reaktionsgeschwindigkeit des ersten langsamen Teilvorganges bestimmt sein, d. h. nach dem Massenwirkungsgesetz nicht mehr der 3., sondern nur der 1. Potenz der Konzentration von H_2SO_3 proportional sein. In Wirklichkeit verläuft der Vorgang noch etwas verwickelter. Durch quantitative Messungen der Reaktionsgeschwindigkeit kann man in manchen Fällen erkennen, über welche Zwischenprodukte eine chemische Reaktion läuft: man kann den *Reaktionsweg* bestimmen.

S. S. 77.

Die Sauerstoffgruppe.

Die Sauerstoffgruppe umfaßt Metalloide, die gegenüber Wasserstoff zweiwertig und gegenüber Sauerstoff bis zu sechswertig auftreten. Zu dieser Gruppe gehören Sauerstoff, Schwefel, Selen, Tellur. Von diesen sind nur die beiden ersten genügend wichtig, um hier genauer besprochen zu werden.

S. S. 50.

Sauerstoff (Oxygenium).
$O = 16,0000$.

Vorkommen. Sauerstoff kommt von allen Elementen in der größten Menge auf der Erdoberfläche vor. Er ist in der *Luft* und im *Wasser* enthalten und macht etwa die Hälfte unserer verbreitetsten *Stein-* und *Felsarten* (Kalkstein und Silicate) aus.

Freier Sauerstoff.

Von freiem Sauerstoff sind zwei verschiedene Modifikationen bekannt, gewöhnlicher Sauerstoff und Ozon.

Gewöhnlicher Sauerstoff, O_2, wie er in der atmosphärischen Luft vorkommt oder durch Erhitzen von Kaliumchlorat, mit etwas Braunstein (MnO_2) als Katalysator, dargestellt wird, ist ein farbloses Gas mit 2 Atomen im Molekül. Sauerstoff ist in Wasser nur *wenig löslich*: 1 l Wasser löst bei 18^0 und 1 Atm. Druck 35 ccm Sauerstoffgas (dieses gemessen bei 0^0 und 1 Atm.). Da die atmosphärische Luft nur zu $1/5$ aus Sauerstoff besteht und der *Partialdruck* des Sauerstoffs daher nur $1/5$ Atm. beträgt, muß nach dem

S. S. 24. Gesetz von HENRY 1 l Wasser, das bei 18⁰ und 1 Atm. mit atmosphärischer Luft gesättigt ist, $^1/_5 \cdot 35 = 7$ ccm Sauerstoff enthalten. Sauerstoff läßt sich durch starke Abkühlung zu einer schwach bläulichen Flüssigkeit verflüssigen, die bei -183^0 C siedet.

Die meisten Elemente lassen sich in Sauerstoff entzünden und *verbrennen*, z. B.:

$$S + O_2 \rightarrow SO_2 \quad \text{(Schwefeldioxyd)},$$
$$4 P + 5 O_2 \rightarrow 2 P_2O_5 \quad \text{(Phosphorpentoxyd)},$$
$$C + O_2 \rightarrow CO_2 \quad \text{(Kohlendioxyd)},$$
$$2 Na + O_2 \rightarrow Na_2O_2 \quad \text{(Natriumperoxyd)},$$
$$2 Mg + O_2 \rightarrow 2 MgO \quad \text{(Magnesiumoxyd)},$$
$$4 Fe + 3 O_2 \rightarrow 2 Fe_2O_3 \quad \text{(Ferrioxyd)}.$$

Einzelne Elemente vereinigen sich zwar beim Erwärmen mit Sauerstoff, aber nur langsam und ohne Verbrennungserscheinungen, z. B.:

$$2 Cu + O_2 \rightarrow 2 CuO,$$
$$2 Hg + O_2 \rightarrow 2 HgO \quad \text{(nur in der Nähe des Quecksilbersiedepunktes)},$$
$$N_2 + O_2 \rightarrow 2 NO \quad \text{(nur bei sehr hoher Temperatur und sehr unvollständig)}.$$

Die Halogene, die Gase der Argongruppe (Edelgase) und die Edelmetalle (Silber, Gold, Platin) können sich mit Sauerstoff überhaupt nicht direkt verbinden. Von diesen Elementen lassen sich jedoch, mit Ausnahme der Edelgase, auf indirektem Wege Oxyde herstellen.

Technisch dargestellt wird heutzutage Sauerstoff aus atmosphärischer Luft. Man unterwirft die *verflüssigte Luft* einer *fraktionierten Destillation*. Dabei destilliert der Stickstoff, der flüchtiger ist als der Sauerstoff, zuerst über; durch geeignete Leitung der Destillation kann man reinen Sauerstoff gewinnen. In den Handel kommt er in Stahlflaschen auf 150 Atm. komprimiert.

Sauerstoff wird zur Erzeugung von hohen Temperaturen verwendet. Verbrennt man einen Stoff in reinem Sauerstoff, so entwickelt sich genau die gleiche Wärmemenge wie bei der Ver-
S. S. 195. brennung in Luft: die *Verbrennungswärme*, gemessen in Calorien pro Mol verbrannte Substanz, ist also in beiden Fällen die gleiche. Die *Verbrennungstemperatur* ist jedoch in Sauerstoff bedeutend höher als in Luft. Verbrennt man in Luft, so müssen ja nicht nur die Verbrennungsprodukte, sondern es muß auch der Luftstickstoff erwärmt werden. Wasserstoff- oder Acetylenflammen, die mit Sauerstoff gespeist werden, lassen sich auf Grund ihrer sehr hohen Temperatur zum Zusammenschweißen von Gegenständen aus dem schwer schmelzbaren Eisen verwenden *(autogenes Schweißen)*, oder zum Zerschneiden dicker Eisenplatten *(autogenes Schneiden)*. Sauerstoff wird auch bei Wiederbelebungsversuchen Ertrunkener, Erstickter und Gasvergifteter angewendet. Vielfach dienen hierzu automatische Beatmungsgeräte (z. B. Pulmotor, Inhabadgerät). Große

Bedeutung haben ferner *Sauerstoffgeräte* (Isoliergeräte) für Rettungsmannschaften im Bergbau, für Feuerwehren u. ä. Bei diesen Geräten wird die von der Atmosphäre völlig abgeschlossene Lunge des Trägers aus dem Sauerstoffvorrat des Gerätes versorgt.

Ozon, O_3. Schickt man elektrische Funken oder noch besser stille elektrische Entladungen durch Sauerstoff, so nimmt dieser einen eigentümlichen scharfen Geruch an und wirkt *stärker oxydierend*. Er greift die Schleimhäute an, zeigt bleichende und desinfizierende Eigenschaften und wird also, grob gesprochen, im ganzen aktiver. Man nennt diesen Sauerstoff „*ozonisiert*"; durch Erwärmen auf einige hundert Grade verschwindet die Ozonisierung wieder. Stark ozonisiertes Gas zeigt eine deutlich blaue Farbe; beim Abkühlen auf tiefe Temperatur entstehen Tropfen einer tiefblauen Flüssigkeit, noch bevor sich der gewöhnliche Sauerstoff verflüssigt. Diese blaue Flüssigkeit bildet, sobald man sie aus dem Kältebad entfernt, ein blaues Gas, Ozon genannt. Sowohl flüssiges als auch gasförmiges Ozon explodieren äußerst leicht, und gehen dabei unter Wärmeentwicklung in gewöhnlichen Sauerstoff über. Meistens ist in dem ozonisierten Sauerstoff nur eine geringe Menge, d. h. einige Prozente, in Ozon umgewandelt. Verwendet wird ozonisierter Sauerstoff zum Sterilisieren von Trinkwasser.

Die Dichte des gasförmigen Ozons beträgt das 1,5fache der Dichte des Sauerstoffs. Das Molgewicht muß also auch 1,5mal größer sein, und das Ozonmolekül muß daher 3 Sauerstoffatome enthalten.

Das Auftreten eines Elementes in mehreren verschiedenen Modifikationen bezeichnet man als *Allotropie*.

Die Zusammensetzung der atmosphärischen Luft.

Sauerstoff kommt in freiem Zustand in der atmosphärischen Luft vor; diese ist eine Gasmischung, hauptsächlich aus Sauerstoff und Stickstoff, worin sich außerdem noch etwas Argon, sowie wechselnde Mengen Wasserdampf und Kohlendioxyd befinden.

Den Gehalt der Luft an *Wasserdampf* und *Kohlendioxyd* bestimmt man in der Weise, daß man ein bestimmtes Volumen Luft durch *Absorptionsapparate* (vergl. Abb. 5) leitet. Zunächst S. S. 52. nehmen mit konz. Schwefelsäure gefüllte Waschflaschen den Wasserdampf vollständig weg; dann absorbieren mit konz. Kalilauge oder mit Natronkalk gefüllte Flaschen, bzw. Rohre das S. S. 255. Kohlendioxyd, z. B. nach der Gleichung:

$$2\,KOH + CO_2 = K_2CO_3 + H_2O.$$

Die Gewichtszunahmen der Absorptionsapparate liefern die gesuchten Mengen Wasser und Kohlendioxyd.

S. S. 53. Je nach der relativen Feuchtigkeit und der Temperatur der Luft kann man darin sehr verschiedene Mengen Wasserdampf finden, von nahezu unmeßbar kleinen Mengen bis zu mehreren Prozenten. In frischer Landluft findet man 0,03% Kohlendioxyd, in Stadtluft wird manchmal sogar das Doppelte gefunden, und in schlecht gelüfteten geschlossenen Räumen bis zu 1%.

Quantitativ bestimmt man den *Sauerstoffgehalt* durch die Messung der Volumenverminderung, die nach der Entfernung des Sauerstoffs durch ein Absorptionsmittel eintritt. Zur Absorption von Sauerstoff dienen: glühendes Kupfer, feuchter Phosphor, alkalische Pyrogallollösung. Man kann auch ein gemessenes Volumen Luft mit einem Überschuß von Wasserstoff mischen, diese Mischung durch einen elektrischen Funken entzünden und die Volumenverminderung messen. Auf jeden R.T. Sauerstoff werden bei der Explosion 2 R.T. Wasserstoff verbraucht, daher beträgt der Sauerstoffgehalt ein Drittel der Volumenverminderung. Mischt man 100 ccm Luft mit 50 ccm Wasserstoff, und beträgt das Volumen nach der Explosion 87 ccm, so beläuft sich die Volumenverminderung auf 63 ccm. Die Luft enthielt also 21% Sauerstoff.

Die Zusammensetzung von trockener und kohlendioxydfreier Luft ist überall auf der Erdoberfläche sehr nahe die gleiche; sie beträgt in Volumprozent: 20,9% Sauerstoff, 78,16% Stickstoff und 0,94% Argon.

Die Luft ist eine *Mischung* und nicht eine chemische Verbindung von Sauerstoff und Stickstoff. Dies folgt unter anderem daraus, daß man flüssige Luft durch Destillation in Sauerstoff und Stickstoff trennen kann, und es stimmt damit überein, daß alle Eigenschaften reinen Sauerstoffs und reinen Stickstoffs in der Luft qualitativ unverändert vorhanden sind.

Die Verbindungen des Sauerstoffs.

Die zahlreichen wichtigen Verbindungen des Sauerstoffs werden bei den Elementen besprochen, an die der Sauerstoff gebunden ist. So wurden bereits oben die Sauerstoffverbindungen des Wasserstoffs und der Halogene besprochen. An dieser Stelle soll bloß eine Übersicht über die Regeln gegeben werden, nach denen man die Oxyde benennt.

Die Nomenklatur der Oxyde.

Viele Elemente bilden mehrere Oxyde. Zu ihrer Unterscheidung diente früher folgende, jetzt teilweise veraltete Nomenklatur. Ein bestimmtes Oxyd nannte man kurz das „*Oxyd*" (z. B. Stickoxyd

NO, Natriumoxyd Na_2O, Kupferoxyd CuO). Als *Oxydul* oder *Suboxyd* bezeichnete man ein Oxyd, das weniger Sauerstoff enthält als das schlechthin Oxyd genannte (z. B. Stickoxydul N_2O, Kupferoxydul Cu_2O), während die Bezeichnung *Superoxyd* oder *Peroxyd* für Verbindungen mit mehr Sauerstoff benutzt wurde (Wasserstoffperoxyd H_2O_2, Bleisuperoxyd PbO_2). Diese heute zum Teil veralteten Namen enthalten keinen genaueren Anhaltspunkt für die Formeln der Oxyde und bieten dem Gedächtnis keine Hilfe. In neuerer Zeit bevorzugt man daher genauere Bezeichnungen und zwar nach folgenden Grundsätzen:

1. Man deutet durch ein vorgesetztes griechisches Zahlwort an, *wieviele Sauerstoffatome* in der Formel vorkommen (z. B. Kohlenmonoxyd CO, Kohlendioxyd CO_2, Bleidioxyd PbO_2, Schwefeltrioxyd SO_3, Phosphorpentoxyd P_2O_5).

2. Man bezeichnet die *Valenz des anderen Elementes*. Dies geschieht in zweierlei Weise:

entweder durch Anfügen von -*i* oder -*o* an den *lateinischen Namen* des Elementes;

oder — noch deutlicher, neuerdings auch immer häufiger — durch Anfügen der *Valenzzahl* des Elementes *in Klammern an den gewöhnlichen Namen* (nach STOCK).

Beispiele: Cu_2O heißt Cuprooxyd oder Kupfer(1)-Oxyd,
CuO „ Cuprioxyd „ Kupfer(2)-Oxyd,
FeO „ Ferrooxyd „ Eisen(2)-Oxyd,
Fe_2O_3 „ Ferrioxyd „ Eisen(3)-Oxyd.

Die Nomenklatur läßt sich auch auf die sog. *gemischten* Oxyde anwenden:

$Fe_3O_4 = FeO \cdot Fe_2O_3$ heißt Ferro-ferri-oxyd oder Eisen(2,3)-Oxyd;
$Pb_3O_4 = 2PbO \cdot PbO_2$ heißt Plumbo-plumbi-oxyd oder Blei(2,4)-Oxyd.

3. Man hebt aus den Oxyden mit mehreren Sauerstoffatomen als besondere Gruppe die *Peroxyde* hervor: alle Oxyde, die mit Säuren *Wasserstoffperoxyd liefern*, und in denen man daher miteinander verbundene Sauerstoffatome annimmt (eine „*Sauerstoffbrücke*"). Bariumdioxyd, BaO_2, ist also ein Peroxyd (vgl. seine Strukturformel!), dagegen nicht Mangandioxyd, MnO_2, das mit S S. 63. Salzsäure Chlor entwickelt.

Schwefel (Sulfur).
S = 32,06.

Vorkommen. In der Natur kommt der Schwefel sowohl frei als auch chemisch gebunden vor. Als gediegener Schwefel findet er sich häufig in vulkanischen Gegenden, z. B. in Sizilien. Von seinen Verbindungen kommen Gips, $CaSO_4 \cdot 2H_2O$, und Pyrit

(Schwefel- oder Eisenkies), FeS_2, in größerer Menge vor. — Unter den Eiweißstoffen finden sich wichtige schwefelhaltige Substanzen.

Freier Schwefel.

Ähnlich wie Sauerstoff tritt auch freier Schwefel in mehreren *allotropen* Modifikationen auf.

Kristallinischer Schwefel, S_8. Der gewöhnliche Stangenschwefel, wie er im Handel vorkommt, ist ein gelber, spröder Körper, unlöslich in Wasser, jedoch sehr leicht löslich in *Schwefelkohlenstoff*. Aus dieser Lösung scheidet sich der Schwefel, wenn man das Lösungsmittel bei Zimmertemperatur verdampfen läßt, in schönen klaren, gelben Kristallen aus *(rhombischer Schwefel)*. Erhitzt man Stangenschwefel etwas über 100°, so schmilzt er zu einer gelben Flüssigkeit, die bei der Abkühlung Schwefelkristalle einer anderen Kristallform ausscheidet *(monokliner Schwefel)*. Die beiden verschiedenen Kristallarten des Schwefels ergeben jedoch in Schwefelkohlenstoff *identische Lösungen*, sie enthalten beide S_8-Moleküle. Der Unterschied zwischen den Kristallarten beruht also nicht auf verschiedener Molekulargröße, sondern auf verschiedener Kristallstruktur. Die Erscheinung, daß eine und dieselbe Molekülsorte in verschiedenen Formen kristallisieren kann, nennt man *Polymorphie*. Bewahrt man die monoklinen Schwefelkristalle etwa einen Tag bei gewöhnlicher Temperatur auf, so verwandeln sie sich von selbst in rhombischen Schwefel. Oberhalb 96° ist nur die monokline Kristallart, unterhalb von 96° ist nur die rhombische Kristallart beständig. Bei 96°, der *Umwandlungstemperatur*, können beide Kristallarten beliebig lange nebeneinander bestehen.

Amorpher Schwefel. Erhitzt man geschmolzenen Schwefel zum Sieden (Siedepunkt 445°) und kühlt ihn plötzlich ab, etwa durch Abschrecken mit kaltem Wasser, so bildet sich eine weiche, plastische Masse, die aber mit der Zeit härter wird. Dieser *plastische Schwefel* ist eine Mischung von kristallinischem Schwefel und einer weiteren Schwefelmodifikation, die man amorphen oder unlöslichen Schwefel nennt. Durch Behandlung mit Schwefelkohlenstoff kann man den kristallinischen Schwefel herauslösen, so daß der amorphe, in Schwefelkohlenstoff unlösliche Schwefel zurückbleibt. Der amorphe Schwefel bildet sich beim Erhitzen in dem geschmolzenen Schwefel; an der dunkler werdenden Farbe und der zunehmenden Dickflüssigkeit des geschmolzenen Schwefels läßt sich der wachsende Gehalt der Schmelze an amorphem Schwefel verfolgen. Das Molgewicht des amorphen Schwefels ist nicht sicher bekannt.

Gewinnung des Schwefels. Gediegenen Schwefel findet man in vulkanischen Gebieten gemischt mit Gestein und Erde. Von der Hauptmenge der Verunreinigungen trennt man ihn durch Erhitzen, wobei der reine Schwefel schmilzt und abgelassen werden kann. Dieser Rohschwefel wird weiter durch Destillation gereinigt. In Deutschland kommt gediegener Schwefel nicht vor; als Nebenprodukt wird er in Koks- und Leuchtgasfabriken gewonnen, die einen merklichen, ständig wachsenden Bruchteil des Inlandbedarfs decken.

S. S. 210.

Durch schnelle Abkühlung der Dämpfe läßt sich Schwefel zu einem feinen gelben Pulver verdichten *(Schwefelblumen)*. Meistens sammelt man den destillierten Schwefel in flüssigem Zustande und gießt ihn in Holzformen zu Stangen *(Stangenschwefel)* oder Blöcken. Scheidet sich Schwefel aus wäßrigen Lösungen im Verlauf chemischer Vorgänge aus, so geschieht dies in äußerst feiner Verteilung, so daß die Flüssigkeit sich trübt und die gebildete „*Schwefelmilch*" sich nur langsam zu Boden setzt.

Chemische Eigenschaften des Schwefels. Ähnlich wie Sauerstoff ist Schwefel ein reaktionsfähiger Stoff, der sich in der Wärme mit den meisten anderen Elementen direkt verbindet. Mit *Sauerstoff* verbindet er sich leicht: schon in der Nähe seines Siedepunktes entzündet er sich an der Luft und verbrennt zu Schwefeldioxyd, SO_2 (wobei sich meistens außerdem eine kleine Menge Schwefelsäure bildet). Dagegen verbindet er sich nur träge und in geringem Maße mit *Wasserstoff*. Mit *Eisen* verbindet er sich beim Erhitzen unter starkem Aufglühen zu Ferrosulfid (Schwefeleisen), FeS; auch mit anderen *Metallen* tritt er leicht zu *Sulfiden* zusammen.

Oft sind die Formeln seiner Verbindungen den Formeln der Sauerstoffverbindungen sehr ähnlich:

dem Wasser, H_2O, entspricht Schwefelwasserstoff, H_2S;
dem Kohlendioxyd, CO_2, entspricht Schwefelkohlenstoff, CS_2;
dem Ferrooxyd, FeO, entspricht Ferrosulfid, FeS, usw.

Verwendet wird Schwefel in der Medizin gegen Hautleiden und als Abführmittel; in der Landwirtschaft zur Zerstörung von pflanzenschädlichen Pilzen, wobei seine Wirkung wahrscheinlich meistens auf der kleinen Menge Schwefelsäure beruht, die sich bei der Einwirkung von Luft auf feuchtes Schwefelpulver bildet. Bier- und Weinfässer werden desinfiziert, indem man in ihrem Innern etwas Schwefel verbrennt. Hierbei bildet sich Schwefeldioxyd, das die Mikroorganismen zerstört. Weiter findet Schwefel als Bestandteil des Schwarzpulvers und zur Vulkanisation des Kautschuks Verwendung.

Die Wasserstoffverbindung des Schwefels.

Schwefelwasserstoff, H_2S, ist ein ungefärbtes, übelriechendes Gas, dessen Löslichkeit in Wasser nahezu die gleiche ist, wie die des Chlors (etwa 3 R.T. H_2S in 1 R.T. Wasser bei Zimmertemperatur). Es kommt in gewissen Mineralquellen (Schwefelwässern), z. B. in Aachen, vor und bildet sich beim Verfaulen schwefelhaltiger organischer Stoffe (Eiweiß, Tang). Zur Darstellung läßt man (oft in einem KIPPschen Apparat) verdünnte Salzsäure auf nußgroße Stücke von Ferrosulfid (Schwefeleisen) einwirken:

$$FeS + 2\,HCl \rightarrow H_2S + FeCl_2,$$

oder man läßt Salzsäure zu einer Lösung von Natriumsulfid zutropfen:

$$Na_2S + 2\,HCl \rightarrow H_2S + 2\,NaCl.$$

Schwefelwasserstoff ist ein *schweres Nervengift;* alle Arbeiten mit diesem Gase müssen daher unter gut ziehenden Abzügen ausgeführt werden.

Chemische Eigenschaften. Schwefelwasserstoff ist eine *unbeständige Verbindung*, die in der Glühhitze nahezu vollständig in Wasserstoff und Schwefel zerlegt wird. Leitet man Schwefelwasserstoff in eine Lösung von Jod in Kaliumjodid, so wird Schwefel frei in der Reaktion:

$$J_2 + H_2S \rightarrow 2\,HJ + S,$$

deren Verlauf man an dem Verschwinden der braunen Farbe des gelösten Jodes und an dem Entstehen von Schwefelmilch beobachten kann. Hiernach ist der Wasserstoff in Schwefelwasserstoff noch weniger fest gebunden als in Jodwasserstoff. Auch Sauerstoff kann den Wasserstoff aus Schwefelwasserstoff wegnehmen: läßt man Schwefelwasserstoffwasser an der Luft stehen, so bilden sich in langsamer Oxydation Schwefel und Wasser:

$$H_2S + O \rightarrow S + H_2O.$$

Auch mit chemisch gebundenem Sauerstoff kann Schwefelwasserstoff in dieser Weise reagieren und wirkt daher auf viele Stoffe *sauerstoffentziehend* oder *reduzierend.* So wird z. B. Salpetersäure zu niedrigeren Stickstoffoxyden reduziert:

$$2\,HNO_3 + 3\,H_2S \rightarrow 2\,NO + 3\,S + 4\,H_2O,$$

und Ferrisalze werden zu Ferrosalzen reduziert:

$$2\,FeCl_3 + H_2S \rightarrow 2\,FeCl_2 + 2\,HCl + S.$$

Schwefelwasserstoffwasser reagiert ganz schwach sauer; daher ist Schwefelwasserstoff als eine, allerdings sehr schwache, *Säure* aufzufassen. Ihre Salze heißen Sulfide. Zum Nachweis von Schwefelwasserstoff sehr geeignet ist das *schwarze* Bleisulfid; Papier, das mit Bleiacetatlösung getränkt ist, wird von Schwefelwasserstoff unter Bildung von Bleisulfid geschwärzt:

$$Pb(C_2H_3O_2)_2 + H_2S \to PbS + 2\,C_2H_4O_2.$$

Sulfide. Kalium-, Natrium- und Ammoniumsulfid sind weiße, kristallinische salzartige Stoffe, die in Wasser *leicht löslich* sind.

Diese Salze sind in Lösung fast vollständig *hydrolysiert*, d. h. gespalten in freie Basen und saure Salze, weil Schwefelwasserstoff eine so außerordentlich schwache Säure ist: S. S. 64.

$$K_2S + H_2O \to KOH + KSH,$$
$$Na_2S + H_2O \to NaOH + NaSH,$$
$$(NH_4)_2S \to NH_3 + NH_4SH.$$

Das saure Ammoniumsulfid spaltet sich weiterhin in geringem Grade in Ammoniak und Schwefelwasserstoff:

$$NH_4SH \to NH_3 + H_2S.$$

Deshalb riecht eine Lösung von Ammoniumsulfid sowohl nach Ammoniak als nach Schwefelwasserstoff. Auch die Sulfide des Calciums, Magnesiums und Aluminiums hydrolysieren in Wasser. Jedoch sind die hierbei gebildeten Hydroxyde in Wasser schwer löslich und fallen aus.

Die meisten anderen Sulfide *lösen sich zwar nicht in Wasser*, können aber mit *verdünnter Salzsäure* unter Freiwerden von Schwefelwasserstoff in *Lösung gebracht* werden, z. B.:

$$FeS + 2\,HCl \to FeCl_2 + H_2S.$$

Eine dritte Klasse von Sulfiden, die des Quecksilbers, Bleies, Silbers, Wismuts und Kupfer, ist *auch in verdünnter Salzsäure unlöslich*. Mit Ausnahme von Mercurisulfid lösen sich diese Sulfide in warmer verdünnter Salpetersäure unter Ausscheidung von freiem Schwefel:

$$3\,CuS + 8\,HNO_3 \to 3\,Cu(NO_3)_2 + 3\,S + 2\,NO + 4\,H_2O.$$

Mercurisulfid löst sich nur in Königswasser, einer Mischung von S. S. 159. konzentrierter Salzsäure und Salpetersäure.

Diese Löslichkeitsverhältnisse der Sulfide benutzt man in der *chemischen Analyse*, um die *erste Trennung der Metalle* durchzuführen: fällt man eine Metallsalzlösung mit Schwefelwasserstoff, nachdem man sie vorher genügend sauer gemacht hat, so fallen nur die Sulfide von Quecksilber, Blei, Silber, Wismut und Kupfer aus.

Die Sulfide vieler Schwermetalle kommen als *Minerale* (Kiese, Glanze) in der Natur vor und dienen als Ausgangsmaterial für die Metallgewinnung. Durch *Rösten*, d. h. Erhitzen des Erzes unter Luftzutritt, oxydiert man den Schwefel weg und verwandelt das Metallsulfid in ein Oxyd, das man dann durch Schmelzen mit Kohle zum Metall reduziert, z. B.:

$$PbS + 3\,O \to PbO + SO_2 \text{ (Rösten)},$$
$$2\,PbO + C \to 2\,Pb + CO_2 \text{ (Reduktion)}.$$

Polysulfide. Sulfidlösungen können Schwefel auflösen, wobei sich *Polysulfide* bilden:

$Na_2S + S \rightarrow Na_2S_2$ (Natriumdisulfid),
$Na_2S + 4 S \rightarrow Na_2S_5$ (Natriumpentasulfid).

Diese Lösungen sind gelb oder rotgelb gefärbt. Bei Übersättigung mit Säure scheidet sich der gelöste Schwefel wieder in sehr fein verteilter Form aus (Schwefelmilch), z. B.:

$$Na_2S_2 + 2 HCl \rightarrow 2 NaCl + H_2S + S.$$

Die Lösung von Schwefel in Ammoniumsulfid benutzt man im Laboratorium.

Schwefelkalkbrühe entsteht beim Kochen einer Mischung von Kalk und Schwefel mit Wasser als rotgelbe Lösung, die Polysulfide des Calciums und außerdem Calciumthiosulfat enthält:

$$3 Ca(OH)_2 + 12 S \rightarrow 2 CaS_5 + CaS_2O_3 + 3 H_2O.$$

Diese Lösung ist ein wichtiges Mittel gegen Pflanzenschädlinge.

Die Oxyde und sauerstoffhaltigen Säuren des Schwefels.

Das folgende Schema enthält eine Übersicht über die wichtigsten Säuren des Schwefels:

Formel	Bezeichnung der Säuren	Bezeichnung der Salze	Säureanhydrid
H_2S	Schwefelwasserstoff	Sulfide	—
H_2SO_3	Schweflige Säure	Sulfite	SO_2
H_2SO_4	Schwefelsäure	Sulfate	SO_3
$H_2S_2O_3$	Thioschwefelsäure	Thiosulfate	—

Die Vorsilbe Thio- in Thioschwefelsäure bedeutet, daß die Säure von Schwefelsäure durch den Ersatz eines Sauerstoffatoms durch ein Schwefelatom abgeleitet werden kann. Die beiden Anhydride sind die wichtigsten Oxyde des Schwefels.

Schwefeldioxyd (Schwefligsäureanhydrid), SO_2, bildet sich bei der Verbrennung von Schwefel; es ist ein ungefärbtes, stechend riechendes Gas. Unter erhöhtem Druck läßt es sich leicht verflüssigen (Kp. — 10^0); als Flüssigkeit wird es in Stahlflaschen versandt.

Die großtechnische Darstellung des Schwefeldioxyds geschieht durch *Rösten* von Pyrit (Schwefelkies), FeS_2, in geeigneten Öfen:

$$2 FeS_2 + 11 O \rightarrow Fe_2O_3 + 4 SO_2.$$

Aus der verwendeten Luft bleibt dem so dargestellten Schwefeldioxyd Stickstoff beigemischt; da man außerdem einen Überschuß von Luft zuführt, enthalten die Abgase auch noch Sauerstoff. Aus dieser Mischung läßt sich reines Schwefeldioxyd isolieren;

Schwefeldioxyd. Schweflige Säure.

die Hauptmenge des technisch gewonnenen Röstgases wird aber zur Darstellung von Schwefelsäureanhydrid und von Schwefelsäure verwendet.

Im Laboratorium stellt man Schwefeldioxyd durch Erwärmen von konz. Schwefelsäure mit Kupfer dar. Hierbei reduziert das Kupfer zuerst die Schwefelsäure:

$$Cu + H_2SO_4 \rightarrow CuO + SO_2 + H_2O,$$

worauf sich das gebildete Cuprioxyd sofort mit weiterer Schwefelsäure zu Cuprisulfat und Wasser umsetzt:

$$CuO + H_2SO_4 \rightarrow CuSO_4 + H_2O.$$

Die *Bruttogleichung* für den *Gesamtvorgang* entsteht durch *Addition* der beiden Gleichungen für die *Teilvorgänge*:

$$Cu + 2\,H_2SO_4 \rightarrow SO_2 + CuSO_4 + 2\,H_2O.$$

Schweflige Säure, H_2SO_3. 1 l Wasser löst bei Zimmertemperatur etwa 50 l Schwefeldioxyd. Die gebildete Lösung nennt man s c h w e f l i g e   S ä u r e; sie reagiert stark sauer, woraus man schließen kann, daß sich das gelöste Schwefeldioxyd mit Wasser zu einer Säure, eben der schwefligen Säure, verbindet. In der Praxis werden oft die Bezeichnungen Schwefeldioxyd und schweflige Säure als gleichbedeutend verwendet, was nach dem eben Gesagten unzulässig ist; Schwefeldioxyd kann korrekterweise nur als S c h w e f l i g - s ä u r e a n h y d r i d bezeichnet werden. Bereits bei Zimmertemperatur ist die schweflige Säure in wäßriger Lösung merklich in Wasser und Schwefeldioxyd gespalten, was man schon aus dem Geruch der wäßrigen Lösung schließen kann. Durch Kochen kann man die schweflige Säure in Form von Schwefeldioxyd vollständig aus ihrer Lösung austreiben. Die Formel der schwefligen Säure geht aus der Zusammensetzung ihrer Salze hervor. Durch Neutralisation von schwefliger Säure mit Natronlauge und nachfolgendes Eindampfen zur Trockne gewinnt man z. B. Natriumsulfit, dessen Analyse auf die Formel Na_2SO_3 führt. Daher muß die Formel der schwefligen Säure H_2SO_3 sein.

Die Wasseranlagerung an Schwefeldioxyd ist ein *umkehrbarer Vorgang*:

$$H_2O + SO_2 \rightleftharpoons H_2SO_3.$$

In der wäßrigen Lösung befindet sich eine Mischung von Schwefeldioxyd und schwefliger Säure in chemischem Gleichgewicht. Entfernt man, z. B. mittels durchgeblasener Luft, das Schwefeldioxyd aus der Lösung, so verläuft der Vorgang von rechts nach links; entfernt man jedoch, z. B. durch Neutralisation mit Lauge, die schweflige Säure aus der Lösung, so vollzieht sich die entgegengesetzte Reaktion von links nach rechts. Selbst wenn man also zunächst nur einen der beiden Stoffe entfernt, ist das Resultat doch, daß schließlich beide verschwinden.

Schweflige Säure zeigt *reduzierende* Eigenschaften. Sie kann sich nämlich mit Sauerstoff zu Schwefelsäure vereinigen:

$$H_2SO_3 + O \rightarrow H_2SO_4.$$

Lösungen von schwefliger Säure, die längere Zeit gestanden haben, enthalten demgemäß immer Schwefelsäure, die sich durch Aufnahme von Luftsauerstoff gebildet hat. Wolle und Seide, die man wegen ihrer zu geringen Widerstandsfähigkeit nicht mit Hypochloriten bleichen darf, kann man mit schwefliger Säure behandeln. Man hängt die Stoffe in geschlossenen Räumen auf, in denen Schwefel verbrannt wird; das hierbei gebildete Schwefeldioxyd reduziert bei Gegenwart von Wasser die Farbstoffe zu ungefärbten Verbindungen.

S. S. 70.

Sulfite. Schweflige Säure bildet sowohl normale Salze (Sulfite), z. B. Na_2SO_3, $CaSO_3$, als auch saure Salze (Hydrosulfite, früher auch Bisulfite genannt), z. B. $NaHSO_3$. Eine Lösung des sauren Calciumsulfits (Sulfitlauge) entsteht bei der Einwirkung von Wasser und Schwefeldioxyd auf Calciumcarbonat (Kalkstein), und dient zur Herstellung von Sulfitcellulose. Natriumsulfit (Na_2SO_3) hat schwach antiseptische Eigenschaften und wurde deshalb früher zum Konservieren von Fleischwaren verwendet.

Schwefeltrioxyd (Schwefelsäureanhydrid), SO_3, ist flüchtig, raucht an der Luft und *verbindet sich mit Wasser in äußerst heftiger Reaktion zu Schwefelsäure*. Frisch hergestellt ist es flüssig, wird aber beim Stehen von selbst zu einer festen kristallinischen Masse. Zur Darstellung leitet man eine Mischung von Schwefeldioxyd und Sauerstoff über eine geeignet erwärmte *Kontaktmasse* (d. h. einen Stoff mit katalytisch wirkender Oberfläche), wozu hauptsächlich feinverteiltes Platin auf Asbest oder Ton als Unterlage verwendet wird. Die Mischung von Schwefeldioxyd und Sauerstoff gewinnt man gewöhnlich durch Verbrennen von Schwefelkies mit überschüssiger Luft. Der in dem Abgas enthaltene Stickstoff ist nicht schädlich; von anderen Verunreinigungen, die den Platinkontakt rasch unwirksam machen (vergiften), müssen die Gase jedoch sehr sorgfältig befreit werden.

S. S. 77.

Die Bildung des Schwefeltrioxyds aus Schwefeldioxyd und Sauerstoff ist unvollständig, und die maximale Ausbeute, d. h. die *Menge*, die sich höchstens im *Gleichgewicht* bilden kann, *nimmt mit steigender Temperatur ab*; man muß aber bei möglichst niedriger Temperatur arbeiten. Andererseits ist es aber nötig, so weit zu erwärmen, daß die Reaktionsgeschwindigkeit auf einen brauchbaren Wert steigt. Je wirksamer die Kontaktsubstanz ist, bei desto niedrigerer Temperatur erreicht man die notwendige Reaktionsgeschwindigkeit, und desto größere Ausbeute erhält man. Platin ist ein sehr wirksamer Kontakt und katalysiert bereits bei 400° genügend; seine Anwendung ist deshalb trotz seines hohen Anschaffungspreises durchaus rentabel.

Schwefelsäure, H_2SO_4 (früher Vitriolöl genannt), *Acidum sulfuricum*, ist eine wasserklare, zähe und schwere Flüssigkeit (Dichte: 1,83). Zum Sieden erhitzt, gibt sie etwas Schwefeltrioxyd ab; es bleibt eine Säure mit etwa 1,5% Wasser zurück, die bei 338⁰ siedet. Diese Säure hat den höchsten Siedepunkt von allen Mischungen aus Schwefelsäure und Wasser und destilliert daher mit unveränderter Zusammensetzung über. Reine Schwefelsäure kristallisiert bei $+10°$; sobald jedoch die Säure etwas Wasser enthält, liegt ihr Gefrierpunkt bedeutend tiefer.

Zur Darstellung der Schwefelsäure röstet man Schwefelkies und bringt das gebildete Schwefeldioxyd zur Verbindung *mit Sauerstoff und Wasser*:

$$SO_2 + O + H_2O \rightarrow H_2SO_4.$$

Diese Reaktion wird technisch nach verschiedenen Methoden vollzogen.

Nach der modernen *Kontaktmethode* wird zunächst, wie oben beschrieben, Schwefeltrioxyd mit Hilfe eines Kontaktes dargestellt. Dann wird das Trioxyd in geeigneter Weise mit der nötigen Menge Wasser zusammengebracht. Diese Methode dient hauptsächlich zur Darstellung reinster und sehr konzentrierter Schwefelsäure.

Bei der viel älteren *Bleikammermethode* leitet man die Verbrennungsgase des Schwefelkieses in große Bleikammern (Blei ist das einzige einigermaßen billige Metall, das gegen Schwefelsäure widerstandsfähig ist). In das Innere der Bleikammern wird Wasser eingebraust; da man bei der Verbrennung des Schwefelkieses immer für einen reichlichen Überschuß von Luft sorgt, befinden sich nun in den Bleikammern alle drei nötigen Bestandteile: Schwefeldioxyd, Sauerstoff und Wasser. Um die Reaktion hinreichend zu beschleunigen, muß man etwas Salpetersäure als Katalysator hinzufügen. Diese Katalyse läßt sich durch folgende Kette von Einzelreaktionen erklären. Zuerst oxydiert die Salpetersäure etwas Schwefeldioxyd:

$$2\,HNO_3 + 3\,SO_2 + 2\,H_2O \rightarrow 3\,H_2SO_4 + 2\,\underset{\text{Stickoxyd}}{NO}.$$

Das gebildete Stickoxyd verbindet sich in der Kammer hierauf mit freiem Sauerstoff zu Stickstoffdioxyd:

$$2\,\underset{\text{Stickoxyd}}{NO} + O_2 \rightarrow 2\,\underset{\text{Stickstoffdioxyd}}{NO_2}.$$

Schließlich oxydiert NO_2 eine neue Menge Schwefeldioxyd zu Schwefelsäure:

$$NO_2 + SO_2 + H_2O \rightarrow H_2SO_4 + \underset{\text{Stickoxyd}}{NO}.$$

S. S. 155.

Stickoxyd wird also wieder vollständig zurückgebildet, so daß eine kleine Menge durch wiederholtes Durchlaufen der oben angeschriebenen Reaktionen eine große Menge Schwefelsäure bilden kann.

Die Bleikammern müssen ziemlich groß gemacht werden, damit die schwefeldioxydhaltige Gasmischung während ihres Durchtritts genügend Zeit zur Schwefelsäurebildung hat. Die teueren Stickoxyde dürfen (auch aus hygienischen Gründen) nicht entweichen; daher schickt man die Abgase aus den Bleikammern zunächst durch einen Turm, der mit Koks gefüllt ist, über den starke Schwefelsäure herabrieselt (GAY-LUSSAC-*Turm*). Die konz. Schwefelsäure absorbiert hier die Stickoxyde; die hiermit gebildete „*Nitrose*" wird dadurch ausgenützt, daß man sie in einem anderen Turm (GLOVER-*Turm*) niederfließen läßt. Dieser Turm ist mit Steinen gefüllt; in ihm strömt das warme, schwefeldioxydhaltige Gas aus dem Schwefelkiesofen nach oben, bevor es in die Bleikammern eintritt. Im GLOVER-Turm gibt die Nitrose ihre Stickoxyde an die Röstgase ab, die damit beladen in die Bleikammern eintreten. Gleichzeitig bildet sich im GLOVER-Turm auch in bedeutendem Maße Schwefelsäure.

Die in den Kammern gebildete Säure sammelt sich am Boden an, und enthält etwa $2/3$ Schwefelsäure und $1/3$ Wasser (Kammersäure). Man konzentriert die Kammersäure durch Abdampfen bis zu etwa 90%iger Schwefelsäure, die jedoch durch Bleisulfat, Arsen u. a. m. verunreinigt ist (rohe Schwefelsäure). Zur weiteren Reinigung unterwirft man die rohe Säure einer Destillation. Die im Handel befindliche reine konz. Schwefelsäure enthält immer einige Prozente Wasser.

Chemische Eigenschaften. Schwefelsäure ist eine *starke Säure*. Ist sie auch nicht ganz so stark wie Salzsäure, so kann sie doch oft kräftigere Säurewirkungen hervorrufen, da man sie wegen ihres höheren Siedepunktes bei höheren Temperaturen anwenden kann.

Konzentrierte Schwefelsäure ist ein recht starkes *Oxydationsmittel*; sie gibt an oxydierbare Stoffe Sauerstoff ab, unter Bildung von Schwefeldioxyd und Wasser:
$$H_2SO_4 \rightarrow O + SO_2 + H_2O.$$
Jedes Molekül Schwefelsäure wirkt nach dieser Gleichung mit 1 Atom (2 Äquivalenten) Sauerstoff oxydierend. Konz. Schwefelsäure oxydiert Jodwasserstoff zu Jod und Wasser, und Kupfer zu Cuprisulfat. Organische Stoffe werden beim Kochen mit konz. Schwefelsäure zu Kohlendioxyd und Wasser oxydiert (vgl. KJELDAHLs Methode zur Bestimmung des Stickstoffs in organischen Stoffen).

Weiterhin ist konz. Schwefelsäure ein äußerst wirksames *wasserentziehendes Mittel* und dient oft zum Trocknen sowohl von Gasen als auch von festen Stoffen. Diese Eigenschaft der Schwefelsäure hängt mit ihrer starken Tendenz zur Hydratbildung zusammen.

In fester Form scheiden sich aus Mischungen von Schwefelsäure und Wasser Hydrate erst beim Abkühlen aus. Beim *Mischen mit Wasser* entwickelt sich, infolge der Hydratbildung, eine *sehr bedeutende Wärmemenge*. Gießt man Wasser zu konz. Schwefelsäure, so kann die Temperatur lokal so hoch steigen, daß eine explosionsartige Dampfentwicklung eintritt und die ätzende Säure aus dem Gefäß herausspritzt. Die Wärmeentwicklung ist weniger gefährlich, wenn man umgekehrt die Schwefelsäure, am besten in dünnem Strahle, in Wasser gibt. Organische Stoffe werden von Schwefelsäure *verkohlt*, indem Sauerstoff und Wasserstoff in Form von Wasser daraus entfernt werden und sich kohlenstoffreiche, schwarze Stoffe bilden. Bei höherer Temperatur tritt gleichzeitig die Oxydationsfähigkeit der Schwefelsäure in die Erscheinung; bei längerem Kochen wird der organische Stoff vollständig zu Kohlendioxyd und Wasser oxydiert. S. S. 56.

Anwendung. Schwefelsäure ist die billigste und am meisten verwendete Säure. Die chemische Industrie verbraucht sehr große Mengen für die Herstellung der Mineraldünger Superphosphat und Ammonsulfat, sowie zur Darstellung vieler anderer Säuren und zahlreicher organischer (Nitro- und Sulfonsäure-) Verbindungen. Die Reinigung von Mineralölen und Fettstoffen geschieht durch Behandlung mit konz. Schwefelsäure. Von den mannigfachen Anwendungen im Laboratorium seien genannt: Darstellung von Wasserstoff; Verwendung als Trockenmittel; Stickstoffbestimmung nach KJELDAHL; Nachweis des Nitratrestes, von Barium und von Bleisalzen. Im Haushalt findet verdünnte Schwefelsäure Verwendung in verschiedenen Präparaten, besonders zum Putzen von Messing- und Kupfergegenstanden, um die Metallverbindungen aufzulösen, die sich durch den Angriff der Atmosphäre auf der Oberfläche bilden. S. S.174f.

Sulfate. Schwefelsäure bildet sowohl saure als auch normale Salze, z. B. mit Natrium:

$NaHSO_4$, saures Natriumsulfat oder Natriumhydrosulfat, und Na_2SO_4, normales Natriumsulfat.

Für die sauren Sulfate ist zum Teil noch die veraltete Bezeichnung Bisulfate in Gebrauch, da sie auf dieselbe Basenmenge doppelt soviel Schwefelsäure enthalten wie die normalen Salze. Die meisten Sulfate sind wasserlöslich. Unlöslich sind jedoch Bariumsulfat, $BaSO_4$, Bleisulfat, $PbSO_4$, Mercurosulfat, Hg_2SO_4, und schwerlöslich ist Calciumsulfat, $CaSO_4$. Schwefelsäure und Sulfate erzeugen daher Niederschläge in Lösungen von Barium-, Blei- und Mercurosalzen (auch in Calciumsalzen, wenn die Konzentration nicht zu gering ist), z. B.:

$$BaCl_2 + H_2SO_4 \rightarrow BaSO_4 + 2\,HCl.$$

Nachweis des Sulfatrestes. Da alle Lösungen, die Schwefelsäure oder Sulfate enthalten, mit Bariumchlorid einen Niederschlag von Bariumsulfat ergeben, kann dieses Salz als *Reagens* (d. h. als Mittel zum Nachweis) für den Sulfatrest dienen. Um sicher zu sein, daß ein feinkörniger weißer Niederschlag wirklich Bariumsulfat ist, muß man vor dem Zusatz von Bariumchlorid die Lösung mit Salzsäure ansäuern; entsteht hierbei ein Niederschlag, so setzt man solange Salzsäure zu, bis sich die Menge des Niederschlags nicht mehr vermehrt, und filtriert ab. Dann ist bestimmt alles, was der Chloridrest in saurer Lösung ausfällen kann, niedergeschlagen, und wenn nun bei Zusatz von Bariumchlorid ein weiterer Niederschlag auftritt, so muß es sich um ein Bariumsalz handeln. In Wasser ist außer Bariumsulfat auch Bariumcarbonat ($BaCO_3$) und Bariumphosphat $(Ba_3[PO_4]_2)$ unlöslich; hat man aber von vornherein die Lösung salzsauer gemacht, so kann der Niederschlag nur Bariumsulfat sein, da die beiden anderen Salze, im Gegensatz zu Bariumsulfat, in Salzsäure löslich sind.

Pyroschwefelsäure, $H_2S_2O_7$. Lösungen von Schwefeltrioxyd in konz. Schwefelsäure heißen **rauchende Schwefelsäure** oder **Oleum**. Die Hauptmenge des Anhydrids ist in diesen Lösungen an Schwefelsäure als **Pyroschwefelsäure** gebunden:

$$SO_3 + H_2SO_4 \rightarrow H_2S_2O_7.$$

Die Lösungen rauchen deswegen an freier Luft, weil sie Dämpfe von Schwefeltrioxyd abgeben, die sich mit dem Wasserdampf der Luft zu Tröpfchen von Schwefelsäure vereinigen. Rauchende Schwefelsäure (oder auch festes Schwefeltrioxyd) ist im modernen *Luftschutz* ein wichtiges Mittel zum Erzeugen künstlicher Nebel. Setzt man rauchende Schwefelsäure zu Wasser, was mit großer Vorsicht geschehen muß, so verbindet sich die Pyroschwefelsäure sofort mit Wasser zu Schwefelsäure:

$$H_2S_2O_7 + H_2O \rightarrow 2\,H_2SO_4.$$

Thioschwefelsäure, $H_2S_2O_3$ (älterer Name: Unterschweflige Säure). Kocht man eine Lösung von Natriumsulfit mit Schwefel, so löst sich dieser auf; dabei bildet sich ein Salz, **Natriumthiosulfat**:

$$Na_2SO_3 + S \rightarrow Na_2S_2O_3.$$

S. S. 92. Dieser Vorgang ist ganz *analog der Oxydation von Natriumsulfit zu Natriumsulfat*:

$$Na_2SO_3 + O \rightarrow Na_2SO_4.$$

Versucht man freie Thioschwefelsäure darzustellen, etwa durch Zusatz einer starken Säure zu einer Lösung von Natriumthiosulfat, so entwickelt sich nach kurzer Zeit schweflige Säure (kenntlich am Geruch), und außerdem scheidet sich Schwefel aus. Die

Thioschwefelsäure selbst ist nämlich recht unbeständig und zerfällt im wesentlichen nach der Gleichung:
$$H_2S_2O_3 \rightarrow H_2SO_3 + S.$$

Natriumthiosulfat, $Na_2S_2O_3$ *(Natrium thiosulfuricum)*, das bekannteste und praktisch wichtigste Salz der Thioschwefelsäure, ist ein weißer leichtlöslicher Stoff, der unter dem Namen **Fixiersalz** in der Photographie verwendet wird. Von Chlor und Hypochloriten wird es *momentan oxydiert* und dient daher als „**Antichlor**" zur Entfernung der letzten, auf die Dauer schädlichen Spuren dieser Bleichmittel aus Stoffen und Papier.

S. S. 296.

S. S. 70.

Auch mit freiem Jod verbindet es sich augenblicklich, wobei sich Natriumjodid und das Natriumsalz der **Tetrathionsäure**, $H_2S_4O_6$, bilden:
$$2\ Na_2S_2O_3 + J_2 \rightarrow 2\ NaJ + Na_2S_4O_6 \text{ (Natriumtetrathionat).}$$

Man kann daher, was praktisch recht wichtig ist, den Gehalt einer Lösung an freiem Jod *analytisch* bestimmen durch die *Messung des Volumens* von Thiosulfatlösung bekannter Stärke, die zur Bindung des Jodes gerade nötig ist. Bei einer solchen *volumetrischen Analyse* oder *Titration* entspricht jedem verbrauchten Molekül $Na_2S_2O_3$ ein Atom Jod.

In schwefliger Säure, in den Sulfiten und in Schwefeldioxyd hat der Schwefel die gleiche *Oxydationsstufe*, da man diese Verbindungen ineinander verwandeln kann, ohne daß man zu oxydieren oder zu reduzieren braucht. Das gleiche gilt für die Gruppe: Schwefelsäure, Sulfate, Pyroschwefelsäure und Schwefeltrioxyd. In der erstgenannten Gruppe ist die Oxydationsstufe des Schwefels 4 (4 Äquivalente Sauerstoff auf 1 Schwefelatom), in der Schwefelsäuregruppe beträgt sie 6 (6 Äquivalente auf 1 Atom Schwefel), wie dies am einfachsten aus der Zusammensetzung der Oxyde hervorgeht.

S. S. 71.

Als *Strukturformel* der schwefligen Säure nimmt man gewöhnlich an:
$$\begin{matrix}HO\\HO\end{matrix}\!\!>\!\!S\!=\!O$$
(mit vierwertigem Schwefelatom).

Die Strukturformel der Schwefelsäure ist:
$$\begin{matrix}HO\\HO\end{matrix}\!\!>\!\!S\!\!<\!\!\begin{matrix}O\\O\end{matrix}$$
(mit sechswertigem Schwefelatom).

Die Strukturformel der Thioschwefelsäure ist:
$$\begin{matrix}HO\\HS\end{matrix}\!\!>\!\!S\!\!<\!\!\begin{matrix}O\\O\end{matrix}.$$

In der Thioschwefelsäure liegt der interessante Fall vor, daß das eine Schwefelatom sechswertig, das andere nur zweiwertig ist.

Ein- und mehrbasische Säuren.
Molare und normale Lösungen.

Die Moleküle der Schwefelsäure enthalten *zwei* Atome „*Säurewasserstoff*", d. h. solche Wasserstoffatome, die dem Stoffe saure Eigenschaften erteilen und durch Metallatome ersetzbar sind. Eine solche Säure nennt man *zweibasisch*. Die „Basizität" einer Säure ist gleich der Anzahl Atome Säurewasserstoff in ihrem Molekül. Salzsäure (HCl) ist einbasisch, Phosphorsäure (H_3PO_4) ist dreibasisch. Essigsäure ($C_2H_4O_2$), von deren vier Wasserstoffatomen sich nur eines durch Metall ersetzen läßt, ist einbasisch; wie in der organischen Chemie bewiesen wird, schreibt man ihre Formel am besten CH_3COOH, woraus die Sonderstellung des Säurewasserstoffs deutlich hervorgeht.

Das Molekül einer n-basischen Säure beansprucht zur vollständigen Neutralisation n Moleküle Natriumhydroxyd:

$$H_nX + n\,NaOH = Na_nX + n\,H_2O.$$

Mehrbasische Säuren unterscheiden sich von den einbasischen durch die Fähigkeit, Salze zu bilden, in denen *nur ein Teil* des Säurewasserstoffes durch Metall ersetzt ist *(saure Salze)*. Während sich von einer *ein*basischen Säure, wie Chlorwasserstoff, nur *ein* Natriumsalz ableitet (NaCl), leiten sich von der *zwei*basischen Schwefelsäure *zwei* ($NaHSO_4$ und Na_2SO_4), und von der *drei*basischen Phosphorsäure *drei* Salze ab (NaH_2PO_4, Na_2HPO_4, Na_3PO_4).

S. S. 46. **Äquivalent.** Aus der Definition des Äquivalentgewichtes folgt, daß unter dem *Äquivalent einer Säure* diejenige Menge zu verstehen ist, die ein Grammatom Säurewasserstoff enthält, und die daher einem Mol Natriumhydroxyd äquivalent ist (HCl, $^1/_2\,H_2SO_4$, $^1/_3\,H_3PO_4$). Das Äquivalentgewicht der Schwefelsäure beträgt also die Hälfte des Molgewichtes (49,04). Ganz entsprechend versteht man unter dem *Äquivalent einer Base* die Menge, die ein Äquivalent Säure (oder ein Grammatom Säurewasserstoff) neutralisieren kann. Folgende Formelgewichte sind also die Äquivalente der entsprechenden Basen: NaOH, NH_3, $^1/_2\,Ca(OH)_2$, $^1/_2\,MgO$.

Molarität und Normalität. Eine Lösung, die a *Mole* eines Stoffes im Liter enthält, wird a-molar genannt, und eine Lösung, die a *Grammäquivalente* im Liter enthält, heißt entsprechend a-normal. Eine Schwefelsäurelösung, die 100 g Schwefelsäure (Molgewicht 98,08) im Liter enthält, ist daher $\frac{100}{98,08} = 1{,}020$-molar, aber

2,039-normal. Eine 0,1-normale Schwefelsäure enthält 49,04 · 0,1 = 4,904 g Schwefelsäure im Liter, während eine 0,1-molare Schwefelsäure das Doppelte enthält. Es ist sehr wichtig, sich bei allen Stoffen, deren Molgewicht vom Äquivalentgewicht abweicht, den Unterschied zwischen *Normalität* und *Molarität* gegenwärtig zu halten.

In der sog. *Titrationsanalyse* bestimmt man die Menge eines Stoffes durch die Messung des Volumens (in ccm) einer bekannten Lösung (Titrierflüssigkeit), die benötigt wird, um die gesuchte Stoffmenge zu neutralisieren, auszufällen oder allgemeiner: um sich mit dem Stoff *vollständig umzusetzen*. Hierfür pflegt man die Stärke aller Lösungen in *Normalitäten* anzugeben, weil dies die einfachsten Rechnungen ergibt.

Beispiel 1. Wie viele Gramm Ammoniak sind in einem Ammoniakwasser enthalten, das bei der Titration 24 ccm einer 2-norm. Säure zur Neutralisation verbraucht? (Sobald man nur die Normalität der Titriersäure kennt, braucht man zur Ausführung der Berechnungen nicht zu wissen, welche Säure in der Titrierlösung vorliegt). Die Lösung der Frage ist folgende: Zur Neutralisation eines Grammäquivalentes Ammoniak (17,03 g) würde man ein Grammäquivalent Säure verbrauchen, also von einer 1-norm. Titriersäure 1000 ccm, von einer 2-norm. Titriersäure aber nur 500 ccm. Das vorliegende Ammoniakwasser verbrauchte 24 ccm 2-norm. Titriersäure und muß folglich 24 : 500 = 0,048 Äquivalente Ammoniak enthalten. Dies ist eine Menge von 17,03 · 0,048 = 0,8175 g Ammoniak.

Beispiel 2. Wie stark ist eine Basenlösung, wenn 25 ccm davon zur Neutralisation 75 ccm 0,1-norm. Säure verbrauchen? Die Basenlösung ist $0,1 \cdot \frac{75}{25} = 0,3$-norm. Um den Gehalt der Lösung in Gramm pro Liter zu kennen, benötigt man noch das Äquivalentgewicht der Base. Handelt es sich z. B. um Ammoniak mit dem Äquivalentgewicht 17,03, so enthält die Lösung im Liter 0,3 · 17,03 = 5,109 g Ammoniak.

Die Molarität und Normalität von Lösungen wird manchmal auch definiert als Zahl der Gramm-Mole bzw. Grammäquivalente im *Kilogramm* Lösungsmittel, und nicht im Liter Lösung. Für verdünnte wäßrige Lösungen fällt diese Gewichtskonzentration mit der Volumenkonzentration nahezu zusammen. Für konzentrierte und für nichtwäßrige Lösungen kann der Unterschied recht beträchtlich werden.

Ionentheorie.
Elektrolytische Dissoziation.

Elektrolyse und Ionen. Reines Wasser ist ein recht schlechter Leiter des elektrischen Stromes; löst man jedoch darin *Salze*,

Säuren oder *Basen* auf, so zeigt sich, daß die entstandenen Lösungen den elektrischen Strom gut leiten. Die derart entstandene Elektrizitätsleitung unterscheidet sich jedoch wesentlich von der metallischen Leitung; der Durchgang des Stromes durch leitende Lösungen ist nämlich von einer Zersetzung des gelösten Stoffes, von *Elektrolyse*, begleitet. Sendet man z. B. einen elektrischen Strom durch Salzsäure, so wird der Chlorwasserstoff in Wasserstoff und Chlor zerlegt, und die Zersetzungsprodukte erscheinen an den *Elektroden*, den Zuführungsstellen des Stromes in die Lösung. Dabei scheidet sich das Chlor an der *Anode* aus, derjenigen (positiven) Elektrode, durch die der positive Strom in die Lösung eintritt; der Wasserstoff erscheint an der *Kathode*, d. h. an der (negativen) Elektrode, durch die der positive Strom austritt. Alle Leiter, die man mit Hilfe des elektrischen Stromes zerlegen (*elektrolysieren*) kann, nennt man *elektrolytische* Leiter oder *Elektrolyte*. Mit dem letzten Wort bezeichnet man auch die Stoffe, deren Auflösung in Wasser zu elektrolytisch leitenden Lösungen führt.

Für das Verständnis des Unterschiedes zwischen metallischer und elektrolytischer Leitung hat sich folgende Anschauung gut bewährt. In den Metallen kann sich die Elektrizität *frei bewegen*, und ein Metalldraht wirkt daher wie eine *Brücke*, über die die Elektrizität *frei strömen* kann, wenn eine elektrische Kraft auf sie einwirkt. In den Elektrolyten kann sich dagegen die Elektrizität nicht frei bewegen; ein elektrolytischer Leiter enthält vielmehr die Elektrizität fest *gebunden* an positiv und negativ geladene *Atome* oder *Atomgruppen*, die sich als solche unter dem Einfluß elektrischer Kräfte durch das Wasser bewegen und dabei, ähnlich wie *Fährboote*, die Elektrizität durch das nicht leitende Wasser transportieren. Diesen elektrisch geladenen Teilchen hat man die Bezeichnung *Ionen* gegeben. Abb. 8 gibt eine schematische Darstellung der Ionen in einem Elektrolyten; Abb. 9 zeigt, wie diese Ionen wandern, sobald man mit Hilfe von zwei Elektroden, Anode und Kathode, eine elektrische Spannung auf die Ionen einwirken läßt. Die positiv geladenen Ionen, die von der (negativ geladenen) *Kathode* angezogen werden, heißen *Kationen*; die negativ geladenen Ionen, welche die (positiv geladene) *Anode* anzieht, heißen *Anionen*.

Die chemische Zusammensetzung der Ionen. Über die Zusammensetzung der Ionen kann man sich Gewißheit verschaffen durch die *Untersuchung* der *Zersetzungsprodukte*, die sich an den Elektroden während des Stromdurchgangs bilden. Da man bei der Elektrolyse von Salzsäure die Abscheidung von Wasserstoff an der Kathode und von Chlor an der Anode beobachtet, nimmt man an, daß die Kationen in Salzsäure positiv geladene Wasserstoffatome, d. h. Wasserstoffionen, H^+, und die Anionen negativ geladene Chloratome, Chlorionen, Cl⁻, sind. In vielen Fällen wird die Bestimmung der Zusammensetzung der Ionen dadurch erschwert, daß die Ionen nach der Abgabe ihrer Ladung an die Elektrode entweder das Elektrodenmetall chemisch angreifen oder sich mit dem Wasser umsetzen. Elektrolysiert man etwa Salzsäure mit Kupferelektroden, so entwickelt sich zwar an der Kathode Wasserstoffgas; an der Anode jedoch verbindet sich das primär gebildete Chlor mit Kupfer zu Cuprochlorid, das als weißer Beschlag auf dem Kupfer erscheint, und zu Cuprichlorid, das in

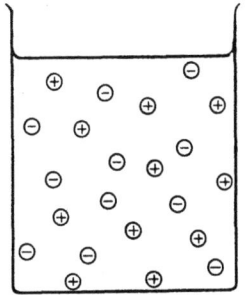
Abb. 8. Schematisches Bild der Ionen in einem Elektrolyten.

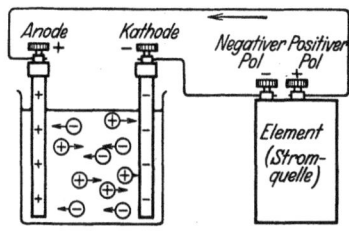
Abb. 9. Stromleitung in einem Elektrolyten, als Wanderung der Ionen.

Lösung geht. Will man eine sichtbare Chlorentwicklung hervorrufen, so muß man *unangreifbare* Elektroden, z. B. aus Graphit, benutzen.

Bei der Elektrolyse von Natriumsulfat liegen noch verwickeltere Verhältnisse vor. Als Ionen sind im Natriumsulfat die positiv geladenen Natriumatome, Na^+, und die negativ geladenen Sulfatreste, SO_4^{--}, vorhanden. Diese Ionen wandern zu den Elektroden und geben dort ihre Ladung ab; hierauf reagiert das an der Kathode primär gebildete Natrium mit Wasser und bildet Wasserstoff und Natriumhydroxyd, während sich an der Anode die primär gebildete Atomgruppe SO_4 mit Wasser zu Sauerstoff und Schwefelsäure umsetzt (s. Abb. 10). Hätte sich an der Anode ausschließlich Sauerstoff und an der Kathode nur Wasserstoff gebildet, so wäre die einfachste Annahme, daß die Ionen dieser Lösung negative Sauerstoffatome und positive Wasserstoffatome seien; die gleichzeitige Bildung von Säure und Alkali läßt sich jedoch am besten durch die Annahme verstehen, daß die Ionen positive Natriumatome, Na^+, und negative Sulfatreste, SO_4^{--}, sind. Diese Ionen wandern zu den Elektroden, werden dort entladen, und die entladenen Na-Atome, bzw. SO_4-Reste reagieren mit Wasser, wie es bei Abb. 10 angegeben ist.

Sorgfältige Untersuchungen der Elektrolysenprodukte der verschiedensten Elektrolyte haben gezeigt, daß die positiven Ionen gewöhnlich aus einem Metall oder aus Wasserstoff bestehen, da diese Bestandteile *mit dem positiven Strome* zur Kathode wandern. Die negativen Ionen bestehen dagegen aus einem Säurerest oder aus

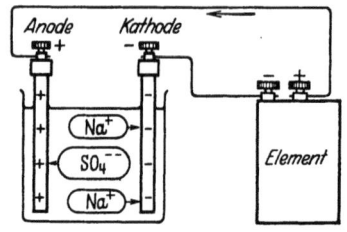

Anodenvorgänge:

$SO_4{-}{-} + $ posit. Elektr. $\to SO_4$;
$SO_4 + H_2O \to H_2SO_4 + O$;
$2 O \to O_2$.

Kathodenvorgänge:

$Na^+ + $ negat. Elektr. $\to Na$;
$Na + H_2O \to NaOH + H$;
$2 H \to H_2$.

Abb. 10. Elektrolyse von Natriumsulfat.

Hydroxyl, da diese Bestandteile sich *gegen den Strom* zur Anode bewegen.

Zusammensetzung der Ionen.

In Säuren	positiv geladene Wasserstoffatome	und	negativ geladene Säurereste;
In Salzen	positiv geladene Metallatome	und	negativ geladene Säurereste;
In Metallhydroxyden . .	positiv geladene Metallatome	und	negativ geladene Hydroxylgruppen.

Die Größe der Ionenladung. Sendet man ein und denselben Strom durch zwei Säurelösungen, so erhält man nach den Beobachtungen von FARADAY in beiden Lösungen die gleiche Menge ausgeschiedenen Wasserstoffgases. Hieraus kann man schließen, daß eine bestimmte Anzahl Wasserstoffionen in den verschiedenen Säuren die gleiche Elektrizitätsmenge transportieren muß, d. h. sie muß mit der gleichen Menge positiver Elektrizität geladen sein.

Ein Strom von 1 Ampere scheidet in 96 500 Sekunden 1 Grammatom ($= 1,0078$ g) Wasserstoff ab. 1 Grammatom Wasserstoff muß also als Wasserstoffion eine elektrische Ladung von 96 500 Coulomb besitzen.

Auch die anderen Ionen treten nach FARADAY in den verschiedenen Elektrolyten mit der gleichen Ladung auf. So besitzt das Jodion in Jodwasserstoff und in Natriumjodid die gleiche Ladung, das Cupriion in Cuprisulfat und Cuprinitrat usw.

Die auf einem Wasserstoffion befindliche Menge elektrischer Ladung bezeichnet man mit dem Zeichen: $^+$ (z. B. H^+). Solche negative Ionen, die bei der Vereinigung mit einem Wasserstoffion

Ladung und Hydratation der Ionen.

neutrale Moleküle ergeben, müssen eine ebenso große negative Ladung tragen. Sie wird angedeutet durch das Zeichen $^-$ (OH^-, Cl^-, NO_3^- usw., einwertige oder monovalente Anionen). Negative Ionen, die bei der Verbindung mit 2 Wasserstoffionen neutrale Moleküle ergeben, müssen die doppelte Ladung tragen (SO_4^{--}, SO_3^{--}, CO_3^{--} usw., zweiwertige oder divalente Anionen). Das Phosphation, das 3 Wasserstoffionen benötigt um ein Neutralmolekül zu bilden, muß eine dreifache Ladung tragen und wird daher PO_4^{---} geschrieben.

In gleicher Weise sieht man ein, daß die einwertigen positiven Ionen eine Ladung gleich der des Wasserstoffions haben müssen (Na^+, K^+ usw.); ihre Ladung läßt sich ja durch diejenige eines Chlorions neutralisieren. Die zweiwertigen positiven Ionen müssen eine doppelt so große Ladung tragen (Ca^{++}, Mg^{++} usw.), da ihre Ladung zur Neutralisation 2 Chlorionen benötigt usw.

Da die Ladung eines Ions immer entweder gleich der Ladung des Wasserstoffions oder gleich einem Vielfachen dieser Ladung ist, stellt offenbar die Ladung des Wasserstoffions eine unteilbare elektrische Elementarladung dar, ein Elektrizitätsatom. *Als Valenz eines Ions bezeichnet man die Anzahl solcher elektrischer Elementarladungen auf einem Ion.*

Äquivalente Mengen verschiedener Ionen besitzen gleichgroße elektrische Ladungsmengen. Auf dem Grammäquivalent jedes beliebigen Ions befindet sich die gleiche Ladung wie auf einem Grammatom Wasserstoffion, also 96 500 Coulomb. Diese *Ladungsmenge* heißt ein *Faraday*. Der Durchgang einer Elektrizitätsmenge von 96 500 Amperesekunden (gleich 26,8 Amperestunden) läßt also an jeder Elektrode ein Grammäquivalent des Elektrolysenproduktes entstehen (1 Ag, $^1/_2$ Cu [aus einem Cuprisalz], 1 H, 1 Cl, $^1/_2$ O [= $^1/_4$ O_2] usw.).

Die elektrischen Ladungen der Ionen sind verhältnismäßig *außerordentlich groß*. Würde man die Ladung eines Milligramms Wasserstoffion in 100 km Entfernung von einer gleichgroßen Ladung anbringen, so würden sich diese Ladungen noch mit einer Kraft von etwa 1000 kg abstoßen. Daher müssen auch in einer Elektrolytlösung stets sehr nahe gleiche Mengen von Kationen und Anionen zugegen sein. Selbst ein äußerst geringer, chemisch nicht mehr nachweisbarer, Überschuß von Ionen des einen Vorzeichens würde der Lösung einen mächtigen Ladungsüberschuß dieser Elektrizitätssorte verschaffen können (Prinzip der *Elektroneutralität* in Elektrolytlösungen).

Die Hydratation der Ionen. Durch die Untersuchung der Elektrolysenprodukte von wäßrigen Lösungen läßt sich meist nicht entscheiden, ob die gelösten Ionen mit Wassermolekülen verbunden,

d. h. *hydratisiert*, sind. Auf andere Weise hat man hingegen zeigen können, daß das Wasserstoffion in wäßriger Lösung mit einem Molekül Wasser zu dem Ion H_3O^+, dem **Hydroxoniumion**, verbunden ist. Zur Unterscheidung von diesem Ion bezeichnet man das unhydratisierte Ion H^+ oft als **Proton**. Auch die Hydratation vieler Metallionen ist sicher nachgewiesen, z. B. ist das gelöste Silberion $Ag(H_2O)_2{}^+$, das Cupriion $Cu(H_2O)_4{}^{++}$, das Aluminium- bzw. Ferriion $Al(H_2O)_6{}^{+++}$ bzw. $Fe(H_2O)_6{}^{+++}$. Ob die Ionen der Alkalimetalle und die Säureanionen, wie Cl^-, NO_3^-, SO_4^{--}, hydratisiert sind, weiß man noch nicht bestimmt.

In vielen Fällen hat der genaue Hydratationsgrad der Ionen wenig Interesse; man schreibt daher der Einfachheit halber selbst solche Ionen, deren Hydratation sicher bekannt ist, häufig ohne Wasser an.

Die elektrische Natur der Ionen. Wir haben bereits erwähnt, daß die Ladungen aller Ionen entweder gleich derjenigen des Wasserstoffions oder gleich einem Vielfachen dieser Ladung sind; diese Tatsache deutet an, daß die Elektrizität, ganz analog wie die Materie, nicht ins Unendliche teilbar ist, sondern aus unteilbaren, untereinander gleich großen Elementarladungen oder Elektrizitätsatomen besteht. Man kann die absolute Größe der Elementarladung berechnen, indem man die bekannte Ladung eines Grammäquivalentes (1 Faraday = 96 500 Coulomb) durch die Anzahl der Elementarladungen in einem Grammäquivalent eines Ions dividiert. Diese letzte Zahl ist gleich der Anzahl Einzelmoleküle in einem Gramm-Mol (AVOGADROsche Zahl = $0,61 \cdot 10^{24}$). Aus diesen Zahlen ergibt sich die Größe der Elementarladung zu $1,58 \cdot 10^{-19}$ Coulomb. Physikalische Untersuchungen über die Kathodenstrahlen in Entladungsrohren und über die β-Strahlen radioaktiver Stoffe haben die Anschauungen über den atomistischen Bau der Elektrizität ausgezeichnet bestätigt. Diese Strahlen haben sich als Ströme rasch bewegter negativ geladener Teilchen erwiesen. Die Ladung der Teilchen hat die oben angegebene Größe und ihre Masse beträgt $1/1840$ der Wasserstoffatommasse, d. h. ihr Atomgewicht ist $1/1825$. Diese freien negativen Elementarteilchen werden *Elektronen* genannt; man betrachtet sie als die Atome der negativen Elektrizität.

Elektronen finden sich in allen Stoffen. Jedes Atom besteht nämlich aus einem sehr kleinen, schweren *Kern* mit *positiver* elektrischer Ladung, der von einem oder mehreren Elektronen umkreist wird (Atommodell von RUTHERFORD). Mit gewissem Recht kann man ein solches Atom mit dem Sonnensystem vergleichen. Dabei entspricht der Kern dem Zentralgestirn, der Sonne, und die Elektronen den Planeten; das Ganze muß nur etwa 10^{22}mal verkleinert werden. In einem elektrisch *neutralen* Atom ist der

Die elektrische Natur der Ionen. 105

positive Kern von so vielen negativen Elektronen umgeben, daß die positive Ladung des Kerns gerade *neutralisiert* wird. Das gleiche gilt für neutrale Moleküle, die mehrere Atomkerne enthalten: diese Moleküle enthalten soviele Elektronen, daß die Summe der positiven Ladungen aller Kerne gerade neutralisiert wird.

Positive elektrische Teilchen mit einer ähnlich geringen Masse, wie sie den Elektronen eigen ist, scheinen erst ganz neuerdings unter besonderen Bedingungen beobachtet worden zu sein. Im übrigen tritt aber positive Elektrizität in allen Versuchen nur in Verbindung mit Atomkernen auf, d. h. sie besitzt mindestens die Masse eines Wasserstoffatoms.

Die Atomkerne sind sehr beständig. Ihre Unveränderlichkeit bedingt die Stabilität der Elemente. Dagegen können die Atome im allgemeinen ziemlich leicht einige Elektronen abgeben oder aufnehmen. Die Elektronensysteme sind also veränderlich. Die als einwertig bekannten *Metallatome geben* z. B. *leicht ein Elektron ab* und werden damit zu einfach geladenen positiven Ionen: Natrium wird zu Na^+, K zu K^+. Zweiwertige Metallatome wie Mg und Ca geben leicht zwei Elektronen ab, wodurch die doppelt geladenen Kationen Mg^{++} und Ca^{++} entstehen. Ähnlich liefert das dreiwertige Al-Atom das Ion Al^{+++}. Das besonders hohe Leitvermögen der Metalle für Elektrizität, überhaupt die wichtigsten der typischen Metalleigenschaften, stehen in Verbindung mit der Neigung der *Metallatome, Elektronen abzuspalten*. In einem Metall S. S. 236. sind aus diesem Grunde freie Elektronen in großer Zahl vorhanden, die von einer elektrischen Kraft leicht in Bewegung gesetzt werden und das metallische Leitvermögen bedingen. Dagegen rührt das Leitvermögen der Elektrolytlösungen von dem Vorhandensein der freibeweglichen Ionen her; in diesen Lösungen gibt es keine freien Elektronen. In elektrischen Isolatoren sind weder freie Elektronen noch freie Ionen vorhanden.

Die Metalloidatome halten ihre Elektronen viel fester gebunden als die Metallatome; sie sind sogar imstande, noch *Elektronen anzulagern*. So können die Halogenatome ein überschüssiges Elektron aufnehmen unter Bildung der einfach geladenen Anionen (F^-, Cl^-, Br^-, J^-). Die Atome des Sauerstoffs und Schwefels können 2 Elektronen aufnehmen und doppelt geladene Anionen bilden (O^{--}, S^{--}).

Zusammenfassend läßt sich sagen: *die besonderen Eigenschaften der Metalle rühren von ihrer Neigung her, freie Elektronen abzuspalten, diejenigen der Metalloide von ihrer Neigung, Elektronen aufzunehmen*.

Auch Atomgruppen können Elektronen abgeben oder aufnehmen und dadurch Ionen bilden (NH_4^+, NO_3^-, SO_4^{--}, OH^-).

Der Zustand und die Menge der Ionen in Elektrolytlösungen.

In den elektrolytisch leitenden Lösungen sind die Ionen *frei* und *als selbständige Moleküle aufzufassen*. Sie setzen sich unter der Einwirkung selbst der geringsten elektrischen Kräfte in Bewegung und transportieren Elektrizität durch den Elektrolyten. Die Frage, *wie viele Moleküle* eines gelösten Stoffes *in Ionen dissoziiert sind*, läßt sich mit Hilfe von *Gefrierpunktsbestimmungen* beantworten. Löst man ein Gramm-Mol Natriumchlorid in 1 kg Wasser, so sinkt der Gefrierpunkt um $3,4^0$, während normalerweise ein Gramm-Mol den Gefrierpunkt nur um $1,86^0$ erniedrigt. Die nahezu um das Doppelte zu große Erniedrigung $3,4^0$ beweist, daß die Lösung nahezu doppelt soviele Moleküle enthält, als man nach der Formel NaCl erwarten sollte. Wäre alles Natriumchlorid in der Lösung in Ionen gespalten, so sollte die Molekülzahl genau verdoppelt sein; der beobachtete Gefrierpunkt der Salzlösung deutet also an, daß *nahezu alles Salz in der Form freier Natrium- und Chlorionen zugegen ist*. Man kann sogar annehmen, daß die Gesamtmenge des Salzes in der Lösung in Ionenform vorliegt. Denn die kleine Abweichung zwischen 3,4 und $2 \cdot 1,86 = 3,72$ läßt sich als eine Folge der elektrischen Kräfte zwischen den Ionen verstehen. Diese Kräfte bewirken nämlich, daß Ionen ganz allgemein eine etwas geringere Gefrierpunktserniedrigung verursachen als neutrale Moleküle.

Ionisation in Salzlösungen. Komplexe Salze und Ionen. Natriumsulfat erniedrigt den Gefrierpunkt des Wassers ungefähr dreimal stärker, als man von dem Neutralmolekül Na_2SO_4 erwarten sollte. Da dieses Molekül bei der Ionisation gerade 3 Ionen ($2 Na^+ + 1 SO_4^{--}$) liefert, muß auch dieses Salz in wäßriger Lösung vollständig oder nahezu vollständig in Ionen gespalten sein. Meistens beträgt die Gefrierpunktserniedrigung durch ein Salz, dessen Molekül bei vollständiger Ionisation n Ionen liefert, nahezu das n-fache der Erniedrigung, die aus der Formel des Salzmoleküls folgen würde. Dieses Verhalten deutet darauf hin, daß *die meisten Salze praktisch vollständig dissoziiert sind*.

Wenn auch die Gefrierpunktsbestimmungen zeigen, daß sehr viele Salze mit guter Annäherung als vollständig gespalten anzusehen sind, gilt dies doch nicht allgemein; z. B. erniedrigt ein Stoff wie Mercurichlorid den Gefrierpunkt des Wassers nicht stärker, als es der Formel $HgCl_2$ entspricht. Hiernach kann seine Ionenspaltung nur gering sein; in Übereinstimmung hiermit leitet tatsächlich die wäßrige Lösung von Mercurichlorid den elektrischen Strom nur schlecht. Wir bezeichnen daher Mercurichlorid als ein *komplexes Salz*. Kaliumferrocyanid, $K_4Fe(CN)_6$, ist ebenfalls nicht in sämtliche 11 Ionen gespalten, die es seiner Formel nach liefern könnte (4 Kaliumionen, K^+, 1 Ferroion, Fe^{++}, 6 Cyanidionen, $(CN)^-$). Die Gefrierpunktserniedrigung seiner Lösung beweist, daß das Salz nur in 5 Ionen gespalten ist. Die chemische Untersuchung der Lösungen zeigt, daß darin alles Kalium als freie Kaliumionen anwesend ist; hieraus folgt, daß die übrigen Bestandteile zusammen nur ein Ion bilden können, das sog. Ferrocyanidion, $Fe(CN)_6^{----}$. Tatsächlich lassen sich auch mit chemischen Methoden in der Lösung weder freie Ferroionen, noch Cyanidionen nachweisen. Ionen, die mehrere, sonst auch als freie Ionen oder Moleküle vorkommende Bestandteile als fest zusammengefügtes Ganzes vereinigen, nennt man *komplexe Ionen*; die einzelnen Bestandteile, die man als solche mit den üblichen analytischen Methoden nicht mehr in der Lösung nachweisen kann, nennt man *komplex gebunden*. Salze, die ein komplexes Ion enthalten, nennt man auch kurz Komplexsalze: Kaliumferrocyanid bezeichnet man daher als ein komplexes Ferrosalz. Viele Salze, besonders der Schwermetalle, besitzen komplexen Charakter.

Ionisation in Lösungen von Säuren und Basen. Die einzelnen Säuren und Basen sind in sehr verschiedenem Maße in freie Ionen dissoziiert. Salzsäure und Salpetersäure sind in wäßriger Lösung nahezu vollständig in Ionen gespalten, und zwar in Wasserstoffionen und Chlorionen, bzw. Nitrationen:

$$HCl \to H^+ + Cl^-,$$
$$HNO_3 \to H^+ + NO_3^-.$$

Berücksichtigt man, daß das Wasserstoffion in Wirklichkeit das Hydroxoniumion ist, so lautet eine richtigere Darstellung dieser Vorgänge:

$$HCl + H_2O \to H_3O^+ + Cl^-,$$
$$HNO_3 + H_2O \to H_3O^+ + NO_3^-.$$

In Schwefelsäure ist das erste Wasserstoffatom in Wasser vollständig abionisiert:

$$H_2SO_4 \to H^+ + HSO_4^-,$$

oder mit dem Hydroxoniumion geschrieben:

$$H_2SO_4 + H_2O \to H_3O^+ + HSO_4^-.$$

Das zweite Wasserstoffatom ist dagegen nur teilweise abionisiert:

$$HSO_4^- \to H^+ + SO_4^{--},$$

oder mit dem Hydroxoniumion:

$$HSO_4^- + H_2O \to H_3O^+ + SO_4^{--},$$

außer, wenn die Lösung äußerst verdünnt ist.

Essigsäure zeigt in wäßriger Lösung normale Gefrierpunktserniedrigung, die der Formel CH_3COOH entspricht, und geringes Leitvermögen. Sie ist also auch nur in geringem Grade in Wasserstoffionen und Acetationen gespalten (zu 0,4% in 1 mol. Lösung).

In der folgenden Tabelle sind die *Dissoziationsgrade* einer Reihe schwacher Säuren in 0,1 mol. wäßriger Lösung zusammengestellt. Unter dem Dissoziationsgrad einer Säure versteht man den *Bruchteil* ihrer *Gesamtmenge* (der *Totalsäure*), *der in Form von freien Ionen anwesend ist*. Man kann den Dissoziationsgrad, wie oben für Natriumchlorid angedeutet, aus Gefrierpunktsmessungen ableiten; bei kleinen Dissoziationsgraden eignet sich hierfür jedoch besser die Messung des elektrischen Leitvermögens der Säurelösungen. Eine Säure muß um so stärker dissoziiert sein, je größer das Leitvermögen ihrer 0,1 mol. Lösung ist; denn die Ionen der verschiedenen Säuren besitzen ungefähr die gleiche Beweglichkeit.

Tabelle 6. Der Dissoziationsgrad verschiedener Säuren in 0,1 mol. wäßriger Lösung.

Säure	Formel	Ionen	Dissoziationsgrad in Prozenten	
Schweflige Säure *	H_2SO_3	$H^+ + HSO_3^-$	34	} mittelstarke
Phosphorsäure *	H_3PO_4	$H^+ + H_2PO_4^-$	24	} Säuren
Essigsäure	$C_2H_4O_2$	$H^+ + C_2H_3O_2^-$	1,33	
Kohlensäure *	H_2CO_3	$H^+ + HCO_3^-$	0,18	
Schwefelwasserstoff *	H_2S	$H^+ + HS^-$	0,09	schwache Säuren
Unterchlorige Säure	$HClO$	$H^+ + ClO^-$	0,03	
Borsäure *	H_3BO_3	$H^+ + H_2BO_3^-$	0,01	

Von den in dieser Tabelle aufgeführten mehrbasischen (mit * bezeichneten) Säuren spaltet in 0,1 mol. Lösung keine in merklichem Maße ihr zweites oder drittes Wasserstoffatom als Ion ab; dies tritt erst in verdünnteren Lösungen ein.

Säuren, die in wäßriger Lösung ihren Säurewasserstoff *vollständig* oder *nahezu vollständig* als Ion abspalten, nennt man *starke Säuren*. Beispiele hierfür sind: die **Halogenwasserstoffsäuren** (außer Flußsäure), die **Salpetersäure**, sowie die **Schwefelsäure** bezüglich ihres ersten Wasserstoffatoms.

Säuren, die in wäßriger Lösung nur eine *geringe* Menge Wasserstoffionen bilden, heißen *schwach*. Beispiele: **Essigsäure**, **Kohlensäure**, **Schwefelwasserstoff**.

Den Übergang zwischen den starken und den schwachen Säuren bilden die *mittelstarken* Säuren, die zwar zu einem merklichen Bruchteil, aber durchaus nicht vollständig, ionisiert sind. Beispiele: **schweflige Säure** und **Phosphorsäure** bezüglich ihres ersten Wasserstoffatoms, **Schwefelsäure** bezüglich ihres zweiten.

Natrium- und Kaliumhydroxyd, sowie die anderen stark basischen Metallhydroxyde sind in wäßriger Lösung praktisch

vollständig in Metallionen und Hydroxylionen dissoziiert. Dagegen sind in der Lösung der schwachen Base Ammoniak nur wenige Ionen vorhanden. In 1 mol. Ammoniakwasser hat sich nur 0,4% der Base mit Wasser umgesetzt nach der Gleichung:
$$NH_3 + H_2O \to NH_4^+ + OH^-.$$
Ganz allgemein nennt man Elektrolyte, die nur in geringem Maße in Ionen gespalten sind, *schwache Elektrolyte* (Mercurichlorid und ähnliche komplexe Salze, Essigsäure und die anderen schwachen Säuren, Ammoniak und die anderen schwachen Basen), während die praktisch vollständig ionisierten Elektrolyte *starke Elektrolyte* heißen.

Salzmischungen. Die Ionentheorie löst in einfachster Weise ein altes Problem auf dem Gebiet der Salzlösungen. Löst man in 1 l Wasser ein Mol NaCl und ein Mol KNO_3 (d. h. zwei starke Elektrolyte), so entsteht eine Lösung, die in jeder Hinsicht *identisch* ist mit derjenigen, die man durch Auflösung eines Mols KCl und eines Mols $NaNO_3$ (des sog. *reziproken Salzpaars*) in der gleichen Wassermenge erhält. Die älteren Chemiker versuchten vergebens herauszufinden, welche Salze in Wirklichkeit in dieser Lösung vorhanden seien. Weder bei der Auflösung des einen, noch bei der des anderen Salzpaares machen sich Anzeichen einer chemischen Umsetzung bemerkbar, und doch entstehen bei beiden Operationen identische Lösungen. Die Ionentheorie löste dies Dilemma durch den Nachweis, daß in derartigen Lösungen *aus lauter starken Elektrolyten* weder das eine noch das andere Salzpaar zugegen ist, sondern nur die vier freien Ionen: Na^+, K^+, Cl^- und NO_3^-.

Im Meerwasser sind vorhanden an Metallen: Natrium und kleine Mengen von Kalium, Magnesium und Calcium; und an Säureresten: Chlor und in kleinen Mengen Sulfatrest, Brom und auch Jod. Diese Bestandteile findet man im Wasser nicht in Form fertiger Salze, sondern nur als freie Ionen. Es hat also keinen Sinn, darüber Spekulationen anzustellen, ob das Brom im Meerwasser als Natriumbromid oder verbunden mit Kalium, Magnesium oder Calcium vorkommt. Es ist überhaupt nicht an irgendein Metall gebunden, sondern freies Bromion. Bei der Analyse eines natürlichen Wassers oder irgendeiner anderen Salzlösung gibt man daher nur die Mengen der verschiedenen Ionen an. Will man allerdings künstlich eine Lösung gleicher Zusammensetzung herstellen, so muß man auf dem Papier die betreffenden Ionen zu geeigneten Salzen kombinieren, und berechnen, welche Mengen von diesen einzelnen Salzen nötig sind; man kann eben einzelne Ionensorten nicht als solche, sondern nur in Form von Salzen abwägen.

Aus diesen Ausführungen geht auch hervor, daß man durch die Analyse von *Lösungen* fester Stoffe, die starke Elektrolyte enthalten, nicht feststellen kann, zu *welchen festen Salzen* die gefundenen Ionen verbunden waren. Die im Laboratorium gewöhnlich benutzten analytischen Methoden sagen also nichts darüber aus, wie die Ionen in einem zu analysierenden Gemisch fester Salze zusammengehörten, sondern nur, welche Ionen überhaupt darin enthalten waren.

Es gibt allerdings Fälle, in denen man sicher entscheiden kann, welche Ionen in einer Lösung gemischter Elektrolyte miteinander verbunden sind. Dies ist immer der Fall, wenn *schwache Elektrolyte* beteiligt sind. Wir geben hierfür drei Beispiele. Vermischt man z. B. wäßrige Lösungen von Mercurinitrat und Natriumchlorid, so müssen sich die Mercuri- und Chlorionen deswegen miteinander zu Mercurichlorid verbinden, weil dieses Salz ein schwacher Elektrolyt, ein komplexes Salz ist:

$$Hg^{++} + 2\,Cl^- \rightarrow HgCl_2;$$

in dieser Lösung muß daher undissoziiertes Mercurichlorid vorhanden sein. — Gibt man Salzsäure zu einer Natriumacetatlösung, so wird sich das Wasserstoffion der Salzsäure in ähnlicher Weise mit dem Acetation der Acetatlösung zu Essigsäure verbinden, weil diese ein wenig dissoziierter Elektrolyt, eine schwache Säure, ist:

$$H^+ + CH_3COO^- \rightarrow CH_3COOH.$$

Es bildet sich also Essigsäure. Man kann sagen, daß die *starke* Salzsäure die *schwache* Essigsäure aus ihren Salzen *austreibt*. — Setzt man schließlich einer Lösung von Ammoniumchlorid etwas Natriumhydroxyd zu, so wird sich das Ammoniumion mit dem Hydroxylion zu der schwachen Base Ammoniak und zu Wasser umsetzen:

$$NH_4^+ + OH^- \rightarrow NH_3 + H_2O.$$

Hier spricht man davon, daß die starke Base Natriumhydroxyd die schwache Base Ammoniak aus ihren Salzen austreibt.

Ganz allgemein gilt der Satz:

Mischt man zwei Lösungen, auf welche die beiden Ionen eines *schwachen Elektrolyten* getrennt verteilt sind, so werden sich in der Mischung die Moleküle dieses schwachen Elektrolyten bilden.

Dieser Satz ermöglicht also vorauszusagen, wie Ionen in wäßriger Lösung reagieren werden, sobald man nur weiß, welche Elektrolyte schwach sind. *Schwache Elektrolyte* sind, anders ausgedrückt, solche, deren Ionen mit relativ *beträchtlicher Affinität zum Neutralmolekül zusammentreten;* je größer diese Affinität ist, desto schwächer ist der Elektrolyt. Genaue Voraussagen sind erst möglich, wenn die Stärke, bzw. Schwäche der Elektrolyte *quantitativ* angegeben werden können.

Die Ionisation des Wassers. Reines Wasser leitet die Elektrizität zwar sehr schlecht, besitzt aber doch ein endliches Eigenleitvermögen, das man einer geringen Dissoziation in Wasserstoff- und Hydroxylionen zuschreibt:

$$H_2O \rightarrow H^+ + HO^-;$$

oder mit dem Hydroxoniumion geschrieben:

$$2\,H_2O \rightarrow H_3O^+ + HO^-.$$

Aus der Größe des Leitvermögens von reinstem Wasser konnte man die sehr kleine molare Konzentration (Mol pro Liter) der Wasserstoff- und Hydroxylionen in reinem Wasser zu je etwa 10^{-7} bei Zimmertemperatur berechnen. Wasser ist also ein *sehr schwacher Elektrolyt*.

Ionisation in festen Salzen. Eingehende Untersuchungen der physikalischen Eigenschaften fester Salze, besonders ihres Verhaltens gegen Röntgenstrahlen, haben gelehrt, daß ihre Ionen bereits *in den festen Salzen vorhanden sind*, und nicht erst bei der Auflösung in Wasser gebildet werden. Festes Natriumchlorid ist aus Natrium- und Chlor*ionen* aufgebaut. Bildet sich Natriumchlorid aus metallischem Natrium und Chlorgas, so gibt jedes Natriumatom je einem Chloratom ein Elektron ab, nach dem Schema:

$$Na + Cl \rightarrow Na^+ + Cl^-.$$

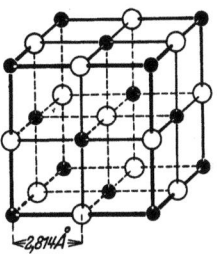

Abb. 11. Darstellung eines Teiles des Ionengitters von Natriumchlorid. Die schwarzen Kugeln deuten die Lage der Kationen (Na+) an, die weißen Kugeln die Lage der Anionen (Cl−). Der Abstand zwischen Na+ und Cl− im Gitter beträgt 2,814 Å (1 Å = 10^{-8} cm).

Maßgebend für den Eintritt dieser Reaktion ist das Zusammentreffen einerseits der Neigung der Natriumatome, ein Elektron abzugeben, anderseits der Fähigkeit der Chloratome, dieses Elektron aufzunehmen. Die derart gebildeten Natrium- und Chlorionen ordnen sich unter dem Einfluß der elektrischen Kräfte ihrer Ladungen zu einem höchst regelmäßigen Kristallgitter (s. Abb. 11): die Ionen bilden darin ein regelmäßiges, kubisches Punktgitter, dessen Punkte abwechselnd von Kationen und Anionen besetzt sind.

In dem Kristallgitter des Kochsalzes sind die Ionen also keineswegs paarweise zu Molekülen NaCl verknüpft, sondern jedes Ion ist, wie aus Abb. 11 ersichtlich, in ganz symmetrischer Weise von 6 entgegengesetzt geladenen Ionen umgeben: das Kristallgitter ist *kein Molekülgitter*, sondern ein *Ionengitter*. Hieraus folgt, daß die chemische Formel NaCl eigentlich keine Molekülformel ist, d. h. etwas über die Moleküle des Salzes aussagt, sondern daß sie nur die quantitative Zusammensetzung des Salzes angibt. Es wäre in diesem Sinne korrekter, als Formel des Salzes: $Na^+ \cdot Cl^-$ zu schreiben; entsprechend als Formel des Natriumsulfats: $2\,Na^+ \cdot SO_4^{--}$ usw. Diese Schreibweise hat sich jedoch noch nicht allgemein durchgesetzt.

Ein großer Bruchteil der Stoffe, die durch den Ersatz von Säurewasserstoffatomen durch Metallatome entstehen, besitzt ähnliche physikalische Eigenschaften wie das gewöhnliche Kochsalz (NaCl), z. B. in bezug auf Härte, Schwerschmelzbarkeit, Kristallisationsvermögen. Dieser Sachverhalt hat dazu geführt, daß man früher alle Metallderivate der Säuren, auch solche, denen die Ähnlichkeit mit Kochsalz fehlt, als *Salze* bezeichnet hat. Der tiefere Grund für die eigentlichen typischen *Salzeigenschaften* gewisser Stoffe ist jedoch ihre *Ionenstruktur*, d. h. ihr Aufbau aus positiv und negativ geladenen Ionen, die in Ionengittern gesetzmäßig zusammengekittet sind. Es spricht viel dafür, in Zukunft nur solche Stoffe Salze zu nennen, die wirklich aus Ionen aufgebaut sind und daher auch die typischen Salzeigenschaften zeigen.

Die Ionisation reiner, wasserfreier Säuren. Chlorwasserstoff ist in reinem, wasserfreiem Zustand bei gewöhnlicher Temperatur ein Gas, reine Salpetersäure und Schwefelsäure sind Flüssigkeiten. Diese wasserfreien Stoffe zeigen also durchaus keine Ähnlichkeit mit Salzen. Ihre genauere Untersuchung hat ergeben, daß sie tatsächlich keine freien Wasserstoff- und Säurerest-Ionen enthalten. Erst beim Lösen der Säuren in Wasser bilden sich diese Ionen; etwa bei Chlorwasserstoff nach dem Schema:
$$HCl \rightarrow H^+ + Cl^-,\ \text{oder besser:}\ HCl + H_2O \rightarrow H_3O^+ + Cl^-.$$
Die wäßrigen Lösungen dieser Säuren enthalten also echte Salze (Wasserstoffsalze, besser Hydroxoniumsalze).

Wenn selbst diese starken Säuren in reinem wasserfreiem Zustand keine Ionenstruktur besitzen, kann man dies natürlich noch viel weniger von schwachen Säuren erwarten, wie Essigsäure oder Schwefelwasserstoff, deren geringe Ionisation in wäßriger Lösung aus der Tabelle 6 bekannt ist.

Stoffe, die das unhydratisierte Wasserstoffion, das Proton H^+, in freiem Zustand enthalten, sind unbekannt. Dieses Ion hat eine so gewaltige Tendenz, sich mit anderen Atomen, Molekülen oder Ionen zu verbinden, daß es in keinem Stoff in freiem Zustand nachweisbar ist. Diese Tatsache steht zweifellos in Zusammenhang mit der Natur des Protons als eines nackten Atomkerns. (Das Wasserstoffatom besteht aus einem Kern mit einer einzigen S. S. 277. positiven Elementarladung, umkreist von einem einzelnen Elektron. Ein Proton entsteht durch Abspaltung des Elektrons aus dem Wasserstoffatom und besitzt infolgedessen kein schützendes Elektronensystem mehr.)

Die Ionisationsverhältnisse in den festen Metallhydroxyden sind noch nicht sicher bekannt. Manches deutet darauf, daß die stark basischen, wasserlöslichen Hydroxyde (NaOH, KOH, Ca(OH)$_2$) Ionengitterstruktur besitzen, da sie im festen Zustand ziemlich salzähnlich sind. Dagegen ist es zweifelhaft, ob Aluminiumhydroxyd und die Hydroxyde der Schwermetalle Hydroxylionen enthalten. Diese Stoffe sind sehr schwer löslich in Wasser und wenig salzähnlich.

Der Begriff der Ionen stammt von FARADAY (1834). SVANTE ARRHENIUS zeigte 1887, daß in Salzlösungen die Ionen in freiem Zustand vorhanden sind. Der Nachweis der Ionenstruktur von festen Salzen stammt aus dem 20. Jahrhundert.

Saure und basische Reaktion.

Alle sauer reagierenden wäßrigen Lösungen enthalten Wasserstoffionen, H$^+$, besser Hydroxoniumionen, H$_3$O$^+$. Untersucht man mit einem Stück blauen Lackmuspapiers, ob eine Lösung sauer reagiert, so prüft man in Wirklichkeit, ob sie Wasserstoffionen enthält. Die Probe ist äußerst empfindlich; zur Rotfärbung des Papiers genügen sehr geringe Mengen von Wasserstoffionen.

Ganz entsprechend *enthalten alle basisch reagierenden wäßrigen Lösungen Hydroxylionen*, HO$^-$. Die Proben auf basische Reaktion mit Curcumapapier (braune Färbung) und mit Phenolphthalein (rote Färbung) sind daher tatsächlich Proben auf Hydroxylionen.

Die Dissoziationskonstante des Wassers. Die Neutralisation von Natronlauge mit Salzsäure hatten wir früher formuliert:

$$NaOH + HCl \rightarrow NaCl + H_2O.$$

Berücksichtigt man indessen, daß die drei ersten Stoffe dieses Schemas, als starke Elektrolyte, praktisch vollständig in Ionenform vorhanden sind, so muß der Vorgang folgendermaßen geschrieben werden:

$$Na^+ + HO^- + H^+ + Cl^- \rightarrow Na^+ + Cl^- + H_2O;$$

oder, wenn man die gleichzeitig auf beiden Seiten des Pfeiles auftretenden Ionen wegstreicht:

$$HO^- + H^+ \rightarrow H_2O.$$

Nach diesem Schema geschieht bei der *Neutralisation* nichts anderes, als daß sich die *Hydroxylionen der Basenlösung mit den Wasserstoffionen der Säurelösung zu Wasser* verbinden. Dies ist tatsächlich der einzige chemische Vorgang bei der Neutralisation von Lösungen starker Säuren mit Lösungen starker Basen. Aus der neutralen Reaktion der erhaltenen Lösung geht hervor, daß sowohl die freien Wasserstoffionen der Salzsäure, als auch die Hydroxylionen der Natronlauge verschwunden sind. Dagegen sind die Chlorionen der Salzsäure und die Natriumionen der Natronlauge immer noch zugegen.

Will man betonen, daß die Wasserstoffionen in Wirklichkeit Hydroxoniumionen sind, so heißt das Schema:

$$HO^- + H_3O^+ \to 2\,H_2O.$$

Die besprochene Neutralisation verläuft *momentan*, oder jedenfalls so schnell, daß man den Zeitbedarf des Vorgangs nicht messen kann. Die Vereinigung der Wasserstoff- und Hydroxylionen verläuft aber nicht nur äußerst schnell, sondern auch *sehr weitgehend vollständig*; dies ist nach dem Satz S. 110 vorauszusehen, da Wasser ein *sehr schwacher* Elektrolyt ist. Erst dann, wenn das Produkt $c_{H^+} \cdot c_{HO^-}$ der molaren Konzentrationen (Mol pro Liter) beider Ionen bis auf den sehr geringen Wert 10^{-14} gesunken ist, ist die Reaktion zu Ende. Diese Zahl läßt sich auf verschiedene Weise sicher messen; für reines Wasser haben wir z. B. oben erfahren, daß sein Leitvermögen zu folgenden Werten führt: $c_{H^+} = c_{HO^-} = 10^{-7}$; d. h. $c_{H^+} \cdot c_{HO^-} = 10^{-14}$.

S. S. 111.

In allen wäßrigen Lösungen herrscht chemisches Gleichgewicht zwischen den Molekülen des undissoziierten Wassers auf der einen Seite, und den beiden Ionensorten H^+ und HO^- auf der anderen Seite. Wie später noch gezeigt wird, bedeutet dies, daß das *Produkt aus der Wasserstoffionenkonzentration* (c_{H^+}) *und der Hydroxylionenkonzentration* (c_{HO^-}) *in allen verdünnten wäßrigen Lösungen bei Zimmertemperatur stets den gleichen Wert besitzt*:

S. S. 168.

$$c_{H^+} \cdot c_{HO^-} = 10^{-14}.$$

Dieses Produkt heißt das *Ionisationsprodukt des Wassers*. Überschreitet in einer wäßrigen Lösung das Produkt der Konzentrationen der beiden Ionen diesen Wert, so werden sich alle überschüssigen Ionen momentan zu Wasser verbinden; ist das Produkt kleiner, so werden sich so viele Wassermoleküle momentan in Wasserstoff- und Hydroxylionen spalten, bis der Wert 10^{-14} erreicht ist. In keinem Fall kann c_{H^+} oder c_{HO^-} Null werden.

Das Ionisationsprodukt des Wassers hängt allerdings merklich von der Temperatur ab. Bei 0^0 hat es den Wert $10^{-14,93}$, bei 18^0 $10^{-14,22}$, bei 25^0 $10^{-13,98}$, bei 100^0 $10^{-12,29}$. Auch vom Salzgehalt ist der Wert etwas abhängig; er steigt mit zunehmender Ionenkonzentration an (bei 18^0 beträgt er in 0,1 mol. NaCl $10^{-14,11}$, in 1 mol. NaCl $10^{-13,99}$).

S. S. 98.

Es sei noch bemerkt, daß an vielen Stellen die molaren Konzentrationen von Molekülen und Ionen durch das Einschließen der betreffenden Formeln in eckige Klammern bezeichnet werden, also z. B. [H^+] usw. Um jedes Mißverständnis auszuschließen, werden in diesem Buche aber *molare Konzentrationen stets durch c bezeichnet*, also c_{H^+} usw.

Die Reaktionsskala. Es gibt keinen scharfen Übergang zwischen sauren, neutralen und basischen Lösungen. Je empfindlichere Proben auf Wasserstoffionen man benutzt, desto zahlreicher werden die Lösungen sein, die man noch als sauer bezeichnen muß, und ganz das Gleiche gilt für die Einordnung von Lösungen in die Reihe der basisch reagierenden.

Wollte man die Gegenwart selbst der geringsten Menge Wasserstoffionen als Zeichen für saure Reaktion, und die Gegenwart der geringsten Menge Hydroxylionen als Zeichen für basische Reaktion ansehen, so müßte man jede wäßrige Lösung gleichzeitig als sauer und als basisch bezeichnen. Der endliche Wert des Ionisationsproduktes bringt es ja mit sich, daß weder c_{H^+} noch c_{HO^-} jemals Null werden kann. Die beiden Konzentrationen c_{H^+} und c_{HO^-} können in gewissen Lösungen gleich groß sein. Bei gewöhnlicher Temperatur sind dann beide Konzentrationen rund gleich 10^{-7}. Solche Lösungen können als *genau neutral* bezeichnet werden. Ist c_{H^+} wesentlich größer als 10^{-7}, so muß c_{HO^-} entsprechend kleiner sein. Hier herrschen die Wasserstoffionen also vor: die Lösung ist sauer. In einer 1 mol. Lösung einer starken einbasischen Säure, z. B. Salzsäure, ist $c_{H^+} = 1$ und $c_{HO^-} = 10^{-14}$. Ist dagegen c_{H^+} wesentlich kleiner als 10^{-7}, so muß c_{HO^-} um so viel größer sein. Hier überwiegen also die Hydroxylionen: die Lösung ist basisch. In einer 1 mol. Lösung von Natronlauge ist $c_{HO^-} = 1$ und $c_{H^+} = 10^{-14}$.

Als *quantitatives Maß für die Reaktion einer wäßrigen Lösung* benutzt man ganz allgemein im sauren, neutralen und basischen Gebiete die *Wasserstoffionenkonzentration* (c_{H^+}). Hieraus und aus dem bekannten Ionisationsproduktes des Wassers kann man jederzeit leicht auch c_{HO^-} berechnen. Es hat sich jedoch als sehr praktisch erwiesen, alle Reaktionsangaben in demselben Maß auszudrücken. Allerdings werden die Zahlen c_{H^+} in schwach sauren oder gar in basischen Lösungen sehr klein und müssen als hohe negative Potenzen von 10 geschrieben werden (bis zu etwa 10^{-14}). Viel bequemer bezeichnet man die Reaktion durch den negativen Logarithmus der Wasserstoffionenkonzentration, d. h. durch die Größe:

$$pH = -\log c_{H^+}; \quad c_{H^+} = 10^{-pH}.$$

Diese Größe pH heißt *Wasserstoffionenexponent* oder *Reaktionszahl*.

Zur Orientierung stellen wir die Reaktionszahlen in einigen Säure- und Basenlösungen runder Konzentrationen zusammen:

			c_{H^+}	pH
1	norm.	HCl	10^0	0
0,1	,,	,,	10^{-1}	1
0,01	,,	,,	10^{-2}	2
0,001	,,	,,	10^{-3}	3
0,0001	,,	,,	10^{-4}	4
0,00001	,,	,,	10^{-5}	5

Ionentheorie.

			c_{HO^-}		c_{H^+}		pH
1	norm.	NaOH	10^0	etwa	10^{-14}	etwa	14
0,1	,,	,,	10^{-1}	,,	10^{-13}	,,	13
0,01	,,	,,	10^{-2}	,,	10^{-12}	,,	12
0,001	,,	,,	10^{-3}	,,	10^{-11}	,,	11
0,0001	,,	,,	10^{-4}	,,	10^{-10}	,,	10
0,00001	,,	,,	10^{-5}	,,	10^{-9}	,,	9

In neutralen Lösungen ist pH *nahe gleich* 7. In der 1 mol. Lösung einer starken einbasischen Säure ist pH = 0. In noch stärker sauren Lösungen kann pH negative Werte annehmen, man hat jedoch selten Bedarf an pH-Angaben für so stark saure Systeme. In basischen Lösungen ist pH größer als 7; in einer 1 mol. Lösung von Natriumhydroxyd ist pH etwa 14. Sieht man von Lösungen ab, die stärker als 1 mol. sind, so erstreckt sich die pH-Skala in Wasser von 0 bis etwa 14. Je weiter pH von 7 entfernt ist, desto ausgeprägter sauer oder basisch ist die Lösung. Wird c_{H^+} aufs 10fache vergrößert, so nimmt pH um 1 ab; wird c_{H^+} verdoppelt, so nimmt pH um 0,3 ab (genauer um log 2 = 0,30103). In dem unten wiedergegebenen Bild sind keine bestimmten Grenzen zwischen sauren, neutralen und basischen Lösungen angenommen.

Die Reaktionsskala.

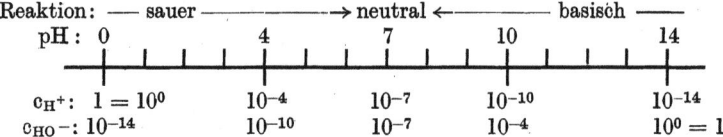

Die kolorimetrische Bestimmung der Reaktionszahl kann durch die Beobachtung der *Farbe eines geeigneten Indikators* geschehen. In einer wäßrigen Lösung, die Lackmus deutlich rot färbt, ist pH kleiner als 6; in einer Lösung, die diesen Indikator bläut, ist pH größer als 8. In dem Intervall zwischen 6 und 8 zeigt Lackmus, je nach dem pH-Wert, *Mischfarben*. Phenolphthalein ist ungefärbt in Lösungen, deren pH kleiner als 8 ist; je mehr sich die Reaktionszahl von 8 an vergrößert, desto stärkere Rotfärbung entwickelt sich, bis bei pH = 10 und in noch stärker basischen Lösungen der Indikator tief rot ist. Sein Umschlag liegt also zwischen 8 und 10. Die wichtigsten Farbstoffindikatoren, die praktisch verwendet werden, schlagen bei recht verschiedenen Reaktionszahlen um, vgl. Tabelle 7.

Tabelle 7. Die Umschlagsgebiete der Indikatoren
für kolorimetrische pH-Bestimmung.

Farbstoff	Farbe		Umschlagsgebiet in der pH-Skala
	für kleine pH-Werte	für große pH-Werte	
Thymolblau (1. Umschlag) . . .	rot	gelb	1,2— 2,8
Tropäolin 00	rot	gelb	2 — 3
Methylorange	rot	gelb	3,1— 4,4
Bromphenolblau	gelb	blau	3,0— 4,6
Kongorot	blau	rot	4 — 5
Methylrot	rot	gelb	4,4— 6,0
Bromkresolpurpur	gelb	purpur	5,2— 6,8
Bromthymolblau	gelb	blau	6,0— 7,6
Lackmus	rot	blau	6 — 8
Neutralrot	rotviolett	gelb	6,8— 8,0
Phenolrot	gelb	rot	6,8— 8,4
Curcuma	gelb	braun	8 — 9
Phenolphthalein	farblos	rot	8,3—10
Thymolblau (2. Umschlag) . . .	gelb	blau	8,0— 9,6
Kresolphthalein	farblos	rot	8,2— 9,8
Thymolphthalein	farblos	blau	9,3—10,5
Alizaringelb GG	farblos	gelb	10 —12

Eine Lösung, die gegenüber einem bestimmten Indikator basisch reagiert, kann durchaus gegenüber einem anderen Indikator sauer reagieren. So reagiert jede Lösung mit einer Reaktionszahl pH zwischen 4,4 und 8,3 gegenüber Methylorange basisch, gegen Phenolphthalein jedoch sauer.

Will man die Reaktionszahl einer Lösung kolorimetrisch bestimmen, so fügt man einen Indikator zu, der sich in dieser Lösung in seinem Umschlagsgebiete befindet und daher eine *Mischfarbe* zeigt. Der gleiche Indikator wird auch zu einer Reihe von Standardlösungen mit bekannten pH-Werten gesetzt. Die gesuchte Reaktionszahl ist gleich dem pH-Wert in derjenigen Standardlösung, in der der Indikator die gleiche Färbung wie in der Lösung mit unbekanntem pH zeigt. Zur Anwendung der Methode ist eine Reihe Standardlösungen mit bekannten pH-Werten notwendig (sog. Pufferlösungen, vgl. später!). S. S. 135.

Die elektrometrische Bestimmung der Reaktionszahl. Taucht man eine Platinelektrode in eine wäßrige Lösung, die etwas Chinhydron enthält (eine Kohlenstoffverbindung der Formel $C_6H_4O_2 \cdot C_6H_6O_2$, vgl. Organische Chemie), so erhält man damit eine *Chinhydronelektrode*. Verbindet man die Gefäße zweier solcher Elektroden durch ein Glasrohr, das mit Kaliumchloridagargallerte gefüllt ist, dann bildet das Ganze ein galvanisches Element (s. Abb. 12). Mißt man die elektromotorische Kraft E solcher Elemente mit

Hilfe einer geeigneten elektrischen Meßanordnung, so findet man, daß E *ausschließlich durch die Reaktionszahlen* pH *der beiden Lösungen bestimmt ist.* Haben beide Lösungen gleiches pH, so ist $E = 0$. Besitzen zwei Lösungen die Reaktionszahlen $(pH)_1$ und $(pH)_2$, so beträgt bei 18° die elektromotorische Kraft:

$$E = ((pH)_1 - (pH)_2) \cdot 0{,}0577 \text{ Volt}.$$

Kennt man die Reaktionszahl der einen Lösung, z. B. $(pH)_1$, und bestimmt man experimentell die elektromotorische Kraft des Elementes, so läßt sich die Reaktionszahl $(pH)_2$ der anderen Lösung berechnen, nach der Formel:

$$(pH)_2 = (pH)_1 - E/0{,}0577.$$

(E bedeutet hier die Spannung der Elektrode in der unbekannten Lösung gegen die Elektrode in der bekannten Lösung, unter Rücksicht auf das Vorzeichen.) Diese in neuerer Zeit häufig verwendete Methode ist in basischen Lösungen nicht anwendbar, da sich Chinhydron in Lösungen, deren pH größer als etwa 8 ist, zersetzt.

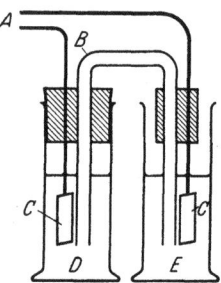

Abb. 12. Galvanisches Element für die elektrometrische pH-Messung, bestehend aus zwei Chinhydronelektroden. A Leitungen zur elektrischen Meßanordnung (Kompensationsapparat oder Galvanometer mit hohem inneren Widerstand); B Heber, gefüllt mit KCl-Agar; C Platinelektroden; D Lösung von bekanntem pH; E Lösung, deren pH bestimmt werden soll.

An Stelle von Chinhydronelektroden kann man auch *Wasserstoffelektroden* benutzen. Für diesen Zweck müssen die Platinelektroden platiniert, d. h. mit einer elektrolytisch niedergeschlagenen, mattschwarzen Schicht feinverteilten Platins bedeckt werden; anstatt der Lösung Chinhydron zuzusetzen, muß man *Wasserstoffgas* hineinleiten und die Lösungen sowie die Platinelektroden stets mit Wasserstoff *gesättigt* halten. Ein aus zwei Wasserstoffelektroden zusammengesetztes Element besitzt eine elektromotorische Kraft, die von den Reaktionszahlen der Lösungen in gleicher Weise abhängt wie für Chinhydronelemente. Die Wasserstoffgaselemente sind im Gegensatz zu den Chinhydronelementen über das ganze Reaktionsgebiet brauchbar und zuverlässiger; sie sind jedoch unbequemer und brauchen längere Zeit zur Einstellung ihres Potentials.

Über die Anwendung der quantitativen pH-Bestimmungen. Die Einführung der quantitativen Maßzahl für die Reaktion von Lösungen hat sich sowohl in der reinen wie in der angewandten Chemie als sehr wertvoll erwiesen. Der analytisch und präparativ arbeitende Chemiker kann durch die Angabe der genauen Reaktionszahl, bei der er arbeiten soll, eine größere Sicherheit erreichen, als wenn er nur erfährt, daß die Reaktion sauer, neutral oder basisch sein soll. Ärzte und Physiologen bestimmen die Reaktionszahl in Blut, Harn, Magensaft usw. unter normalen und pathologischen Zuständen. Land- und Forstwirte messen den pH-Wert ihrer Böden, Bakteriologen untersuchen die Abhängigkeit des Wachstums von Bakterien vom pH-Wert. Bierbrauer, Leder- und Zuckerfabrikanten überwachen die Güte ihrer Arbeitsverfahren durch pH-Bestimmungen.

Die Reaktionszahl pH in Salzlösungen. Die Lösungen der Kalium-, Natrium-, Calcium-, Magnesium- und Bariumsalze starker Säuren in reinem Wasser reagieren neutral (pH = etwa 7); aber durchaus nicht alle Salzlösungen zeigen neutrale Reaktion. Hierfür gibt es zwei Ursachen. Erstens enthalten einige Salze *Ionen, die Wasserstoffionen abspalten können.* Zweitens kann die saure oder basische Reaktion von Salzlösungen von der sog. *Salzhydrolyse* herstammen; bei diesem Vorgang setzen sich die Ionen des Salzes — in stärkerem oder geringerem Grade — mit dem Wasser chemisch um, wobei sich Wasserstoff- oder Hydroxylionen bilden. Einige Beispiele sollen diese Verhältnisse erläutern.

Natriumhydrosulfat ($Na^+ \cdot HSO_4^-$) reagiert deswegen stark *sauer*, weil das Anion in bedeutendem Ausmaß Wasserstoffionen abspaltet:

$$HSO_4^- \rightarrow H^+ + SO_4^{--}.$$

Viele saure Salze mehrbasischer Säuren, jedoch nicht alle, zeigen auf Grund einer analogen Abspaltung von Wasserstoffionen saure Reaktion ($Na^+ \cdot HSO_3^-$; $Na^+ \cdot H_2PO_4^-$).

Auch Ammoniumsalze reagieren in wäßriger Lösung aus dem gleichen Grunde *sauer*, solange nicht die Säure, von der das Salz abgeleitet ist, sehr schwach ist. In 1 norm. Ammoniumchloridlösung ist pH etwa gleich 5. Das Ammoniumion spaltet nämlich, wenn auch nur in geringem Maße, Wasserstoffionen ab:

$$NH_4^+ \rightarrow NH_3 + H^+.$$

In diesem Falle wird also das Wasserstoffion aus dem Kation abgespalten.

Auch die Aluminiumsalze reagieren in wäßriger Lösung *sauer*, solange die Säure des Salzes nicht zu schwach ist. In 1 mol. Aluminiumchlorid ist pH = etwa 2,5. Die Entstehung der Wasserstoffionen kann man hier auf zwei Weisen formulieren: a) aus der Hydrolyse, dem Umsatz der Aluminiumionen mit Wasser:

$$Al^{+++} + H_2O \rightarrow AlOH^{++} + H^+;$$

b) berücksichtigt man die Hydratation der Aluminiumionen zu Hexaquo-aluminiumionen $Al(H_2O)_6^{+++}$, so wird auch hier das Schema möglich:

$$Al(H_2O)_6^{+++} \rightarrow Al(H_2O)_5OH^{++} + H^+,$$

nach dem die saure Reaktion, genau wie bei den Ammoniumsalzen, von der Abspaltung eines Wasserstoffions aus einem wasserstoffhaltigen Kation stammt.

Die *saure* Reaktion, die den Lösungen der meisten **Schwermetallsalze** eigen ist, kommt auf die gleiche Weise zustande wie bei den Aluminiumsalzen.

Basische Reaktion findet man hauptsächlich bei den *Salzen schwacher Säuren.* So reagieren die **Acetate** im allgemeinen schwach basisch; in 1 mol. Natriumacetat ist pH = etwa 9. Hier kommt die basische Reaktion von Hydrolyse her; eine geringe Menge Acetationen setzt sich mit Wasser zu Essigsäure und Hydroxylion um:

$$CH_3COO^- + H_2O \to CH_3COOH + HO^-.$$

Viel *stärker basisch* reagieren die **Carbonate**; in 1 mol. Natriumcarbonat ist pH = 12. Die Umsetzung der Carbonationen mit Wasser vollzieht sich nämlich in bedeutend größerem Ausmaß als die (im übrigen analoge) Umsetzung der Acetationen:

$$CO_3^{--} + H_2O \to HCO_3^- + HO^-.$$

Sehr stark basisch reagieren die Lösungen von **Natriumsulfid** ($2Na^+ \cdot S^{--}$) und **Trinatriumphosphat** ($3Na^+ \cdot PO_4^{---}$). Die Schemata ihrer Hydrolysen sind analog den eben besprochenen:

$$S^{--} + H_2O \to HS^- + HO^-;$$
$$PO_4^{---} + H_2O \to HPO_4^{--} + HO^-.$$

Natriumhydrocarbonat ($Na^+ \cdot HCO_3^-$) reagiert in wäßriger Lösung schwach basisch; in 1 mol. Lösung ist pH = etwa 8. Die Fähigkeit des Hydrocarbonations, Hydroxylion nach dem Schema:

$$HCO_3^- + H_2O \to H_2CO_3 + HO^-$$

zu bilden, überwiegt nämlich die damit konkurrierende Fähigkeit, Wasserstoffion nach folgendem Schema abzuspalten:

$$HCO_3^- \to CO_3^{--} + H^+.$$

Säuren und Basen.

In der Terminologie der Ionentheorie definiert man *Säuren* als Stoffe (Moleküle oder Ionen), die *Wasserstoffionen abspalten* können; unter *Basen* versteht man Stoffe (Moleküle oder Ionen), die umgekehrt *sich mit Wasserstoffionen verbinden* können. Hierbei versteht man unter Wasserstoffionen die kernartigen Protonen.

Je größere Fähigkeit ein Stoff zeigt, Wasserstoffionen abzuspalten, desto *stärker* ist er als *Säure*. Je größer die Neigung eines Stoffes ist, Wasserstoffionen anzulagern, desto *stärker* ist er als *Base*.

Hat eine Säure ein Wasserstoffion abgespalten, so bleibt als Rest eine Base zurück; umgekehrt bildet sich eine Säure, wenn sich eine Base mit einem Wasserstoffion verbindet:

$$\text{Säure} \rightleftharpoons \text{Base} + H^+.$$

Solche Säuren und Basen, die sich ineinander durch Abgabe oder Aufnahme eines Wasserstoffions (eines Protons) umwandeln lassen, nennt man *zueinandergehörig (korrespondierend)*. Je stärker eine Säure ist, desto schwächer muß die zugehörige Base sein. Im folgenden sollen diese Definitionen näher präzisiert und entwickelt werden. Ausdrücklich sei bemerkt, daß der Sprachgebrauch noch nicht einheitlich ist. Die hier gegebenen Definitionen umfassen alle früher als Säuren und Basen bezeichneten Stoffe; sie dehnen diese Bezeichnungen aber auch auf solche Moleküle und Ionen aus, deren saure oder basische Funktionen zwar seit jeher bekannt waren, die aber bisher nicht ausdrücklich Säuren oder Basen genannt wurden.

Säuren. Chlorwasserstoff (HCl), Essigsäure (CH_3COOH), Kohlensäure (H_2CO_3), Schwefelwasserstoff (H_2S) sind Säuren, weil ihre wäßrigen Lösungen sauer reagieren, d. h. Wasserstoffionen enthalten. Die in wäßrigen Lösungen tatsächlich vorhandenen Wasserstoffionen sind, wie schon mehrmals erwähnt, Hydroxoniumionen, H_3O^+. Ein solches Ion entsteht, wenn eine Säure ein Proton, H^+, an ein Wassermolekül abgibt. Je stärker die Säure ist, desto mehr Protonen gibt sie an Wassermoleküle ab, desto mehr Hydroxoniumionen bilden sich, desto saurer wird die Lösung.

Die saure Reaktion gleichkonzentrierter Lösungen der oben genannten Säuren nimmt vom Chlorwasserstoff bis zum Schwefelwasserstoff ab (vgl. Tabelle 6), und ebenso verhält es sich daher mit S. S. 108. der Stärke dieser Säurereihe. Auch Wasser ist eine Säure, wie aus seiner Ionisation in H^+ und HO^- hervorgeht; sein äußerst geringer Dissoziationsgrad zeigt, daß es eine *sehr schwache Säure* ist. Wasserstoffverbindungen mit noch schwächer sauren Eigenschaften als Wasser, z. B. Alkohol, werden oft als neutrale Stoffe beschrieben, selbst wenn sie, streng genommen, tatsächlich Säuren sind, wenn auch äußerst schwache. Gewöhnlich versteht man unter Säuren nur diejenigen Wasserstoffverbindungen, die das Wasserstoffion leichter abspalten als Wasser, und deren saure Natur sich daher auch in wäßriger Lösung geltend macht.

Die Moleküle aller bisher genannten Säuren sind *nicht geladen*. Man kennt indessen auch *Ionen*, die Wasserstoffionen abspalten können und daher *Säuren sind*. Als Beispiele für Anionen, die Säuren sind, seien genannt: HSO_4^-, $H_2PO_4^-$, HPO_4^{--}, HCO_3^-. S. S. 119. Aus jeder *mehrbasischen*, ungeladenen *Säure* entstehen durch die teilweise Abspaltung des Säurewasserstoffes derartige *Anionsäuren*. Als ein Beispiel für eine *Kationsäure* sei das Ammoniumion genannt, NH_4^+, das nach Abspaltung eines Protons in Ammoniak übergeht. Aus der schwach sauren Reaktion der Ammoniumsalze kann man schließen, daß das Ammoniumion eine sehr schwache Säure ist. Wegen der oben beschriebenen, sauren Reaktion der Aluminiumsalze kann man auch das Ion $Al(H_2O)_6^{+++}$ als eine Kationsäure bezeichnen.

S.S.119 f.

Weitaus die wichtigste Kationsäure ist das Hydroxoniumion, H_3O^+, das in allen sauren wäßrigen Lösungen enthalten ist. Es gibt sein Proton H^+ sehr leicht ab, z. B. an das Hydroxyl- oder das Acetation oder an Ammoniak, und muß daher als eine *recht starke Säure* betrachtet werden. Andererseits bildet es sich aber, wenn Chlorwasserstoff oder Salpetersäure oder Schwefelsäure in Wasser gelöst werden, z. B.:

$$HCl + H_2O \rightarrow H_3O^+ + Cl^-;$$

dies besagt, daß es eine schwächere Säure ist als diese besonders starken Säuren.

Zum Unterschied von Kationsäuren und Anionsäuren bezeichnet man die ungeladenen Säuren als *Neutralsäuren*. Die Neutralsäuren umfassen die Stoffe, die früher schlechthin Säuren genannt wurden. Sie lassen sich als Stoffe rein darstellen, die ausschließlich aus Molekülen der ungeladenen Säure bestehen. Im Gegensatz hierzu kann keine *Kation-* oder *Anionsäure* in Substanz hergestellt werden,

S. S. 103. ohne von der genau äquivalenten Menge entgegengesetzt geladener Ionen begleitet zu sein. Um z. B. die Hydrosulfationsäure, HSO_4^-, in die Hand zu bekommen, muß man ein saures Sulfat nehmen, das noch ein Kation enthält. Um das Ammoniumion zu handhaben, muß man ein Ammoniumsalz gebrauchen, das außerdem noch ein Anion enthält. In beiden Fällen muß man also fremde Ionen mit in Kauf nehmen.

S. S. 9. **Basen.** In der Einleitung haben wir als basische Stoffe solche Stoffe bezeichnet, die sich in Wasser mit alkalischer Reaktion lösen, oder die imstande sind Säuren zu neutralisieren. Löst man einen Stoff B, der Protonen anlagern kann, in Wasser auf, so werden seine Moleküle Protonen aus den Wassermolekülen an sich reißen und Hydroxylionen zurücklassen:

$$B + H_2O \rightarrow BH^+ + HO^-.$$

Ein solcher Stoff wird also der Lösung basische Reaktion erteilen. Er wird aber auch aus jeder anderen Säure Wasserstoffionen aufnehmen, also die Säure neutralisieren können, z. B.:

$$B + \underset{\text{Essigsäure}}{CH_3COOH} \rightarrow BH^+ + \underset{\text{Acetation}}{CH_3COO^-}.$$

Es stimmt deshalb mit unserer in der Einleitung gegebenen, vorläufigen Beschreibung einer Base gut überein, wenn wir jetzt eine Base als einen Stoff (Neutralmolekül oder Ion) definieren, der sich mit Wasserstoffionen verbinden kann. Je größer die Fähigkeit eines Stoffes ist, Wasserstoffionen aus anderen Stoffen an sich zu reißen, desto stärker basisch ist er.

Das Hydroxylion, HO^-, stellt nach dieser Definition eine *sehr starke Base* dar; es hat ja eine sehr große Neigung, Wasserstoffionen aus anderen Stoffen aufzunehmen und Wasser zu bilden. Es kann selbst aus so schwachen Säuren wie Schwefelwasserstoff oder Ammoniumion Wasserstoffionen herausreißen:

$$H_2S + HO^- \rightarrow HS^- + H_2O,$$
$$HS^- + HO^- \rightarrow S^{--} + H_2O,$$
$$NH_4^+ + HO^- \rightarrow NH_3 + H_2O.$$

Alle Hydroxyde, die in wäßriger Lösung Hydroxylionen abspalten, besitzen als Folge hiervon basische Eigenschaften. Früher hat man die Benennung „Base" ausschließlich auf diese basischen Hydroxyde beschränkt, was jedoch kaum rationell sein dürfte. Der hier benützte umfassendere Gebrauch der Bezeichnung Base bringt bedeutende Vorteile mit sich.

Eine dem Hydroxylion in ihrer Stärke ähnliche Base ist das Carbonation, CO_3^{--}, das mit Wasserstoffion das Hydrocarbonation, HCO_3^-, bildet. In 0,1 mol. Natriumcarbonatlösung (10,6 g Na_2CO_3 im Liter) haben sich mehrere Prozente des Carbonations mit Wasser umgesetzt, nach dem Schema:

$$CO_3^{--} + H_2O \rightarrow HCO_3^- + HO^-.$$

Die Hydroxylionenkonzentration ist infolgedessen größer als 0,001 S. S. 120 und pH größer als 11. Das Carbonation ist also eine recht starke Base. Auch das Hydrocarbonation HCO_3^- ist eine Base, da es sich ja mit H^+ zu Kohlensäure verbindet. Eine wäßrige Lösung von Natriumhydrocarbonat ($Na^+ \cdot HCO_3^-$) reagiert jedoch nur schwach basisch, pH ist etwa 8; das Hydrocarbonation muß daher eine viel schwächere Base sein als das Carbonation. Die Carbonate finden auf Grund ihrer basischen Eigenschaften ausgedehnte Anwendung zur Neutralisation von Säuren. Im Laboratorium *stumpft* man freie *Säure* mit Natriumcarbonat *ab*; in der Medizin wird Natriumhydrocarbonat zum Abstumpfen der Magensäure verwendet, in der Landwirtschaft Calciumcarbonat zum Neutralisieren saurer Böden.

Auch das Acetation, CH_3COO^-, ist eine Base. Es verbindet sich mit H^+ zu Essigsäure. Seine basische Natur zeigt sich in der Reaktion der Acetatlösungen, die Lackmus blau färben, und S. S. 120 in ihrer Anwendbarkeit zur Neutralisation starker Säuren:

$$CH_3COO^- + H_3O^+ \rightarrow CH_3COOH + H_2O;$$

man benutzt Natriumacetat im Laboratorium, um stark saure (z. B. salzsaure) Lösungen schwach sauer (essigsauer) zu machen.

Alle bisher erwähnten Basen waren *Anionbasen*. Streng genommen, besitzt jedes Anion und damit jedes Salz basische Eigenschaften, wenn auch in äußerst verschiedenem Grade. Alle Anionen können nämlich Wasserstoffion unter Bildung der undissoziierten Säure aufnehmen; ihre Neigung hierzu ist aber außerordentlich verschieden.

Eine elektrisch nicht geladene Base, eine *Neutralbase*, haben wir im Ammoniak (NH_3). Die basische Reaktion seiner Lösung beweist die Fähigkeit des Ammoniaks, ein Proton aufzunehmen (nämlich aus dem Wassermolekül):

$$NH_3 + H_2O \rightarrow NH_4^+ + HO^-;$$

die gleiche Fähigkeit bewirkt, daß man saure Lösungen mit Ammoniak neutralisieren kann:

$$NH_3 + H^+ \rightarrow NH_4^+, \text{ oder: } NH_3 + H_3O^+ \rightarrow NH_4^+ + H_2O.$$

Ammoniak ist als Base beträchtlich schwächer als das Hydroxylion.

Eine andere Neutralbase ist das Wasser, das sich ja mit einem Proton zu dem Hydroxoniumion verbindet:

$$H_2O + H^+ \rightarrow H_3O^+.$$

Wasser ist eine sehr schwache Base, die nur aus starken Säuren die — nur lose gebundenen — Wasserstoffionen an sich reißen kann.

Ampholyte. In Wasser haben wir übrigens einen der durchaus nicht seltenen Stoffe vor uns, *der gleichzeitig Säure und Base ist*; es kann ja ein Wasserstoffion sowohl abgeben als auch aufnehmen:

$$H_2O + H^+ \rightarrow H_3O^+; \quad H_2O - H^+ \rightarrow HO^-.$$

Ein anderer Stoff dieser Art ist das Hydrocarbonation:

$$HCO_3^- + H^+ \rightarrow H_2CO_3; \quad HCO_3^- - H^+ \rightarrow CO_3^{--}.$$

Solche Stoffe bezeichnet man als *amphotere Elektrolyte* oder kurz als *Ampholyte*.

Zueinandergehörige (korrespondierende) Säuren und Basen haben wir schon oben als solche definiert, die sich ineinander nach dem Schema umwandeln:

$$S \rightleftharpoons B + H^+.$$

Offenbar wird eine Base um so schwächer sein, je stärker die zugehörige Säure ist, und umgekehrt.

Die folgende Zusammenstellung enthält verschiedene Paare zueinandergehöriger Säuren und Basen, geordnet nach abnehmender Säurestärke und wachsender Basenstärke.

Zueinandergehörige (korrespondierende) Säuren und Basen.

Säure.	Zugehörige Base.
HCl (Chlorwasserstoff)	Cl^- (in Chloriden)
H_3O^+ (in wässr. Lös. starker Säuren)	H_2O (Wasser)
CH_3COOH (Essigsäure)	CH_3COO^- (in Acetaten)
H_2CO_3 (Kohlensäure)	HCO_3^- (in Hydrocarbonaten)
NH_4^+ (in Ammoniumsalzen)	NH_3 (Ammoniak)
HCO_3^- (in Hydrocarbonaten)	CO_3^{--} (in Carbonaten)
H_2O (Wasser)	OH^- (in Hydroxyden)
HO^- (in Hydroxyden)	O^{--} (in Oxyden)

Zu Chlorwasserstoff als Säure gehört als Base das Chloridion. Im Einklang mit dem stark sauren Charakter von Chlorwasserstoff sind die Baseneigenschaften des Chloridions in wäßriger Lösung praktisch unmerklich schwach. Sie treten jedoch z. B. hervor in dem Verhalten von Chloriden gegenüber konz. Schwefelsäure; aus diesem Stoff können die Chloridionen Wasserstoffionen an sich ziehen (Darstellung von Chlorwasserstoff aus Natriumchlorid und Schwefelsäure).

Zu der etwas schwächeren, aber doch noch recht starken Säure Hydroxoniumion gehört die schwache Base Wasser. Seine basischen Eigenschaften treten u. a. in der Aufnahme des Protons aus starken Säuren hervor, z. B.:

$$HCl + H_2O \rightarrow Cl^- + H_3O^+.$$

Die Essigsäure ist eine schwächere Säure als das Hydroxoniumion. Die zugehörige Base, das Acetation, besitzt, wie schon früher erwähnt, bereits recht deutliche basische Eigenschaften.

Zu der äußerst schwachen Säure Wasser gehört schließlich die sehr starke Base Hydroxylion. Als Beispiel für eine Wasserstoffverbindung, die als Säure noch schwächer ist als Wasser, kann das Hydroxylion selbst genannt werden. Seine korrespondierende Base, das zweifach geladene Sauerstoffion, O^{--}, ist so stark, daß es in wäßriger Lösung nicht existenzfähig ist.

Umsetzungen zwischen Säuren und Basen. Da ein Proton in S. S. 104. freiem Zustand nicht existieren kann, kann eine Säure ihr Proton nur dann abgeben, wenn eine Base zugegen ist, die es aufnimmt. Die Neutralisation von Säuren und Basen ist ein solcher Vorgang; dabei bildet sich eine neue Säure und eine neue Base. Bezeichnet man mit S_1 die anfänglich vorhandene Säure und mit B_1 die zugehörige Base, weiter mit B_2 die anfänglich vorhandene Base und mit S_2 die zu ihr gehörige Säure, so wird die Gleichung für den Vorgang:

$$S_1 + B_2 = B_1 + S_2; \text{ z. B.}: H_3O^+ + NH_3 = H_2O + NH_4^+.$$

Wie man leicht einsieht, kann dieser Vorgang in größerem Ausmaß nur dann vor sich gehen, wenn S_1 eine stärkere Säure ist als S_2, oder, was auf dasselbe hinauskommt, wenn umgekehrt B_2 eine stärkere Base als B_1 ist. Sind S_1 und S_2 gleich stark, so wird die Reaktion bis zum halben Umsatz ablaufen; ist S_2 stärker als S_1, so wird sie sich nur in geringem Grade vollziehen.

S. S. 125. Eine Säure wird sich also mit solchen Basen, die in der Zusammenstellung *über ihr stehen*, praktisch *nicht* oder nur *in sehr geringem Grade* umsetzen; von allen Basen, die unterhalb von ihr stehen, wird sie dagegen mehr oder minder vollständig neutralisiert.

Beispiel. Essigsäure steht unterhalb von Cl^- und H_2O, jedoch oberhalb HCO_3^-, NH_3, CO_3^{--}, HO^-, O^{--}. In Übereinstimmung hiermit setzt sie sich nicht mit Natriumchlorid (Cl^-!) zu Chlorwasserstoff und Natriumacetat um; sie dissoziiert auch, gelöst in Wasser (H_2O!), nur in geringem Maße zu Hydroxoniumion und Acetation. Dagegen entwickelt sie mit Natriumhydrocarbonat (HCO_3^-!) Kohlensäure, bildet mit Ammoniak (NH_3!) Ammoniumacetat, entwickelt mit Natriumcarbonat (CO_3^{--}!) Kohlensäure, und bildet Natriumacetat und Wasser, sowohl mit Natriumhydroxyd (HO^-!), wie mit Natriumoxyd (O^{--}!).

Der Übergang eines Protons von einer Säure zu einer Base verläuft *äußerst rasch*; das chemische Gleichgewicht eines solchen Vorgangs stellt sich daher fast immer *augenblicklich* ein. Diese Verhältnisse stehen offenbar in Zusammenhang mit der Kleinheit
S. S. 112. und einfachen Struktur des Protons. Mehr vielleicht als jeder andere Umstand ist es ihre große Reaktionsgeschwindigkeit, die den Säure-Basen-Umsetzungen ihre große Bedeutung innerhalb der Chemie verleiht.

Ein besonderer Fall von Säure-Basen-Umsetzung ist das sog.
S. S. 65. *Austreiben einer schwachen Säure durch eine starke*. Man bezeichnet damit die Neutralisation einer Neutralsäure mit dem Salz einer schwächeren Neutralsäure. Dabei entstehen das Salz der stärkeren Säure und die freie schwache Säure. So bilden Salpetersäure und Natriumacetat nach dem angeschriebenen Schema Natriumnitrat und Essigsäure:

$$HNO_3 + CH_3COO^- \to NO_3^- + CH_3COOH;$$

(hierin sind die Na-Ionen auf beiden Seiten weggelassen, da sie sich an der Reaktion nicht beteiligen). Reaktionen nach diesem Schema werden zur *Darstellung von Salzen der starken Säuren* oft verwendet. Benötigt man diese Salze in reinem Zustand, so muß man die freigesetzte schwache Säure aus der Reaktionsmischung abtrennen können. Benutzt man indessen zur Neutralisation ein Salz des Wassers, also entweder ein Hydroxyd oder ein Oxyd, so ist die freigesetzte schwache Säure Wasser. Man bekommt daher direkt eine reine wäßrige Lösung des gewünschten Salzes. Diese für präparative Zwecke wichtige Tatsache hat viel dazu beigetragen, daß man bisher die Anwendung des Namens Base auf die basischen Hydroxyde beschränkte, und damit in gewissem Grade die basischen Eigenschaften von Salzen der anderen schwachen Säuren übersah.

Wäßrige Lösungen starker Säuren und Basen. In wäßriger Lösung nimmt das Hydroxoniumion unter den Säuren eine Sonderstellung ein, und ebenso das Hydroxylion unter den Basen. Dies zeigt sich u. a. darin, daß wir die Konzentrationen dieser beiden Ionen als Maß für die saure und basische Reaktion wäßriger Lösungen verwenden. Diese Sonderstellung rührt natürlich nur davon her, daß gerade diese beiden Ionen sich *aus dem Lösungsmittel Wasser* durch Aufnahme oder Abgabe eines Protons bilden. Arbeitet man in anderen Lösungsmitteln als Wasser, so fällt diese Sonderstellung fort.

Aufgelöst in Wasser, setzen sich die starken Säuren praktisch vollständig mit Wassermolekülen unter Bildung von Hydroxoniumionen um; alle starken Basen geben ganz ähnlich Anlaß zur Bildung von Hydroxylionen. Die saure Natur oder *Acidität* der wäßrigen Lösung einer starken Säure besteht in der Fähigkeit, Wasserstoffionen (Protonen) abzugeben; sie ist ausschließlich durch die entsprechende Fähigkeit des Hydroxoniumions bedingt, und daher unabhängig von der Stärke der ursprünglichen Säure. Analoges gilt für die wäßrige Lösung einer starken Base. Ihre Fähigkeit, Wasserstoffionen (Protonen) aufzunehmen, ihre *basische Natur*, ist ausschließlich durch die entsprechende Fähigkeit des Hydroxylions bedingt, und daher unabhängig von der Stärke der anfänglich vorhandenen Base. Die Reaktion einer wäßrigen Lösung ist daher durchaus kein Maß für die wahre Stärke einer starken Säure oder einer starken Base.

Neutralisiert man die wäßrige Lösung einer beliebigen starken Säure (HCl, HNO_3) mit der wäßrigen Lösung einer wiederum beliebigen starken Base (z. B. $NaOH$, KOH), so verläuft stets derselbe chemische Vorgang: S. S. 113.
$$H_3O^+ + HO^- \rightarrow 2\,H_2O.$$
Mit dieser Deutung steht die alte Erfahrung in Übereinstimmung, daß die Wärmeentwicklung *(Neutralisationswärme)* bei der Neutralisation eines Grammäquivalentes einer starken Säure mit dem Grammäquivalent einer starken Base in wäßriger Lösung *stets den gleichen Wert besitzt* (13 700 cal.). Ist die Säure oder die Base nicht stark, so besitzt die Neutralisationswärme im allgemeinen nicht diesen Wert; denn hier vollzieht sich bei der Neutralisation ein anderer Vorgang. Neutralisiert man z. B. eine wäßrige Lösung von Essigsäure (d. h. einer schwachen Säure) mit der wäßrigen Lösung einer starken Base, so ist der Vorgang in der Hauptsache folgender:
$$CH_3COOH + HO^- \rightarrow CH_3COO^- + H_2O$$

(wir haben davon abgesehen, daß in der Essigsäurelösung eine kleine Menge Wasserstoffion und Acetation vorhanden ist). Ähnlich ist der Hauptvorgang bei der Neutralisation wäßrigen Ammoniaks (d. h. einer schwachen Base) mit der Lösung einer starken Säure folgender:

$$H_3O^+ + NH_3 \to H_2O + NH_4^+$$

(hier wird von der geringen Menge Hydroxylion und Ammoniumion im wäßrigen Ammoniak abgesehen). Neutralisiert man schließlich Essigsäure mit wäßrigem Ammoniak, so ist der Vorgang folgender:

$$NH_3 + CH_3COOH \to NH_4^+ + CH_3COO^-.$$

In diesem letzten Fall beteiligt sich weder das Hydroxoniumion noch das Hydroxylion an der Neutralisation.

S.S. 119f. **Die Reaktion der Salzlösungen.** Die Reaktion einer wäßrigen Salzlösung wird durch die sauren oder basischen Eigenschaften der Kationen und Anionen bedingt. Natriumhydrosulfat ($Na^+ \cdot HSO_4^-$) und Natriumdihydrophosphat ($Na^+ \cdot H_2PO_4^-$) reagieren sauer, weil ihre Anionen Säuren sind. Ammoniumchlorid ($NH_4^+ \cdot Cl^-$) und Aluminiumchlorid ($Al(H_2O)_6^{+++} \cdot 3Cl^-$) reagieren sauer, weil ihre Kationen Säuren sind. Natriumacetat ($Na^+ \cdot C_2H_3O_2^-$), Natriumcarbonat ($2Na^+ \cdot CO_3^{--}$), Natriumsulfid ($2Na^+ \cdot S^{--}$) und Trinatriumphosphat ($3Na^+ \cdot PO_4^{---}$) reagieren basisch, weil ihre Anionen Basen sind. In Ammoniumacetat ($NH_4^+ \cdot CH_3COO^-$) ist das Kation eine schwache Säure, und das Anion eine fast genau gleichschwache Base. Daher reagiert dieses Salz neutral. Natriumhydrocarbonat ($Na^+ \cdot HCO_3^-$) reagiert schwach basisch; sein Anion ist sowohl Säure als Base, aber seine Basennatur ist stärker. Ähnliche Verhältnisse liegen beim Natriumhydrosulfid ($Na^+ \cdot HS^-$) vor, nur überwiegt hier die Basennatur des Anions noch stärker.

Quantitative Angaben für die Stärke von Säuren und Basen. Die Reaktion einer Säurelösung hängt nicht nur von der vorhandenen Säuremenge ab, sondern auch von der *Menge der zugehörigen Base*. So wird durch Zusatz von Natriumacetat eine Essigsäurelösung weniger sauer, und eine Ammonchloridlösung schlägt von saurer zu basischer Reaktion um, wenn Ammoniak zugegeben wird. Besonders wichtig sind solche Lösungen, die gerade *äquivalente Mengen einer Säure und der zugehörigen Base* enthalten: sie besitzen eine Reaktionszahl, die *von der Verdünnung praktisch unabhängig ist*. So besitzt eine Lösung äquivalenter Mengen von Essigsäure und Acetation die Reaktionszahl pH = 4,75 und eine Lösung äquivalenter Mengen Ammoniumion und Ammoniak hat ein pH = 9,48, unabhängig davon, ob diese Mengen in mehr oder weniger Wasser gelöst sind. Solche Lösungen können mit gleichem Recht als halb neutralisierte Säurelösungen oder auch als halb neutralisierte Basenlösungen angesehen werden. Die *Reaktionszahl einer derartigen halb neutralisierten Lösung ist ein ausgezeichnetes quantitatives Maß für die Stärke einer Säure und daher gleichzeitig auch für die Stärke der zugehörigen Base.* Je saurer die Reaktion einer solchen Lösung ist, desto stärker ist die Säure und desto schwächer die zugehörige Base. Nach den soeben angegebenen Zahlen ist also Essigsäure eine stärkere Säure als das Ammoniumion, Ammoniak eine stärkere Base als das Acetation. Gibt man die Reaktion der halb neutralisierten Säurelösung durch ihre Wasserstoffionenkonzentration (in Mol pro Liter), c_{H^+}, an, so erhält man eine Zahl K, die man als die *Dissoziationskonstante* der Säure bezeichnet; sie beträgt also für Essigsäure $10^{-4,75}$, für Ammoniumion $10^{-9,48}$. Man könnte sie auch die *Stärkezahl* des Säure-Basenpaares nennen. Drückt man die Reaktion der halb neutralisierten Lösung in Einheiten von pH aus, so erhält man die Zahl pK, den *Dissoziationsexponenten* der Säure oder den *Stärkeexponenten* des Säure-Basenpaares, also für unsere Beispiele 4,75 bzw. 9,48. Die Stärkezahl K wächst mit steigender Säurestärke und nimmt ab mit steigender Basenstärke. Für den Stärkeexponenten pK gilt das umgekehrte.

Diese Zahlen sind nicht nur theoretisch, sondern auch praktisch sehr wichtig. Mit ihrer Hilfe kann man — wie die Beispiele deutlich zeigen, die im Rest dieses theoretischen Abschnittes folgen — den Zustand in Säure-Basen-Lösungen genau voraussagen, also, über den qualitativen Satz S. 110 hinaus, *quantitative Aussagen darüber machen, in welchen Formen die aufgelösten Säuren und Basen in einer Lösung anwesend sind*. Daher sind in der Tabelle 8 die Stärkezahlen und Stärkeexponenten verschiedener Säure-Basensysteme in wäßriger Lösung bei 18° angegeben. Für mehrbasische Säuren ist die Stärke für die Dissoziation jedes einzelnen ionisierbaren Wasserstoffatoms angegeben. So sind für Schwefelsäure zwei Stärkezahlen angegeben, entsprechend der Abspaltung von H^+ aus H_2SO_4 und aus HSO_4^-; für Phosphorsäure findet man drei Stärkezahlen, entsprechend den Abspaltungen eines H^+ aus H_3PO_4, aus $H_2PO_4^-$ und aus HPO_4^{--}.

Berechnung und graphische Darstellung des Verhältnisses (Säure) : (zugehörige Base) als Funktion von pH. Aus der Stärkezahl einer Säure kann man ihren Zustand in wäßriger Lösung bei jeder Reaktionszahl berechnen. Um die Verhältnisse richtig zu verstehen, muß man bedenken, daß man bei der *chemischen Analyse* gewöhnlich die *gesamte Menge* einer Säure *und* der zugehörigen Base bestimmt (z. B.: $C_2H_4O_2 + C_2H_3O_2^- =$ Totalessigsäure, $NH_4^+ + NH_3 =$ Totalammoniak, $H_3PO_4 +$

Tabelle 8. Dissoziationskonstanten bzw. -exponenten von Säuren (Stärkezahlen bzw. -exponenten von Säure-Basen-Systemen.)

Säure-Basen-System			Name der Säure	Dissoziationskonstante (Stärkezahl) K der Säure	Stärkeexponent pK = $-\log K$
HCl	$\rightleftharpoons Cl^-$	$+ H^+$	Chlorwasserstoff	etwa 10^{+7}	etwa -7
HClO	$\rightleftharpoons ClO^-$	$+ H^+$	Unterchlorige Säure	etwa 10^{-8}	etwa 8
H_3O^+	$\rightleftharpoons H_2O$	$+ H^+$	Hydroxoniumion	55	$-1,74$
H_2O	$\rightleftharpoons HO^-$	$+ H^+$	Wasser	$1,07 \cdot 10^{-16}$	15,97
HO^-	$\rightleftharpoons O^{--}$	$+ H^+$	Hydroxylion	etwa 10^{-24}	24
H_2O_2	$\rightleftharpoons HO_2^-$	$+ H^+$	Wasserstoffperoxyd	$2 \cdot 10^{-12}$	11,7
H_2S	$\rightleftharpoons HS^-$	$+ H^+$	Schwefelwasserstoff	$8 \cdot 10^{-8}$	7,1
HS^-	$\rightleftharpoons S^{--}$	$+ H^+$	Hydrosulfidion	$2 \cdot 10^{-15}$	14,7
H_2SO_3	$\rightleftharpoons HSO_3^-$	$+ H^+$	Schweflige Säure	$1,7 \cdot 10^{-2}$	1,77
HSO_3^-	$\rightleftharpoons SO_3^{--}$	$+ H^+$	Hydrosulfition	$5 \cdot 10^{-6}$	5,30
H_2SO_4	$\rightleftharpoons HSO_4^-$	$+ H^+$	Schwefelsäure	groß	negativ
HSO_4^-	$\rightleftharpoons SO_4^{--}$	$+ H^+$	Hydrosulfation	$2 \cdot 10^{-2}$	1,7
NH_4^+	$\rightleftharpoons NH_3$	$+ H^+$	Ammoniumion	$3,3 \cdot 10^{-10}$	9,48
HNO_3	$\rightleftharpoons NO_3^-$	$+ H^+$	Salpetersäure	groß	negativ
H_3PO_4	$\rightleftharpoons H_2PO_4^-$	$+ H^+$	Phosphorsäure	$7,6 \cdot 10^{-3}$	2,12
$H_2PO_4^-$	$\rightleftharpoons HPO_4^{--}$	$+ H^+$	Dihydrophosphation	$5,9 \cdot 10^{-8}$	7,23
HPO_4^{--}	$\rightleftharpoons PO_4^{---}$	$+ H^+$	Monohydrophosphation	$3,5 \cdot 10^{-13}$	12,46
$H_2CO_3(CO_2)$	$\rightleftharpoons HCO_3^-$	$+ H^+$	Kohlensäure	$3,1 \cdot 10^{-7}$	6,51
HCO_3^-	$\rightleftharpoons CO_3^{--}$	$+ H^+$	Hydrocarbonation	$4,6 \cdot 10^{-11}$	10,34
CH_3COOH	$\rightleftharpoons CH_3COO^-$	$+ H^+$	Essigsäure	$1,8 \cdot 10^{-5}$	4,75
HCN	$\rightleftharpoons CN^-$	$+ H^+$	Cyanwasserstoff	$7 \cdot 10^{-10}$	9,2
H_3BO_3	$\rightleftharpoons H_2BO_3^-$	$+ H^+$	Borsäure	$6 \cdot 10^{-10}$	9,2
$Al(H_2O)_6^{+++}$	$\rightleftharpoons Al(H_2O)_5OH^{++}$	$+ H^+$	Hexaquoaluminiumion	$1,3 \cdot 10^{-5}$	4,9
$Fe(H_2O)_6^{+++}$	$\rightleftharpoons Fe(H_2O)_5OH^{++}$	$+ H^+$	Hexaquoferriion	$6,3 \cdot 10^{-3}$	2,2

$H_2PO_4^- + HPO_4^{--} + PO_4^{---} =$ Totalphosphorsäure). Ist der Wasserstoffexponent pH in der Lösung gerade gleich dem Stärkeexponenten pK des Säure-Basensystems, so ist genau die Hälfte der Totalsäure als Säure, und die andere Hälfte als zugehörige Base vorhanden. Man findet also bei pH = 4,75 die Hälfte der Totalessigsäure als undissoziierte Essigsäure, $C_2H_4O_2$, und die andere

Hälfte als Acetation, $C_2H_3O_2^-$ (als Acetat). Ebenso ist bei pH = 9,48 die Hälfte des Totalammoniak als Ammoniumion, NH_4^+ (als Ammoniumsalz), und die andere Hälfte als freies Ammoniak, NH_3, anwesend. In stärker sauren Lösungen (pH < pK) herrscht die Säureform vor, in stärker alkalischen Lösungen (pH > pK) die Basenform. Folgende wichtige Gleichung bestimmt das Verhältnis zwischen den molaren Konzentrationen einer Säureform (c_S) und der zugehörigen Basenform (c_B): S. S. 116.

(1) $$\frac{c_S}{c_B} = \frac{c_{H^+}}{K},$$

die *Gleichgewichtsbeziehung eines Säure-Basensystems.*

Diese wichtige Gleichung beherrscht das chemische Gleichgewicht zwischen einer Säure (S), der zugehörigen Base (B) und dem Wasserstoffion nach dem Schema:

$$S \rightleftharpoons B + H^+,$$

oder mit dem Hydroxoniumion geschrieben:

$$S + H_2O \rightleftharpoons B + H_3O^+.$$

Durch Logarithmieren der Gleichung (1) erhält man:

$$\log \frac{c_S}{c_B} = \log c_{H^+} - \log K = pK - pH.$$

Für pH = pK wird hiermit: $c_S = c_B$. An diesem Punkte der Reaktionsskala ist also die Konzentration der Säure gleich derjenigen der Base. Jedesmal, wenn pH um 1 abnimmt, wird das Verhältnis $c_S : c_B$ aufs 10fache vergrößert; jedesmal, wenn pH um 1 zunimmt, wird das Verhältnis $c_S : c_B$ auf ein Zehntel verkleinert. Gleichung (1) läßt auch den wichtigen Umstand erkennen, daß für die Reaktionszahl einer Mischung aus Säure und zugehöriger Base nur das *Verhältnis $c_S : c_B$ maßgebend ist. Man kann also eine solche Mischung verdünnen, ohne daß sich pH merklich ändert.* Für die halbneutralisierten Säurelösungen haben wir dies schon oben betont. S. S. 128.

In der Abb. 13 ist graphisch dargestellt, wie sich nach diesen Gleichungen die Totalmengen von Essigsäure, Ammoniak, Phosphorsäure und Kohlensäure auf die verschiedenen Säuren- und zugehörigen Basenformen in dem ganzen pH-Gebiet verteilen. Die Flächen der Diagramme entsprechen den Formen, deren chemische Formeln in sie eingetragen sind; sie werden durch S-förmige Kurven begrenzt. Betrachtet man die Ordinate, die einem bestimmten pH-Wert entspricht, so sind die Längen der Ordinatenabschnitte in den verschiedenen Flächen ein Maß dafür, in welchem Verhältnis die Totalmenge der Säure auf die verschiedenen Formen verteilt ist. In allen Diagrammen ist die Ordinate für pH = 6 eingezeichnet. Die Längen der Abschnitte, welche die S-förmigen Kurven auf dieser

Ordinate abschneiden, zeigen, daß für pH = 6 von der Totalessigsäure 5% als Essigsäure und 95% als Acetation vorliegen. Bei der gleichen Reaktionszahl ist Ammoniak praktisch vollständig in Form des Ammoniumions vorhanden. Die Phosphorsäure besteht aus 94% Dihydrophosphation, $H_2PO_4^-$, und 6% Monohydrophosphation, HPO_4^{--}. Von der Kohlensäure finden sich 76% als freie Kohlensäure, d. h. als H_2CO_3 oder CO_2, und der Rest, 24%, als Hydrocarbonation, HCO_3^-. Die Mengenverhältnisse zwischen den Formen sind unabhängig von der vorhandenen Gesamtmenge der Stoffe; dagegen hängen sie etwas sowohl von der Temperatur als auch von der gesamten Salzkonzentration in der Lösung ab. Die Stärkezahlen und -exponenten in der Tabelle 8 und die graphische Darstellung in Abb. 13 entsprechen Zimmertemperatur und ionenarmen Lösungen.

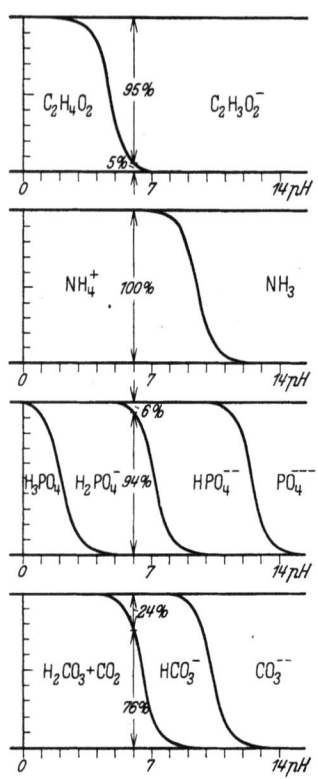

Abb. 13. Verteilung der Totalsäure (Totalbase) auf Säure- und zugehörige Basenform bei verschiedenen pH-Werten für Essigsäure, Ammoniak, Phosphorsäure und Kohlensäure.

Die Reaktionszahlen in den wäßrigen Lösungen einer Säure. Löst man gleichzeitig eine schwache Säure S und die zugehörige Base B in Wasser auf (also z. B. gleichzeitig Essigsäure und Natriumacetat, oder gleichzeitig Ammoniumchlorid und Ammoniak), so kann man das pH dieser Mischung sofort nach der Gleichgewichtsbeziehung des Säure-Basensystems berechnen:

(1) $$\frac{c_S}{c_B} = \frac{c_{H^+}}{K},$$

was ergibt:

$$c_{H^+} = K \cdot \frac{c_S}{c_B} \quad \text{oder:} \quad pH = pK - \log \frac{c_S}{c_B}.$$

Die Dissoziation der Säure nach dem Schema:
(2) $$S \to B + H^+,$$
und die Umsetzung der Base mit Wasser nach dem Schema:
(3) $$B + H_2O \to S + HO^-,$$
gehen nämlich in solchen Lösungen nur in so geringem Maße vor sich, daß dadurch die Konzentration der Säure bzw. Base nicht merklich verändert wird (d. h. c_{H^+} und c_{OH^-} sind viel kleiner als c_S und c_B). Man kann daher ohne weiteres in diesen Fällen die Konzentrationen c_S und c_B aus den gelösten Mengen Säure und Base berechnen.

pH in wäßrigen Säure- und Basenlösungen.

Ganz anders verhält sich es bei einer *reinen Säurelösung*. In diesem Falle kommt nur die Dissoziation der Säure nach Schema (2) in Frage; dieser Vorgang bestimmt nicht nur die Konzentration der Wasserstoffionen, sondern auch diejenige der zugehörigen Base B, und es muß sein: $c_{H^+} = c_B$. Bezeichnet man den *Dissoziationsgrad* der Säure nach (2) mit x und die gesamte Konzentration der Säure, also der Formen S und B zusammen (der *Totalsäure*), mit c, d. h. $c_S + c_B = c$, so erhält man:

$$x = \frac{c_{H^+}}{c_S + c_B} = \frac{c_{H^+}}{c}$$

S. S. 108, 129.

oder:

$$c_{H^+} = c_B = c \cdot x \text{ und: } c_S = c \cdot (1-x).$$

Setzt man diese Ausdrücke für c_{H^+}, c_B und c_S in die Gleichung (1) für das Gleichgewicht ein, so ergibt sich das sog. *Verdünnungsgesetz*:

(4) $$c \cdot \frac{x^2}{1-x} = K.$$

Diese Gleichung gibt an, wie sich der Dissoziationsgrad x bei geänderter Totalkonzentration c verändert. Berechnet man mit Hilfe dieser quadratischen Gleichung aus der Konstante K (Tabelle 8) und aus c die Größe x, so folgt hieraus die Wasserstoffionenkonzentration nach:

(5) $$c_{H^+} = c \cdot x$$

Zahlenbeispiel. Essigsäure ist in 0,1 mol. Lösung zu 1,33% in Ionen gespalten. Für $c = 0,1$ ist also $x = 0,0133$. Hieraus berechnet sich:

$$K = 0,1 \cdot \frac{0,0133^2}{1-0,0133} = 0,000018 = 1,8 \cdot 10^{-5}.$$

Mit Hilfe dieses Wertes von K, den man auch aus der Tabelle 8 hätte entnehmen können, läßt sich der Dissoziationsgrad der Essigsäure für alle Säurekonzentrationen berechnen, indem man die Gleichung (4) nach x auflöst. Aus x ergibt sich mit Gleichung (5) der Wert c_{H^+} und daraus pH. Auf diese Weise wurden die Dissoziationsgrade der Essigsäure und die pH-Werte ihrer wäßrigen Lösungen für die folgende Tabelle berechnet.

Tabelle 9. Dissoziation der Essigsäure in Wasser.

Mol. Konz. (c)	Dissoziationsgrad in % $(100 x)$	c_{H^+} $(c \cdot x)$	pH $(-\log(c \cdot x))$
1	0,42	0,0042	2,37
0,1	1,33	0,00133	2,88
0,01	4,15	0,000415	3,38
0,001	12,5	0,000125	3,90

Bemerkung. Diese Zahlen entsprechen natürlich auch der graphischen Darstellung in Abb. 13. Dort läßt sich ja für jedes pH das Verhältnis $c_{Acetat} : c$, d. h. der Dissoziationsgrad, ablesen.

In den wäßrigen Lösungen von Ammoniumchlorid gilt ganz entsprechend für die Dissoziation des Ammoniumions in Wasserstoffion und Ammoniak:

$$c = c_{NH_4^+} + c_{NH_3}; \quad x = \frac{c_{NH_3}}{c} = \frac{c_{H^+}}{c}; \quad c \cdot \frac{x^2}{1-x} = K = 3,3 \cdot 10^{-10}.$$

(K-Wert aus Tab. 8). Mit dieser Gleichung ergeben sich die folgenden Zahlen:

Tabelle 10. **Die saure Reaktion von Ammoniumchlorid in Wasser.**

Mol. Konz. (c)	Dissoziation nach: $NH_4^+ \to NH_3 + H^+$ in % $(100x)$	c_{H^+} $(c \cdot x)$	pH $(-\log(c \cdot x))$
1	0,0018	0,000018	4,75
0,1	0,0058	0,0000058	5,24
0,01	0,018	0,0000018	5,74
0,001	0,058	0,00000058	6,24

Bemerkung. Für diesen Fall kann man praktisch aus Abb. 13 nichts ablesen, weil bei so niedrigen pH-Werten die Werte von c_{NH_3} noch zu gering sind, um in der graphischen Darstellung zu erscheinen.

Die Reaktionszahlen in den wäßrigen Lösungen einer Base. In der wäßrigen Lösung einer schwachen Base B bildet sich, wegen der Umsetzung der Base mit dem Wasser, sowohl Hydroxylion als auch die zugehörige Säure; diese beiden Molekülformen natürlich in gleicher Menge:

(6) $$B + H_2O \to S + HO^-.$$

Bei einer Neutralbase, z. B. bei Ammoniak, nennt man diesen Vorgang die Dissoziation der Base; bei einer Anionbase, wie beim Acetation, spricht man von der Hydrolyse des Acetates. Wird der Bruchteil der Totalbase, der sich nach Gleichung (6) umgesetzt hat, mit x bezeichnet und die gesamte Konzentration der Base mit c, so hat man:

$$x = \frac{c_{HO^-}}{c_B + c_S} = \frac{c_{HO^-}}{c} = \frac{c_S}{c}, \text{ oder: } c_{HO^-} = c_S = c \cdot x \text{ und } c_B = c(1-x).$$

S. S. 114. Aus dem Ionisationsprodukt des Wassers (K_{H_2O}) folgt:

$$c_{H^+} = \frac{K_{H_2O}}{c_{HO^-}} = \frac{K_{H_2O}}{c \cdot x}.$$

Setzt man diese Ausdrücke in die Gleichung (1) ein, so erhält man:

(7) $$c \cdot \frac{x^2}{1-x} = \frac{K_{H_2O}}{K}.$$

Aus dieser Gleichung läßt sich x und hieraus wieder c_{HO^-}, c_{H^+} und pH berechnen.

Zahlenbeispiele. Die folgenden Tabellen enthalten die Berechnungen für wäßriges Ammoniak und für Natriumacetatlösungen. Für das Ionisationsprodukt des Wassers wurde gesetzt: $K_{H_2O} = 10^{-14,22}$, für die Dissoziationskonstante des Ammoniumions: $K = 3,3 \cdot 10^{-10} = 10^{-9,48}$ und für diejenige der Essigsäure: $K = 1,8 \cdot 10^{-5} = 10^{-4,75}$.

Tabelle 11. **Dissoziation von Ammoniak in Wasser.**

Mol. Konz. (c)	Diss.-Grad in % $(100x)$	c_{HO^-} $(c \cdot x)$	pH $(-\log(K_{H_2O}/c \cdot x))$
1	0,42	0,0042	10,86
0,1	1,33	0,00133	10,35
0,01	4,13	0,000413	9,85
0,001	12,5	0,000125	9,33

Tabelle 12. Hydrolyse von Natriumacetat in Wasser.

Mol. Konz. (c)	Hydrolysen-Grad in % (100x)	c_{HO^-} ($c \cdot x$)	pH ($-\log(K_{H_2O}/c \cdot x)$)
1	0,0018	0,000018	9,49
0,1	0,0058	0,0000058	8,99
0,01	0,018	0,0000018	8,49
0,001	0,058	0,00000058	7,99

Die Zahlen beider Tabellen entsprechen den alkalischen Ästen der beiden Kurven Abb. 13.

Puffermischungen. Die Mischung einer Säure S und der zugehörigen Base B wird stets, selbst wenn man das Verhältnis zwischen S und B ziemlich stark verändert, einen pH-Wert besitzen, der in der *Nähe des Wertes pK für das betreffende Säure-Basensystem* liegt. Beträgt die Menge der Säure das 10fache der Basenmenge, so ist in der Lösung pH = pK — 1; für das umgekehrte Verhältnis, wenn also B in der 10fachen Menge von S vorliegt, wird pH = pK + 1. An Hand von Abb. 13 werden diese Verhältnisse in sehr anschaulicher Weise klar. Setzt man eine kleine Menge einer starken Säure oder Base zu einer solchen Mischung, so wird sich zwar das Mengenverhältnis von S und B verschieben; solange aber diese Zusätze nicht allzu groß sind, wird sich die Reaktionszahl immer in der Nachbarschaft des pK-Wertes bewegen. Die Reaktionszahl einer solchen Mischung besitzt also nicht nur die oben schon hervorgehobene Resistenz gegen Verdünnung, sondern auch eine eigentümliche Widerstandsfähigkeit gegen Zusätze, die sog. *Pufferwirkung*. Eine Mischung von Essigsäure und Natriumacetat (pK = 4,75) wirkt als Puffer in der Gegend pH = 4—6; eine Mischung aus primärem und sekundärem Natriumphosphat (pK = 7,23) wirkt als Puffer in dem Gebiet pH = 6—8; eine Mischung aus Ammoniumchlorid (NH_4^+) und Ammoniak (pK = 9,48) wirkt als Puffer bei pH = 9—10. Nur durch den Gebrauch geeigneter Puffermischungen gelingt es überhaupt, Lösungen mit wohldefiniertem pH in dem neutralen, dem schwach sauren und dem schwach basischen Gebiet herzustellen. Durch weitgehende Verdünnung von Lösungen starker Säuren, bzw. Basen ist dies keineswegs möglich; denn geringe Mengen Kohlendioxyd aus der Atmosphäre, Alkali aus dem Glase oder Verunreinigungen des destillierten Wassers können die Reaktion einer sehr verdünnten Lösung in unübersehbarer Weise verändern.

Wir geben im folgenden Vorschriften für die *Herstellung* einer Reihe von Lösungen mit *runden* pH-*Werten*. Die *Standardlösungen*, von denen man bei der Darstellung dieser Mischungen ausgeht, sind: 1. eine 0,1 norm.

„Salzsäure"; 2. eine 0,1 norm. carbonatfreie Lösung von „Natriumhydroxyd"; 3. eine 0,1 mol. Lösung von „Glycin" ($+NH_3CH_2COO^-$), die gleichzeitig auch 0,1 mol. an Natriumchlorid ist; 4. eine $^1/_{15}$ mol. Lösung von „sekundärem Phosphat" (Na_2HPO_4); 5. eine $^1/_{15}$ mol. Lösung von „primärem Phosphat" (KH_2PO_4); 6. eine 0,05 mol. Lösung von Borax ($Na_2B_4O_7$), „Borat"; 7. eine 0,1 mol. Lösung von sekundärem Natriumcitrat ($Na_2C_6H_6O_7$), „Citrat".

Tabelle 13. Als Puffermischungen anwendbare Lösungen mit definierten, runden pH-Werten.

pH	„Salzsäure"		„Citrat"
1,04	10,00 ccm	+	0,00 ccm
1,5	7,77 „	+	2,23 „
2	6,93 „	+	3,07 „
2,5	6,45 „	+	3,55 „
3	5,96 „	+	4,04 „
3,5	5,31 „	+	4,69 „
4	4,38 „	+·	5,62 „
4,5	2,79 „	+	7,21 „

	„Natriumhydroxyd"		„Citrat"
5	0,39 ccm	+	9,61 ccm
5,5	2,78 „	+	7,22 „
6	4,06 „	+	5,94 „

	„prim. Phosphat"		„sek. Phosphat"
6,5	6,86 ccm	+	3,14 ccm
7	3,90 „	+	6,10 „
7,5	1,60 „	+	8,40 „

	„Salzsäure"		„Borat"
8	4,43 ccm	+	5,57 ccm
8,5	3,51 „	+	6,49 „
9	1,49 „	+	8,51 „

	„Natriumhydroxyd"		„Borat"
9,5	2,03 ccm	+	7,97 ccm
10	4,06 „	+	5,94 „
10,5	4,69 „	+	5,31 „
11	4,98 „	+	5,02 „

	„Natriumhydroxyd"		„Glycin"
11,5	5,07 ccm	+	4,93 ccm
12	5,39 „	+	4,61 „
12,5	6,32 „	+	3,68 „
13	9,23 „	+	0,77 „

In der Natur spielen Puffermischungen eine sehr wichtige Rolle. So zeigt z. B. das Blut des gesunden Menschen nur geringe Schwankungen seines pH-Wertes; bei 20⁰ liegt für venöses Blut pH zwischen 7,30 und 7,40. Diese Konstanz der Reaktionszahl geht auf die Pufferwirkung verschiedener im Blut vorhandener Säure-Basen-Systeme zurück; die wichtigsten hiervon sind: Kohlen-

Indikatortheorie. Löslichkeit von Elektrolyten. 137

säure mit Hydrocarbonation, Dihydrophosphation mit Monohydrophosphation (vgl. hierzu in Abb. 13 die Verhältnisse für pH = 7,3!), sowie Gleichgewichte zwischen Säure- und Basenformen der Eiweißstoffe. Sinkt pH auf 6,5—7,0 (was z. B. im *Coma diabeticum* vorkommt), so ist damit bereits Lebensgefahr verbunden.

Indikatortheorie. Soll ein Stoff als Farbindikator brauchbar sein, so muß er die *Eigenschaften eines Säure-Basensystems* zeigen, und die *Farbe* seiner *Säureform* muß von der seiner *Basenform verschieden sein.* In saurer Lösung ist der Farbstoff in der Säureform zugegen und zeigt deren Farbe. Macht man die Lösung alkalisch, so wandelt sich die Farbstoffsäure in die zugehörige Base um, und die Lösung zeigt nun deren Farbe. Die Säureform des Lackmus-Farbstoffes ist rot; sobald jedoch diese Säureform ihr Wasserstoffion abgibt, bildet sich die blaue Basenform. Lackmus S. S. 117. schlägt im Gebiete pH = 6—8 um; der Dissoziationsexponent pK der Lackmussäure muß daher in der Nähe von 7 legen.

Jede Eigenschaft eines Stoffes, die für seine Säure- und Basenform jeweils verschieden ist, muß sich in Lösungen, deren pH-Werte in der Nähe des Stärkeexponenten pK seines Säure-Basensystems liegen, mit der Reaktionszahl der Lösung in ganz ähnlicher Weise verändern, wie es die Indikatorfarbe in dem Umschlagsgebiet tut. Hiermit eröffnet sich die Möglichkeit für ein Verständnis, weshalb die Reaktionszahl pH auf so viele verschiedene Eigenschaften von Lösungen Einfluß haben kann, wie z. B. auf die Beständigkeit von Stoffen, auf ihr Verhalten bei der Oxydation und Reduktion, und auf ihre katalytischen Fähigkeiten.

Die Löslichkeitsverhältnisse von Elektrolyten.

Lösungsmittel für Salze. Will man ein *Salz* — oder, besser gesagt, seine *Ionen — in Lösung bringen,* so ist gewöhnlich *Wasser das geeignetste Lösungsmittel.* Ist ein Salz in Wasser unlöslich, so braucht man meistens andere nichtwäßrige Lösungsmittel, wie z. B. Alkohol, Äther oder Benzin, gar nicht zu versuchen, da sie gewöhnlich ein noch geringeres Lösungsvermögen zeigen. In der chemischen Analyse verwendet man allerdings in sehr ausgedehntem Maße Säuren als Lösungsmittel für Salze, die in Wasser unlöslich sind. So löst man z. B. Carbonate und Phosphate in Salzsäure, Sulfide in Salpetersäure usw. Bei diesen Vorgängen handelt es sich jedoch nicht um einfache physikalische Auflösungen, sondern die Salze reagieren bei diesen Lösungsvorgängen chemisch mit den Säuren; die schließlich gebildeten Lösungen enthalten daher auch nicht mehr das ursprüngliche Salz oder seine Ionen. So enthält eine

Lösung von Calciumcarbonat in Salzsäure Calciumchlorid ($CaCO_3 + 2\,HCl \to CaCl_2 + CO_2 + H_2O$), und eine Lösung von Cuprisulfid in Salpetersäure enthält Cuprinitrat ($3\,CuS + 8\,HNO_3 \to 3\,Cu(NO_3)_2 + 2\,NO + 3\,S + 4\,H_2O$). Die Chemiker unterscheiden in ihrer Ausdrucksweise oft zu wenig zwischen den einfachen physikalischen Lösungsvorgängen, an die man denkt, wenn man das Wasser als das beste Lösungsmittel für Salze bezeichnet, und zwischen den verwickelteren Lösungsprozessen, die mit chemischen Umsetzungen verknüpft sind und z. B. mit Hilfe von Säuren ausgeführt werden.

Die besondere *Lösungsfähigkeit* des Wassers für Salze hängt mit seiner *großen Dielektrizitätskonstante* ($D = 80$) zusammen. Ein Medium mit großer Dielektrizitätskonstante wirkt nämlich auf Ionen anziehend, und Wasser ist daher ein *ionophiles* Lösungsmittel. Diese Eigenschaft zeigt sich nicht nur in seinem Lösungsvermögen gegenüber Salzen, sondern auch darin, daß sehr viele *schwache Elektrolyte in Wasser stärker dissoziiert sind als in anderen Lösungsmitteln*. Die Dielektrizitätskonstante sinkt von Wasser ($D = 80$) über Alkohol ($D = 26$) und Äther ($D = 4{,}2$) bis zu Benzin ($D = 1{,}9$). In der gleichen Reihenfolge nimmt auch die Fähigkeit ab, Salze zu lösen und schwache Elektrolyte zu ionisieren. Alkohol kann noch eine Anzahl Salze lösen, wenn auch weniger gut wie Wasser. Dagegen besitzt Äther diese Fähigkeit nahezu und Benzin überhaupt nicht mehr. Diese letzten Lösungsmittel kann man daher als ionenfeindlich, *ionophob,* bezeichnen.

Die Theorie des Löslichkeitsproduktes. Die Löslichkeit von nicht ionisierten (nicht salzartigen) Stoffen wird meistens nicht merklich verändert, wenn man dem Lösungsmittel kleine Mengen eines dritten Stoffes zusetzt, vorausgesetzt, daß der zugesetzte Stoff chemisch nicht einwirkt. So ändert sich die Löslichkeit von Sauerstoff in Wasser nur recht wenig, wenn man dem Wasser etwas Salz oder Zucker zusetzt; einige Prozente dieser Zusätze verändern die Löslichkeit auch nur um wenige Prozente. Auch die Löslichkeit von Jod in Alkohol ändert sich wenig bei Zusatz von etwas Wasser. Dagegen steigt die Löslichkeit von Jod in Wasser sehr stark durch den Zusatz von Jodiden (Jodionen). Dies rührt davon her, daß —
S. S. 74 f. wie früher beschrieben — Jod sich mit Jodiden zu den leichtlöslichen Trijodiden verbindet ($J_2 + J^- \to J_3^-$).

Untersucht man dagegen die *Einwirkung von Salzen auf die Löslichkeit anderer Salze,* so beobachtet man oft sehr kräftige Wirkungen. Hierfür soll ein Beispiel besprochen werden. Bestimmt man die Löslichkeit von Kaliumchlorat einerseits in reinem Wasser, andererseits in Kaliumchloridlösungen, so bemerkt man eine um so *geringere* Löslichkeit des Kaliumchlorates, je *mehr* Kaliumchlorid zugegen ist. Aber auch die anderen Kaliumsalze *vermindern*

Theorie des Löslichkeitsproduktes.

die Löslichkeit von Kaliumchlorat in gleicher Weise. Für diese Löslichkeitsverminderung durch Kaliumsalze hat man das Gesetz gefunden, daß das *Produkt aus der Kaliumionkonzentration und der Chlorationkonzentration in allen gesättigten Lösungen den gleichen Wert besitzt.* Das Produkt $c_{K^+} \cdot c_{ClO_3^-}$ hat also in allen mit Kaliumchlorat gesättigten Lösungen den gleichen Wert. Wir nennen diesen Wert das *Löslichkeitsprodukt* von Kaliumchlorat und bezeichnen es mit L_{KClO_3}:

$$c_{K^+} \cdot c_{ClO_3^-} = L_{KClO_3}.$$

Eine bei 18° mit Kaliumchlorat gesättigte wäßrige Lösung enthält 59 g Salz im Liter. Da das Molgewicht des Salzes 122,56 g beträgt, ist die molare Konzentration 0,48 Mol/l. Jedes Molekül $KClO_3$ liefert ein Kaliumion und ein Chloration. Das Löslichkeitsprodukt beträgt also $(0{,}48)^2 = 0{,}23$. Beträgt in einer mit Kaliumchlorat gesättigten Lösung die Kaliumionkonzentration 1 Mol/l, so muß nach der oben gegebenen Gleichung sein: $c_{ClO_3^-} = 0{,}23$; d. h. in dieser Lösung ist die Löslichkeit von Kaliumchlorat gegenüber reinem Wasser rund auf die Hälfte vermindert.

Ähnliche Gesetzmäßigkeiten bestehen für die Löslichkeiten anderer Elektrolyte: 1. die Löslichkeiten *vermindern* sich durch *Zusatz solcher Salze, die ein Ion mit dem Bodenkörper gemeinsam haben*; 2. in allen bei gleicher Temperatur in einem bestimmten Lösungsmittel gesättigten Lösungen besitzt das *Produkt der Konzentrationen aller Ionen des Elektrolyten*, das sog. *Ionenprodukt, den gleichen Wert.* Der konstante Wert des Ionenproduktes in den gesättigten Lösungen heißt das *Löslichkeitsprodukt* des Elektrolyten. Ist das Ionenprodukt in einer Lösung geringer als das Löslichkeitsprodukt, so ist die Lösung ungesättigt. Umgekehrt handelt es sich um eine übersättigte Lösung, wenn das Ionenprodukt das Löslichkeitsprodukt übertrifft.

Enthält ein Elektrolyt mehr als 2 Ionen, so muß man zur Berechnung seines Löslichkeitsproduktes die Konzentrationen *aller* vorhandenen Ionen berücksichtigen. Beispiel: für Magnesiumammoniumphosphat, $MgNH_4PO_4$, und für Calciumphosphat, $Ca_3(PO_4)_2$ handelt es sich um folgende Löslichkeitsprodukte:

$$c_{Mg^{++}} \cdot c_{NH_4^+} \cdot c_{PO_4^{---}} = L_{MgNH_4PO_4},$$
$$(c_{Ca^{++}})^3 \cdot (c_{PO_4^{---}})^2 = L_{Ca_3(PO_4)_2}.$$

Ohne im übrigen näher auf die Ableitung des Löslichkeitsproduktes einzugehen, soll zu seinem Verständnis nur folgendes bemerkt werden. Da die Salze in ihren Lösungen als freie Kationen und Anionen vorhanden sind, erscheint es natürlich, daß der Sättigungsgrad der Lösung weder allein von der Konzentration des Kations noch von der des Anions abhängen kann, vielmehr eine

Funktion dieser beiden Konzentrationen sein wird; dies zugegeben, läßt sich wohl kein einfacheres Gesetz vorstellen, als die Verknüpfung der Ionenkonzentrationen in Form des Löslichkeitsproduktes.

In der folgenden Tabelle 14 sind die Löslichkeiten und die daraus berechneten Löslichkeitsprodukte verschiedener Salze in Wasser zusammengestellt.

Tabelle 14. **Löslichkeiten und Löslichkeitsprodukte einiger Salze in Wasser.**

Formel des Elektrolyten	Molgewicht	Konz. der gesättigten Lösung bei 18°		Löslichkeitsprodukt bei 18° L
		in g/Liter	in Mol/Liter	
$KClO_3$	122,6	59	0,48	0,23
$CaSO_4$	136,1	2,04	0,015	$2,25 \cdot 10^{-4}$
$BaSO_4$	233,4	0,0023	$1,0 \cdot 10^{-5}$	$1,0 \cdot 10^{-10}$
$AgCl$	143,3	0,0014	$1,0 \cdot 10^{-5}$	$1,0 \cdot 10^{-10}$
$AgBr$	187,8	0,00012	$0,64 \cdot 10^{-6}$	$0,4 \cdot 10^{-12}$
AgJ	234,8	0,000002	$1 \cdot 10^{-8}$	$1 \cdot 10^{-16}$

Die Theorie des Löslichkeitsproduktes gilt nur mit gewisser Näherung. So ist Calciumsulfat in Natriumchloridlösung etwas leichter löslich als in reinem Wasser, obwohl nach der Theorie die Löslichkeit in diesen beiden Fällen die gleiche sein soll. Man findet ganz allgemein, daß das Ionenprodukt in der gesättigten Lösung eines Elektrolyten wächst, wenn die gesamte Ionenkonzentration der Lösung (ihr totaler Salzgehalt) zunimmt; hierbei ist es gleichgültig, ob es sich um fremde oder um die eigenen Ionen des Elektrolyten handelt. Die Theorie des Löslichkeitsproduktes ist also ein *Grenzgesetz*, das nur für verschwindend kleine Ionenkonzentration genau gilt; es kann aber selbst bei recht beträchtlichen Ionenkonzentrationen noch als brauchbare Orientierung dienen.

Analytische Fällungsreaktionen. Für schwerlösliche und sog. unlösliche Elektrolyte besitzt das Löslichkeitsprodukt sehr geringe Werte; es beträgt z. B. für Silberchlorid etwa 10^{-10}. Sorgt man durch Zusatz von Silbernitrat dafür, daß die Silberionkonzentration einer Lösung größer wird als $10^{-2} = 0,01$ mol., so wird das Löslichkeitsprodukt bereits dann überschritten, wenn die Lösung nur 10^{-8} mol. an Chloridionen ist. Eine solche Lösung enthält $35,5 \cdot 10^{-8}$ g = rund 0,0004 mg Chloridion im Liter. Es werden also selbst ganz minimale Mengen Chloridion die Ausscheidung festen Silberchlorids verursachen. Die Reaktion auf Chlorid mit Silbernitrat ist somit viel empfindlicher, als man angesichts des Gehaltes einer an Silberchlorid gesättigten Lösung in reinem Wasser (0,4 mg Chloridion im Liter) erwarten sollte. Man kann zwar die große Empfindlichkeit der Reaktion nicht voll ausnützen, weil man so kleine Mengen Niederschlag nicht mehr beobachten kann; aber es bleibt wichtig genug, daß man durch Zusatz eines gewissen Überschusses an Silbersalz die Chloridionen aus einer Lösung praktisch vollständig ausfällen und entfernen kann.

Früher, als man noch nicht mit den Vorstellungen der Ionentheorie arbeitete, mußte man für die Formulierung der chemischen Gleichung einer Chloridreaktion wissen, welches Chlorid vorlag, und welches Silbersalz als Reagens dienen sollte. Handelte es sich um Natriumchlorid und Silbernitrat, so war die Gleichung:

$$NaCl + AgNO_3 = NaNO_3 + AgCl.$$

Für andere Chloride und Silbersalze erhielt man andere Gleichungen. Nach der Ionentheorie erhält man jedoch in allen diesen Fällen dieselbe Gleichung, gleichgültig von welchem Chlorid oder von welchem Silbersalz die Rede ist, nämlich die *Ionengleichung*:

$$Cl^- + Ag^+ = AgCl.$$

Nach dieser Gleichung ist das einzige, was bei jeder Chloridreaktion geschieht, daß sich das Chloridion mit dem Silberion zu festem Silberchlorid verbindet. Alle übrigen Ionen nehmen nicht an dem Vorgang teil. Die Reaktion auf Chloride mit Silbernitrat ist daher in Wirklichkeit eine Reaktion auf Chloridionen mit Silberionen als Reagens; umgekehrt gilt das gleiche für den Nachweis von Silberionen mit Hilfe von Chloridionen. Auch auf die anderen analytischen Fällungsreaktionen läßt sich dieser Gesichtspunkt anwenden. Bei allen derartigen Reaktionen weist man das Vorhandensein bestimmter Ionen nach, indem man andere Ionen zugibt, mit denen sich Salze sehr geringen Löslichkeitsproduktes bilden. (Cl^- mit Ag^+ und umgekehrt; SO_4^{--} mit Ba^{++} und umgekehrt; Ca^{++} mit Oxalation, $C_2O_4^{--}$, und umgekehrt usw.) *Die gebräuchlichen analytischen Reaktionen sind nicht Nachweise für bestimmte Salze, Säuren oder Metalle*, sondern sie sind *Reaktionen auf bestimmte Ionen*, und das benutzte *Nachweismittel ist gleichfalls ein Ion*. Eine ganz andere Sache ist es, daß man als Reagens nicht eine Lösung benutzen kann, die ausschließlich das fällende Ion enthält; wegen der ungeheuer großen elektrischen Ladungen der Ionen kann man ja unmöglich Lösungen herstellen, die ausschließlich positive oder ausschließlich negative Ionen enthalten. Will man z. B. Silberionen anwenden, so muß man eine Lösung von Silbernitrat oder einem anderen löslichen Silbersalz nehmen, in der die positiven Ladungen der Silberionen durch die negativen Ladungen der — übrigens zunächst gleichgültigen — Anionen genau kompensiert werden.

S. S. 103.

Über die Löslichkeit von Salzen in Säuren und Basen. Wir haben schon an mehreren Stellen den Sachverhalt berührt, daß

S. S. 89, 137 f.

es viele Salze gibt, die in reinem Wasser unlöslich sind, sich jedoch leicht in verdünnter Salzsäure oder Salpetersäure lösen. Bei der Reaktion auf das Sulfation mit Hilfe des Bariumions spielt dies eine wichtige Rolle, da Bariumcarbonat und Bariumphosphat, im Gegensatz zu Bariumsulfat, in verdünnter Salzsäure leicht löslich sind; bei der Reaktion auf Chloridion mittels Silberion ist es ebenfalls von großer Bedeutung, daß Silbercarbonat und Silberphosphat, im Gegensatz zu Silberchlorid, in verdünnter Salpetersäure leicht löslich sind. Zum besseren Verständnis dieser Verhältnisse werden wir die Fälle des Calciumcarbonats und des Calciumsulfates etwas näher betrachten.

Calciumcarbonat ($Ca^{++} \cdot CO_3^{--}$) besitzt in Wasser das Löslichkeitsprodukt 10^{-8}, ist also recht schwer löslich. Calciumionen und Carbonationen können daher in einer wäßrigen Lösung niemals gleichzeitig in größerer Menge vorhanden sein. Fügt man dem Wasser etwas starke Säure zu, z. B. Salzsäure, so löst sich indessen das Carbonat leicht auf; die in Lösung gehenden Carbonationen verbinden sich dabei mit einem Teile der hinzugegebenen Wasserstoffionen zu undissoziierter Kohlensäure, und verschwinden daher aus der Lösung. Dies bewirkt, daß große Mengen Carbonationen in Lösung gehen können, ohne daß deswegen das Löslichkeitsprodukt von $CaCO_3$ erreicht wird. Für diesen Lösungsvorgang gilt das Schema:
$$CaCO_3 + 2\,H^+ \to Ca^{++} + H_2CO_3,$$
oder, soweit die Kohlensäure als Kohlendioxyd frei wird:
$$CaCO_3 + 2\,H^+ \to Ca^{++} + H_2O + CO_2.$$

Calciumsulfat ($Ca^{++} \cdot SO_4^{--}$) ist auch in Wasser schwer löslich, wenn auch nicht in so hohem Maße, wie Calciumcarbonat; aber im Gegensatz zu diesem Salz löst es sich in verdünnter Salzsäure nicht wesentlich besser als in reinem Wasser. Dies kommt davon her, daß die Sulfationen, im Gegensatz zu den Carbonationen, nur eine geringe Neigung haben sich mit Wasserstoffionen zu verbinden, und sich deswegen aus der Lösung durch Zusatz von Salzsäure nicht entfernen lassen. Der Unterschied zwischen dem Verhalten von Calciumcarbonat und Calciumsulfat gegenüber verdünnter Salzsäure kann also darauf zurückgeführt werden, daß das Carbonation eine starke Base ist, während das Sulfation äußerst schwache basische Eigenschaften besitzt.

Als Ergebnis dieser Betrachtungen kann gelten: *Salze, die ein Ion von deutlich basischer Eigenschaft (eine Ionenbase) enthalten, sind in verdünnten Säuren leichter löslich als in reinem Wasser. Je stärker die Ionenbase ist, desto stärker steigt die Löslichkeit des Salzes bei Säurezusatz.*

Die Löslichkeit eines Salzes in Säurelösungen hängt einerseits teilweise von dem Löslichkeitsprodukt des Salzes ab, andererseits davon, wie vollständig sich die Säure mit dem basischen Ion des Salzes umsetzt und es damit aus der Lösung entfernt; letzterer Vorgang kann mit Hilfe der Stärkezahlen für die Säuren und die Ionenbasen beurteilt werden.

Alle Salze schwacher Säuren enthalten ein Anion mit deutlich basischen Eigenschaften und müssen daher in verdünnten Säuren leichter löslich sein als in Wasser. So sind alle Carbonate und Phosphate in verdünnter Salzsäure und Salpetersäure löslich. Ebenso sind von den Salzen des Wassers, den Hydroxyden und Oxyden, die meisten in verdünnten Säuren löslich. Auch viele in Wasser unlösliche Sulfide lösen sich in verdünnter Salzsäure (ZnS, FeS, MnS); es gibt jedoch auch Sulfide, deren Löslichkeitsprodukt so niedrig ist, daß sie sich auch in verdünnter Salzsäure nicht lösen (HgS, PbS, Ag_2S, Bi_2S_3, CuS). Daß Salpetersäure oder Königswasser diese Sulfide lösen, hat mit dem soeben Besprochenen nichts zu tun; hierbei handelt es sich nämlich um die starke oxydierende Wirkung dieser Lösungsmittel.

Silicate, Salze der sehr schwachen Kieselsäure, die also das stark basische Silication enthalten, setzen sich mit Salzsäure im allgemeinen in ähnlicher Weise um, wie die Carbonate, Phosphate, Hydroxyde, Oxyde und Sulfide, z. B.:

$$CaSiO_3 + 2\,H^+ \to Ca^{++} + H_2SiO_3;$$

es wird sich jedoch im allgemeinen keine klare Lösung bilden. Die gebildete Kieselsäure ist nämlich in Wasser unlöslich und wird sich ausscheiden. Gewöhnlich spricht man von einer *Zersetzung* der Silicate durch die Säure. Auch Silbercarbonat wird von Salzsäure *zersetzt*, nicht: aufgelöst, wobei das unlösliche Silberchlorid ausfällt:

$$Ag_2CO_3 + 2\,H^+ + 2\,Cl^- \to 2\,AgCl + H_2O + CO_2.$$

Ähnlich löst verdünnte Schwefelsäure Bariumphosphat nicht auf, sondern zersetzt es unter Ausscheidung von Bariumsulfat:

$$Ba_3(PO_4)_2 + 6\,H^+ + 3\,SO_4^{--} \to 3\,BaSO_4 + 2\,H_3PO_4.$$

In allen angeführten Beispielen ist das Anion eine Base. Beispiele für schwerlösliche Salze, in denen das Kation die Base ist, liegen in den vielen *basischen Salzen* vor, die man besonders bei Schwermetallen antrifft [z. B. das basische Cuprisulfat $CuSO_4 \cdot 3\,Cu(OH)_2$, für das man den Ionenaufbau $Cu_4(OH)_6^{++} \cdot SO_4^{--}$ anzunehmen hat]. Diese basischen Salze lösen sich in verdünnten Säuren unter Bildung von normalen Salzen, wobei sich die hydroxyd- oder oxydhaltigen Kationen mit Wasserstoffionen verbinden:

$$Cu_4(OH)_6^{++} + 6\,H^+ \to 4\,Cu^{++} + 6\,H_2O.$$

Ein Salz, das ein *Ion mit sauren Eigenschaften* enthält, z. B. das Ammoniumion (NH_4^+), oder eines der Hydrophosphationen ($H_2PO_4^-$, HPO_4^{--}), muß ganz analog *in Basenlösungen leichter löslich sein als in reinem Wasser*.

Dieser Sachverhalt hat jedoch praktisch keine so große Bedeutung wie das soeben näher besprochene Verhalten der basischen Salze. Die Einwirkung der Base führt nämlich meistens zu einer Zersetzung und nicht zu einer einfachen Auflösung. Ein bekanntes Beispiel für ein in Wasser schwerlösliches Salz mit einem sauren Anion, das sich in basischer Lösung leicht löst, ist das saure Kaliumtartrat (Weinstein).

Zusammenfassend läßt sich sagen, daß der Zusatz von Säure die Auflösung solcher Salze erleichtert, die ein basisches Ion (eine Ionenbase) enthalten, und daß der Zusatz einer Base die Auflösung solcher Salze erleichtert, die ein saures Ion (eine Ionensäure) enthalten. In vielen Fällen wirkt die Säure bzw. Base jedoch nicht einfach auflösend, sondern zersetzend; hierbei fallen neue unlösliche Verbindungen aus, während das Salz in Lösung geht.

Über den Gebrauch von Ionensymbolen in chemischen Gleichungen und Reaktionsschemata.

Die Annahmen der Ionentheorie bedingen eine bedeutende Umformung unserer Vorstellungen von den chemischen Reaktionen, an denen gelöste Salze teilnehmen. Diese Wandlung unserer Anschauungen hängt damit zusammen, daß alle salzähnlichen Stoffe in den Lösungen als freie Ionen vorhanden sind und nicht als Salzmoleküle. Wir haben bereits mehrere Beispiele für diese Umwandlung von Reaktionsgleichungen kennen gelernt (Umsetzungen zwischen Säuren und Basen, analytische Fällungsreaktionen). Wir wollen noch einige Beispiele besprechen, die zur Erläuterung dieser Auffassungen besonders geeignet sind.

S. S. 73. Das Austreiben des Broms aus einer Lösung von Natriumbromid durch Zuleiten von Chlor wird mit Ionen folgendermaßen geschrieben:

$$2\,Na^+ + 2\,Br^- + Cl_2 \rightarrow 2\,Na^+ + 2\,Cl^- + Br_2;$$

oder wenn die Natriumionen auf beiden Seiten weggelassen werden:

$$2\,Br^- + Cl_2 \rightarrow 2\,Cl^- + Br_2.$$

Der Vorgang besteht also darin, daß das Chlor den Bromidionen die Elektronen entreißt. Wird Brom aus einem anderen gelösten Bromid freigemacht, so bleiben deswegen der Vorgang und das Reaktionsschema doch genau die gleichen.

S. S. 88. Die Umsetzung von Schwefelwasserstoff mit Jod, die früher geschrieben wurde:

$$J_2 + H_2S \rightarrow 2\,HJ + S,$$

wird mit Ionen geschrieben:

$$J_2 + H_2S \rightarrow 2\,H^+ + 2\,J^- + S.$$

Man beachte, daß die *schwache* Säure Schwefelwasserstoff auch als *undissoziiertes Säuremolekül* geschrieben wird, während die starke Säure Jodwasserstoff in Ionenform auftritt. Das Schema läßt also eine Neubildung von Wasserstoffionen erkennen, in Übereinstimmung damit, daß die Reaktion zu einer bedeutenden Erhöhung des Säuregrades in der Lösung führt. Ist das verwendete Jod — wie es meistens der Fall ist — in Kaliumjodid aufgelöst, so ist es als **Trijodidion** (J_3^-) vorhanden. Berücksichtigt man dies, sowie die Struktur des Wasserstoffions als Hydroxoniumions, so wird das Schema:

$$J_3^- + H_2S + 2\,H_2O \rightarrow 2\,H_3O^+ + 3\,J^- + S.$$

Die Gleichung würde noch verwickelter, wenn man auch noch berücksichtigen wollte, daß der gebildete Schwefel der Formel S_8 entspricht.

Die **Hydrolyse von Chlor** muß, weil Chlorwasserstoff eine S. S. 68. starke, unterchlorige Säure dagegen eine schwache Säure ist, S. S. 130. geschrieben werden:

$$Cl_2 + H_2O \rightarrow H^+ + Cl^- + HClO;$$

oder, wenn die Hydratation von H^+ mitberücksichtigt wird:

$$Cl_2 + 2\,H_2O \rightarrow H_3O^+ + Cl^- + HClO.$$

Die Reaktion zwischen **Natrium und Wasser** wird in Ionen S. S. 54. formuliert:

$$2\,Na + 2\,H_2O \rightarrow 2\,Na^+ + 2\,HO^- + H_2.$$

Dampft man die Lösung ein, so vereinigen sich die Natriumionen und Hydroxylionen zu festem Natriumhydroxyd:

$$Na^+ + HO^- \rightarrow NaOH.$$

Will man andeuten, daß das Natriumhydroxyd salzähnlich, d. h. aus Ionen aufgebaut ist, so kann man auch schreiben:

$$Na^+ + HO^- \rightarrow Na^+ \cdot HO^-.$$

Die **Auflösung von Zink in verdünnter Schwefelsäure** S. S. 51. unter gleichzeitiger Entwicklung von Wasserstoffgas muß, wegen der Ionisierung der Schwefelsäure und des Zinksulfates, in Ionenform folgendermaßen geschrieben werden:

$$Zn + 2\,H^+ + SO_4^{--} \rightarrow Zn^{++} + SO_4^{--} + H_2,$$

oder nach Streichung der Sulfationen auf beiden Seiten:

$$Zn + 2\,H^+ \rightarrow Zn^{++} + H_2.$$

Schließlich wird hieraus unter Rücksicht auf die Hydratation des Wasserstoffions:

$$Zn + 2\,H_3O^+ \rightarrow Zn^{++} + 2\,H_2O + H_2.$$

Diese Gleichung gilt immer, wenn Zink in einer, sonst ganz beliebigen, stark sauren Lösung gelöst wird. Erst wenn man die in Schwefelsäure erhaltene Auflösung eindampft, treten die Zinkionen und die Sulfationen miteinander zu festem Zinksulfat zusammen. Will man den salzartigen Aufbau dieses Stoffes und seinen Gehalt von 7 Molekülen Kristallwasser andeuten, so kann man den Vorgang des Auskristallisierens folgendermaßen formulieren:

$$Zn^{++} + SO_4^{--} + 7\,H_2O \rightarrow Zn^{++} \cdot SO_4^{--} \cdot 7\,H_2O.$$

S. S. 89. Für die Auflösung von Ferrosulfid in verdünnter Salzsäure gilt das Schema:

$$FeS + 2 H_3O^+ + 2 Cl^- \rightarrow Fe^{++} + H_2S + 2 H_2O + 2 Cl^-.$$

Zusammenfassung. Will man das Reaktionsschema für einen in Lösung ablaufenden chemischen Vorgang möglichst korrekt anschreiben, so müssen zunächst alle *gelösten salzähnlichen* Stoffe als *Ionen* geschrieben werden; hierauf sind alle die Ionen zu streichen, die auf beiden Seiten vorkommen. Dagegen müssen alle *festen* Stoffe, auch die Salze, in *Molekülform* geschrieben werden (gegebenenfalls kann man die Formeln fester Salze durch die Zusammenstellung der beteiligten Ionen, getrennt durch einen Punkt, andeuten). *Nichtsalzartige* Stoffe wie Ammoniak, Wasser, Wasserstoff, Chlor, Brom, Jod, Sauerstoff, Schwefel usw. dürfen nie als Ionen geschriebenen werden; selbst eine Säure wie Essigsäure darf nicht in Ionenform geschrieben werden, da ja ihre Lösung vorzugsweise Säuremoleküle enthält und da man in einem Reaktionsschema jeden Stoff in der Form anschreiben soll, in der er vorzugsweise zugegen ist.

Des Überblicks halber läßt man oft die Hydratation des Wasserstoffions (und anderer Ionen und Moleküle) außer acht; man sieht auch oft als zulässig an, ein Reaktionsschema dadurch zu vereinfachen, daß man für das Molekül eines Elementes einfach das Atom schreibt (S für S_8; O für O_2; J für J_2 oder J_3^-). Das zuletzt erwähnte Vorgehen bedarf aber gewisser Vorsicht, und sobald die Hypothese von AVOGADRO angewendet wird, muß man stets die wahre Molekülformel aller Stoffe einsetzen. Vereinfachte Gleichungen ergeben oft einen besseren Einblick in den wesentlichen Vorgang einer verwickelten Reaktion, aber diejenigen Gleichungen, in denen alle Stoffe mit ihren richtigen Molekülformeln auftreten, sind die einzigen wirklich korrekten.

Die Stickstoffgruppe.

Die dritte Gruppe der Metalloide umfaßt Stoffe, die gegenüber Wasserstoff dreiwertig auftreten (Verbindungen des Typus RH_3), deren Wertigkeit gegenüber Sauerstoff und den Halogenen jedoch wechselt und maximal fünf beträgt (entsprechend den Typen R_2O_5 und RCl_5). Zu dieser Gruppe gehören **Stickstoff**, **Phosphor** und **Arsen**; nach dem wichtigsten Element wird die Gruppe Stickstoffgruppe benannt.

Stickstoff (Nitrogenium).
N = 14,008.

Vorkommen. In freiem Zustand bildet Stickstoff den Hauptbestandteil der *Atmosphäre*, kommt im übrigen jedoch in gebundenem Zustand nur in geringer Menge auf der Erdoberfläche vor. Das einzige größere Vorkommen liegt in Chile, wo der Chilesalpeter, $NaNO_3$, gewonnen wird. In geringer Menge sind Stickstoffverbindungen überall im Erdboden vorhanden. Die stickstoffhaltigen Proteine (Eiweißstoffe) bilden einen wesentlichen Bestandteil aller Tiere und Pflanzen. Hierher stammt auch der Stickstoffgehalt der Steinkohlen (etwa 1%). Der Chilesalpeter, sowie der Stickstoff der Steinkohlen und insbesondere der Luft bilden das Ausgangsmaterial für die technische Darstellung aller Stickstoffverbindungen.

Freier Stickstoff.

Stickstoff, N_2, ist in freiem Zustand ein farbloses Gas, dessen Molekül 2 Atome enthält. Es ist sehr wenig löslich in Wasser. Erst durch starke Abkühlung läßt sich Stickstoff zu einer Flüssigkeit verdichten (Siedepunkt: -194^0).

Chemische Eigenschaften. Im Vergleich zu den Halogenen, sowie zu Sauerstoff und Schwefel besitzt Stickstoff nur eine *geringe* chemische Reaktionsfähigkeit; durch Erhitzen auf höhere Temperatur kann man jedoch die Reaktion mit verschiedenen Stoffen erzwingen. So verbindet sich Stickstoff in der Glühhitze mit den Leichtmetallen zu *Nitriden*, z. B. mit Calcium:

$$3\,Ca + N_2 \rightarrow Ca_3N_2 \text{ (Calciumnitrid)}.$$

Calciumcarbid nimmt in der Glühhitze Stickstoff auf unter Bildung von Calciumcyanamid, das als Stickstoffdünger (Kalk- S. S. 161. stickstoff) Anwendung findet:

$$\underset{\text{Calciumcarbid}}{CaC_2} + N_2 \rightarrow \underset{\text{Calciumcyanamid}}{CaN_2C} + C.$$

Auch Wasserstoff und Sauerstoff können sich in der Wärme mit Stickstoff verbinden, aber selbst unter den günstigsten Umständen nur in geringem Maße. Als Beispiel dafür, daß gasförmiger Stickstoff schon bei gewöhnlicher Temperatur reagieren kann, soll erwähnt werden, daß gewisse Bakterien, die in den sog. Wurzelknöllchen, z. B. von Klee und Lupinen leben, den Luftstickstoff aufzunehmen und zu verarbeiten imstande sind.

Die Darstellung von Stickstoff aus atmosphärischer Luft geschieht durch fraktionierte Destillation von flüssiger Luft. Dieser aus Luft dargestellte Stickstoff enthält etwas Argon; jedoch hat diese Verunreinigung, wegen der vollständigen chemischen Passivität des Edelgases Argon, keinerlei Einfluß auf das chemische Verhalten des Stickstoffs. Vollkommen reiner Stickstoff kann aus reinen Stickstoffverbindungen erhalten werden, z. B. indem man Ammoniak über glühendes Kupferoxyd leitet:

$$2\,NH_3 + 3\,CuO \rightarrow N_2 + 3\,Cu + 3\,H_2O;$$

S. S. 157. auch die thermische Zersetzung von Ammoniumnitrit ($NH_4NO_2 \rightarrow N_2 + 2\,H_2O$) kann hierzu dienen.

Die Wasserstoffverbindungen des Stickstoffs.

Stickstoff bildet mehrere Wasserstoffverbindungen, von denen wir hier Ammoniak, NH_3, und Hydrazin, N_2H_4, besprechen.

Ammoniak, NH_3, ist ein ungefärbtes Gas mit charakteristischem, stechendem Geruch. Unter Druck (etwa bei 7 Atm.) läßt es sich bei Zimmertemperatur verflüssigen; der Siedepunkt liegt bei — 34°. Beim Verdampfen verbraucht flüssiges Ammoniak eine bedeutende Wärmemenge. Auf Grund dieser Eigenschaften eignet sich Ammoniak sehr gut zur *Kälteerzeugung*. In einer Kältemaschine wird die niedrige Temperatur durch die Verdampfung einer Flüssigkeit hervorgebracht; die Flüssigkeit erzeugt man durch die Kompression ihres Dampfes bei gewöhnlicher Temperatur. Wegen des unangenehmen Geruches von Ammoniak, der nur schwer vollständig vermieden werden kann, bevorzugt man jedoch als Füllung von Kältemaschinen bisweilen Kohlendioxyd oder Äther, obwohl diese Stoffe in physikalischer Hinsicht kaum so geeignet sind wie gerade Ammoniak. — Ammoniak läßt sich zu Stickstoff und Wasser *oxydieren*, z. B. durch glühendes Kupferoxyd, wie oben erwähnt; Natriumhypochlorit oxydiert Ammoniak bereits bei Zimmertemperatur:

$$2\,NH_3 + 3\,NaClO \rightarrow N_2 + 3\,H_2O + 3\,NaCl.$$

Die **Darstellung** von Ammoniak geschieht durch schwaches Erwärmen einer Mischung von Ammoniumchlorid mit Calciumhydroxyd:

$$2\,NH_4Cl + Ca(OH)_2 \rightarrow CaCl_2 + 2\,NH_3 + 2\,H_2O.$$

Man kann das entwickelte Ammoniakgas nicht mit konz. Schwefelsäure oder Calciumchlorid trocknen, weil es sich mit diesen Stoffen verbindet; daher verwendet man in diesem Fall zum Trocknen gebrannten Kalk (CaO). Technisch gewinnt man Ammoniak als Nebenprodukt bei der Heiz- und Leuchtgasfabrikation. Seit etwa 20 Jahren wird es in größtem Maßstabe auch synthetisch aus den Elementen dargestellt. Leitet man eine auf 200 Atm. komprimierte Mischung von Stickstoff und Wasserstoff über einen geeigneten Katalysator (Kontakt), der auf 500—600° erhitzt ist, so verbinden sich die Gase teilweise zu Ammoniak:

$$N_2 + 3\,H_2 \rightarrow 2\,NH_3.$$

Bei der Abkühlung der komprimierten Gasmischung scheidet sich das Ammoniak als Flüssigkeit ab; der Rest der Mischung wird erneut über den erhitzten Kontakt geleitet, um weiterhin ausgenutzt zu werden (Methode von HABER-BOSCH).

Die Theorie der Ammoniaksynthese.

Die Bildung von Ammoniak aus Stickstoff und Wasserstoff ist ein *umkehrbarer Vorgang*. Durch Erwärmen zur Rotglut läßt S. S. 61. sich Ammoniak fast vollständig in Stickstoff und Wasserstoff zerlegen; von welcher Mischung aus Ammoniak und seinen Bestandteilen (Stickstoff und Wasserstoff) man auch ausgehen mag, man wird durch Erhitzen stets dieselbe Mischung aus Ammoniak und seinen Bestandteilen gewinnen, vorausgesetzt, daß man abwartet, bis eine eventuelle Zersetzung oder Bildung aufgehört hat. Die in der Gleichgewichtsmischung vorhandene Menge Ammoniak ist *von der Temperatur* und *dem Drucke abhängig*; in der Tabelle 15 sind die Mengen Ammoniak (in Prozenten) angegeben, die sich in einer Mischung aus 3 R.T. Wasserstoff und 1 R.T. Stickstoff (entsprechend dem Schema: $3 H_2 + N_2$) bei verschiedenen Temperaturen und verschiedenen Drucken bilden.

Tabelle 15. Die Bildung von Ammoniak in der Mischung: $3 H_2 + N_2$.

Druck	400°	600°	800°	1000°
1 Atm.	0,9 %	0,1 %	0,02 %	0,01 %
10 ,,	8,2 ,,	0,9 ,,	0,2 ,,	0,1 ,,
100 ,,	41 ,,	7,4 ,,	2,2 ,,	0,9 ,,

Je *höher der Druck* wird, desto *mehr Ammoniak* bildet sich. Es handelt sich also bei der Ammoniakdarstellung darum, bei so hohen Drucken zu arbeiten, als es nur die Apparate ertragen. Bei der synthetischen Ammoniakdarstellung nach HABER-BOSCH arbeitet man bei 200 Atm. Druck. Dagegen *vermindert sich die Ammoniakmenge* im Gleichgewicht *mit steigender Temperatur*. Es gilt daher bei möglichst tiefer Temperatur zu arbeiten. Man kann jedoch nicht unter eine Temperatur von 500—600° heruntergehen; unterhalb 500° ist nämlich die Geschwindigkeit der Reaktion selbst mit den besten Katalysatoren für eine wirtschaftlich befriedigende Leistung zu gering. Könnte man einen Katalysator finden, der, wirksamer als die bisher bekannten, eine Reaktionstemperatur unterhalb 500° ermöglichen würde, so könnte eine bedeutende Erhöhung der Ammoniakausbeute erzielt werden.

Die wäßrige Lösung von Ammoniak. Ammoniak wird sehr begierig von Wasser aufgenommen; die bei 18° und 1 Atm. gesättigte Lösung enthält 36% Ammoniak. Die Handelsware (Salmiakgeist) enthält meist nur 25% oder noch weniger. Ammoniak läßt sich aus dieser wäßrigen Lösung durch Kochen austreiben. Die Lösung besitzt *basische* Reaktion. Ammoniak ist daher eine

Base. Die basische Reaktion kommt davon her, daß ein Teil der Ammoniakmoleküle Wasserstoffionen aus Wassermolekülen an sich gerissen haben, wobei sich Ammoniumionen und Hydroxylionen bilden:

$$NH_3 + H_2O \rightarrow NH_4^+ + HO^-.$$

Von dem gelösten Ammoniak hat sich jedoch nur ein recht geringer Teil in dieser Weise umgesetzt (in 10%igem Ammoniak nur etwa 0,3%); die überwiegende Menge besteht aus unveränderten NH_3. Ammoniak muß daher als schwache Base bezeichnet werden.

S. S. 134.

Gibt man Hydroxylionen, z. B. Natriumhydroxyd, zu einer Lösung von Ammoniumionen, so bildet sich Ammoniak und Wasser. Die Reaktion zwischen Ammoniak und Wasser, die wir oben angeschrieben haben, ist also umkehrbar. Das Gleichgewicht dieses umkehrbaren Vorgangs stellt sich momentan ein und liegt in einer wäßrigen Lösung zugunsten der linken Seite. Der Dissoziationsexponent des Säure-Basen-Systems $NH_4^+ - NH_3$ beträgt nach Tabelle 8: 9,48. In einer Lösung mit der Reaktionszahl pH = 9,48 liegt also die Hälfte des Totalammoniaks als Ammoniumion vor und die andere Hälfte als freies Ammoniak. Aus der Abb. 13 geht hervor, wie sich das Totalammoniak bei anderen Reaktionszahlen auf die beiden Formen verteilt.

S. S. 130.

S. S. 132.

Wäßriges Ammoniak wird zu Reinigungszwecken verwendet, da es eine ähnliche lösende und reinigende Wirkung wie Soda oder Seife hat. In der Medizin wird es zu gewissen flüssigen Salben (Linimenten) für äußerlichen Gebrauch verordnet.

Ammoniumsalze. Ammoniak verbindet sich mit Säuren zu Salzen, *ohne daß Wasser entsteht*; diese Salze enthalten an Stelle eines Metallions das zusammengesetzte Ion NH_4^+, das **Ammoniumion**. Jedes Säuremolekül kann sich mit ebenso vielen Molekülen Ammoniak verbinden wie es Säure-Wasserstoffatome enthält:

$$NH_3 + HCl \rightarrow NH_4Cl,$$
$$2\,NH_3 + H_2SO_4 \rightarrow (NH_4)_2SO_4.$$

Die gebildeten Salze heißen **Ammoniumsalze** (oder Ammonsalze). Neutralisiert man wäßriges Ammoniak mit Säuren, so bilden sich die Lösungen der entsprechenden Ammoniumsalze.

Eigenschaften. Die Ammoniumsalze sind im festen Zustand kristallisierte Stoffe und besitzen *Ionengitterstruktur*. In wäßriger Lösung sind sie in freie Ionen gespalten. Das Ammoniumion ist ungefärbt. Die Ammoniumsalze sind daher auch ungefärbt („weiß"), wenn nicht das Anion des Salzes gefärbt ist. Die Salzlösungen reagieren schwach sauer, da sich das Ammoniumion in wäßriger

S. S. 111.

Lösung in geringem Grade spaltet, und zwar in Ammoniak und Wasserstoffion:
$$NH_4^+ \to NH_3 + H^+.$$
Die Lösungen der Salze, z. B. von Ammoniumchlorid, Ammoniumnitrat und Ammoniumsulfat reagieren daher nicht nur schwach sauer, sondern geben auch beim Kochen Ammoniak ab. Enthält ein Ammoniumsalz ein basisches Anion, so wird dieses das Wasserstoffion aus dem Ammoniumion wegnehmen können und zwar in desto höherem Maße, je stärker basisch das Anion ist. Daher sind Ammoniumcarbonat und Ammoniumsulfid in wäßriger Lösung in sehr bedeutendem Maße nach folgenden Gleichungen gespalten: S. S. 134.

$$2\,NH_4^+ + CO_3^{--} \to NH_3 + NH_4^+ + HCO_3^-,$$
$$2\,NH_4^+ + S^{--} \to NH_3 + NH_4^+ + HS^-;$$

außerdem in geringerem Grade nach:

$$NH_3 + NH_4^+ + HCO_3^- \to 2\,NH_3 + CO_2 + H_2O,$$
$$NH_3 + NH_4^+ + HS^- \to 2\,NH_3 + H_2S.$$

Die Lösungen riechen daher nach Ammoniak; die Sulfidlösung riecht auch nach Schwefelwasserstoff. Beim Kochen der Lösungen verschwinden diese Salze allmählich vollständig, indem sie als Ammoniak und Kohlendioxyd bzw. Ammoniak und Schwefelwasserstoff entweichen.

Die meisten Ammoniumsalze sind wasserlöslich. Ihre *Löslichkeitsverhältnisse* ähneln sehr stark denjenigen der Natrium- und besonders der Kaliumsalze. Ein bezeichnender Unterschied gegenüber diesen und den meisten anderen Metallsalzen besteht darin, daß sich die Ammoniumsalze durch Erhitzen in einem Tiegel über dem gewöhnlichen Gasbrenner *verflüchtigen* lassen. Ammoniumsalze, die von einer nicht flüchtigen Säure abgeleitet sind, z. B. Ammoniumphosphat, werden jedoch beim Glühen nur Ammoniak (und eventuell Wasser) abgeben und hinterlassen die hitzebeständige Säure als Rückstand.

Die Verflüchtigung der Ammoniumsalze beim Erhitzen ist stets mit einer Zersetzung verbunden, die jedoch bei den einzelnen Salzen verschieden ist. Das Chlorid zerlegt sich beim Erhitzen auf einige hundert Grade nach der Gleichung:

$$NH_4Cl \to NH_3 + HCl.$$

Der entwickelte Dampf, der aus Ammoniak und Chlorwasserstoff besteht, verdichtet sich abgekühlt wieder zu festem Ammoniumchlorid: das Salz läßt sich *sublimieren*, was zu seiner Reinigung benutzt wird. Die Zersetzung des Chlorids in der Wärme ist also ein *umkehrbarer* Vorgang. — Das Nitrat wird beim Erwärmen folgendermaßen zerlegt: S. S. 74.

$$NH_4NO_3 \to \underset{\text{Stickoxydul}}{N_2O} + 2\,H_2O.$$

Das bei der Erwärmung gebildete Stickoxydul, ein Gas, verbindet sich bei der Abkühlung nicht wieder mit dem Wasser zu Ammoniumnitrat. Die Zersetzung des Nitrates ist also, im Gegensatz zu der des Chlorids, *nicht umkehrbar.*

Ammoniumsalze bzw. Ammoniak entstehen in der Natur bei der Fäulnis von Eiweiß, Harn und anderen stickstoffhaltigen organischen Stoffen.

Darstellung und Anwendung. In der Technik stellt man die Ammoniumsalze entweder aus dem *Gaswasser* der Gaswerke oder aus *synthetischem Ammoniak* dar. Das Gaswasser ist in der Hauptsache eine Lösung von Ammoniumcarbonat. Zur Darstellung von Ammoniumsalzen erhitzt man das Gaswasser zum Sieden und leitet die hierbei entwickelten Dämpfe — Ammoniak und Kohlendioxyd — in eine geeignete Säure, die das Ammoniak bindet, während Kohlendioxyd entweicht.

S. S. 210.

Bei Anwendung von Schwefelsäure erhält man **Ammoniumsulfat** (alter Name: schwefelsaures Ammoniak), $(NH_4)_2SO_4$, das in großer Menge als *Stickstoffdünger* Verwendung findet.

S. S. 161.

Neuerdings stellt man Ammonsulfat aus synthetischem Ammoniak ohne Anwendung von Schwefelsäure auf folgende Weise dar. Fein gemahlener Gips ($CaSO_4 \cdot 2H_2O$) wird unter Zuleiten von Kohlendioxyd mit wäßrigem Ammoniak behandelt:

$$CaSO_4 \cdot 2H_2O + 2NH_3 + CO_2 \rightarrow 2NH_4^+ + SO_4^{--} + CaCO_3 + H_2O.$$

Man filtriert das ausgefallene Calciumcarbonat ab, dampft das Filtrat zur Kristallisation ein und trennt das auskristallisierte Ammoniumsulfat durch Zentrifugieren von der Mutterlauge ab.

Ammoniumnitrat, NH_4NO_3, wird aus Ammoniak und Salpetersäure gewonnen; es bildet einen Bestandteil verschiedener Sprengstoffe und Stickstoffdünger (z. B. Leunasalpeter: NH_4NO_3, $(NH_4)_2SO_4$; Kalkammonsalpeter: NH_4NO_3, $CaCO_3$ u. a.).

Aus Salzsäure und Ammoniak gewinnt man **Ammoniumchlorid** (ältere Namen: Chlorammonium, Salmiak, offiz.: *Ammonium chloratum*), NH_4Cl. In der Medizin verwendet man dieses Salz zu Hustentropfen und Hustenpastillen. Weiterhin dient es beim Löten zur Reinigung des Lötkolbens von dem Beschlag des Metalloxyds, das sich bei höherer Temperatur mit Ammoniumchlorid umsetzt, z. B.:

$$CuO + 2NH_4Cl \rightarrow CuCl_2 + 2NH_3 + H_2O.$$

Als Mineraldünger wird Ammonchlorid besonders in Mischung mit Calciumcarbonat (Kalkammonchlorid) benützt.

Das im Handel erhältliche **kohlensaure Ammoniak** (alter Name: Hirschhornsalz; offiz.: *Ammonium carbonicum*) wird durch Sublimation einer Mischung von Ammoniumsulfat und Calciumcarbonat hergestellt.

Ammoniumamalgam. Hydrazin.

Man könnte meinen, daß das so erhaltene Produkt aus dem normalen Ammoniumcarbonat $(NH_4)_2CO_3$ bestehen müsse:
$$(NH_4)_2SO_4 + CaCO_3 \rightarrow (NH_4)_2CO_3 + CaSO_4.$$
Ein Teil des Ammoniumcarbonats gibt jedoch Ammoniak ab, wobei Ammoniumhydrocarbonat, NH_4HCO_3, entsteht; der Rest gibt Wasser ab und wird zu Ammoniumcarbaminat, $NH_4CO_2NH_2$. Dieses Salz ist das Ammoniumsalz der Carbaminsäure, HCO_2NH_2.

Bei der Auflösung in Wasser nimmt Ammoniumcarbaminat langsam Wasser auf und verwandelt sich in Ammoniumcarbonat.

Kohlensaures Ammoniak kann als Backmittel verwendet werden; beim Erhitzen des Teiges spaltet es gasförmiges Kohlendioxyd ab, das den Teig auflockert, und Ammoniak, das vom Teig gebunden wird.

Ammoniumamalgam. In den Ammoniumsalzen tritt die geladene Atomgruppe NH_4^+ wie ein Metallion auf. Es liegt daher sehr nahe anzunehmen, daß das neutrale Radikal NH_4 in freiem Zustande metallische Eigenschaften besitzen könnte. Wenn es auch nicht geglückt ist, das reine Ammoniumradikal in freiem Zustande darzustellen, hat man doch eine *Legierung des Ammoniums mit Quecksilber*, ein *Amalgam*, herstellen können, das metallische Eigenschaften besitzt. Bei der Einwirkung von Natriumamalgam auf Ammoniumchloridlösung erhält man einen metallisch aussehenden, teigigen Stoff, der zweifellos Ammoniumamalgam ist, gebildet nach folgendem Schema:
$$(Na,Hg) + NH_4Cl \rightarrow (NH_4,Hg) + NaCl.$$
Die Bezeichnungen (Na,Hg) und (NH_4,Hg) sollen hier die Legierungen des Quecksilbers mit Natrium und Ammonium ohne Rücksicht auf ihre quantitative Zusammensetzung darstellen.

Ammoniumamalgam ist sehr unbeständig. Das darin enthaltene Ammonium zerlegt sich im Verlauf weniger Minuten in Ammoniak und Wasserstoff, die zuerst vorübergehend in Form kleiner Gasblasen das Amalgam aufblähen, sich jedoch bald zu größeren Blasen vereinigen und entweichen.

Hydrazin, N_2H_4, ist eine farblose Flüssigkeit mit basischen Eigenschaften. Wie Ammoniak verbindet es sich mit Säuren zu Salzen, ohne daß Wasser gebildet wird:
$$N_2H_4 + HCl \rightarrow N_2H_5Cl \text{ (Hydraziniumchlorid)}.$$
In saurer Lösung verbindet es sich mit Wasserstoffionen zu dem Hydraziniumion:
$$N_2H_4 + H^+ = N_2H_5^+.$$
Hydrazin ist ein starkes *Reduktionsmittel*, indem es leicht zu Stickstoff und Wasser oxydiert wird.

Die Oxyde des Stickstoffs.

Stickstoff bildet mit Sauerstoff drei wichtige gasförmige Oxyde: Stickoxydul, N_2O, Stickoxyd, NO, und Stickstoffdioxyd, NO_2;

außerdem sind zwei Oxyde, N_2O_3 und N_2O_5, bekannt, die hauptsächlich als Anhydride der salpetrigen Säure, HNO_2, und der Salpetersäure, HNO_3, Interesse besitzen:

$$N_2O_3 + H_2O = 2\,HNO_2,$$
$$N_2O_5 + H_2O = 2\,HNO_3.$$

Die fünf Oxyde des Stickstoffs bilden eine Reihe mit gleichmäßig steigendem Sauerstoffgehalt; man sieht dies am besten, wenn man alle Formeln mit zwei Stickstoffatomen schreibt:

$$\begin{array}{ll} N_2O & \text{Stickoxydul} \\ 2\,NO = N_2O_2 & \text{Stickoxyd} \\ N_2O_3 & \text{Salpetrigsäureanhydrid} \\ 2\,NO_2 = N_2O_4 & \text{Stickstoffdioxyd} \\ N_2O_5 & \text{Salpetersäureanhydrid.} \end{array}$$

Stickoxydul, N_2O, ist ein farbloses Gas, das man durch Erwärmen von Ammoniumnitrat darstellt:

$$NH_4NO_3 \rightarrow N_2O + 2\,H_2O.$$

Das Gas ist etwas in Wasser löslich, kann aber noch über Wasser aufgefangen werden. Stickoxydul hat *narkotische* Wirkung und wird in der Medizin, meist mit 20% Sauerstoff gemischt, als Betäubungsmittel angewandt. Beim Einatmen kommt es zunächst zu einem Rauschzustand mit Ideenflucht, Munterkeit, Lachen (Lachgas). Im Stickoxydul ist das Sauerstoffatom lockerer gebunden wie im Sauerstoffmolekül; dieses Gas unterhält deshalb Verbrennungen besser wie atmosphärische Luft, zumal ja auch sein Sauerstoffgehalt relativ größer ist.

Stickoxyd, NO, ist ein ungefärbtes Gas. Zur Darstellung läßt man mittelstarke Salpetersäure auf Kupfer in einem Gasentwicklungsapparat einwirken. Das Kupfer *reduziert* die Salpetersäure unter Bildung von Stickoxyd, Wasser und Kupferoxyd:

$$2\,HNO_3 + 3\,Cu = 2\,NO + H_2O + 3\,CuO;$$

das hierbei gebildete Kupferoxyd verbindet sich sofort mit weiterer Salpetersäure zu Cuprinitrat und Wasser:

$$3\,CuO + 6\,HNO_3 = 3\,Cu(NO_3)_2 + 3\,H_2O.$$

Durch Addition der beiden Gleichungen dieser Teilreaktionen erhält man die Bruttogleichung:

$$8\,HNO_3 + 3\,Cu = 2\,NO + 3\,Cu(NO_3)_2 + 4\,H_2O.$$

In dieser Gleichung erscheint das Zwischenprodukt Kupferoxyd nicht mehr; es ist durch die Addition der Teilgleichungen eliminiert.

Eigenschaften. Stickoxyd ist in Wasser nur *wenig löslich* und kann daher bequem über Wasser aufgefangen und aufbewahrt werden. Mit *Ferrosulfat* bildet es eine dunkel gefärbte, lösliche Verbindung. Die Verbindung ist so unbeständig, daß sie sich beim Erwärmen der Lösung bereits zersetzt. Sie bildet sich bei der ana-

Die Oxyde des Stickstoffs.

lytischen Reaktion auf Nitrat mit konz. Schwefelsäure und Ferrosulfat.

Läßt man Stickoxyd frei in die Atmosphäre ausströmen, so bilden sich sofort rotbraune Dämpfe von Stickstoffdioxyd, NO_2; Stickoxyd verbindet sich nämlich bei gewöhnlicher Temperatur S. S. 93. sehr schnell *mit Sauerstoff*:

$$2 NO + O_2 \rightarrow 2 NO_2.$$

Bei höherer Temperatur ist die Reaktion unvollständig; je höher die Temperatur ist, desto geringer ist die gebildete Menge Dioxyd. Bei Rotglut bildet sich überhaupt kein Dioxyd mehr; im Gegenteil, bei dieser Temperatur spaltet sich Stickstoffdioxyd vollständig in Stickoxyd und Sauerstoff.

Läßt man gleichzeitig *Sauerstoff und Wasser auf Stickoxyd* einwirken, so erhält man als Endresultat Salpetersäure:

$$2 NO + 3 O + H_2O \rightarrow 2 HNO_3.$$

Stickstoffdioxyd, NO_2 oder N_2O_4, ist eine gelbe, sehr leichtflüchtige Flüssigkeit; sie bildet rotbraune, übelriechende Dämpfe, die von Wasser begierig aufgenommen werden (unter Bildung von Salpetersäure und von salpetriger Säure oder Stickoxyd: $2 NO_2 + H_2O \rightarrow HNO_3 + HNO_2$; $3 NO_2 + H_2O \rightarrow 2 HNO_3 + NO$). Die höheren Stickoxyde (NO, NO_2) sind schwere und heimtückische *Lungengifte*.

Zur Darstellung wird Bleinitrat erhitzt, wobei Stickstoffdioxyd, Sauerstoff und Bleioxyd entstehen:

$$Pb(NO_3)_2 \rightarrow 2 NO_2 + O + PbO.$$

Schickt man elektrische Funken durch atmosphärische Luft, so färbt sich die Luft braun, weil sich etwas Stickstoffdioxyd bildet. Diese Beobachtung ist die Grundlage für die technische Darstellung der Salpetersäure und des Salpeters aus der Luft nach BIRKELAND und EYDE.

Die Theorie der Stickoxydsynthese.

Es hat sich als recht schwierig erwiesen, die Bestandteile der Luft, Stickstoff und Sauerstoff, miteinander chemisch in Reaktion zu bringen, wegen der geringen Affinität, die diese Gase zueinander besitzen.

Um die günstigsten Umstände für die Synthese eines Stickstoffoxydes erkennen zu können, muß man wissen, wie sich die Affinität zwischen Stickstoff und Sauerstoff mit der Temperatur und dem Drucke verändert; d. h. man muß feststellen, wie viel Stickoxyd sich bei bestimmter Temperatur und bestimmtem Druck gebildet hat, wenn man bis zur Einstellung des chemischen Gleichgewichtes wartet. Versuche haben gezeigt, daß sich in einer Mischung gleicher Raumteile Stickstoff und Sauerstoff (entsprechend dem Verhältnis $N_2 + O_2$) bilden:

bei 2000° etwa 1% *Stickoxyd*, und
bei 3000° etwa 5% *Stickoxyd*;

außerdem ergab sich die Ausbeute als *unabhängig vom Druck*.

Da also die Affinität zwischen Stickstoff und Sauerstoff vom Druck unabhängig ist, jedoch mit steigender Temperatur stark anwächst, kann man bei der synthetischen Darstellung die Ausbeute an Stickoxyd durch Druckerhöhung nicht steigern; hierzu muß man vielmehr *bei hoher Temperatur* arbeiten. Es hat aber auch keinen Sinn, die Temperatur über eine gewisse Grenze zu steigern. Oberhalb etwa 2500° ist nämlich die Reaktionsgeschwindigkeit, mit der sich das Gleichgewicht einstellt, außerordentlich groß: man kann selbst durch die schnellste Abkühlung nicht verhindern, daß sich beim Durchlaufen der Temperatur von 2500° der Gleichgewichtszustand für diese Temperatur einstellt. Es ist also zwecklos über 2500° zu gehen; bei noch höheren Temperaturen wird zwar tatsächlich mehr Stickoxyd gebildet, aber dieser Überschuß geht unweigerlich während des Abschreckens verloren. Erst unterhalb 1000° wird die Reaktionsgeschwindigkeit so klein, daß von weiterer Zersetzung keine Rede mehr ist.

Bei der Darstellung des Stickoxyds handelt es sich also darum, die Luft auf etwa 2500° zu erhitzen und hierauf, so schnell wie irgend möglich, unterhalb 1000° abzukühlen. Praktisch wird dies so ausgeführt, daß man einen kräftigen Luftstrom zwischen zwei Elektroden durchbläst, zwischen denen unausgesetzt starke elektriche Entladungen übergehen. In der Funkenbahn wird die Luft sehr stark erhitzt; sofort nach dem Erlöschen eines einzelnen Funkens sinkt jedoch die Temperatur unterhalb 1000°, indem sich der Wärmeinhalt der Gase auf die umgebenden Luftmassen verteilt. Nach diesem Grundsatz ist es mit Hilfe elektrischer Entladungen von geeigneter Größe gelungen, Luft mit einem Gehalt von etwa 2% Stickoxyd zu gewinnen. Während der Abkühlung des Gases von 1000° bis zu gewöhnlicher Temperatur verbindet sich das farblose Stickoxyd mit weiterem Sauerstoff zu rotbraunem Stickstoffdioxyd. Hiermit erklärt sich die Bildung von Stickstoffdioxyd in einem abgesperrten Luftvolumen, durch das man einige Zeit lang elektrische Funken schickt.

Die sauerstoffhaltigen Säuren des Stickstoffs.

Von diesen Säuren sind zwei von wesentlicher Wichtigkeit: salpetrige Säure, HNO_2, und Salpetersäure, HNO_3.

Salpetrige Säure. Salpetersäure.

Salpetrige Säure, HNO_2, ist eine unbeständige Säure, die nur in verdünnter Lösung bekannt ist. Sie zersetzt sich leicht in Stickoxyd und Salpetersäure:

$$3 HNO_2 \rightarrow 2 NO + HNO_3 + H_2O.$$

Ihre Salze heißen **Nitrite**. Kalium- und Natriumnitrit entstehen beim Erhitzen der entsprechenden Nitrate:

$$2 NaNO_3 \rightarrow 2 NaNO_2 + O_2.$$

Die Sauerstoffabgabe erleichtert man oft durch Zusatz von Blei, das den Sauerstoff unter Bildung von Bleioxyd, PbO, aufnimmt. Gelöstes Ammoniumnitrit zerfällt, schwach erwärmt, leicht zu Wasser und Stickstoff, in einer Reaktion, die der Darstellung von S. S. 154. Stickoxydul aus Ammoniumnitrat analog ist:

$$NH_4NO_2 \rightarrow N_2 + 2 H_2O.$$

Salpetersäure, HNO_3, *Acidum nitricum* (früher Scheidewasser genannt) ist eine schwere, wasserklare Flüssigkeit. Eine Mischung aus 32% Wasser und 68% Salpetersäure besitzt von allen Mischungen dieser beiden Stoffe den höchsten Siedepunkt 120° und destilliert unverändert über, wie es von der 20%igen Salzsäure bekannt ist. S. S. 66. Die im Handel befindliche reine konz. Salpetersäure besitzt im allgemeinen diese Zusammensetzung. Meistens ist sie gelblich gefärbt, weil sich Salpetersäure in konz. Lösung leicht etwas in Stickstoffdioxyd, Sauerstoff und Wasser zersetzt, etwa nach dem Schema:

$$2 HNO_3 \rightarrow 2 NO_2 + O + H_2O.$$

Rauchende Salpetersäure ist stärker (bis zu 100%) und gewöhnlich durch Stickstoffdioxyd gelb gefärbt.

Darstellung. Man stellt Salpetersaure durch Destillation von Natriumnitrat mit konz. Schwefelsäure dar:

$$NaNO_3 + H_2SO_4 \rightarrow HNO_3 + \underset{\text{Natriumhydrosulfat}}{NaHSO_4}.$$

Beim Zusammenmischen setzt die Schwefelsäure nur einen Teil der Salpetersäure in Freiheit; in dem Maße, wie diese Salpetersäure durch Abdestillieren entfernt wird, wird weitere Salpetersäure frei, so daß mit der Zeit die gesamte Säure aus dem Salpeter aus- S. S. 166 getrieben wird. Wie das angeschriebene Schema andeutet, wendet man so viel Schwefelsäure an, daß sich *Natriumhydrosulfat* bilden kann; damit erreicht man, daß die Destillation bei nicht zu hoher Temperatur vor sich geht, und die Salpetersäure nur in geringem Maße zersetzt wird. Ihre Zersetzung kann man nahezu vollkommen vermeiden, wenn man die Destillation im Vakuum bei niederer Temperatur vornimmt.

Synthetisch wird die Salpetersäure aus ihren Bestandteilen, wie sie in der *Luft* und im *Wasser* vorkommen, dargestellt, indem man zunächst in elektrischen Entladungen die Verbindung der atmosphärischen Gase zu Stickoxyd erzwingt. Stickoxyd liefert mit Wasser und mit weiterem Luftsauerstoff Salpetersäure.

Nach der Methode von BIRKELAND und EYDE erzeugt man in einem Ofen mit Hilfe hochgespannten Wechselstroms (5000 Volt) eine ununterbrochene Reihe kräftiger elektrischer Funken oder Lichtbögen, die man mittels eines Magneten zu einer Lichtscheibe von mehreren Metern Durchmesser auseinander zieht. Quer durch diese ,,Flamme" wird ein kräftiger Luftstrom geblasen. Die im Ofen momentan auf etwa 2500° erhitzte Luft tritt aus dem Ofen mit einer Temperatur von etwa 700° aus und enthält, S.S.155 f. wie oben verständlich gemacht wurde, etwa 2% Stickoxyd. Diese ,,nitrose" Luft wird abgekühlt und durch hohe Türme geleitet, in denen dem Gasstrom über eine Steinfüllung Wasser entgegen rieselt; hierbei verbindet sich das Stickoxyd mit Sauerstoff und Wasser zu Salpetersäure, die man am Fuß des Turmes abzapft.

Die Hauptkosten bei dieser Darstellung der Salpetersäure verursacht die Antriebsenergie der großen Dynamomaschinen, die den hochgespannten Wechselstrom für die Öfen erzeugen. Jeder Ofen verbraucht eine Leistung von etwa 5000 kW, d. h. etwa 7000 PS. Diese Industrie ist daher an Wasserfälle, z. B. in Norwegen oder in den Alpen, gebunden, wo die Energie sehr billig ist.

Eine andere synthetische Darstellung der Salpetersäure, die heute weitaus die größten Mengen Säure liefert, beruht auf der *katalytischen Oxydation von synthetischem Ammoniak mit Luft*. Hierbei gilt es, die Bildung von freiem Stickstoff zu vermeiden. Das Ammoniakgas wird mit Luft gemischt und über eine geeignete Kontaktsubstanz (z. B. auf 500° erhitztes Platin) geleitet. Hierbei verbrennt es zu Stickoxyd; aus der nunmehr stickoxyd- und sauerstoffhaltigen Gasmischung gewinnt man die Salpetersäure durch eine Behandlung mit Wasser in Absorptionstürmen, ähnlich wie bei der Darstellung aus Luft und Wasser mit Hilfe elektrischer Entladungen.

Eigenschaften. Salpetersäure ist eine *starke, einbasische Säure*, deren Lösung die Haut gelb färbt. In verdünnter wäßriger Lösung ist sie vollständig in Wasserstoffionen und Nitrationen dissoziiert:

$$HNO_3 \rightarrow H^+ + NO_3^-.$$

Technisch wichtig sind gewisse organische Derivate der Säure (Nitroverbindungen, Sprengstoffe).

Salpetersäure ist ein sehr kräftiges und häufig benutztes *Oxydationsmittel*; auf dieser Eigenschaft beruhen die meisten ihrer Anwendungen.

Wirkt die Salpetersäure oxydierend, so bildet sich meist sowohl Stickoxyd, NO, als auch Stickstoffdioxyd, NO_2. Mit verdünnter Salpetersäure entsteht vorzugsweise Stickoxyd, mit konz. Säure vorzugsweise Stickstoffdioxyd. Bildet sich Stickoxyd, so geben *zwei Moleküle Salpetersäure drei Atome Sauerstoff ab*:

$$2\,HNO_3 \rightarrow 2\,NO + H_2O + 3\,O.$$

Bildet sich Stickstoffdioxyd, so entsteht aus zwei Molekülen Salpetersäure *nur ein Atom Sauerstoff*:
$$2\,HNO_3 \rightarrow 2\,NO_2 + H_2O + O.$$
Bei der Auflösung von Kupfer in *verdünnter* bis *mittelstarker* Salpetersäure finden die Teilvorgänge statt, die bei der Darstellung des Stickoxydes besprochen wurden, und deren Bruttogleichung S. S. 154. lautet:
$$3\,Cu + 8\,HNO_3 \rightarrow 2\,NO + 3\,Cu(NO_3)_2 + 4\,H_2O.$$
Behandelt man dagegen Kupfer mit *konz.* Salpetersäure, so sind die Teilvorgänge:
$$Cu + 2\,HNO_3 \rightarrow CuO + 2\,NO_2 + H_2O, \text{ und:}$$
$$CuO + 2\,HNO_3 \rightarrow Cu(NO_3)_2 + H_2O,$$
deren Zusammenfassung ergibt:
$$Cu + 4\,HNO_3 \rightarrow 2\,NO_2 + Cu(NO_3)_2 + 2\,H_2O.$$

Salpetersäure löst viele Metalloide auf, z. B. Jod, Schwefel, Phosphor; diese Elemente *oxydiert* sie zu sauerstoffhaltigen Säuren (Jodsäure, Schwefelsäure, Phosphorsäure), z. B.:
$$3\,J_2 + 10\,HNO_3 \rightarrow 6\,HJO_3 + 10\,NO + 2\,H_2O;$$
$$S + 2\,HNO_3 \rightarrow H_2SO_4 + 2\,NO.$$
Sie löst die meisten Metalle unter Oxydation zu den entsprechenden Oxyden, die mit weiterer Salpetersäure sodann Nitrate ergeben; in dieser Weise löst sie Blei, Kupfer, Quecksilber und Silber, jedoch nicht Gold und Platin. Salpetersäure zersetzt viele Wasserstoffverbindungen, wobei sie den Wasserstoff zu Wasser *oxydiert*. So oxydiert sie Chlorwasserstoff zu Chlor und Wasser. Königswasser, eine Mischung aus konz. Salzsäure und konz. Salpetersäure (die ihren Namen wegen ihres Lösungsvermögens für den König der Metalle, das Gold, erhielt) wirkt daher wie *freies Chlor*; der Gehalt des Königswassers an Chlor ist der Grund für die Auflösung des Goldes. Schwefelwasserstoff wird von Salpetersäure zu Schwefel oxydiert:
$$3\,H_2S + 2\,HNO_3 \rightarrow 3\,S + 2\,NO + 4\,H_2O.$$
Der Schwefel kann langsam weiter oxydiert werden, bis zur Schwefelsäure. Deshalb führt man Fällungen mit Schwefelwasserstoff ungern in salpetersauren Lösungen aus. Ist die Lösung kalt und enthält sie nur wenig Salpetersäure, so geht die Oxydation des Schwefelwasserstoffs allerdings so langsam vor sich, daß sie die Fällung nicht stört. Schließlich soll noch erwähnt werden, daß verdünnte Salpetersäure, dank ihrer Oxydationsfähigkeit, auch solche Metallsulfide lösen kann, die sonst in verdünnten Säuren unlöslich sind, z. B. Bleisulfid, Silbersulfid, Wismutsulfid und Kupfersulfid. Mercurisulfid löst sich nur, wenn gleichzeitig Salzsäure zugegen ist. Bei diesen Lösungsvorgängen entstehen die

Nitrate der Metalle (bzw. bei Quecksilber das Chlorid), während der Schwefel als solcher ausgeschieden wird, z. B.

$3 \text{ CuS} + 8 \text{ HNO}_3 \rightarrow 3 \text{ Cu(NO}_3)_2 + 3 \text{ S} + 2 \text{ NO} + 4 \text{ H}_2\text{O}.$

Bei längerer Einwirkung der Salpetersäure kann auch hier der Schwefel bis zur Schwefelsäure weiter oxydiert werden.

S. S. 155. Die Anwendung von starker Salpetersäure in der Technik ist mit Gefahr verbunden, weil dabei die *giftigen Stickoxyde* entstehen (z. B. beim Gelbbrennen in der Metallindustrie). Wird Salpetersäure verschüttet, so darf man keinesfalls organisches Material zur Beseitigung verwenden, bei dessen rascher Oxydation sich große Mengen Stickoxyde bilden können.

Nitrate. Mit wenigen unwesentlichen Ausnahmen sind alle Salze der Salpetersäure in Wasser gut löslich. Ähnlich wie freie Salpetersäure sind auch die Nitrate *Oxydationsmittel*; sie enthalten den Nitratrest, der auch der oxydierende Bestandteil der Salpetersäure ist.

Kaliumnitrat, KNO_3 (Kalisalpeter), bildet einen Bestandteil des Schwarzpulvers, das aus etwa 6 Teilen Salpeter, 1 Teil Kohle und 1 Teil Schwefel besteht. Entzündet man das Pulver, so oxydiert der Salpeter die Kohle und den Schwefel; die hierbei entwickelten Gase, in Verbindung mit der Oxydationswärme, verursachen die Sprengwirkungen.

Natriumnitrat, $NaNO_3$ (Natronsalpeter), ist das wichtigste Nitrat. In großen Mengen dient es unter dem Namen Chilesalpeter als *Stickstoffdünger*. Im nördlichen, regenarmen Chile findet sich eine mächtige Schicht dieses Salzes, durchschnittlich 1—2 m dick, 3 km breit und 350 km lang. Diese Schicht enthält zwischen 20 und 55% Natriumnitrat, vermengt mit Natriumchlorid, etwas Perchlorat und etwas Jodat, außer erdigen Verunreinigungen. Mit warmem Wasser wird der Salpeter aus dem Rohprodukt ausgelaugt, wobei ein Teil des Natriumchlorids mit in Lösung geht; bei der Abkühlung kristallisiert der Salpeter nahezu rein aus, weil das Natriumchlorid in kaltem Wasser praktisch
S. S. 22. die gleiche Löslichkeit besitzt wie im warmen Wasser und deswegen in Lösung bleibt. Die Mutterlauge wird zu weiterem Auslaugen des Rohproduktes benutzt, usw.

Calciumnitrat, $Ca(NO_3)_2$ (Kalksalpeter), wird neuerdings in ständig steigenden Mengen aus synthetischer Salpetersäure zur Anwendung als *Stickstoffdünger* hergestellt. Das Salz zieht Wasser an, ist zerfließlich und muß gegen Feuchtigkeit geschützt aufbewahrt werden.

Das Handelsprodukt Norgesalpeter stellt man durch Neutralisation der synthetisch aus Luft gewonnenen Salpetersäure mit Calciumcarbonat her; die Lösung wird eingedampft, bis sie etwa 80% Calciumnitrat enthält. Bei der Abkühlung erstarrt diese Masse und wird sodann mechanisch zerkleinert. Norgesalpeter enthält etwa 20% Kristallwasser (Calciumnitrat kann höchstens mit 4 H_2O kristallisieren, was 30,5% Wassergehalt entspricht). Der deutsche Kalksalpeter wird aus Salpetersäure gewonnen, die ihrerseits durch katalytische Oxydation von Ammoniak hergestellt wird. Er enthält etwa 5% Ammoniumnitrat, das die Herstellung erleichtert und den Stickstoffgehalt in wertvoller Weise erhöht.

Stickstoffdünger.

Für die Aufnahme des Stickstoffs durch die Wurzeln der Pflanze ist es vorteilhaft, wenn der Stickstoff in Form von *Nitraten* vorliegt. Daher wirken Chilesalpeter, Kalksalpeter und Norgesalpeter sofort, nachdem man sie dem Erdboden zugeführt hat. Ammoniumsulfat wirkt langsamer; das darin enthaltene Ammoniak muß im allgemeinen erst zu Salpetersäure oxydiert werden, bevor die Pflanze den Stickstoff aufnehmen kann. Diese Oxydation besorgen im Erdboden die sog. *Salpeterbakterien*, die hierzu den Sauerstoff der Luft benutzen; die Salpetersäure wird meistens im Boden durch Calciumcarbonat oder andere basische Bodenbestandteile neutralisiert, so daß trotz Säurebildung der Boden neutral bleibt. Berücksichtigt man die Neutralisation gleich mit, so wird das Schema für die Oxydation des Ammonsulfates im Erdboden:

$(NH_4)_2SO_4 + 4 O_2 + 2 CaCO_3 \rightarrow Ca(NO_3)_2 + CaSO_4 + 4 H_2O + 2 CO_2$.

Man darf Ammoniumsulfat nicht mit basischen Mineraldüngern mischen, z. B. nicht mit dem kalkhaltigen Thomasphosphat; basische Stoffe machen ja Ammoniak frei und verursachen daher Stickstoffverlust.

Eine besondere Form von Stickstoffdünger ist Calciumcyanamid *(Kalkstickstoff)*, CaN_2C, dessen Darstellung oben erwähnt S. S. 147. wurde, und das bei den Cyanverbindungen näher besprochen wird. S. S. 202.

Andere neuerdings vorgeschlagene und in Gebrauch gekommene Stickstoffdünger sind: Ammoniumnitrat (Ammoniaksalpeter), NH_4NO_3, meistens gemischt mit Calciumcarbonat (als Kalkammonsalpeter), Ammoniumchlorid, NH_4Cl, ebenfalls meist mit Calciumcarbonat gemischt (als Kalkammonchlorid), Harnstoff, $CO(NH_2)_2$, und eine Verbindung aus Calciumnitrat mit Harnstoff $Ca(NO_3)_2 \cdot 4 CO(NH_2)_2$.

In der letztgenannten Verbindung ist der Harnstoff ähnlich wie Kristallwasser gebunden. Alle diese Stoffe zeichnen sich durch hohen Stickstoffgehalt aus. Ammoniumnitrat ist zerfließlich; dagegen sind die beiden letztgenannten Stoffe an der Luft beständig, da das Calciumnitrat in seiner Kristallverbindung mit Harnstoff die Hygroskopizität verloren hat.

Ein wichtiger Stickstoffdünger ist Jauche, deren Düngkraft hauptsächlich von ihrem Stickstoffgehalt herrührt. Frischer Harn enthält hauptsächlich Harnstoff, $CO(NH_2)_2$. Durch die Einwirkung entweder von — im Boden weit verbreiteten — Bakterien, die den Harnstoff hydrolysieren, oder des Enzyms Urease, das aus diesen S. S. 77. Bakterien gewonnen werden kann, wandelt sich Harnstoff unter Wasseraufnahme in Ammoniumcarbonat um:

$CO(NH_2)_2 + 2 H_2O \rightarrow (NH_4)_2CO_3$.

S. S. 151. Die Flüchtigkeit dieses letzten Salzes kann einen merklichen Stickstoffverlust beim Aufbewahren und Verarbeiten der Jauche verursachen. In vielen Ställen zeigt ein deutlicher Ammoniakgeruch einen solchen Verlust an.

Durch Zusatz von Calciumchlorid zur Jauche läßt sich der Stickstoffverlust vermindern; hierbei fällt Calciumcarbonat aus, und es bildet sich eine haltbare, nicht nach Ammoniak riechende Lösung von Ammoniumchlorid:

$$(NH_4)_2CO_3 + CaCl_2 \rightarrow CaCO_3 + 2\,NH_4Cl.$$

Die Halogenverbindungen des Stickstoffs.

Chlorstickstoff, NCl_3. Leitet man Chlor in Ammoniumchloridlösung, so entsteht Chlorstickstoff als gelbliches Öl:

$$NH_4Cl + 3\,Cl_2 \rightarrow NCl_3 + 4\,HCl.$$

Die Darstellung ist sehr gefährlich, da Chlorstickstoff bei der geringsten Veranlassung heftig explodiert:

$$2\,NCl_3 \rightarrow N_2 + 3\,Cl_2.$$

Ähnlich explosiv, jedoch weniger gefährlich darzustellen, ist der feste Jodstickstoff, der beim Übergießen von pulverisiertem Jod mit Ammoniak entsteht.

Der chemische Vorgang. III.

Gesetze des chemischen Gleichgewichtes.

Über die Beweglichkeit von chemischen Vorgängen. Ist unter bestimmten äußeren Umständen (Temperatur, Gegenwart von Katalysatoren usw.) die Reaktionsgeschwindigkeit eines Vorgangs merklich, so spricht man von einer *beweglichen* oder *ungehemmten* Reaktion; der Gegensatz hierzu sind *reaktionsträge, gehemmte* oder *unbewegliche* Vorgänge. Ein beweglicher Vorgang wird solange ablaufen, bis der tatsächliche Gleichgewichtszustand erreicht ist. Bei einer umkehrbaren Reaktion zeigt sich dies daran, daß die zwei reziproken Vorgänge von den beiden entgegengesetzten Seiten her zu dem gleichen Endzustand führen, in dem sowohl die verschwindenden als auch die entstehenden Stoffe in nachweisbaren Mengen vorhanden sind. (Beispiele hierfür: die Dissoziation des Wasserdampfes bei hoher Temperatur, die Hydrolyse des Chlors, die Umsetzungen in Säure-Basensystemen.) Ein beweglicher, aber nicht umkehrbarer Vorgang kommt erst dann zur Ruhe, wenn die reagierenden Stoffe oder mindestens einer von ihnen verbraucht sind. Auch den Gleichgewichtszustand selbst, der sich bei einem beweglichen umkehrbaren Vorgang einstellt, bezeichnet man oft als ein *bewegliches Gleichgewicht*, wenn man dessen Verschiedenheit von dem Zustande eines nur scheinbaren Gleichgewichtes betonen will, wo die herrschende Ruhe nicht von einem echten Gleichgewicht herrührt, sondern nur der Ausdruck von *Reaktionsträgheit*, d. h. zu geringer Reaktionsgeschwindigkeit ist. In einer Mischung von Stickstoff und Wasserstoff vollzieht sich bei gewöhnlicher Temperatur *keinerlei Ammoniakbildung*; aber diese Ruhe rührt nicht daher, daß die Mischung im chemischen Gleichgewicht ist, sondern stammt nur von der fehlenden Reaktionsgeschwindigkeit. Man kann berechnen, daß das chemische Gleichgewicht für eine Mischung aus 3 R.T. Wasserstoff und 1 R.T. Stickstoff bei gewöhnlicher Temperatur und 1 Atm. Druck bei ungefähr 99% Ammoniak liegt. Eine solche Mischung mit 99% Ammoniak wäre also im chemischen Gleichgewicht; aber die Reaktion ist bei Zimmertemperatur gehemmt und wird erst beim Erwärmen auf 500° S. S. 149. beweglich, wozu sogar noch die Anwesenheit geeigneter Kontakte notwendig ist. Die *Wasserbildung aus Wasserstoff und Sauerstoff* S. S. 59. ist in Gegenwart von Platinschwamm bereits bei Zimmertemperatur beweglich, ohne Kontakt jedoch wird sie es erst in der Glühhitze. Die *Hydrolyse des Chlors* im Chlorwasser ist schon bei gewöhn- S. S. 69. licher Temperatur beweglich. Die meisten chemischen Verbindungen (z. B. fast alle organischen) stellen keine beweglichen Gleichgewichtszustände dar; wenn sie sich bei der Aufbewahrung nicht zersetzen oder umwandeln, so verdanken sie dies nur ihrer Reaktionsträgheit.

Das Prinzip von Le Chatelier. Verändert man die äußeren Umstände, so wird sich im allgemeinen jedes bewegliche chemische Gleichgewicht verschieben, d. h. die Zusammensetzung der Gleichgewichtsmischung wird sich ändern. Solche Änderungen treten ein, wenn man die *Temperatur* oder den *Druck* ändert (s. z. B. Tabelle 15), S. S. 149. oder wenn man von den reagierenden Stoffen etwas zusetzt oder entfernt, d. h. ihre *Konzentrationen* ändert, oder wenn man das *Lösungsmittel* wechselt. Dagegen verschiebt sich das Gleichgewicht *nicht beim Zusatz von Kontaktsubstanzen*, und auch nicht beim Zusatz *gelöster Katalysatoren*, wenn diese nicht in so großer Menge zugegeben werden, daß sich die Natur des Lösungsmittels verändert.

Es ist offenbar höchst wichtig, die Gleichgewichtsverschiebung voraussagen zu können, die durch eine Änderung der Temperatur, des Druckes oder einer Konzentration herbeigeführt wird. Dies leistet ein Prinzip, das nach seinem Urheber als *Prinzip von* LE CHATELIER bezeichnet wird. Es sagt aus:

Ändert man in einem System, das sich in beweglichem chemischem Gleichgewicht befindet, die Temperatur, den Druck oder die Konzentration, so wird sich das Gleichgewicht nach derjenigen Richtung verschieben, welche der angebrachten Änderung entgegenwirkt.

Nach diesem Prinzip kann man jede Verschiebung eines Gleichgewichtszustandes voraussagen, selbst wenn der Vorgang nicht beweglich ist. Die Verschiebung ist nämlich dieselbe wie für einen beweglichen Prozeß.

Wir wollen nun an einigen Beispielen die Konsequenzen dieses Prinzips näher kennen lernen, je nachdem die Änderung in einer Veränderung der Temperatur, des Druckes oder der Konzentration besteht.

Der Einfluß der Temperatur. Bei den hohen Temperaturen, bei denen die Stickoxydbildung beweglich ist, verbindet sich desto mehr Stickstoff und Sauerstoff miteinander, je höher die Temperatur ist; dagegen verbinden sich umgekehrt Stickstoff und Wasserstoff bei den Temperaturen, bei denen die Ammoniakbildung beweglich ist, um so weniger miteinander, je höher die Temperatur ist. Eine Temperaturerhöhung wirkt also in völlig verschiedener Weise auf den Gleichgewichtszustand einerseits der Stickoxydbildung, andererseits der Ammoniakbildung. Dies hängt damit zusammen, daß Stickoxyd eine *endotherme* Verbindung ist, d. h. eine Verbindung, die aus ihren Bestandteilen unter Wärmeverbrauch entsteht; dagegen ist Ammoniak eine *exotherme* Verbindung, d. h. eine Verbindung, bei deren Bildung sich Wärme entwickelt. Nach LE CHATELIERs Prinzip muß *bei der Erwärmung einer in beweglichem Gleichgewicht befindlichen Mischung derjenige Vorgang vor sich gehen, der die Temperatur erniedrigt oder Wärme verbraucht.* Daher muß durch Erwärmen der betreffenden Gleichgewichtsmischung das endotherme Stickoxyd gebildet, dagegen das exotherme Ammoniak gespalten werden. Es steht auch in Übereinstimmung mit LE CHATELIERs Prinzip, daß man durch Temperaturerhöhung Stoffe schmelzen und verdampfen kann; Schmelzen und Verdampfen sind nämlich wärmeverbrauchende Vorgänge.

Bei niedriger Temperatur (als niedrig darf man in diesem Zusammenhange auch meistens die Zimmertemperatur bezeichnen) werden exotherme Verbindungen (z. B. H_2O, NH_3, CO_2) stabil sein, endotherme Verbindungen (z. B. O_3, NO, H_2O_2) dagegen instabil; mit steigender Temperatur kehrt sich jedoch, wie das Prinzip von LE CHATELIER voraussehen läßt, dieser Sachverhalt um, und bei der Temperatur des elektrischen Lichtbogens sind alle exothermen Verbindungen mehr oder minder gespalten, während umgekehrt die meisten endothermen Verbindungen sich in merklicher Menge aus ihren Bestandteilen bilden. Daß man trotz der Instabilität der endothermen Verbindungen viele von ihnen, z. B. Ozon, Stickoxyd, Wasserstoffperoxyd, bei gewöhnlicher Temperatur darstellen und aufbewahren kann, verdankt man dem Umstande, daß die Geschwindigkeit ihrer Spaltung bei gewöhnlicher Temperatur sehr klein ist. Bei geeigneter, schwacher oder starker Erwärmung kann aber diese Reaktionsgeschwindigkeit merklich werden, und die endotherme Verbindung kann sich — oft explosionsartig — zersetzen. Erst bei bedeutend stärkerem Erhitzen wird sich die endotherme Verbindung wieder zu bilden beginnen, in Übereinstimmung mit der Umkehrung der Stabilitätsverhältnisse, wie sie das LE CHATELIERsche Prinzip vorschreibt.

Der Einfluß des Druckes. Vermehrt man den Druck, unter dem sich eine in beweglichem chemischem Gleichgewicht stehende Mischung befindet, so muß nach dem Prinzip von LE CHATELIER derjenige chemische Vorgang verlaufen, durch den die Änderung des Druckes teilweise kompensiert wird, d. h. durch den der Druck verkleinert wird. Der Druckeinfluß auf chemische Gleichgewichte ist bei Gasreaktionen weitaus am deutlichsten. Hier wird sich *das Gleichgewicht durch Erhöhen des Druckes stets in der Richtung verschieben, in der sich die Anzahl der gasförmigen Moleküle vermindert*; je geringer diese Anzahl wird, desto geringer wird ja auch der Gesamtdruck der Gasmischung. Verbinden sich Stickstoff und Wasserstoff zu Ammoniak:

$$N_2 + 3 H_2 \rightarrow 2 NH_3,$$

so *vermindert* sich die Molekülzahl von vier auf zwei; daher *begünstigt hoher Druck die Ammoniakbildung*. Bei der Bildung von Stickoxyd bleibt dagegen die Molekülzahl *unverändert*: S. S. 149.

$$N_2 + O_2 \rightarrow 2 NO;$$

daher hat Druckveränderung keine Wirkung auf dieses Gleichgewicht. S. S. 156.

Der Einfluß von Konzentrationsänderungen. Setzt man zu einem heterogenen System, das sich in beweglichem chemischem Gleichgewicht befindet, einen Stoff, der *sich bereits als feste oder flüssige Phase darin befindet*, so ruft dies *keinen* chemischen Vorgang in dem System hervor; besteht nämlich Gleichgewicht zwischen einer kleinen Menge der Phase und dem übrigen System, so besteht auch Gleichgewicht mit einer größeren Menge derselben Phase.

Beispiel. Es möge Gleichgewicht zwischen einem Kristall von Kaliumchlorat und einer wäßrigen Lösung von Kaliumionen und Chlorationen bestehen, d. h. die Lösung sei mit Kaliumchlorat gesättigt. Gibt man in diese Lösung weitere Kaliumchloratkristalle, so löst sich von diesen nichts auf; es geschieht überhaupt nichts, außer daß die vorhandene Lösung die neuerdings zugegebenen Kristalle benetzt.

Setzt man dagegen zu einem in beweglichem Gleichgewicht befindlichen System einen Reaktionsteilnehmer, der nur *in Lösung* zugegen ist, und dessen Konzentration in der Lösung durch diesen Zusatz erhöht wird, so wird das Gleichgewicht gestört; in Übereinstimmung mit dem Prinzip von LE CHATELIER wird ein solcher Prozeß hervorgerufen, der diese Konzentrationserhöhung zu kompensieren sucht, d. h. *der Vorgang muß den zugeführten Stoff verbrauchen.* Entfernt man umgekehrt einen der im Gleichgewicht befindlichen gelösten Stoffe, so wird ein Vorgang verursacht, *welcher den entfernten Stoff neu bildet.*

Beispiele. Mischt man Schwefelsäure und Natriumnitrat, so wird die Schwefelsäure zuerst eine kleine Menge Salpetersäure frei machen; dabei stellt sich in der Lösung ein bewegliches Gleichgewicht ein, zwischen Schwefelsäure und Salpeter auf der einen Seite, und Salpetersäure und Natriumhydrosulfat auf der anderen Seite:

$$NaNO_3 + H_2SO_4 \rightleftharpoons HNO_3 + NaHSO_4.$$

Die freigemachte Salpetersäure stellt nur einen Bruchteil der Gesamtmenge dar. *Entfernt* man aber dauernd die freigemachte Salpetersäure durch Erwärmen, wobei sie abdestilliert, so wird nach dem Prinzip von LE CHATELIER in der Lösung weitere Salpetersäure in Freiheit gesetzt; destilliert man andauernd diese freigemachte Salpetersäure ab, so kann man nach und nach die gesamte Säure austreiben.

Ein anderes schönes Beispiel für die Anwendung unserer Regel ist folgendes. In einer Lösung von Essigsäure besteht ein bewegliches chemisches Gleichgewicht zwischen der undissoziierten Säure und ihren Ionen:

$$CH_3COOH \rightleftharpoons H^+ + CH_3COO^-.$$

Setzt man Natriumacetat zu, so kommen neue Acetationen in die Lösung; nach dem Prinzip von LE CHATELIER muß sich daher ein Teil der Acetationen mit Wasserstoffionen zu undissoziierter Essigsäure verbinden, d. h. die Lösung muß schwächer sauer werden. Diesen Umstand, daß Essigsäure in Gegenwart von Natriumacetat schwächer sauer reagiert als in reinem Wasser, benutzt man vielfach in der chemischen Analyse, z. B. bei der Ausfällung von Eisen und Aluminium als Phosphate.

Das Massenwirkungsgesetz für das chemische Gleichgewicht. Die *Größe der Verschiebung* in einem beweglichen chemischen Gleichgewicht läßt sich in vielen Fällen mit Hilfe des von GULDBERG und WAAGE aufgestellten *Gesetzes der chemischen Massenwirkung* berechnen. Dieses Gesetz wird folgendermaßen formuliert. Wir betrachten den chemischen Vorgang:

$$mA + nB + \cdots \rightleftharpoons sF + tG + \cdots;$$

hier bedeuten: A, B, F, G, $\ldots$ die Moleküle der reagierenden Stoffe; m, n, s, t, $\ldots$ die Anzahlen der reagierenden Moleküle.

Weiter bezeichnen wir mit den kleinen Buchstaben $a, b, f, g, \ldots$ die *Konzentrationen* der Stoffe $A, B, F, G \ldots$ in einer Lösung oder im Gaszustand. Das Massenwirkungsgesetz besagt nun, daß der Ausdruck

(1) $$\frac{a^m \cdot b^n \cdots}{f^s \cdot g^t \cdots}$$

den gleichen Wert für alle Lösungen (in dem gleichen Lösungsmittel) bzw. für alle Gasgemische besitzt, die sich bezüglich des oben formulierten Vorgangs in chemischem Gleichgewichte befinden. Den Wert dieses Quotienten nennt man die *Gleichgewichtskonstante* der Reaktion. Bezeichnet man sie mit dem Buchstaben K, so verlangt das Massenwirkungsgesetz die Erfüllung folgender Gleichung für alle in chemischem Gleichgewichte befindlichen Mischungen:

(2) $$\frac{a^m \cdot b^n \cdots}{f^s \cdot g^t \cdots} = K.$$

Besitzt in einer gegebenen Mischung der Ausdruck (1) einen größeren Wert als K, so ist die Mischung nicht im Gleichgewicht. Handelt es sich um einen beweglichen Vorgang, so muß eine Reaktion in der Richtung einsetzen, daß sich der Wert des Ausdruckes (1) in der Mischung der Zahl K annähert. Es müssen sich also entweder a und b vermindern, oder f und g müssen sich vermehren, d. h. die Reaktion muß in der Richtung:

$$m A + n B + \cdots \rightarrow s F + t G + \cdots$$

vor sich gehen. Besitzt der Ausdruck (1) in einer Mischung einen geringeren Wert als K, so muß der entgegengesetzt gerichtete Vorgang einsetzen.

Der Wert von K ist bei verschiedenen *Temperaturen* von verschiedener Größe; untersucht man außerdem ein und dieselbe Reaktion in *verschiedenen Lösungsmitteln* oder im *Gaszustand*, so ergibt sich auch eine Veränderung von K mit dem *Lösungsmittel* und der *Zustandsform*. Eine chemische Reaktion besitzt in jedem Lösungsmittel und für jede Temperatur ihre besondere Gleichgewichtskonstante. Man muß noch darauf achten, daß das Gesetz (2) nur angenähert gilt, d. h. nur ein *Grenzgesetz* für verdünnte Lösungen ist. Je konzentrierter die Lösungen sind (für Gase: je größer der Gasdruck der Mischung ist), auf desto größere Abweichungen muß man gefaßt sein.

S. S. 114.

S. S. 40, 140.

Das Massenwirkungsgesetz *für das chemische Gleichgewicht* läßt sich aus dem schon früher besprochenen Massenwirkungsgesetz *für die chemische Reaktionsgeschwindigkeit* ableiten. Hierzu haben wir uns nur zu vergegenwärtigen, daß das chemische Gleichgewicht nicht als ein Zustand absoluter Ruhe aufzufassen ist, sondern als ein Zustand, in dem *zwei einander entgegenlaufende Vorgänge gleich*

S. S. 80f.

große Reaktionsgeschwindigkeiten besitzen und sich deshalb gegenseitig in ihren äußeren Wirkungen aufheben.

S. S. 80. Für die Reaktionsgeschwindigkeit (H) von links nach rechts gilt:
$$H = k \cdot a^m \cdot b^n \cdots,$$
worin man die Größe k als Geschwindigkeitskonstante der Reaktion bezeichnet; für die Reaktionsgeschwindigkeit (H') von rechts nach links gilt:
$$H' = k' \cdot f^s \cdot g^t \cdots,$$
worin ganz analog k' die Geschwindigkeitskonstante dieser entgegenlaufenden Reaktion ist. Sollen diese beiden Reaktionsgeschwindigkeiten einander gleich sein, so muß gelten:
$$k \cdot a^m \cdot b^n \cdots = k' \cdot f^s \cdot g^t \cdots.$$
Hieraus folgt als Gleichgewichtsbedingung:
$$\frac{a^m \cdot b^n \cdots}{f^s \cdot g^t \cdots} = \frac{k'}{k} = \mathrm{K}.$$
Die Gleichgewichtskonstante K ist also gleich dem Verhältnis der beiden Geschwindigkeitskonstanten k' und k.

Beispiele für das Massenwirkungsgesetz (M.W.-Gesetz). Alle früher angegebenen Gesetze für Ionengleichgewichte (Säure-Basengleichgewichte, Ionisation des Wassers, Löslichkeit der Salze) können aus dem Massenwirkungsgesetz abgeleitet werden.

Die Stärkezahl eines Säure-Basenpaares (die Dissoziationskonstante einer Säure). Wendet man das M.W.-Gesetz auf das Gleichgewicht zwischen einer Säure S und der zugehörigen Base B in wäßriger Lösung an, nach dem Schema:
$$S + H_2O \rightleftharpoons B + H_3O+,$$
so erhält man zunächst:

(3) $$\frac{c_B \cdot c_{H_3O^+}}{c_S \cdot c_{H_2O}} = K'.$$

Für verdünnte wäßrige Lösungen ist in diesem Ausdruck die Konzentration des Wassers c_{H_2O} praktisch konstant, weil stets etwa 1000 g = 55,5 Mole Wasser im Liter enthalten sind, d. h. $c_{H_2O} = 55,5$. Führt man an Stelle der Konstante K' eine neue Konstante $K = c_{H_2O} \cdot K'$ ein und schreibt der Kürze halber an Stelle von $c_{H_3O^+}$ einfach c_{H^+}, so läßt sich Gleichung (3) umformen zu:
$$\frac{c_{H^+} \cdot c_B}{c_S} = K \quad \text{oder} \quad \frac{c_S}{c_B} = \frac{c_{H^+}}{K}.$$
Hiermit haben wir die S. 131 f. besprochene wichtige Gleichung abgeleitet, die jedes Säure-Basen-System beherrscht; die Gleichgewichtskonstante K ist die Stärkezahl des Säure-Basenpaares.

Das Ionisationsprodukt des Wassers. Angewendet auf die elektrolytische Dissoziation des Wassers:
$$2\,H_2O \rightleftharpoons H_3O^+ + HO^-,$$
ergibt das M.W.-Gesetz:
$$\frac{c_{H_3O^+} \cdot c_{HO^-}}{c_{H_2O}^2} = K'.$$

Wird hier wieder c_{H^+} an Stelle von $c_{H_3O^+}$ geschrieben und für die Konstante K' die neue Konstante $K_{H_2O} = K' \cdot c_{H_2O}{}^2$ gesetzt, so ergibt sich:

$$c_{H^+} \cdot c_{HO^-} = K_{H_2O}.$$

Dies ist die früher besprochene Gleichung für die Ionisation des Wassers. S. S. 114,
Die Gleichgewichtskonstante K_{H_2O} ist das Ionisationsprodukt des Wassers. 134.

Das Löslichkeitsprodukt. Ist eine in innerem Gleichgewicht befindliche Lösung mit einem der reagierenden Stoffe *gesättigt*, d. h. ist dieser Stoff in festem Zustande mit der Lösung im Gleichgewicht, so muß man in der M.W.-Gleichung mit einer *konstanten Konzentration dieses Stoffes* rechnen, nämlich mit seiner konstanten Sättigungskonzentration. Für das Gleichgewicht eines Elektrolyten KA mit seinen Ionen K^+ und A^- gilt in Lösung das M.W.-Gesetz:

$$\frac{c_{K^+} \cdot c_{A^-}}{c_{KA}} = K.$$

Hierin bedeutet c_{KA} die Konzentration der undissoziierten Elektrolytmoleküle in der Lösung. Bei starken Elektrolyten kennt man im allgemeinen die Größe dieser Konzentration nicht, für die meisten Salze ist sie zweifellos sehr gering. Bestimmt wissen wir indessen, daß sie in allen *gesättigten* Lösungen desselben Elektrolyten (konstante Temperatur und gleiches Lösungsmittel vorausgesetzt) den gleichen *konstanten* Wert annehmen muß. Beschränken wir uns auf die Betrachtung gesättigter Lösungen, so können wir an Stelle der soeben definierten Konstanten K eine neue Konstante $L_{KA} = K \cdot c_{KA}$ einführen und erhalten hiermit:

$$c_{K^+} \cdot c_{A^-} = L_{KA}.$$

Diese Gleichung sagt aus, daß in allen gesättigten Lösungen eines Elektrolyten das Produkt aus den Konzentrationen seiner Ionen den gleichen Wert besitzt (konstante Temperatur und gleiches Lösungsmittel vorausgesetzt). Die Konstante L_{KA} ist nichts anderes als das früher definierte Löslichkeits- S. S. 139. produkt.

Besitzt der Elektrolyt die Formel $K_m A_n$, so ergibt das M.W.-Gesetz, wie man leicht sieht:

$$c_K{}^m \cdot c_A{}^n = L_{K_m A_n},$$

wo $L_{K_m A_n}$ eine Konstante ist, nämlich das Löslichkeitsprodukt des Elektrolyten.

Hiermit ist die Theorie des Löslichkeitsproduktes aus dem M.W.-Gesetz abgeleitet.

Der Einfluß der Temperatur auf ein chemisches Gleichgewicht zeigt sich in einer Veränderung der Gleichgewichtskonstanten K mit der Temperatur. Wie in der Wärmelehre bewiesen und in den Lehrbüchern der physikalischen Chemie ausführlich dargestellt wird, nimmt für jeden Grad Temperaturerhöhung der Logarithmus von K um folgende Größe ab:

$$\frac{Q}{4{,}57 \cdot T^2};$$

hierin bedeutet T die absolute Temperatur (Celsiustemperatur + 273), und Q ist die *Wärmetönung* der Reaktion, d. h. die Wärme S. S. 196f. in Grammcalorien, die sich beim Umsatz der in der chemischen Gleichung angeführten Anzahlen Gramm-Mole entwickelt.

Für den Logarithmus der Gleichgewichtskonstante kann dann mit Annäherung geschrieben werden:

$$\log K = A + \frac{Q}{4{,}57 \cdot T}.$$

Kennt man die Wärmeentwicklung Q, so kann man mit Hilfe einer Bestimmung von K bei einer einzigen Temperatur den Wert A berechnen; die obenstehende Formel erlaubt dann die Größe K bei jeder beliebigen Temperatur vorauszusagen.

Phosphor.
P=31,02

Vorkommen. Phosphor kommt nirgends frei in der Natur vor; als Calciumphosphat wird er häufig gefunden, teils als *Apatit*, der deutlich kristallinisch ist, teils als *Phosphorit*, der nur mikrokristallin und gewöhnlich weniger rein ist. In diesen beiden Mineralien ist außer Calciumphosphat etwas Calciumfluorid enthalten. *Phosphorhaltige organische Verbindungen* kommen in allen Pflanzen und Tieren vor; die Kalksubstanz in den Knochen der Wirbeltiere, wie sie bei der Veraschung gewonnen wird, besteht hauptsächlich aus Calciumphosphat, dem etwas Calciumcarbonat beigemengt ist.

Freier Phosphor.

Phosphor tritt in freiem Zustand in zwei verschiedenen Formen auf, als gelber Phosphor und als roter Phosphor.

Gelber Phosphor, P_4, ist ein wachsähnlicher Stoff, der schon bei 44° schmilzt und destillierbar ist (Kp. 290°). Er ist in Wasser unlöslich, löst sich jedoch leicht in Schwefelkohlenstoff. An der Luft oxydiert er sich schon bei gewöhnlicher Temperatur und leuchtet dabei schwach, was man im Dunkeln gut beobachten kann (Phosphor = Lichtträger); man bewahrt ihn daher unter Wasser auf. Er ist so leicht entzündlich, daß er schon bei Handwärme in Brand geraten kann, oder wenn er mit dem Messer geschnitten wird; daher soll man ihn nie mit den Fingern anfassen und nur unter Wasser schneiden. Gelber Phosphor wirkt bei Aufnahme in den Magen-Darmkanal sehr giftig; die von brennendem Phosphor verursachten Brandwunden sind wegen der sich allmählich bildenden sauren Oxydationsprodukte des Phosphors sehr schmerzhaft. Gelber Phosphor findet auch therapeutische Verwendung (Phosphor-Lebertran).

Roter Phosphor. Erhitzt man gelben Phosphor längere Zeit bis nahe an seinen Siedepunkt, so verwandelt sich die klare Schmelze allmählich in einen roten, festen Stoff. Diese rote Modifikation des Phosphors ist viel weniger reaktionsfähig als die gelbe; roter Phosphor oxydiert sich nicht bei Zimmertemperatur an der Luft und leuchtet daher nicht im Dunkeln. Er entzündet sich erst nach Erwärmen auf über 200°; er ist in Schwefelkohlenstoff unlöslich und praktisch ungiftig.

Der rote Phosphor ist gewöhnlich nicht kristallin und wird daher gelegentlich auch amorpher Phosphor genannt; es scheinen übrigens mehrere Arten von rotem Phosphor zu existieren, da die Eigenschaften dieses Stoffes merklich von der Herstellungsweise abhängen.

Freier Phosphor wird dargestellt durch Erhitzen einer Mischung aus Calciumphosphat, Kieselsäureanhydrid und Kohle zur Weißglut. Man versteht die Reaktion am besten, wenn man das Calciumphosphat — nach einem sonst mit Recht als veraltet angesehenen Schema — als eine Verbindung aus Calciumoxyd mit Phosphorpentoxyd auffaßt, d. h. als $(CaO)_3 \cdot P_2O_5$. In der Weißglut verbindet sich Kieselsäureanhydrid mit Calciumoxyd zu Calciumsilicat, und der Kohlenstoff reduziert das Phosphorpentoxyd zu freiem Phosphor:

$$3\ SiO_2 + (CaO)_3 \cdot P_2O_5 + 5\ C \rightarrow 3\ CaO \cdot SiO_2 + 2\ P + 5\ CO.$$
Calciumphosphat Calciumsilicat

Der Phosphor entweicht dampfförmig und verdichtet sich abgekühlt zu gelbem Phosphor.

Die wichtigste technische Anwendung des Phosphors besteht in der Zündholzherstellung. Die älteren Zündhölzer trugen eine Mischung aus gelbem Phosphor und einem Oxydationsmittel, z. B. Kaliumchlorat oder Bleidioxyd, die durch einen Klebstoff, z. B. Dextrin, zusammengehalten wurde. Diese Zündhölzer ließen sich durch Reiben an jeder rauhen Fläche entzünden, da die Reibungswärme zur Entzündung der Mischung hinreichte; sie waren deshalb feuergefährlich und wegen ihres Gehaltes an gelbem Phosphor auch giftig. Die modernen *Sicherheitszündhölzer* tragen eine Mischung, in der der Phosphor durch Schwefel oder Antimonsulfid ersetzt ist. Diese Mischung ist nicht giftig und entzündet sich nur auf besonders präparierten Reibflächen, die roten Phosphor enthalten.

Die Verbindungen von Phosphor mit Wasserstoff und Sauerstoff.

Die Verbindungen der folgenden Reihe enthalten alle ein Phosphoratom und drei Wasserstoffatome, die mit einer steigenden Anzahl von Sauerstoffatomen verbunden sind.

Formel	Name der Wasserstoffverbindungen	Name der zugehörigen Metallverbindungen
H_3P	Phosphorwasserstoff	Phosphide
H_3PO_2	Unterphosphorige Säure	Hypophosphite
H_3PO_3	Phosphorige Säure	Phosphite
H_3PO_4	Orthophosphorsäure (Phosphorsäure)	Orthophosphate (Phosphate)

Weiter sollen zwei unvollständige und ein vollständiges Anhydrid der Orthophosphorsäure besprochen werden:

$2\,H_3PO_4 - 1\,H_2O = H_4P_2O_7$, Pyrophosphorsäure;
$2\,H_3PO_4 - 2\,H_2O = 2\,HPO_3$, Metaphosphorsäure;
$2\,H_3PO_4 - 3\,H_2O = P_2O_5$, Phosphorpentoxyd (Phosphorsäureanhydrid).

Orthophosphorsäure und ihre Anhydride sind die wichtigsten von diesen Verbindungen und werden zuerst besprochen.

Phosphorpentoxyd (Phosphorsäureanhydrid), P_2O_5, entsteht bei der Verbrennung von Phosphor in trockener Luft. Es ist ein weißes Pulver und wird angewendet, wenn man einen Stoff besonders energisch trocknen will: es ist unser *stärkstes wasserentziehendes Mittel*. Nimmt es Wasser auf, so bildet sich zuerst Metaphosphorsäure:

$$P_2O_5 + H_2O \rightarrow 2\,HPO_3.$$

Metaphosphorsäure, HPO_3, ist ein fester wasserlöslicher Stoff; sie geht in wäßriger Lösung — bei gewöhnlicher Temperatur sehr langsam, beim Kochen schneller — in Orthophosphorsäure über:

$$HPO_3 + H_2O \rightarrow H_3PO_4.$$

Man kann diese Umwandlung verfolgen, wenn man aus der Lösung Proben entnimmt, diese mit Natriumhydroxyd neutralisiert und Silbernitrat zusetzt; hierbei fallen die Silbersalze der beiden vorhandenen Phosphorsäuren aus. Das Silbersalz der Metaphosphorsäure $AgPO_3$ ist weiß, während das Silbersalz der Orthophosphorsäure Ag_3PO_4 gelb ist. Die im Handel befindliche feste, in Stangen gegossene Phosphorsäure enthält hauptsächlich Metaphosphorsäure. Man stellt sie durch Eindampfen einer Lösung von Orthophosphorsäure dar, deren Verdampfungsrückstand in Stangen gegossen wird. Während des Eindampfens verliert die Orthophosphorsäure teilweise Wasser. Die Metaphosphorsäure gibt ihr Wasser nicht einmal beim Glühen ab, in Übereinstimmung mit der enormen Wasseranziehung des Phosphorsäureanhydrids.

Pyrophosphorsäure, $H_4P_2O_7$, bildet sich beim Erhitzen der Orthophosphorsäure, wenn man damit fortfährt, bis gerade die berechnete Menge Wasser entfernt ist. In ihrer wäßrigen Lösung bildet sich langsam Orthophosphorsäure zurück. Ihre Salze heißen Pyrophosphate.

Orthophosphorsäure, H_3PO_4 *(Acidum phosphoricum)*, ist die wichtigste aller Säuren des Phosphors und wird meistens kurz Phosphorsäure genannt. Sie ist sehr leicht löslich in Wasser und nur schwer zum Kristallisieren zu bringen; man verkauft sie daher gewöhnlich als wäßrige Lösung. Phosphorsäurelösungen enthalten, ungeachtet der drei Wasserstoffatome der Säure, nicht viele Wasserstoffionen. In 0,1 mol. Lösung sind nur 24% der

Orthophosphorsäure. Phosphate.

Moleküle in Ionen gespalten; der weitaus größte Teil dieser 24% spalten nur *ein* Wasserstoffion ab, nach dem Schema:

$$H_3PO_4 \rightarrow H^+ + H_2PO_4^-.$$

Bezüglich ihres *ersten Säurewasserstoffs* ist also die Phosphorsäure als *mittelstarke* Säure zu bezeichnen; bezüglich ihres zweiten und dritten H-Atoms ist sie eine schwache Säure (ihre drei Stärkeexponenten sind: $pK_1=2{,}12$; $pK_2=7{,}23$; $pK_3=12{,}46$; vgl. Abb. 13). S. S. 130. 132.

Die Darstellung der Phosphorsäure geschieht durch Oxydation von Phosphor mittels Salpetersäure; die überschüssige Salpetersäure wird abgedampft:

$$3\,P + 5\,HNO_3 + 2\,H_2O \rightarrow 3\,H_3PO_4 + 5\,NO.$$

Weniger reine Phosphorsäure gewinnt man durch die Behandlung von Calciumphosphat (Phosphorit) mit verdünnter Schwefelsäure:

$$Ca_3(PO_4)_2 + 3\,H_2SO_4 \rightarrow 2\,H_3PO_4 + 3\,CaSO_4.$$

Die Phosphorsäurelösung wird von dem ausgeschiedenen Calciumsulfat abfiltriert und durch Eindampfen auf die gewünschte Stärke konzentriert.

Neuerdings wird Phosphorsäure technisch durch Erhitzen von Phosphor mit Wasser gewonnen:

$$2\,P + 8\,H_2O \rightarrow 2\,H_3PO_4 + 5\,H_2.$$

Phosphate. Als dreibasische Säure bildet Orthophosphorsäure drei Reihen von Salzen, in denen ein bzw. zwei oder drei Wasserstoffatome der Säure durch Metall ersetzt sind. Mit Natrium und Calcium bildet sie also folgende Salze:

NaH_2PO_4, primäres Natriumphosphat;
Na_2HPO_4, sekundäres Natriumphosphat;
Na_3PO_4, tertiäres oder normales Natriumphosphat;
$Ca(H_2PO_4)_2$, primäres Calciumphosphat;
$CaHPO_4$, sekundäres Calciumphosphat;
$Ca_3(PO_4)_2$, tertiäres oder normales Calciumphosphat.

Primäre Phosphate sind meist in Wasser löslich. Dagegen sind sekundäre und tertiäre Phosphate oft unlöslich; nur die Natrium-, Kalium- und Ammoniumsalze sind wasserlöslich. Daher werden die *meisten Metallsalze* von dem gewöhnlichen sekundären Natriumphosphat, Na_2HPO_4, *ausgefällt*, z. B.:

$$Ca^{++} + HPO_4^{--} \rightarrow CaHPO_4.$$

Aluminiumsalze ergeben mit sekundärem Natriumphosphat einen Niederschlag von tertiärem Aluminiumphosphat, wobei gleichzeitig Wasserstoffionen frei werden:

$$Al^{+++} + HPO_4^{--} \rightarrow AlPO_4 + H^+.$$

Die Fällung wird erst dann vollständig, wenn man durch Zusatz von basischen Stoffen, z. B. Natriumacetat oder überschüssigem Natriumphosphat, die gebildeten Wasserstoffionen bindet. In

starken Säuren lösen sich alle Phosphate wegen der stark basischen Eigenschaften des sekundären und tertiären Phosphations, z. B.:
$$CaHPO_4 + H^+ \rightarrow Ca^{++} + H_2PO_4^-,$$
oder in stärker saurer Lösung:
$$CaHPO_4 + 2\,H^+ \rightarrow Ca^{++} + H_3PO_4.$$
In den Säurelösungen kommt der Phosphatrest also als primäres Phosphation, $H_2PO_4^-$, oder als Phosphorsäure, H_3PO_4, vor.

Die primären Phosphate reagieren in wäßriger Lösung *schwach sauer* (pH = etwa 5); es machen sich nämlich die sauren Eigenschaften des Dihydrophosphations (d. h. die Dissoziation: $H_2PO_4^- \rightarrow HPO_4^{--} + H^+$) stärker geltend, als seine basischen Eigenschaften (d. h. die Hydrolyse: $H_2PO_4^- + H_2O \rightarrow H_3PO_4 + HO^-$). Dagegen reagieren die löslichen sekundären Phosphate *deutlich alkalisch* (pH = etwa 10), da hier die basischen Eigenschaften des Monohydrophosphations (d. h. die Hydrolyse: $HPO_4^{--} + H_2O \rightarrow H_2PO_4^- + HO^-$) weitaus seine sauren Eigenschaften überwiegen (d. h. die Dissoziation: $HPO_4^{--} \rightarrow PO_4^{---} + H^+$). Die tertiären Phosphate, z. B. Na_3PO_4, reagieren in wäßriger Lösung *sehr stark basisch*; das tertiäre Phosphation ist nämlich eine sehr starke Base, die sich in Lösung in bedeutendem Umfang mit Wasser zu Monohydrophosphation und Hydroxylion umsetzt (d. h. hydrolysiert nach: $PO_4^{---} + H_2O \rightarrow HPO_4^{--} + HO^-$).

Mischungen von primärem und sekundärem Phosphat in wäßriger Lösung wirken als *Puffergemische*: die Mischungen sind annähernd neutral (pH = 6 bis 8) und vertragen innerhalb gewisser Grenzen Säure- oder Basenzusatz, ohne stark sauer oder basisch zu werden. Zugesetzte Wasserstoffionen werden gebunden, indem sekundäre Phosphationen in primäre verwandelt werden; zugesetzte Hydroxylionen werden für den umgekehrten Vorgang verbraucht.

Aus der Abb. 13 kann man alle Einzelheiten des Zusammenhangs zwischen der Reaktionszahl einer Lösung und dem Zustande der Phosphorsäure ablesen. In stark saurer Lösung ist hauptsächlich H_3PO_4 vorhanden; bei pH = 5 überwiegt $H_2PO_4^-$, bei pH = 10 überwiegt HPO_4^{--}, während in stark basischer Lösung nahezu ausschließlich PO_4^{---} vorliegt.

Superphosphat. Die Phosphate gehören zu den lebensnotwendigen Nährstoffen der Pflanzen; phosphathaltige Stoffe werden daher in großem Maßstabe als Mineraldünger angewendet. In der Natur kommen abbauwürdige Lager von Apatit und Phosphorit vor, d. h. von mehr oder weniger reinem Calciumphosphat, $Ca_3(PO_4)_2$; diese Mineralien sind jedoch in Wasser äußerst schwer löslich. Sie werden daher auch nur langsam von den Pflanzen aufgenommen und sind also im allgemeinen nicht ohne weiteres als

Dünger brauchbar. Mischt man jedoch die feingemahlenen Mineralien mit zwei Molekülen Schwefelsäure, so bildet sich eine Mischung aus *löslichem* primärem Calciumphosphat und Calciumsulfat:
$$Ca_3(PO_4)_2 + 2\ H_2SO_4 \rightarrow Ca(H_2PO_4)_2 + 2\ CaSO_4,$$
die unter dem Namen Superphosphat als Mineraldünger sehr viel gebraucht wird. Das darin enthaltene lösliche Phosphat wird von den Pflanzen rasch aufgenommen.

Zur Darstellung verwendet man rohe Kammersäure; das in dieser Säure S. S. 94. enthaltene Wasser wird vom Calciumsulfat als Kristallwasser gebunden; das Produkt bleibt daher trotz der Anwesenheit von Wasser trocken und kann zu Pulver zerkleinert werden, das sich leicht ausstreuen läßt. Bei der Behandlung des Rohphosphates mit Schwefelsäure entwickeln sich übelriechende, schädliche Dämpfe von Fluorwasserstoff und Siliciumfluorid, die von dem Gehalt des Phosphates an Calciumfluorid und Kieselsäure herstammen.

Die Qualität eines Superphosphates wird durch die Menge der darin enthaltenen löslichen Phosphate bestimmt. Man prüft daher ein Superphosphat durch die Bestimmung derjenigen Phosphorsäuremenge, die man (in Form von Phosphat) mit Wasser ausziehen kann *(wasserlösliche Phosphorsäure)*. Die Handelsware enthält meist 18% P_2O_5 in wasserlöslicher Form. Enthält ein Produkt unverändertes Rohphosphat, so kann beim Lagern folgende Reaktion vor sich gehen:
$$Ca_3(PO_4)_2 + Ca(H_2PO_4)_2 \rightarrow 4\ CaHPO_4.$$
Dabei bildet sich also unlösliches sekundäres Calciumphosphat und die Menge der wasserlöslichen Phosphorsäure vermindert sich. Heute spielt diese Reaktion keine große Rolle mehr, weil die Menge nicht umgesetzten Rohphosphates gewöhnlich äußerst gering ist. Größere Bedeutung hat ein auf andere Weise verursachter *Rückgang* der *wasserlöslichen Phosphorsäure*, der vom *Eisengehalt* des Rohphosphates herrührt. Beim Lagern kann sich nämlich Eisenoxyd zu unlöslichem Ferriphosphat umsetzen:
$$Fe_2O_3 + 2\ Ca(H_2PO_4)_2 \rightarrow 2\ FePO_4 + 2\ CaHPO_4 + 3\ H_2O.$$
Auch die *unlöslich gewordene* Phosphorsäure kann noch in bedeutendem Maße von den Pflanzenwurzeln ausgenützt werden und ist wertvoller als die Phosphorsäure, die in dem nicht umgesetzten Rohphosphat vorliegt. Mit einer Lösung von Ammoniumcitrat läßt sich sowohl die wasserlösliche als auch die unlöslich gewordene Phosphorsäure bestimmen *(citratlösliche Phosphorsäure)*; bei diesem Vorgang spielt eine Rolle, daß die Citrate mit Ferrisalzen leicht lösliche Komplexe bilden.

Thomasphosphat ist sehr *kalkreiches* Calciumphosphat oder Calciumsilicophosphat, das als Nebenprodukt bei der Stahlerzeugung S. S. 331. nach dem Thomasverfahren gewonnen wird. In *fein gemahlenem* Zustand ist es genügend löslich um von den Pflanzen ausgenützt zu werden.

Die Phosphate im Thomasphosphatmehl sind in Wasser nicht löslich, können jedoch zum größten Teil (zu 90% und mehr) in Citronensäure gelöst werden; man rechnet damit, daß die *citronensäurelösliche Phosphorsäure* von den Pflanzen aufgenommen werden kann, da die sauer reagierenden Wurzelfasern Phosphaten gegenüber anscheinend eine ähnliche Lösungskraft besitzen wie eine Citronensäurelösung. Das gewöhnliche Thomasmehl enthält etwa 15—18% P_2O_5 als citronensäurelösliche Phosphorsäure.

Ein weiterer, wohlbewährter Phosphatdünger ist das **Rhenaniaphosphat**; es wird durch Sintern eines Gemisches von Phosphorit, Sand und Natriumcarbonat hergestellt und enthält bis zu 30% P_2O_5, das in Ammoniumcitratlösung löslich ist.

Der Nachweis und die quantitative Bestimmung des Phosphatrestes (der Phosphorsäure). In warmer, salpetersaurer Lösung geben Phosphorsäure und ihre Salze mit Ammoniummolybdat, $(NH_4)_2MoO_4$, einen gelben Niederschlag von Ammoniumphosphormolybdat,

$$(NH_4)_3PO_4 \cdot 12MoO_3 \cdot aq$$

(das Symbol aq soll einen im einzelnen nicht genauer anzugebenden Wassergehalt des Stoffes bezeichnen). Während sich dieser gelbe Niederschlag gut zum Nachweis und zum Ausfällen des Phosphatrestes eignet, ergeben sich gewisse Schwierigkeiten beim Wägen für quantitative Bestimmungen; seine Zusammensetzung ist nämlich etwas veränderlich. Zu genauen quantitativen Bestimmungen des Phosphatrestes löst man daher den gelben Niederschlag in wäßrigem Ammoniak und fällt aus dieser Lösung die Phosphorsäure durch Zusatz einer *ammonchloridhaltigen* Lösung von Magnesiumchlorid („Magnesiamixtur") in Form eines weißen, kristallinischen Niederschlags von Magnesium-ammoniumphosphat:

$$MgNH_4PO_4 \cdot 6H_2O.$$

Dieses Salz läßt sich abfiltrieren und durch Glühen in Magnesiumpyrophosphat umwandeln, dessen Menge durch Wägung bestimmt werden kann:

$$2\ MgNH_4PO_4 \cdot 6H_2O \rightarrow \underset{\text{Magnesium-pyrophosphat}}{Mg_2P_2O_7} + 2\ NH_3 + 13\ H_2O.$$

Muß man kleine Mengen Phosphat bestimmen, wie sie in Bodenauszügen vorkommen, so benutzt man doch vorteilhafter die direkte Wägung oder Titration des Molybdatniederschlages.

Die in Mineraldüngern enthaltene Menge Phosphat (bzw. Phosphorsäure) wird gewöhnlich als Phosphorsäureanhydrid, P_2O_5, angegeben.

Phosphorige Säure, H_3PO_3, entsteht bei der Einwirkung von Wasser auf Phosphortrichlorid:

$$PCl_3 + 3\ H_2O \rightarrow H_3PO_3 + 3\ HCl;$$

man dampft die gebildete Salzsäure und das überschüssige Wasser ab, und erhält so die phosphorige Säure als weißen, kristallinischen Stoff. Diese Säure wirkt stark *reduzierend*; sie nimmt leicht ein Sauerstoffatom auf, wobei sie in Phosphorsäure übergeht. Als Säure ist sie nur *zweibasisch*; von ihren drei Wasserstoffatomen lassen sich nur zwei durch Metall ersetzen. Ihre Salze heißen **Phosphite**; normales Natriumphosphit hat die Formel Na_2HPO_3.

Unterphosphorige Säure, H_3PO_2, wirkt ebenfalls *stark reduzierend*. Nur eines ihrer drei Wasserstoffatome läßt sich durch Metall ersetzen, sie ist also eine *einbasische* Säure. Die Salze heißen **Hypophosphite**; man erhält das Natriumsalz beim Kochen von gelbem Phosphor mit Natriumhydroxydlösung:

$$4\ P + 3\ NaOH + 3\ H_2O \rightarrow 3\ NaH_2PO_2 + PH_3.$$

Hierbei bildet sich gleichzeitig der gasförmig entweichende Phosphorwasserstoff.

Phosphorwasserstoff, PH_3, ist ein farbloses, übelriechendes, sehr giftiges Gas; im Gegensatz zu Ammoniak ist es in Wasser wenig löslich und besitzt nur schwach basische Eigenschaften. Der unreine Phosphorwasserstoff, wie er beim Kochen von gelbem Phosphor in Natriumhydroxydlösung entsteht, entzündet sich von selbst und verbrennt, sobald er in Berührung mit atmosphärischer Luft kommt.

Strukturformeln. Die Wasserstoffatome in Phosphorwasserstoff haben *keinen sauren Charakter*. Es liegt daher nahe anzunehmen, daß in den sauerstoffhaltigen Säuren des Phosphors solche Wasserstoffatome, die keine saure Natur besitzen, wie die Wasserstoffatome des Phosphorwasserstoffes, direkt an das Phosphoratom gebunden sind. Man kommt so zu folgenden Strukturformeln für diese Säuren:

H—O\\	H\\	H\\
H—O—P=O	H—O—P=O	H—P=O
H—O/	H—O/	H—O/
Phosphorsäure, dreibasisch;	Phosphorige Säure, zweibasisch;	Unterphosphorige Säure, einbasisch.

Nach diesen Formeln ist der Phosphor in allen drei Säuren *fünfwertig*; dagegen nimmt seine Oxydationsstufe von rechts nach links ab, wie dies aus den Formeln der zugehörigen Anhydride hervorgeht:

P_2O_5	P_2O_3	P_2O
Phosphorsäureanhydrid	Anhydrid der phosphorigen Säure	Anhydrid der unterphosphorigen Säure, unbekannt.

In Ortho-, Pyro- und Metaphosphorsäure besitzt der Phosphor die gleiche Oxydationsstufe, da diese Säuren alle zu dem gleichen Anhydrid gehören.

Die Halogenverbindungen des Phosphors.

Phosphortrichlorid, PCl_3, ist eine *wasserklare, leicht flüchtige* Flüssigkeit. Man gewinnt sie durch Überleiten von Chlor über schwach erwärmten Phosphor in einer Retorte; die Dämpfe werden in einem Kühler verflüssigt und in einer Vorlage gesammelt. Mit Wasser tritt sofort in lebhafter Reaktion *Hydrolyse* ein, zu S. S. 64. phosphoriger Säure und Salzsäure:

$$PCl_3 + 3\ H_2O \rightarrow H_3PO_3 + 3\ HCl.$$

Mit Chlor verbindet es sich augenblicklich zu:

Phosphorpentachlorid, PCl_5, einem ziemlich leicht flüchtigen, *gelblich gefärbten, festen* Stoff, der mit Wasser heftig unter Bildung von Phosphorsäure und Chlorwasserstoff reagiert:

$$PCl_5 + 4\,H_2O \to H_3PO_4 + 5\,HCl.$$

Phosphoroxychlorid, $POCl_3$, ist eine wasserklare, leicht flüchtige Flüssigkeit, die sich bei der vorsichtig geleiteten Umsetzung von PCl_5 mit wenig Wasser bildet ($PCl_5 + H_2O \to POCl_3 + 2\,HCl$).

Phosphor verbindet sich auch leicht direkt mit Brom und mit Jod. Die so gebildeten Verbindungen, **Phosphorbromid** und **Phosphorjodid**, werden bei der Herstellung organischer Halogenverbindungen vielfach benutzt.

Arsen.
As=74,93.

Vorkommen. Arsen ist in der Natur ziemlich verbreitet. Man findet es in größerer oder kleinerer Menge in fast allen natürlich vorkommenden Metallsulfiden, z. B. in Pyrit. Daher enthält auch die aus diesem Mineral gewonnene rohe Schwefelsäure stets Arsen; aus der Schwefelsäure geht es in die vielen, mit ihrer Hilfe dargestellten Stoffe über; man trifft daher und traf namentlich früher Arsen als Verunreinigung in vielen chemischen Präparaten an.

Arsenwasserstoff.

Arsenwasserstoff, AsH_3, ist ein farbloses, *sehr giftiges* Gas. Es entsteht, wenn in einer sauren, arsenhaltigen Lösung Wasserstoff entwickelt wird, z. B.: $AsCl_3 + 6\,H \to AsH_3 + 3\,HCl$. Der wichtigste Arsennachweis (die MARSHsche Probe) benutzt diese Entstehung des Arsenwasserstoffs: man entwickelt, durch Zusatz von Zink, aus der sauren Lösung des arsenverdächtigen Stoffes gasförmigen Wasserstoff. Ob der Gasstrom Arsenwasserstoff enthält, erkennt man an der Zersetzung, die in der Hitze nach dem Schema: $2\,AsH_3 \to 2\,As + 3\,H_2$ eintritt, wobei freies Arsen entsteht. Man läßt den Gasstrom durch ein schwer schmelzbares Glasrohr treten, das an einer bestimmten Stelle kräftig erhitzt wird. Das Arsen schlägt sich dann hinter der erhitzten Stelle als braunschwarzer Beschlag nieder. Die Größe des entstehenden „Arsenspiegels" ist ein Maß für den Arsengehalt des untersuchten Stoffes.

Sauerstoffverbindungen des Arsens.

Man kennt zwei Oxyde: Arsentrioxyd, As_2O_3, und Arsenpentoxyd, As_2O_5; diese Oxyde sind die Anhydride der arsenigen Säure, H_3AsO_3, bzw. der Arsensäure, H_3AsO_4.

Arsentrioxyd (Arsenigsäureanhydrid), As_2O_3 *(Acidum arsenicosum)* ist die wichtigste Arsenverbindung; es ist ein fester, weißer Stoff, der sich sublimieren läßt. Man gewinnt es als Nebenprodukt beim Rösten arsenhaltiger Erze; hierbei verflüchtigt sich das vorhandene Arsen in Form des Trioxydes und schlägt sich bei der Abkühlung als weißes Pulver nieder (weißer *Arsenik*). Es ist sehr *giftig*; die Arsenikpillen, die zu Kräftigungskuren verschrieben werden, enthalten jeweils nur eine ganz geringe Menge davon. Vergiftungen durch Arsenik spielen seit alten Zeiten eine große Rolle. Der Organismus kann sich unter Umständen an erhebliche Arsendosen gewöhnen. In Wasser ist das Oxyd schwer löslich; die Lösung reagiert sehr schwach sauer und enthält arsenige Säure, H_3AsO_3; diese schwache Säure ist nur in Lösung bekannt. Im Gegensatz zur phosphorigen Säure ist sie dreibasisch. In Natriumhydroxydlösung löst sich das Trioxyd leicht unter Salzbildung:

$$As_2O_3 + 6\,NaOH \rightarrow 2\,Na_3AsO_3 + 3\,H_2O.$$

Eine solche Lösung von **Natriumarsenit** verwendet man bei Waschungen zur Ungezieferbekämpfung am Vieh. Ein Doppelsalz, das Cupriarsenit und Cupriacetat enthält, heißt **Schweinfurtergrün** oder **Pariisergrün**, und dient als Mittel gegen Pflanzenschädlinge.

Arsensäure, H_3AsO_4. Löst man Arsentrioxyd in warmer Salpetersäure, so oxydiert die Salpetersäure das Trioxyd zu der in Wasser leicht löslichen Arsensäure:

$$As_2O_3 + 2\,O + 3\,H_2O \rightarrow 2\,H_3AsO_4.$$

Arsensäure und das zugehörige Anhydrid As_2O_5 enthalten fünfwertiges Arsen. Die Säure und ihre Salze, die **Arsenate**, sind den entsprechenden Phosphorverbindungen sehr ähnlich.

Mischt man Lösungen von Natriumarsenat und Bleiacetat, so bildet sich eine Aufschlämmung von **Bleiarsenat**, die zur Schädlingsbekämpfung an Obstbäumen Verwendung findet. Auch **Calciumarsenat** dient ähnlichen Zwecken. Zur Bekämpfung von Forstschädlingen (Nonne) werden Arsenate von Flugzeugen aus verstäubt.

Arsentrisulfid, As_2S_3, ist ein gelber, fester Stoff, unlöslich in Wasser und Salzsäure. Er dient als Malerfarbe.

Die verschiedenen Verbindungen des Arsens zeigen eine sehr verschiedene *Giftwirkung*. Sie ist am stärksten in den dreiwertigen Verbindungen. Hohe medizinische Bedeutung haben bestimmte organische Arsenverbindungen (Salvarsan u. ä.), die eine ungewöhnlich kräftige Giftwirkung gegenüber gewissen Krankheitserregern (Protozoen, z. B. Syphiliserreger) besitzen. Bei der Einführung dieser Heilmittel in den Organismus werden die Krankheitserreger vernichtet, ohne daß gleichzeitig der Organismus wesentlich angegriffen wird (EHRLICHS *therapia magna sterilisans*). — Andere organische Arsenverbindungen mit dreiwertigem Arsen fanden während des Krieges als Kampfstoffe ausgedehnte Anwendung als sog. Blaukreuzstoffe, d. h. als Reizstoffe auf Nase und Rachen.

Übersicht über die Stickstoffgruppe.

Diese Gruppe umfaßt folgende drei Metalloide, geordnet nach ihrem Atomgewicht:

Stickstoff	Phosphor	Arsen
$N = 14{,}008$	$P = 31{,}02$	$As = 74{,}93$.

Diese Elemente sind gegenüber Wasserstoff dreiwertig und gegenüber Sauerstoff bis zu fünfwertig.

Der Stickstoff fällt zwar etwas aus dieser Reihe heraus, aber die Formeln seiner Wasserstoffverbindung, NH_3, und der beiden Anhydride, N_2O_3 und N_2O_5, beweisen deutlich seine Zusammengehörigkeit mit Phosphor und Arsen.

Wichtige Punkte, in denen sich Stickstoff von Phosphor und Arsen unterscheidet, sind: die weit geringere Affinität zu Sauerstoff und Chlor; die ausgeprägte basische Natur seiner Wasserstoffverbindung; schließlich die Formel der Salpetersäure HNO_3, die mit den Formeln H_3PO_4 und H_3AsO_4 nicht übereinstimmt, obwohl alle diese Säuren die analogen Pentoxyde als Anhydride besitzen.

Die Kohlenstoffgruppe.

Die in der vierten Gruppe zusammengefaßten Metalloide zeigen gegenüber Wasserstoff die Wertigkeit 4 (sie bilden Verbindungen des Typs RH_4) und gegenüber Sauerstoff und den Halogenen eine Maximalvalenz von ebenfalls 4 (entsprechend den Typen RO_2 und RCl_4). Die Gruppe umfaßt an bekannteren Elementen **Kohlenstoff** und **Silicium**.

Kohlenstoff.

$C = 12{,}00.$

Vorkommen. In der Natur kommt der Kohlenstoff hauptsächlich in Form von Carbonaten vor (z. B. des Calciums, Magnesiums, Eisens, Kupfers usw.). Besonders Calciumcarbonat findet sich in großer Menge in der Erdrinde als *Kalkstein*, *Kreide* und *Marmor*; unter *Mergel* versteht man natürlich vorkommende Mischungen von Calciumcarbonat mit Ton oder Sand. Verbunden mit Wasserstoff, Sauerstoff und gelegentlich mit einigen anderen Elementen bildet der Kohlenstoff einen wichtigen Bestandteil der organischen Verbindungen, welche die *Pflanzen-* und *Tierwelt* aufbauen. *Steinkohle* und *Braunkohle* bestehen aus kohlenstoffreichen organischen Verbindungen. Im *Erdöl* ist Kohlenstoff an Wasserstoff gebunden. Die *Atmosphäre* enthält etwa 0,03% Kohlendioxyd; an einzelnen Stellen der Erdoberfläche kommt Kohlenstoff rein als *Graphit* oder *Diamant* vor.

Reiner Kohlenstoff.

Es sind drei verschiedene Formen reinen Kohlenstoffs bekannt: Diamant, Graphit und amorpher Kohlenstoff.

Diamant, die dichteste der drei Formen, ist ein kristallisierter, stark lichtbrechender Stoff, das härteste aller bekannten Mineralien. Reine Diamanten sind völlig wasserklar. Es gibt jedoch viele durch Verunreinigungen gefärbte Stücke.

Praktisch verwendet man den Diamanten wegen seiner Härte zum Glasschneiden und zum Bohren in hartem Material. Klare Diamanten sind wertvolle *Schmucksteine*; bei geeignetem Schliff zeigen die Steine auf Grund ihres großen Lichtbrechungsvermögens ein prachtvolles Farbenspiel; wegen ihrer Härte behalten die einmal geschliffenen Flächen dauernd ihren Glanz. Die kristallinische Natur des Diamanten geht daraus hervor, daß er sich in bestimmten Richtungen besonders leicht spalten läßt; er muß daher eine regelmäßige innere Struktur besitzen. Die Facetten der Schmucksteine sind jedoch keine natürlichen Kristallflächen, sondern mit Diamantpulver angeschliffen. *Brillanten* sind in besonderer Form geschliffene Diamanten.

Die Größe von Diamanten wird in Karat angegeben; ein Karat ist etwa 0,2 g. Der Wert eines Diamanten steigt etwa mit dem Quadrat seines Gewichtes, hängt jedoch sehr stark von seiner optischen Qualität und seinem Schliff ab.

Graphit ist ein grauschwarzer, undurchsichtiger Stoff und so weich, daß man ihn mit dem Fingernagel ritzen kann. Er ist kristallinisch, jedoch oft nur undeutlich. Graphit leitet den elektrischen Strom ähnlich wie ein Metall.

Anwendung. Graphit färbt ab und dient daher als Füllung für Bleistifte. Diese Füllung besteht aus einer Mischung von Graphit und Ton; je nachdem diese Mischung mehr oder weniger hart gebrannt wird, erhält man harte oder weiche Bleistifte. Graphit ist der feuerfesteste aller bekannten Stoffe; erst bei etwa 4000° verdampft er in merklicher Menge, ohne noch zu schmelzen. Man verwendet daher häufig *Graphittiegel*. Wegen seiner chemischen Widerstandsfähigkeit dient Graphit bei Elektrolysen zu unangreifbaren Elektroden. Größere Bedeutung gewinnt neuerdings die Anwendung von Graphit als *Schmiermittel*, auch in Form der Aufschlämmung von Graphitpulver in Öl, was zur Ölersparnis beiträgt.

Amorpher Kohlenstoff ist ein schwarzer, leichter Stoff, dessen Eigenschaften (z. B. Härte, Dichte, Verbrennungswärme u. a.) je nach der Herstellungsart merklich variieren. Als Beispiele für amorphe Kohlen kann man Holzkohle und Koks erwähnen; sie entstehen beim *Verkohlen*, d. h. beim Erhitzen unter Luftabschluß, von Holz bzw. Steinkohle. Hierbei entweichen Gas, Teer und Wasser, während amorpher Kohlenstoff zurückbleibt. Holzkohle und besonders Koks enthalten auch Aschebestandteile. Aschefreie Kohle entsteht beim Verkohlen reinen Zuckers. Auch Ruß, der in schwarzen Farben, Druckerschwärze und Tusche Verwendung findet, ist amorpher Kohlenstoff. Zur Darstellung von Ruß läßt man kohlenstoffreiche organische Verbindungen, z. B. schwerflüchtige Öle, Harze usw., mit rußender Flamme verbrennen.

Adsorption. Amorpher Kohlenstoff besitzt eine bemerkenswerte Fähigkeit, andere Stoffe an seiner Oberfläche zu verdichten. Holzkohle wird daher seit alter Zeit zur Entfernung übelriechender Stoffe aus Wasser verwendet. Die aufgenommenen Stoffe besetzen nur, wie erwähnt, die *Oberfläche* der Kohle. Einen solchen Vorgang nennt man *Ad*sorption im Gegensatz zur *Ab*sorption, bei welchem Vorgang sich der aufgenommene Stoff gleichmäßig über das Innere des aufnehmenden Stoffes verteilt. Das große Adsorptionsvermögen des amorphen Kohlenstoffs rührt von seiner Porosität und der hieraus folgenden *großen Oberfläche* her; bei guten Adsorptionskohlen besitzt 1 g eine Oberfläche bis zu mehreren 100 qm.

Für besondere Zwecke *aktiviert* man gewisse Kohlensorten, die dadurch ein besonders großes Adsorptionsvermögen erhalten. Aktivierte Kohlen pflanzlicher Herkunft sind: die medizinische Kohle zur Entfernung schädlicher Stoffe aus dem Verdauungskanal bei Vergiftungen und bei vielen Infektionskrankheiten des Darmes; die Gasmaskenkohle zur Aufnahme giftiger Stoffe aus der Atemluft; die technische Aktivkohle zur Entfernung von Benzol aus Leuchtgas, zur Wiedergewinnung wertvoller Lösungsmittel aus Abdämpfen. Knochenkohle und Blutkohle (Tierkohle), aus Knochen bzw. Blut durch Verkohlen gewonnen, adsorbieren ebenfalls stark; sie werden in der Medizin und zum Entfärben von Lösungen verwendet.

Die gegenseitigen Umwandlungen der Kohlenstoffmodifikationen. Daß Diamant, Graphit und amorpher Kohlenstoff trotz ihrer sehr verschiedenen Eigenschaften doch nur verschiedene Formen ein und desselben Stoffes sind, wurde ursprünglich nur dadurch festgestellt, daß sie alle das gleiche Verbrennungsprodukt, nämlich Kohlendioxyd, ergeben. Erst später glückte es, diese Formen teilweise ineinander umzuwandeln; man konnte nämlich sowohl den Diamanten als auch den amorphen Kohlenstoff durch Erhitzen auf hohe Temperatur in Graphit verwandeln. Bei dieser hohen Temperatur (2000—3000°) muß also Graphit die beständigste Form des Kohlenstoffs sein. Während die Umwandlung des Diamanten in Graphit nur theoretisches Interesse besitzt, stellt man in großem Maßstab Graphit aus unreinen amorphen Kohlenstoffarten her. Die zur Graphitierung nötige hohe Temperatur erzeugt man, indem man durch das Material selbst einen kräftigen elektrischen Strom leitet. Bei 3000° verdampft die Hauptmenge der Aschebestandteile; der gebildete Graphit ist daher nahezu aschefrei, auch wenn die Ausgangsmaterialien unrein waren (ACHESON-Graphit).

Man hat viele Versuche gemacht, um Diamanten aus den anderen Kohlenstoffmodifikationen herzustellen. Der Diamant hat die größte Dichte aller bekannten Formen des Kohlenstoffs, und man muß daher erwarten, daß er sich vorzugsweise bei hohen Drucken bildet. Nach LE CHATELIERS Prinzip muß ja hoher Druck die Bildung der dichtesten Formen begünstigen. Versuche, Diamanten unter hohem Druck künstlich zu erzeugen, haben aber bisher nur geringfügige Erfolge gezeitigt.

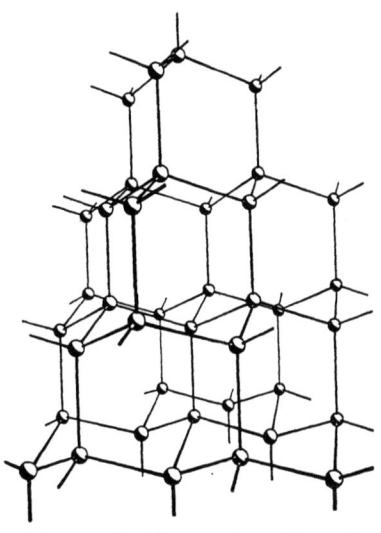

Abb. 14. Modell des Atomgitters des Diamanten. Die Kugeln bedeuten die Schwerpunktslagen der Kohlenstoffatome. Jedes Atom hat von seinen vier nächsten tetraedrisch angeordneten Nachbaratomen den Abstand 1,53 Å (1 Å = 10^{-8} cm).

Die Kristallgitter des Diamanten und des Graphits. Das Molekül des Kohlenstoffs. Durch die Untersuchung der Reflexion von Röntgenstrahlen an Diamanten kann man bestimmen, wie die einzelnen Kohlenstoffatome in diesem Kristall angeordnet sind. Es hat sich gezeigt, daß sie ein ganz regelmäßiges Atomgitter bilden: jedes einzelne Kohlenstoffatom ist von vier anderen gleichmäßig umgeben und bildet so den Mittelpunkt eines *regulären Tetraeders*, in dessen Ecken seine Nachbarn sitzen. Abb. 14 zeigt ein Modell des Diamantgitters. Man könnte, rein formal, im Diamanten jedes einzelne Kohlenstoffatom als ein Molekül betrachten; besser und heute allgemein angenommen ist aber die Auffassung, daß jeder einheitliche Kristall ein *einziges Riesenmolekül* darstellt. Schon die Härte des Diamanten zeigt, daß die Kräfte zwischen seinen Atomen viel stärker sind als die Kohäsionskräfte, die zwischen gewöhnlichen

Molekülen wirken; tatsächlich sind die Kräfte zwischen den C-Atomen im Diamanten von ähnlicher Größe wie die Kräfte, welche die Atome in den Molekülen sehr beständiger Verbindungen zusammenhalten. Da außerdem das Kohlenstoffatom vierwertig ist und im Diamantgitter genau vier Kohlenstoffatome die nächsten Nachbarn jedes einzelnen Atoms sind, ist es auch formell gut möglich anzunehmen, daß der Zusammenhalt zwischen den Atomen im Diamanten durch chemische Valenzkräfte bewirkt wird. Der Abstand zwischen den Kohlenstoffatomen im Diamanten beträgt $1{,}53 \cdot 10^{-8}$ cm oder 1,53 Ångström-Einheiten (Å); er ist fast genau so groß wie der Abstand zwischen zwei Kohlenstoffatomen in organischen Verbindungen, in denen Kohlenstoffatome durch chemische Valenzkräfte zu Ketten verknüpft sind. Im Sinne dieser Betrachtung scheint es am natürlichsten, einen Diamantkristall als ein einziges Riesenmolekül anzusehen.

Im Graphit liegen die Kohlenstoffatome, wie die Untersuchungen seiner Struktur zeigen, in *Schichten* geordnet. In jeder einzelnen Schicht liegen die Atome in sechseckartiger Verknüpfung; der Abstand *zwischen zwei Atomen einer solchen Schicht* ist nur wenig geringer als der Atomabstand im Diamanten (1,45 Å). Vermutlich werden die *in einer Schicht* liegenden Atome also auch durch chemische Valenzkräfte zusammengehalten. Der Abstand *zwischen den einzelnen Schichten* ist jedoch bedeutend größer (3,41 Å) und die Kräfte sind entsprechend geringer; diese Kräfte entsprechen etwa den physikalischen Kohäsionskräften zwischen chemischen Molekülen. Dieses Verhalten erklärt die Weichheit und das Abfärben des Graphits, sowie seine Eignung als Schmiermittel. Während ein Diamantkristall ein einziges dreidimensionales Riesenmolekül ist, entspricht der Aufbau eines Graphitkristalles einem Stapel flacher, *zweidimensionaler Riesenmoleküle*, die verhältnismäßig lose übereinander geschichtet sind.

In den amorphen Kohlenstoffarten sind die Atome unregelmäßig zu sehr kleinen Gruppen verschiedener Größe ohne einheitliche gegenseitige Orientierung verbunden, zwischen denen sich leere Zwischenräume befinden. Hierher rührt die für diese Kohlenstoffarten charakteristische große Oberfläche.

Der Zusammenhang zwischen Molekülgröße und Siedepunkt.

Daß die Formen des Kohlenstoffs sehr *große Moleküle* besitzen, geht auch aus ihren *hohen Schmelz- und Siedepunkten* hervor, die über 4000° liegen. Stoffe mit so kleinen Molekülen wie Wasserstoff, Sauerstoff und Stickstoff sieden schon weit unterhalb gewöhnlicher Temperatur. Mit steigender Atomzahl im Molekül und steigendem Molgewicht erhöht sich im allgemeinen auch der Siedepunkt. Chlor ($Cl_2=71$) siedet bei —35°, Brom ($Br_2=160$) bei 59°, Jod ($J_2=254$) bei 185°, Phosphor ($P_4=124$) bei 280°, Schwefel ($S_8=256$) bei 445°. Von dieser Regel gibt es wichtige Ausnahmen, für die wir zwei Beispiele besprechen wollen. Wasser ist viel weniger flüchtig, als man nach seiner Formel H_2O (=18) erwarten muß; deutlich geht dies aus dem Vergleich mit dem gasförmigen Kohlenwasserstoff Methan ($CH_4=16$) hervor, der bei —161° siedet. Zunächst galt dies als Hinweis auf das Vorhandensein größerer Molekülkomplexe, z. B. $(H_2O)_2$, $(H_2O)_3$ usw., d. h. S. S. 73. auf chemische *Assoziation*. Heute erklärt man diese Anomalie damit, daß das Molekül H_2O elektrisch nicht symmetrisch gebaut ist, während CH_4 hohe elektrische Symmetrie besitzt: ähnlich wie ein permanenter Magnet zwei magnetische Pole trägt, besitzt das Molekül H_2O zwei getrennte elektrische Pole, es ist ein *Dipol*. Kleine Dipolmoleküle ziehen sich elektrisch viel kräftiger an als elektrisch symmetrische Moleküle gleicher Größe, wodurch ein Dipolstoff gerade die Eigenschaften scheinbarer Assoziation erhalten kann, die Wasser beim Vergleich mit Methan zeigt. Der hohe Siedepunkt von Natriumchlorid (1440°), der zunächst scheinbar nicht gut zu seinem Aufbau aus den kleinen Ionen Na^+ und Cl^- paßt, findet seine natürliche Erklärung in den *starken elektrischen Kräften* zwischen den *Ionenladungen*, die alle Ionen sehr fest zusammenkitten. Die noch viel größere Hitzebeständigkeit von Diamant und Graphit beweist, daß die Kräfte zwischen den Kohlenstoffatomen in diesen Gittern noch viel stärker sein müssen als die elektrischen Kräfte zwischen den Ionen des Kochsalzes.

Die chemischen Eigenschaften des Kohlenstoffs. Bei gewöhnlicher Temperatur ist Kohlenstoff ein chemisch sehr wenig reaktionsfähiger Stoff; weder Säuren noch Basen wirken auf ihn ein. Nur mit gewissen *Oxydationsmitteln* reagiert er; so kann man Graphit und namentlich amorphen Kohlenstoff „auf nassem Weg" mit Chlorsäure (Kaliumchlorat + Salpetersäure) oder mit Chromsäure (Kaliumdichromat + Schwefelsäure) oxydieren. Bei höherer Temperatur wird Kohlenstoff reaktionsfähiger: amorphe Kohlenstoffarten entzünden sich in Luft bei 400—500°, Graphit sowie Diamant bei etwa 800—1000°. Die Affinität von Kohlenstoff zu Sauerstoff ist sehr beträchtlich; Kohlenstoff ist das am meisten angewandte *Reduktionsmittel* bei der Darstellung von Schwermetallen aus ihren Oxyden. Die Passivität des Kohlenstoffs gegenüber Sauerstoff bei Zimmertemperatur ist keineswegs durch einen Mangel an Affinität verursacht, sondern beruht ausschließlich auf der S.S. 162f. geringen Reaktionsgeschwindigkeit der Oxydation.

Die Affinität der meisten Leichtmetalle zu Sauerstoff ist noch größer als die des Kohlenstoffs. So kann Magnesium in Kohlendioxyd brennen; hierbei reißt es den Sauerstoff an sich, und Kohlenstoff scheidet sich ab.

Gegenüber anderen Elementen als Sauerstoff besitzt Kohlenstoff ziemlich allgemein nur geringe Affinität. Er bildet jedoch mit vielen Metallen beim Erhitzen auf hohe Temperatur Carbide (z. B. Calciumcarbid, CaC_2, und Eisencarbid, Fe_3C). Mit Wasserstoff bildet er beim Erhitzen auf hohe Temperaturen Acetylen, C_2H_2, und mit Stickstoff Cyan, $(CN)_2$, jedoch in beiden Fällen nur in geringem Umfang. Die Affinität zu Schwefel ist größer; aber auch die Bildung von Schwefelkohlenstoff, CS_2, beim Erhitzen von Kohlenstoff in Schwefeldampf ist durchaus nicht vollständig.

Kohlenwasserstoffe.

Kohlenstoff bildet mit Wasserstoff eine außerordentlich große Anzahl von Verbindungen; noch zahlreicher sind diejenigen Verbindungen, die sich aus den Kohlenwasserstoffen beim teilweisen Ersatz des Wasserstoffes durch Sauerstoff, Stickstoff oder andere Elemente ableiten lassen. Da sich viele dieser Verbindungen in der Pflanzen- und Tierwelt finden, nennt man sie ganz allgemein *organische Verbindungen,* und den Teil der Chemie, der sich mit ihnen beschäftigt, *organische Chemie.* Die Existenz dieser überaus mannigfaltigen organischen Verbindungen beruht auf der ausgeprägten Fähigkeit des Kohlenstoffatoms, *sich mit anderen Kohlenstoffatomen zu verbinden* und auf diese Weise Moleküle zu bilden, in denen eine große Zahl Kohlenstoffatome enthalten ist. Die Grenze zwischen organischen und anorganischen Kohlenstoffverbindungen ist in Wirklichkeit durchaus fließend; man bespricht in der anorganischen Chemie gewöhnlich einzelne Kohlenwasserstoffe und andere organische Verbindungen, die mit den typischen anorganischen Verbindungen des Kohlenstoffs nahe verwandt sind.

Methan, CH_4, ist der einzige Kohlenwasserstoff mit einem C-Atom im Molekül. Aus seiner Formel erhellt die Vierwertigkeit des Kohlenstoffs. Methan ist ein farbloses Gas, das mit nichtleuchtender Flamme brennt; gemischt mit Luft oder Sauerstoff explodiert es heftig:

$$CH_4 + 2\,O_2 \rightarrow CO_2 + 2\,H_2O.$$

Methan ist ein Bestandteil des Leuchtgases. Auch die brennbaren Gase, die die Explosionen in Kohlenbergwerken verursachen (Grubengas), enthalten hauptsächlich Methan, ebenso das brennbare Erdgas, das an vielen Stellen als Leuchtgas verwendet wird (Naturgas). Methan entwickelt sich bei der Verwesung pflanzlicher und tierischer Körper, wenn sie ohne Luftzutritt stattfindet (Sumpfgas); es ist ein Bestandteil der *Darmgase*.

Acetylen, C_2H_2, ist gleichfalls ein Gas; zur Darstellung läßt man Wasser auf Calciumcarbid einwirken:

$$CaC_2 + 2\,H_2O \rightarrow Ca(OH)_2 + C_2H_2.$$

Die Reaktion verläuft lebhaft und unter bedeutender Wärmeentwicklung; das so dargestellte Acetylen besitzt einen charakteristischen, unangenehmen Geruch, der von Verunreinigungen des Carbids herstammt. Acetylen ist eine *endotherme* Verbindung, S. S. 194. d. h. seine Bildung aus Kohlenstoff und Wasserstoff verbraucht Wärme, und seine Spaltung in die Elemente entwickelt Wärme. Entzündet man eine Mischung von Acetylen und Sauerstoff, so explodiert sie mit äußerster Heftigkeit, da die Verbrennungswärme des endothermen Acetylens sehr groß ist. Acetylen kann explodieren, auch ohne mit Sauerstoff gemischt zu sein, wobei es sich einfach in Kohlenstoff und Wasserstoff spaltet; dies kommt jedoch nur bei komprimiertem Acetylen vor. Nach LE CHATELIERS Prinzip müssen S. S. 164. sich endotherme Verbindungen vorzugsweise bei hohen Temperaturen bilden; tatsächlich bildet sich etwas Acetylen, wenn Kohlenstoff in einer Wasserstoffatmosphäre sehr hoch erhitzt wird, z. B. wenn eine elektrische Kohlenbogenlampe in Wasserstoff brennt.

Außer gasförmigen Kohlenwasserstoffen sind auch flüssige und feste bekannt. **Benzin, Petroleum, Schmieröle, Terpentinöl** sind Mischungen verschiedener flüssiger Kohlenwasserstoffe; **Paraffin, Vaseline, Naphthalin, Kautschuk** sind Beispiele für feste Kohlenwasserstoffe.

Eigenschaften der Kohlenwasserstoffe. Alle diese Stoffe sind farblos und in Wasser unlöslich; sie besitzen weder saure noch basische Eigenschaften und praktisch kein Lösungsvermögen für Salze.

Die Oxyde des Kohlenstoffs.

Das folgende Schema gibt eine Übersicht über die Oxyde des Kohlenstoffs mit den dazu gehörigen Säuren und Salzen:

Oxyde	Zugehörige Säure	Bezeichnung der Salze
Kohlendioxyd, CO_2;	Kohlensäure, H_2CO_3;	Carbonate.
Kohlenmonoxyd, CO;	Ameisensäure, H_2CO_2;	Formiate.

Kohlendioxyd oder **Kohlensäureanhydrid**, CO_2 (oft fälschlicherweise Kohlensäure genannt), ist ein farbloses Gas, das sich unter einem Druck von etwa 50 Atm. verflüssigen läßt und in Stahlflaschen als flüssige Kohlensäure im Handel ist. Der Gefrierpunkt des flüssigen Kohlendioxyds liegt bei —57°. Bei dieser Temperatur beträgt der Dampfdruck noch 5 Atm. Versucht man daher *flüssiges Kohlendioxyd* aus einer Stahlflasche abzuzapfen, so erhält man *festes* Kohlendioxyd; durch rasches Verdampfen kühlt sich die ausströmende Flüssigkeit nämlich unter —57° ab und gefriert. Die Temperatur des festen Kohlendioxyds sinkt bis —80°; erst dann beträgt der Dampfdruck des festen Kohlendioxyds 1 Atm. (der „Siedepunkt" liegt für Kohlendioxyd also bei —80°). Das feste Dioxyd bildet eine schneeähnliche Masse, die man in einem Leinensäckchen sammelt, das über das Ausflußrohr der Stahlflasche gestülpt ist. Mittels *Kohlensäureschnee* kann man tiefe Temperaturen bis zu —80° herstellen. Hierzu pflegt man den Schnee mit einer geeigneten tiefschmelzenden Flüssigkeit, z. B. mit Äther, Aceton o. a. zu mischen; diese Mischungen leiten die Wärme besser als der Schnee allein. Man bewirkt damit eine raschere Abkühlung, ohne daß natürlich eine niedrigere Temperatur als —80° erreicht werden kann.

Die Darstellung im Laboratorium geschieht — oft in einem KIPPschen Apparat — durch Einwirkung verdünnter Salzsäure auf Kalkstein oder Marmor:

$$CaCO_3 + 2\,HCl \rightarrow CaCl_2 + H_2O + CO_2.$$

Technisch wird es aus den Abgasen von Koksöfen gewonnen, in denen es sich nach folgendem Schema bildet:

$$C + O_2 \rightarrow CO_2.$$

Aus dem geringen Gehalt der atmosphärischen Luft an Kohlendioxyd (in reiner, frischer Luft etwa 0,03%) stammt der gesamte Kohlenstoffgehalt der Pflanzen- und Tierwelt. Die Pflanzen *assimilieren* mit Hilfe des Lichtes das Kohlendioxyd aus der Luft, d. h. sie nehmen es auf und wandeln es — unter Abspaltung von Sauerstoff und Aufnahme von Wasser — in organische Verbindungen um; die Tiere beschaffen sich das Material für ihre organischen Verbindungen direkt oder indirekt aus pflanzlicher Nahrung; im Organismus entsteht bei der Oxydation organischer Verbindungen Kohlendioxyd, das mit der Atemluft entweicht. So wird beim Ausatmen ursprünglich organisch gebundener Kohlenstoff in Form von Kohlendioxyd wieder in die Atmosphäre zurückgebracht *(Kreislauf des Kohlenstoffs in der Natur)*. Im Erdboden bildet sich Kohlendioxyd bei der langsamen Oxydation (Verbrennung) von Humusstoffen. Die Luft in Erdrissen und Höhlen ist oft reich an Kohlendioxyd. Auch in tiefen Brunnen sammelt sich oft soviel Kohlendioxyd an, daß für Menschen Erstickungsgefahr besteht. In zweifelhaften Fällen läßt man eine brennende Stearinkerze in den Brunnen herab, deren Erlöschen Lebensgefahr anzeigt. In kleinen Konzentrationen regt Kohlendioxyd die Atmung stark an, wovon man bei der Wiederbelebung Erstickter und Gasvergifteter Gebrauch macht (Sauerstoffatmung mit Kohlendioxydzusatz).

Kohlendioxyd wird von Basen unter Bildung von Carbonaten *absorbiert*. Will man ein Gas von Kohlendioxyd befreien, so läßt man es durch eine Waschflasche perlen, die eine Lösung von Natrium- oder Kaliumhydroxyd enthält, oder man leitet es durch ein U-Rohr, das gekörnten Natronkalk enthält. Zum Nachweis S. S. 255. von Kohlendioxyd benutzt man eine Lösung von Calcium- oder Bariumhydroxyd; leitet man kohlendioxydhaltige Luft hindurch, so trübt sich die Flüssigkeit, weil sich schwerlösliches Calcium- oder Bariumcarbonat ausscheidet:

$$Ca(OH)_2 + CO_2 \rightarrow CaCO_3 + H_2O.$$

Wasser löst bei Zimmertemperatur etwa sein eigenes Volumen Kohlendioxyd. Bei Überdruck nimmt es, nach HENRYs Gesetz etwa proportional dem Druck, mehr Kohlendioxyd auf. Wird der Überdruck plötzlich entfernt, so perlt das überschüssig gelöste Kohlendioxyd doch nur langsam weg; die Gasausscheidung wird durch Schütteln oder Umrühren beschleunigt. Quellwasser, das im Innern der Erde soviel Kohlendioxyd aufnehmen konnte, daß das Gas aus dem frischen Quellwasser in Bläschen entweicht, wird als Mineralwasser verkauft. Künstliches Mineralwasser (Sodawasser) stellt man durch Sättigung von Wasser mit Kohlendioxyd bei einigen Atm. Überdruck her.

Kohlensäure, H_2CO_3. Die wäßrige Lösung von Kohlendioxyd reagiert gegen Lackmus schwach sauer und schmeckt auch säuerlich. Ein Teil des Gases muß sich daher mit Wasser zu einer Säure verbunden haben. Diese Säure, Kohlensäure genannt, ist indessen sehr unbeständig; bringt man die Lösungen nämlich zum Sieden, oder leitet man durch sie einen Luftstrom, so wird sowohl das freie, wie auch das als Kohlensäure gebundene Kohlendioxyd innerhalb kurzer Zeit ausgetrieben. Die chemische Formel der Kohlensäure H_2CO_3 folgt aus der chemischen Analyse ihrer Salze S. S. 91. (wie bei der schwefligen Säure).

Aus dem soeben Gesagten geht hervor, daß der Vorgang:

$$H_2O + CO_2 \rightleftharpoons H_2CO_3,$$

schon bei gewöhnlicher Temperatur umkehrbar und beweglich ist. Nach neueren Beobachtungen dauert es eine gewisse Zeit (allerdings höchstens einige Minuten), bis das Gleichgewicht erreicht ist; nur ein kleiner Bruchteil, weniger als 1%, des gelösten Kohlendioxyds ist in wäßriger Lösung zu Kohlensäure hydratisiert. Es verwandelt sich also nur ein kleiner Teil des gelösten Dioxyds in Kohlensäure, und diese Verwandlung braucht Zeit. Macht man aus einem Carbonat durch Zusatz einer starken Säure die Kohlensäure frei, so setzt sich der Hauptteil der Kohlensäure zu Kohlendioxyd um; auch dieser Vorgang benötigt eine merkliche Zeit.

Kohlensäure ist eine *recht schwache* Säure; ihre wäßrige Lösung enthält nämlich nur sehr wenig Wasserstoffionen. Man erkennt dies an der schwach sauren Reaktion der Lösung, an ihrer normalen Gefrierpunktserniedrigung und an ihrem geringen elektrischen Leitvermögen. Wasser, das mit Kohlendioxyd gesättigt ist, enthält ungefähr 0,05 Mole im Liter, und hiervon ist wieder nur etwa 0,2% dissoziiert nach der Gleichung:
$$H_2O + CO_2 \rightarrow H^+ + HCO_3^-.$$
Die Wasserstoffionenkonzentration beträgt also nur $0{,}05 \cdot 0{,}002 = 0{,}0001$, daher ist pH $= 4$. Das zweite Wasserstoffatom der Kohlensäure ist noch viel fester gebunden als das erste, und der Vorgang:
$$HCO_3^- \rightarrow H^+ + CO_3^{--},$$
verläuft in Kohlendioxydlösungen in so geringem Umfang, daß dieses zweite Wasserstoffatom zu der Wasserstoffionenkonzentration der Lösungen praktisch nichts beiträgt.

Der Stärkeexponent für das erste Wasserstoffatom ist $pK_1 = 6{,}51$ und für das zweite $pK_2 = 10{,}34$. Kohlendioxyd, Hydrocarbonate und Carbonate wirken als Puffergemische bei den Reaktionszahlen, die in der Nähe dieser beiden Werte liegen. Lösungen, die Kohlendioxyd und Hydrocarbonate enthalten, puffern in der Nähe von 6,5 und Lösungen, die gleichzeitig Hydrocarbonat und Carbonat enthalten, in der Umgebung von 10,3. Über den Zusammenhang zwischen der Reaktionszahl einer Lösung und dem Zustand der darin enthaltenen Kohlensäure vgl. Abb. 13.

Hydrocarbonate (früher Bicarbonate genannt), $R(HCO_3)_n$. Als zweibasische Säure bildet Kohlensäure saure und normale Salze. Von den sauren Salzen ist das wichtigste **Natriumhydrocarbonat**, $NaHCO_3$ (veraltete Bezeichnung: doppeltkohlensaures Natron). Die sauren Carbonate sind, soweit bekannt, in Wasser löslich; sie sind ionisiert in Metallion und Hydrocarbonation, z. B.:
$$NaHCO_3 \rightarrow Na^+ + HCO_3^-.$$
Das Wasserstoffatom in den Hydrocarbonaten (das zweite Wasserstoffatom der Kohlensäure) ist äußerst fest gebunden; die Lösung reagiert daher nicht sauer. Das Hydrocarbonation betätigt indessen seine sauren Eigenschaften durch die Fähigkeit, in alkalischer Lösung seinen Wasserstoff an Hydroxylionen abgeben zu können:
$$HCO_3^- + HO^- \rightarrow CO_3^{--} + H_2O.$$
Das Hydrocarbonation ist jedoch nicht nur eine Säure, sondern auch gleichzeitig eine Base. Mit Wasser setzt es sich, wenn auch nur in geringem Umfang, nach dem Schema um:
$$HCO_3^- + H_2O \rightarrow H_2CO_3 + HO^-.$$
Eine reine Hydrocarbonatlösung reagiert ganz schwach basisch, pH = etwa 8. Die basische Natur dieses Ions überwiegt also die saure.

Normale Carbonate. Die meisten normalen Carbonate sind in Wasser *unlöslich*; nur die Carbonate der Alkalimetalle und des Ammoniums sind löslich. Alle Carbonate *werden von starken Säuren zersetzt*, welche die Kohlensäure austreiben; die Carbonate gehen dabei in Lösung, sofern das gebildete Salz in Wasser löslich ist (Silbercarbonat wird von Salzsäure zwar zersetzt, aber nicht aufgelöst, weil Silberchlorid unlöslich ist).

In wäßriger Lösung sind die normalen Carbonate, z. B. Natriumcarbonat (Soda), zum größten Teil in Metallionen und Carbonationen dissoziiert:

$$Na_2CO_3 \rightarrow 2\,Na^+ + CO_3^{--} \text{ (Ionisation)}.$$

Diese Ionisation ist sehr vollständig. Da jedoch die Carbonationen sehr starke basische Eigenschaften besitzen, setzt sich ein Teil von ihnen mit Wasser zu Hydrocarbonation und Hydroxylion um:

$$CO_3^{--} + H_2O \rightarrow HCO_3^- + OH^- \text{ (Hydrolyse)}.$$

Auf Grund dieser *Hydrolyse* besitzen *Carbonatlösungen alkalische Reaktion*. In einer 0,1 mol. Sodalösung (28,6 g kristallisierte Soda im Liter) sind 3% des Salzes hydrolysiert, die Hydroxylionenkonzentration beträgt also $0{,}1 \cdot 0{,}03 = 0{,}003$; d. h. pH = etwa 11,5. Die Eignung der Sodalösungen für *Reinigungszwecke* beruht auf ihrer alkalischen Reaktion. Recht kleine Konzentrationen von Hydroxylionen wirken nämlich schon lösend und erweichend auf viele organische Stoffe (z. B. Proteinstoffe, Farbanstriche u. ä.), und auf andere (z. B. Fettstoffe) aufschlämmend oder emulgierend. Eine Sodalösung steht bezüglich ihres Hydroxylionengehaltes, und daher auch ihres Lösungsvermögens, zwischen Seifenlösung und Natriumhydroxydlösung (Natronlauge).

Man benutzt recht häufig Carbonate zum *Neutralisieren saurer Flüssigkeiten oder saurer Stoffe*, da selbst schwach saure Stoffe die Kohlensäure aus Carbonaten austreiben (die Carbonate neutralisieren) können. Natriumcarbonat wird z. B. im Laboratorium allgemein zum Abstumpfen freier Säuren verwandt. Natriumhydrocarbonat (offiz.: *Natrium bicarbonicum*) wird als Natriumbicarbonat oder doppeltkohlensaures Natron in der Medizin zum Neutralisieren der Magensäure angewendet. Hierfür zieht man das saure Salz vor, weil es weniger stark basisch reagiert als Sodalösung, und daher die Gefahr der Verätzung empfindlicher Schleimhäute nicht besteht; auch schmeckt es nicht so unangenehm laugig. Calciumcarbonat ist als Düngekalk oder Mergel ein wichtiges Mittel, um in der Landwirtschaft *saure Böden zu neutralisieren*. Calciumcarbonat ist für diesen Zweck ganz besonders gut geeignet, weil es wegen seiner Schwerlöslichkeit in großen Mengen dem Boden zugesetzt werden kann, ohne daß es durch ätzende

Wirkungen schadet oder von Regenfällen zu rasch weggewaschen wird. Ein Überschuß von Calciumcarbonat verbleibt, ohne ätzende Wirkung auszuüben, jahrelang im Erdboden.

Die *Backpulver* bestehen gewöhnlich aus einer Mischung von Carbonat (Natriumhydrocarbonat oder Calciumcarbonat) mit einem schwach sauren Stoff (Kaliumhydrotartrat, primäres Calciumphosphat o. ä.). Kommen diese Pulvermischungen mit dem feuchten Teig in Berührung, so treibt der saure Stoff das Kohlendioxyd aus dem Carbonat aus, wodurch sich der Teig auflockert. Ammoniumcarbonat (Hirschhornsalz) wirkt allein für sich bereits treibend, da es beim Erwärmen Kohlendioxyd in Gasform abgibt, während das Ammoniak vom Teig gebunden wird.

Kohlenmonoxyd (Kohlenoxyd), CO, ist ein farbloses, in Wasser nur wenig lösliches Gas. Es verbrennt mit bläulicher, schwach leuchtender Flamme unter beträchtlicher Wärmeentwicklung zu Kohlendioxyd:

$$2\,CO + O_2 \rightarrow 2\,CO_2.$$

Kohlenmonoxyd entsteht überall, wo Kohle oder kohlenstoffhaltige Verbindungen nicht vollständig oxydiert werden; so ist es enthalten: im Leuchtgas, in Auspuffgasen von Motoren, Abgasen von Feuerungen usw. Kohlenmonoxyd ist *sehr giftig* und deswegen besonders gefährlich, weil es völlig geruchlos ist und daher stundenlang unbemerkt eingeatmet werden kann. Die Giftwirkung beruht auf der beträchtlichen Affinität des Kohlenmonoxyds zum roten Blutfarbstoff, dem *Hämoglobin*; dieser Stoff hat die wichtige physiologische Funktion, sich in den Lungen mit dem Luftsauerstoff zu einer lockeren Additionsverbindung, dem *Oxyhämoglobin*, $Hb \cdot O_2$, zu verbinden und in dieser Form den Sauerstoff in die Gewebe zu transportieren, d. h. dorthin, wo er für den Organismus lebensnotwendig ist. Kohlenoxyd verdrängt den Sauerstoff aus dem Oxyhämoglobin nach folgendem Schema:

$$Hb \cdot O_2 + CO \rightleftharpoons Hb \cdot CO + O_2.$$

Die Bindung des Kohlenmonoxydes an Hämoglobin ist so fest, daß 0,5 Volumprozent Kohlenmonoxyd in der Einatmungsluft beim Menschen schon nach 5—10 Minuten zum Erstickungstode führen; es geht also der Organismus wegen Sauerstoffmangel zugrunde, obwohl die Luft in den Lungen noch reichlich Sauerstoff enthält. Die oben angeschriebene Reaktion ist *umkehrbar*; ein Vergifteter kann deshalb, rechtzeitig in frische Luft verbracht, unter Umständen noch gerettet werden.

Die Darstellung von Kohlenmonoxyd geschieht durch schwaches Erwärmen von Ameisensäure, H_2CO_2, mit konz. Schwefel-

säure, wobei Wasser an Schwefelsäure abgegeben und gasförmiges Kohlenmonoxyd frei wird:
$$H_2CO_2 \rightarrow H_2O + CO.$$
Kohlenmonoxyd ist das *Anhydrid* der Ameisensäure, ebenso wie Kohlendioxyd das Anhydrid der Kohlensäure ist. Im Gegensatz zu Kohlendioxyd kann sich jedoch Kohlenmonoxyd bei gewöhnlicher Temperatur weder mit Wasser zu der Säure, noch mit Alkalien zu ihren Salzen (den Formiaten) verbinden. Erst bei 150—200° verbindet sich Kohlenmonoxyd mit Natriumhydroxyd zum Natriumsalz der Ameisensäure, **Natriumformiat**:
$$NaOH + CO \rightarrow NaHCO_2.$$
Die Spaltung der Ameisensäure in Wasser und Kohlenmonoxyd,
$$H_2CO_2 \rightarrow H_2O + CO,$$
ist zwar *umkehrbar*, aber *bei Zimmertemperatur nicht beweglich*. Daher zeigt bei gewöhnlicher Temperatur Kohlenmonoxyd nicht das Verhalten eines Säureanhydrids; erst gegen 150° beginnt es sich wie ein Säureanhydrid zu verhalten, wie die Reaktion mit Natriumhydroxyd beweist.

Ameisensäure, H_2CO_2, (*Acidum formicicum*) ist eine farblose, wasserlösliche Flüssigkeit mit nahezu dem gleichen Siedepunkt wie Wasser (101°). Kommt menschliche Haut damit in Berührung, so bilden sich schmerzhafte Entzündungen.

Trotz seiner zwei Wasserstoffatome ist Ameisensäure nur eine *einbasische* Säure; das eine Wasserstoffatom gehört nämlich zum Säurerest und läßt sich nicht durch Metall ersetzen. Das *saure Wasserstoffatom ist vermutlich an Sauerstoff gebunden*, während das andere in dem Säurerest direkt am Kohlenstoff sitzt. Folgende Strukturformeln entsprechen unseren jetzigen Annahmen über die Verknüpfung der Atome in Ameisensäure und in Kohlensäure:

$$\begin{matrix} H-O \\ H \end{matrix} \!\!>\!\! C=O \qquad\qquad \begin{matrix} H-O \\ H-O \end{matrix} \!\!>\!\! C=O.$$

Ameisensäure. Kohlensäure.

In beiden Säuren kommt die Atomgruppierung:

$$HO\!\!>\!\!C=O, \text{ oder einfacher: } -COOH$$

vor; sie heißt allgemein *Carboxylgruppe*. Säuren, die diese Säuregruppe enthalten, heißen *Carbonsäuren*. Ameisensäure, HCOOH, ist die einfachste Carbonsäure; nahe mit ihr verwandt ist die wichtige **Essigsäure**, die anstelle des am Kohlenstoffatom sitzenden H-Atoms eine Methylgruppe, $-CH_3$, enthält, und der deshalb die Strukturformel CH_3COOH zukommt.

In Ameisensäure ist das Kohlenstoffatom vierwertig, während es in Kohlenmonoxyd nur zweiwertig ist. Der Kohlenstoff befindet sich in den beiden Verbindungen zwar in der gleichen Oxydationsstufe, besitzt jedoch verschiedene Wertigkeit.

S. S. 211. Technisch wird Ameisensäure dargestellt, indem man Generatorgas (eine Mischung aus Kohlenmonoxyd und Stickstoff) über erwärmtes Natriumhydroxyd leitet. Hierbei bildet sich Natriumformiat, aus dem die Säure mit Hilfe einer stärkeren Säure, z. B. verdünnter Schwefelsäure, freigemacht wird.

Der chemische Vorgang. IV.

Thermochemie.

Die Anwendung des Gesetzes von der Erhaltung der Energie. Jeder chemische Vorgang ist von Abgabe oder Aufnahme einer bestimmten Wärmemenge (einer *Wärmetönung*) begleitet. Wird bei einem Vorgang Wärme frei, so nennt man die Wärmetönung positiv und den Vorgang *exotherm*. Verbraucht die Reaktion Wärme (d. h. kühlt sich das Reaktionsgemisch ab), so rechnet man die Wärmetönung negativ, und der Vorgang heißt *endotherm*. In einem exothermen Vorgang sind die verschwindenden Stoffe energiereicher als die gebildeten Stoffe, während bei einer endothermen Reaktion das Verhältnis umgekehrt ist. Verläuft eine Reaktion so, daß andere Energiearten als Wärme weder abgegeben noch aufgenommen werden, so muß die Wärmetönung nach dem Gesetze von der Erhaltung der Energie gleich dem Unterschiede des Energiegehaltes der verschwundenen gegenüber den gebildeten Stoffen sein. Die Wärmetönung muß daher davon unabhängig sein, wie man den Vorgang leitet; ihre Größe ist vielmehr ausschließlich durch den Anfangs- und den Endzustand der Reaktion bestimmt (Gesetz von HESS).

Beispiel: Bereitet man eine Ammoniumsulfatlösung aus Ammoniak, konz. Schwefelsäure und Wasser, so kann man verschiedene Reihenfolgen einhalten. Man kann z. B. entweder zuerst das Wasser mit der Schwefelsäure mischen, wobei eine bedeutende Wärmeentwicklung Q_1 cal. stattfindet, und hierauf Ammoniak zuleiten, wobei wieder Wärme, nämlich Q_2 cal., frei wird; die gesamte Wärmetönung ist also: $Q_1 + Q_2$ cal. Oder man kann zuerst das Ammoniak in Wasser einleiten und hierauf die Ammoniaklösung mit konz. Schwefelsäure neutralisieren. Bei diesem letzteren Vorgehen erhält man auch zwei positive Wärmetönungen: bei der Auflösung des Ammoniaks Q_3 cal., bei seiner Neutralisation Q_4 cal.; jeder einzelne dieser Werte Q_3 und Q_4 ist für sich verschieden von den bei dem zuerst genannten Vorgehen beobachteten Werten Q_1 und Q_2. Die Summe der beiden jeweils aufeinanderfolgenden Wärmeentwicklungen ist jedoch nach dem Gesetz von HESS für beide Darstellungsarten die gleiche; d. h. es muß sein:

$$Q_1 + Q_2 = Q_3 + Q_4.$$

Die Wärmetönungen eines Vorgangs und des zugehörigen rezi- S. S. 61.
proken Vorgangs müssen numerisch gleich, jedoch von verschiedenem Vorzeichen sein. Auch dies folgt aus dem Gesetze der Erhaltung der Energie.

Thermochemische Gleichungen. Eine gewöhnliche chemische Gleichung wird zu einer thermochemischen Gleichung, wenn man ein Glied anfügt, das die Wärmetönung der Reaktion angibt. In den thermochemischen Gleichungen bedeuten die chemischen Symbole Grammatome bzw. -mole, und die Wärmetönung wird in Grammcalorien angegeben.

Die Gleichung für die Verbrennung des Kohlenstoffs ist:
$$C + O_2 = CO_2.$$
1 g amorpher Kohlenstoff entwickelt bei seiner Verbrennung etwa 8000 cal.; daher ist die *Verbrennungswärme* eines Grammatoms (12,00 g) gleich $12 \cdot 8000 = 96\,000$ cal. Damit wird die thermochemische Verbrennungsgleichung des Kohlenstoffs:
$$C + O_2 = CO_2 + 96\,000 \text{ cal.}$$

Thermochemische Gleichungen können genau wie gewöhnliche Gleichungen *addiert* und *subtrahiert* werden; die Wärmeentwicklung einer Bruttoreaktion ist ja nach dem Gesetz von HESS gleich der Summe aus den Wärmetönungen der Teilreaktionen. Man kann auch die Glieder auf beiden Seiten mit der gleichen Zahl *multiplizieren*; setzen sich n-mal soviel Moleküle um, so wird eine n-fache größere Wärmemenge frei. Schließlich kann man auch die Wärmetönung auf die andere Seite der Gleichung bringen, wenn man nur gleichzeitig ihr Vorzeichen ändert. Der reziproke Vorgang verbraucht ja, wie oben schon erwähnt, ebensoviel Wärme, wie der direkte Vorgang entwickelt.

Thermochemische Berechnungen. Durch *geeignete Addition und Subtraktion thermochemischer Gleichungen* kann man die Wärmetönung auch solcher Reaktionen berechnen, die einer *unmittelbaren Untersuchung nicht zugänglich sind.*

Als Beispiel für eine solche Rechnung soll die Ermittlung der Bildungswärme von Kohlenmonoxyd besprochen werden. Diese Wärmetönung läßt sich durch Versuche nicht direkt bestimmen, weil Kohlenstoff sofort zu Kohlendioxyd und nicht zu Kohlenmonoxyd verbrennt; sie läßt sich aber indirekt berechnen aus den Verbrennungswärmen einerseits von Kohlenstoff, andererseits von Kohlenmonoxyd. Die thermochemische Gleichung für die Verbrennung von Kohlenstoff haben wir oben schon angeschrieben. Für die Verbrennung von Kohlenmonoxyd gilt:
$$2\,CO + O_2 = 2\,CO_2 + 135\,400 \text{ cal.;}$$
1 l Kohlenmonoxyd (gemessen bei 0^0 und 1 Atm.) entwickelt nämlich als Verbrennungswärme 3022 cal., und für zwei Gramm-Mole

(44,8 l) ergibt sich also 44,8 · 3022 = 135 400 cal. Multipliziert man die erste Verbrennungsgleichung mit 2 und zieht man die zweite Gleichung von ihr ab, so erhält man:

2 C + O$_2$ = 2 CO + (2·96000 — 135400) cal. oder:
2 C + O$_2$ = 2 CO + 56600 cal.

Bei der Aufnahme des ersten Sauerstoffatoms beträgt hiernach die Wärmetönung pro Mol CO die Hälfte von 56 600, also 28 300 cal. Bei der Aufnahme des zweiten Sauerstoffatoms, also bei der Bildung von Kohlendioxyd aus Kohlenmonoxyd, werden 135400 : 2 = 67 700 cal. frei. Bei der Bindung des ersten Sauerstoffatoms wird also noch nicht einmal die Hälfte der Wärme entwickelt, wie bei der Bindung des zweiten. Dabei spielt sicher eine Rolle, daß bei der Aufnahme des ersten Sauerstoffatoms die starken Bindungen zwischen den Atomen des festen Kohlenstoffs gesprengt werden müssen, wozu Energie verbraucht wird. Die Aufnahme des zweiten Atoms ist dagegen die einfache Addition an ein Kohlenmonoxydmolekül.

Die Größe der Wärmetönung einer chemischen Reaktion hängt von der *Zustandsform* der verschwindenden und entstehenden Stoffe ab. Z. B. beträgt die Bildungswärme (aus den gasförmigen Elementen) eines Grammmols *Wasserdampf* 57 580 cal. und eines Mols *flüssigen Wassers* 68 400 cal.; die Differenz rührt von der *Verdampfungswärme* des Wassers her. Tritt ein Stoff in einer Reaktion in einer *Zustandsform* auf, die nicht seinem gewöhnlichen Vorkommen entspricht, so muß dies in der thermochemischen Gleichung angedeutet werden. Bei Stoffen, die in mehreren Modifikationen bekannt sind, muß die tatsächlich vorliegende *Modifikation* angegeben werden. Bei den vorstehenden Rechnungen haben wir z. B. mit einer bestimmten Form von amorphem Kohlenstoff gerechnet. Für Diamant wären die Wärmetönungen etwas geringer ausgefallen. *Stoffe in wäßriger Lösung* werden in den Gleichungen oft durch den Zusatz aq bezeichnet. Schließlich hängt die Wärmetönung auch etwas von den äußeren Umständen ab, z. B. von der Temperatur und von der Konzentration der Lösung; es ist auch von Bedeutung, ob die Reaktion bei konstantem Druck verläuft (z. B. in offenen Gefäßen bei Atmosphärendruck) oder bei konstantem Volumen (in einem geschlossenen Apparat, einer Bombe). Gibt die Reaktion Energie in anderen Formen als Wärme ab, z. B. aus einem galvanischen Element als *elektrische Energie* oder aus einem Verbrennungsmotor als *mechanische Energie*, so muß die Wärmetönung natürlich entsprechend geringer sein.

Wärmetönungen. In Tabelle 16 sind die Wärmetönungen einiger wichtiger chemischer Reaktionen zusammengestellt. Die zuletzt angeführte Wärmetönung ist die *Neutralisationswärme* starker Säuren durch starke Basen in wäßriger Lösung; der hierfür verantwortliche chemische Vorgang ist ja die Verbindung eines Wasserstoffions (eines Hydroxoniumions) mit einem Hydroxylion zu Wasser.

Affinität und Wärmetönung. Die meisten chemischen Reaktionen, die bei Zimmertemperatur *freiwillig* einsetzen und verlaufen, sind *exotherm*. Längere Zeit hat man geglaubt, daß *alle* freiwillig

Tabelle 16. Wärmetönungen wichtiger chemischer Reaktionen. Zahlenwerte für Zimmertemperatur und für konstantes Volumen.

$H_2 + F_2$	$\rightarrow 2\,HF$	$+128000$ cal.
$H_2 + Cl_2$	$\rightarrow 2\,HCl$	$+ 44000$ „
$H_2 + Br_2$ (flüssig)	$\rightarrow 2\,HBr$	$+ 16900$ „
$H_2 + J_2$ (fest)	$\rightarrow 2\,HJ$	$- 12300$ „
$H_2 + J_2$ (gasförmig)	$\rightarrow 2\,HJ$	$+ 2800$ „
$2\,H_2 + O_2$	$\rightarrow 2\,H_2O$ (flüssig)	$+136800$ „
$2\,H_2 + O_2$	$\rightarrow 2\,H_2O$ (Dampf)	$+115700$ „
$3\,H_2 + N_2$	$\rightarrow 2\,NH_3$	$+ 21900$ „
$H_2 + 2\,C$ (Diamant)	$\rightarrow C_2H_2$	$- 54000$ „
$2\,O_3$	$\rightarrow 3\,O_2$	$+ 70000$ „
P (gelb)	$\rightarrow P$ (rot)	$+ 4000$ „
$N_2 + O_2$	$\rightarrow 2\,NO$	$- 43200$ „
$O_2 + C$ (amorph)	$\rightarrow CO_2$	von 94150 bis 97800 „
$O_2 + C$ (Graphit)	$\rightarrow CO_2$	von 94000 bis 94300 „
$O_2 + C$ (Diamant)	$\rightarrow CO_2$	$+ 94480$ „
$2\,CO + O_2$	$\rightarrow 2\,CO_2$	$+135400$ „
$H^+,aq + HO^-,aq$	$\rightarrow H_2O$	$+ 13700$ „

verlaufenden Reaktionen exotherm seien (Regel von JULIUS THOMSEN), und daß man in der Größe der Wärmetönung das genaue Maß für die Affinität der Reaktion besäße. Neuere Untersuchungen haben gezeigt, daß dieser Sachverhalt nur beim absoluten Nullpunkt zutrifft. Je höher die Temperatur ist, desto zahlreichere Reaktionen verlaufen freiwillig in der endothermen Richtung. Dies stimmt mit dem Prinzip von LE CHATELIER überein. Bei Zimmertemperatur ist man noch so nahe beim absoluten Nullpunkt, daß die meisten Reaktionen in exothermer Richtung von selbst verlaufen; bei sehr hoher Temperatur (2000—3000°) kehren sich die Verhältnisse um und die endothermen Reaktionen überwiegen.

Man besitzt also zwar in der Wärmetönung kein direktes Maß für die Affinität einer Reaktion, ja man kann nicht einmal aus dem Vorzeichen der Wärmetönung mit Sicherheit voraussagen, in welcher Richtung die Umsetzung freiwillig verlaufen wird. Trotzdem kann man aus der Kenntnis der Wärmetönung wertvolle Aufklärungen über die Affinität und den Verlauf einer Umsetzung schöpfen. Bei genügend tiefer Temperatur verläuft *jede* Reaktion in der exothermen Richtung, und die Temperatur, bei der sich die Richtung des freiwilligen Verlaufes der Reaktion umkehrt, wird um so höher liegen, je größer die Wärmetönung ist. In dieser Weise läßt sich mit Hilfe der Wärmetönung abschätzen, wie hoch man erhitzen muß, um eine Reaktion in endothermer Richtung freiwillig ablaufen lassen zu können. Am sichersten gestaltet sich eine solche Schätzung durch den Vergleich mit anderen möglichst analogen Reaktionen, für die man den gesamten Temperaturverlauf kennt.

Beispiel. Aus den Bildungswärmen der Halogenwasserstoffe (vgl. Tab. 16) läßt sich abschätzen, daß Jodwasserstoff bei gewöhnlicher Temperatur eine unbeständige Verbindung ist, die sich freiwillig in Wasserstoff und festes Jod zersetzt. Die anderen Halogenwasserstoffe werden sich dagegen bei gewöhnlicher Temperatur wahrscheinlich freiwillig bilden können; die Temperatur, bei der ihre Dissoziation in die Elemente merklich wird, muß erwartungsgemäß in der Reihenfolge Bromwasserstoff, Chlorwasserstoff, Fluorwasserstoff ansteigen.

Die Beständigkeit von Kohlendioxyd und Kohlenmonoxyd.

Kohlendioxyd ist eine sehr beständige Verbindung, die sich erst bei Weißglut merklich in Kohlenmonoxyd und Sauerstoff zersetzt:

$$2\,CO_2 \rightarrow 2\,CO + O_2.$$

Dies Verhalten stimmt mit der bedeutenden Bildungswärme des Kohlendioxyds aus Kohlenmonoxyd und Sauerstoff überein (135400 cal.). Dagegen verwandelt sich Kohlendioxyd *in Gegenwart von Kohlenstoff* viel leichter in Kohlenmonoxyd. Leitet man Kohlendioxyd über glühenden Kohlenstoff, so tritt folgende Reaktion ein:

$$CO_2 + C \rightarrow 2\,CO.$$

Diese Reaktion verläuft nicht vollständig, sondern führt zu einer *Gleichgewichtsmischung von Kohlenmonoxyd und -dioxyd in Gegenwart festen Kohlenstoffs.* Die Zusammensetzung dieser Mischung hängt von der Temperatur und dem Drucke ab. In der folgenden Zusammenstellung ist angegeben, wie viele Prozente Kohlenmonoxyd bei verschiedenen Temperaturen in der Mischung zugegen sind, wenn die Reaktion beim Druck von 1 Atm. zum Stillstand kommt.

Temperatur	500°	600°	700°	800°	900°	1000°
% CO	5	23	58	93	96,5	99,3

Diese Zahlen zeigen, wie stark die Menge des Monoxyds im Gleichgewicht mit der Temperatur anwächst. Oberhalb 700° enthält die Mischung überwiegend Monoxyd. Die Bildung des Monoxyds muß daher nach dem Prinzip von LE CHATELIER eine *endotherme* Reaktion sein. Man kann dies auch aus den Verbrennungswärmen des Kohlenstoffs und des Kohlenmonoxyds bestätigen. S.S.195f. Hierfür gelten die thermochemischen Gleichungen:

$$C + O_2 = CO_2 + 96000 \text{ cal.}$$
$$2\,CO + O_2 = 2\,CO_2 + 135400 \text{ ,,}$$

Durch Subtraktion dieser Gleichungen folgt:

$$CO_2 + C = 2\,CO - 39400 \text{ cal.,}$$

wonach die Kohlenmonoxydbildung endotherm ist.

Verwendet man *Kohlenstoff als Reduktionsmittel*, so wird Kohlenmonoxyd oder Kohlendioxyd gebildet; gewöhnlich entsteht eine Mischung beider Verbindungen. Arbeitet man mit einem großen Überschuß von festem Kohlenstoff und hat die Gasmischung Zeit, sich mit dem Kohlenstoff ins Gleichgewicht zu setzen, so muß die Gasphase die oben angegebene Zusammensetzung haben; sie muß also unterhalb 700° überwiegend Kohlendioxyd und oberhalb 700° überwiegend Kohlenmonoxyd enthalten.

Die Schwefelverbindung des Kohlenstoffs.

Schwefelkohlenstoff, CS_2, ist eine wasserklare, stark lichtbrechende, leichtflüchtige Flüssigkeit und siedet bei 46°. Ganz rein riecht sie ätherartig, die Handelsprodukte sind jedoch stets verunreinigt und zeigen daher einen widerwärtigen Geruch. Der Dampf ist ein schweres allgemeines *Nervengift*. Schwefelkohlenstoff kann zu Kohlendioxyd und Schwefeldioxyd verbrennen:

$$CS_2 + 3\,O_2 \rightarrow CO_2 + 2\,SO_2,$$

und ist sehr *feuergefährlich* wegen seiner Flüchtigkeit und niedrigen Entzündungstemperatur (etwa 150°). In Wasser ist Schwefelkohlenstoff unlöslich und bildet eine getrennte Flüssigkeitsschicht, die sich wegen ihrer Dichte (1,3) unten befindet. Schwefelkohlenstoff ist ein vorzügliches *Lösungsmittel* für viele Metalloide (Brom, Jod, Schwefel, Phosphor) und für viele organische Stoffe (z. B. Harze, Kautschuk, Fett). In der Technik wird er zur Extraktion von Fetten, z. B. aus Knochen, verwendet. Die Darstellung geschieht, indem man Schwefeldampf über glühende Kohlen leitet und die gebildeten Dämpfe des Schwefelkohlenstoffs in Vorlagen verdichtet.

Die Stickstoffverbindungen des Kohlenstoffs.

Diese Verbindungen werden hauptsächlich in der organischen Chemie behandelt. Hier sollen nur die sog. Cyanverbindungen besprochen werden, die das einwertige Radikal Cyan, CN, enthalten, dessen chemische Eigenschaften sehr stark an die der *Halogene* erinnern.

Freies Cyan, $(CN)_2$, ist ein farbloses, giftiges Gas, dessen Molgewicht aus seiner Dichte folgt.

Cyanwasserstoff (Blausäure), HCN, ist eine wasserklare, sehr leicht flüchtige, wasserlösliche Flüssigkeit. Sie ist eine sehr schwache S. S. 130. Säure (pK=9,2). Ihre Salze heißen Cyanide. Cyanwasserstoff entsteht aus seinen Salzen, z. B. aus Kaliumcyanid, durch Destillation mit Schwefelsäure (seine Darstellung):

$$2\,KCN + H_2SO_4 \rightarrow K_2SO_4 + 2\,HCN.$$

Cyanwasserstoff besitzt einen charakteristischen Geruch; er ist einer der *giftigsten* Stoffe. In großem Maßstabe wird er zur Schädlingsbekämpfung — meist unter Zusatz von warnenden Reizstoffen — gegen Insekten, Mäuse, Ratten verwendet.

Cyanide. Kaliumcyanid, KCN, und Natriumcyanid, NaCN, sind typische Salze, ungefärbt und leichtlöslich in Wasser. Wie Cyanwasserstoff selbst, sind sie *äußerst giftig*. In wäßriger Lösung dissoziieren sie zunächst in Metallionen und Cyanionen, CN^-; da aber das Cyanion eine starke Base ist, hydrolysieren die Salze teilweise nach dem Schema:

$$CN^- + H_2O \to HCN + HO^-.$$

Ihre wäßrigen Lösungen reagieren daher *stark alkalisch* und riechen nach Cyanwasserstoff; beim Kochen geben sie blausäurehaltige Dämpfe ab. Silbercyanid ist, wie Silberchlorid, ein weißes, in Wasser und Salpetersäure unlösliches Salz.

Die *einfachen Cyanide der Schwermetalle* sind, soweit überhaupt bekannt, weniger wichtig als einige (besonders früher so genannte) *Doppelcyanide*, die man sich rein formal als aus zwei verschiedenen Cyaniden zusammengesetzt vorstellen kann. Eisen bildet z. B. zwei schön kristallisierende Doppelcyanide: das gelbe Kaliumferrocyanid, $K_4Fe(CN)_6 = 4\,KCN \cdot Fe(CN)_2$, und das rote Kaliumferricyanid, $K_3Fe(CN)_6 = 3\,KCN \cdot Fe(CN)_3$. Silber bildet das farblose, leicht lösliche Kaliumsilbercyanid, $KAg(CN)_2 = KCN \cdot AgCN$. Für die Struktur dieser Verbindungen ist wichtig, daß sie in wäßriger Lösung *keine Cyanionen* abspalten; ihre Ionisation vollzieht sich vielmehr nach folgenden Gleichungen:

$$K_4Fe(CN)_6 = 4\,K^+ + Fe(CN)_6^{----},$$
$$K_3Fe(CN)_6 = 3\,K^+ + Fe(CN)_6^{---},$$
$$KAg(CN)_2 = K^+ + Ag(CN)_2^-.$$

S. S.106f. Die Anionen dieser Salze sind also nicht Cyanionen, sondern *Komplexe*, in denen *mehrere Cyanionen an das Ion eines Schwermetalles fest gebunden sind*. Um die Zusammengehörigkeit der Bestandteile komplexer Ionen anzudeuten, schließt man sie oft in Klammern, z. B. schreibt man $K_4[Fe(CN)_6]$, $K[Ag(CN)_2]$ usw. Die Komplexsalze lassen sich als Kaliumsalze folgender Säuren auffassen:

$H_4Fe(CN)_6$, Ferrocyanwasserstoff,
$H_3Fe(CN)_6$, Ferricyanwasserstoff,
$HAg(CN)_2$, Silbercyanwasserstoff.

Die zwei erstgenannten Säuren sind in reinem Zustand als feste, kristallisierte, leichtlösliche Stoffe bekannt, während die letzte nicht beständig und im freien Zustand unbekannt ist. Cyanide, deren Lösungen keine freien Cyanionen enthalten, nennt man *komplexe Cyanide*. Diese komplexen Salze brauchen natürlich keineswegs die Eigenschaften derjenigen cyanhaltigen Salze zu besitzen, die freie Cyanionen abspalten. So fehlt den komplexen Eisencyaniden die starke Giftwirkung und die alkalische Reaktion der Alkalicyanide.

Der wichtige, tiefblaue Niederschlag des **Berliner Blaus** entsteht bei der Fällung des Kaliumferrocyanids mit Ferrisalzen, ein praktisch identischer, TURNBULLS Blau, bei der Fällung des Kaliumferricyanids mit Ferrosalzen. In diesen Niederschlägen ist das Kalium der Komplexsalze durch Eisen ersetzt:

$$4\,Fe^{+++} + 3\,Fe(CN)_6^{----} = Fe_4[Fe(CN)_6]_3;$$
$$3\,Fe^{++} + 2\,Fe(CN)_6^{---} = Fe_3[Fe(CN)_6]_2.$$

Die blaue Farbe rührt von der gleichzeitigen Anwesenheit zweiwertigen und dreiwertigen Eisens her. — Als halbdurchlässige Wand dient in osmotischen Versuchen der Niederschlag des Cupriferrocyanids, $Cu_2[Fe(CN)_6]$. S. S. 36.

Cyanide bilden sich, wenn man Stoffe, die *gleichzeitig Kohlenstoff und Stickstoff* enthalten, in Gegenwart *basischer* Stoffe erhitzt. So entsteht Kaliumcyanid beim Glühen stickstoffhaltiger organischer Stoffe, z. B. von eingedampftem Blut, mit Kaliumcarbonat. Durch Zusatz von Ferrocarbonat wird das leichtlösliche und schlecht kristallisierende Kaliumcyanid, das schwer zu reinigen ist, in Kaliumferrocyanid verwandelt, dessen Umkristallisation leicht zu reinen Produkten führt:

$$6\,KCN + FeCO_3 \rightarrow K_4Fe(CN)_6 + K_2CO_3.$$

Wegen dieser Darstellung nannte man früher dieses Salz **gelbes Blutlaugensalz** und das rote, hieraus durch Oxydation erhältliche Kaliumferricyanid trug den Namen **rotes Blutlaugensalz**.

Kaliumcyanat, KCNO. Kaliumcyanid hat die Eigenschaften eines kräftigen Reduktionsmittels; unter Aufnahme eines Sauerstoffatoms geht es leicht in Kaliumcyanat über. Schmilzt man Kaliumcyanid mit Bleioxyd, so bildet sich demgemäß Kaliumcyanat und Blei:

$$KCN + PbO \rightarrow KCNO + Pb.$$

Kaliumcyanat ist das Kaliumsalz der **Cyansäure**, HCNO. Macht man Cyansäure frei — etwa durch Zusatz eines Überschusses einer starken Säure, z. B. Salzsäure, zu einer Lösung von Kaliumcyanat —, so zersetzt sich die Säure augenblicklich in Kohlendioxyd und Ammoniak:

$$HCNO + H_2O \rightarrow CO_2 + NH_3.$$

Kohlendioxyd entweicht gasförmig, und das Ammoniak wird von der Salzsäure gebunden.

Kaliumthiocyanat (**Kaliumrhodanid**), KCNS, wird durch Zusammenschmelzen von Kaliumcyanid mit Schwefel dargestellt. Es ist ein weißes, leichtlösliches Salz. Mit Ferrisalzen ergibt es eine intensiv rote Färbung, die von der Bildung des nicht ionisierten Ferrirhodanids, $Fe(CNS)_3$, herrührt; es dient daher zum Nachweis kleiner Mengen von Ferrisalzen. Abgeleitet ist es von der Thiocyansäure (Rhodanwasserstoff), HCNS.

Cyanamid, $CN \cdot NH_2$. Leitet man Chlor in Cyanwasserstoff, so bildet sich Chlorcyan, $CN \cdot Cl$:
$$HCN + Cl_2 \rightarrow HCl + CN \cdot Cl.$$
Chlorcyan reagiert mit Ammoniak unter Bildung von Cyanamid, $CN \cdot NH_2$:
$$CN \cdot Cl + 2 NH_3 \rightarrow CN \cdot NH_2 + NH_4Cl.$$
Cyanamid ist ein kristallinischer, leicht löslicher Stoff. Es ist eine schwache zweibasische Säure; sein wichtigstes Salz ist Calciumcyanamid, $CN \cdot NCa$ oder: CaN_2C, das sich in Wasser etwas löst. Diese Lösung reagiert basisch, da das Salz hydrolysiert. Dieses Salz ist der wirksame Bestandteil des sog. Kalkstickstoffs, eines wichtigen Stickstoffdüngers.

Kalkstickstoff wird durch Glühen von Calciumcarbid in sauerstoffreiem Stickstoff hergestellt:
$$CaC_2 + N_2 \rightarrow CaN_2C + C.$$
Der notwendige sauerstofffreie Stickstoff wird aus flüssiger Luft durch Fraktionieren gewonnen. Der im Handel befindliche Kalkstickstoff ist ein graues, in Wasser nur teilweise lösliches Pulver. Außer Calciumcyanamid enthält das Produkt immer noch Kohlenstoff; sein Stickstoffgehalt pflegt in der Nähe von 20% zu liegen (reines Calciumcyanamid enthält 35% Stickstoff).

Kommt der Kalkstickstoff in den Erdboden, so wird unter der Einwirkung von Kohlendioxyd die schwache Säure Cyanamid frei, und diese Verbindung wandelt sich gewöhnlich — unter Mithilfe von Katalysatoren und Bakterien des Erdbodens — rasch in Harnstoff und weiter in Ammoniumcarbonat um; dann liegt der Stickstoff in einer den Pflanzen zugänglichen Form vor:

S. S. 161.

$$CN \cdot NCa + CO_2 + H_2O \rightarrow CN \cdot NH_2 + CaCO_3,$$
$$CN \cdot NH_2 + H_2O \rightarrow CO(NH_2)_2 \text{ (Harnstoff)},$$
$$CO(NH_2)_2 + 2 H_2O \rightarrow (NH_4)_2CO_3.$$

Das Cyanamid kann sich indessen auch in anderer Weise umsetzen. Beim Erwärmen mit Wasser verwandelt es sich in Dicyandiamid, $C_2N_4H_4$; wenn sich die — noch nicht ganz geklärten — Faktoren, welche die schnelle Umwandlung des Cyanamids im Erdboden zu Harnstoff bewirken, nicht geltend machen, kann das Cyanamid auch im Erdboden in Dicyandiamid übergehen. Diese Umwandlung ist keineswegs vorteilhaft, weil das Dicyandiamid ein sehr beständiger Stoff ist, dessen Stickstoff den Pflanzen nicht zugänglich ist, und der in größerer Menge sogar als Pflanzengift wirken kann. Auch bei längerem Lagern von Kalkstickstoff konnte man die Bildung des Dicyandiamids beobachten. Der gesamte Stickstoffgehalt ist also nicht immer das richtige Maß für den Wert des Kalkstickstoffs.

Aus Kalkstickstoff kann man Ammoniak durch Behandlung mit überhitztem Wasserdampf darstellen:
$$CaN_2C + 3 H_2O \rightarrow CaCO_3 + 2 NH_3.$$

Die Metallverbindungen des Kohlenstoffs.

Bei hoher Temperatur bildet Kohlenstoff mit vielen Metallen Carbide, die von Wasser oder Säuren unter Bildung von Kohlenwasserstoffen gespalten werden.

Calciumcarbid, CaC_2, wird dargestellt durch Erhitzen von Kohle mit gebranntem Kalk auf sehr hohe Temperatur in elektrischen Öfen:

$$CaO + 3\,C \rightarrow CaC_2 + CO.$$

Das technische Produkt ist ein grauer, fester Stoff. Calciumcarbid entwickelt mit Wasser gasförmiges Acetylen:

$$CaC_2 + 2\,H_2O \rightarrow Ca(OH)_2 + C_2H_2.$$

Aluminiumcarbid, Al_4C_3, wird durch Erhitzen von Aluminiumoxyd mit Kohlenstoff in elektrischen Öfen hergestellt. Es entwickelt schon mit Wasser, schneller jedoch mit Salzsäure, Methan:

$$Al_4C_3 + 12\,HCl \rightarrow 4\,AlCl_3 + 3\,CH_4.$$

Brennstoffe.

Die Erzeugung von Wärmeenergie geschieht fast ausschließlich durch Verbrennen verschiedener kohlenstoffhaltiger Materialien, der sog. Brennstoffe. Damit sich ein Stoff als Brennstoff eignet, muß er zwei Eigenschaften haben: erstens muß er sich *mit Sauerstoff unter großer Wärmeentwicklung* verbinden; zweitens muß die *Reaktionsgeschwindigkeit* zwischen dem Brennstoff und Sauerstoff bei *gewöhnlicher Temperatur* äußerst *gering* sein, und darf erst bei der Entzündung, d. h. beim Erhitzen auf eine bestimmte *Entzündungstemperatur, groß werden.* Diesem letzten Umstand ist es zu verdanken, daß man es in der Hand hat, zu bestimmen, wann und wo die Wärme eines Brennstoffs zur Entwicklung kommen soll. Je geringer die Reaktionsgeschwindigkeit bei gewöhnlicher Temperatur ist, desto besser läßt sich der Brennstoff aufbewahren, desto geringer ist die gefährliche Möglichkeit seiner Selbstentzündung, und desto geringer ist auch das Risiko, daß sich die Wärme an unrechter Stelle entwickelt. Dafür wird aber auch im allgemeinen die Entzündungstemperatur eines solchen Brennstoffes höher liegen, und es wird schwieriger sein ihn anzuheizen, d. h. die Wärme aus ihm bei Bedarf rasch zu erhalten.

Wir besprechen im folgenden die wichtigsten festen, flüssigen und gasförmigen Brennstoffe.

Feste Brennstoffe.

Natürliche Brennstoffe. Der schwarze Stoff, der unter dem Namen *Kohle* in den Kohlenbergwerken der ganzen Welt gefördert wird, besteht nicht aus freiem Kohlenstoff, sondern stellt eine Mischung kohlenstoffreicher organischer Verbindungen dar, die aus Kohlenstoff, Wasserstoff und Sauerstoff bestehen. Die natürlichen Kohlen sind aus Pflanzenresten entstanden, die lange Zeit im Innern der Erde lagerten und die dabei eine durchgreifende Umwandlung erlitten haben. Holz, Torf, Braunkohle, Steinkohle, Anthrazit bezeichnen verschiedene Stufen dieses natürlichen *Verkohlungsvorgangs*. Aus der folgenden Tabelle 17 geht hervor, wie sich die Zusammensetzung verändert, wenn die Verkohlung fortschreitet (bei diesen Angaben sind Asche und Feuchtigkeit im voraus abgezogen; im übrigen handelt es sich um Durchschnittswerte).

Tabelle 17. Zusammensetzung wichtiger fester Brennstoffe.

	Kohlenstoff %	Wasserstoff %	Sauerstoff %	Stickstoff %
Holz	50	6	43	1
Torf	59	6	34	1
Braunkohle	69	6	24	1
Steinkohle	82	5	12	1
Anthrazit	95	2,4	2,4	0,2

Während des Verkohlens verschwinden Kohlendioxyd und Wasser, sowie geringe Mengen Kohlenwasserstoffe; der Rückstand wird immer kohlenstoffreicher und sauerstoffärmer. Während die Braunkohle noch die ursprüngliche Struktur der Pflanzenreste erkennen läßt, ist hiervon in der Steinkohle meistens nichts mehr zu sehen.

Alle Stoffe, die sich bei der natürlichen Verkohlung bilden, dienen als Brennstoffe. Am wichtigsten ist die **Steinkohle**. Hiervon sind viele verschiedene Arten bekannt, die fett oder mager heißen, je nachdem sie beim Erhitzen eine größere oder geringere Menge Gas abgeben. Man unterscheidet zwischen Nußkohle, Dampfkohle und Gaskohle. Die magere Nußkohle entwickelt beim Erhitzen nicht viel Gas und verbrennt mit kurzer, wenig rußender Flamme; sie wird hauptsächlich im Haushalt verwendet. Dampfkohle gibt mehr Gas ab und verbrennt mit längerer Flamme, die von der Feuerstelle aus einen langen Dampfkessel bestreichen kann; sie wird besonders in Fabriken verwendet und oft in sehr großen Stücken gehandelt. Die fette Gaskohle ist sehr gasreich; in den Gaswerken wird aus ihr durch Erhitzen das Leuchtgas gewonnen. Steinkohle ist ein leichtentzündlicher Brennstoff, der leicht anzuheizen ist, bei dem jedoch auch eine gewisse Gefahr der Selbstentzündung besteht, wenn große Mengen auf Halden, in Bunkern oder in Schiffen gelagert sind.

Veredelte Brennstoffe. Alle natürlichen Brennstoffe geben bei *trockener Destillation*, d. h. beim Erhitzen unter Luftabschluß, flüchtige Bestandteile ab und verwandeln sich in mehr oder weniger aschehaltigen amorphen Kohlenstoff: die Erhitzung bewirkt eine weitgehende *Verkohlung*.

Aus Holz hat man derart seit alten Zeiten Holzkohle durch unvollständige Verbrennung in den Meilern hergestellt. Hier entsteht die zur Verkohlung notwendige Wärme hauptsächlich bei der Verbrennung der flüchtigen Holzbestandteile. Dieses Vorgehen ist wenig wirtschaftlich, weil es die gebildeten flüchtigen Stoffe nicht auszunützen erlaubt. Neuerdings erzeugt man Holzkohle durch das Erhitzen von Holz in geschlossenen Retorten, wobei die entwickelten Dämpfe in Röhren abgeleitet werden; nach diesem Verfahren kann man das Holzgas ausnutzen und die übrigen flüchtigen Stoffe gewinnen, die beim Verkohlen abdestillieren (Holzessig und Holzteer).

Aus Steinkohle gewinnt man in den Gaswerken und Koksfabriken beim Erhitzen in Retorten den Koks. Das Hauptprodukt der Gaswerke ist das brennbare Gas, das beim Erhitzen entweicht; man arbeitet daher so, daß sich möglichst viel und möglichst gutes Gas entwickelt. In den Koksfabriken ist dagegen der Koks das Hauptprodukt, und man wünscht möglichst guten und dichten Koks zu erzielen. Besonders zum Erschmelzen des Eisens aus den Erzen wird dichter und starker Koks in großen Mengen benötigt. S. S. 329.

Koks ist ein Brennstoff, der im Gegensatz zur Steinkohle nahezu *flammenlos* verbrennt; bei seiner Herstellung werden ja alle flüchtigen brennbaren Bestandteile beseitigt. Er ist ein sehr *reinlicher* Brennstoff, der fast nicht rußt; dafür ist es aber *schwieriger*, ihn in *Brand zu setzen*. Dies bewirkt einmal, daß es nicht leicht ist, Koks anzuheizen; weiter läßt sich aber ein Koksfeuer auch nur schwierig in schwachem Brand halten. Schließt man einen mit Koks geheizten Kachelofen, so sinkt die Temperatur des Kokses leicht unter seine Entzündungstemperatur; der Ofen geht aus, selbst wenn man den Zug wieder öffnet. Steinkohle und in noch höherem Grade Torf lassen sich dagegen stark abkühlen, ohne daß deshalb das Feuer ausgeht, weil ihre Entzündungstemperatur niedrig liegt; sie sind gut geeignet, um ein schwaches Feuer zu unterhalten. Koks entwickelt pro Kilogramm ungefähr dieselbe Wärmemenge wie Kohle (Nußkohle), aber pro Hektoliter viel weniger; Koks ist nämlich viel poröser als Kohle: ein Hektoliter Koks wiegt nur etwa 44 kg, ein Hektoliter Steinkohle dagegen etwa 74 kg.

Brikette. Bildet ein Brennstoff ein mehr oder weniger feines Pulver, so verliert er an Wert; denn es ist schwierig, durch ein solches Brennmittel hindurch den notwendigen Luftzug herzustellen.

Pulverförmige Brennstoffe erfordern besondere Feuerungsanlagen, in die sie eingeblasen werden *(Kohlenstaubfeuerung)*. Braunkohlenstaub backt unter Druck und bei erhöhter Temperatur, ohne weitere Zusätze, zu Braunkohlenbriketten zusammen, wodurch aus sonst kaum verwertbarem Rohmaterial ein guter Brennstoff entsteht. Steinkohlenbriketts lassen sich bisher nur mit Hilfe von Bindemitteln, wie Kohlenteer oder Pech, herstellen.

Es ist *wirtschaftlich*, denjenigen Brennstoff zu verwenden, der für denselben Preis die größte Wärmemenge liefert, wenn er sich nur im übrigen für den beabsichtigten Zweck eignet. Um ein Urteil hierüber zu erleichtern, finden sich in der Tabelle 17a die Wärmemengen (in kgcal.), die bei der Verbrennung von je 1 kg der betreffenden Brennstoffe entwickelt werden. Diese „Heizwerte" variieren etwas mit der Qualität; in der Tabelle sind Durchschnittswerte für gute Handelsware aufgeführt.

Tabelle 17a. Heizwerte fester Brennstoffe (in kgcal. pro kg Brennstoff).

Nußkohle	6500	Briketts	4700
Dampfkohle	7000	Torf	3400
Anthrazit	8000	Buchenholz	3500
Koks	6000—6500	Fichtenholz	3650
Braunkohle (beste)	5000		

Die Qualität eines Brennstoffes hängt sehr stark von seinem Gehalt an *Feuchtigkeit* und an *Asche* ab. Holz und Torf enthalten in lufttrockenem Zustande gewöhnlich etwa 20% Wasser, in schlecht getrocknetem Zustande jedoch oft weit mehr. Koks kann in seinen Poren ebenfalls viel Wasser aufnehmen und sollte daher nicht nach Gewicht verkauft werden. Dagegen besitzt Steinkohle eine geringe Aufnahmefähigkeit für Wasser. Der Aschegehalt von Holz ist gering, kann aber für die übrigen Brennstoffe, besonders für schlechte Qualitäten, recht beträchtlich sein.

Das Heizen.

Der Wärmeverlust. Die bei der Verbrennung eines bestimmten Brennmateriales entwickelte Wärme, sein Heizwert, hat eine ganz bestimmte Größe, die jedoch in keinem Ofen vollständig ausgenutzt wird. Von einem Herd geht z. B. durch Leitung und Strahlung in die Umgebung sehr viel Wärme unausgenutzt verloren. Besonders wichtig ist der Schornsteinverlust, d.h. die Einbuße, die durch das Abziehen noch warmer und nur unvollständig verbrannter Gase durch den Schornstein entstehen. Für einen Kachelofen ist diese Verlustquelle die einzige praktisch wichtige.

Die im Schornstein verlorene Wärmemenge hängt von Temperatur, Menge und Zusammensetzung des Abgases ab. Um diesen

Verlust möglichst zu beschränken, muß der Rauch Gelegenheit haben, seinen Wärmeinhalt möglichst vollständig abzugeben, bevor er in den Schornstein eintritt. Man darf ihn jedoch nicht vollständig abkühlen, weil sonst der Zug zu gering wird. Weiter muß man dafür sorgen, daß die Abgase keinen großen Überschuß atmosphärischer Luft enthalten. Hierdurch würde sich ihre Menge vermehren, und entsprechend mehr Wärme würde mit der überflüssigen Luft durch den Schornstein nach außen fließen. Ein geringer Überschuß von Luft ist jedoch notwendig; sonst entstehen Wärmeverluste wegen unvollständiger Verbrennung, indem Kohlenstaub, Kohlenmonoxyd und andere brennbare Stoffe unverbrannt entweichen. Der Kohlenstaub spielt selbst in einer sehr dunklen Rauchfahne keine große wirtschaftliche Rolle, es handelt sich nur um geringe Mengen; aber sein Auftreten ist ein schlechtes Zeichen: eine Rauchfahne läßt auf Mangel an Luft schließen und deutet auf einen merklichen Gehalt der Abgase an Kohlenmonoxyd. Da Kohlenstoff bei der Oxydation zu Kohlenmonoxyd nur etwa ein Drittel seiner gesamten Verbrennungswärme entwickelt, ist dies äußerst unwirtschaftlich. Sehr schädlich sind undichte Stellen im Ofen oberhalb der Brennstoffschicht; sie vermindern den Zug durch den Brennstoff und verursachen daher leicht unvollständige Verbrennung, selbst wenn man mit einem großen Luftüberschuß arbeitet. S. S. 196.

Die Bildung von Kohlenmonoxyd. Tritt die frische Luft durch den Rost in den glühenden Brennstoff ein, so bildet sich immer zunächst Kohlendioxyd nach dem Schema:

$$C + O_2 \rightarrow CO_2;$$

die Kohlendioxydbildung setzt sich längs des Luftweges durch den glühenden Brennstoff fort, bis der gesamte Sauerstoff verbraucht ist. In diesem Augenblick enthalten die Gase noch keine nachweisbaren Mengen Kohlenmonoxyd; aber von jetzt an, auf ihrem Weg durch den glühenden Brennstoff, werden sie immer reicher an Kohlenmonoxyd, weil das Kohlendioxyd in der sauerstofffreien Luft mit festem Kohlenstoff reagiert: S. S. 198.

$$CO_2 + C \rightarrow 2\,CO.$$

Bei wirtschaftlichem Feuern handelt es sich darum, die Höhe des Brennstoffes und die Stärke des Zugs so einzustellen, daß der Sauerstoff der Luft gerade dann vollständig verbraucht ist, wenn die Luft die ganze glühende Schicht durchstrichen hat. In der Praxis läßt sich diese Forderung natürlich nicht genau erfüllen, und von den zwei Übeln: Kohlenmonoxydbildung einerseits und Luftüberschuß andererseits, zieht man das letztere als das geringere Übel vor. Man arbeitet in der Technik immer mit Luftüberschuß, und zwar praktisch oft mit etwa der doppelten theoretischen Menge. Kachelöfen sollen so gebaut sein, daß sich bei vollständiger Füllung mit Brennstoff noch keine Kohlenmonoxydbildung ergibt; in diesem Fall läßt sich aber nicht vermeiden, daß sie bei niedrigerer Füllung mit erheblichem Luftüberschuß brennen. Für die Kohlenmonoxydbildung ist es am günstigsten, wenn man nach dem Anheizen, bei dem die Brennstoffmasse bei geöffnetem Luftventil in volle Glut gekommen ist, das Luftventil schließt. Die geringe Luftzufuhr, die Dicke der Brennstoffschicht und ihre hohe Temperatur werden die Kohlenmonoxydbildung begünstigen; bis zum Absinken der Temperatur des Brennstoffs wird eine bedeutende Monoxydbildung nicht vermieden werden können. Durchaus verwerflich, weil gefährlich, ist es, den Zug in einem stark brennenden Ofen durch den Abschluß eines Abzugsventils im Schornstein zu vermindern; in einem solchen Fall kann das gebildete Kohlenmonoxyd durch undichte Stellen aus dem Ofen in den geheizten Raum zurück-

S. S. 192. fließen und *Vergiftungen* verursachen.

In günstigen Fällen beträgt der Schornsteinverlust 20—30% des Heizwertes, während in ungünstigen Fällen dieser Verlust auf 50% oder noch höher steigen kann. Größere Feuerstellen werden am bequemsten durch die *Analyse* des *Rauchgases* auf Kohlendioxyd und Kohlenmonoxyd überwacht; das Rauchgas soll mindestens 8% Kohlendioxyd und kein Kohlenmonoxyd enthalten.

Flüssige Brennstoffe.

An vielen Stellen der Erdoberfläche, z. B. in Pennsylvanien und im Kaukasus, befinden sich Ölbezirke, wo man mit Hilfe von Bohrlöchern aus der Erde eine unreine, flüssige Mischung von Kohlenwasserstoffen gewinnen kann, das sog. **Erdöl** oder **Naphtha**.

Über die Entstehung des Erdöls ist man noch nicht sicher unterrichtet; wahrscheinlich stammt es aus mächtigen Lagern fetthaltiger, vorhistorischer Tiere und Pflanzen, deren Fettstoffe sich im Laufe der Zeit in Erdöl verwandelt haben, während die übrigen weniger beständigen organischen Stoffe verschwunden sind.

Das Erdöl kann als solches verfeuert werden, z. B. unter Dampfkesseln; gewöhnlich trennt man es jedoch durch Destillieren in Kohlenwasserstoff-Mischungen von verschiedener Flüchtigkeit. Die wichtigsten Fraktionen sind: **Benzin** (Kp. 70—120°) und **Petroleum** (Kp. 150—300°). Die Destillationsrückstände des Erdöls, (Kp. über 300°) dienen entweder als flüssiger Brennstoff (in Rußland Masut genannt) oder als Rohstoff für die Herstellung von **Schmierölen**, **Paraffin** und **Vaseline**.

Benzin und Petroleum sind Flüssigkeiten, die sich mit Wasser nicht mischen und, wegen ihrer geringeren Dichte, als Schicht auf Wasser schwimmen.

Benzin ist sehr *feuergefährlich*. Es verdampft schon bei Zimmertemperatur in solcher Menge, daß die Luft in der Nähe einer Benzinoberfläche brennbar oder explosiv ist. Petroleum ist schwerer flüchtig und daher weniger feuergefährlich.

Die Luft über Petroleum in einem geschlossenen Behälter enthält bei Zimmertemperatur so wenig Petroleumdampf, daß man sie nicht entzünden kann. Die Temperatur, bei der die Luft über dem Petroleum in einem Behälter brennbar oder explosiv wird, heißt der *Flammpunkt* des Petroleums. Er soll oberhalb 21^0 C liegen.

In den letzten Jahren hat der Verbrauch an flüssigen Brennstoffen ständig auf Kosten des Kohlenverbrauchs zugenommen. Es ist daher eine wichtige Aufgabe der Technik geworden, aus Steinkohlen flüssige Brennstoffe zu gewinnen. Man hat dieses Problem auf drei Wegen zu lösen versucht. Erstens hat man eine besondere *Destillation* der Kohlen *bei tiefer Temperatur* entwickelt, mit dem Ziel, dabei eine große Ausbeute flüssigen, brennbaren Teers (Urteer) zu gewinnen. Zweitens hat man zunächst aus den Kohlen eine Mischung von Kohlenmonoxyd und Wasserstoff *(Wassergas)* S. S. 211. hergestellt, um mit Hilfe besonderer *Katalysatoren* aus diesen Gasen flüssige Kohlenwasserstoffe zu gewinnen; als Reaktionsschema kann etwa gelten:

$$n\,CO + (2\,n+1)H_2 \to C_nH_{2n+2} + n\,H_2O.$$

Drittens bringt man Wasserstoff von 200 Atm. Druck bei hohen Temperaturen (400—500^0) mit einer Suspension von Kohlenstaub in hochsiedenden Kohlenwasserstoffen in Reaktion *(Druckhydrierung)*, wobei noch Schwermetallkatalysatoren notwendig sind. Eine hinreichend billige technische Lösung der Aufgabe scheint noch nicht gefunden zu sein.

Sprit (Alkohol, Spiritus, Weingeist) ist eine flüchtige, organische Verbindung von der Formel C_2H_6O (Kp. 78^0). Sprit wird aus stärkehaltigen Rohstoffen, z. B. aus Korn und Kartoffeln, sowie aus zuckerhaltigem Material, z. B. Melasse, dargestellt. Die Versuche, ihn aus den billigeren zellstoffhaltigen Rohstoffen darzustellen, z. B. aus Holz oder Torf, scheinen erst neuerdings wirtschaftlich befriedigende Ergebnisse zu zeitigen. Sprit heizt nicht so stark wie Benzin, hat aber den Vorzug, schwächer zu rußen. Zum Antrieb von Motoren eignet sich Sprit nicht so gut wie Benzin; er entwickelt weniger Wärme und läßt sich schwieriger entzünden.

	Dichte	Heizwert pro kg
Sprit	0,8	6500 kgcal.
Benzin	0,7	10500 ,,
Petroleum	0,8	10—11000 ,,

Gasförmige Brennstoffe.

Die angenehmste und reinlichste Heizungsart bedient sich der gasförmigen Brennstoffe. Im Laboratorium und in der Küche benutzt man aus diesen Gründen mit Vorliebe Gas. Für die Technik besteht der Vorteil eines gasförmigen Brennstoffes darin, daß man damit eine vollständige Verbrennung ohne Luftüberschuß erreicht. Man kann also bei dieser Heizungsart die Schornsteinverluste sehr gering halten und hohe Temperaturen erreichen.

Die wichtigsten Arten gasförmiger Brennstoffe sind **Steinkohlengas, Wassergas und Generatorgas**.

Steinkohlengas wird in den Gaswerken durch Erhitzen von Steinkohlen in feuerfesten Retorten dargestellt. Man befreit das Gas von Teer und Gaswasser durch *Kühlen*, reinigt es danach weiter von Ammoniak durch *Waschen* mit Wasser, und schließlich von Schwefelwasserstoff durch Überleiten über geeignete eisenhaltige Massen. Danach wird es in die großen Gasbehälter gefüllt, aus denen die Verteilung an die Verbraucher erfolgt.

Der Steinkohlenteer besteht aus einer Menge verschiedener organischer Stoffe und liefert Rohstoffe für viele wichtige Farbstoffe und Heilmittel. Das Gaswasser enthält eine große Menge Ammoniak als Ammoniumcarbonat und dient zur Darstellung von Ammoniumsulfat, einem wichtigen Stickstoffdünger. Die eisenhaltigen Gasreinigungsmassen, z. T. natürlich vorkommende, unreine Ferrihydroxydmineralien, absorbieren den Schwefelwasserstoff unter Bildung von Ferrisulfid. Beim Liegen an der Luft werden sie regeneriert, indem das Ferrisulfid zu Schwefel und Ferrihydroxyd oxydiert wird, wonach die Massen wieder benutzt werden können. Die Gasreinigungsmasse absorbiert außerdem den geringen Gehalt des Gases an Cyanwasserstoff unter Bildung von Berlinerblau. Nach häufigem Gebrauch läßt sich die Masse auf Schwefel und Kaliumferrocyanid verarbeiten.

Das gereinigte Gas besteht hauptsächlich aus Wasserstoff und Methan; außerdem sind darin in kleinerer Menge andere Kohlenwasserstoffe, Kohlenmonoxyd, Kohlendioxyd u. a. m. enthalten. Man kann das Gas nicht völlig von Schwefelverbindungen befreien; besonders Schwefelkohlenstoff ist sehr schwer zu entfernen. Daher bilden sich bei der Verbrennung von Leuchtgas stets kleine Mengen von Schwefeldioxyd und Schwefelsäure; die Bildung dieser Stoffe beeinträchtigt das Gedeihen von Pflanzen in Räumen, in denen Gas gebrannt wird. Die Giftigkeit des Gases kommt in erster Linie von seinem Gehalt an Kohlenmonoxyd her.

1 cbm Steinkohlengas entwickelt bei seiner Verbrennung etwa 5000 kgcal, also etwas weniger Wärme als 1 kg Kohle oder Koks. Aus den Preisen kann man mit Hilfe dieser Angabe leicht die Unkosten der Erwärmung einerseits mit Gas, andererseits mit festen Brennstoffen ermitteln; dabei muß man immer berücksichtigen, daß der Heizwert des Gases vollständiger ausgenutzt wird

Gasförmige Brennstoffe. 211

als der von festen Brennstoffen, sowie daß die Gasheizung sehr leicht regulierbar ist und den Vorteil großer Bequemlichkeit besitzt.

Wassergas ist die Bezeichnung des brennbaren Gases, das beim Überleiten von Wasserdampf über stark glühenden Koks (oder Anthrazitkohle) entsteht. Es besteht hauptsächlich aus Wasserstoff und Kohlenmonoxyd, gebildet nach folgendem Schema:

$$C + H_2O \rightarrow CO + H_2.$$

Die Wassergasbildung ist eine *endotherme* Reaktion; daher kühlt sich die glühende Kohle beim Zuleiten des Wasserdampfes ab. Ist ihre Temperatur soweit gesunken, daß sie nur noch schwach glüht, so drosselt man den Wasserdampf ab und bläst Luft ein. Hierdurch wird die Kohle wieder zu starker Glut gebracht und zu neuer Bildung von Wassergas befähigt. In einem solchen Wechselbetrieb kann man ungefähr jede Viertelstunde eine neue Portion Wassergas gewinnen. Wassergas wird oft dem Steinkohlengas zugesetzt.

Wassergas hat einen viel geringeren Heizwert als Steinkohlengas (1 cbm Wassergas entwickelt nur 2600—2800 kgcal.). Es verbrennt mit nicht leuchtender Flamme und ist wegen seines reichlichen Gehaltes an Kohlenmonoxyd giftiger als Steinkohlengas. Den Heizwert und die Leuchtkraft von Wassergas kann man durch den Zusatz flüchtiger Kohlenwasserstoffe verbessern, wozu Benzol oder die beim Überhitzen von Brennölen entstehenden leichtflüchtigen Kohlenwasserstoffe verwendet werden (Carburieren).

Generatorgas (Luftgas). Enthält eine Feuerung eine *hohe Schicht starkglühenden Brennstoffs*, so wird das Abgas eine brennbare Mischung von *Kohlenmonoxyd und Stickstoff* sein, weil das in den tieferen Schichten gebildete Kohlendioxyd in den höheren Teilen der glühenden Brennstoffschicht zu Kohlenmonoxyd reduziert wird. Eine Feuerung, die für eine derartige Verbrennung eingerichtet ist, heißt *Generator,* und das brennbare Gas, welches darin entsteht, *Generatorgas.* Aus gewöhnlicher Luft, mit etwa 4 Molekülen Stickstoff auf 1 Molekül Sauerstoff, entsteht Generatorgas mit etwa 2 Molekülen Stickstoff auf 1 Molekül Kohlenmonoxyd: S. S. 198.

$$4 N_2 + O_2 + 2 C \rightarrow 4 N_2 + 2 CO.$$

Generatorgas dient zu Heizzwecken in Glashütten, Porzellanfabriken, bei der Stahlherstellung und in vielen anderen Betrieben. Das *Gichtgas*, Nebenprodukt des Hochofenprozesses, hat eine S. S. 329. ähnliche Zusammensetzung.

In einem Generator wird bei der Bildung des Kohlenmonoxyds etwa ein Drittel der Verbrennungswärme des Kohlenstoffs entwickelt; um diese Wärmemenge nicht an die Umgebung zu verlieren, muß man den Generator mit wärmeisolierendem Mauerwerk umgeben und so nahe dem Ofen, in dem das Gas verbraucht werden soll, aufstellen, daß das Gas nicht auf einem langen Weg abgekühlt wird. Die dem Generator zugeführte Luft nennt man die *primäre* Luft; die Luft, die man später dem Generatorgas zusetzt, wenn man es zu Kohlendioxyd verbrennt, nennt man *sekundäre* Luft. Vermeidet man einen Überschuß von Sekundärluft und wärmt man in den sog. *Regeneratoren* die Sekundärluft mit Hilfe der heißen Abgase vor, so kann man bei der Heizung mit Generatorgas die Schornsteinverluste sehr niedrig halten und sehr hohe Temperaturen erzielen.

Kraftgas (Dowsongas). Bläst man eine Mischung von Luft und Wasserdampf in einen Generator, so entsteht eine Mischung von Generatorgas und Wassergas. Kraftgas ist eine Mischung, bei deren Erzeugung Luft und Wasserdampf in einem solchen Verhältnis gemischt werden, daß die bei der exothermen Bildung des Generatorgases entwickelte Wärme gerade hinreicht, um den Wärmeverbrauch zu decken, der bei der Bildung des endothermen Wassergases entsteht.

Die Flamme und ihr Leuchten.

Der Aufbau einer Flamme. Entzündet man ein Gas, das aus einem Brenner ausströmt, so bildet sich eine *Flamme;* die Verbrennung des Gases vollzieht sich in der Zone außerhalb der Brenneröffnung, wo Gas und Luft sich mischen. Diese *Verbrennungszone,* wo die Wärmeentwicklung stattfindet, befindet sich an einem bestimmten Platze, enthält aber ständig neues Gas, das verbrennt. Auf dem Weg zu der Verbrennungszone erwärmen sich Gas und Luft durch Wärmeaufnahme aus der Verbrennungszone; nach dem Verlassen dieser Zone kühlen sich die glühenden Verbrennungsprodukte ab, und mischen sich mit kalter Luft.

Zur Bildung einer Flamme ist erforderlich, daß ein *gasförmiger* Stoff in ein *anderes Gas* ausströmt, mit dem er unter Entwicklung von Wärme und Licht reagieren kann. Wasserstoff kann mit einer Flamme nicht nur in Sauerstoff oder Luft verbrennen, sondern auch in Chlor; umgekehrt können auch Sauerstoff und Chlor mit einer Flamme in einer Wasserstoffatmosphäre verbrennen. Wenn feste und flüssige Brennstoffe oft unter Flammenbildung verbrennen, so kommt dies von den beim Erhitzen abgegebenen brennbaren Dämpfen her. In einer Petroleumlampe entsteht die Flamme aus dem brennenden Petroleum*dampf.*

Eine Flamme kann nicht durch ein kaltes Metalldrahtnetz hindurchschlagen, weil das Netz die brennende Gasmischung unter ihre Entzündungstemperatur abkühlt. Dies wird in der *Sicherheitslampe* nach DAVY ausgenutzt, die in Kohlenbergwerken angewandt wird. In dieser Lampe ist die Flamme vollständig von Metalldrahtnetz umgeben. Wird die Luft in einem Kohlenbergwerk durch ausströmendes Grubengas (CH_4) explosiv, so entsteht in der Lampe eine kleine Explosion; aber das Drahtnetz verhindert ihre Ausbreitung.

Leuchtende und nichtleuchtende Flammen; die Bunsenflamme. Glühende Gase senden bei der gleichen Temperatur bedeutend weniger Licht aus als glühende feste Stoffe; die Flammen leuchten deshalb nur dann hell, wenn sie glühende feste Teilchen enthalten. In einer gewöhnlichen, leuchtenden Gasflamme (Schnittbrenner) bestehen die glühenden Teilchen aus Kohlenstoff. Dies zeigt sich, wenn man einen kalten Gegenstand in die Flamme hält; es scheidet sich auf ihm dann Kohlenstoff in fester Form *(Ruß)* aus. Mischt man das Gas mit Luft, bevor es verbrennt, so kann man die Bildung fester Kohlenstoffteilchen unterbinden, und eine nichtleuchtende und nichtrußende Flamme, die *Bunsenflamme*, herstellen. Da die Gasflamme durch die Luftzumischung kleiner wird, die entwickelte Wärmemenge jedoch unverändert bleibt, besitzt die Bunsenflamme eine höhere Temperatur als die leuchtende Flamme. In Brennern für Laboratorien und für Küchenherde benutzt man gewöhnlich die nichtleuchtende Bunsenflamme, um Rußentwicklung zu vermeiden und die Wärme zu konzentrieren.

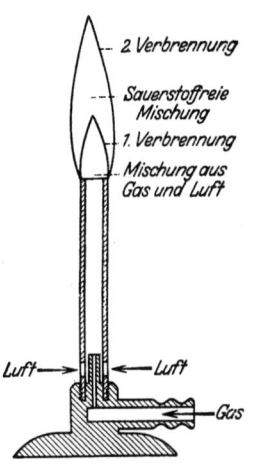

Abb. 15. Schnitt durch den Bunsenbrenner.

Die Bunsenbrenner für Laboratorien bestehen aus einem Fuß, der mit einem weiten Eintrittsrohr und mit einer engen Austrittsdüse für das Gas versehen ist; über der Düse ist ein Schornstein angebracht, der unten Luftlöcher enthält, durch die dem Gas Luft zugeführt wird, bevor es oberhalb des Schornsteins verbrennt (s. Abb. 15). In der Bunsenflamme kann man zwischen einem *inneren Kegel* und einem *äußeren Saum* unterscheiden. Im Innern des Kegels befindet sich die noch unverbrannte Mischung aus Gas und Luft. An der Grenzfläche des inneren Kegels verbrennt das Gas soweit, als die aus den Luftlöchern des Schornsteins zugemischte Luft ausreicht (erste Verbrennung); es bildet sich eine glühende *sauerstoffreie* Gasmischung, die reich an Kohlenmonoxyd und Wasserstoff ist. Diese brennbare Mischung strömt weiter durch den äußeren Flammensaum und verbrennt an dessen Außengrenze, wo sie sich mit der atmosphärischen Luft mischt, vollständig zu Wasser und Kohlendioxyd (zweite Verbrennung).

Eine Bunsenflamme kann *zurückschlagen*, besonders, wenn man dem Gas zu viel Luft beimischt. Das Zurückschlagen bedeutet, daß die erste Verbrennung im unteren Teil des Schornsteins stattfindet, wo das Gas aus der engen Düse ausströmt. Diese Erscheinung tritt ein, wenn die Geschwindigkeit, mit der die Gas-Luft-Mischung durch den Schornstein nach oben strömt, geringer ist als die Geschwindigkeit, mit der sich die Verbrennung in der Mischung weiter ausbreitet. Je mehr Luft man zumischt, desto schneller pflanzt sich die Verbrennung in der Gas-Luft-Mischung fort und desto leichter schlägt die Flamme zurück.

Der Gasglühstrumpf. Für Beleuchtungszwecke wäre es unwirtschaftlich, das schwache Licht einer gewöhnlichen leuchtenden

Gasflamme zu benutzen, das von den glühenden festen Kohlenstoffteilchen herrührt. Vorteilhafter ist es, die Flamme durch richtig bemessene Luftzufuhr völlig zu entleuchten und mit der entwickelten Wärme ein Gewebe aus Thoriumoxyd mit etwa 1% Ceroxyd zum Glühen zu bringen; ein Gewebe von dieser Zusammensetzung (AUERstrumpf) hat sich in Verbindung mit einer Bunsenflamme als vorzügliche Lichtquelle bewährt.

Gasglühstrümpfe werden hergestellt, indem man ein Gewebe von Ramiefasern mit einer Lösung tränkt, die Thor- und Cernitrat im richtigen Verhältnis enthält, und dann durch Glühen gleichzeitig den organischen Stoff fortschafft und die Nitrate in Oxyde verwandelt. Da der Strumpf sehr zerbrechlich ist, überzieht man ihn in den Fabriken mit einem leicht verbrennbaren Lack. In diesem stabilisierten Zustand läßt sich der Strumpf versenden. Erst nach dem Aufsetzen auf den Brenner zündet man den Strumpf an, um den Lack zu entfernen.

Silicium.
Si = 28,06.

Vorkommen. Nach Sauerstoff ist Silicium das in größter Menge in der Erdrinde vorkommende Element. Es spielt im Mineralreich eine ähnlich hervorragende Rolle, wie der Kohlenstoff im Tier- und Pflanzenreich. Silicium kommt nicht in freiem Zustand vor, sondern stets *an Sauerstoff gebunden* als Kieselsäureanhydrid oder in den Silicaten.

S.S. 266 f.

Freies Silicium.

Freies Silicium ist ein fester, dem Kohlenstoff ähnlicher Stoff. Es besitzt *große Affinität zu Sauerstoff und Fluor* und bildet mit diesen Elementen wichtige Verbindungen, in denen es stets *vierwertig* auftritt.

Sauerstoffhaltige Verbindungen des Siliciums.

Siliciumdioxyd (Kieselsäureanhydrid), SiO_2, ist ein farbloser, schwer schmelzbarer Stoff und in der Natur sehr weit verbreitet. Kristallisiert kommt er als *Quarz* vor, amorph (richtiger: mikrokristallin) als *Feuerstein*. Große klare Kristalle werden *Bergkristall* genannt. Die Körner des gewöhnlichen *Sandes* und des *Sandsteins* bestehen hauptsächlich aus Quarz. *Kieselgur*, ein feinkörniges, poröses Siliciumdioxyd, stammt aus Überresten kleiner Lebewesen und dient zur Dynamitherstellung, Wärmeisolation u. a. m.

In allen seinen Formen ist Siliciumdioxyd ein *sehr harter* Stoff; daher konnte der Feuerstein in der Steinzeit zu Werkzeugen benutzt werden, und noch heutigentags dient Sandstein als Material für

Schleifsteine. In der Natur kommen viele schön gefärbte Varietäten von Siliciumdioxyd vor. Sie werden zu kunstgewerblichen Zwecken oder als Schmucksteine verarbeitet. Ihre Färbungen rühren von Verunreinigungen her.

Siliciumdioxyd läßt sich in der Knallgasflamme schmelzen und erstarrt beim Abkühlen glasartig ohne zu kristallisieren. Glaswaren, die aus diesem Quarzglas hergestellt sind, sind sehr *schwer schmelzbar* und ertragen *große plötzliche Temperaturänderungen*. Diese letzte Eigenschaft beruht auf dem sehr geringen Ausdehnungskoeffizienten des Quarzglases. *Wasser und Säuren*, ausgenommen Flußsäure, *greifen Quarzglas nicht an*. Quarz und Quarzglas sind weitgehend durchlässig für ultraviolettes Licht.

Chemische Eigenschaften. Siliciumdioxyd ist eine *sehr beständige* Verbindung, die sich nur durch Glühen mit den stärksten Reduktionsmitteln reduzieren läßt. Kohlenstoff reduziert es erst bei sehr hoher Temperatur, wobei sich das freigesetzte Silicium sofort mit Kohlenstoff zu **Siliciumcarbid**, SiC, verbindet:

$$SiO_2 + 3\,C \rightarrow SiC + 2\,CO.$$

Diese Verbindung wird technisch durch Erhitzen von Quarz mit Kohle in elektrischen Öfen hergestellt und unter der Bezeichnung Carborundum als Schleifmittel verwendet. Seine Härte nähert sich der des Diamanten. Magnesium kann Siliciumdioxyd schon bei niedrigerer Temperatur reduzieren; aber auch dieses Reduktionsmittel neigt dazu, sich mit dem freigemachten Silicium zu verbinden. Wendet man einen Überschuß von Magnesium an, so erhält man in einer sehr lebhaften Reaktion, die man durch lokale Erhitzung des Gemisches leicht einleiten kann, eine Masse, die **Magnesiumsilicid**, $SiMg_2$, enthält:

$$SiO_2 + 4\,Mg \rightarrow SiMg_2 + 2\,MgO.$$

Das Reaktionsprodukt entwickelt mit Salzsäure gasförmigen, selbstentzündlichen **Siliciumwasserstoff**, SiH_4:

$$SiMg_2 + 4\,HCl \rightarrow SiH_4 + 2\,MgCl_2.$$

Siliciumdioxyd ist das Anhydrid der Kieselsäure. Es ist indessen in Wasser unlöslich und vereinigt sich mit Wasser nicht zu Kieselsäure. Man kann daher seine Säureanhydridnatur nicht dadurch nachweisen, daß man es mit Wasser behandelt und diese Lösung etwa mit Lackmus untersucht. Bei amorphem Material (Feuerstein) kann man einen solchen Nachweis führen, indem man es mit einer Lösung von Natriumhydroxyd, am besten bei hohem Druck, kocht. Hierbei bildet sich eine Lösung des Natriumsalzes der Kieselsäure. Kristallquarz ist so unlöslich, daß er auch beim Kochen mit Natriumhydroxyd kaum angegriffen wird. Um aus Kristallquarz Natriumsilicat herzustellen, muß man ihn mit Natriumhydroxyd oder

Natriumcarbonat glühen. Die aus Feuerstein und Quarz gewonnenen Natriumsilicate enthalten wechselnde Mengen Kieselsäure. Läßt man zwei Äquivalente Base auf ein Mol Siliciumdioxyd einwirken, so gelten die Bildungsgleichungen:

$$SiO_2 + 2\,NaOH \rightarrow Na_2SiO_3 + H_2O;$$
$$SiO_2 + Na_2CO_3 \rightarrow Na_2SiO_3 + CO_2.$$

Kieselsäure. Gibt man zu einer Lösung von Natriumsilicat Salzsäure, so wird Kieselsäure frei, indem sich die Silicationen mit den Wasserstoffionen der Salzsäure verbinden. Ist die Lösung einigermaßen konzentriert, so scheidet sich die Kieselsäure als gallertiger Niederschlag aus; in verdünnten Lösungen geschieht dies nicht oder nur allmählich. Durch Wahl geeigneter Konzentrationsverhältnisse kann man erreichen, daß die ganze Lösung nach einiger Zeit als Gallerte erstarrt. Die gallertige Kieselsäure ist in Wasser nicht völlig unlöslich. Beim Trocknen auf dem Wasserbad verliert sie jedoch ihre gallertigen Eigenschaften und wird in Wasser und Säuren unlöslich; die getrocknete Kieselsäure wird von einer Lösung von Natriumcarbonat leicht unter Bildung von Natriumsilicat gelöst. Die bei der Zersetzung von Silicaten durch starke Säuren entstehenden Kieselsäurelösungen besitzen eine besondere Beschaffenheit: sie sind *kolloidale* Systeme, wie später

S. S. 223. näher besprochen werden wird.

Es ist nicht leicht, für die Kieselsäure eine bestimmte Formel anzugeben, weil diese Säure beim Trocknen Wasser verliert, ohne daß man mit Sicherheit die Bildung bestimmter Hydrate feststellen

S. S. 56. kann. Die gewöhnlich angewandten Formeln sind H_4SiO_4 (Orthokieselsäure) und H_2SiO_3 (Metakieselsäure, $SiO(OH)_2$). Je stärker man die Säure trocknet, desto mehr Wasser gibt sie ab und desto weniger löslich wird sie in Natriumcarbonatlösung; beim Glühen entsteht Siliciumdioxyd. Auch aus der Analyse der Silicate kann man eine bestimmte Formel für die Kieselsäure nicht ableiten; die Formeln der Silicate entsprechen nämlich Kieselsäuren mit sehr verschiedenen Wassergehalten.

Salze, deren Formeln der Säure H_4SiO_4 entsprechen, nennt man **Orthosilicate**; Salze der Säure H_2SiO_3 heißen **Metasilicate**. Viele Silicate leiten sich von viel verwickelter zusammengesetzten Kieselsäuren ab, z. B. von $H_4Si_3O_8$ (oder $3SiO_2 \cdot 2H_2O$). Die durch Salzsäure aus verschiedenen Silicaten freigemachten Kieselsäuren besitzen oft verschiedene Eigenschaften und Wassergehalte; man konnte aber nicht nachweisen, daß der Wassergehalt einer Säure der Zusammensetzung des jeweils angewandten Silicates entspricht.

Den *großen Unterschied zwischen den Eigenschaften der Kieselsäure und der Kohlensäure* kann man als eine Folge davon erklären, daß Sauerstoffatome zwar an *Kohlenstoffatome mit einer doppelten Bindung* geknüpft sein können, *nicht* jedoch an *Siliciumatome*.

Kieselsäure.

Wenn dies zutrifft, können nämlich bei der Wasserabspaltung aus Orthokieselsäure [$(HO)_4Si$] keine einfachen Moleküle wie $(HO)_2Si:O$ oder $O:Si:O$ entstehen, die analog wären der Kohlensäure $(HO)_2C:O$ oder dem Kohlendioxyd $O:C:O$. Die Wasserabspaltung kann vielmehr dann nur in der Weise vor sich gehen, daß sich die Moleküle der Orthokieselsäure miteinander zu größeren Molekülen verbinden, etwa nach dem Schema:

$$2\,(HO)_4Si \rightarrow (HO)_3Si\cdot O\cdot Si(OH)_3 + H_2O,$$

und weiterhin:

$$(HO)_3Si\cdot O\cdot Si(OH)_3 + (HO)_4Si \rightarrow (HO)_3Si\cdot O\cdot Si(OH)_2\cdot O\cdot Si(OH)_3 + H_2O.$$

Durch ständige Wiederholung solcher Wasserabspaltungen bilden sich **Polykieselsäuren** ständig steigenden Molgewichtes. Je größer und wasserärmer das Molekül wird, desto schwerer löslich in Wasser und Basen wird die Kieselsäure. Beim Glühen entweicht alles Wasser, und es entsteht hochmolekulares Kieselsäureanhydrid. Die *Unlöslichkeit* und *Schwerflüchtigkeit*, die das Kieselsäureanhydrid *im Gegensatz* zu dem formal so nahe verwandten *Kohlensäureanhydrid* zeigt, werden leicht verständlich, wenn man bedenkt, daß Siliciumdioxyd im Vergleich zu Kohlendioxyd ein überaus großes Molekül S.S.184f. bildet.

In dem *kristallisierten Kieselsäureanhydrid* (Quarz) sind die Siliciumatome regelmäßig in einem Raumgitter angeordnet und durch die Sauerstoffatome in einer Weise verknüpft, über die folgendes Schema eine Vorstellung vermitteln kann, wenn es sich auch nur um eine grobe Wiedergabe der räumlichen Anordnung in einer Ebene handelt.

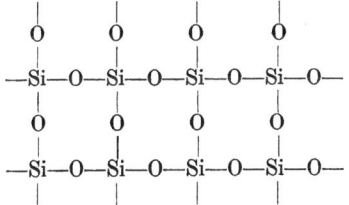

Jeder Kristall muß daher als ein *einziges Riesenmolekül* betrachtet werden. Diese Vorstellung stimmt sehr gut mit dem oben ausgesprochenen Grundsatz, daß keine $Si=O$ Doppelbindung vorkommt, überein. Sie erklärt auch die große Härte der Quarzkristalle; nach dieser Anschauung handelt es sich ja bei den Kräften, welche die Atome in dem Kristall zusammenhalten, um die *sehr starken chemischen Bindungskräfte* zwischen Silicium und Sauerstoff, deren verkettende Wirkung den Stoff sehr hart machen muß.

Für Kieselsäure läßt sich wegen ihrer geringen Löslichkeit in Wasser und wegen ihrer vielen verschiedenen Formen keine bestimmte Angabe über die Säurestärke machen; ihr ganzes Verhalten zeigt aber deutlich, daß sie eine sehr schwache Säure ist.

Silicate. Zur Angabe der Zusammensetzung von Silicaten benutzt man oft eine *früher gebräuchliche Schreibweise für Salzformeln*, in denen die Salze als Verbindungen eines Metalloxyds und eines Metalloidoxyds erscheinen; diese Schreibweise läßt sich auf alle Salze sauerstoffhaltiger Säuren anwenden. Man kann z. B.

an Stelle von: Na_2SO_4 schreiben: $Na_2O \cdot SO_3$, und
an Stelle von: $Ca_3(PO_4)_2$ schreiben: $3CaO \cdot P_2O_5$.

Diese Schreibweise hat sich besonders bei den oft sehr verwickelt zusammengesetzten Silicaten bewährt. Man schreibt z. B.:

$Na_2O \cdot SiO_2$, Natriummetasilicat;
$2MgO \cdot SiO_2$, Magnesiumorthosilicat;
$Al_2O_3 \cdot 2SiO_2 \cdot 2H_2O$, wasserhaltiges Aluminiumsilicat (Kaolin);
$K_2O \cdot Al_2O_3 \cdot 6SiO_2$, Kaliumaluminiumsilicat (Kalifeldspat).

Diese Formeln geben die *Zusammensetzung* eines Silicates richtig wieder, *ohne etwas darüber auszusagen, wie seine Bestandteile in dem Molekül bzw. Kristall aneinandergekettet sind.*

Man gibt das Ergebnis einer quantitativen Silicatanalyse gewöhnlich an in Prozenten Kieselsäureanhydrid, Metalloxyde und Wasser. Nach der Ausführung einer vollständigen Analyse eines Silicates, bei der sämtliche drei genannten Bestandteile bestimmt werden, kann man die Analyse auf ihre Richtigkeit prüfen durch die Kontrolle, ob die gefundenen Prozente zusammen Hundert ergeben. Enthält ein Silicat Chlor oder Fluor, so wird man, wenn man alle anderen gefundenen Stoffe als Oxyde berechnet, beim Zusammenzählen über hundert Prozent erhalten. In diesem Fall war ja nicht alles Silicium bzw. alles Metall als Oxyd zugegen. Zieht man von der berechneten Prozentsumme die den Halogenen äquivalenten Sauerstoffprozente ab, so muß man allerdings wieder genau 100 erhalten.

Von den Silicaten sind nur die reinen Alkalisalze in Wasser löslich, während die übrigen Salze (auch die Doppelsilicate, die als einen Bestandteil ein Alkalisilicat enthalten) unlöslich sind. Unter den unlöslichen gibt es einige, die sich beim Kochen mit Salzsäure unter Ausscheidung von Kieselsäure zersetzen; besonders tun dies *metalloxydreiche* Silicate, z. B. Zement. Viele Silicate sind jedoch so schwer löslich, daß sie auch der Einwirkung starker Säuren Widerstand leisten. Will man diese Silicate zersetzen, so muß man sie zunächst mit Natriumcarbonat zusammen schmelzen. Natriumcarbonat setzt sich mit dem unangreifbaren Silicat zu metalloxydreicheren Silicaten um, die sich nun durch Salzsäure spalten lassen.

Alkalisilicate (Wasserglas) werden entweder durch Schmelzen von Quarzsand mit Alkalicarbonat hergestellt, oder (in Lösung) durch Kochen von Feuerstein mit Alkalihydroxydlösungen unter Druck. Die Handelsware ist gewöhnlich sehr kieselsäurereich,

z. B. entsprechend der Formel $Na_2O \cdot 6SiO_2$. Die wäßrigen Lösungen der Alkalisilicate reagieren stark basisch, da die Silicationen als starke Basen das Wasser merklich spalten, z. B.:

$$SiO_3^{--} + H_2O \rightarrow HSiO_3^- + HO^-.$$

Die Silicationen sind so starke Basen, daß sie auch dem Ammoniumion sein Wasserstoffion leicht entreißen:

$$2\,NH_4{+} + SiO_3^{--} \rightarrow 2\,NH_3 + H_2SiO_3.$$

Daher läßt sich Ammoniumsilicat nicht herstellen; setzt man Ammoniumchlorid zu einer Natriumsilicatlösung, so fällt ein dichter Niederschlag von Kieselsäure aus. Die basischen Eigenschaften des Silications (und der Silicate) äußern sich ganz allgemein in der Unbeständigkeit der Silicate gegenüber Säuren. Die Lösungen der Alkalisilicate lassen Kieselsäure schon unter der Einwirkung von Kohlendioxyd aus der Atmosphäre ausfallen; nur die unlöslichsten Silicate werden von Salzsäure nicht zersetzt.

Die Alkalisilicate werden verwendet zum Kitten von Glas und Porzellan und zum Imprägnieren von Holz und Textilstoffen, um diese Gegenstände weniger feuergefährlich zu machen. Außerdem dienen sie als Zusatz zu Seifen und in stark verdünnter Lösung zum Konservieren von Eiern.

Silicatmineralien.

Ein wesentlicher Teil der festen Erdrinde besteht aus Silicaten; auch das Magma, die feuerflüssige Masse unterhalb der festen Erdkruste, scheint in der Hauptsache, soweit man seine Zusammensetzung aus den vulkanischen Ausbrüchen beurteilen kann, eine Silicatschmelze zu sein. Unter den natürlich vorkommenden Silicaten müssen hervorgehoben werden: die Feldspäte, die Glimmer, der Asbest und der Ton.

Die Feldspäte sind *Doppelsilicate*, worin das eine Metall Aluminium und das andere entweder Kalium, Natrium oder Calcium ist (Kali-, Natron- oder Kalkfeldspat). Die Feldspäte sind wichtige gebirgsbildende Mineralien. Der Gehalt des bebauten Erdbodens an Kaliumsalzen stammt großenteils aus verwittertem Kalifeldspat.

Als Glimmer bezeichnet man verschiedene Doppelsilicate, worin das eine Metall stets Aluminium ist. In hellem Glimmer ist außerdem Kalium enthalten. In dunklen Sorten finden sich außer Aluminium und Kalium noch Magnesium und Eisen. Sehr charakteristisch für alle Glimmermineralien ist die Fähigkeit *sich in ganz dünne Blätter spalten zu lassen*. Durchsichtige Blätter hellen Glimmers werden auf Grund ihrer Feuerbeständigkeit als Scheiben in Ofentüren verwendet. Glimmer ist auch ein wichtiges elektrisches Isoliermaterial.

Asbest ist eine Mischung aus Magnesiumsilicat und Calciumsilicat. Er kristallisiert in merkwürdigen langen, fadenähnlichen Kristallen, die sich in ganz feine, haarähnliche Fäden zerteilen lassen; man kann daraus Papier und Pappe herstellen, sogar Fäden spinnen und Gewebe anfertigen, die feuerbeständig sind.

Gneis und Granit sind Felsarten, die aus Feldspat, Quarz und Glimmer bestehen.

Zur Orientierung seien die Formeln einiger besonders wichtiger natürlicher Silicate angeführt:

Orthoklas (Kalifeldspat) . . $KAlSi_3O_8$;
Albit (Natronfeldspat) . . . $NaAlSi_3O_8$;
Anorthit (Kalkfeldspat) . . $CaAl_2Si_2O_8$;
Heller Glimmer . . . . . $(H,K)AlSiO_4$;
Asbest . . . . $(Mg,Ca)SiO_3$.

Die Bezeichnung (H, K) in der Formel für hellen Glimmer bedeutet, daß das Mineral ein einwertiges Atom enthält, das ebensogut H als K sein kann. Meistens ist das Verhältnis H : K ungefähr wie 2 : 1. Die Bezeichnung (Mg, Ca) in der Formel für Asbest bedeutet, daß das Mineral ein zweiwertiges Metallatom enthält, entweder Mg oder Ca (Ca allerdings gewöhnlich in geringerer Menge).

Ton. Sind Feldspat, Glimmer und ähnliche aluminiumhaltige Doppelsilicate lange Zeit der Einwirkung des Wassers ausgesetzt, so verwittern sie allmählich zu Ton. Hierbei kommen folgende Vorgänge in Frage. Die ursprünglichen Silicate nehmen Wasser auf und zerfallen dabei in feine Partikel neuer wasserhaltiger Doppelsilicate, der sog. Argillite (der *Zeolithkomplex* des Bodens). Gleichzeitig werden lösliche Bestandteile des Bodens herausgewaschen, z. B. Alkalisilicate. In Gegenwart von Kohlensäure und namentlich von Humussäuren (aus Torfschichten stammend) kann das Auswaschen so weit fortschreiten, daß die gesamte Menge des Alkalis und des Kalkes in Form von Hydrocarbonaten und Humaten entfernt wird, so daß reines wasserhaltiges Aluminiumsilicat, Kaolin ($Al_2O_3 \cdot 2SiO_2 \cdot 2H_2O$), ungelöst zurückbleibt. Daher kann die chemische Zusammensetzung des in der Natur vorkommenden Tones sehr verschieden sein. In dem weißen Porzellanton hat man mit einem Stoff zu tun, dessen Zusammensetzung derjenigen des reinen Kaolins nahekommt. Die häufigst vorkommenden Tonarten enthalten dagegen als wesentlichen Bestandteil wasserhaltige Doppelsilicate; außerdem enthält der Ton oft Teilchen unverwitterter Minerale (Sand und Calciumcarbonat). Die *Farbe des Tons* kommt von einem geringen Eisengehalt her. Blauton enthält *Ferroverbindungen*; unter dem Einfluß des Luftsauerstoffs werden diese Ferroverbindungen zu Ferriverbindungen oxydiert, und der Ton erhält damit gelbe oder braune Farbe. Die weiße Farbe des Porzellantons rührt davon her, daß das humussäurehaltige Wasser, unter dessen Einwirkung dieser Ton entstanden ist, die ursprünglich vorhandenen Eisenverbindungen vollständig auflösen und auswaschen konnte.

Tonwaren.

Ton ist in feuchtem Zustand weich und formbar *(plastisch)*. Nach dem Trocknen ist er formbeständig; bei erneutem Anfeuchten kehren aber seine plastischen Eigenschaften wieder. Erst nach dem Glühen, wobei die Kaolin- und Argillitteilchen ihren Wassergehalt abgeben und anfangen zusammenzusintern, verliert er die Eigenschaft, in Wasser wieder weich zu werden. Bei starkem Glühen schmilzt der Ton. In je höherem Maße ein Ton aus reinem Kaolin besteht, desto höhere Temperatur ist zu seinem Schmelzen notwendig, desto feuerfester ist er. Hier, wie in anderen Fällen, sinkt der Schmelzpunkt durch Beimischungen.

In der Tonwarenindustrie (der *keramischen* Industrie) formt man die Gegenstände aus feuchtem Ton, die hierauf durch Glühen, „Brennen", hart und gegen Wasser widerstandsfähig werden. Die wichtigsten Arten von Tonwaren sind: *Ziegelsteine, Steingut* und *Porzellan.*

Die groben Tonwaren stellt man in Ziegeleien dar. Sie werden aus unreinen Tonsorten verfertigt und bei relativ niederer Temperatur gebrannt (etwa bei 1000°). Sie sind sehr porös und können große Mengen Wasser aufsaugen. Ihre wechselnde Farbe rührt von wechselnden Mengen Eisen her. Ziegelsteine, Drainierungsröhren, Blumentöpfe gehören zu den groben Tonwaren.

Steingut und Fayence werden aus reineren, eisenfreien Tonsorten hergestellt und bei höheren Temperaturen (1200—1300°) gebrannt. Die Grundmasse ist porös und ganz undurchsichtig, genau wie in den groben Tonwaren. Um die Gegenstände wasserdicht zu machen, muß man sie *glasieren.* Hierzu überzieht man, durch Eintauchen in einen Glasurbrei, die bereits gebrannten Stücke mit einer Schicht leichtschmelzbarer Masse, die in einem zweiten Brand bei relativ niedriger Temperatur schmilzt und dabei eine wasserdichte glasartige Schicht bildet. Diese Glasur springt oder reißt ziemlich leicht, da sie, um hinreichend leicht schmelzbar zu sein, eine ganz andere chemische Zusammensetzung haben muß wie die Grundmasse.

Porzellan wird aus einer Grundmasse geformt, die aus Kaolin, Feldspat und Quarz besteht. Das geformte Stück wird zunächst „vorgeglüht", wobei es seine Plastizität einbüßt; hierauf taucht man es in einen Brei aus Feldspatpulver und Wasser, in dem es sich mit einer dünnen Schicht Feldspat überzieht. Bei dem hierauf folgenden „Blankbrennen" wird es so hoch erhitzt (bis zu etwa 1450°), daß der Feldspat in der Glasur *und in der Grundmasse* schmilzt. Hierbei entsteht eine Ware, deren Grundmasse durchscheinend und massiv ist, und die eine festsitzende und widerstandsfähige Glasur besitzt.

Porzellan ist die kräftigste und auch chemisch widerstandsfähigste der keramischen Massen. Seine Herstellung ist aber auch am teuersten, weil es die reinsten Rohstoffe erfordert und bei sehr hoher Temperatur gebrannt werden muß; die Temperatur muß außerdem sehr sorgfältig reguliert werden, damit die Masse weder zu wenig gebrannt (zu wenig durchscheinend und zu porös) noch zu stark gebrannt (deformiert) wird. Beim Brennen *schwindet* Porzellan um 10—20%.

Glas.

Glas ist eine Mischung verschiedener kieselsäurereicher Silicate. Der eigentümliche *glasartige* Charakter dieser Mischungen kommt davon her, daß ihre Schmelzen fest werden ohne zu kristallisieren und dabei ihre Durchsichtigkeit vollständig behalten. Während des Abkühlens werden sie immer dickflüssiger und schließlich ganz fest, ohne daß sich kristallisierte Teilchen ausgeschieden haben. Ein glasartiger fester Stoff besitzt nicht wie ein kristallisierter Stoff einen scharfen Schmelzpunkt. Er muß deshalb eher als eine äußerst dickflüssige, unterkühlte Flüssigkeit betrachtet werden. Eine gute Glasmasse soll sowohl eine ganz geringe Fähigkeit haben zu kristallisieren (zu *entglasen*), als auch unlöslich und chemisch widerstandsfähig gegen Wasser und wäßrige Lösungen sein.

Zur Herstellung von Fensterglas und gewöhnlichen ungefärbten Glaswaren für den Haushalt und das Laboratorium wird Quarzsand (SiO_2) bei hoher Temperatur mit Soda (Na_2CO_3) und Kalkstein ($CaCO_3$) zusammengeschmolzen. Aus der Schmelze entweicht das Kohlendioxyd der Carbonate, und es bildet sich eine dünnflüssige Mischung von Natrium- und Calciumsilicat. Aus dieser Glasschmelze stellt man die Glasgegenstände durch Blasen oder Gießen her, wobei man für eine sehr langsame Abkühlung der geformten Gegenstände sorgt, weil sonst gefährliche Spannungen in ihnen entstehen.

Das oben besprochene Natronglas (Thüringerglas) enthält in guten Qualitäten etwa 70% SiO_2. Es ist recht leicht schmelzbar; ein Glasrohr dieser Sorte läßt sich daher in einer gewöhnlichen Gasflamme biegen. In dem kieselsäurereicheren und daher sowohl schwerer schmelzbaren als auch gegen Wasser widerstandsfähigeren böhmischen Glas (Hartglas) ist an Stelle des Natriums Kalium vorhanden, weil bei der Herstellung Kaliumcarbonat an Stelle von Soda verwendet wird. In dem stark lichtbrechenden englischen Kristallglas ist weiterhin das Calcium durch Blei ersetzt; zu seiner Herstellung wird Bleioxyd an Stelle von Kalkstein benutzt. Das sog. Jenaer Glas, das zu den besten chemischen Glasgeräten verwendet wird, enthält nur sehr wenig Alkalimetalle, dagegen Barium und Borsäure. Flaschenglas wird aus unreinen eisen- und aluminiumhaltigen Rohstoffen hergestellt.

Wenn auch ein gutes, kieselsäurereiches Glas chemisch sehr widerstandsfähig gegen Wasser und wäßrige Säurelösungen ist, geben doch alle frischen Glasflächen bei der ersten Benutzung etwas Alkali ab. Dämpft man die Geräte vor ihrer Benutzung eine Viertelstunde lang in einem Strome von Wasserdampf aus, so wird dieses Alkali entfernt. Bei langer Einwirkung von Wasser gibt selbst gutes und ausgedämpftes Glas kleine Mengen Alkali an das Wasser ab und wird an seiner Oberfläche matt. Bei chemischen, biologischen u. a. Arbeiten, wo man jede Spur von Alkali vermeiden will, verwendet man daher das fast alkalifreie Jenaer Glas. Warme, stark alkalische Lösungen greifen alle Glassorten recht merklich an, indem Kieselsäure in Lösung geht. Die undurchsichtige Emaille, mit der Eisenblechgeräte überzogen werden, ist ein Silicat-Boratglas, das durch besondere Zusätze (z. B. Fluorverbindungen oder Zinndioxyd) getrübt wird.

Fluorverbindungen des Siliciums.

Siliciumfluorid, SiF_4, ist ein *farbloses Gas*, das man durch Erwärmen einer Mischung von Kieselsäureanhydrid (oder eines Silicates) und Flußspat (oder Kryolith) mit konz. Schwefelsäure darstellt:

$$SiO_2 + 2\,CaF_2 + 2\,H_2SO_4 \rightarrow SiF_4 + 2\,CaSO_4 + 2\,H_2O.$$

Das Gas wird von Wasser momentan zersetzt, unter Bildung von gallertiger Kieselsäure und von

Siliciumfluorwasserstoffsäure, H_2SiF_6. Man kann annehmen, daß das Siliciumfluorid zuerst, in derselben Weise wie andere Halogenverbindungen von Metalloiden, hydrolysiert wird:

$$SiF_4 + 4\,H_2O \rightarrow Si(OH)_4 + 4\,HF,$$

und daß der gebildete Fluorwasserstoff sich hierauf mit weiterem Siliciumfluorid zu der Säure verbindet:

$$4\,HF + 2\,SiF_4 \rightarrow 2\,H_2SiF_6.$$

Durch Filtrieren trennt man die Lösung dieser Säure von der ausgeschiedenen Kieselsäure.

Siliciumfluorwasserstoffsäure ist eine *starke Säure*, die sich nach folgendem Schema in Ionen spaltet:

$$H_2SiF_6 \rightarrow 2\,H^+ + SiF_6^{--}$$

Die Fähigkeit der Flußsäure *Glas zu ätzen*, beruht darauf, daß sie Silicate angreift, wobei Siliciumfluorwasserstoffsäure und Metallfluoride entstehen:

$$SiO_2 + 6\,HF \rightarrow H_2SiF_6 + 2\,H_2O,$$
$$Na_2O + 2\,HF \rightarrow 2\,NaF + H_2O,$$
$$CaO + 2\,HF \rightarrow CaF_2 + H_2O.$$

Durch Eindampfen mit Flußsäure und konz. Schwefelsäure werden alle Silicate zersetzt; hierbei entweicht Siliciumfluorid und die Metallsulfate bleiben zurück. Dieses Vorgehen benutzt man zur Entfernung der Kieselsäure bei der Analyse von Silicaten.

Der kolloidale Zustand.

Kolloidale Lösungen. Durch Zusatz von Natriumsilicatlösungen zu überschüssiger Salzsäure kann man recht konzentrierte Lösungen von Kieselsäure herstellen. Die Salzsäure und das Natriumchlorid, die in diesen Lösungen außer der Kieselsäure enthalten sind, lassen sich durch *Dialyse* entfernen. Es können nämlich zwar die Salzsäure und das Natriumchlorid, nicht aber die Kieselsäure *durch gewisse Membrane wandern*, eine Verschiedenheit, die beim Dialysieren (vgl. Abb. 16) ausgenutzt wird. Man füllt hierzu die Lösung in ein Stück gereinigten Darm oder Schweinsblase, bindet dieses etwa auf einen festen Ring R und hängt es in reines Wasser, das häufig erneuert wird, am besten (vgl. Abb. 16) ständig fließt. Nach einigen Tagen wird die Gesamtmenge der Salzsäure und des Salzes durch die Haut herausdialysiert sein, während die lösliche Kieselsäure in reinem Zustand im Innern des Dialysators zurückbleibt. An Stelle von tierischen Häuten kann man auch Pergamentpapier oder Kollodiumhäutchen verwenden. Eine derart dargestellte Kieselsäurelösung unterscheidet sich von echten Lösungen in verschiedenen wichtigen Punkten: der gelöste Stoff kann nicht dialysieren; es unterscheidet sich weder ihr Gefrierpunkt noch ihr Siedepunkt merklich von den Konstanten des reinen Wassers; weiter besitzt die Lösung einen nur sehr geringen osmotischen Druck.

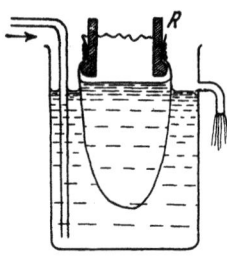

Abb. 16. Anordnung zum Dialysieren (Dialysator). (Aus GRÓH-HÁRI, Kurzes Lehrbuch der allg. Chemie Berlin: Julius Springer 1923).

Lösungen mit solchen anomalen Eigenschaften lassen sich auch von vielen anderen Stoffen herstellen. Mischt man z. B. eine Lösung von Arsentrioxyd mit Schwefelwasserstoffwasser, so bildet sich eine gelbe, opalescierende Lösung von Arsentrisulfid:

$$As_2O_3 + 3\,H_2S \rightarrow As_2S_3 + 3\,H_2O.$$

Auch dieses Arsentrisulfid ist nicht fähig zu dialysieren; die Lösung zeigt weder eine merkliche Gefrierpunktserniedrigung noch Siedepunktserhöhung oder osmotischen Druck. Die Lösungen von Leim, Eiweiß, Gummi zeigen die gleichen Anomalien. *Alle Lösungen, die ein geringes oder gar kein Dialysiervermögen besitzen, die geringe oder keine Gefrierpunktserniedrigung und Siedepunktserhöhung, und die geringen oder keinen osmotischen Druck zeigen, heißen kolloidale Lösungen.*

Der Zustand des gelösten Stoffes in kolloidalen Lösungen. Zum Verständnis des Zustandes in kolloidalen Lösungen muß man sich klar machen, daß es vernünftigerweise Mischungen geben muß, die einen *kontinuierlichen Übergang* von den *heterogenen Verteilungen* zu den *echten Lösungen* darstellen. Man unterscheidet zwei Arten heterogener Verteilungen in Flüssigkeiten: eine *Suspension* enthält *feste* Teilchen, eine *Emulsion* kleine Tropfen einer zweiten *flüssigen* Phase. Die *einzelnen Teilchen* einer heterogenen Verteilung sind noch mikroskopisch *sichtbar*; ihre Abmessungen liegen also oberhalb 0,0001 mm oder 0,1 μ (1 μ = 0,001 mm). Die echten Lösungen können als äußerst feine Aufschlämmungen betrachtet werden, wenn man die einzelnen Moleküle des gelösten Stoffes als Einzelteilchen ansieht; dabei besteht ein gewaltiger Größenunterschied zwischen den Teilchen in den heterogenen Verteilungen und den echten Lösungen. Selbst wenn wir damit rechnen, daß echt gelöste Moleküle bis zu 1000 Atome enthalten und ein Molgewicht bis zu 50000 besitzen können, dürften doch ihre Abmessungen kaum größer als 0,003 μ sein. Nach neueren Untersuchungen beträgt nämlich die lineare Ausdehnung eines Atoms nur etwa 2 Å (Ångström = 10^{-8} cm). Ein Gramm-Mol Wasser erfüllt das Volumen von 18 ccm und enthält etwa $6 \cdot 10^{23}$ Moleküle, oder $18 \cdot 10^{23}$ Atome; jedem Atom steht also ein Raum von 10^{-23} ccm zur Verfügung, entsprechend einem Würfel mit der Seitenlänge 2,2 Å. Mischungen, in denen die Ausdehnung der einzelnen Teilchen geringer ist als 0,1 μ und größer als 0,003 μ = 30 Å, gehören daher weder zu den mechanischen Verteilungen noch zu den echten Lösungen. Diese Lücke wird von den kolloidalen Lösungen ausgefüllt. Es wäre ja auch höchst merkwürdig, wenn es nicht in der Natur Mischungen gäbe, in denen die einzelnen Teilchen gerade diese Dimensionen besitzen.

Wir wollen zuerst zeigen, daß diese Auffassung von der Natur der kolloidalen Lösungen mit ihren bisher besprochenen Eigenschaften übereinstimmt. In der mechanischen Aufschlämmung eines Stoffes, der dichter ist als Wasser, *setzen* sich die Teilchen *um so langsamer ab, je kleiner sie sind;* dies läßt sich leicht feststellen, wenn man eine Mischung aus Sand und Ton mit Wasser in einem hohen Glas aufrührt und diese Suspension sich absetzen läßt. Die groben Sandkörner fallen innerhalb weniger Sekunden zu Boden, während sich die feinen Tonteilchen lange Zeit, bis zu Tagen, schwebend erhalten können. Teilchen, die nur bei den stärksten Vergrößerungen zu erkennen sind (die kleiner sind als 1 μ), können sich, aufgeschlämmt und gleichmäßig verteilt, tagelang schwebend erhalten. Sind in einer Aufschlämmung die Partikel noch kleiner, so daß sie auch im Mikroskop nicht mehr beobachtet werden können (*ultramikroskopische* Teilchen, kleiner als 0,1 μ), so kann man erwarten, daß sich die Teilchen innerhalb der möglichen Beobachtungszeiten überhaupt nicht mehr absetzen. So kleine Teilchen werden auch sehr kräftige BROWNsche Bewegungen ausführen; sie werden sich damit gleichmäßig in der Flüssigkeit zu verteilen streben und dem Absetzen, d. h. dem Einfluß der Schwerkraft, Widerstand leisten. So kleine Teilchen werden weiterhin

S. S. 28.

beim Filtrieren durch die Filterporen hindurchtreten, weil sie kleiner sind als diese Öffnungen, und werden unter dem Mikroskop, wenigstens bei der gewöhnlichen Beleuchtung mit durchfallendem Lichte, nicht sichtbar sein. Eine hinreichend feine Suspension wird sich also in allen genannten Punkten wie eine kolloidale Lösung verhalten.

In einer echten Lösung besitzt der gelöste Stoff einen bedeutenden osmotischen Druck und zeigt eine deutliche Wirkung auf den Gefrierpunkt und Siedepunkt des Lösungsmittels. Aber diese Erscheinungen werden immer weniger ausgeprägt, je größer die Moleküle des gelösten Stoffes sind. Die Lösung von 34 g Wasserstoffperoxyd (= 1 Mol) in 1 kg Wasser gefriert bei — 1,86°; löst man jedoch in der gleichen Menge Wasser 34 g eines Stoffes, dessen Molgewicht 1000mal größer ist, so wird die gebildete Lösung zwar die gleiche prozentuale Zusammensetzung haben, aber nur eine 1000mal kleinere Gefrierpunktserniedrigung aufweisen, nämlich nur 0,00186°, eine kaum meßbare Größe. Stoffe mit Molgewichten über 50000 werden, praktisch gesprochen, keine Gefrierpunktserniedrigung oder Siedepunktserhöhung und nur einen geringen osmotischen Druck hervorrufen. Hat ein Stoff das Molgewicht 50000, so werden die linearen Dimensionen seiner Moleküle um 30 Å liegen. Man muß daher schließen, daß eine Lösung, deren Moleküle größer sind als etwa 30 Å, bezüglich ihres Siedepunkts, Gefrierpunkts und osmotischen Druckes sich wie eine kolloidale Lösung verhält.

Die kolloidalen Lösungen bilden den Übergang von den groben Verteilungen (Suspensionen und Emulsionen) zu den echten Lösungen; sie können entweder als Suspensionen bzw. Emulsionen mit besonders kleinen Teilchen, oder als Lösungen mit besonders großen Molekülen aufgefaßt werden.

Der optische Nachweis für die Natur der kolloidalen Lösungen. Die vorgetragene Auffassung konnte auf optischem Wege bestätigt werden. Läßt man einen starken Lichtstrahl durch eine kolloidale Lösung fallen, so kann man gewöhnlich seinen Weg durch die Lösung deutlich sehen, was in echten Lösungen nicht der Fall ist (TYNDALL-Phänomen).

Beobachtet man dieses zur Seite gestreute Licht im Mikroskop unter starker Vergrößerung, so sieht man, daß es von kleinen Partikeln herrührt, die lebhafte BROWNsche Bewegungen ausführen. Die kolloidalen Lösungen enthalten also Teilchen, die den Weg eines Lichtstrahls durch die Flüssigkeit in ähnlicher Weise sichtbar machen, wie die Staubkörner den Weg eines Sonnenstrahls in einem Zimmer. Besonders schön erscheinen diese Effekte in den kolloidalen Lösungen von Metallen, wie Silber und Gold. Sind die Teilchen einer kolloidalen Lösung extrem klein, so kann es schwierig oder sogar unmöglich werden, sie auf diese Weise sichtbar zu machen. Das Verfahren, durch Mikroskopieren in kräftiger *Seitenbeleuchtung* kleine Teilchen als leuchtende Zentren auf dunklem Hintergrund sichtbar zu machen, bezeichnet man gewöhnlich als *Ultramikroskopie* oder als Mikroskopieren mit *Dunkelfeldbeleuchtung*.

Untersuchungen der letzten Jahre haben gezeigt, daß selbst die kleinen Moleküle in echten Lösungen imstande sind, das Licht in geringem Maße zur Seite zu streuen; spektroskopische Untersuchungen dieses schwachen Streulichtes haben wertvolle Ergebnisse über den Bau der betreffenden Moleküle geliefert (RAMAN-Effekt).

Einteilungsschema. Nach den oben angegebenen Entwicklungen teilt man die Mischungen je nach der Größe der Teilchen ein in: *Suspensionen und Emulsionen, kolloidale Lösungen* und *echte Lösungen*. Tabelle 18 enthält eine Übersicht über die Unterscheidungsmerkmale zwischen diesen drei Gruppen; man muß sich aber immer dessen bewußt bleiben, daß die Übergänge zwischen diesen Gruppen ganz kontinuierlich und daher nicht genau bestimmbar sind.

Tabelle 18. **Vergleich von flüssigen Mischungen verschiedenen Dispersitätsgrades.**

Suspensionen und Emulsionen	Kolloidale Lösungen	Echte Lösungen
Laufen nicht durch Filter	Laufen durch Filter	Laufen durch Filter
Dialysieren nicht	Dialysieren nicht	Dialysieren
Kein osmotischer Druck	Höchstens sehr geringer osmotischer Druck	Großer osmotischer Druck
Keine Gefrierpunktserniedrigung	Sehr geringe Gefrierpunktserniedrigung	Bedeutende Gefrierpunktserniedrigung
Keine Siedepunktserhöhung	Sehr geringe Siedepunktserhöhung	Bedeutende Siedepunktserhöhung
Teilchengröße über $0,1\ \mu$	Teilchengröße zwischen $0,1$ und $0,003\ \mu$	Teilchen kleiner als $0,003\ \mu$
Teilchen mikroskopisch sichtbar	Teilchen ultramikroskopisch sichtbar	Teilchen ganz unsichtbar

Je kleiner die einzelnen Teilchen in einer Mischung (oder in einem reinen Stoff) sind, desto größer ist, wie man auch sagt, der *Dispersitätsgrad* der Mischung bzw. des Stoffes. Suspensionen, kolloidale Lösungen und echte Lösungen bilden eine Reihe von *dispersen Systemen* mit steigendem Dispersitätsgrad.

Darstellung. Die Darstellungsmethoden der kolloidalen Lösungen stimmen mit der vorgetragenen Auffassung von ihrem Wesen überein.

1. Kolloidale Lösungen kann man *aus echten Lösungen* darstellen, indem man in ihnen einen unlöslichen Stoff in ganz kleinen Teilchen ausfällt, oder dadurch, daß man in der echten Lösung einen löslichen Stoff erzeugt, der aus sehr großen Molekülen aufgebaut ist (zwischen diesen beiden Verfahren besteht tatsächlich kein wesentlicher Unterschied, weil große Moleküle als sehr feine Partikelchen aufgefaßt werden können). Man stellt auf diese Weise, wie S. S. 224. schon erwähnt, kolloidale Lösungen von Arsentrisulfid und Kieselsäure her; kolloidale Lösungen von Edelmetallen, wie Silber, Gold, Platin, können durch *Reduktion* der entsprechenden Metallsalze mit geeigneten Reduktionsmitteln (Formaldehyd, Gerbsäure) gebildet werden. Je geringer das Kristallisationsvermögen des ausgefällten Stoffes ist, und je weniger er löslich ist, desto leichter erhält man bei rascher Fällung den Stoff in so kleinen Einzelteilchen, daß eine kolloidale Lösung entsteht.

2. Kolloidale Lösungen lassen sich *aus festen Stoffen* durch feine mechanische Verteilung in einer Flüssigkeit herstellen, in der der feste Stoff unlöslich ist. Beispiele für derart hergestellte kolloidale Lösungen sind die kolloidalen Lösungen von Silber, Platin und anderen Metallen, die sich bilden, wenn ein elektrischer Lichtbogen unter Wasser zwischen Stücken des betreffenden Metalles überspringt. In dem Lichtbogen wird das Metall zerstäubt; dieser äußerst feine Metallstaub verteilt sich in Wasser zu einer kolloidalen Lösung. Man kann auch in besonders konstruierten Mühlen (Kolloidmühlen) die Vermahlung gewisser Stoffe so weit treiben, daß man sich kolloidalen Dimensionen nähert.

3. Schließlich kann man kolloidale Lösungen durch *Auflösen von Stoffen* gewinnen, die *von vornherein sehr große Moleküle* besitzen, oder durch *Aufschlämmen* von Stoffen, die ebenfalls *von vornherein schon aus sehr kleinen Teilchen* bestehen. Auf diese Weise stellt man z. B. die kolloidalen Lösungen von Leim, Eiweiß und Gummi her, sowie die Tusche, eine kolloidale Lösung von feinstem Ruß. Wenn ein Sulfidniederschlag bei fortgesetztem Auswaschen mit reinem Wasser oft anfängt, unklar durch das Filter zu laufen, so kommt dies daher, daß die Teilchen des Niederschlages sehr klein sind und sich in *reinem* (d. h. säure- und salzfreiem) Wasser zu einer kolloidalen Lösung verteilen können. Andere fein verteilte Niederschläge, z. B. Aluminiumhydroxyd und Ferrihydroxyd, können in ganz reinem Wasser keine kolloidalen Lösungen bilden, sondern nur, wenn kleine Mengen bestimmter Elektrolyte anwesend sind (für die genannten Beispiele Aluminium- und Ferrisalze). Hier spricht man von *Peptisierung* und von der *peptisierenden* Wirkung dieser Elektrolyte.

Koagulieren und Gelatinieren. Kolloidale Lösungen sind oft wenig haltbar und verändern im Laufe der Zeit ihre Eigenschaften: sie *altern*. Vergrößern sich die Partikelchen oder treten sie zu größeren Gebilden zusammen, so *vermindert sich der Dispersitätsgrad* der Lösung und damit ändern sich auch ihre Eigenschaften; wenn schließlich die Teilchen eine Größe erreicht haben, daß sie mikroskopisch sichtbar werden, und sich nicht länger schwebend erhalten können, sondern sich als Niederschlag absetzen, so nennt man dies die *Koagulation* der Lösung. Die Bedingungen, von denen es abhängt, ob die Teilchen zusammentreten oder nicht, sind sehr verwickelt und durchaus noch nicht vollständig bekannt. Wird Kieselsäure aus Natriumsilicat mit Hilfe von Salzsäure freigemacht, so besitzt sie im ersten Augenblick noch ein kleines Molgewicht, sie ist nicht kolloid; aber sie beginnt sofort sich unter Wasseraustritt zu größeren Molekülen zu kondensieren und damit S. S. 217. kolloidale Eigenschaften anzunehmen. Hat schließlich die ständig fortschreitende Kondensation zu hinreichend großen Molekülen oder Partikeln geführt, so tritt die Koagulation ein. Während in diesem Falle die Dispersitätsänderung mit gewissem Rechte als chemisch begründet anzusehen ist, handelt es sich in anderen Fällen mehr um eine rein mechanische Zusammenfügung der Teilchen, z. B. bei der Koagulation kolloidaler Metall-Lösungen. Der Zusatz von *Ionen* wirkt auf viele kolloidale Lösungen koagulierend, z. B. auf die Lösung von Arsentrisulfid. Diese koagulierende Wirkung von Elektrolyten ist die Ursache dafür, daß sich die im anorganischen Analysengang hergestellten Schwefelwasserstoffniederschläge sammeln und filtrierbar sind. Entfernt man die einem Niederschlag anhaftenden Elektrolyte durch vollständiges Auswaschen, so gehen die Teilchen oft wieder auseinander, bilden eine kolloidale Lösung und laufen durchs Filter. Besonders *Wasserstoffionen* haben oft eine kräftige koagulierende Wirkung. Die Koagulationsfähigkeit von Elektrolyten kann man sehr schön an Aufschlämmungen studieren. Eine Suspension von Tonteilchen in *destilliertem* Wasser ist lange Zeit haltbar, ohne daß sich die Teilchen zu Boden setzen. Nach dem Zusatz von Natriumchlorid oder anderen Elektrolyten setzen sich die Teilchen jedoch schnell ab (dies spielt bei der Deltabildung der Flüsse eine Rolle). Unter dem Mikroskop kann man es direkt sehen, wie hierbei die äußerst kleinen Tonteilchen zu größeren Gruppen zusammentreten, die auf Grund ihrer Größe schneller zu Boden sinken.

Will man die Koagulation einer kolloidalen Lösung verhindern, so ist es oft nützlich ein anderes, gut haltbares Kolloid zuzusetzen, ein sog. *Schutzkolloid*. Derart läßt sich Gerbsäure zur Stabilisierung der kolloidalen Lösungen von Gold oder der Suspensionen von Graphit in Wasser verwenden. Tusche ist eine Aufschlämmung von Ruß in Wasser, deren Koagulation durch arabischen Gummi oder andere Schutzkolloide verhindert wird.

In manchen Fällen verbinden sich die Partikel einer kolloidalen Lösung beim Koagulieren zu einem zusammenhängenden Gerüst, das die ganze Lösung erfüllt und ihr die Eigenschaft einer *Gallerte* erteilt (Kieselsäure, Leim, Eiweiß, Gelatine, Agar-Agar, Stärke). Eine solche Gallerte hat den Aufbau eines äußerst feinporigen Schwammes. Eine Koagulation, die zur Bildung einer Gallerte führt, nennt man *Gelatinieren*.

Die Bezeichnungen *Sol* bzw. *Gel* werden oft für kolloidale Lösungen bzw. ihre Koagulationsprodukte gebraucht. Ist das Lösungsmittel Wasser, so spricht man von *Hydrosolen* und *Hydrogelen*; ist Alkohol das Lösungsmittel, so werden die Bezeichnungen *Alkosole* und *Alkogele* gebraucht, usw.

Die Kenntnis der Bedingungen, bei denen kolloidale Lösungen und Suspensionen koagulieren oder umgekehrt stabilisiert werden, ist in vielen Fällen von großer praktischer Bedeutung. Beim analytischen Arbeiten im Laboratorium handelt es sich gewöhnlich darum, die Bildung kolloidaler Lösungen zu vermeiden, damit man klare Filtrate erhält. Hat man dagegen Obstbäume mit einer Aufschlämmung von Bleiarsenat, hergestellt aus Lösungen von Bleiacetat und Natriumarsenat, zu bespritzen, so handelt es sich darum, daß das Bleiarsenat möglichst lange kolloidal gelöst bleibt, d. h. also, daß es nicht zu schnell koaguliert und sich absetzt.

Kolloidale Stoffe und der kolloidale Zustand. Die Koagulationsprodukte einer kolloidalen Lösung bewahren meistens ihre feinverteilte Struktur. Silber, das aus einer kolloidalen Silberlösung koaguliert ist, stellt eine graue Masse ohne Metallglanz dar, weil es aus äußerst kleinen Silberpartikelchen besteht; die feinporige, schwammähnliche Natur der gallertigen Koagulate haben wir schon oben besprochen. *Alle Stoffe, die eine ähnlich feinverteilte Struktur besitzen, wie ein kolloidal gelöster Stoff, nennt man Kolloide; man sagt, daß der Stoff in kolloidaler Beschaffenheit auftritt.* In diesem Sinne sind viele technisch und physiologisch wichtige Stoffe Kolloide, z. B. Kautschuk, Stärke, Gummi, Baumwolle, Leim, Eiweiß. Alle Stoffe, deren Molgewicht über 50000 liegt, besitzen kolloidale Eigenschaften.

Der Ackerboden besteht größenteils aus einer Mischung kolloidaler Stoffe. Die Huminstoffe der Torfmoore, sowie das Kaolin und die Argillite im Ton sind Kolloide.

Im Laufe der Zeit hat es sich herausgestellt, daß die meisten Stoffe, wenn man nur die richtigen Bedingungen wählt, in den kolloidalen Zustand gebracht werden können. Schwierig ist dies allerdings bei den Stoffen, die leicht kristallisieren. Dagegen treten die schwer kristallisierenden Stoffe im allgemeinen häufig als Kolloide auf. Daher hat man gelegentlich unterschieden zwischen kristallinischen Stoffen *(Kristalloiden)* und kolloidalen Stoffen *(Kolloiden)*.

Adsorption und Quellung. Auf Grund ihrer fein unterteilten Struktur zeichnen sich Kolloide durch eine *sehr starke Oberflächenentwicklung* aus. Bei ihnen spielen daher die *Adsorptionserscheinungen* eine viel größere Rolle als bei den anderen Stoffen. Viele Kolloide können sehr bedeutende Wassermengen aufnehmen, z. B. Torf, Stärke usw. Da diese Wasseraufnahme im allgemeinen ohne die Bildung bestimmter, stöchiometrisch zusammengesetzter Hydrate vor sich geht, nimmt man an, daß es sich um adsorbiertes Wasser handelt. Es ist jedoch bei kolloiden Teilchen unmöglich, scharf zu unterscheiden zwischen Adsorptionsvorgängen und chemischen Reaktionen; die kolloiden Teilchen, an deren Oberfläche kleinere Moleküle adsorbiert sind, können ja als große Moleküle betrachtet werden, die mit den kleineren Molekülen chemisch in Reaktion getreten sind. Auch hier wie in anderen Gebieten der Kolloidchemie gibt es stetige Übergänge. S. S. 182.

Viele Kolloide *quellen* stark, wenn sie mit Wasser oder einer anderen Flüssigkeit in Berührung kommen. Beispiele hierfür sind Leim in Wasser, und Kautschuk in Äther oder Benzin. Wenn die Oberfläche der einzelnen Teilchen das Lösungsmittel in immer größerer Menge adsorbiert, müssen die Teilchen immer weiter auseinander gedrückt werden: das Kolloid quillt mehr und mehr auf. Starkes Quellen ist häufig das Vorstadium dazu, daß das Kolloid in Lösung geht (aus einem Gel zu einem Sol wird). Viele Koagulationsprodukte, die nicht quellen, können nicht von selbst in Lösung gehen, nachdem man die Ursache der Koagulation entfernt hat: es sind *irreversible* Kolloide. Dagegen gehen quellfähige Koagulate gewöhnlich wieder leicht in Lösung, es sind *reversible* Kolloide.

Seit alter Zeit haben die Kolloide den Chemikern deswegen Schwierigkeiten bereitet, weil sie keine chemischen Verbindungen nach den gewöhnlichen Gesetzen der konstanten und multiplen Proportionen bilden. Eine Bedingung dafür, daß diese Gesetze zu charakteristischen Folgerungen führen, ist indessen, daß die Moleküle *nicht allzu viele Atome* enthalten. Nachdem man gelernt hat, die Kolloide als Stoffe mit sehr hohen Molgewichten aufzufassen, sind die erwähnten Schwierigkeiten leicht verständlich. S. S. 26.

Die Kräfte, die bei den Umsetzungen der Kolloide im Spiele sind (bei der Adsorption, Koagulation, gegenseitigen Ausfällung usw.) sind vermutlich meistens *gleicher Natur* wie die Kräfte, welche die Atome in den kleineren Molekülen zusammenhalten. Es ist nur die *Größe* der Kräfte, besonders im Verhältnis zu den Massen, auf die sie wirken, die in beiden Fällen verschieden ist. S.S. 302f.

Theoretische Anschauungen über die Stabilität kolloidaler Lösungen. Eigentlich ist es zu erwarten, daß alle kolloiden Teilchen auf Grund der allgemein vorhandenen, sog. *Kohäsionskräfte* einander anziehen werden, wenn sie nur einander genügend nahe kommen. Es sind ja die Kohäsionskräfte zwischen den Gasmolekülen, welche die Verflüssigung aller Gase ermöglichen, und die meisten festen Stoffe verdanken nur den zwischen ihren Molekülen herrschenden Kohäsionskräften ihre bekannten Festigkeitseigenschaften. Wenn daher eine kolloidale Lösung stabil ist, muß die koagulierende Wirkung der Kohäsionskräfte, die zweifellos zwischen den Teilchen einer kolloidalen Lösung vorhanden sind, in irgendeiner Weise *kompensiert* sein.

In einer Reihe von Fällen nimmt man als Grund für die Beständigkeit der kolloiden Lösung an, daß die Anziehung zwischen den kolloidalen Teilchen und dem Lösungsmittel größer ist, als die gegenseitige Anziehung zwischen den kolloidalen Teilchen selbst. In diesem Falle findet in Wasser eine Art *Hydratation* (in anderen Lösungsmitteln eine Art *Solvatation*) statt: die Moleküle des Lösungsmittels werden hier bestrebt sein, sich zwischen die kolloidalen Teilchen hineinzudrängen und werden diese voneinander entfernen; damit werden die Kohäsionskräfte zwischen den Teilchen gehindert, ihre koagulierende Wirkung geltend zu machen. In diesen Fällen spricht man von *lyophilen*, d. h. das Lösungsmittel liebenden, Kolloiden. Hierher gehören Eiweißstoffe, Leim, Gummi arabicum, alle in wäßriger Lösung; Kautschuk in Äther und Benzin. Üben aber die kolloidalen Teilchen keine besondere Anziehung auf die Moleküle des Lösungsmittels aus, so spricht man von *lyophoben*, dem Lösungsmittel feindlichen, Kolloiden; Beispiele sind die Kolloide von Metallen, Sulfiden u. ä. Die Beständigkeit solcher kolloidaler Lösungen versucht man durch die elektrische Ladung der Teilchen zu erklären.

Elektrische Verhältnisse. Die Teilchen einer kolloidalen Lösung sind fast immer entweder alle positiv oder alle negativ elektrisch geladen; man kann dies leicht feststellen, weil sich elektrisch geladene Teilchen unter dem Einfluß einer elektrischen Kraft bewegen, und zwar entweder zur Kathode (positiv geladene Teilchen) oder zur Anode (negative Teilchen). Metalle und Sulfide bilden gewöhnlich negative Sole, die Hydroxyde dagegen positive. Entsprechend den untereinander gleichartig geladenen Kolloidteilchen (Kolloidionen) muß in der Lösung ein Überschuß von entgegengesetzt geladenen, echt gelösten Ionen vorhanden sein, so daß die Lösung im ganzen elektroneutral bleibt.

Die elektrische Ladung der Teilchen spielt eine wichtige Rolle für die Haltbarkeit vieler kolloidaler Lösungen. Die abstoßenden

Kräfte zwischen den gleichnamig geladenen Teilchen erschweren es diesen, zusammenzukleben; diese Kräfte wirken daher stabilisierend. Zwei kolloidale Lösungen, deren Teilchen entgegengesetzte elektrische Ladungen tragen, werden sich, im geeigneten Verhältnis gemischt, einander ausfällen; hierbei ziehen sich die ungleichnamig geladenen Teilchen der zwei Sole an und bilden größere ungeladene Aggregate, wobei die elektrische Stabilisierung verloren geht.

Beim Zusatz von Elektrolyten können die Teilchen einer kolloidalen Lösung ihre Ladung ändern, indem sie sich mit einer der Ionenarten des Elektrolyten verbinden. Besonders Säuren und Basen wirken häufig in dieser Weise, wobei die kolloidalen Teilchen Wasserstoffionen aufnehmen oder abgeben. Bringt man durch Zusatz geeigneter Ionen die kolloidalen Teilchen in einen solchen Zustand, daß sie entweder überhaupt keine Ladungen mehr besitzen, oder daß gleich viele positiv und negativ geladene Teilchen vorhanden sind, so bezeichnet man diesen Zustand als den *isoelektrischen* Punkt der kolloidalen Lösung. Eine kolloide Lösung koaguliert am leichtesten, nachdem man sie durch Zusatz geeigneter Elektrolyte auf ihren isoelektrischen Punkt gebracht hat. Wird dieser Punkt überschritten, so werden die Teilchen die entgegengesetzte Ladung annehmen, und die kolloidale Lösung wird wieder stabiler.

Solche Elektrolyte, welche die Ladung von kolloidal gelösten Teilchen nicht verändern, werden im allgemeinen die Stabilität einer kolloidalen Lösung vermindern. Werden nämlich die Ionen in einer Lösung zahlreicher, so muß die von den gleichnamigen Ladungen der Partikel herrührende stabilisierende Wirkung schwächer werden, weil sich die gegenseitige Abstoßung der Partikel in ionenreichen Lösungen erst in viel kleineren Abständen geltend machen kann, als in ionenarmen Lösungen. Hiermit hat man eine Erklärung dafür, daß Elektrolyte (d. h. Ionen) im allgemeinen eine koagulierende Wirkung auf Kolloide ausüben.

Besonders stark wird die koagulierende Wirkung eines Elektrolyten, wenn sich eines seiner Ionen mit den entgegengesetzt geladenen kolloiden Teilchen verbinden und somit deren Ladung vermindern kann. Umgekehrt wird die koagulierende Wirkung von Elektrolyten geschwächt, ja, sie kann in eine Schutzwirkung umschlagen, wenn durch die Verbindung der kolloiden Teilchen mit einem gleichnamigen Ion des Elektrolyten die Ladung des Teilchens größer wird, was z. B. für Ferriion gegenüber kolloidal S. S. 228. gelösten Ferrihydroxydteilchen zutrifft.

Die dargestellte Theorie der Elektrolytwirkung ist besonders für kolloide Lösungen mit lyophoben Teilchen von Wert, weil deren Haltbarkeit hauptsächlich auf der elektrischen Ladung ihrer Teilchen beruht. Die Wirkung von Elektrolyten auf kolloide Lösungen mit lyophilen Teilchen ist allgemein viel schwächer als auf lyophobe Sole.

Die Borgruppe.

Nach der Kohlenstoffgruppe mit der Wertigkeit vier gegenüber Wasserstoff und der Maximalwertigkeit vier gegenüber Sauerstoff könnte man eine Gruppe von Metalloiden erwarten, die gegenüber Wasserstoff fünfwertig und gegenüber Sauerstoff im Höchstfalle dreiwertig auftreten. Das einzige Metalloid, das als Vertreter einer solchen Gruppe zu betrachten ist, ist das Bor; gegenüber Sauerstoff ist es dreiwertig, während über seine Wertigkeit gegen Wasserstoff noch eine gewisse Unsicherheit besteht.

Bor.
$B = 10{,}82$.

Borsäure, H_3BO_3 *(Acidum boricum)* ist die wichtigste Borverbindung. Sie ist ein schön kristallisierender, weißer Stoff, in kaltem Wasser schwer, in heißem Wasser jedoch leicht löslich. Das sog. *Borwasser* ist eine wäßrige Lösung von Borsäure (gewöhnlich gesättigt); es wirkt schwach antiseptisch. Borwasser reagiert nur äußerst schwach sauer; Borsäure ist also nur eine *sehr schwache* Säure ($pK = 9{,}2$).

Beim Glühen gibt Borsäure Wasser ab und verwandelt sich in Bortrioxyd, B_2O_3, das daher auch oft Borsäureanhydrid genannt wird:
$$2\,H_3BO_3 \rightarrow B_2O_3 + 3\,H_2O.$$

Borate. Die Salze der Borsäure heißen Borate. Das wichtigste Borat ist der Borax, $Na_2B_4O_7$ *(Natrium boracicum)* ein weißes, in Wasser leicht lösliches, gewöhnlich kristallwasserhaltiges Salz. Es ist von einer teilweise anhydrisierten Borsäure, $H_2B_4O_7$, abgeleitet:
$$H_2B_4O_7 = H_2O \cdot 2B_2O_3 = 4\,H_3BO_3 - 5\,H_2O.$$
Beim Auflösen in Wasser zersetzt sich Borax in Borsäure und die Ionen Na^+ und $H_2BO_3^-$:
$$Na_2B_4O_7 + 5\,H_2O \rightarrow 2\,H_3BO_3 + 2\,Na^+ + 2\,H_2BO_3^-.$$

In der Natur kommt Borsäure gelegentlich frei vor, am häufigsten jedoch in Form von Boraten. Borsäure und Borax finden unter anderem Verwendung bei der Wundbehandlung, gelegentlich auch noch — unerlaubterweise — zum *Konservieren* von Nahrungsmitteln. In Glas, Emaille und Glasuren wird oft Kieselsäureanhydrid teilweise durch Borsäureanhydrid ersetzt.

Zum Nachweis von Borsäure oder Boraten in Lösung macht man die Lösung mit Salzsäure deutlich sauer und taucht Curcumapapier ein; getrocknet nimmt das Papier trotz der sauren Reaktion eine schön rotbraune Farbe an, wenn Borsäure vorhanden ist.

Natriumperborat, $NaBO_3 \cdot 4H_2O$, ist ein weißer, recht haltbarer Stoff, den man aus Borax, Natriumhydroxyd und Wasserstoffperoxyd darstellt:

$$Na_2B_4O_7 + 2\,NaOH + 4\,H_2O_2 \rightarrow 4\,NaBO_3 + 5\,H_2O.$$

Dieses Salz gibt in wäßriger Lösung Wasserstoffperoxyd ab und hat daher bleichende Wirkung. Verschiedene Wäschepulver enthalten diesen Stoff als wirksamen Bestandteil.

Die Perboratsäure hat die Formel HBO_3. Auf Grund des nahen genetischen Zusammenhangs mit dem Wasserstoffperoxyd, H—O—O—H, gibt man dieser Säure die folgende Strukturformel:

$$H-O-O-B=O.$$

Die Argongruppe (Edelgase).

Außer den bisher erwähnten Gruppen der Metalloide ist noch eine eigenartige Metalloidgruppe bekannt. Sie umfaßt mehrere gasförmige Elemente, die kaum befähigt sind, chemische Verbindungen zu bilden, und denen man daher die Wertigkeit Null und die Bezeichnung *Edelgase* zuerteilt. Die Gruppe umfaßt die Elemente **Helium,** Neon, **Argon,** Krypton, Xenon.

Argon.
$A = 39{,}944.$

Entfernt man aus reiner, d. h. trockener und kohlendioxydfreier S. S. 83. Luft durch chemische Reaktionen ihren gesamten Sauerstoffgehalt, so enthält der Rest Stickstoff und außerdem, in einer Menge von ungefähr 1% des Volumens der reinen Luft, ein weiteres gasförmiges Element, das Argon genannt wird. Die Moleküle dieses Elements bestehen aus nur *einem* Atom; seine Atome können sich also nicht miteinander verbinden. Sie zeichnen sich außerdem durch einen vollständigen Mangel an Reaktionsfähigkeit gegenüber anderen Elementen aus. Man kann also diesem Element die Wertigkeit Null zuschreiben.

In der atmosphärischen Luft hat man außer Argon noch vier andere argonähnliche Elemente aufgefunden, allerdings in sehr geringer Menge (Helium, Neon, Krypton, Xenon); von diesen ist Helium das wichtigste. Diese Edelgase lassen sich in einer Gasmischung am leichtesten durch *Spektralanalyse* nachweisen; hierbei untersucht man das Leuchten, das elektrische Entladungen in der Gasmischung bei niedrigem Druck hervorrufen. Jedes dieser Gase zeigt eine charakteristische Lichtemission. Das rote Neonlicht dient zur Lichtreklame.

Helium.

He = 4,002.

Helium ist nur in äußerst geringer Menge in der *Atmosphäre* vorhanden. Das Spektrum des Sonnenlichtes beweist aber, daß es in der Sonnenatmosphäre in größerer Menge vorkommt. Helium bildet sich langsam bei der *Umwandlung der radioaktiven Stoffe* und reichert sich daher allmählich in radioaktiven Mineralien an. Aus diesen kann man es durch Erhitzen gewinnen. Größere Mengen finden sich in gewissen Erdgasen. Nach Wasserstoff ist Helium das leichteste bekannte Gas; von allen Gasen ist es am schwierigsten zu verflüssigen. Es siedet bereits bei — 269° C, d. h. 4° über dem absoluten Nullpunkt. Anwendung findet es zur Erzeugung sehr tiefer Temperaturen und für die Füllung von Luftschiffen, da es im Gegensatz zu Wasserstoff nicht feuergefährlich ist.

Die Leichtmetalle.

Das elektrische Leitvermögen der Metalle und überhaupt alle *typischen metallischen Eigenschaften* stammen von einem großen Gehalt der Metalle an *freien Elektronen*. Die Metallatome besitzen nämlich die Fähigkeit, ihre äußersten Elektronen leicht abzugeben und damit in *positive Ionen* überzugehen (Na → Na$^+$ + 1 Elektron; Ca → Ca^{++} + 2 Elektronen). Die Metalle sind daher in gediegenem Zustande aus positiven Metallionen und freien Elektronen aufgebaut. Die Neigung der Metallatome, in positive Ionen überzugehen, spiegelt sich auch in den chemischen Verbindungen der Metalle wieder und erteilt vielen ihrer Verbindungen den typischen Charakter von *Metallsalzen*, die das Metall als positives Ion enthalten. Diese Neigung bewirkt auch, daß die Metalloxyde und -hydroxyde meistens in Säuren löslich sind. Ihre Löslichkeit rührt nämlich von der Fähigkeit dieser Verbindungen her, sich mit Wasserstoffionen, unter Bildung von positiven Metallionen und von Wasser, zu verbinden:

$$ZnO + 2 H^+ \rightarrow Zn^{++} + H_2O;$$
$$Fe_2O_3 + 6 H^+ \rightarrow 2 Fe^{+++} + 3 H_2O;$$
$$Mg(OH)_2 + 2 H^+ \rightarrow Mg^{++} + 2 H_2O.$$

Die entstehenden Metallionen können mehr oder weniger stark hydratisiert sein. Die Oxyde und Hydroxyde der Metalle besitzen also *basische* Eigenschaften.

Die *Metalloide* (ausgenommen Wasserstoff) spalten ihre äußersten Elektronen weit schwieriger ab als die Metalle; ja sie besitzen sogar oft eine *starke Tendenz, überschüssige Elektronen aufzunehmen* und *negative Ionen zu bilden*:

$$Cl + 1 \text{ Elektron} \rightarrow Cl^-;$$
$$S + 2 \text{ Elektronen} \rightarrow S^{--}, \text{ usw.}$$

Daher besitzen die Oxyde der Metalloide keine basischen Eigenschaften, und ihre Wasserstoffverbindungen sind oft *Säuren*:
$$HCl \to H^+ + Cl^-;$$
$$H_2S \to 2H^+ + S^{--}.$$
Die Oxyde der Metalloide sind, wie bekannt, saurer Natur; sie bilden mit Wasser Verbindungen, die Wasserstoffionen abspalten können:
$$Cl_2O_5 + H_2O \to 2HClO_3;\ HClO_3 \to H^+ + ClO_3.$$
$$SO_3 + H_2O \to H_2SO_4 \to 2H^+ + SO_4^{--}.$$
Die Fähigkeit der Metalloidatome, negative Ionen zu bilden, bleibt also auch nach ihrer Verbindung mit Sauerstoff erhalten, ja sie *verstärkt* sich sogar mit *steigendem Sauerstoffgehalt*; vgl. z. B. die schwache Säure H_2S mit der starken Säure H_2SO_4, die Base NH_3 mit der Säure HNO_3. In diesem Zusammenhang ist es von Interesse, darauf hinzuweisen, daß ganz parallel die Metalloxyde mit steigendem Sauerstoffgehalt oft ihre basischen Eigenschaften einbüßen und in gewissem Maße den Charakter von Säureanhydriden annehmen können. Ein gutes Beispiel hierfür sind die später noch zu besprechenden Oxyde des Mangans: MnO ist ein basisches, MnO_2 ein neutrales Oxyd, und MnO_3, sowie Mn_2O_7 sind sauer.

Die Metalle zerfallen in zwei Gruppen: die Leichtmetalle, deren Dichte unter 4 liegt, und die Schwermetalle, deren Dichte größer als 7 ist.

Die Leichtmetalle sind am *stärksten elektropositiv*, d. h. sie nehmen besonders leicht den Zustand positiver Ionen an. Ihre chemischen Verbindungen enthalten fast immer das Leichtmetall als positives Ion; jedenfalls spalten sie es in wäßriger Lösung als positives Ion ab: das Metall ist *ionogen* gebunden. Ihre Oxyde und Hydroxyde sind allgemein stark basisch. Auf Grund ihrer Neigung Elektronen abzugeben, reagieren die Leichtmetalle energisch mit vielen Stoffen. Sie sind daher auch in freiem Zustande wenig haltbar und werden meist in Form chemischer Verbindungen verwendet.

Die Schwermetalle halten ihre Elektronen fester gebunden: sie sind *weniger elektropositiv* als die Leichtmetalle. Viele ihrer Verbindungen enthalten sogar in wäßriger Lösung die Metallatome nicht als positive Ionen: die Metallatome sind häufig nicht ionogen, sondern *komplex* gebunden. Ihre Oxyde und Hydroxyde sind sämtlich viel schwächer basisch als die der Leichtmetalle. Die Schwermetalle sind im allgemeinen im freien Zustand haltbar und werden hauptsächlich als freie Metalle angewandt. Schließlich muß erwähnt werden, daß viele Schwermetalle, im Gegensatz zu den Leichtmetallen, eine von Fall zu Fall wechselnde Anzahl Elektronen abgeben können, d. h. *mit wechselnder Wertigkeit* auftreten:

Fe → Fe++ + 2 Elektronen;
Fe → Fe+++ + 3 Elektronen.
Hg → Hg+ + 1 Elektron;
Hg → Hg++ + 2 Elektronen.

Es besteht sicher ein ursächlicher Zusammenhang zwischen der Dichte der Metalle und ihrer Elektropositivität. In den *großen* Atomen der *Leicht*metalle sind die äußersten Elektronen verhältnismäßig weit vom Atomkern entfernt und daher weniger fest gebunden. In den *kleinen* Atomen der *Schwer*metalle liegen die äußersten Elektronen näher am Atomkern und sind daher fester gebunden.

Nach ihrer Wertigkeit teilt man die Leichtmetalle in 3 Gruppen:

	Wertigkeit
Alkalimetalle (Na, K)	1
Calciumgruppe (Mg, Ca, Ba, Ra)	2
Aluminiumgruppe (Al)	3

Die Alkalimetalle.

Vor etwa 100 Jahren entdeckte man, daß der elektrische Strom die sog. Alkalien (Natron und Kali) zerlegt, und zwar in Sauerstoff und einige leichte, sehr reaktionsfähige Metalle. Diese Alkalimetalle erhielten die Namen **Natrium** und **Kalium**.

Natrium.
$Na = 22{,}997$.

Vorkommen. Natrium ist in der Erdrinde sehr verbreitet in Form unlöslicher Doppelsilicate, z. B. *Natronfeldspat* (Natriumaluminiumsilicat); wichtiger ist sein Vorkommen als Natriumchlorid (als *Steinsalz*, in *Salzquellen*, im *Meerwasser*). Natriumnitrat kommt in Chile vor und Natriumaluminiumfluorid (*Kryolith*, Na_3AlF_6) in Grönland.

Freies Natrium ist ein silberweißes, weiches Metall, das leichter als Wasser ist. In atmosphärischer Luft verliert es augenblicklich seinen Metallglanz, es „läuft an", weil es von dem Wassergehalt der Luft angegriffen wird; die Reaktion zwischen Natriummetall und flüssigem Wasser ist *sehr heftig*, es entwickelt sich Wasserstoffgas unter Bildung von Natriumhydroxyd:

$$2\,Na + 2\,H_2O \rightarrow H_2 + 2\,Na^+ + 2\,HO^-.$$

In der Natur kann also nirgends freies Natrium vorkommen. Zum Schutze gegen den Angriff der Feuchtigkeit wird das Metall gewöhnlich unter Petroleum aufbewahrt. **Verwendet** wird es in der organischen Chemie bei analytischen und synthetischen Arbeiten und zum Trocknen chemisch indifferenter Lösungsmittel (Benzol, Äther usw.).

Natrium. Das Natriumion.

Mit Quecksilber verbindet sich Natrium unter bedeutender Wärmeentwicklung zu einer Legierung, **Natriumamalgam**; sie zersetzt das Wasser in derselben Weise wie Natrium selbst, nur weniger heftig. Es bilden sich dabei Wasserstoff, Natriumhydroxyd und freies Quecksilber.

Die **Darstellung** des Metalles geschieht durch Elektrolyse von geschmolzenem wasserfreien Natriumhydroxyd *(Schmelzelektrolyse)*. Das Natriummetall wird hierbei an der Kathode ausgeschieden, während das Hydroxyl als Anion zur Anode wandert und dort nach seiner Neutralisation in Form von Sauerstoff und Wasser S. S. 102. frei wird:

$$2\,HO \rightarrow O + H_2O.$$

Das Natriumion, Na^+. Fast alle Natriumverbindungen enthalten das Natriumatom als *einwertiges, positiv geladenes Ion*, z. B.:

$$NaOH = Na^+ \cdot HO^-,$$
$$NaCl\ \ = Na^+ \cdot Cl^-.$$

Dies beweist die große Neigung des Natriumatoms, unter Abspaltung eines Elektrons ein positiv geladenes Ion zu bilden. Auch die heftige Reaktion des Metalles mit Wasser läßt sich durch diese ausgeprägte Neigung, positiv geladene Ionen zu bilden, erklären. Bei dieser Reaktion gibt Natrium sein Elektron an die Wasserstoffionen des Wassers ab:

$$Na + H^+ \rightarrow Na^+ + H.$$

Für die hierbei verbrauchten Wasserstoffionen bilden sich sofort aus dem Wasser neue:

$$H_2O \rightarrow H^+ + HO^-.$$

Zusammengefaßt ergibt sich als Bruttovorgang:

$$Na + H_2O \rightarrow Na^+ + HO^- + H,$$

oder mit Rücksicht darauf, daß der Wasserstoff sofort zu Molekülen H_2 zusammentritt:

$$2\,Na + 2\,H_2O \rightarrow 2\,Na^+ + 2\,HO^- + H_2.$$

Die Natriumionen sind farblos und bilden mit weitaus den meisten Anionen leichtlösliche Salze. Schwerlöslich ist **Natriumpyroantimoniat** ($Na_2H_2Sb_2O_7$); sein Löslichkeitsprodukt ist sehr S. S. 318. gering. Man benutzt daher eine Lösung von Kaliumpyroantimoniat ($K_2H_2Sb_2O_7$) zum Nachweis von Natriumionen. Treffen die Pyroantimoniationen ($H_2Sb_2O_7^{--}$) mit Natriumionen zusammen, so fällt *feinkristallinisches* Natriumpyroantimoniat aus. Die Lösung, die auf Natriumion geprüft werden soll, darf weder sauer reagieren noch andere Metallionen außer Kalium- und Natriumionen enthalten; reagiert nämlich die Lösung sauer, so fällt flockige Antimonsäure aus, und bei Gegenwart anderer Metallionen erscheinen amorphe Niederschläge ihrer Antimoniate.

Natriumchlorid, NaCl (früher Chlornatrium genannt, offiz. *Natrium chloratum*), wird im Handel und im täglichen Leben gewöhnlich einfach Salz genannt. In fester Form kommt es als Steinsalz vor, außerdem aufgelöst in Salzquellen und -seen, sowie im Meerwasser. Manche Salzquellen sind mit Natriumchlorid nahezu gesättigt. Das Meerwasser hinterläßt nach dem Eindunsten insgesamt etwa 3,5% Salze; sein Gehalt an Natriumchlorid beträgt etwa 2,8%.

Reindarstellung. Rohes Steinsalz enthält gewöhnlich Kalium-, Magnesium- und Calciumsalze. Man reinigt das Rohsalz durch Umkristallisieren. Hierbei löst man das Salz in Wasser, wofür oft das Wasser einer Salzquelle benutzt wird; nach der Abtrennung ungelöster Verunreinigungen erzwingt man das Auskristallisieren des Salzes durch Einkochen. Weil Natriumchlorid in kaltem und in warmem Wasser etwa die gleiche Löslichkeit besitzt, kann man es nicht einfach durch Abkühlen einer warmgesättigten Lösung erhalten; das Salz muß aus den Gefäßen herausgeschöpft werden, in denen es sich während des Kochens allmählich ausscheidet (daher der Name Kochsalz); es wird durch Erwärmen getrocknet. Die leichtlöslichen Verunreinigungen verbleiben in der Mutterlauge. In Gegenden mit warmem und trockenem Klima, z. B. in Spanien und Südfrankreich, gewinnt man Salz durch Eintrocknen von Meerwasser in der Sonnenwärme in großen flachen Bassins (spanisches Salz).

Sowohl das feine Tafelsalz als auch das gröbere Küchensalz enthalten noch Verunreinigungen, die aber gewöhnlich ohne Bedeutung sind. Das Salz darf jedoch nicht zuviel Magnesiumsalz enthalten, weil es sonst bitter schmeckt, leicht feucht wird und Klumpen bildet.

Natriumchlorid dient als Nahrungsmittel und zum Konservieren von Lebensmitteln. Eine gesättigte Salzlösung gefriert erst bei -21^0. Hierauf beruht die Anwendung des Salzes zu Kältemischungen und zum Bestreuen von Straßenbahnschienen im Winter. Bedeutende Mengen Salz benötigt die technische Darstellung der Soda und des Natriumhydroxyds. — *Physiologische Kochsalzlösung* für Warmblüter enthält 0,9% Natriumchlorid; sie ist mit dem Blutplasma isotonisch.

Natriumhydroxyd, NaOH, ist ein fester, weißer Stoff, der sich in Wasser sehr leicht und unter bedeutender Wärmeentwicklung auflöst. Er zieht sowohl Wasserdampf wie auch Kohlendioxyd aus der Atmosphäre an und muß daher in gut geschlossenen Gefäßen aufbewahrt werden. Natriumhydroxyd ist eine *sehr starke Base*, die sich in Lösung sehr weitgehend in Ionen spaltet:

$$NaOH \rightarrow Na^+ + HO^-.$$

Eine Lösung von Natriumhydroxyd (oft **Natronlauge** oder kürzer **Natron** genannt) fällt aus den meisten Metallsalzlösungen amorphe Niederschläge der betreffenden Metallhydroxyde, z. B.:

$$Mg^{++} + 2\,HO^- \rightarrow Mg(OH)_2.$$

Oft spaltet das ausgefällte Hydroxyd einen Teil seines Wassers ab; in gewissen Fällen geht die Wasserabspaltung sogar so weit, daß der Niederschlag aus dem Oxyd des Metalles besteht (Ag_2O, HgO). Manche Metallhydroxyde fallen zwar beim Zusatz geringer Mengen Natriumhydroxyd zunächst aus, lösen sich aber in überschüssigem Natriumhydroxyd. Sie haben den Charakter von schwachen Säuren, die mit überschüssigem Natriumhydroxyd lösliche Salze bilden; Beispiele hierfür sind: $Al(OH)_3$, $Zn(OH)_2$, $Pb(OH)_2$ (Näheres siehe bei diesen Metallen!).

Wegen ihres Gehaltes an Hydroxylionen wirken die Lösungen von Natriumhydroxyd stark ätzend auf organische Gewebe. Hiervon stammt der alte Name **Ätznatron** oder **kaustisches Natron**. Auch Glas und Porzellan werden von warmen alkalischen Flüssigkeiten stark angegriffen; Natriumhydroxydlösungen werden daher am besten in Eisen- oder Silbergefäßen eingekocht.

Man faßte früher Natriumhydroxyd als das Hydrat von Natron auf, $Na_2O \cdot H_2O$, daher der Name **Natronhydrat**.

S. S. 10.

Natriumhydroxyd wird dargestellt entweder aus Natriumcarbonat durch Behandlung mit Calciumhydroxyd oder aus Natriumchlorid durch Elektrolyse.

Kocht man eine verdünnte Lösung von Natriumcarbonat mit überschüssigem festem Calciumhydroxyd, so tritt folgende Reaktion ein:

$$CO_3^{--} + Ca(OH)_2 \rightarrow 2\,HO^- + CaCO_3.$$

Calciumhydroxyd ist etwas in Wasser löslich; es entsendet also Calciumionen und Hydroxylionen in die Sodalösung. Hierbei wird das Löslichkeitsprodukt des Calciumcarbonats überschritten, so daß dieses Salz ausfallen muß. Es verlaufen also hintereinander folgende Reaktionen:

$$Ca(OH)_2 \rightarrow Ca^{++} + 2\,HO^-,$$
$$Ca^{++} + CO_3^{--} \rightarrow CaCO_3.$$

Diese beiden aufeinanderfolgenden Teilreaktionen ergeben die vorher angegebene Bruttoreaktion. Entwickelt eine vom Niederschlag abfiltrierte Probe der Lösung mit Säure kein Kohlendioxyd mehr, so ist die Umsetzung beendet. Man läßt den Niederschlag, der aus dem gebildeten Calciumcarbonat und dem überschüssigen Calciumhydroxyd besteht, absitzen, entnimmt die klare Lösung mit Hilfe eines Hebers (die Lösung greift Filtrierpapier an) und dampft sie in einem Eisen- oder Silbergefäß ab. Dabei gewinnt man eine

Schmelze von Natriumhydroxyd, die bei der Abkühlung erstarrt und gewöhnlich in Stangen gegossen wird. Obwohl Calciumhydroxyd in reinem Wasser etwas löslich ist, ist doch das auf diese Weise gewonnene Natriumhydroxyd kalkfrei. In einer Lösung von Natriumhydroxyd vermindern nämlich die vorhandenen Hydroxylionen — in Übereinstimmung mit der Theorie des Löslichkeitsproduktes — die Löslichkeit von Calciumhydroxyd so stark, daß in einer 10%igen Natriumhydroxydlösung, die mit Calciumhydroxyd gesättigt ist, Calcium in der Lösung nicht mehr nachweisbar ist.

S. S. 139.

Bei der *Elektrolyse von Natriumchlorid* in wäßriger Lösung wandern die Chloridionen zur Anode, wo Chlor frei wird; die Natriumionen wandern zur Kathode, wo Natriumhydroxyd und freier Wasserstoff entstehen. Diese Elektrolyse wird in technischem Maßstabe ausgeführt; hierbei werden (außer Wasserstoff) je nach den Versuchsbedingungen entweder Natriumhydroxyd und Chlor gewonnen, oder Hypochloritlösungen (Bleichlösungen) oder schließlich Natriumchlorat. Hält man die an der Kathode und an der Anode entstehenden Stoffe voneinander *gut getrennt* — z. B. mit Hilfe eines *Diaphragmas* aus Asbestgewebe, das Flüssigkeitsströmungen verhindert, die Ionen jedoch hindurchwandern läßt — und fängt man jedes der beiden gebildeten Gase für sich auf, so gewinnt man Natriumhydroxyd, Chlor und Wasserstoff. Sorgt man dagegen durch Rühren dafür, daß das Anoden-Chlor und das Kathoden-Hydroxyd *sich mischen*, so gewinnt man Hypochlorit oder eventuell Chlorat, wenn nämlich die hierfür schon früher besprochenen Versuchsbedingungen vorliegen.

S. S. 69 f.

Natriumhydroxyd dient zur Darstellung von fester Seife. Die sog. Seifensiederlauge ist eine starke, meist recht unreine Lösung von Natriumhydroxyd. Manchmal wird Natriumhydroxyd zu Reinigungszwecken verwendet, z. B. zur Entfernung alter Malerfarbe oder von Firnisüberzügen.

Natriumoxyd, Na_2O (ältere Bezeichnung: Natron), stellt nach seiner Zusammensetzung das normale Natriumsalz des Wassers dar, während Natriumhydroxyd als das saure Natriumsalz des Wassers gelten kann. Mit Wasser bildet das Oxyd sofort Natriumhydroxyd. Es entsteht *nicht* bei der direkten Verbindung des Metalls mit Sauerstoff und ist schwierig rein darzustellen; es besitzt kein weiteres Interesse.

Natriumperoxyd, Na_2O_2, ist ein pulverförmiger, gelblicher Stoff. Er entsteht beim Erhitzen metallischen Natriums in einem Strom trockener, kohlendioxydfreier Luft. Man formuliert es nicht NaO, sondern Na_2O_2, weil es bei vorsichtiger Auflösung in Wasser und Säuren Wasserstoffperoxyd bildet:

Natriumverbindungen. Natriumcarbonat.

$$Na_2O_2 + 2 H_2O \to 2 Na^+ + 2 HO^- + H_2O_2;$$
$$Na_2O_2 + 2 H^+ + 2 Cl^- \to 2 Na^+ + 2 Cl^- + H_2O_2.$$

Hiernach ist Na_2O_2 das Natriumsalz von Wasserstoffperoxyd. Natriumperoxyd ist ein sehr kräftiges *Oxydationsmittel*, das mit großer Vorsicht zu behandeln ist. Mischungen des Peroxyds mit verbrennlichen organischen Stoffen (z. B. Papier oder Zucker) entzünden sich von selbst und verbrennen äußerst lebhaft, sobald man nur durch Zusatz einiger Tropfen Wasser die beiden Stoffe an einzelnen Stellen in innige Berührung bringt.

Natriumsulfat, Na_2SO_4, (offiz.: *Natrium sulfuricum*) gewinnt man durch Mischen von Natriumchlorid mit der berechneten Menge konz. Schwefelsäure und *kräftiges Erwärmen*. Dabei entweicht S. S. 65. Chlorwasserstoff, und Natriumsulfat bleibt zurück:

$$2 NaCl + H_2SO_4 \to Na_2SO_4 + 2 HCl.$$

Aus einer wäßrigen Lösung des wasserfreien Salzes kristallisiert das Salz unterhalb 32^0 mit 10 Molekülen Kristallwasser aus; das Hydrat $Na_2SO_4 \cdot 10 H_2O$ nennt man **Glaubersalz**.

Das Hydrat gibt, über 32^0 erwärmt, sein Kristallwasser ab und schmilzt teilweise unter Bildung des wasserfreien Salzes und seiner gesättigten Lösung. Über die Löslichkeit des Hydrats und des wasserfreien Salzes vgl. Abb. 3. S. S. 23.

Natriumsulfat wirkt abführend und ist der Hauptbestandteil des Karlsbader Salzes.

Natriumnitrat, $NaNO_3$, findet sich in großen Mengen in Chile (Chilesalpeter). Es ist ein wichtiger Mineraldünger und dient zur Darstellung von Stickstoffverbindungen. Es ist schon früher S. S. 160. ausführlich besprochen worden.

Natriumcarbonat oder **Soda** (alte Bezeichnung: kohlensaures Natron, offiz. *Natrium carbonicum*), Na_2CO_3, wird aus Natriumchlorid nach zwei verschiedenen Methoden gewonnen. Es ist ein technisch höchst wichtiger Stoff, so daß mit seiner billigen Herstellung große Interessen verknüpft sind.

Der **Leblanc-Prozeß**. Nach einer älteren, von LEBLANC erfundenen Methode setzt man das Chlorid durch Erwärmen mit konz. Schwefelsäure zu Sulfat um, wobei Salzsäure als Nebenprodukt gewonnen wird:

$$2 NaCl + H_2SO_4 \to Na_2SO_4 + 2 HCl.$$

Hierauf glüht man das Sulfat mit Kohle und grob gemahlenem Calciumcarbonat. Die Kohle reduziert das Sulfat zu Sulfid:

$$Na_2SO_4 + 2 C \to Na_2S + 2 CO_2;$$

das Sulfid setzt sich darauf mit dem Kalkstein zu Natriumcarbonat und Calciumsulfid um:

$$Na_2S + CaCO_3 \to Na_2CO_3 + CaS.$$

Die Mischung aus Soda und Calciumsulfid wird mit lauwarmem Wasser ausgelaugt. Dabei geht die Soda in Lösung, während das Calciumsulfid größtenteils ungelöst zurückbleibt; Eindampfen der gewonnenen Lösung führt zu fester Soda.

Die Methode von SOLVAY (auch: *Ammoniaksodaprozeß*). Nach der neueren, von SOLVAY entwickelten Methode leitet man Ammoniak und Kohlendioxyd in eine gesättigte Lösung von Natriumchlorid. Hierbei *scheidet* sich *Natriumhydrocarbonat ab*:
$$NaCl + H_2O + NH_3 + CO_2 \rightarrow NaHCO_3 + NH_4Cl.$$
Natriumhydrocarbonat wird abfiltriert und durch Erhitzen in Natriumcarbonat übergeführt:
$$2\,NaHCO_3 \rightarrow Na_2CO_3 + H_2O + CO_2.$$

Aus der Mutterlauge des Hydrocarbonates gewinnt man das Ammoniak durch Kochen mit Calciumhydroxyd; es wird wieder verwendet. Gleichfalls gewinnt man beim Erhitzen des Hydrocarbonates einen Teil des angewendeten Kohlendioxydes zurück. Den Rest des Kohlendioxyds, der verbraucht wird, stellt man durch Glühen von Kalkstein dar:
$$CaCO_3 \rightarrow CaO + CO_2.$$
Hierbei erhält man gleichzeitig gebrannten Kalk, den man mit Wasser löscht und so zur Wiedergewinnung des Ammoniaks verwendet.

Im ganzen wird also der SOLVAY-Prozeß in fünf Teilreaktionen durchgeführt:
$$2\,NaCl + 2\,NH_3 + 2\,CO_2 + 2\,H_2O \rightarrow 2\,NaHCO_3 + 2\,NH_4Cl;$$
$$2\,NaHCO_3 \rightarrow Na_2CO_3 + CO_2 + H_2O;$$
$$CaCO_3 \rightarrow CaO + CO_2;$$
$$CaO + H_2O \rightarrow Ca(OH)_2;$$
$$2\,NH_4Cl + Ca(OH)_2 \rightarrow 2\,NH_3 + CaCl_2 + 2\,H_2O.$$
Addiert man diese Schemata und streicht die auf beiden Seiten auftretenden Moleküle, so ergibt sich folgende Bruttoreaktion:
$$2\,NaCl + CaCO_3 \rightarrow Na_2CO_3 + CaCl_2.$$

Beim SOLVAY-Prozeß werden also in Wirklichkeit als Rohstoffe nur Natriumchlorid und Calciumcarbonat gebraucht, die auf indirektem Wege zu Soda und Calciumchlorid umgesetzt werden. Ammoniak stellt hier kein Rohmaterial dar, weil die gleiche Menge Ammoniak einen Kreislauf durchläuft und nur die unvermeidlichen Betriebsverluste ersetzt werden müssen.

Es ist unmöglich aus Kochsalz und Kalkstein direkt Soda und Calciumchlorid zu gewinnen, weil sich diese letztgenannten Stoffe, in wäßriger Lösung gemischt, umgekehrt von selbst umsetzen und einen Niederschlag von Calciumcarbonat in einer Natriumchloridlösung ergeben:
$$Na_2CO_3 + CaCl_2 \rightarrow 2\,NaCl + CaCO_3.$$
Ebensowenig ist es möglich, durch Einleiten von Kohlendioxyd

in eine gesättigte Kochsalzlösung die Ausscheidung von Natriumcarbonat oder Natriumhydrocarbonat zu erzwingen. Kohlendioxyd bildet in wäßriger Lösung nur so wenige Carbonat- und Hydrocarbonationen, daß die Löslichkeitsprodukte der entsprechenden Natriumsalze niemals erreicht werden können. Leitet man dagegen *gleichzeitig* Kohlendioxyd *und Ammoniak* ein, so bilden sich Ammoniumionen und Hydrocarbonationen:

$$NH_3 + H_2O + CO_2 \rightarrow NH_4^+ + HCO_3^-.$$

Ist die Lösung von vornherein an Natriumchlorid gesättigt, so wird das Löslichkeitsprodukt des schwerlöslichen Natriumhydrocarbonats überschritten, und das Salz muß ausfallen.

Wasserfreie Soda ist unter dem Namen calcinierte Soda im Handel in Form eines feinen Pulvers, das bei Gegenwart von Feuchtigkeit zusammenbackt; hierbei bilden sich Kristalle des Hydrats, die das Pulver zusammenkitten. Für den Gebrauch im Haushalt wird die kristallisierte Soda hergestellt, indem man calcinierte Soda in lauwarmem Wasser auflöst; beim Abkühlen kristallisiert die Soda mit 10 Molekülen Kristallwasser aus. Dieses Hydrat enthält nur 37% Natriumcarbonat.

Die in Lösung erfolgende *Hydrolyse* des Natriumcarbonats und seine Anwendung zu Reinigungszwecken haben wir schon früher besprochen. Große Mengen werden in der Seifen- und Glasindustrie, sowie für die Herstellung organischer Präparate verbraucht. S. S. 123, 191.

Natriumhydrocarbonat (ältere Bezeichnung: Natriumbicarbonat oder doppeltkohlensaures Natron, offiz. *Natrium bicarbonicum*), $NaHCO_3$. Leitet man Kohlendioxyd in eine konzentrierte Sodalösung, so scheidet sich das schwerer lösliche Natriumhydrocarbonat ab:

$$2\,Na^+ + CO_3^{--} + CO_2 + H_2O \rightarrow 2\,NaHCO_3.$$

Beim Erhitzen des Hydrocarbonates bildet sich das normale Carbonat zurück:

$$2\,NaHCO_3 \rightarrow Na_2CO_3 + CO_2 + H_2O.$$

Die Anwendung von Natriumhydrocarbonat in der Medizin und im Haushalt zur Neutralisation saurer Flüssigkeiten haben wir schon früher besprochen. S. S. 191.

Außer den bisher besprochenen Natriumsalzen wird noch eine ganze Anzahl im Haushalt, Laboratorium, in der Medizin und in der Industrie angewandt. Kann man ein beliebiges Salz einer bestimmten Säure verwenden, so benutzt man meistens das Natriumsalz, weil es gewöhnlich leicht löslich und billig ist.

Natriumbromid, $NaBr$, *(Natrium bromatum)* wird in der Medizin als Beruhigungsmittel verwendet.

Natriumthiosulfat, $Na_2S_2O_3$ (mit 5 H_2O Kristallwasser), wird aus Sulfit durch Kochen mit Schwefel dargestellt. In der S. S. 97.

Photographie wird es als Fixiersalz verwendet; es dient außerdem als Antichlor. Es hat sich als Gegengift bei Blausäurevergiftungen wirksam erwiesen.

Natriumnitrit, $NaNO_2$, wird aus dem Nitrat durch Schmelzen mit Blei gewonnen; es wird in der organischen Chemie häufig verwendet.

Natriumphosphat, Na_2HPO_4 (gewöhnlich mit 12 H_2O, offiz. *Natrium phosphoricum*), wird aus Soda durch Neutralisation mit Phosphorsäure dargestellt. Es dient zur Herstellung wichtiger Puffergemische, in der Medizin auch als Abführmittel.

S. S. 135.

Natriumacetat, CH_3COONa (gewöhnlich mit 3 H_2O), wird aus Soda durch Neutralisation mit Essigsäure dargestellt.

S. S. 218. Natriumsilicat (Natronwasserglas) wird aus Soda und Kieselsäureanhydrid (Feuerstein oder Sand) dargestellt.

S. S. 234. Borax, $Na_2B_4O_7$ (gewöhnlich mit 10 H_2O).

Übersicht über die Natriumsalze.

Soweit das Anion keine Eigenfarbe besitzt, sind die Natriumsalze farblos und mit nur sehr wenigen Ausnahmen in Wasser *leicht löslich*; sie sind daher oft hygroskopisch, ja zerfließlich. Gewöhnlich kristallisieren sie leicht und enthalten oft *Kristallwasser*. Sie färben die *Bunsenflamme gelb*, eine charakteristische und sehr empfindliche Reaktion für die Anwesenheit von Natrium.

Die Natriumsalze der verschiedenen Säuren werden aus diesen Säuren durch Neutralisation mit Natriumcarbonat, oder wenn die Säure zu schwach ist, mit Natriumhydroxyd gewonnen.

Kalium.
K = 39,10.

Vorkommen. In der Natur findet sich Kalium hauptsächlich in unlöslichen Doppelsilicaten, z. B. im *Kalifeldspat* (Kaliumaluminiumsilicat). *Meerwasser* enthält neben Natriumionen auch eine kleinere Menge Kaliumionen. In Mitteldeutschland und im Elsaß gibt es reiche Lager leichtlöslicher Kaliumsalze; die wichtigsten hiervon sind *Carnallit*, $KCl \cdot MgCl_2 \cdot 6H_2O$, und *Kainit*, $KCl \cdot MgSO_4 \cdot 3H_2O$. Die leichtlöslichen Kaliumsalze finden sich unter einem großen Teil von Mitteldeutschland; zuerst hat man sie bei Staßfurt entdeckt und nennt sie daher gewöhnlich *Staßfurter Salze*. Die Kaliumsalze liegen oberhalb einer oft über 1000 m dicken Schicht Steinsalz. Sie haben sich in einer frühen Erdepoche (Perm) gebildet, in der das Klima in Europa sehr heiß und trocken war; einströmendes Meerwasser trocknete damals so stark ein, daß sich nach dem Natriumchlorid aus der Mutterlauge auch noch die Kalium- und Magnesiumsalze kristallisiert ausscheiden mußten.

Freies Kalium ist ein weißes, weiches Metall und dem Natrium sehr ähnlich. Es wird an der Luft noch rascher angegriffen und reagiert noch heftiger mit Wasser.

Das Kaliumion, K^+, ist farblos und im Gegensatz zum Metall sehr beständig. Sämtliche Kaliumverbindungen entsenden in wäßrige Lösung Kaliumionen: sie enthalten das Kalium *ionogen* gebunden. Hat man Kaliumverbindungen in einer Lösung nachzuweisen, so braucht man sie also nur auf Kaliumionen zu untersuchen. Unter den wenigen Anionen, die das Kaliumion ausfällen können, muß das komplexe **Kobaltinitrition**, $[Co(NO_2)_6]^{---}$ hervorgehoben werden. Eine Lösung von **Natriumkobaltinitrit**, $Na_3Co(NO_2)_6$, dient als Reagens auf Kaliumion.

Der gelbe Niederschlag, der beim Ausfällen von Kaliumionen mit viel überschüssigem Natriumkobaltinitrit entsteht, hat die Zusammensetzung $K_2NaCo(NO_2)_6$. Bei der Prüfung auf Kalium mit Hilfe des Natriumkobaltinitrits dürfen keine anderen Metalle als Alkalimetalle zugegen sein, weil die meisten anderen Metallionen, ebenso wie das Kaliumion, vom Kobaltinitrition ausgefällt werden. Auch das Platinchloridion, $PtCl_6^{--}$, und das Perchloration, ClO_4^-, bilden in Wasser schwerlösliche, in Alkohol unlösliche Kaliumsalze (**Kaliumplatinchlorid**, K_2PtCl_6, **Kaliumperchlorat**, $KClO_4$). Zu quantitativen Bestimmungen des Kaliums dienen gewöhnlich Niederschläge dieser Salze.

Kaliumchlorid, KCl (früher genannt: Chlorkalium) ist ein weißes, leichtlösliches und gut kristallisierendes Salz. In reinem Zustande kommt es in den Staßfurter Salzschichten als das Mineral *Sylvin* vor. Das meiste Kaliumchlorid wird aus dem *Carnallit*, $KCl \cdot MgCl_2 \cdot 6H_2O$, dargestellt. Dieses Doppelsalz ist in wäßriger Lösung in Kalium-, Magnesium- und Chlorionen gespalten. Aus einer warmen, konzentrierten Carnallitlösung scheidet sich beim Abkühlen Kaliumchlorid aus, während das äußerst leichtlösliche Magnesiumchlorid gelöst zurückbleibt; hierauf beruht die Darstellung des Kaliumchlorids aus Carnallit. Die weitere Reinigung geschieht durch Umkristallisieren. Kaliumchlorid dient zur Darstellung der meisten anderen Kaliumverbindungen.

Kaliumhydroxyd, KOH (frühere Bezeichnungen: Kalihydrat, Ätzkali, kaustisches Kali, offiz. *Kali causticum fusum*), gleicht in Aussehen und Eigenschaften dem Natriumhydroxyd. Es ist in Wasser besonders leicht löslich und gehört zu den stärksten wasserentziehenden Stoffen. Dargestellt wird es, analog wie Natriumhydroxyd, entweder durch Elektrolyse aus Kaliumchlorid oder aus Kaliumcarbonat durch Behandlung mit Calciumhydroxyd. Angewendet wird es hauptsächlich zur Herstellung weicher Seifen (Schmierseifen), in der Medizin zu Ätzpasten.

Kaliumcarbonat, K_2CO_3, ist ein weißes, stark wasseranziehendes Salz, das zerfließt, wenn es in schlecht geschlossenen Gefäßen aufbewahrt wird. Früher gewann man es aus Holzasche durch Auslaugen und Eindampfen dieser Lauge (daher der Name **Pottasche**) und verwandte es zu Reinigungszwecken, an Stelle der damals noch unbekannten Soda. Heutzutage stellt man es aus Kaliumsulfat (das in den Staßfurter Salzen vorkommt) durch Schmelzen mit Kohle und Kalkstein her:

$$K_2SO_4 + 2\,C + CaCO_3 \rightarrow K_2CO_3 + CaS + 2\,CO_2.$$

Die Darstellung entspricht vollständig der Sodaherstellung nach LEBLANC. Das Salz wird fast ausschließlich in der chemischen Industrie verwendet, nachdem die Soda es aus seiner Verwendung im Haushalt verdrängt hat. [S. S. 243.]

Kaliumcarbonat ist an einigen Stellen Nebenprodukt bei der Fabrikation des Rübenzuckers. Die Zuckerrübe enthält nämlich beträchtliche Mengen Kalium, die sich in der *Melasse* sammeln (der Mutterlauge, die nach der Auskristallisation des Zuckers aus dem Rübensafte zurückbleibt). Durch Eindampfen und Verkohlen der Melasse werden die vorhandenen organischen Kaliumsalze in Kaliumcarbonat verwandelt, das man mit Wasser auslaugt und aus dieser Lauge durch Eindampfen gewinnt.

Außer den bereits erwähnten Kaliumsalzen werden die folgenden im Laboratorium und in der Technik häufig verwendet.

Kaliumchlorat, $KClO_3$, meistens aus Kaliumchlorid durch Elektrolyse dargestellt, ist ein kräftiges *Oxydationsmittel* und wird in Sprengstoffen und für Zündhölzer verwendet. [S. S. 70.]

Kaliumbromid, KBr, wird als Beruhigungsmittel in der Medizin verwendet. **Kaliumjodid** (offiz. *Kalium jodatum*), KJ, ist das wichtigste Jodid. Medizinisch wird es vielfach verwendet: gegen Syphilis, Schuppenflechte, Arteriosklerose usw.

Kaliumsulfat, K_2SO_4, gewinnt man aus den Staßfurter Salzen.

Kaliumnitrat, KNO_3 (Salpeter), wird aus Kaliumchlorid durch Umsatz mit Natriumnitrat hergestellt und ist ein Bestandteil des Schwarzpulvers. [S. S. 160.]

Kaliumferrocyanid, $K_4Fe(CN)_6$ (mit 3 H_2O), ist ein gelbes Salz, das man aus der Gasreinigungsmasse gewinnt. [S. S. 200, 210.]

Kaliumdichromat, $K_2Cr_2O_7$, kristallisiert in großen, roten Kristallen und ist ein kräftiges Oxydationsmittel. [S. S 325.]

Kaliumpermanganat (offiz. *Kalium permanganicum*), $KMnO_4$, bildet dunkle, undurchsichtige Kristalle, die sich in Wasser mit intensiver rotvioletter Farbe lösen; es wirkt stark oxydierend.

Kalialaun, $KAl(SO_4)_2 \cdot 12H_2O$.

Weinstein, Kaliumhydrotartrat (offiz. *Tartarus depuratus*), $KHC_4H_4O_6$, scheidet sich bei der Gärung von Traubensaft ab;

er ist in Wasser schwer löslich, in Weingeist unlöslich. Medizinisch wird er als Abführmittel verwendet.

Kalidünger.

Die Kaliumsalze gehören zu den lebensnotwendigen Nährstoffen der Pflanzen, und ein guter Ackerboden muß stets lösliche Kaliumsalze enthalten. Die unverwitterten kaliumhaltigen Doppelsilicate, die sich oft in bedeutender Menge vorfinden, können nicht unmittelbar ausgenutzt werden; bei ihrer allmählichen Verwitterung geben sie lösliche Kaliumsalze ab und bringen daher, wenn auch nur sehn langsam, Nutzen.

Um im Boden die verbrauchten Kaliumsalze zu ersetzen, düngt man mit löslichen Kaliumsalzen, die fast ausschließlich aus den mitteldeutschen und elsässischen Kalisalzlagern gewonnen werden. Da man ursprünglich in Staßfurt die leichtlöslichen Kalium- und Magnesiumsalze oben auf dem früher allein als abbauwürdig angesehenen Steinsalz fand, stellte dieses Vorkommen zunächst eine Unbequemlichkeit dar; denn diese Salze mußten abgeräumt werden, um zum Steinsalz zu gelangen. Heute bedeuten diese *Abraumsalze* die reichste Kaliumquelle der Welt. Der Kaliumgehalt der Kalidünger wird meistens in Prozenten K_2O (Kali) angegeben, selbst wenn sie das Kalium in Form von Kaliumchlorid enthalten.

Die wichtigsten Staßfurter Salze sind Carnallit, $KCl \cdot MgCl_2 \cdot 6H_2O$, und Kainit, $KCl \cdot MgSO_4 \cdot 3H_2O$. Der rohe, feingemahlene Kainit kann ohne weitere Behandlung als Mineraldünger dienen; die Handelsware enthält gewöhnlich etwa 12—15% Kali (reiner Kainit sollte 20,8% enthalten). Dagegen wird Carnallit meistens einer chemischen Behandlung unterworfen, bevor er als Düngemittel verwendet wird; sein hoher Chlorgehalt ist nämlich für das Pflanzenwachstum nicht immer günstig. Das reine oder nahezu reine, aus Carnallit hergestellte Kaliumchlorid ist jedoch als Mineraldünger recht teuer; meist wird ein Produkt verwendet, das etwa 40% Kali enthält, was etwa 63% KCl entspricht. Alle kaliumhaltigen Mineraldünger ziehen Wasser an und backen bei längerem Aufbewahren zusammen, so daß sie sich nicht mehr so leicht streuen lassen.

Wie erwähnt, finden sich an vielen Stellen der Erdoberfläche große Mengen unlöslicher kaliumhaltiger Doppelsilicate, z. B. Kalifeldspat; so kommen in der Eifel und in Skandinavien große Mengen von Gestein mit 4—10% Kalium vor. Diese Silicate sind jedoch selbst in feinster Vermahlung als Mineraldünger unbrauchbar, wegen ihrer Unlöslichkeit in Wasser und Säuren, und wegen ihrer Widerstandsfähigkeit gegen Verwitterung. Es ist eine wichtige Aufgabe der Chemie, das Kalium dieser Silicate in eine für die Pflanzen ausnutzbare Form zu bringen.

Übersicht über die Kaliumsalze.

Die Kaliumsalze sind gewöhnlich ungefärbt und in Wasser *leichtlöslich* (unlöslich oder schwerlöslich sind Kaliumkobaltinitrit, Kaliumplatinchlorid, Kaliumperchlorat und Weinstein). Im Gegensatz zu den Natriumsalzen kristallisieren sie meistens *ohne Kristallwasser*. Sie färben die *Bunsenflamme lila;* schon eine ganz geringe Menge Natrium ist aber imstande, diese Färbung zu verdecken, so daß die Flamme nur gelb erscheint. Braucht man ein leichtlösliches Salz einer bestimmten Säure, so zieht man oft das teure Kaliumsalz dem Natriumsalz vor, weil die Kaliumsalze besser kristallisieren und weniger hygroskopisch sind. Bei einem gut kristallisierenden Salz erkennt man an seiner wohl ausgebildeten Kristallform leichter Verfälschungen und Verunreinigungen.

Seltene Alkalimetalle. Hierher gehören die drei Metalle: Lithium, Rubidium und Cäsium. Lithium ist hiervon das verbreitetste. Es hat von allen Metallen das niedrigste Atomgewicht (Li = 6,940) und färbt die *Bunsenflamme schön rot.* Seine Salze ähneln etwas denen des Magnesiums: Lithiumhydroxyd und Lithiumcarbonat sind z. B. schwer löslich. Lithiumsalze werden in der Medizin gegen Gicht verwendet.

Übersicht über die Alkalimetalle.

Die zwei wichtigsten Alkalimetalle sind Natrium und Kalium. In freiem Zustand besitzen sie *größte Reaktionsfähigkeit;* sie laufen an feuchter Luft sofort an und zersetzen Wasser heftig. In ihren Verbindungen sind sie stets *einwertig.* Ihre Hydroxylverbindungen sind *starke Basen,* in Wasser leicht löslich. Ihre Salze sind gewöhnlich *leicht löslich;* besonders zu bemerken ist, daß ihre normalen Carbonate, Phosphate und Silicate in Wasser löslich sind, im Gegensatz zu den Salzen der gleichen Säuren von allen anderen Metallen. Alle ihre Verbindungen sind *ionogen,* d. h. sie enthalten das Alkalimetall als Ion oder spalten es in wäßriger Lösung jedenfalls als Ion ab.

Die Calciumgruppe.

Zur Calciumgruppe gehören alle zweiwertigen Leichtmetalle. Die wichtigsten sind: **Magnesium, Calcium, Barium** und **Radium**.

Magnesium.
Mg = 24,32.

Vorkommen. Magnesium tritt in der Natur meist an Kieselsäure oder an Kohlensäure gebunden auf. *Asbest* ist ein calciumhaltiges Magnesiumsilicat, *Meerschaum* ist ein wasserhaltiges Magnesiumsilicat. *Magnesit* ist Magnesiumcarbonat ($MgCO_3$),

Dolomit ist eine Verbindung von Magnesium- und Calciumcarbonat ($MgCO_3$,$CaCO_3$). Alle diese Mineralien sind in Wasser unlöslich. Gelöste Magnesiumsalze kommen im *Meerwasser* vor; hierher stammen die löslichen Magnesiumsalze in den Staßfurter Salzlagern. Außer den erwähnten Doppelsalzen *Carnallit*, $KCl \cdot MgCl_2 \cdot 6 H_2O$ und *Kainit*, $KCl \cdot MgSO_4 \cdot 3 H_2O$, finden sich darin bedeutende Mengen Magnesiumsulfat als *Kieserit* $MgSO_4 \cdot H_2O$. — Im *grünen Blattfarbstoff* (Chlorophyll), der eine wichtige Rolle bei der Kohlen- S. S. 188. säureassimilation spielt, ist Magnesium enthalten.

Magnesium ist ein weißes Metall; an der Luft bewahrt es einige Zeit seinen Metallglanz, wird aber doch nach und nach durch Oxydation matt. Bei gewöhnlicher Temperatur zersetzt es Wasser nicht, jedoch bei 100° nach dem Schema:

$$Mg + 2 H_2O \rightarrow H_2 + Mg(OH)_2.$$

Magnesium verbrennt in Luft, einmal entzündet, mit glänzendem Licht, das sich für photographische Zwecke eignet; dabei entsteht Magnesiumoxyd, MgO, und auch etwas Magnesiumnitrid, Mg_3N_2. Als *Blitzlicht* wird eine Mischung aus Magnesiumpulver und Kaliumchlorat verwendet:

$$KClO_3 + 3 Mg \rightarrow KCl + 3 MgO.$$

Magnesium ist wesentlicher Bestandteil vieler moderner, hochwertiger Leichtmetall-Legierungen.

Dargestellt wird Magnesium durch *Elektrolyse* von entwässertem, geschmolzenem Carnallit. Dabei scheidet sich Magnesium an der Kathode ab, Chlor wird an der Anode frei.

Das Magnesiumion, Mg^{++}, ist ungefärbt und schmeckt bitter; sein Vorhandensein verursacht den bitteren Geschmack des Meerwassers. Die meisten Magnesiumverbindungen sind *ionogen*, d. h. enthalten, oder entsenden jedenfalls in eine wäßrige Lösung, Magnesiumionen. Der Nachweis des Magnesiumions in einer Lösung geschieht durch Zusatz von Natriumphosphat und von Ammoniak, bis die Lösung alkalisch reagiert; hierbei fällt das Magnesiumion aus in Form des Magnesium-Ammoniumphosphats, $MgNH_4PO_4 \cdot 6 H_2O$, eines sehr schwerlöslichen, fein kristallinischen Doppelsalzes:

$$Mg^{++} + HPO_4^{--} + NH_3 \rightarrow MgNH_4PO_4.$$

Bevor diese Reaktion gemacht werden kann, müssen alle anderen Metalle, ausgenommen Kalium und Natrium, aus der Lösung entfernt sein.

Magnesiumoxyd, MgO (ältere Bezeichnung: Magnesia), ist ein weißes Pulver, das Säuren neutralisiert unter Bildung von Magnesiumsalzen:

$$MgO + 2 H^+ \rightarrow Mg^{++} + H_2O;$$

es wird daher als Medikament *(Magnesia usta)* zum Abstumpfen der Magensäure verwendet. Mit Wasser verbindet es sich langsam zu: **Magnesiumhydroxyd**, $Mg(OH)_2$, einem weißen, in Wasser schwerlöslichen Pulver. Seine Löslichkeit reicht jedoch hin, um seiner gesättigten Lösung alkalische Reaktion zu erteilen (pH = etwa 10,6). Sein Löslichkeitsprodukt ist daher zwar klein, aber noch meßbar: $L_{Mg(OH)_2} = c_{Mg^{++}} \cdot c_{HO^-}^2 =$ etwa 10^{-11}. Gibt man Hydroxylionen zu einer Lösung, die Magnesiumionen enthält — also z. B. Natriumhydroxyd zu Magnesiumsulfat —, so fällt Magnesiumhydroxyd aus, sobald sein Löslichkeitsprodukt überschritten wird:

$$Mg^{++} + 2\ HO^- \rightarrow Mg(OH)_2.$$

Während starke Basen, wie Natrium- und Bariumhydroxyd, das Magnesiumion praktisch vollständig ausfällen, ist die Fällung mit dem schwach basischen Ammoniakwasser unvollständig; durch Zusatz von Ammoniumsalzen kann man die Fällung durch Ammoniak vollständig verhindern. Diese letzte Tatsache wird in der analytischen Chemie benutzt; sorgt man für Gegenwart reichlicher Mengen von Ammoniumsalzen, so ist man bei Ausfällungen von Magnesium-Ammoniumphosphat in ammoniakhaltiger Lösung dagegen gesichert, daß auch Magnesiumhydroxyd ausgefällt wird.

Daß Magnesiumhydroxyd in Gegenwart größerer Mengen von Ammoniumsalzen durch Zugabe von Ammoniak nicht ausgefällt wird, ist folgendermaßen zu verstehen. Die Gegenwart von Ammoniumsalzen setzt die Hydroxylionenkonzentration in einer ammoniakalischen Flüssigkeit stark herunter. Die Hydroxylionen bilden sich ja aus Ammoniak und Wasser in der umkehrbaren Reaktion:

$$NH_3 + H_2O \rightleftharpoons NH_4^+ + HO^-;$$

setzt man Ammoniumsalze, also Ammoniumionen zu, so reagieren die meisten vorhandenen Hydroxylionen mit den Ammoniumionen und ergeben Wasser und Ammoniak. Man kann das Verschwinden der HO^--Ionen verfolgen, wenn man Phenolphthalein als Indikator zusetzt, das in dem Gebiete pH = 8—10 mit steigender HO^--Konzentration allmählich intensive rote Färbung annimmt. Während reine Ammoniaklösung den Indikator stark rot färbt (pH>10, $c_{HO^-}>10^{-4}$), läßt sich durch Zusatz von Ammoniumchlorid die rote Farbe vollständig zum Verschwinden bringen (pH<8, $c_{HO^-}<10^{-6}$). Durch Zusatz von Ammoniumsalz kann man die *Hydroxylionenkonzentration* in einer Ammoniaklösung *so gering* machen, daß das *Löslichkeitsprodukt* von Magnesiumhydroxyd *auch dann nicht überschritten wird*, wenn die *Magnesiumionen eine beträchtliche Konzentration besitzen*.

Magnesiumsulfat, $MgSO_4$, ist das wichtigste Magnesiumsalz. In den Staßfurter Lagerstätten findet sich Kieserit, $MgSO_4 \cdot H_2O$.

Kieserit löst sich nur sehr langsam in Wasser. Bei kurzer Behandlung kieserithaltiger Staßfurter Salze mit Wasser kann man die anderen Salze lösen, während der Kieserit als feines Pulver ungelöst zurückbleibt. Bleibt dieser Kieseritschlamm in feuchtem Zustand längere Zeit stehen, so nimmt er Wasser auf und erstarrt zu dem *leichtlöslichen* Hydrat mit 7 Molekülen Kristallwasser, das man durch Umkristallisieren aus Wasser reinigen kann. Dieses Hydrat, $MgSO_4 \cdot 7H_2O$, Bittersalz genannt (offiz. *Magnesium sulfuricum*), dient als Abführmittel.

Übersicht über die Magnesiumsalze.

Die Magnesiumsalze sind farblos, kristallisieren gewöhnlich gut und *lösen sich leicht* in Wasser. Unter den unlöslichen Salzen sind wichtig: das sekundäre und das normale Phosphat, das normale Carbonat und die Silicate. Die Salze kristallisieren aus wäßriger Lösung mit Kristallwasser und sind in Magnesiumionen und Säureanionen dissoziiert.

Calcium.

Ca = 40,08.

Vorkommen. In der Natur findet sich Calcium als Carbonat *(Kalkstein, Kreide, Marmor)*, Sulfat *(Gips)*, Silicat (meistens in Doppelsilicaten), Phosphat *(Apatit* und *Phosphorit)* und als Fluorid *(Flußspat)*. In allen Zellen tierischer und pflanzlicher Organismen ist Calcium enthalten; die Knochen enthalten das Phosphat und in kleinerer Menge das Carbonat.

Calcium ist ein weißes Metall; mit Wasser reagiert es schon bei gewöhnlicher Temperatur lebhaft:

$$Ca + 2H_2O \rightarrow Ca(OH)_2 + H_2.$$

Beim Erhitzen in Luft verbrennt es zu einer Mischung von Calciumoxyd, CaO, und Calciumnitrid, Ca_3N_2. Das Metall wird durch Elektrolyse geschmolzenen Calciumchlorids dargestellt.

Das Calciumion, Ca^{++}, ist ein zweiwertiges Ion. Das Calcium tritt bevorzugt im *Ionenzustand* auf, und alle Calciumverbindungen ergeben bei der Auflösung in Wasser Calciumionen. Man untersucht eine Lösung auf Calciumionen durch Zusatz von Oxalationen. Das neutrale Calciumoxalat, CaC_2O_4, ist nämlich sehr schwer löslich. Das Oxalation wird gewöhnlich in Form einer Lösung von Ammoniumoxalat, $(NH_4)_2C_2O_4$, zugegeben. In *salzsaurer Lösung* kann man das Calcium mit Hilfe von Ammoniumoxalat nicht ausfällen. Die Oxalationen, $C_2O_4^{--}$, haben nämlich schwach basische Eigenschaften und verbinden sich mit den Wasserstoffionen der salzsauren Lösung zu Hydrooxalationen, $HC_2O_4^{-}$. Daher wird das Löslichkeitsprodukt des Calciumoxalates, $L = c_{Ca^{++}} \cdot c_{C_2O_4^{--}}$, in dem nur die Konzentration des

Ions $C_2O_4^{--}$ maßgebend vorkommt, auch dann nicht überschritten, wenn Calciumion in größerer Menge anwesend ist. Dagegen macht es nichts aus, wenn die Lösung *essigsauer* ist, d. h. wenn keine freie starke Säure, sondern nur freie Essigsäure zugegen ist; in diesem Fall werden in der Lösung nicht genügend Wasserstoffionen vorhanden sein, um die Oxalationen binden und somit die Ausfällung des Calciumoxalates verhindern zu können. Die Fällung des Oxalates wird gewöhnlich in essigsaurer oder ammoniakalischer Lösung vorgenommen.

Calciumoxyd, CaO, ist ein fester, weißer Stoff, den man durch Glühen von Calciumcarbonat darstellt, wobei Kohlendioxyd entweicht, weshalb Calciumoxyd gewöhnlich gebrannter Kalk heißt:

$$CaCO_3 \rightarrow CaO + CO_2.$$

Man *brennt* den Kalk in großen Öfen, in denen Kalkstein oder Kreide durch die Verbrennung von beigemischtem Koks zu starker Glut erhitzt wird.

Erhitzt man Calciumcarbonat in einem geschlossenen Gefäß, so wird es solange Kohlendioxyd abspalten, bis dessen Druck eine bestimmte Größe erreicht hat, den sog. *Dissoziationsdruck*. Ist der Kohlendioxyddruck größer als der Dissoziationsdruck, so wird die Reaktion in der entgegengesetzten Richtung verlaufen: Kohlendioxyd wird sich mit vorhandenem Calciumoxyd zu Calciumcarbonat verbinden. Je höher die Temperatur ist, desto größer ist der Dissoziationsdruck. Bei 500° ist er für Calciumcarbonat noch sehr klein; bei 900° jedoch hat er eine Atmosphäre erreicht. Diese Temperatur kann daher als eine Art Siedepunkt des Calciumcarbonats aufgefaßt werden, weil das entweichende Gas hier den äußeren Druck der Atmosphäre überwinden kann; oberhalb dieser Temperatur verläuft das Kalkbrennen schnell zu Ende.

Gebrannter Kalk wird in großen, porösen Stücken gehandelt; beim Brennen bewahrt nämlich der Kalkstein seine äußere Form, obwohl er 44% seines Gewichtes verliert. Gebrannter Kalk zieht aus der Atmosphäre Wasserdampf und Kohlendioxyd an, wobei er zu einem Pulver von Calciumhydroxyd und Calciumcarbonat zerfällt. Wird gebrannter Kalk mit Wasser übergossen, so saugt er zuerst das Wasser in seine Poren ein und verwandelt sich darauf unter bedeutender Wärmeentwicklung und Volumenvermehrung in ein weißes Pulver von Calciumhydroxyd, er wird *gelöscht*:

$$CaO + H_2O \rightarrow Ca(OH)_2.$$

Calciumhydroxyd, $Ca(OH)_2$ (ältere Bezeichnung: Kalkhydrat), ist ein fester, weißer Stoff und in Wasser nur schwer löslich; 1 Teil löst sich erst in etwa 600 Teilen Wasser. Calciumhydroxyd ist in Lösung in Calciumion und Hydroxylion dissoziiert, und daher eine *starke Base*. Wegen seiner geringen Löslichkeit kann man damit nicht so stark basische Lösungen herstellen, wie mit Natrium- oder Kaliumhydroxyd; die Calciumhydroxydlösungen wirken aber doch noch stark ätzend. Calciumhydroxyd ist die *billigste Base* und wird daher viel verwendet. Löscht man gebrannten Kalk mit der berechneten Wassermenge, so erhält man ein feines Pulver von Calciumhydroxyd. Gewöhnlich setzt man so viel Wasser zu, daß ein dicker Brei entsteht (gelöschter Kalk). Wird gelöschter Kalk mit Wasser zu einem dünnflüssigen Brei angerührt, so erhält man eine ziemlich haltbare Suspension, die sog. Kalkmilch. Eine klare gesättigte Lösung heißt Kalkwasser. Unter *fettem* Kalk im Gegensatz zu *magerem* versteht man gebrannten Kalk, der sich leicht und schnell löscht, und der einen rein weißen gelöschten Kalk von fettartiger Beschaffenheit liefert. Der gebrannte Kalk wird um so fetter, je reiner das angewandte Rohmaterial war. Enthielt der Kalkstein Ton, und wurde er bei hoher Temperatur gebrannt, so kann der gebrannte Kalk die Fähigkeit, sich zu löschen, ganz verlieren *(totgebrannter Kalk)*; vermutlich hat sich beim Erhitzen Calciumsilicat gebildet, das als Schmelze die Poren des gebrannten Kalkes ausfüllt, so daß das Wasser mit dem Calciumoxyd nicht rasch genug in Berührung kommen kann.

In Form von Kalkwasser verwendet man im Laboratorium das Calciumhydroxyd zum Nachweis von Kohlendioxyd; als Kalkmilch dient es zu Reinigungszwecken und zum Weißen; als gelöschter Kalk wird es zur Herstellung von Kalkmörtel verwendet. Calciumhydroxyd und -oxyd werden in großen Mengen zur Düngung und Bodenverbesserung benutzt.

Natronkalk, das gebräuchlichste Absorptionsmittel für Kohlendioxyd, erhält man durch Löschen gebrannten Kalks mit Natriumhydroxydlösung und nachfolgendes Eindampfen bis zur Trockne.

Mörtel und Zement.

Kalkmörtel entsteht durch Mischen von gelöschtem Kalk mit Sand und Wasser. Unter der Einwirkung der Atmosphäre erhärtet der Mörtel im Laufe der Zeit zu einer festen Masse; hierbei nimmt das Calciumhydroxyd aus der Luft Kohlendioxyd auf und verwandelt sich in Calciumcarbonat:

$$Ca(OH)_2 + CO_2 \rightarrow CaCO_3 + H_2O.$$

Das Calciumcarbonat scheidet sich in kleinen Kristallen aus, die die Sandkörner des Mörtels zu einer harten Masse verkitten. Wegen des geringen Gehaltes der Atmosphäre an Kohlendioxyd kann es Jahre dauern, bis der Mörtel im Innern einer starken Mauer vollständig umgewandelt ist.

Der Kalkmörtel beginnt erst dann zu erhärten, wenn ein Teil seines Wassers verschwunden ist, und dadurch die Luft den nötigen Zugang erhält. Er eignet sich daher nicht zur Verwendung an feuchten Stellen und kann unter Wasser nicht angewendet werden. Hier muß Zementmörtel verwendet werden.

Zement wird aus Kalkstein (oder Kreide) und Ton hergestellt. Die Rohstoffe werden in feinem Zustande sorgfältig gemischt und in Öfen auf sehr hohe Temperatur erhitzt. Hierbei entsteht Calciumoxyd, das sich mit dem Aluminiumoxyd und Kieselsäureanhydrid des Tons zu Calciumaluminiumsilicat verbindet. Die geglühte Masse bildet harte, zusammengesinterte Steinchen (Klinker). Feingemahlen ergeben diese den Zement, als feines, graues Mehl. Rührt man Zement mit wenig Wasser an, so erhärtet er allmählich unter Wasseraufnahme. Zement erfordert also, im Gegensatz zu Kalkmörtel, zum Erhärten nur Wasser und kein Kohlendioxyd. Während des Abbindens löst sich langsam ein Teil des Zements; dieser Teil scheidet sich jedoch wieder in Form von Kristallnadeln schwerer löslicher, hydratisierter Verbindungen aus, welche die lose aneinanderliegenden Teilchen zu einer festen, harten Masse verkitten, die eine bedeutende Druckfestigkeit besitzt. *Zementmörtel* entsteht durch Mischen von Zement mit Sand und Wasser. *Beton* gießt man aus Zementmörtel, gemischt mit Kies, Granitschotter u. ä.; er wird für Fundamente und Wasserbauten verwendet. *Eisenbeton*bauten bestehen aus einem Skelett von Eisendraht oder Eisenstangen, die mit Zementmörtel oder Beton vergossen werden; diese Konstruktionen vereinigen die Vorteile, die in der Druckfestigkeit des Zementmörtels und der Zugfestigkeit des Eisens bestehen. Das in den Zement eingelagerte Eisen rostet langsamer als Eisen, das der Luftwirkung ausgesetzt ist, obwohl die Zementmasse porös ist. Man erklärt dies mit der alkalischen Reaktion des Zements, weil Eisen erfahrungsgemäß in alkalischem Medium nur langsam rostet.

Calciumsulfat (ältere Bezeichnung: schwefelsaurer Kalk), $CaSO_4$, findet sich in der Natur mit zwei Molekülen Kristallwasser als Gips, $CaSO_4 \cdot 2H_2O$. Calciumsulfat ist ziemlich schwer löslich (1 Teil in etwa 500 Teilen Wasser). Erhitzt man Gips etwas über den Siedepunkt des Wassers, so verliert er $^3/_4$ seines Kristallwassers und wird zu gebranntem Gips. Rührt man gebrannten Gips mit Wasser an, so nimmt er wieder Kristallwasser auf und der Gipsbrei erhärtet hierbei zu einer festen Masse. Hierauf beruht die Anwendung des gebrannten Gipses zur Herstellung von Gipsabgüssen und von Mörtel.

Gebrannter Gips darf nicht vollständig entwässert sein, sondern soll auf zwei Moleküle $CaSO_4$ noch ein Molekül Kristallwasser enthalten ($2CaSO_4 \cdot H_2O$); sonst erhärtet er zu langsam.

Unter dem Mikroskop kann man beobachten, wie die Körner des gebrannten Gipses beim Abbinden in Lösung gehen und wie sich dafür neue dünne Kristallnadeln aus kristallwasserhaltigem Gips bilden, die innig miteinander verwachsen, so daß sie eine feste Masse ergeben. Die Erhärtung beruht in Wirklichkeit darauf, daß der entwässerte Gips leichter löslich ist als das Dihydrat und sich daher in Gegenwart von Wasser in Dihydrat verwandeln muß. Jede leichter lösliche Modifikation irgendeines Stoffes muß in Gegenwart des Lösungsmittels stets weniger beständig sein als die schwerer lösliche Modifikation, allerdings unter der Voraussetzung, daß die beiden Modifikationen identische Lösungen ergeben.

Calciumcarbonat (ältere Bezeichnung: kohlensaurer Kalk), $CaCO_3$, ist das wichtigste Calciumsalz. Kristallinisch kommt es in der Natur als **Kalkspat** vor. Sehr rein findet es sich in großen, klaren, doppeltbrechenden Kristallen in Island (**isländischer Doppelspat**). **Marmor** ist noch deutlich kristallinisch und recht rein; weniger rein und schlechter kristallisiert sind die sehr zahlreichen Arten von **Kalkstein** und **Kreide**. Stark gemischt mit Ton oder Sand ist schließlich der **Mergel**.

Calciumcarbonat ist in reinem Wasser sehr schwer löslich; dagegen löst es sich *merklich in kohlendioxydhaltigem Wasser*, wobei sich das leichter lösliche Calciumhydrocarbonat bildet:

$$CaCO_3 + CO_2 + H_2O \rightarrow Ca^{++} + 2\, HCO_3^-.$$

In dieser Lösung wird das Löslichkeitsprodukt des Calciumcarbonates, $L_{CaCO_3} = c_{Ca^{++}} \cdot c_{CO_3^{--}} =$ ca. 10^{-8}, nicht überschritten, weil zwar Calciumionen in merklicher Menge, jedoch praktisch keine Carbonationen vorhanden sind. Das Hydrocarbonation, HCO_3^-, ist eine äußerst schwache Säure und daher nur in ganz geringem Maße in Wasserstoffionen und Carbonationen gespalten. Die Reaktion zwischen dem gelösten Kohlendioxyd und dem festen Calciumcarbonat ist unvollständig und umkehrbar; entfernt man das freie Kohlendioxyd aus der Lösung durch Lüften oder Auskochen, so zerlegt sich das gelöste Hydrocarbonat allmählich in festes Calciumcarbonat (Kesselstein) und gasförmiges Kohlendioxyd.

S. S. 130.

Hartes Wasser. Ein Wasser, das merkliche Mengen Calciumsalze (oder Magnesiumsalze) enthält, heißt hart. Solches Wasser setzt viel Kesselstein ab und eignet sich daher nicht zur Füllung von Dampfkesseln; auch zur Wäsche ist es ungeeignet, weil es mehr Seife verbraucht als weiches Wasser (Näheres in der organischen Chemie).

Die Härte eines Wassers wird in Gramm CaO auf 100 l Wasser angegeben (für vorhandene Magnesiumsalze wird die äquivalente Menge CaO gerechnet). Als Grenze zwischen hartem und weichem Wasser gilt im allgemeinen die Härte 10.

S. S. 54.

Neben den positiven Calcium- und Magnesiumionen ist in hartem Wasser eine äquivalente Menge negativer Ionen vorhanden. In natürlichem Wasser handelt es sich meistens um Hydrocarbonationen und Sulfationen. Die den Hydrocarbonationen entsprechende Härte verschwindet beim Kochen und heißt daher *vorübergehende*

Härte; beim Kochen entweicht Kohlendioxyd, und Calciumcarbonat fällt aus:
$$Ca^{++} + 2\,HCO_3^- \rightarrow CaCO_3 + CO_2 + H_2O.$$
Auch Zusatz von Calciumhydroxyd bringt die vorübergehende Härte zum Verschwinden:
$$Ca^{++} + 2\,HCO_3^- + Ca(OH)_2 \rightarrow 2\,CaCO_3 + 2\,H_2O.$$
Die Sulfathärte verschwindet beim Kochen nicht und heißt daher *bleibende Härte;* durch Zusatz von Soda kann man jedoch die den Sulfationen entsprechenden Calciumionen als Carbonat ausfällen:
$$Ca^{++} + CO_3^{--} \rightarrow CaCO_3,$$
wonach nur noch das leichtlösliche Natriumsulfat in Wasser zurückbleibt.

Hartes Wasser kann durch Filtrieren durch Permutitfilter weich gemacht (entkalkt) werden. Diese Methode wird später beim Aluminium besprochen.

S. S. 272.

Aggressives Wasser. Kohlendioxydhaltiges Wasser, das keine Gelegenheit hatte, sich mit Calciumcarbonat zu sättigen, greift Kalk und Zementmauerwerk an, weil Calciumcarbonat in Lösung geht, und wird daher *aggressiv* genannt.

Der Kreislauf des Calciums in der Natur. Dringt das Regenwasser durch die Humusschicht der Erdoberfläche, so nimmt es das Kohlendioxyd auf, welches sich bei der langsamen Oxydation (der Verbrennung) der Humusstoffe bildet. Ist im Untergrund Calciumcarbonat enthalten, so kann das kohlendioxydhaltige Wasser hiervon etwas auflösen, wodurch in solchen Gegenden das Quellwasser hart wird. Tritt das Quellwasser zutage, so verliert es allmählich das gelöste Kohlendioxyd und büßt damit auch die Fähigkeit ein, das Calciumcarbonat gelöst zu halten; dieses scheidet sich hierauf entweder als Quellenkalk aus oder wird von den im Wasser lebenden Organismen zum Aufbau ihrer Kalkskelette oder ihrer Schalen verwendet. Daher ist Seewasser weich. Aus den Kalkresten der toten Tiere bildet sich im Laufe der Zeit wieder Kalkstein, womit der Kreislauf des Calciums geschlossen ist.

S. S. 188.

Calciumfluorid, CaF_2 (Flußspat), ist im Gegensatz zu den anderen Calciumhalogeniden sehr schwer löslich; er wird in der Metallurgie verwendet, um den Schmelzpunkt von Schlacken zu erniedrigen.

Calciumchlorid, $CaCl_2$ (ältere Bezeichnung: Chlorcalcium, offiz. *Calcium chloratum*), wird als Trockenmittel verwendet. Es kann 6 Moleküle Kristallwasser aufnehmen und zerfließt bei weiterer Wasseraufnahme. Namentlich das erste Wassermolekül ist mit großer Affinität gebunden. Dieses Salz, sowie auch Calciumsalze organischer Säuren (z. B. Calciumlactat), findet medizinische Verwendung, besonders bei Kalkmangelkrankheiten.

Eine Reihe von Calciumsalzen wurde bereits unter den Metalloiden besprochen und soll hier nur kurz genannt werden.

Chlorkalk ist eine Mischung aus Calciumchlorid und Calciumhypochlorit, $Ca(ClO)_2$. Er ist ein kräftiges *Oxydationsmittel* und wird zum Bleichen und zur Desinfektion verwendet. S. S. 69.

Schwefelkalkbrühe ist eine rotgelbe Lösung, die Calciumpolysulfide enthält und durch Kochen von Schwefel mit Kalkmilch dargestellt wird. Sie dient zur Bekämpfung von Pflanzenschädlingen. S. S. 90.

Calciumnitrat dient im Norgesalpeter und Kalksalpeter als stickstoffhaltiger Mineraldünger. S. S. 160f.

Superphosphat ist eine Mischung aus primärem Calciumphosphat und Gips, die durch Behandlung von normalem Calciumphosphat mit Schwefelsäure gewonnen wird. Es ist ein wertvoller, phosphathaltiger Mineraldünger. S. S. 174.

Thomasphosphat ist kalkreiches Calciumphosphat, das als Nebenprodukt bei der Stahlfabrikation abfällt und ebenfalls als Phosphatdünger benutzt wird. S. S. 175, 331.

Glas ist eine amorphe Mischung kieselsäurereicher Silicate, in denen sich fast immer Calciumsilicat in bedeutender Menge befindet. S. S. 222.

Calciumcarbid, CaC_2, dient zur Darstellung von Acetylen und Kalkstickstoff. S. S. 203.

Kalkstickstoff enthält als wesentlichen Bestandteil Calciumcyanamid, $CaN \cdot NC$, und wird als Stickstoffdünger verwendet. S. S. 202.

Übersicht über die Calciumsalze.

Die Calciumsalze sind *ungefärbt* und großenteils in Wasser *löslich*. Unlöslich sind: das normale Carbonat, das normale und sekundäre Phosphat, die Silicate, das Fluorid, sowie die Salze der kalkfällenden organischen Säuren (Oxalsäure, Äpfelsäure, Weinsäure, Citronensäure, Gerbsäure). Die Calciumsalze kristallisieren gewöhnlich mit *Kristallwasser*. Die praktischen Anwendungen des Gipses zu Abgüssen, Stuckarbeiten u. ä. und die Eignung des Calciumchlorids zum Trockenmittel beruhen auf ihrer Fähigkeit, Kristallwasser aufzunehmen. Calciumsalze *färben die Bunsenflamme gelbrot*.

Die *löslichen* Calciumsalze kann man durch Auflösen von Calciumcarbonat oder Calciumhydroxyd in den betreffenden Säuren darstellen. Calciumnitrat erhält man z. B. durch Lösen von Kalkstein in Salpetersäure. Die *unlöslichen* Salze fällt man aus der Lösung eines Calciumsalzes mit einem löslichen Salz der betreffenden Säure. So entsteht Calciumphosphat bei der Fällung von

Calciumchlorid mit Natriumphosphat. Diese Methoden der Darstellung löslicher bzw. unlöslicher Salze sind allgemein wichtig, weil sie zur Darstellung der Salze auch anderer Metalle dienen können.

Barium.
Ba = 137,36.

Barium kommt in der Natur als *Schwerspat*, $BaSO_4$, vor. Der Name dieses Minerals kommt von seiner, im Vergleich zu den gewöhnlichen Steinarten, wie Granit oder Kalkstein, recht großen Dichte her.

Die Bariumverbindungen ähneln stark den entsprechenden Calciumverbindungen. Bariumsulfat ist jedoch viel weniger löslich als Calciumsulfat, während umgekehrt Bariumhydroxyd bedeutend leichter löslich ist als Calciumhydroxyd. Alle löslichen Bariumverbindungen spalten in wäßriger Lösung Bariumionen ab.

Das **Bariumion**, Ba^{++}, ist ungefärbt und *giftig*. *Man weist es mit Hilfe verdünnter Schwefelsäure nach*. Auf Grund des äußerst geringen Löslichkeitsproduktes von Bariumsulfat: $L_{BaSO_4} = c_{Ba^{++}} \cdot c_{SO_4^{--}} = 10^{-10}$ kann nämlich eine Lösung gleichzeitig nur ganz kleine Mengen Bariumionen und Sulfationen enthalten; daher werden die Bariumionen beim Zusatz verdünnter Schwefelsäure als Bariumsulfat ausgefällt:

$$Ba^{++} + SO_4^{--} \rightarrow BaSO_4.$$

Umgekehrt kann man ebensogut Bariumchlorid oder Bariumnitrat zum *Nachweis des Sulfations* benützen. Beide Reaktionen können auch in stark sauren Lösungen angewandt werden, weil das Sulfation nur sehr schwache basische Eigenschaften besitzt (Schwefelsäure ist eine sehr starke Säure).

Bariumhydroxyd, $Ba(OH)_2$ (gewöhnlich mit 8 H_2O kristallisierend), ist in Wasser, wie erwähnt, bedeutend leichter löslich als Calciumhydroxyd. Seine wäßrige Lösung reagiert stark basisch und gibt mit Kohlendioxyd einen Niederschlag von Bariumcarbonat. Den Stoff selbst nannte man früher Barythydrat und seine wäßrige Lösung Barytwasser.

Dargestellt wird Bariumhydroxyd aus Schwerspat. Zuerst reduziert man dieses Mineral zum Sulfid durch Glühen mit Kohle:

$$BaSO_4 + 2\ C \rightarrow BaS + 2\ CO_2;$$

hierauf kocht man das Sulfid mit Wasser und Cuprioxyd, wobei sich der Schwefel mit dem Kupfer vereinigt und eine Lösung von Bariumhydroxyd entsteht:

$$BaS + CuO + H_2O \rightarrow Ba^{++} + 2\ HO^- + CuS;$$

man filtriert das Cuprisulfid ab und dampft zur Kristallisation ein.

Die Anwendung des Bariumhydroxyds beim Nachweis der Alkalimetalle. Bariumhydroxyd dient im Analysengang zur Trennung der Kalium- und Natriumionen von den anderen Metallionen. Kocht man eine zu analysierende Lösung bei Gegenwart von etwas Bariumchlorid mit überschüssigem Bariumhydroxyd, so werden die meisten Metallionen *als unlösliche Hydroxyde* gefällt. Nur die Kalium- und Natriumionen bleiben in Lösung, zusammen mit den Bariumionen und verschiedenen Anionen (nämlich Hydroxylionen, Chloridionen, sowie denjenigen Säurerestionen der Lösung, die von Bariumionen nicht gefällt werden). Hierauf fällt man die Bariumionen durch Kochen mit Ammoniumcarbonat als Bariumcarbonat; hierbei werden an Stelle der Bariumionen die Ammoniumionen in die Lösung eingeführt. Dampft man hierauf die Lösung zur Trockne ein und glüht den Rest in einem Tiegel, so werden die Ammoniumionen entfernt; der Glührückstand enthält von den Kationen nur noch die Natrium- und Kaliumionen. S. S. 151.

Zink, Blei und Aluminium werden beim Kochen mit Bariumhydroxyd nicht gefällt, weil ihre Hydroxyde in starken Basen löslich sind; diese Stoffe werden jedoch bei der Behandlung mit Ammoniumcarbonat gefällt oder bleiben beim Ausziehen des Glührückstandes mit Wasser in unlöslicher Form zurück. S. S. 241.

Bariumchlorid, $BaCl_2$, wird auch aus Schwerspat dargestellt. Hierzu reduziert man, wie schon oben beschrieben, das Sulfat zum Sulfid, das man in Salzsäure auflöst:

$$BaS + 2\,HCl \rightarrow BaCl_2 + H_2S.$$

Es ist ein lösliches Salz; seine Lösung dient zum Nachweis und zur quantitativen Bestimmung des Sulfations.

Bariumsulfat, $BaSO_4$, ist in Wasser und Säuren praktisch unlöslich. Beim Schmelzen mit Soda verwandelt es sich in Bariumcarbonat:

$$BaSO_4 + Na_2CO_3 \rightarrow BaCO_3 + Na_2SO_4,$$

das in Säuren löslich ist. Durch Glühen mit Kohle läßt es sich zu Bariumsulfid reduzieren, das sich ebenfalls in Säuren löst.

Wegen seiner Undurchlässigkeit für Röntgenstrahlen wird Bariumsulfat bei medizinischen Untersuchungen als schattengebendes Mittel verwendet. Soll der Verdauungskanal eines Patienten photographiert werden, so läßt man ihn vorher einen Bariumsulfatbrei zu sich nehmen. Wegen seiner Unlöslichkeit in Wasser und Salzsäure ist Bariumsulfat, im Gegensatz zu den anderen Bariumsalzen, ungiftig. Bariumcarbonat ist zwar in Wasser unlöslich, wird dagegen von der Magensäure gelöst und ist deshalb so giftig, daß es als Rattengift verwendet wird. Bariumsulfat dient als weiße Anstrichfarbe, entweder allein (Permanentweiß) oder mit Zinksulfid (Lithopone).

Die Bariumsalze färben die Bunsenflamme *grün*.

Radium.
Ra = 225,97.

Radium ist ein sehr seltenes Element, dabei aber sehr weitverbreitet; z. B. ist es in vielen Mineralquellen enthalten, immer jedoch nur in *äußerst geringer Menge*. Relativ die größten Mengen finden sich in uranhaltigen Erzen; aber selbst das reichste Uranerz, die Pechblende, enthält nur etwa 0,15 g Radium pro Tonne. Daher ist Radium sehr teuer. Die größten Mengen werden zu medizinischen Zwecken verwendet.

Radium ist ein zweiwertiges Metall, dessen chemische Verbindungen denjenigen des Bariums so ähnlich sind, daß es äußerst schwierig ist, Salze dieser beiden Metalle voneinander zu trennen. Radiumsulfat, $RaSO_4$, ist noch weniger löslich wie Bariumsulfat. Die meist benutzten Radiumsalze sind Radiumchlorid, $RaCl_2$, und Radiumbromid, $RaBr_2$. Radiumpräparate sind gewöhnlich in ein kleines Glas- oder Metallrohr eingeschmolzen, um Verluste an diesen kostbaren Stoffen zu vermeiden.

Radioaktivität.

Das Radium ist *radioaktiv*, d. h. es entsendet, immerfort und ohne äußere Veranlassung, Strahlen; diese wirken *auf die photographische Platte ein*, regen gewisse Stoffe, namentlich Zinksulfid und Bariumplatocyanid, *zum Leuchten an* und machen außerdem Luft zu einem *Leiter der Elektrizität*. Die von ihnen gebildeten Luftionen haben jedoch nur eine recht geringe Lebensdauer, weil sich die positiven und negativen Ionen schnell wieder miteinander verbinden. Ein geladenes Elektroskop, das sich in der Nähe eines radioaktiven Stoffes befindet, verliert rasch seine Ladung, weil die Luft in seiner Nähe leitend wird. Auf diese Weise kann man die Gegenwart äußerst minimaler Mengen von radioaktiven Stoffen mit Sicherheit feststellen. Bei der Absorption radioaktiver Strahlung wird *Wärme* entwickelt; daher erwärmen sich radioaktive Stoffe ununterbrochen und ohne äußere Veranlassung. 1 g Radium entwickelt in der Stunde 25 cal. Die Strahlen üben auch *starke physiologische Wirkungen* aus. Sie können die Funktionen des lebendigen Gewebes beeinträchtigen oder vernichten, besonders von jungen, wachsenden Zellen. Ihre heilende Wirkung, z. B. gegen Krebs, ist noch umstritten. Von radioaktiven Wässern erhofft man Einwirkung auf Gicht und andere Krankheiten. Sicher ist, daß viele, seit alter Zeit wegen ihrer Heilwirkungen berühmte Quellen radioaktiv sind.

Die von einem Radiumpräparat ausgesandte Strahlenmenge ist davon unabhängig, wie das Radium gebunden ist; ebensowenig verändert sie sich mit der Temperatur oder mit irgendeiner anderen äußeren Versuchsbedingung.

Man unterscheidet zwischen drei Arten radioaktiver Strahlen: die α-*Strahlen* bestehen aus doppelt positiv geladenen *Helium-ionen*, He^{++}, die mit großer Geschwindigkeit herausgeschleudert werden; S. S. 236.

die β-*Strahlen* bestehen aus *Elektronen*, die das Atom mit noch viel größerer Geschwindigkeit, nahezu mit Lichtgeschwindigkeit, verlassen;

die γ-*Strahlen* sind keine materiellen Teilchen, sondern bestehen, wie das sichtbare Licht und die Röntgenstrahlen, aus einer *Wellenbewegung* des Äthers, deren Wellenlänge allerdings äußerst kurz ist.

Außer Radium kennt man noch andere radioaktive Elemente, z. B. Uran und Thorium. Diese zwei Stoffe sind jedoch mehr als eine Million mal weniger radioaktiv als Radium. Kalium ist auch radioaktiv, jedoch wiederum tausendmal schwächer als Uran. Es ist durchaus wahrscheinlich, daß man auch noch bei vielen anderen Elementen Radioaktivität feststellen würde, wenn man nur hinreichend empfindliche Untersuchungsmethoden zur Verfügung hätte.

Das Wesen der Radioaktivität; die Zerfallstheorie. Die sorgfältige Untersuchung der radioaktiven Elemente hat überzeugend bewiesen, daß ihre Radioaktivität einer ununterbrochenen Zersetzung, einem *Zerfall ihrer Atome*, zuzuschreiben ist. Aus einem Präparat von Radium verschwinden jedes Jahr etwa 3,4 Zehntausendstel des vorhandenen Radiums; von den anderen, oben erwähnten, schwächer radioaktiven Stoffen zerfällt ein entsprechend geringerer Teil.

Obwohl sich also die radioaktiven Elemente langsam in andere Stoffe umwandeln, d. h. mit Sicherheit *zusammengesetzte* Systeme sind, rechnet man sie doch zu den chemischen *Elementen*. Hierfür sind gute Gründe vorhanden. So sendet z. B. Radium — im Gegensatz zu solchen zusammengesetzten Radikalen, wie es etwa Ammonium oder Cyan sind — beim Erhitzen in einer Bunsenflamme ein *Linienspektrum* aus, das sich sehr nahe an die Spektren der verwandten *Atome* (der Calciumgruppe) anschließt; Radium nimmt überhaupt in jeder Hinsicht einen ganz bestimmten Platz S. S. 273. in dem natürlichen System der Elemente ein (siehe später). Man ist heute der Ansicht, daß nicht nur die Atome der radioaktiven Stoffe, sondern auch die *aller anderen Elemente* zusammengesetzt sind. Der Unterschied besteht nur darin, daß die Atome der radioaktiven Stoffe weniger beständig sind als die der anderen Elemente. Es ist daher heute nicht mehr korrekt, als Element einen Stoff zu definieren, der nicht zerlegt werden kann. Man kann ein chemisches Element nur als einen Stoff definieren, dessen Zerlegung mit den *bei chemischen Arbeiten gewöhnlich angewandten Mitteln* entweder unmöglich ist, oder jedenfalls weder beschleunigt noch gebremst werden kann. Der Begriff des chemischen Elementes hat sich also gewandelt, er ist aber ebenso unentbehrlich wie früher.

S. S. 1f.

Der Zerfall eines einzelnen Radiumatoms geht plötzlich, explosionsartig vor sich, wobei ein α-Teilchen, d. h. ein positiv geladenes Heliumatom, He^{++}, mit großer Geschwindigkeit herausgeworfen wird. Das Atomgewicht des Heliums beträgt 4; daher muß der Rest, der nach der Explosion des Radiumatoms zurückbleibt, ein um 4 geringeres Atomgewicht als das ursprüngliche Radiumatom besitzen, d. h. $226-4=222$. Es hat sich erwiesen, daß sich das Radium tatsächlich in ein Element dieses Atomgewichts umwandelt, nämlich in ein Gas der Argongruppe (Edelgas), das man zunächst Radiumemanation nannte, das neuerdings aber Radon, Rn, genannt werden soll. Im Tag entsteht aus 1 g Radium etwa 0,1 cmm Radiumemanation. Die Emanation ist viel stärker radioaktiv als das Radium selbst; von ihren Atomen explodiert im Tag bereits ein Siebentel. Beim Zerfall der Emanation bildet sich wiederum ein neues Element, Radium A, und in einer fortgesetzten Reihe solcher radioaktiver Umwandlungen entstehen nach Radium A: Radium B, Radium C, Radium D, Radium E, Radium F, zuletzt schließlich ein bleiähnlicher Stoff, Radium G, der haltbar und nicht radioaktiv zu sein scheint.

Ein Teil dieser Umwandlungen ist, genau wie es bei der Umwandlung des Radiums in Emanation der Fall ist, von der Aussendung von α-Strahlen begleitet; bei allen α-Strahlenumwandlungen vermindert sich das Atomgewicht um 4. Es gibt auch Umwandlungen, bei denen keine α-Strahlen ausgesandt werden, sondern β-Strahlen, d. h. Elektronenstrahlen; bei diesen β-Strahlenumwandlungen ist die Änderung des Atomgewichtes praktisch unmerklich.

Für alle radioaktiven Umwandlungen ist es charakteristisch, daß *sich dabei die Atomkerne verändern.* Sowohl die ausgesandten α-Teilchen (He^{++}) als auch die β-Teilchen (Elektronen) stammen aus den Kernen der radioaktiven Atome.

S. S. 104, 276.

Die Kernladung ändert sich bei einem α- oder einem β-Zerfall sofort endgültig. Anders verhält es sich mit der *Gesamtladung* des Atoms, die nicht nur von der Kernladung, sondern auch von der Zahl der äußeren Elektronen abhängt. Änderungen dieser Zahl treten bekanntlich oft ziemlich leicht ein, wie z. B. oben bei der Ionisierung von Gasatomen und Entionisierung von Gasionen erwähnt. So wird unmittelbar nach der Abgabe eines α-Teilchens aus dem Kern eines neutralen Radiumatoms, Ra, ein doppelt negativ geladenes Radonatom, Rn^{--}, vorhanden sein; aus diesem

Gasion wird erst durch den Verlust von zwei äußeren Elektronen — d. h. durch Entionisierung, die leicht eintritt — ein neutrales Radonatom, Rn. Ein Ra^{++}-Ion, in welcher Form das Radium in seinen Salzen vorkommt, wird durch den α-Zerfall seines Kernes im ganzen neutral; es kann daher ohne Aufnahme oder Abgabe von äußeren Elektronen ein neutrales Radonatom bilden. Aus einem neutralen Atom von Radium E entsteht durch den β-Zerfall zunächst ein einfach positiv geladenes Ion von RaF; fängt dieses Ion ein Elektron ein, so wird daraus ein neutrales Atom RaF.

Für die Erde hat man ein Alter von mindestens ungefähr 2000 Millionen Jahre anzunehmen. Da sich das Radium innerhalb viel kürzerer Zeit praktisch vollständig in andere Elemente umwandelt, müßte es völlig von der Erde verschwunden sein, wenn sich nicht ständig neues Radium als Ersatz des verschwundenen gebildet hätte. Als *Muttersubstanz* des Radiums hat man das Uran nachgewiesen. Hiermit erklärt sich auch, warum sich Radium vorzugsweise in Uranerzen findet. Uran zerfällt etwa eine Million mal langsamer als Radium: es vergehen etwa 5 Milliarden Jahre, ehe ein Uranpräparat sich zur Hälfte in Radium verwandelt hat.

Die Tabelle 19 enthält eine Übersicht über die lange Reihe radioaktiver Umwandlungen, die das Uran durchläuft; Radium ist das wichtigste Zwischenprodukt dieser Reihe, die mit dem bleiähnlichen Radium G endigt.

Tabelle 19. Die Uran-Radiumfamilie.

Name des Elementes	Strahlung	Atomgewicht	Halbwertszeit des Zerfalls	Atom-Nr.	Gruppe	Isotop
Uran I . .	α	238	$5 \cdot 10^9$ Jahre	92	6. Untergruppe	Uran
Uran X_1 .	β	234	24,6 Tage	90	4. Gruppe	Thorium
Uran X_2 .	β	234	1,15 Min.	91	5. Untergruppe	—
Uran II . .	α	234	$2 \cdot 10^6$ Jahre	92	6. Untergruppe	Uran
Ionium . .	α	230	$7 \cdot 10^4$ Jahre	90	4. Gruppe	Thorium
Radium . .	α	226	1590 Jahre	88	2. Gruppe	—
Radon . .	α	222	3,85 Tage	86	8. Gruppe	—
Radium A .	α	218	3,0 Min.	84	6. Gruppe	Polonium
Radium B .	β	214	26,8 Min.	82	4. Untergruppe	Blei
Radium C .	β	214	19,5 Min.	83	5. Gruppe	Wismut
Radium C'	β	214	ca. 10^{-6} Sek.	84	6. Gruppe	Polonium
Radium D .	β	210	22 Jahre	82	4. Untergruppe	Blei
Radium E .	β	210	5,00 Tage	83	5. Gruppe	Wismut
Radium F . (Polonium)	α	210	136 Tage	84	6. Gruppe	—
Radium G .	—	206	unbekannt groß	82	4. Untergruppe	Blei

Die erste Kolonne der Tabelle enthält die Namen der aufeinanderfolgenden Umwandlungsprodukte; in der zweiten Kolonne steht die Art der Strahlung. Die dritte Kolonne enthält das abgerundete Atomgewicht: es sinkt um vier bei allen α-Strahlenumwandlungen, bleibt dagegen bei allen β-Strahlenumwandlungen unverändert. Die vierte Kolonne enthält die Halbwertszeit des Stoffes, d. h. die Zeit, nach der die Hälfte zerfallen ist. Die Angaben der drei letzten Kolonnen über die Stellen der Elemente im natürlichen System der Elemente werden erst später benutzt.

Ebenso wie das Uran die Muttersubstanz einer großen Familie radioaktiver Stoffe darstellt (von denen Radium der wichtigste ist), stammt vom Thorium eine zweite Familie stark radioaktiver Stoffe ab, von denen Mesothorium der wichtigste ist; Mesothorium wird heutzutage ebenso wie Radium verwendet, zerfällt aber bereits nach 6 Jahren praktisch vollständig.

Das Radium wurde von Frau CURIE entdeckt und isoliert. Die Zerfallshypothese, zuerst von ELSTER und GEITEL angedeutet, wurde besonders in den bahnbrechenden Arbeiten von RUTHERFORD zu einer umfassenden Theorie der radioaktiven Vorgänge ausgebaut.

Übersicht über die Calciumgruppe.

Diese Gruppe umfaßt folgende Leichtmetalle:

Magnesium	Calcium	(Strontium)	Barium	Radium
Mg = 24,32	Ca = 40,08	(Sr = 87,63)	Ba = 137,36	Ra = 225,97.

Diese Metalle sind *zweiwertig*. Sie besitzen, ähnlich wie die Alkalimetalle, eine große Neigung, Elektronen abzuspalten und positive Ionen zu bilden; von Luft und Wasser werden sie jedoch weniger heftig angegriffen als die Alkalimetalle. Verschiedene ihrer Verbindungen sind in Wasser schwer löslich, z. B. die *normalen Phosphate, die normalen Carbonate und die Silicate*. Die Löslichkeit der Hydroxyde steigt mit dem Atomgewicht des Metalls: $Mg(OH)_2$ ist sehr schwer löslich, $Ba(OH)_2$ recht leicht löslich. Dagegen nimmt die Löslichkeit der Sulfate in derselben Reihenfolge stark ab: $MgSO_4$ ist leicht löslich, dagegen sind $BaSO_4$ und $RaSO_4$ praktisch unlöslich.

Die Aluminiumgruppe.

Zu dieser Gruppe gehören die dreiwertigen Leichtmetalle, von denen hier nur das Aluminium selbst besprochen werden soll.

Aluminium.

Al = 26,97.

Aluminium ist nach Sauerstoff und Silicium das Element, das in größter Gewichtsmenge in der Erdkruste vorkommt.

Der Anteil der Elemente in der Zusammensetzung der Erdkruste. Nach Schätzungen enthält die feste Erdrinde von den wichtigsten Elementen folgende Mengen (in Gewichtsprozenten):

Sauerstoff . .	50%	Calcium . . .	3,5%	Wasserstoff .	0,9%
Silicium . . .	25%	Magnesium˙ .	2,5%	Kohlenstoff .	0,2%
Aluminium . .	7%	Natrium . . .	2,3%	Schwefel . .	0,04%
Eisen	5%	Kalium . . .	2,2%	Stickstoff . .	0,02%.

Alle übrigen Grundstoffe machen zusammen nur weniger als 1% aus. Will man wissen, in welchen Mengen die einzelnen *Atomarten* im Mittel nebeneinander vorkommen, so hat man die oben gegebenen Gewichtsprozente in *Atomprozente* umzurechnen; diese Zahlen geben an, wie viele Atome des betreffenden Elementes im Mittel in 100 Atomen der Erdkruste vorkommen. In dieser, den chemischen Fragen viel besser angepaßten Darstellung bekommen erst die leichten Elemente, besonders Wasserstoff, das ihnen zukommende Gewicht. Die Zahlen sind folgende:

Sauerstoff . .	55,4	Magnesium . .	1,8	Kalium . . .	1,0
Wasserstoff .	15,9	Natrium. . . .	1,8	Kohlenstoff .	0,2
Silicium . . .	15,8	Eisen	1,6	Stickstoff . .	0,02
Aluminium . .	4,5	Calcium	1,5	Schwefel . .	0,02.

Aluminium kommt in der Natur hauptsächlich als Silicat vor (in den *Feldspäten*, im *Glimmer*, *Kaolin*, *Ton* usw.). Außerdem findet man auch stellenweise Aluminiumhydroxyd. An einzelnen Stellen kommen Aluminiumoxyd *(Rubin, Saphir, Schmirgel)* und Aluminiumfluorid (in Form des grönländischen Minerals *Kryolith*, $3\,NaF\cdot AlF_3$) vor.

Aluminium ist in reinem Zustand ein schön weißes, leichtes und doch mechanisch widerstandsfähiges Metall (Dichte 2,7). Seitdem man es in neuerer Zeit billig herzustellen gelernt hat, findet reines Aluminium ausgedehnte Anwendung für Küchengeräte und andere Gegenstände, die leicht und gleichzeitig stark sein sollen. Ausgezeichnete mechanische Eigenschaften zeigen neuere Leichtmetall-Legierungen, die hauptsächlich Aluminium enthalten. Dargestellt wird das Metall aus Aluminiumoxyd durch Elektrolyse, wobei das Oxyd in einem Bad geschmolzenen glühenden Kryoliths gelöst ist.

Aluminium hält sich gut an der Luft und zersetzt Wasser nicht. Wenn man jedoch daraus schließen wollte, daß es nur geringe Affinität zum Sauerstoff hat, so wäre das ein Trugschluß. Wird Aluminiumpulver durch starke lokale Erhitzung entzündet, so verbrennt es außerordentlich lebhaft und unter gewaltiger Wärmeentwicklung zu Aluminiumoxyd, Al_2O_3. Bei gewöhnlicher Temperatur braucht nur eine kleine Menge eines geeigneten Katalysators anwesend zu sein, z. B. Quecksilber oder eine seiner Verbindungen, um den Angriff der atmosphärischen Luft und des Wassers schnell einzuleiten:

$$2\,Al + 6\,H_2O \rightarrow 2\,Al(OH)_3 + 3\,H_2.$$

Gelegentlich wird Wasserstoff auf diese Weise dargestellt, indem man mercurichloridhaltiges Wasser auf Aluminium einwirken läßt. Salzwasser greift Aluminium stärker an als Süßwasser.

In Salzsäure und Schwefelsäure löst sich Aluminium leicht unter Wasserstoffentwicklung zu den betreffenden, ionisierten Aluminiumsalzen:

$$2\,Al + 6\,H^+ \rightarrow 2\,Al^{+++} + 3\,H_2.$$

Dagegen ist es schwierig, Aluminium in Salpetersäure zu lösen, die sonst meistens das wirksamste Lösungsmittel für Metalle ist. Diese unerwartete *Passivität* gegen Salpetersäure rührt wahrscheinlich von einer ganz dünnen *Oxydschicht* her, die bei der ersten Einwirkung der Salpetersäure auf der Metalloberfläche entsteht, und die das Metall gegen die weitere Einwirkung der Säure schützt.

S. S. 159.

Im Gegensatz zu den meisten anderen Metallen löst sich Aluminium in einer Natriumhydroxydlösung. Hierbei bildet sich unter Wasserstoffentwicklung eine Lösung von **Natriumaluminat**, $Na^+ \cdot Al(OH)_2O^-$; es ist ein Salz, das sich von Aluminiumhydroxyd, als Säure aufgefaßt, ableitet. Die Reaktionen bei diesem Lösungsvorgang sind folgende:

$$2\,Al \quad\quad + 6\,H_2O \rightarrow 2\,Al(OH)_3 \quad + 3\,H_2, \text{ und:}$$
$$2\,Al(OH)_3 + 2\,HO^- \rightarrow 2\,Al(OH)_2O^- + 2\,H_2O,$$

was zusammen ergibt:

$$2\,Al + 4\,H_2O + 2\,HO^- \rightarrow 2\,Al(OH)_2O^- + 3\,H_2.$$

Hieraus geht hervor, daß die Hydroxylionen der wirksame Bestandteil sind. Lösungen von Natriumcarbonat enthalten genügend Hydroxylionen, um Aluminium auflösen zu können. Man darf daher Soda nicht zur Reinigung von Aluminiumgegenständen verwenden.

Eine interessante Anwendung findet Aluminium im **Thermit**, einer Mischung aus Aluminiumpulver und Eisenoxyd. Diese Mischung wird mit Hilfe eines Zündsatzes ($2\,Al + 3\,BaO_2$) entzündet, worauf sich unter gewaltiger Wärmeentwicklung eine weißglühende geschmolzene Masse von Eisen bildet, die mit flüssiger Schlacke von Aluminiumoxyd bedeckt ist:

$$2\,Al + Fe_2O_3 \rightarrow 2\,Fe + Al_2O_3.$$

Mit dem hierbei entstehenden, weißglühenden Eisen kann man Gegenstände aus Stahl miteinander verschweißen, z. B. Straßenbahnschienen. Brennende Thermitgemische lassen sich mit den üblichen Mitteln (Wasser usw.) nicht löschen und werden daher vermutlich in künftigen Kriegen als Brandbomben eine erhebliche Rolle spielen. Aluminiumhaltige Leichtmetalle werden neuerdings für Metallkonstruktionen viel verwendet; gewisse Legierungen sind chemisch bemerkenswert widerstandsfähig, auch gegen Meerwasser.

Das Aluminiumion, Al^{+++}, ist ein dreiwertiges Ion; es ist ungefärbt und in wäßriger Lösung mit sechs fest gebundenen Wassermolekülen hydratisiert zu dem **Hexaquoaluminiumion**,

$Al(H_2O)_6^{+++}$. Die bedeutende Wärmeentwicklung, die bei der Auflösung wasserfreien Aluminiumchlorids in Wasser stattfindet, d. h. bei der Bildung dieses Iones und des Chloridions:

$$AlCl_3 + 6\ H_2O \to Al(H_2O)_6^{+++} + 3\ Cl^-,$$

gibt einen deutlichen Eindruck von der Energie, die bei der Bindung der sechs Wassermoleküle frei wird. Gewöhnlich reagieren die Aluminiumsalze in wäßriger Lösung *sauer*. Das Hexaquoaluminium- S. S. 130. ion ist nämlich eine Säure von ähnlicher Stärke wie die Essigsäure. Es kann im ganzen vier Wasserstoffionen abspalten, je nach der Reaktionszahl der angewandten Lösung.

Im Analysengang wird das Aluminiumion gewöhnlich als **Aluminiumphosphat** gefällt, indem man Natriumphosphat, Na_2HPO_4, der *essigsauren und natriumacetathaltigen* Lösung zusetzt:

$$Al^{+++} + HPO_4^{--} + CH_3COO^- \to AlPO_4 + CH_3COOH.$$
Acetation   Essigsäure

Die Ausfällung mit Phosphat ist um so unvollständiger, je saurer die Lösung ist. Je mehr Wasserstoffionen nämlich anwesend sind, desto mehr Phosphationen, PO_4^{---}, werden sich mit Wasserstoffionen zu Hydrophosphation, Dihydrophosphation und zu undissoziierter Phosphorsäure verbinden; desto mehr Aluminiumionen können aber dann in Lösung gehen, ohne daß das Löslichkeitsprodukt von Aluminiumphosphat überschritten wird. Für pH-Werte von etwa 4 bis 5 — was etwa einer Mischung gleicher Teile Essigsäure und Natriumacetat entspricht —, wo (vgl. Abb. 13) S. S. 132. das Phosphat schon hauptsächlich als $H_2PO_4^-$ anwesend ist, ist die Fällung praktisch noch vollständig. Enthält dagegen die Lösung freie Salzsäure, so wird eine Fällung aus den angedeuteten Gründen überhaupt nicht stattfinden.

Aluminiumchlorid, $AlCl_3$, ist in wasserfreiem Zustand ein fester, weißer Stoff, den man sublimieren kann (der Dampfdruck beträgt bei 183° 1 Atm.). Wasserfreies Aluminiumchlorid wird dargestellt, indem man Chlor über erwärmtes Aluminiummetall leitet, und ist ein wichtiger Katalysator für die präparative organische Chemie, sowohl im Laboratorium als auch in der Technik. Es löst sich unter heftiger Reaktion und Wärmeentwicklung (s. oben) in Wasser. Eingedampft liefert die wäßrige Lösung ein Hexahydrat, $AlCl_3 \cdot 6H_2O$, das nach der Formel $Al(H_2O)_6^{+++} \cdot 3Cl^-$ gebaut ist. Versucht man dieses Salz durch Erhitzen zu entwässern, so entweicht außer Wasser auch Chlorwasserstoff, während Aluminiumhydroxyd oder Oxyd zurückbleibt. Dies Verhalten zeigt, wie leicht das Hexaquoaluminiumion Wasserstoffionen abgibt (d. h. als Säure wirkt).

Aluminiumoxyd (ältere Bezeichnung: Tonerde), Al_2O_3, ist ein farbloser, *sehr harter*, in Wasser unlöslicher Stoff. Er ist

Hauptbestandteil der Edelsteine Rubin (rot) und Saphir (blau). Schmirgel, der für Schleifsteine und Schmirgelleinen verwendet wird, ist unreines Aluminiumoxyd.

Aluminiumhydroxyd (ältere Bezeichnung: Tonerdehydrat) tritt in sehr verschiedener Zusammensetzung auf, weil das normale Hydroxyd $Al(OH)_3$ leicht Wasser abgibt, und Übergangsformen zwischen dem Oxyd und dem normalen Hydroxyd (partielle Anhydride) bildet. Durch Glühen kann man es in Aluminiumoxyd verwandeln. Anders als die Hydroxyde der übrigen Leichtmetalle, ist das Aluminiumhydroxyd in Wasser praktisch *unlöslich* und eine sehr schwache Base. Man erhält es als einen weißen, flockigen, voluminösen Niederschlag, wenn man der Lösung eines Aluminiumsalzes eine Base, z. B. Ammoniak zusetzt. Das Schema für die Fällung, z. B. mit Natronlauge, ist:

$$Al^{+++} + 3\,HO^- \rightarrow Al(OH)_3;$$

für Ammoniak ist das korrekte Schema:

$$Al(H_2O)_6^{+++} + 3\,NH_3 \rightarrow Al(OH)_3 + 3\,NH_4^+ + 3\,H_2O.$$

In einer starken Base (z. B. NaOH, $Ba(OH)_2$) löst sich der Niederschlag wieder auf, unter Bildung von **Aluminationen**:

$$Al(OH)_3 + HO^- \rightarrow Al(OH)_2 O^- + H_2O.$$

Aluminiumhydroxyd besitzt also nicht nur basische Eigenschaften (kann sich mit Wasserstoffionen verbinden), sondern auch saure Eigenschaften (kann Wasserstoffionen abspalten). Es ist also ein *amphoteres* Hydroxyd, ein Ampholyt. Wäßriges Ammoniak ist noch zu schwach basisch, um Wasserstoffionen aus dem Aluminiumhydroxyd wegnehmen und eine Lösung von Ammoniumaluminat bilden zu können.

S. S. 124.

In der Natur finden sich mehrere schön kristallisierte, aluminiumhaltige Doppeloxyde, die man als Metallaluminate auffassen kann, z. B. das Mineral *Spinell*, $MgO \cdot Al_2O_3 = Mg(AlO_2)_2$.

Aluminiumhydroxyd erinnert in seinen Eigenschaften als *schwache Säure* stark an die Kieselsäure. Beide Stoffe können mit starken Basen, wie Natriumhydroxyd, Salze bilden, jedoch nicht mit schwachen Basen, wie Ammoniak. Auch in anderen Punkten ähneln sich diese Stoffe. So bilden beide Stoffe leicht kolloidale Lösungen und fallen meistens als amorphe kolloidale Niederschläge mit wechselndem Wassergehalt aus.

Aluminiumsulfat, $Al_2(SO_4)_3$, ist ein weißes, leichtlösliches Salz, das aus Wasser mit viel Kristallwasser kristallisiert [$Al_2(SO_4)_3 \cdot 18\,H_2O$]. Zur Darstellung löst man entweder natürlich vorkommendes Aluminiumhydroxyd in verdünnter Schwefelsäure auf, oder man setzt schwach geglühtes Kaolin mit verdünnter Schwefelsäure um.

Alaun ist das Doppelsalz: $K_2SO_4 \cdot Al_2(SO_4)_3 \cdot 24 H_2O$ oder: $KAl(SO_4)_2 \cdot 12 H_2O$. Er ist schwerer löslich und kristallisiert besser als Aluminiumsulfat, und wird daher oft an dessen Stelle verwendet. Die Ionen dieses nicht komplexen Doppelsalzes sind: Kaliumion, Aluminiumion, Sulfation.

Aluminiumacetat (Essigsaure Tonerde). Eine Lösung dieses Salzes erhält man durch Fällen einer Aluminiumsulfatlösung mit Bleiacetat; Bleisulfat fällt aus und wird abfiltriert:

$$Al_2(SO_4)_3 + 3\,Pb(CH_3COO)_2 \rightarrow 3\,PbSO_4 + 2\,Al(CH_3COO)_3.$$
(Niederschlag)

Aluminiumacetat ist in wäßriger Lösung stark gespalten: das basisch wirkende Acetation entnimmt in merklichem Umfang Wasserstoffionen aus dem als Säure wirkenden Hexaquoaluminiumion:

$$Al(H_2O)_6{+++} + CH_3COO^- \rightarrow Al(OH)(H_2O)_5{++} + CH_3COOH.$$

Beim Kochen der Lösung geht die Spaltung weiter, bis sich schließlich ein (acetathaltiger) Niederschlag von Aluminiumhydroxyd ausscheidet:

$$Al(H_2O)_6{+++} + 3\,CH_3COO^- \rightarrow Al(OH)_3 + 3\,CH_3COOH + 3\,H_2O.$$

Vor der Färbung eines Stückes Baumwolltuch imprägniert *(beizt)* man es oft zuerst mit Aluminiumhydroxyd: man taucht das Tuch in eine Aluminiumacetatlösung und dämpft es hierauf. Das auf der Faser abgeschiedene Aluminiumhydroxyd stellt ein Bindemittel zwischen der Faser und dem Farbstoff dar. Aluminiumacetatlösung *(Liquor Aluminii acetici)* wirkt antiseptisch, und wird zu Umschlägen in der Wundbehandlung noch vielfach verwendet.

Aluminiumsilicat bildet einen wesentlichen Bestandteil der Doppelsilicate, aus denen die Erdkruste großenteils aufgebaut ist (z. B. Feldspat und Glimmer). Man faßt diese Minerale am besten auf als Kalium-, Natrium-, Magnesium- oder Calciumsalze von *komplexen* Aluminiumkieselsäuren. In diesem Zusammenhang ist zu bemerken, daß das Aluminiumion nicht nur mit Kieselsäure, sondern auch mit vielen anderen Säuren komplexe Verbindungen bildet, z. B. mit Oxalsäure. In einer Lösung, die neben einem Aluminiumsalz größere Mengen Oxalate enthält, ist das Aluminium so fest in dem komplexen Anion $Al(C_2O_4)_3{---}$ gebunden, daß es mit Phosphat in essigsaurer Lösung nicht gefällt wird. — Beim Verwittern von Feldspat unter dem Einfluß von säurehaltigem Wasser bildet sich **Kaolin**, ein wasserhaltiges Aluminiumsilicat $(Al_2O_3 \cdot 2\,SiO_3 \cdot 2\,H_2O)$. Rein findet sich Kaolin in der weißen Porzellanerde; in dem gewöhnlichen **Ton** treten andere Verwitterungsprodukte (alkali- oder kalkhaltige Aluminiumsilicate) auf. Ton enthält außerdem oft Calciumcarbonat; seine Färbung rührt von geringen Mengen Eisenverbindungen her. S. S. 334.

Über die Eigenschaften und praktische Anwendung des Tons vgl. S. 220f.

Ultramarin ist ein vielverwendeter, unlöslicher blauer Farbstoff; zu seiner Herstellung glüht man eine Mischung von Ton und Soda mit etwas

Schwefel. Er ist vollkommen widerstandsfähig gegen basische Stoffe, wie Seife und Soda, wird jedoch von schwachen Säuren unter Entwicklung von Schwefelwasserstoff zerstört. Außer als Anstrichfarbe wird er als Waschblau, sowie zur Fabrikation von weißem Papier und zur Schönung von Zucker verwendet, da die blaue Farbe des Ultramarins die gelbliche Färbung dieser Stoffe kompensieren (in Weiß verwandeln) kann.

Kationaustauschende Stoffe.

Bei der Verwitterung von Silicaten, wie Feldspat und Glimmer, bilden sich wasserhaltige Doppelsilicate, die im Ton in wechselnder Menge vorhanden sind; sie sind — ähnlich wie die ursprünglichen Doppelsilicate, aus denen sie entstanden sind — in Wasser *unlöslich*, besitzen aber eine neue eigentümliche Eigenschaft: das darin enthaltene Metall (das Kation), welches neben Aluminium noch vorhanden ist, läßt sich gegen andere Metalle (andere Kationen) *austauschen:* sie zeigen *Kationenaustausch* (oder in früher üblicher, weniger klarer Bezeichnung: Basenaustausch). Enthalten sie z. B. Natrium, so geben sie bei Behandlung mit reinem Wasser hiervon nur sehr wenig ab. Behandelt man sie aber mit Lösungen von Kaliumsalzen, so geben sie Natriumionen in reichlicher Menge ab und nehmen eine äquivalente Menge Kaliumionen auf; umgekehrt werden kaliumhaltige Aluminiumsilicate dieser Art bei Behandlung mit Natriumsalzlösungen Kaliumionen abgeben und dafür Natriumionen aufnehmen. Der Kationenaustausch ist also *umkehrbar*. Das chemische Gleichgewicht liegt gewöhnlich so, daß vorzugsweise Kaliumionen aufgenommen werden. Auf diesem Umstand beruht die Fähigkeit tonhaltiger Böden, die für die Pflanzen so wichtigen Kaliumionen zu binden. Diese lebenswichtigen Ionen werden daher vom Regenwasser nicht oder nur langsam ausgewaschen, können jedoch aus dem als Reservoir wirkenden Ton dann abgegeben werden, wenn die Pflanzen die Kaliumionen aufnehmen, die in der Bodenflüssigkeit neben anderen Kationen gelöst sind.

S. S. 249.

Permutit ist ein künstlich hergestelltes Natriumaluminiumsilicat, das den Kationenaustausch sehr deutlich zeigt. In neuerer Zeit wird er in ausgedehntem Maße zur Enthärtung von Wasser verwendet. Läßt man hartes, calciumionenhaltiges Wasser eine Schicht von Permutit (ein Permutitfilter) passieren, so vollzieht sich die Reaktion: $Ca^{++}+$Natriumpermutit $\rightarrow 2\ Na^{+}+$Calciumpermutit. Das Wasser verliert also die Calciumionen und wird weich. Nach längerem Gebrauch hat der Permutit so viele Calciumionen aufgenommen, daß das Filter nicht mehr zufriedenstellend arbeitet; dann kann man es durch Behandlung mit einer konzentrierten Lösung von Natriumchlorid regenerieren. Hierbei werden die aufgenommenen Calciumionen durch Natriumionen verdrängt, wodurch der Permutit wieder völlig wirkungsfähig wird.

Die kationaustauschenden Aluminiumsilicat-Teilchen können als sehr große, poröse Skelete von Aluminiumsilicat mit einer Menge negativer elektrischer Ladungen aufgefaßt werden, also sozusagen als riesenhafte Aluminiumsilicatanionen. Auf Grund ihrer elektrischen Ladung halten diese Riesenanionen an ihrer Oberfläche und in ihren Poren so viele Kationen fest, daß die Elektroneutralität gewahrt bleibt. Diese Kationen sind nur elektrostatisch gebunden und lassen sich leicht gegen andere Kationen austauschen; sie können zu und von der Oberfläche wandern, und ebenso in die Poren oder aus ihnen heraus diffundieren, solange nur die Elektroneutralität gewahrt bleibt.

Übersicht über die Aluminiumsalze.

Die Aluminiumsalze sind *farblos* und meist in Wasser *löslich* (unlöslich sind das Phosphat und das Silicat). Aus ihren wäßrigen Lösungen kristallisieren sie meistens mit *Kristallwasser*; die *Lösungen* selbst *reagieren* wegen Hydrolyse *sauer*.

Anders als die meisten übrigen Leichtmetalle bildet das Aluminium eine ganze Anzahl *komplexer Verbindungen*, in denen das Aluminium nicht als Ion zugegen ist. Die natürlichen aluminiumhaltigen Doppelsilicate sind derart als Salze von komplexen Aluminiumkieselsäuren aufzufassen. Die sog. Aluminate, die bei der Auflösung von Aluminiumhydroxyd in Basen entstehen, sind gleichfalls komplexe Aluminiumverbindungen; sie enthalten das Aluminium im Säurerest und nicht als Aluminiumion.

Das periodische System.

Ordnet man die Elemente nach ihren Atomgewichten, so ergeben sich interessante periodische Regelmäßigkeiten; man sieht dies aus folgender Zusammenstellung der 16 Elemente mit den Atomgewichten von 7—40:

Lithium	6,94	Natrium	22,997
Beryllium	9,02	Magnesium	24,32
Bor	10,82	Aluminium	26,97
Kohlenstoff	12,00	Silicium	28,06
Stickstoff	14,008	Phosphor	31,02
Sauerstoff	16,000	Schwefel	32,06
Fluor	19,00	Chlor	35,457
Neon	20,183	Argon	39,944

Zuerst kommt das Alkalimetall Lithium mit der Valenz 1, danach Beryllium, das zur Calciumgruppe gehört und die Valenz 2 hat. Hierauf folgen: Bor mit der Valenz 3, Kohlenstoff mit der Valenz 4, Stickstoff mit den Valenzen 3 gegen Wasserstoff und 5 gegen Sauerstoff, Sauerstoff mit der Valenz 2 gegen Wasserstoff und Fluor mit der Valenz 1 gegen Wasserstoff, sowie schließlich Neon mit der Valenz 0.

Die Valenz steigt also, wie man sieht, gleichmäßig vom Lithium bis zum Kohlenstoff an; hierauf fällt die Valenz gegen Wasserstoff vom Kohlenstoff bis zum Neon ab, während die Wertigkeit gegen Sauerstoff weiter steigt, soweit sich die Stoffe überhaupt mit Sauerstoff verbinden können. Alle acht Elemente vom Lithium bis zum Neon sind voneinander sehr verschieden und gehören zu verschiedenen Gruppen; geht man aber in der Reihe weiter, so zeigt sich, daß die acht nächsten Elemente eine zweite Periode bilden, die genau der ersten Periode vom Lithium bis zum Neon entspricht. Nach dem Neon folgen nämlich: das Natrium mit der Valenz 1, das Magnesium mit der Valenz 2, das Aluminium mit der Valenz 3, das Silicium mit der Valenz 4, der Phosphor mit den Valenzen 3 gegen Wasserstoff und 5 gegen Sauerstoff, der Schwefel zweiwertig gegen Wasserstoff und sechswertig gegen Sauerstoff, das Chlor einwertig gegen Wasserstoff und siebenwertig gegen Sauerstoff, sowie schließlich Argon mit der Valenz Null. Die Übereinstimmung zwischen den beiden Perioden zeigt sich nicht nur in den Wertigkeiten, sondern ganz allgemein in den chemischen Eigenschaften der Stoffe. Bor und Aluminium stehen einander allerdings ferner; aber selbst zwischen ihnen gibt es Analogien, so entsprechen den Aluminaten die Borate. Eine Aufstellung aller Elemente, geordnet nach den Atomgewichten (wenige Ausnahmen, s. unten), welche die vorhandenen periodischen Regelmäßigkeiten hervortreten läßt, heißt das *periodische System*. Eine solche Aufstellung zeigt die Tabelle 20. Die ersten umfassenden Aufstellungen des periodischen Systems verdankt man LOTHAR MEYER und MENDELEJEFF.

Vor den eben besprochenen zwei Perioden von je 8 Elementen stehen noch 2 Elemente: Wasserstoff und Helium. Geht man vom Argon weiter zu den Elementen mit höherem Atomgewicht, so werden die Perioden länger. In der 4. Periode treten außer 8 Stoffen, welche den 8 Elementen der 2. und 3. Periode entsprechen, noch *10 Schwermetalle* auf, zu denen in der 1., 2. und 3. Periode entsprechende Elemente nicht vorhanden sind. An ihren beiden Enden entspricht die 4. Periode vollständig der 2. und 3., in ihrer Mitte treten jedoch diese 10 Schwermetalle auf. Die 5. Periode gleicht vollständig der 4. Dagegen ist die 6. Periode wieder größer als die 4. und 5., da in ihr 14 seltene Metalle (die sog. *seltenen Erdmetalle*) auftreten, zu denen in den vorhergehenden Perioden analoge Stoffe nicht vorhanden sind.

Alle in einer horizontalen Linie stehenden Elemente gehören zu der gleichen Gruppe. So erhält man *8 Hauptgruppen*, die den 8 Stoffen in der 2. und 3. Periode entsprechen. Die 1. Gruppe enthält die einwertigen Alkalimetalle, die 2. Gruppe die zweiwertigen Leichtmetalle (Calcium usw.), die 3. Gruppe die dreiwertigen Leichtmetalle (Aluminium usw.); die 4. Gruppe ist die vierwertige Kohlenstoffgruppe, die 5. Gruppe ist die fünfwertige Stickstoffgruppe, die 6. Gruppe enthält die Metalloide der Sauerstoffgruppe mit der Maximal-

Tabelle 20. Das Periodische System.

	1. Periode Nr. 1–2	2. Periode Nr. 3–10	3. Periode Nr. 11–18	4. Periode Nr. 19–36	5. Periode Nr. 37–54	6. Periode Nr. 55–86	7. Periode Nr. 87–92
1. Gruppe	H (1)	Li (6,9)	Na (23,0)	K (39,1)	Rb (85,4)	Cs (132,8)	—
2. Gruppe		Be (9,0)	Mg (24,3)	Ca (40,1)	Sr (87,6)	Ba (137,4)	Ra (226,0)
3. Gruppe		B (10,8)	Al (27,0)	Sc (45,1)	Y (88,9)	La (138,9)	—
						Ce (140,1)	
						Pr (140,9)	
						Nd (144,3)	
						—	
						Sm (150,4)	
Gruppe der seltenen Erdmetalle	.	.	.	.	.	Eu (152,0) Gd (157,3) Tb (159,2)	
						Dy (162,5)	
						Ho (163,5)	
						Er (167,6)	
						Tu (169,4)	
						Yb (173,5)	
						Lu (175,0)	
4. Gruppe		C (12,0)	Si (28,1)	Ti (47,9)	Zr (91,2)	Hf (178,6)	Th (232,1)
5. Untergr.				V (51,0)	Nb (93,3)	Ta (181,4)	—
6. Untergr.				Cr (52,0)	Mo (96,0)	W (184,0)	U (238,1)
7. Untergr.				Mn (54,9)	Ma (—)	Re (186,3)	
8. Untergruppe a				Fe (55,8)	Ru (101,7)	Os (190,8)	
8. Untergruppe b				Co (58,9)	Rh (102,9)	Ir (193,1)	
8. Untergruppe c				Ni (58,7)	Pd (106,7)	Pt (195,2)	
1. Untergr.				Cu (63,6)	Ag (107,9)	Au (197,2)	
2. Untergr.				Zn (65,4)	Cd (112,4)	Hg (200,6)	
3. Untergr.				Ga (69,7)	In (114,8)	Tl (204,4)	
4. Untergr.				Ge (72,6)	Sn (118,7)	Pb (207,2)	
5. Gruppe		N (14,0)	P (31,0)	As (74,9)	Sb (121,8)	Bi (209,0)	
6. Gruppe		O (16,0)	S (32,1)	Se (79,2)	Te (127,5)	Po (210)	
7. Gruppe		F (19,0)	Cl (35,5)	Br (79,9)	J (126,9)	—	
8. Gruppe	He (4)	Ne (20,2)	A (39,9)	Kr (83,7)	Xe (131,3)	Rn (222,0)	

valenz 6, die 7. Gruppe umfaßt die Halogene mit der Höchstvalenz 7, und die 8. Gruppe wird von den Edelgasen gebildet.

Die Schwermetalle, die in der 4., 5. und 6. Periode auftreten, lassen sich in 8 Untergruppen einordnen, die gewisse Analogien in der Wertigkeit mit den 8 Hauptgruppen zeigen und daher auch übereinstimmend mit diesen numeriert werden, so daß ihre Nummer so gut wie möglich die charakteristischste Valenz ihrer Glieder andeutet. Die 8. Untergruppe zerfällt wieder in 3 Abteilungen (a, b, c).

Bei der hier angewendeten Darstellung des periodischen Systems kann man durch eine Treppenlinie, die von dem Eck links oben nach rechts unten zieht, sämtliche *Metalle* von den *Metalloiden* trennen, weiterhin durch eine nahezu horizontale Linie alle *Leichtmetalle* von den *Schwermetallen*. Oben stehen die Leichtmetalle, rechts finden sich die Schwermetalle und unten die Metalloide.

Leere Plätze. Während in der 1., 2., 3., 4. und 5. Periode keine leeren Plätze sind, fehlen in der 6. Periode 2 Elemente und von der 7. Periode sind nur einige wenige Glieder bekannt. Vermutlich gehören auf die leeren Plätze zwar existierende, jedoch noch nicht entdeckte Elemente. Als MENDELEJEFF sein periodisches System aufstellte, waren in der 4. und 5. Periode mehrere Plätze leer; Gallium (Ga) und Germanium (Ge) waren z. B. noch nicht bekannt. Aus seinem System schloß er, daß Elemente existieren müßten, die diesen Plätzen entsprechen. So sagte er die Existenz eines Grundstoffes voraus, der das Atomgewicht 72,9, die Valenz 4 und chemische Eigenschaften zwischen denen des Siliciums und des Zinns besitzen sollte; er sollte z. B. ein flüssiges Chlorid der Formel RCl_4 bilden, dessen Siedepunkt etwas unter 100^0 zu erwarten sei. Als WINCKLER später das Germanium entdeckte, erwies es sich als der von MENDELEJEFF vorausgesagte Stoff. Es besaß das Atomgewicht 72,5, war vierwertig, stand in seinen Eigenschaften zwischen Silicium und Zinn, und bildete ein flüssiges Chlorid, $GeCl_4$, das bei 86^0 siedet. Die Voraussage wurde also glänzend bestätigt.

Das periodische System ist nicht ganz frei von Unregelmäßigkeiten; um Inkonsequenzen zu vermeiden, muß man das Argon mit dem Atomgewicht 39,94 vor das Kalium mit dem Atomgewicht 39,10 setzen, und in ähnlicher Weise muß man Kobalt gegen Nickel, und Jod gegen Tellur vertauschen.

Der Atombau.

Die meisten Atomgewichte liegen in der Nähe ganzer Zahlen. Daher stellte PROUT schon zu Anfang des vorigen Jahrhunderts (1815) die Hypothese auf, daß alle Atome aus Wasserstoffatomen als Urstoff aufgebaut seien. Da es sich indessen nach und nach zeigte, daß die Atomgewichte durchaus nicht genaue Vielfache des Atomgewichts von Wasserstoff sind, konnte PROUTS Hypothese keinen Boden gewinnen.

Die Aufstellung des periodischen Systems in der Mitte des vorigen Jahrhunderts ließ den Gedanken wieder wach werden, daß die Atome zusammengesetzte Systeme sein müßten; aber erst in dem neuen Jahrhundert ist es, besonders durch die Untersuchung der radioaktiven Stoffe, geglückt, Einsicht in den Bau der Atome zu gewinnen.

Das Atommodell von RUTHERFORD. Jedes Atom besteht, wie schon früher erwähnt, aus einem *kleinen, schweren, positiv geladenen Kern, der von negativen Elektronen umkreist wird*. Im Kern ist fast die ganze Masse des Atoms konzentriert; die Anzahl der im Kern befindlichen positiven Elementarladungen, die *Kernladungszahl*, ist angenähert gleich der Hälfte des Atomgewichtes (gewöhnlich etwas kleiner). Die Größe der Atome wird durch die

Größe ihres äußeren Elektronensystems bedingt, dessen Durchmesser in der Größenordnung 10^{-8} cm ($= 1$ Ångström) liegt. Die Durchmesser der Atomkerne sind etwa zehntausendmal kleiner (etwa 10^{-12} cm) und die Durchmesser der Elektronen noch 10mal kleiner (etwa 10^{-13} cm). Die Atome sind also aus Bausteinen aufgebaut, die dem Volumen nach nur einen äußerst geringen Teil des gesamten Atomsystems darstellen. Während die Atomkerne, solange das Element überhaupt existiert, ganz unveränderlich sind, kann das Elektronensystem bedeutende Veränderungen erleiden. Ist die Anzahl der Elektronen so groß, daß die Summe ihrer Ladungen die Kernladung genau neutralisieren kann, d. h. ist sie gleich der Kernladungszahl, so haben wir ein neutrales Atom. Ist die Zahl der Elektronen größer, so handelt es sich um ein negatives Ion; ist die Elektronenzahl kleiner als die Kernladungszahl, so handelt es sich um ein positives Ion.

RUTHERFORD kam zu diesem Modell auf Grund seiner Versuche mit α-Strahlen radioaktiver Stoffe. Diese Strahlen sind Helium- S.S. 263f. ionen mit doppelter positiver Ladung (He^{++}). Die einzelnen α-Teilchen durchfliegen Tausende von Atomen, bis sie zum Stillstand kommen. Die meisten werden bis zum Ende ihrer Bahn kaum aus ihrer Richtung abgelenkt; sie verlieren nach und nach ihre Bewegungsenergie bei ihren Zusammenstößen mit den Elektronen der Atome, die sie aus deren Elektronensystemen herausschlagen (wobei die Atome ionisiert werden); wegen der geringen Masse der Elektronen verursacht ein solcher Vorgang bei einem α-Teilchen keine merkliche Richtungsänderung. Nur die wenigen α-Teilchen, die *ganz nahe* an einen *schweren Atomkern herankommen*, oder direkt *mit einem Kern zusammenstoßen*, werden merklich zur Seite *abgelenkt* oder gar *zurückgeworfen*. Durch Abzählen dieser stark abgelenkten α-Teilchen konnte man die Größen der positiven Ladungen der Atomkerne bestimmen. Diese Ladungsgrößen, die Kernladungszahlen, haben sich als äußerst einfach erwiesen.

Der Wasserstoffkern enthält *eine* Elementarladung; das unhydratisierte Wasserstoffion, H^+, ist also ein nackter Wasserstoffkern, ein Proton. Der Heliumkern besitzt 2 Ladungen; ein α-Teilchen, He^{++}, ist also ein nackter Heliumkern. Der Lithiumkern besitzt 3 Ladungen, der Berylliumkern 4, der Borkern 5 Ladungen usw. Mit steigendem Atomgewicht steigt im allgemeinen die Kernladung; ganz streng gilt, daß *die Kernladungszahl gleich der Nummer des Elementes im periodischen System ist* (Atomnummer). S.S. 275 Der Grund dafür, daß Argon trotz seines höheren Atomgewichtes im periodischen System vor dem Kalium steht, ist der, daß seine Kernladung (18) kleiner ist als die des Kaliums (19).

Die Atomtheorie von BOHR. Die *Kernladungszahl* eines Atoms, die Atomnummer, bestimmt nicht nur die gesamte Elektronenzahl im neutralen Atom, sondern auch den *Bau* des *Elektronensystems*, und damit *die meisten physikalischen und chemischen Eigenschaften der Atome*. Es sind besonders die äußersten, d. h. die am lockersten gebundenen Elektronen eines Atoms, die die physikalischen und chemischen Eigenschaften des Elementes bestimmen. Atome solcher Elemente, die man zu einer Gruppe des periodischen Systems zusammenfaßt, zeigen z. B. stets eine weitgehende Ähnlichkeit des äußersten Teiles ihres Elektronensystems.

Die Elektronen jedes Atoms sind in *Gruppen angeordnet*. Besonders häufig treten Gruppen von 2, 8, 18, 32 Elektronen auf; diese Gruppen besitzen offenbar eine besondere Beständigkeit. Dies geht überzeugend hervor aus der Sonderstellung, welche die *Edelgase* gegenüber allen anderen Elementen einnehmen; in ihren Atomen bilden nämlich die Elektronen abgeschlossene Gruppen oder Schalen nach folgendem Schema:

He: 2.   Ne: 2, 8.   A: 2, 8, 8.   Kr: 2, 8, 18, 8.
Xe: 2, 8, 18, 18, 8.   Rn(RaEm): 2, 8, 18, 32, 18, 8.

Die Edelgase sind die einzigen Elemente, deren freie Atome derart beständig sind, daß sie weder mit gleichen Atomen zu mehratomigen Molekülen zusammentreten (wie dies z. B. die Atome der Elementargase tun: $H + H \rightarrow H_2$; $N + N \rightarrow N_2$; $Cl + Cl \rightarrow Cl_2$, usw.), noch sich mit anderen, sonst noch so reaktionsfähigen Atomen zu Molekülen nennenswerter Beständigkeit verbinden können. Die Edelgasatome sind kurz gesagt *Musterbeispiele für chemisch gesättigte Systeme*. Gleich der Beginn des periodischen Systems liefert hierfür ein sehr deutliches Beispiel. Das Wasserstoffatom, H, welches *ein* Elektron enthält, läßt sich nur durch sehr kräftige Einwirkung aus dem Molekül H_2 erhalten; einmal gebildet, zeigt sich dieses Atom höchst reaktionsfähig und bewirkt z. B. Reduktionen, die mit dem Molekül H_2 nicht zu erreichen sind. Das Lithiumatom mit *drei* Elektronen zeigt die bekannte Reaktionsfähigkeit der Alkalimetalle. Zwischen diesen beiden Elementen steht das Helium mit *zwei* Elektronen, dessen freie Atome sich völlig reaktionsunfähig verhalten. Daß Helium keinerlei Reaktionsfähigkeit zeigt, kommt davon her, daß seine *zwei* Elektronen eine sehr beständige, *abgeschlossene* Elektronengruppe bilden, während dem Wasserstoffatom hierzu ein Elektron fehlt, und das Lithiumatom ein Elektron zu viel hat. Auch in den übrigen *Edelgasen* wird die chemische Trägheit durch die ungewöhnliche Beständigkeit ihrer oben angedeuteten Elektronenanordnung verursacht.

In dem periodischen System folgt auf jedes Edelgas ein Alkalimetall (nach He folgt Li, nach Ne folgt Na, nach A folgt K usw.).

Das Atom jedes Alkalimetalls enthält also ein Elektron mehr als das vorausgehende Edelgasatom. Dieses äußerste Elektron kann nicht in die vorhandenen Gruppen, die alle abgeschlossen sind, aufgenommen werden und muß daher *locker* gebunden sein. Hiermit erklärt sich die ausgeprägte Neigung dieser Stoffe, einwertige positive Ionen (Li^+, Na^+, K^+) zu bilden und mit der Wertigkeit 1 aufzutreten. Nach jedem Alkalimetall folgt im periodischen System ein Metall der Calciumgruppe (nach Na folgt Mg, nach K folgt Ca usw.). In diesen *Erdalkalimetallen* sind daher *zwei locker gebundene* Elektronen vorhanden. Hiermit erklärt sich die Neigung dieser Elemente, zweiwertige Kationen zu bilden (Mg^{++}, Ca^{++}). Aluminium folgt auf das Magnesium und muß daher drei locker gebundene Elektronen besitzen, in guter Übereinstimmung mit der dreifachen Ladung seines Ions Al^{+++}.

S. S. 105, 236f.

Vor jedem Edelgas (außer He) steht im periodischen System ein Halogen. Den freien Atomen dieser Stoffe *fehlt* daher zur Bildung einer edelgasähnlich abgeschlossenen Elektronengruppe *ein Elektron*. Dies erklärt die Neigung der Halogenatome, ein Elektron aufzunehmen und einwertige Anionen zu bilden (F^-, Cl^-, Br^-, J^-). Die Atome von Sauerstoff und Schwefel, die vor Fluor bzw. Chlor stehen, brauchen *zwei* Elektronen zum Abschluß ihrer äußersten Gruppe und bilden daher zweiwertige Anionen (O^{--}, S^{--}). Die *fünf Ionen* O^{--}, F^-, Na^+, Mg^{++}, Al^{+++} enthalten *alle das besonders beständige Elektronensystem des Neons* (2, 8), und die *Ionen* S^{--}, Cl^-, K^+, Ca^{++} enthalten *alle das abgeschlossene Elektronensystem des Argons* (2, 8, 8). Die Halogene zeigen gegenüber Sauerstoff die Höchstwertigkeit 7, z. B. in der Überchlorsäure, $HClO_4$. Dies hängt mit dem Vorhandensein von 7 äußeren Elektronen zusammen, die noch nicht zu einer beständigen Gruppe ausreichen und daher in Reaktion treten können. In ähnlicher Weise kann Schwefel mit 6 äußeren Elektronen gegenüber Sauerstoff sechswertig auftreten, z. B. in Schwefelsäure, H_2SO_4.

Sehr anschaulich geht das besprochene Verhalten der Atome aus Darstellungen hervor, in denen jedes einzelne Elektron der äußersten Schalen durch einen Punkt bezeichnet ist. Als Musterbeispiel für die Bildung eines *Salzes* sei die Entstehung von $Na^+ \cdot Cl^-$ aus Na und Cl dargestellt:

$$:\overset{..}{\text{N}}\text{a}: \cdot \;+\; \cdot \overset{..}{\text{C}}\text{l}: \;\rightarrow\; :\overset{..}{\text{N}}\text{a}: \;+\; :\overset{..}{\text{C}}\text{l}:$$

| Natrium-atom | Chlor-atom | Natriumion (neonähnlich) | Chlorion (argonähnlich). |

Aus den edelgas*unähnlichen Atomen* entstehen durch den Übergang des einen, besonders locker gebundenen Elektrons vom Natrium- zum Chloratom die edelgas*ähnlichen Ionen*.

Man kann alle Salzbildungsvorgänge aus neutralen Atomen durch ähnliche Schemata verständlich machen. Das *allgemeine Bestreben* der edelgasunähnlichen Atome *in einen edelgasähnlichen Zustand überzugehen*, ist hiernach der tiefere Grund dafür, daß die meisten, besonders allerdings die einem Edelgas benachbarten, Atomarten nicht als freie Atome in neutralem Zustande beständig sind, sondern vorzugsweise oder ausschließlich in geladenem Zustande, als *Ionen*, vorkommen. Sind die Ionen gebildet, so hat man es mit Salzen zu tun, deren besondere Eigenschaften im festen und gelösten Zustande wir schon früher besprochen haben.

S. S. 111.

Es sei schon hier bemerkt, daß nicht nur für das Verständnis der Salzbildung, sondern auch für das Verständnis der Bildung von Neutralmolekülen — d. h. der Vereinigung von Atomen zu nicht salzartigen Verbindungen — die besprochene allgemeine Neigung der Atome, nach Möglichkeit edelgasähnliche Elektronenzustände anzunehmen, von großer Bedeutung ist.

S.S. 303f.

Das Verhalten der Elektronen in den Atomen und Molekülen läßt sich nicht nach den Gesetzen unserer gewöhnlichen Mechanik oder Elektrizitätslehre erklären; auf Grund von PLANCKs Quantenhypothese ist aber die Entwicklung einer neuen Mechanik gelungen, der sog. *Quantenmechanik*, welche das Verhalten der Elektronen der Erfahrung entsprechend wiedergibt. Für größere Körper kommt die Quantenmechanik zu den gleichen Ergebnissen wie die ältere Mechanik. Nur wenn es sich um *Elementarvorgänge* in den Atomen oder Molekülen handelt, ist es notwendig, die Quantenmechanik anzuwenden.

Mit Hilfe der Quantenmechanik ist es gelungen, eine große Anzahl der physikalischen und chemischen Eigenschaften der Atome in Zusammenhang zu bringen, und ganz bestimmte, im wesentlichen zweifellos zutreffende Ansichten über den Bau der Elektronensysteme zu entwickeln. Besonders wichtig sind die Zusammenhänge zwischen den optischen Spektren der Atome und ihren sonstigen Eigenschaften. So weit es sich um einzelne Atome handelt (Systeme mit 1 Atomkern), ist die Forschung schon weit vorgeschritten; für mehratomige Moleküle jedoch (Systeme mit mehreren Atomkernen) ist die Entwicklung erst in ihrem Anfang.

Isotope. Daß wirklich *die Größe der Kernladungszahl* in der Hauptsache alle Eigenschaften der Atome bestimmt, ergibt sich mit größter Deutlichkeit aus der Existenz der sog. *isotopen Elemente*. Unter den Zerfallsprodukten der radioaktiven Stoffe hat man mehrere gefunden, die in jeder Hinsicht die chemischen und physikalischen Eigenschaften des gewöhnlichen Bleies besitzen, jedoch ein merklich verschiedenes Atomgewicht, z. B. Ra B, Ra D, Ra G (vgl. Tabelle 19). Diese Stoffe sind dem Blei derart

S. S. 265.

ähnlich, daß es sich als unmöglich herausgestellt hat, sie mit irgendeiner Methode vom Blei zu trennen. Alle besitzen, wie das Blei, 82 positive Elementarladungen auf ihrem Kern. Solche Elemente mit gleicher Kernladung gehören im periodischen System auf denselben Platz und heißen Isotope (isos = gleich, topos = Platz).

Neuere Untersuchungen haben gezeigt, daß die meisten Elemente *Mischelemente* sind, d. h. aus einer Mischung von zwei oder mehr Isotopen bestehen. So ist Chlor eine Mischung aus etwa 75% Cl_{35} (d. h. eines Chlorisotopes des Atomgewichtes 35) und etwa 25% Cl_{37}; außerdem ist noch in ganz geringer Menge die Atomart Cl_{39} vorhanden. Dies ergibt das durchschnittliche Atomgewicht des Chlors von etwa 35,5. Magnesium ist eine Mischung aus Mg_{24}, Mg_{25} und Mg_{26}. Sauerstoff besteht hauptsächlich aus O_{16}, enthält jedoch etwa $1^0/_{00}$ O_{18} und etwa $0,2^0/_{00}$ O_{17}. Wasserstoff enthält H_1, gemischt mit $0,03^0/_{00}$ H_2. Quecksilber ist eine Mischung von Hg_{196}, Hg_{198}, Hg_{199}, Hg_{200}, Hg_{201}, Hg_{202}, Hg_{204}.

Nur durch ganz besondere, physikalische Untersuchungsmethoden, bei denen die *Masse des Einzelatoms* besonders deutlich hervortritt (Massenspektroskopie, Bandenspektren), ist der *Nachweis* der einzelnen Atomarten in Mischelementen möglich. Erst ganz neuerdings scheint es zu gelingen, die einzelnen Neonisotopen und besonders die zwei Wasserstoffisotopen in praktisch reinem Zustande *darzustellen;* in einigen wenigen anderen Fällen, z. B. beim Quecksilber, ließ sich eine teilweise Fraktionierung in schwerere und leichtere Atome erreichen. In der Natur hat man bisher keine Andeutung von Isotopenfraktionierung gefunden. Schon aus dieser Tatsache kann man entnehmen, in welchem Maße Gefrierpunkte, Siedepunkte, Löslichkeiten und Affinitäten von Isotopen einander gleich sein müssen. Sobald die Atomkerne nur gleichgroße Ladungen besitzen, machen sich ihre übrigen Verschiedenheiten so gut wie überhaupt nicht geltend (abgesehen von der verschiedenen Beständigkeit der Kerne bei radioaktiven Isotopen).

Ganzzahlige Atomgewichte. Nachdem der Charakter der meisten gewöhnlichen Elemente als Mischelemente feststand, wurde es nötig, zwischen den von den Chemikern bestimmten Atomgewichten der Mischelemente und den von den Physikern bestimmten Atomgewichten der einzelnen Atomarten zu unterscheiden. Die Atomgewichte der Chemiker heißen zum Unterschied von den anderen oft *praktische Atomgewichte.* Wie oben erwähnt, hatte man schon S. S. 276. früh bemerkt, daß die praktischen Atomgewichte im ganzen genommen eine Tendenz zeigen, ganzzahlig zu sein. Nachdem jetzt die wahren Atomgewichte der einzelnen Atomarten bekannt sind, weiß man, daß die größeren Abweichungen der praktischen Atomgewichte von der Ganzzahligkeit immer darauf zurückgehen, daß es sich um

Isotopenmischungen handelt. Die Atomgewichte reiner Atomarten liegen stets sehr nahe bei ganzen Zahlen. Während das praktische Atomgewicht des Chlors 35,457 beträgt, sind die Atomgewichte der drei Chlorisotopen 35, 37, 39. Daher ist die alte Hypothese von PROUT neuerdings in moderner Form wieder lebendig geworden; man nimmt an, daß alle Atomkerne aus Wasserstoffkernen und Elektronen aufgebaut sind.

Atomumwandlungen und die Zusammensetzung der Atomkerne. Über den Aufbau der Atomkerne bekam man die ersten Kenntnisse durch das Studium der radioaktiven Umwandlungen. Man muß hier zwischen zweierlei Umwandlungen unterscheiden: α-Strahlenumwandlungen und β-Strahlenumwandlungen. Bei der ersten Art wird aus jedem Atom ein α-Teilchen, He^{++}, ausgeschleudert, bei der zweiten Art ein Elektron. Diese Teilchen stammen *aus dem Kern selbst*. Dies geht daraus hervor, daß sich Masse und Ladung des Kerns genau so verändern, wie man es erwarten muß, wenn die Teilchen aus dem Kern kommen. Nach jeder α-Strahlenumwandlung nimmt die Masse des betreffenden Atomkerns um 4 ab und seine Ladung (bzw. Atomnummer) um 2. Bei jeder β-Strahlenumwandlung bleibt die Kernmasse (bzw. das Atomgewicht) praktisch unverändert, während die Kernladung (d. h. die Atomnummer) um 1 steigt. Die Gültigkeit dieser beiden *Verschiebungssätze* geht aus unseren Angaben über die Uran-Radiumfamilie hervor (Tabelle 19). Die Atomkerne radioaktiver Stoffe enthalten also α-Teilchen (He^{++}) und Elektronen.

Die Beständigkeit unserer gewöhnlichen Elemente kommt von der großen Stabilität ihrer Kerne her. Entsteht aus einem Atom ein Ion, oder verbindet es sich mit anderen Atomen, so ändert sich nur sein äußeres Elektronensystem, sein Kern bleibt jedoch unverändert. Gegenüber hinreichend energischen Einwirkungen scheint indessen kein Atomkern völlig widerstandsfähig zu sein. Durch Bombardement mit α-Teilchen radioaktiver Stoffe ist es geglückt, verschiedene Atomkerne zu zerlegen, wobei Wasserstoffkerne (Protonen), H^+, ausgesandt werden; hierin hat man einen direkten Beweis dafür, daß sich in den Kernen dieser Atome Wasserstoffkerne befinden. Aus dem Stickstoffkern N_{14}^{7} (die obere Zahl bedeutet die Kernladung, die untere Zahl das Kerngewicht) entsteht außer dem Wasserstoffkern, H_{1}^{1}, der Kern eines Sauerstoffisotopes, O_{17}^{8}:

$$He_{4}^{2} + N_{14}^{7} \rightarrow H_{1}^{1} + O_{17}^{8}.$$
α-Teilchen   Stickstoffkern   Proton   Sauerstoffisotopkern

Bei allen bisher besprochenen Umwandlungen handelt es sich um Umwandlungen radioaktiver Stoffe, oder um Umwandlungen, die durch α-Teilchen radioaktiver Stoffe hervorgerufen waren. Erst ganz neuerdings,

1932, ist es geglückt, verschiedene Kerne leichter Atome ohne Mitwirkung radioaktiver Stoffe umzuwandeln, nämlich durch Bombardement mit Protonenstrahlen, dargestellt durch die Beschleunigung von Protonen, H^+, in Vakuumröhren mit Hilfe starker elektrischer Felder. So konnte man Lithium durch Bombardement mit solchen Protonenstrahlen in Helium verwandeln:

$$Li_7^3 + H_1^1 \rightarrow 2\, He_4^2;$$
Lithiumkern Proton α-Teilchen.

Ähnlich entstand aus Bor durch Einwirkung dieser Strahlen Helium (vielleicht auch Kohlenstoff):

$$B_{11}^5 + H_1^1 \rightarrow 3\, H_4^2 \text{ (vielleicht auch } C_{12}^6);$$
Borkern Proton α-Teilchen Kohlenstoffkern.

Man muß jedoch hervorheben, daß die Ausbeute bei allen bisher durchgeführten Atomumwandlungen äußerst gering ist. Nur etwa ein Hunderttausendstel der Teilchen in den verwendeten kostbaren α-Strahlen und Protonenstrahlen treffen die Atomkerne so wirksam, daß es zu einer Umwandlung kommt. Man hat noch kein Anzeichen dafür, daß in naher Zukunft die erstrebten Atomumwandlungen in so großem Maßstabe gelingen werden, daß sie für präparative Zwecke ausgenützt werden können.

Man nimmt heute an, daß alle Atomkerne Protonen und Elektronen enthalten. Diese beiden Arten elektrischer Teilchen gehören höchstwahrscheinlich zu den Urbestandteilen, aus denen die gesamte Materie aufgebaut ist. Die sehr fest gebundenen Elektronen in den Kernen dürfen nicht verwechselt werden mit den äußeren relativ locker gebundenen Elektronen in dem System, das den Kern umgibt. Der Heliumkern He_4^2 ist zusammengesetzt aus $4H^+ + 2E^-$ ($E^- = 1$ Elektron). Der Borkern B_{11}^5 ist zusammengesetzt aus $11 H^+ + 6 E^-$, der Sauerstoffkern O_{16}^8 aus $16 H^+ + 8 E^-$, der Goldkern Au_{197}^{79} aus $197 H^+ + 118 E^-$ usw. Wahrscheinlich sind in den Kernen die meisten Protonen mit Elektronen in der Weise verbunden, daß 4 Protonen und 2 Elektronen zusammen ein α-Teilchen bilden.

Zwischen den aus dieser Zusammensetzung der Kerne berechneten Atomgewichten und den experimentell gefundenen bestehen kleine Abweichungen. Man kann sie erklären durch die gewaltigen Energiemengen, die bei der Bildung von Atomkernen aus Protonen und Elektronen frei werden. Energie besitzt nämlich eine gewisse endliche, wenn auch äußerst geringe Masse ($9 \cdot 10^{20}$ Erg $= 1$ g).

Die Spannungsreihe.

Vor der Besprechung der einzelnen Schwermetalle erscheint es richtig, die sog. Spannungsreihe der Metalle zu behandeln, weil die Stellung der einzelnen Schwermetalle in dieser Reihe einen guten Überblick über verschiedene ihrer chemischen Eigenschaften gibt.

Taucht man ein Stück Kupfer in die Lösung eines Silbersalzes, so geht Kupfer in Lösung, und eine äquivalente Menge Silber wird niedergeschlagen. In gleicher Weise fällt Kupfer auch andere Metalle, z. B. Quecksilber und Gold, aus ihren Salzen aus. Dagegen kann es nicht Zink oder Eisen aus deren Salzen ausfällen. Man kann alle Metalle in eine Reihe ordnen, in der jedes Metall alle folgenden ausfällen kann, aber keines der vorherstehenden. Diese Reihe heißt die *Spannungsreihe* und ist in Tabelle 21 wiedergegeben.

Für die Ausfällung des Silbers aus Silbernitrat durch Kupfer gilt das Schema:
$$Cu + 2\,AgNO_3 \rightarrow 2\,Ag + Cu(NO_3)_2;$$
richtiger ist jedoch, die Ionenreaktion anzuschreiben:
$$Cu + 2\,Ag^+ \rightarrow 2\,Ag + Cu^{++}.$$
Bei der Ausfällung nehmen die Silberionen Elektronen aus dem Kupfer auf und fallen als metallisches Silber aus, während umgekehrt das Kupfer in Lösung geht und zum Cupriion wird. Kupfer besitzt also eine *größere Neigung Elektronen abzugeben und positive Ionen zu bilden*, wie Silber: es ist *elektropositiver, unedler* wie Silber.

Scheidet Zink aus einem Cuprisalz das Kupfer als Metall aus, so handelt es sich um die Reaktion:
$$Zn + Cu^{++} \rightarrow Zn^{++} + Cu.$$
Zink ist also elektropositiver wie Kupfer. Je höher ein Metall in der Spannungsreihe steht, desto elektropositiver ist es. Ein stark elektropositives Metall besitzt große Neigung positive Ionen zu bilden; seine Verbindungen werden daher im allgemeinen entweder ionisiert sein, oder sich leicht ionisieren lassen. Dies stimmt damit überein, daß die *ersten Metalle* der Spannungsreihe vorzugsweise *ionogene* Verbindungen bilden, während die Metalle am unteren Ende der Spannungsreihe hauptsächlich *komplexe* Verbindungen eingehen.

Wasserstoff erinnert in vielen Beziehungen an die Metalle. Wie diese, kann er Elektronen abgeben und positive Ionen bilden. Er hat seinen bestimmten Platz in der Spannungsreihe, und zwar unter denjenigen Metallen, die aus Säuren Wasserstoff entwickeln können. Durch den Wasserstoff werden die Metalle der Reihe in zwei Gruppen geteilt: *oben* diejenigen, die Wasserstoff aus Säuren entwickeln können; *unten* diejenigen, die hierzu nicht imstande sind, sondern umgekehrt aus ihren Salzen durch Wasserstoff ausgefällt werden. Zink steht über dem Wasserstoff, es kann Wasserstoff aus verdünnter Schwefelsäure entwickeln, während Kupfer, das unter Wasserstoff steht, umgekehrt aus einer Cuprisulfatlösung durch Zuleiten von Wasserstoff (rasch allerdings nur in Gegenwart eines Katalysators, z. B. Platinschwarz) ausgefällt wird. Entwickelt Zink aus einer sauren Lösung Wasserstoff, so handelt es sich um den Vorgang:
$$Zn + 2\,H^+ \rightarrow H_2 + Zn^{++}.$$
Diese Reaktion tritt deswegen ein, weil Zink elektropositiver ist wie Wasserstoff. Fällt Wasserstoff das Kupfer aus, so handelt es sich um den Vorgang:
$$H_2 + Cu^{++} \rightarrow Cu + 2\,H^+;$$

er vollzieht sich deswegen, weil Wasserstoff elektropositiver ist wie Kupfer.

Tabelle 21. Die Spannungsreihe der Metalle.

Spannungsreihe	Normalpotential des Metalls	Verhalten des Metalls gegen		Eigenschaften der Metallverbindungen
		Wasser und Säuren	atmosphärische Luft	
Kalium . .	−2,92	Entwickeln Wasserstoff bereits mit Wasser	Werden an der Luft stark angegriffen	Verbindungen sind ionisiert. Die Hydroxyde sind starke Basen, in Wasser löslich
Barium . .	—			
Calcium . .	−2,8			
Natrium .	−2,71			
Magnesium	-2,35	Entwickeln Wasserstoff mit starken Säuren	Werden an der Luft langsam angegriffen	Die meisten Verbindungen sind ionisiert. Die Hydroxyde sind schwache Basen, in Wasser unlöslich
Aluminium	—			
Zink . . .	−0,76			
Eisen . . .	−0,44 (in Fe++)			
Nickel. . .	−0,25			
Zinn . . .	−0,14 (in Sn++)			
Blei. . . .	−0,13			
Wasserstoff	0,00	Können Wasserstoff aus Säuren nicht entwickeln	Oxydieren sich beim Erhitzen an der Luft	Die Verbindungen sind häufig komplex
Kupfer . .	+0,34 (in Cu++)			
Quecksilber	+0,81(in Hg$_2$++)			
Silber . . .	+0,81		Oxydieren sich nicht beim Erhitzen an der Luft	Alle Verbindungen sind komplex
Gold . . .	—			
Platin . .	—			

Streng genommen gelten die Angaben der Spannungsreihe nur für solche Lösungen, die bezüglich der Metallionen 1 mol. sind; es macht jedoch wenig aus, ob die Ionenkonzentration 10 oder 100mal geringer ist.

Die Charakterisierung der Metalle durch ihren Platz in der Spannungsreihe. Am Anfang der Spannungsreihe stehen ganz oben die Alkalimetalle und die anderen Leichtmetalle. Diese elektropositiven Metalle können alle Schwermetalle aus ihren Salzen abscheiden, und sie können Wasserstoff nicht nur aus starken Säuren, sondern auch aus Wasser, entwickeln. Hierauf folgen die Schwermetalle, deren erste noch Wasserstoff aus Säuren entwickeln können (z. B. Zink und Eisen), während die übrigen Schwermetalle hierzu nicht mehr imstande sind. Am Schluß der Reihe stehen die *Edelmetalle*, die von allen übrigen Metallen ausgefällt werden.

Im allgemeinen gilt, wie schon oben angedeutet: je tiefer ein Metall in der Spannungsreihe steht, desto weniger ionogene und desto mehr komplexe Verbindungen bildet es. Die Verbindungen der Alkalimetalle sind alle ionisiert, die der Edelmetalle alle komplex.

Die stark *elektropositiven* Metalle am oberen Ende der Reihe bilden leicht und unter bedeutender Wärmeentwicklung chemische Verbindungen, die meistens in Wasser löslich sind. Ihre Hydroxyde sind stark basisch und wandeln sich beim Erhitzen nicht oder nur schwer (unter Wasserabgabe) in Oxyde um. Die schwach elektropositiven Metalle verhalten sich gerade entgegengesetzt. Sie bilden nur schwierig und meist mit geringer Wärmetönung chemische Verbindungen, die oft in Wasser schwer löslich sind. Ihre Hydroxyde sind schwach basisch, manchmal sogar sauer, und oft so unbeständig, daß sie schon bei gewöhnlicher Temperatur Wasser abgeben und sich in Oxyde verwandeln.

Aus dem Vorstehenden geht hervor, welche Bedeutung für das chemische Verhalten die Stellung eines Metalles in der Spannungsreihe besitzt. Außer den direkten Angaben über die Fähigkeit der Metalle, sich gegenseitig auszufällen oder Wasserstoff aus Säuren zu entwickeln, erhält man auch über eine Reihe anderer Eigenschaften wichtige Aufklärungen.

Die Normalpotentiale der Metalle. Die Bezeichnung *Spannungs*reihe rührt davon her, daß man die genaue Stellung der Metalle in dieser Reihe durch die Messung der elektrischen Spannungen (d. h. der elektromotorischen Kräfte oder Potentialdifferenzen) von geeigneten galvanischen Elementen festlegt. Das DANIELL-Element besteht aus einer *Kupferelektrode*, die in eine Cuprisulfatlösung taucht, und einer *Zinkelektrode*, die sich in Zinksulfatlösung befindet. Bringt man die beiden Lösungen in Berührung, z. B. in einer porösen Tonwand, so entsteht folgende galvanische Kette:

$$\text{Zn} \mid \text{ZnSO}_4\text{-Lösung} \mid \text{CuSO}_4\text{-Lösung} \mid \text{Cu}.$$

Die Spannung (die elektromotorische Kraft) dieser Kette beträgt 1,1 Volt, wobei Kupfer der positive Pol ist. Verbindet man die Pole (schließt man die Kette) über einen äußeren Widerstand, so geht Zink aus der Zinkelektrode als Zinkion in Lösung, und eine äquivalente Menge Cupriion scheidet sich als Kupfermetall auf dem Kupferpol aus. Die Elektronen, die aus dem als Zinkion aufgelösten Zinkmetall frei werden, wandern in Form des elektrischen Stromes durch die äußere Leitung zu der Kupferelektrode und verbinden sich mit den Cupriionen zu metallischem Kupfer. Der Stromdurchgang durch das Element ist also zwangsläufig mit folgender chemischer Reaktion verbunden:

$$\text{Zn} + \text{Cu}^{++} \rightarrow \text{Zn}^{++} + \text{Cu}.$$

Die gleiche Reaktion geht, wie oben erwähnt, von selbst vor sich, wenn ein Stück Zink in eine Cuprisalzlösung taucht. In der Kette kann diese Reaktion indessen nur dann verlaufen, wenn gleichzeitig ein elektrischer Strom außerhalb der Kette von einem Pol zum andern fließen kann; in der Kette ist das Zink ja nicht in direkter Berührung mit Cupriionen. Die Affinität der angeschriebenen Reaktion treibt sozusagen den Strom durch die Kette. Man besitzt daher in ihrer elektromotorischen Kraft von 1,1 Volt ein Maß für die chemische Kraft, mit der die Elektronen des Zinks von den Cupriionen angezogen werden: Zink steht um 1,1 Volt oberhalb des Kupfers in der Spannungsreihe.

Ein Stück platiniertes Platin, das in eine Wasserstoffionenlösung taucht, die mit gasförmigem Wasserstoff gesättigt gehalten wird, stellt eine *Wasserstoffelektrode* dar. Kombiniert man eine solche Wasserstoffelektrode mit einer Kupferelektrode (umgeben von Cupriionenlösung) oder mit einer Zinkelektrode (umgeben von einer Zinkionenlösung), und mißt man die elektromotorischen Kräfte dieser Ketten, so findet man

für: $H_2(Pt) \mid H_2SO_4$-Lösung $\mid ZnSO_4$-Lösung $\mid Zn$
die Spannung $-0{,}76$ Volt (Zink ist der negative Pol);
für: $H_2(Pt) \mid H_2SO_4$-Lösung $\mid CuSO_4$ Lösung $\mid Cu$ dagegen die Spannung $+0{,}34$ Volt (Cu ist der positive Pol). Zink steht also in der Spannungsreihe 0,76 Volt über Wasserstoff, und Kupfer 0,34 Volt unter Wasserstoff.

Die elektromotorischen Kräfte solcher Ketten hängen etwas von den Ionenkonzentrationen ab. Jede Metallelektrode wird *negativer* (oder: *weniger positiv*) — d. h. jedes Metall erscheint *unedler* —, wenn die Ionenkonzentration der umgebenden Lösung *verringert* wird, und umgekehrt. Die Abhängigkeit des Potentiales einer Wasserstoffelektrode von der Konzentration der Wasserstoffionen wird zur Bestimmung dieser Ionenkonzentration, und damit des pH-Wertes einer Lösung benutzt; die Formeln hierfür haben S.S.117f. wir früher angegeben.

Die Stellung eines Metalles in der Spannungsreihe wird gewöhnlich mit Bezug auf den Wasserstoff durch das sog. *Normalpotential* angegeben. Unter dem Normalpotential eines Metalles versteht man die *elektromotorische Kraft der Kette, die nach folgendem Schema aus einer Wasserstoffelektrode und der betreffenden Metallelektrode gebildet ist*:

H_2 (Pt)$\mid$ 1 mol. Wasserstoffionenlösung $\mid$ 1 mol. Metallionlösung $\mid$ Metall.

Ist das Metall der positive Pol, so gibt man der Spannung positives, im umgekehrten Falle negatives Vorzeichen. In der Tabelle 21 sind die Normalpotentiale der wichtigsten Metalle angeführt. Einige davon lassen sich nicht direkt messen (z. B.die des Natriums und Kaliums), sondern müssen in indirekter Weise ermittelt werden.

Die Schwermetalle.

In Übereinstimmung mit dem periodischen System lassen sich die Schwermetalle in folgende Gruppen einteilen:

Gruppe	Charakteristische Wertigkeit
I. Silbergruppe (Kupfer, Silber, Gold)	1
II. Zinkgruppe (Zink, Quecksilber)	2
III. Enthält nur seltene Metalle	3
IV. Zinngruppe (Zinn, Blei)	4
V. Antimongruppe (Antimon, Wismut)	5
VI. Chromgruppe (Chrom, Molybdän, Wolfram, Uran)	6
VII. Mangangruppe (Mangan)	7
VIII. Eisengruppe (Eisen, Nickel, Kobalt, Platin)	—

Die Silbergruppe.

Die erste Gruppe umfaßt **Kupfer, Silber** und **Gold**. Alle diese Metalle können einwertig auftreten, weichen aber in anderen Eigenschaften von den übrigen einwertigen Metallen, den Alkalimetallen, recht stark ab.

Kupfer (Cuprum).

Cu = 63,57.

Die meisten Kupfererze, von denen der **Kupferkies**, $CuFeS_2$, das wichtigste ist, enthalten das Metall an **Schwefel gebunden**; die Metallgewinnung hieraus ist ziemlich umständlich. In geringerer Menge kommt auch ein grünes hydroxydhaltiges **Cupricarbonat** vor, *Malachit*, das für Schmuck verwendet wird.

Kupfer ist ein rotes, zähes, schwer schmelzbares Metall (Sm. 1080°; Dichte 8,95). Gereinigt (raffiniert) wird es durch Elektrolyse. Reines Kupfer ist weich und läßt sich leicht auch kalt verformen durch Hämmern, Walzen und Ziehen. Durch die Bearbeitung wird es härter, erhält jedoch durch Erwärmen seine Weichheit wieder. Verwendet wird es zu elektrischen Leitungen, für Dächer und für große Kochgefäße (z. B. in Brauereien). Zusammengeschmolzen mit anderen Metallen bildet es wichtige *Legierungen*. Die meisten Kupferlegierungen sind härter und billiger als das reine Kupfer und lassen sich besser gießen. Bronze ist eine rötliche Legierung aus Kupfer und Zinn, Messing eine gelbe Legierung aus Kupfer und Zink, Neusilber eine weiße Legierung aus Kupfer, Nickel und Zink.

Chemische Eigenschaften. In der Spannungsreihe steht Kupfer noch über den Edelmetallen. In freiem Zustande hält es sich weniger gut als diese. Es oxydiert sich beim Erhitzen an der Luft: an der Oberfläche bildet sich gewöhnlich schwarzes Cuprioxyd, CuO, im Innern häufig jedoch nur das rote Cuprooxyd, Cu_2O. Patina bildet sich, wenn Kupfer jahrelang den Witterungseinflüssen ausgesetzt bleibt; sie ist eine Verbindung von Cuprihydroxyd und Cupricarbonat.

Mit Schwefel verbindet sich Kupfer leicht zu schwarzem Cuprisulfid und wird daher stark von polysulfidhaltigen Lösungen angegriffen. Deswegen darf man beim Spritzen von Obstbäumen mit Schwefelkalkbrühe weder Gefäße noch Spritzen aus Kupfer benutzen. Auch Eisen wird stark von Schwefelkalk angegriffen. Dagegen ist Messing, trotz seines Kupfergehaltes relativ widerstandsfähig.

Kupfer steht in der Spannungsreihe unter dem Wasserstoff und wird daher weder von Salzsäure noch von verdünnter Schwefelsäure gelöst. Dagegen löst es sich leicht in *oxydierenden Säuren*.

S. S. 159. In Salpetersäure geht es unter Bildung von Cuprinitrat und Stickoxyden in Lösung, und von warmer konz. Schwefelsäure wird es
S. S. 94. unter Bildung von Cuprisulfat und Schwefeldioxyd angegriffen. Unter Mitwirkung von Luftsauerstoff können auch nichtoxydierende Säuren, z. B. Salzsäure, Kupfer langsam auflösen, etwa nach dem Schema:

$$2Cu + O_2 + 4H^+ \rightarrow 2Cu^{++} + 2H_2O.$$

Auch schwache organische Säuren können bei Gegenwart von Luft Kupfer langsam auflösen. Die Kupfersalze sind *giftig*; kupferne Küchengeräte sollten deshalb inwendig verzinnt sein.

Medizinische Bedeutung der Schwermetallsalze.

Sehr viele Schwermetallsalze, darunter auch Kupfersalze, werden medizinisch verwendet; hinsichtlich ihrer Wirkung auf den Organismus nehmen sie eine Sonderstellung ein. Trifft ein Schwermetallsalz mit feuchtem lebenden Gewebe, z. B. mit Schleimhäuten zusammen, so kommt es zur Fällung der Eiweißstoffe des Gewebes, dessen Zellen damit absterben. Je nach der erreichten Tiefenwirkung spricht man von *adstringierender* (oberflächlicher) oder *ätzender* Wirkung der Schwermetallsalze. So werden adstringierende (meist ziemlich verdünnte) Lösungen vielfach gegen entzündliche Schleimhauterkrankungen angewandt, während erkranktes Gewebe oft mit konzentrierten Schwermetallsalzlösungen weggeätzt wird. Außer diesen rein örtlichen Wirkungen können auch noch allgemeine Vergiftungen auftreten, wenn Schwermetallsalze in den Blutkreislauf gelangen.

Kupfer bildet zwei Reihen von Verbindungen: in den *Cuproverbindungen* ist es einwertig und in den (praktisch wichtigeren) *Cupriverbindungen* ist es zweiwertig.

Cupriverbindungen.

Cuprioxyd, CuO, ist ein schwarzer fester Stoff, der beim Glühen von Kupfer an der Luft entsteht. Den Sauerstoff hält das Oxyd nur locker gebunden, es wirkt daher bei höherer Temperatur als kräftiges *Oxydationsmittel*. Hierauf beruht seine Anwendung in der organischen Elementaranalyse; man sorgt hierbei für die vollständige Oxydation des organischen Stoffes dadurch, daß man die Verbrennungsprodukte durch eine längere Schicht glühenden Cuprioxyds streichen läßt.

Cuprisulfat (ältere Bezeichnung: schwefelsaures Kupferoxyd), $CuSO_4$, wird durch Erhitzen von Kupfer mit konz. Schwefelsäure hergestellt:

$$Cu + 2\,H_2SO_4 \rightarrow CuSO_4 + SO_2 + 2\,H_2O.$$

Das Salz läßt sich aus Wasser umkristallisieren und wird so in schönen, *blauen*, wasserhaltigen Kristallen gewonnen, die gewöhnlich **Kupfervitriol** (offiz. *Cuprum sulfuricum*) genannt werden ($CuSO_4 \cdot 5\,H_2O$). Es löst sich in Wasser mit blauer Farbe. Beim Erhitzen gibt es sein Kristallwasser ab und wird zu einem *weißen* Pulver, zu *wasserfreiem* Cuprisulfat.

Die Ionen des Cuprisulfats in wäßriger Lösung sind Cupriionen und Sulfationen.

Angewendet wird Cuprisulfat in der Medizin (s. oben); in der Landwirtschaft befreit man damit Pflanzen und Saatgut von schädlichen Pilzen. Die Cuprisulfatlösung reagiert etwas sauer, weil das hydratisierte Cupriion, $Cu(H_2O)_4^{++}$, eine schwache Säure ist, und wirkt daher auf frische Pflanzenteile ätzend; zum Bespritzen belaubter Obstbäume und Weinstöcke benutzt man daher lieber Aufschlämmungen von Cuprihydroxyd oder Cupricarbonat, die man durch Zusatz von gelöschtem Kalk oder Soda zu einer Cuprisulfatlösung bereitet *(Bordelaiser Brühe)*:

$$Cu^{++} + 2\,HO^- \rightarrow Cu(OH)_2;\quad Cu^{++} + CO_3^{--} \rightarrow CuCO_3.$$

Frisch gefällt handelt es sich bei diesen Aufschlämmungen gewöhnlich um amorphe (kolloidale) Niederschläge, die sich nur langsam absetzen; frische Aufschlämmungen sind daher zum Spritzen geeignet. Läßt man sie lange stehen, so werden die Niederschläge allmählich kristallinisch und setzen sich rasch ab: sie koagulieren. Cuprihydroxyd und -carbonat sind sehr schwer löslich in Wasser, und greifen daher Pflanzenteile nicht so stark an, wie die Cuprisulfatlösung. Sie haben eine länger anhaltende Wirkung, weil sie vom Regen nicht so leicht abgewaschen werden; auf der anderen Seite sind sie doch so viel löslich, daß die Flüssigkeit Pilze zerstören kann. Zink und Eisen stehen in der Spannungsreihe über dem Kupfer und fällen daher das Kupfer aus seinen Salzen aus; die erwähnten Spritzflüssigkeiten dürfen daher nicht in Berührung mit Zink- oder Eisengegenständen kommen; man stellt sie am besten in Holz- oder Tongefäßen her.

Grünspan ist hydroxydhaltiges Cupriacetat. Schweinfurter Grün besteht aus Cupriacetat und Cupriarsenit.

Das Cupriion, Cu^{++}, ist in wäßriger Lösung mit 4 Molekülen Wasser hydratisiert zu dem Tetraquocupriion $Cu(H_2O)_4^{++}$. Dieses Ion erteilt den Lösungen von Cuprisulfat, -nitrat und -chlorid ihre bekannte blaue Farbe. Cuprisalze, die weniger als 4 Moleküle Kristallwasser besitzen, zeigen nicht diese Farbe. Das Pentahydrat des Cuprisulfates wird zu einem rein weißen Pulver, wenn es beim Erhitzen sein Kristallwasser abgibt; das Dihydrat des Cuprichlorids ($CuCl_2 \cdot 2\,H_2O$), das sich aus konz. Cuprichloridlösungen abscheidet, ist grün.

Komplexe Cupriverbindungen. Bereits durch Steigerung der Konzentration werden die zunächst blauen Lösungen von Cuprichlorid grün, weil das Tetraquocupriion anfängt, seine Wassermoleküle gegen Chloridionen auszutauschen unter Bildung komplexer Chloroverbindungen:

$$CuCl(H_2O)_3^+,\ CuCl_2(H_2O)_2,\ CuCl_3(H_2O)^-,\ CuCl_4^{--}.$$

Die zwei letztgenannten Komplexe bilden sich in erheblicher Menge erst in Gegenwart überschüssiger Chlorionen; die braungelbe Farbe des Cuprichlorids in konz. Salzsäure stammt von ihrer Anwesenheit.

Gibt man zu Cuprisalzlösungen *Ammoniak*, so fällt gewöhnlich zuerst ein cuprihydroxydhaltiger Niederschlag aus, der sich jedoch in mehr Ammoniak mit *dunkelblauer* Farbe auflöst. Der Grund für dies Verhalten liegt darin, daß das Cupriion mit Ammoniak *komplexe Ammincupriionen* bilden kann, besonders ein **Tetrammincupriion**, das an Stelle der 4 Wassermoleküle 4 Moleküle Ammoniak enthält:

$$Cu(H_2O)_4^{++} + 4\,NH_3 \rightarrow Cu(NH_3)_4^{++} + 4\,H_2O.$$

Dieses Tetrammincupriion ist viel tiefer blau gefärbt als das Tetraquoion, und seine Hydroxylverbindung ist löslich. Nach dem Ammoniakzusatz kann selbst eine starke Base, wie Natriumhydroxyd, kein Cuprihydroxyd mehr ausfällen.

Auch *organische Hydroxylverbindungen* (mehrwertige Alkohole, Zucker, Weinsäure) verhindern die Ausfällung des Cupriions mit Natriumhydroxyd, weil sie in alkalischer Lösung dunkelblaue, kupferhaltige *Komplexe* bilden. Die FEHLINGsche Lösung ist eine alkalische Cuprilösung, in der durch Zusatz von Weinsäure oder ihrer Salze die Ausfällung von Cuprihydroxyd verhindert wird.

Ist das Kupfer einer Cuprilösung überwiegend als Cupriion $Cu(H_2O)_4^{++}$ vorhanden, so besitzt die Lösung die hellblaue Farbe dieses Ions. Ist das Kupfer dagegen komplex gebunden, so ist die Lösung im allgemeinen dunkelblau. Die Komplexe spalten immer in gewissem Grade Cupriionen ab, so daß auch die dunkelblauen Lösungen streng genommen stets eine endliche Menge Cupriionen enthalten; die beständigen Komplexe sind jedoch nur in ganz geringem Maße gespalten. In der FEHLINGschen Lösung beträgt die molare Konzentration der Cupriionen etwa 10^{-10}. Sowohl in dieser Lösung als auch in ammoniakalischen Lösungen sind jedoch genügend Cupriionen enthalten, damit Schwefelwasserstoff aus ihnen Cuprisulfid ausfällen kann. Die Menge Cupriionen ist jedoch nicht groß genug zur Ausfällung von Cuprihydroxyd, obwohl diese Lösungen, wie ihre alkalische Reaktion zeigt, Hydroxylionen in großer Konzentration enthalten.

Cuproverbindungen.

Cuprooxyd, Cu_2O, ist ein *roter* Stoff, der durch Reduktion einer alkalischen Cuprilösung dargestellt wird, z. B. durch Reduktion von FEHLINGscher Lösung mit Traubenzucker. Die Reaktion kann schematisch geschrieben werden:

$$2\,CuO \rightarrow Cu_2O + O;$$

der Sauerstoff wird vom Zucker gebunden. Man sollte eigentlich die Ausfällung des Cuprohydroxyds, CuOH, erwarten; dies ist jedoch unbeständig und ergibt, nach Wasserabspaltung, Cuprooxyd.

Cuprochlorid, CuCl, ist *weiß* und in Wasser *unlöslich*. Es bildet sich beim Kochen einer Lösung von Cuprichlorid mit Kupfer:

$$CuCl_2 + Cu \rightarrow 2\,CuCl;$$

da es in Wasser unlöslich ist, bildet es eine Schicht auf dem Kupfermetall, und der weitere Fortschritt der Reaktion wird verhindert. In konz. Salzsäure löst es sich unter Bildung komplexer Chlorocuproverbindungen, wird jedoch aus dieser Lösung beim Verdünnen mit Wasser ausgefällt. Man stellt daher Cuprochlorid dar, indem man eine Lösung von Cuprichlorid in starker Salzsäure mit Kupferspänen kocht und die entstandene dunkle Lösung mit Wasser verdünnt; hierbei fällt Cuprochlorid als weißes Pulver aus.

Das Cuproion, Cu^+, ist unbeständig und bildet in wäßriger Lösung Kupfer und Cupriion:

$$2\,Cu^+ \rightarrow Cu + Cu^{++}.$$

Diese Zerlegung hört erst auf, wenn nahezu alle Cuproionen verbraucht sind. Die Reaktion ist umkehrbar. Kocht man eine Cuprisulfatlösung mit Kupfer, so bildet sich in der Lösung eine kleine Menge Cuproionen; die Reaktion bleibt allerdings schon nach sehr geringem Umsatz stehen. Die Unbeständigkeit des Cuproions bringt es mit sich, daß lösliche, nicht komplexe Cuproverbindungen unbekannt sind. Alle bekannten Cuproverbindungen sind entweder schwer löslich (wie das Oxyd und Chlorid) oder komplex (wie die Lösung des Cuprochlorids in konz. Salzsäure).

Der Übergang zwischen Cupro- und Cupriverbindungen.

In allen *Cuproverbindungen* beträgt die Oxydationsstufe des Kupfers ein Äquivalent Sauerstoff (ein halbes Sauerstoffatom auf ein Atom Kupfer) und in allen *Cupriverbindungen* gerade das Doppelte, nämlich zwei Äquivalente Sauerstoff (ein Atom Sauerstoff auf ein Atom Kupfer). Daher können Cuproverbindungen aus anderen Cuproverbindungen ohne Oxydation oder Reduktion entstehen, und ebenso verhält es sich bei der Umwandlung von Cupriverbindungen ineinander. Will man aber eine Cuproverbindung aus einer Cupriverbindung herstellen, so muß man diese *reduzieren* (vgl. die Darstellung des Cuprooxyds und Cuprochlorids; beim Cuprochlorid ist das Reduktionsmittel metallisches Kupfer); reduziert man Cuproverbindungen weiter, so erhält man metallisches Kupfer. Will man umgekehrt eine Cupriverbindung entweder aus einer Cuproverbindung oder aus Kupfer herstellen, so muß man *oxydieren* (vgl. die Darstellung von Cuprisulfat aus Kupfer). Meistens lassen sich die Cuproverbindungen leicht oxydieren. Das weiße Cuprochlorid nimmt im Lauf der Zeit grüne Farbe an, weil es durch den Luftsauerstoff zu einer Verbindung von Cuprihydroxyd und Cuprichlorid oxydiert wird, nach dem Schema:

$$2 CuCl + \tfrac{1}{2} O_2 + H_2O \to Cu(OH)_2 + CuCl_2.$$

Schlämmt man Cuprochlorid in verdünnter Salzsäure auf, in der es unlöslich ist, und setzt ein Oxydationsmittel (z. B. Kaliumpermanganat) hinzu, so wird es augenblicklich oxydiert und geht als Cuprichlorid in Lösung:

$$2 CuCl + 2 HCl + O \to 2 CuCl_2 + H_2O.$$

Der weiße Niederschlag verschwindet und die Lösung färbt sich blau; erst wenn der Niederschlag völlig verschwunden ist, behält die Lösung bei fortgesetztem Zusatz von Permanganat dessen rote Farbe. S. S. 325.

Silber (Argentum).

Ag = 107,880.

Silber kommt in der Natur teils frei, *gediegen*, teils an Schwefel gebunden vor. Das Metall ist weich und weiß; sein Schmelzpunkt liegt hoch (960°); seine Dichte ist beträchtlich (10,5). Durch Legierung mit Kupfer wird es härter und zum Gießen besser geeignet; für Gebrauchsgegenstände und Münzen wird stets kupferhaltiges Silber verwendet.

Chemische Eigenschaften. In der Spannungsreihe steht das Silber unter dem Kupfer. Es löst sich weder in Salzsäure noch in verdünnter Schwefelsäure. Mit warmer konz. Schwefelsäure bildet sich Silbersulfat unter Entwicklung von Schwefeldioxyd:

$$2 Ag + H_2SO_4 \to Ag_2O + SO_2 + H_2O,$$
$$Ag_2O + H_2SO_4 \to Ag_2SO_4 + H_2O;$$

als Bruttogleichung folgt:

$$2 Ag + 2 H_2SO_4 \to Ag_2SO_4 + SO_2 + 2 H_2O.$$

In Salpetersäure löst sich Silber unter Bildung von Silbernitrat und Entwicklung von Stickoxyden:

$$6 Ag + 2 HNO_3 \to 3 Ag_2O + 2 NO + H_2O,$$
$$3 Ag_2O + 6 HNO_3 \to 6 AgNO_3 + 3 H_2O;$$

als Bruttogleichung folgt:

$$6 Ag + 8 HNO_3 \to 6 AgNO_3 + 2 NO + 4 H_2O;$$

diese Gleichung läßt sich, wie man sieht, noch halbieren. An der Luft oxydiert sich Silber nicht, weder bei gewöhnlicher noch bei hoher Temperatur. Dagegen spaltet sich Silberoxyd beim Erhitzen in Silber und freien Sauerstoff (Silber ist ein *Edelmetall*). Der dunkle Belag, womit sich Silbergegenstände allmählich überziehen, besteht aus Silbersulfid. Er rührt von dem in der Atmosphäre vorhandenen Schwefelwasserstoff her und bildet sich daher in chemischen

Laboratorien und an Stellen, wo organische schwefelhaltige Stoffe in größerer Menge verwesen, besonders schnell. Silberlöffel, die zum Essen von Eiern dienen und nicht sofort gespült werden, überziehen sich rasch mit schwarzem Silbersulfid, da die in den Eiern enthaltenen Eiweißstoffe locker gebundenen Schwefel enthalten.

Kolloidales Silber. Bringt man Silber aus den wäßrigen Lösungen seiner Salze durch Behandlung mit Reduktionsmitteln zur Ausfällung, so erhält man es gewöhnlich als feines Pulver ohne metallisches Aussehen; erst durch Schmelzen oder Zusammenhämmern nimmt es Metallglanz an. Sind geeignete Schutzkolloide zugegen, so bilden sich dunkel gefärbte kolloide Lösungen, aus denen man durch Eindampfen *lösliche* (reversible), silberhaltige Kolloide erhalten kann. Kollargol ist z. B. ein käufliches Präparat von kolloidalem Silber. In der Medizin wird es — neben anderen, besonders organischen Silberverbindungen — wegen seiner antiseptischen Wirkung verwendet.

S. S. 229f.

Silber ist in allen seinen wichtigeren Verbindungen *einwertig*.

Silbernitrat, $AgNO_3$ (*Argentum nitricum*; ältere Bezeichnungen: salpetersaures Silberoxyd, Höllenstein, Lapis), wird durch Auflösen von Silber in Salpetersäure dargestellt. Es ist ein weißes, leichtlösliches Salz. In Stangen gegossen (Höllensteinstift) oder in Lösung wird es in der Medizin zum Abätzen kranker Gewebeteile benutzt. Es färbt organische Gewebe schwarz, weil es entweder zu Metall reduziert oder in das Sulfid verwandelt wird.

In Lösung ist es in Silberionen, Ag^+, und Nitrationen gespalten: $AgNO_3 \rightarrow Ag^+ + NO_3^-$. Beim Zusatz von Natriumhydroxyd (Hydroxylionen) zu einer Lösung von Silbernitrat fällt Silberoxyd, Ag_2O, als graubrauner Niederschlag aus. Eigentlich sollte man einen Niederschlag von Silberhydroxyd, $AgOH$, erwarten; dieser unbeständige Stoff zersetzt sich aber sofort in Silberoxyd und Wasser:

$$2\,Ag^+ + 2\,HO^- \rightarrow 2\,AgOH \rightarrow Ag_2O + H_2O.$$

Die **Halogenverbindungen.** Silberchlorid, -bromid und -jodid sind in Wasser und Salpetersäure praktisch unlösliche Salze; sie entstehen als käsige Niederschläge bei der Fällung einer Silberionenlösung, z. B. einer Silbernitratlösung, mit Halogenionen (z. B. Salzsäure, Kaliumbromid, Kaliumjodid). Silberchlorid, $AgCl$, ist rein weiß; Silberbromid, $AgBr$, ist gelblich getönt; Silberjodid, AgJ, ist eigelb. Silberchlorid und -bromid sind lichtempfindlich; sie schwärzen sich in blauem und violettem Licht unter Bildung von feinverteiltem Silber und freiem Halogen. Wegen dieser Eigenschaft sind sie wichtige Bestandteile der photographischen Schichten.

S. S. 140f.

S. S. 296.

Silber.

Komplexe Silberverbindungen.

Das **Diamminsilberion**, $Ag(NH_3)_2^+$. Gibt man überschüssiges Ammoniak zu einer Lösung von Silbernitrat, so wird der zunächst ausfallende Niederschlag von Silberoxyd *wieder gelöst*, wobei sich das komplexe Diamminsilberion bildet:

$$Ag^+ + 2\,NH_3 \to Ag(NH_3)_2^+.$$

Die gebildete Lösung wird von Chloridionen *nicht gefällt*, was beweist, daß das Silber *komplex* gebunden ist. Bei Zusatz von Kaliumjodid fällt jedoch Silber als Silberjodid aus. Dies beweist, daß eine kleine, aber endliche Menge Silberionen in der Lösung zugegen sein muß. Ihre Konzentration ist zwar zu gering, als daß man das (relativ große) Löslichkeitsprodukt von Silberchlorid S. S. 140. erreichen könnte; sie ist aber doch so groß, daß das (sehr geringe) Löslichkeitsprodukt des viel schwerer löslichen Silberjodids überschritten wird, wenn man Jodidionen zusetzt.

Silberchlorid löst sich in wäßrigem Ammoniak ($AgCl + 2\,NH_3 \to Ag(NH_3)_2^+ + Cl^-$). Dagegen ist Silberjodid hierin nicht löslich. Dies steht in Übereinstimmung mit dem oben besprochenen Spaltungsgrad des Diamminsilberkomplexes.

Das **Dicyanosilberion**, $Ag(CN)_2^-$. Gibt man zu einer Silbernitratlösung etwas Kaliumcyanid, so fällt zuerst das weiße, unlösliche Silbercyanid, AgCN, aus:

$$Ag^+ + CN^- \to AgCN;$$

diese Verbindung löst sich jedoch in überschüssigem Kaliumcyanid wieder auf, unter Bildung des *komplexen Dicyanosilberions*:

$$CN^- + AgCN \to Ag(CN)_2^-.$$

Die Lösung muß das Silber in komplexer Bindung enthalten; denn sie enthält die freien Cyanionen des überschüssigen Kaliumcyanids, und da Silbercyanid in Wasser schwer löslich ist, können freie Silberionen und Cyanidionen gleichzeitig nicht in größerer Menge vorhanden sein. Die komplexe Bindung des Silbers wird auch dadurch bewiesen, daß die Lösung mit Natriumchlorid, d. h. mit Chloridionen, keinen Niederschlag gibt.

Beim Eindampfen erhält man das leichtlösliche, komplexe Salz Kaliumsilbercyanid: $K^+ \cdot Ag(CN)_2^-$.

Das **Thiosulfatosilberion**, $Ag(S_2O_3)_2^{---}$. Die Halogenverbindungen des Silbers lösen sich in einer Lösung von Natriumthiosulfat, wobei sich das komplexe Thiosulfatosilberion bildet:

$$AgCl + 2\,S_2O_3^{--} \to Ag(S_2O_3)_2^{---} + Cl^-.$$

In den hierbei entstehenden Lösungen, die sowohl Silber als auch Halogen enthalten, sind die Löslichkeitsprodukte der Silberhalogenide wiederum deshalb nicht überschritten, weil das Silber komplex an die Thiosulfationen gebunden ist. Dieser Komplex ist beständiger als der Diamminsilberkomplex, jedoch nicht so beständig wie der Dicyanosilberkomplex.

Galvanische Versilberung.

Wird Silber durch Elektrolyse aus der Lösung eines Silbersalzes ausgeschieden, worin freie Silberionen in größerer Konzentration vorhanden sind, z. B. aus einer Silbernitratlösung, so erhält man keine brauchbaren galvanischen Überzüge. Aus Lösungen mit *komplex gebundenem Silber* erhält man dagegen meistens festhaftende und metallisch aussehende Schichten. Zur galvanischen Versilberung benutzt man gewöhnlich komplexe cyanidhaltige Silberlösungen.

Photographie.

Eine photographische Platte ist auf der einen Seite mit einer dünnen Schicht erstarrter Gelatine versehen, in der Silberbromid suspendiert ist. Setzt man diese Schicht der Einwirkung des Lichtes aus *(Exposition)*, so wird an den belichteten Stellen Silber ausgeschieden. Bei einer kurzwährenden Belichtung handelt es sich allerdings um äußerst geringe Silbermengen, und das dabei auf der Platte entstandene Bild ist daher unsichtbar *(latent)*. Taucht man in einer Dunkelkammer die exponierte Platte in eine reduzierende Lösung (den *Entwickler*), so verwandelt sich das unsichtbare latente Bild in ein sichtbares; dabei wird das Silberbromid durch eine Art von Keimwirkung nur an denjenigen Stellen rasch zu Silber reduziert, wo die Belichtung bereits eine winzige Menge Silbermetall freigemacht hatte. Durch das Entwickeln erhält man ein Bild aus metallischem Silber, das dort dunkel ist, wo die Platte belichtet wurde, also ein *Negativ*. Nach der Entwicklung taucht man die Platte in ein Fixierbad von Natriumthiosulfat (Fixiernatron). Hierin löst sich das unverändert gebliebene Silberbromid auf; nach dieser *Fixierung* der Platte kann man sie ans Licht bringen. Auf das Silberbromid wirkt nur das blaue und violette Licht ein. Man kann daher ohne Nachteil für die gewöhnlichen Platten in der Dunkelkammer rotes Licht verwenden.

Mit dem derart gewonnenen Glasnegativ erhält man durch *Kopieren* positive Bilder; hierzu beleuchtet man durch das Negativ hindurch eine photographische Schicht, die gewöhnlich auf Papier angebracht ist; damit erhält man ein der Wirklichkeit entsprechendes, positives Bild. Das Kopieren geschieht im wesentlichen nach zwei Verfahren. Die sog. *Entwicklungspapiere* werden, ähnlich wie soeben bei der Herstellung des Negativs beschrieben, kurz belichtet, entwickelt und fixiert; ihre Schicht enthält Silberbromid oder -chlorid. Dagegen enthält die photographische Schicht der *Aus-*

kopierpapiere meistens Silberchlorid, das solange belichtet wird, bis ein sichtbares Silberbild entstanden ist; man braucht also hier nicht zu entwickeln, sondern die Kopie einfach in einem Bad von Natriumthiosulfat zu fixieren. Die gebildeten Silberbilder haben noch keinen ganz befriedigenden Farbton; daher *tönt* man die Kopie, durch Baden in Gold- oder Platinlösungen. Gold und Platin stehen in der Spannungsreihe unter Silber; daher geht das Silber aus der Kopie in Lösung, während sich Gold oder Platin an seiner Stelle niederschlägt. Gold- und Platinbilder sind sowohl schöner als auch haltbarer als Silberbilder.

Gold (Aurum).
Au = 197,2.

Gold findet sich gediegen in der Natur. Früher gewann man es durch Auswaschen von goldhaltigem Flußsand, wobei die leichten Sandkörner weggewaschen wurden, und die schweren Goldkörner zurückblieben; neuerdings wird es fast überall aus goldhaltigen Gesteinen gewonnen, die zerkleinert und mit Natriumcyanidlösung ausgelaugt werden. In dieser Lösung löst sich das Gold als Komplexsalz (s. unten) auf; aus ihr erhält man das Metall durch Elektrolyse.

Gold ist in reinem Zustand ein weiches, schwerschmelzbares und sehr schweres Metall (Sm. 1064°; Dichte 19,3). Es ist sehr dehnbar und läßt sich zu äußerst dünnen Blättern hämmern, dem echten **Blattgold** (unechtes Blattgold besteht aus einer Legierung von Kupfer und Zink). Durch Legierung von Gold mit Kupfer (rotes Gold) oder mit Silber (Weißgold) wird es härter und fester.

Zu Goldgegenständen verwendet man meistens Gold von 14 Karat, d. h. eine Legierung mit $^{14}/_{24}$ Gold und $^{10}/_{24}$ eines anderen Metalls (gewöhnlich Kupfer).

Bekannt ist die Verwendung des Goldes für Schmuck, weil es sowohl einen schönen Glanz besitzt als auch an der Atmosphäre völlig haltbar ist. Jahrtausende alte Goldgegenstände sehen aus wie neu. Gold oxydiert sich auch in der Hitze nicht; im Gegenteil wird aus den meisten Goldverbindungen in der Wärme das Metall frei. Gold löst sich weder in Schwefelsäure, noch in Salzsäure oder Salpetersäure. Nur in *Königswasser*, einer Mischung von konz. S. S. 159. Salpetersäure und konz. Salzsäure, am besten im Verhältnis 1:3, löst es sich unter Bildung von Goldchlorwasserstoffsäure.

In den *Auroverbindungen* ist Gold einwertig und in den *Auriverbindungen* dreiwertig.

Goldchlorwasserstoffsäure (Tetrachloroaurisäure), $HAuCl_4$, entsteht bei der Lösung von Gold in Königswasser. Die Salpetersäure oxydiert einen Teil der Salzsäure zu Chlor, das sich darauf

mit weiterer Salzsäure und Gold zu Goldchlorwasserstoffsäure verbindet:
$$Au + HCl + 3\,Cl \to HAuCl_4.$$
Die Verbindung enthält dreiwertiges Gold, wie sofort aus der Formulierung HCl·AuCl$_3$ hervorgeht. Sie ist ein gelber, kristallinischer Stoff, der als komplexe Säure in wäßriger Lösung nach folgendem Schema dissoziiert:
$$HAuCl_4 \to H^+ + AuCl_4^-.$$
Erhitzt man die Verbindung, so entsteht unter Entweichen von Chlorwasserstoff zunächst gelbbraunes **Aurichlorid**, AuCl$_3$; hierauf wird noch Chlor frei, und **Aurochlorid**, AuCl, bleibt zurück; bei weiterem Erhitzen erhält man schließlich reines Gold.

Natriumgoldchlorid (Natrium-tetrachloroauriat), NaAuCl$_4$, ist das Natriumsalz der Goldchlorwasserstoffsäure und enthält das Gold im **Aurichloridion**, AuCl$_4^-$. Es wird für Tonbäder in der Photographie verwendet.

S.S.295. Mit Cyanidionen und Thiosulfationen bildet das **Auroion** ähnlich beständige komplexe Ionen wie das Silberion. Bei der Aufbereitung der Erze mit Natriumcyanidlösung bildet sich das komplexe **Dicyanoauriation**:
$$2\,Au + 4\,CN^- + \tfrac{1}{2}O_2 + H_2O \to 2\,Au(CN)_2^- + 2\,HO^-.$$
Bei der Auflösung ist die Mitwirkung des Luftsauerstoffs erforderlich. Das komplexe **Natriumaurothiosulfat**, $3\,Na^+ \cdot Au(S_2O_3)_2^{---}$, wurde unter dem Namen *Sanocrysin* als Mittel gegen Tuberkulose vorgeschlagen.

Übersicht über die Silbergruppe.

Die Silbergruppe umfaßt folgende Schwermetalle:

Kupfer	Silber	Gold
Cu = 63,57.	Ag = 107,880.	Au = 197,2.

Die Metalle sind sich in ihren physikalischen Eigenschaften sehr ähnlich: sie sind alle weich und dehnbar, schmelzen bei etwa 1000°, und leiten die Wärme und die Elektrizität ausgezeichnet.

Auch in chemischer Beziehung sind sie sich sehr ähnlich. In der Spannungsreihe stehen sie sehr tief unten; vieler ihrer Verbindungen sind komplex und leicht zum Metall reduzierbar. Die Elemente können alle einwertig auftreten. Während Silber fast stets einwertig ist, ist Kupfer außerdem noch zweiwertig, und Gold ist entweder einwertig oder dreiwertig.

Über die Zusammensetzung und das Wesen der chemischen Verbindungen.

Die Koordinationszahl.

Als Zahlen, aus denen man die Fähigkeiten der Atome (oder von Atomgruppen, d. h. Radikalen) zur Verbindung mit anderen Atomen (oder Radikalen) in einfacher Weise ablesen kann, haben wir bisher nur die Wertigkeiten oder Valenzen benutzt; dieses System von Zahlen geht von der Einwertigkeit des Wasserstoff- S. S. 42f. atoms aus.

Die gewöhnlichen Valenzzahlen lassen aber nichts erkennen von dem sehr charakteristischen Verhalten, das viele Atome in den zahlreichen *komplexen* Verbindungen zeigen. Um die Fähigkeit der Atome bzw. Ionen zur Komplexbildung einfach zu beschreiben, hat man für die Atome bzw. Ionen eine neue, besondere Reihe von Zahlen eingeführt, die von den Wertigkeiten verschieden sind.

So sind in den komplexen Verbindungen des **Silberions** und des **Auroions** meistens *zwei* Atome oder Atomgruppen direkt an das zentrale Metallatom geknüpft, z. B.:

$$Ag(NH_3)_2^+, Ag(CN)_2^-, Ag(S_2O_3)_2^{---};$$
$$Au(CN)_2^-, Au(S_2O_3)_2^{---}.$$

Dieses Verhalten wird dadurch beschrieben, daß man diesen beiden Ionen Ag^+ und Au^+ die *Koordinationszahl* (K. Z.) 2 zuerteilt. Wie die Beispiele zeigen, können die an das *Zentralatom* gebundenen Gruppen sowohl neutrale Moleküle (NH_3) als auch Ionen sein (CN^-, $S_2O_3^{--}$). Das **Cupriion**, Cu^{++}, und **Auriion**, Au^{+++}, besitzen meistens die Koordinationszahl 4, wie aus der Zusammensetzung folgender Komplexe hervorgeht:

$$Cu(NH_3)_4^{++}, Cu(H_2O)_4^{++}, CuCl(H_2O)_3^+, CuCl_2(H_2O)_2,$$
$$CuCl_3(H_2O)^-, CuCl_4^{--}; AuCl_4^-.$$

Unter den Komplexen des Cupriions ist auch das Tetraquoion aufgeführt, das man als einen Komplex mit Wassermolekülen, einen *Aquokomplex*, auffassen kann. Man rechnet noch nicht überall mit den Hydraten von Ionen als mit komplexen Verbindungen; dies ist aber nur historisch, und zwar darin begründet, daß man zunächst unter komplexen Verbindungen ausschließlich solche verstand, die nicht die gewöhnlichen analytischen Reaktionen S. S. 107. des betreffenden Ions in wäßriger Lösung gaben, wo ja alle Ionen gerade in ihrer hydratisierten Form zugegen sind.

Das **Aluminiumion** ist mit $6 H_2O$ hydratisiert, und der Kryolith hat die Formel $Na_3AlF_6 = 3 Na^+ \cdot AlF_6^{---}$; hiernach wird man dem Aluminiumion die Koordinationszahl 6 zuschreiben. Die gleiche Koordinationszahl kommt dem **Ferro-** und dem **Ferriion**, sowie dem Kobaltiion zu; hierfür spricht die Zusammensetzung folgender Komplexe: $Fe(CN)_6^{----}$ und $Fe(CN)_6^{---}$, sowie des Kobaltinitritions, $Co(NO_2)_6^{---}$.

Auch Ionen wie das Perchloration, ClO_4^-, das Sulfation, SO_4^{--}, und das Phosphation, PO_4^{---}, können als komplexe Verbindungen aufgefaßt werden. Hier treten Chlor, Schwefel und Phosphor mit der K.Z. 4 auf. In den Anionen: Chloration, ClO_3^-, Sulfition, SO_3^{--}, Nitration, NO_3^-, und Carbonation, CO_3^{--}, hat das Zentralion die K.Z. 3. Die Zusammensetzung des Ammoniumions, NH_4^+, zeigt, daß der Stickstoff mit der K.Z. 4 auftritt. Im Siliciumfluoridion, SiF_6^{--}, besitzt das Silicium die K.Z. 6.

Die K.Z. eines Atoms gibt uns natürlich keine Erklärung für die Art der Bindung zwischen dem Zentralatom und den hieran geknüpften Atomen, bzw. Atomgruppen; sie hat sich aber als ein ausgezeichnetes Mittel für einen Überblick über die Zusammensetzung der Komplexe bewährt. Meistens besitzt ein bestimmtes Atom bzw. Ion eine *maximale* K.Z.; solange an ein Atom, bzw. Ion noch nicht so viele andere Atome (bzw. Ionen oder Moleküle) gebunden sind, wie die maximale K.Z. angibt, hat es meistens Neigung zur Aufnahme weiterer Atome oder Radikale in seinen Komplex: es verhält sich *ungesättigt*.

Die moderne Systematik der komplexen Verbindungen und den Begriff der Koordinationszahl verdankt man A. WERNER.

Die. Elektrovalenz

Eine dritte, für jedes Atom charakteristische Zahl ist die *Elektrovalenz*; sie gibt an, wie viele Elektronen das Atom beim Eintritt in eine Verbindung abgegeben oder aufgenommen hat. Die Elektrovalenz wird daher *mit Vorzeichen*, + oder —, angegeben: positiv ist sie, wenn das Atom in ein positives Ion übergegangen ist, und umgekehrt.

Die Alkalimetalle haben die Elektrovalenz $+1$, weil sie einwertige Kationen bilden (Na^+, K^+), die Calciumgruppe hat die Elektrovalenz $+2$ (Ca^{++} usw.) und die Aluminiumgruppe die Elektrovalenz $+3$. Dagegen tritt das Chlor im Chloridion (Cl^-) mit der Elektrovalenz -1 auf. Im Perchloration kann man dem Chlor die Elektrovalenz $+7$ zuschreiben, wenn man sich dieses Ion entstanden denkt aus 1 positiv siebenwertigem Chlorion und 4 negativ zweiwertigen Sauerstoffionen ($Cl^{7+} + 4O^{--} = ClO_4^-$). In gleicher Weise hat der Schwefel in den Sulfiden die Elektrovalenz -2, in den Sulfiten die Elektrovalenz $+4$ und in den Sulfaten die Elektrovalenz $+6$. Der Phosphor im Phosphorwasserstoff besitzt die Elektrovalenz —3, in den Hypophosphiten +1, in den Phosphiten +3 und in den Phosphaten +5. Während die Koordinationszahl die Anzahl der einzelnen Atome (oder Atomgruppen) angibt, die direkt an das Zentralatom geknüpft sind, kann man aus den Elektrovalenzen der Atome die *gesamte elektrische Ladung* auf einem *Komplex* berechnen. Der Tetrachloro-cupri-Komplex ist aus einem Cupriion mit der Elektrovalenz +2 und aus 4 Chloridionen mit der Elektrovalenz —1 aufgebaut; er muß daher im ganzen 2 negative Ladungen besitzen, also die Formel $CuCl_4^{--}$. Aus den Elektrovalenzen der Atome kann man im allgemeinen direkt die Zusammensetzung der ungeladenen Moleküle berechnen, die sich aus zwei Atomarten bilden können. So können sich das positiv sechswertige Schwefelatom und das negativ zweiwertige Sauerstoffatom nur zu *einem* ungeladenen Molekül, nämlich mit der Formel SO_3 (Schwefeltrioxyd) verbinden; in diesem Molekül beträgt die K.Z. des Schwefels nur 3. Schwefel tritt indessen gerne mit K.Z. 4 auf; Schwefeltrioxyd verhält sich tatsächlich ungesättigt, während das Sulfation SO_4^{--} — in dem Schwefel und Sauerstoff zwar die gleichen Elektrovalenzen wie in SO_3 besitzen, der Schwefel aber die K.Z. 4 hat — viel beständiger ist. In den 4 Anionen: $H_2PO_2^-$ (Hypophosphit), HPO_3^{--} (Phosphit) und PO_4^{---} (Phosphat) wechselt das Phosphoratom seine Elektrovalenz (+1, +3, +5), behält aber stets die gleiche K.Z. 4. Für den Kohlenstoff ist meistens die K.Z. 4 und seine Elektrovalenz entweder +4 oder —4. Weil beim Kohlenstoffatom die beiden Zahlen gewöhnlich zusammenfallen, eignen sich die Kohlenstoffverbindungen nicht, um diese Begriffe voneinander unterscheiden zu lernen.

Die zuerst eingeführten gewöhnlichen Wertigkeiten stehen in verschiedener Hinsicht mit den beiden neu eingeführten Zahlen, der Elektrovalenz und der Koordinationszahl, in Zusammenhang; sie dürfen aber mit keiner dieser beiden Größen identifiziert werden. Der alte Valenzbegriff ist in zwei neue Begriffe aufgespalten worden.

Das Wesen der chemischen Bindung.

Die Einteilung der Stoffe nach ihrem inneren Aufbau. Alle bekannten Stoffe lassen sich zu einer der folgenden drei Gruppen rechnen:

1. **Metalle**, die aus *positiven Metallionen* und *freien negativen Elektronen* aufgebaut sind. Der Zusammenhalt eines solchen Gebildes kann, wie man an dem hohen Schmelzpunkt und der mechanischen Festigkeit vieler Metalle sieht, sehr stark sein. Dieser Zusammenhalt rührt von elektrischen Kräften her, die zwischen

S. S. 105.

einerseits den fest im Gitter gelagerten Ionen, andererseits den freien Elektronen wirken; das Wesen dieser Kräfte wird nur im Lichte der Quantenmechanik verständlich und kann hier nicht näher besprochen werden.

2. **Salze, die *positive* und *negative Ionen* enthalten.** Die Beständigkeit dieser Stoffe versteht man leichter: die Ladungen ihrer Ionen bedingen starke elektrische Kräfte und damit den festen Zusammenhalt der Ionen in *Ionengittern*, wie wir es für Natriumchlorid früher schon dargestellt haben (Abb. 11). Diese Ionengitter besitzen meistens eine große Zerreißfestigkeit (die Salze sind deshalb hart) und erfordern hohe Temperaturen zu ihrer Zerstörung (die Salze sind bei Zimmertemperatur fest und schmelzen meistens erst bei hohen Temperaturen). Salze, d. h. Verbindungen, in denen Ionen durch die Kräfte ihrer freien Ladungen zusammengehalten werden, heißen auch *heteropolare* Verbindungen.

S.S. 111.

Die elektrostatische Erklärung der Beständigkeit von Ionengittern bezieht sich natürlich nur auf das gegenseitige Verhältnis der *ganzen Ionen*; man versteht so den Zusammenhalt der Ionen Na^+ und Cl^- im Natriumchloridkristall, ebenso der Ionen NH_4^+ und Cl^- im Ammoniumchloridkristall, oder schließlich der Ionen Ca^{++} und CO_3^{--} im Kalkspat. Dagegen versteht man auf dieser Grundlage noch nicht, durch welche Kräfte die Atome eines zusammengesetzten Ions miteinander verbunden sind, also z. B. durch welche Kräfte das Stickstoffatom, die drei Wasserstoffatome und ein Proton im Komplex NH_4^+ zusammengehalten werden.

3. **Stoffe, die aus ungeladenen Molekülen aufgebaut sind.** Zu dieser Gruppe gehören fast alle bei gewöhnlicher Temperatur gasförmigen und flüssigen Stoffe (z. B. H_2, O_2, N_2, Cl_2, Br_2, HCl, H_2O, NH_3, CH_4 usw.) und außerdem die vielen festen Stoffe, die weder Metalle noch Salze sind und im festen Zustand *Molekülgitter* bilden (z. B. J_2, S_8, SO_3 usw.). Die sog. *Kohäsionskräfte* zwischen den ungeladenen Molekülen dieser Stoffe haben sich aus dem inneren elektrischen Aufbau der Atome und Moleküle erklären lassen. Ein ungefähres Maß für die Größe dieser Kohäsionskräfte ist die Höhe des Siedepunktes. Vergleicht man Moleküle von etwa gleicher Größe, so bemerkt man, daß die Kohäsionskräfte bei Dipolmolekülen (z. B. H_2O, Molgewicht 18, Siedepunkt 100^0 C) relativ stärker sind als bei elektrisch symmetrischen, dipolfreien Molekülen (z. B. CH_4, Molgewicht 16, Siedepunkt -161^0 C).

S.S. 184 f.

Sowohl die *Neutralmoleküle* in den aus ungeladenen Molekülen aufgebauten Stoffen (Gruppe 3) als auch die *Ionen* in den Salzen (Gruppe 2) können unter Umständen viele einzelne Atome enthalten; liegen ihre linearen Abmessungen zwischen $0{,}003\,\mu$ und $0{,}1\,\mu$, so besitzen die Stoffe kolloidalen Charakter. In gewissen Stoffen

S.S. 230.

erreichen die einzelnen Moleküle oder die einzelnen Ionen sogar makroskopische Ausdehnung. Diamant und Graphit sind Vertreter dieses Typus: jeder einheitliche Diamantkristall stellt ein einziges ungeladenes Riesenmolekül dar. Beispiele für sehr ausgedehnte Ionen sind die Silicatanionengerüste der Permutite. S. S. 273.

Die eigentlichen chemischen Bindungen. Die starken Bindungen zwischen den Atomen der Neutralmoleküle (z. B. H_2, NH_3, HCl) und der zusammengesetzten Ionen (z. B. NH_4^+, SO_4^{--}) sind ohne Zweifel auch elektrischen Ursprungs. Wir treffen darunter Fälle, in denen die chemische Bindung deutlich *polaren* Charakter hat, d. h. wo das Bild von einander anziehenden, ungleichnamig geladenen Atomen recht zweckmäßig erscheint. So kann man z. B. das (Dipol-) Molekül HCl als ein Gebilde auffassen, in dem ein Proton H^+ mit dem Cl^--Ion festverknüpft oder besser: in das Cl^--Ion eingebaut ist; auch das Ion SO_4^{--} läßt sich, wie später noch gezeigt wird, als polar aufgebaut auffassen. In anderen Fällen läßt sich jedoch diese Auffassung durchaus nicht anwenden. Z. B. wissen wir sicher, daß die — miteinander sehr fest verbundenen — Atome der Elementargase H_2, O_2, N_2 *nicht* elektrisch entgegengesetzt geladen sind; ihr Zusammenhalt kann daher auch unmöglich auf elektrostatischer Anziehung beruhen. Man spricht hier von *unpolaren* oder *homöopolaren* Bindungen.

Untersucht man den Charakter der hier besprochenen eigentlichen chemischen Bindungen genauer und in zahlreichen Stoffen, so trifft man alle möglichen Abstufungen zwischen ausgeprägt polaren Bindungen, die sich den heteropolaren Bindungen in den Ionengittern nähern, und unpolaren Bindungen, wie wir sie von den Molekülen der Elementargase her kennen.

Tatsächlich sind alle Kräfte, welche die Atome in Neutralmolekülen und in komplexen Ionen zusammenhalten, ihrem Wesen nach stets elektrischen Ursprungs; ihre genauere Erkenntnis ist aber wesentlich schwieriger als bei den in Gruppe 2 besprochenen Ionenkräften und nur den Methoden der Quantenmechanik zugänglich, ähnlich wie wir dies schon für die unter 1. erwähnten Kräfte zwischen dem Metallionengitter und den freien Elektronen eines Metalls betonen mußten.

Eine wichtige Besonderheit der eigentlichen chemischen Bindung läßt sich jedoch bereits elementar beschreiben. Bei jeder eigentlichen chemischen Bindung scheinen nämlich zwei direkt miteinander verbundene Atome *mehrere Elektronen gemeinsam* zu haben *(Bindungselektronen)*; einem gewöhnlichen *Valenzstrich* entspricht meistens ein *gemeinsames Elektronenpaar*. Erst durch das Auftreten dieser gemeinschaftlichen Bindungselektronen läßt sich für beide Atome das — schon früher eingehend besprochene — S.S. 279f.

Bestreben zur Bildung der besonders beständigen edelgasähnlichen Elektronengruppen von 2, 8, 18 oder 32 Elektronen erfüllen. Die Existenz der chemischen Bindungen läßt sich somit, jedenfalls großenteils, auf dieses Bestreben zurückführen.

Wichtige Beispiele dafür, wie man die Entstehung von *Neutralmolekülen* aus diesem Bestreben erklären kann, sind folgende. Ein **Wasserstoffmolekül** (H_2) bildet sich, wenn zwei Wasserstoffatome so zusammentreten, daß ihre beiden Elektronen eine *heliumähnliche Zweiergruppe* bilden, die beiden Wasserstoffkernen zugehört. Ein **Chlormolekül** (Cl_2) bildet sich dadurch, daß die Chloratome, deren jedes nur 7 äußere Elektronen besitzt und edelgasunähnlich ist, zwei gemeinsame Elektronen erhalten, und damit beide einen argonähnlichen Zustand erreichen, nämlich je 8 äußere Elektronen um sich haben. Die **Wasserstoffverbindungen der Halogene** bilden sich in ganz ähnlicher Weise: das Metalloidatom verbindet sich mit gerade so vielen Wasserstoffatomen, daß es mit Hilfe der Elektronen aus den Wasserstoffatomen seine, ursprünglich unvollständige, Elektronenhülle auf die Zahl 8 ergänzen kann (HCl, H_2O, NH_3, CH_4). Im Inneren der neuen Hülle aus 8 äußeren Elektronen befinden sich sowohl Wasserstoffkerne als auch die Kerne der Metalloidatome. Auf Grund dieses Aufbaues versteht man die große Ähnlichkeit in den physikalischen Eigenschaften zwischen den gasförmigen Wasserstoffverbindungen der Metalloide und den Edelgasen, deren Atome ebenfalls eine äußere abgeschlossene Elektronenschale von 8 Elektronen besitzen. Die beschriebenen Reaktionen werden in der folgenden Weise schematisch dargestellt:

$$H\cdot + \cdot H \to H:H; \quad :\!\ddot{C}\!l\cdot + \cdot\ddot{C}\!l\!: \to :\!\ddot{C}\!l\!:\!\ddot{C}\!l\!:; \quad :\!\ddot{C}\!l\cdot + \cdot H \to :\!\ddot{C}\!l\!:\!H \text{ (besser: } :\!\ddot{C}\!l\!H\!:).$$

Ein **Sulfation** kann man sich vorstellen entweder als wesentlich polar aufgebaut aus einem sechsfach positiv geladenen Schwefelion (S^{6+}) und aus 4 zweifach negativ geladenen Sauerstoffionen, oder als eine wesentlich unpolare Vereinigung eines zweifach negativ geladenen Schwefelions mit 4 ungeladenen Sauerstoffatomen. Das einmal gebildete Sulfation ist weder das eine noch das andere dieser Systeme, vielmehr eine Gruppierung, in der jedes Sauerstoffatom 2 Elektronen mit dem Schwefelatom gemeinsam hat; sein Schema ist:

$$\begin{array}{c} :\!\ddot{O}\!: \\ :\!\ddot{O}\!:\!\ddot{S}\!:\!\ddot{O}\!: \\ :\!\ddot{O}\!: \end{array}$$

Geht man von dem ersten Bild aus, so stammen die 8 gemeinsamen Elektronen aus den Sauerstoffionen ($S^{6+} + 4\,O^{--} \to SO_4^{--}$), im zweiten Bild stammen sie aus dem Sulfidion ($S^{--} + 4\,O \to SO_4^{--}$).

Für die Bildung beständiger Atomkonfigurationen (Ionen, Moleküle, Komplexe) spielen sowohl die Vorteile, die auf der Gemeinsamkeit von Elektronen beruhen, als auch die elektrostatischen Verhältnisse eine Rolle. Positive Ionen müssen sich mit negativen Ionen wegen der starken, zwischen ihnen herrschenden Anziehungskräfte leichter zu einer chemischen Verbindung vereinigen lassen, als entweder Ionen gleichen Vorzeichens untereinander, oder als Ionen und ungeladene Atome miteinander. Die elektrostatischen Kräfte werden daher die Bildung des Sulfations aus den Ionen S^{6+} und $4 O^{--}$ sehr erleichtern.

Um zu einem Verständnis der Existenzmöglichkeit und der Beständigkeit eines bestimmten Atomkomplexes zu gelangen, muß man also folgendes in Betracht ziehen: die *Beständigkeit der Komponenten*, aus denen man sich den Komplex aufgebaut zu denken hat; die *elektrischen Kräfte*, die zwischen den *Ladungen der Komponenten* wirksam sind; schließlich die erhöhte Beständigkeit, die der *Anordnung von Elektronen in besonders stabilen Gruppen* eigen ist, und die oft nur zu erreichen ist, wenn die verschiedenen Atome eines Komplexes *Elektronen gemeinsam* haben.

Die Zinkgruppe.

Zu der zweiten Gruppe der Schwermetalle gehören **Zink** und **Quecksilber**.

Zink.

$Zn = 65{,}38$.

Zink ist ein weißes, leicht schmelzbares Metall (Sm. 412^0) mit etwa der gleichen Dichte (6,8) wie Eisen. Beim Erhitzen verdampft es und läßt sich destillieren (Kp. 900^0). Mechanisch ist es nicht besonders hochwertig, es läßt sich aber leicht gießen. Angewendet wird Zink für Dächer und Dachrinnen, weiter zu Legierungen. Die wichtigsten Legierungen sind Messing (Zink und Kupfer) und Neusilber (Zink, Kupfer und Nickel). Wichtig ist auch die Galvanisierung von Eisen. *Galvanisiertes* Eisen ist mit einer dünnen Schicht Zink überzogen, entweder durch Eintauchen des Eisens in geschmolzenes Zink oder auf galvanischem Wege. Die Zinkhaut beschützt das Eisen sehr wirksam gegen Korrosion. S. S. 328. Zink ist *giftig*; daher dürfen Gegenstände aus Zink oder galvanisiertem Eisen nicht zur Aufbewahrung von Lebensmitteln benutzt werden. „Zinkfieber" tritt in Messinggießereien auf und wird auf das Einatmen von Zinkoxydnebeln zurückgeführt.

Chemische Eigenschaften. Unter der Einwirkung der Atmosphäre überzieht sich Zink mit einer Schicht von hydroxydhaltigem Carbonat, die es unansehnlich grau erscheinen läßt, das

Metall jedoch gegen tiefergehende Einwirkung schützt. In der Spannungsreihe steht es hoch über Wasserstoff und löst sich daher leicht in verdünnten Säuren unter Wasserstoffentwicklung. Zink tritt in seinen Verbindungen immer *zweiwertig* auf.

Zinksulfat, $ZnSO_4$ (ältere Bezeichnung: Zinkvitriol), entsteht bei der Auflösung des Metalls in verdünnter Schwefelsäure. Beim Eindampfen der Lösung kristallisiert es mit 7 Molekülen H_2O. In der Medizin wird es *(Zincum sulfuricum)* als adstringierendes Mittel verwendet.

Das Zinkion, Zn^{++}. Zinksulfat bildet in wäßriger Lösung Zinkionen, Zn^{++}, und Sulfationen, SO_4^{--}; ähnlich ionisieren die meisten anderen Zinksalze, z. B. das Chlorid und das Nitrat. Das Zinkion ist in wäßriger Lösung recht stark *hydratisiert*, wie sich auch die Zinksalze aus wäßrigen Lösungen fast immer als Kristallhydrate ausscheiden. Das hydratisierte Ion hat *schwach saure Eigenschaften*. Eine Zinkionenlösung gibt bei vorsichtigem Zusatz von Natriumhydroxyd zunächst einen weißen Niederschlag von Zinkhydroxyd, der sich jedoch in einem Überschuß des Fällungsmittels unter Bildung von löslichem Natriumzinkat wieder auflöst; Zinkhydroxyd hat also ebenfalls *schwach saure Eigenschaften*. Wäßriges Ammoniak fällt ebenfalls zunächst Zinkhydroxyd aus und löst es auch bei Zugabe eines Überschusses; hier ist jedoch die Ursache der Auflösung eine andere, nämlich die Bildung von löslichen **ammoniakhaltigen Komplexen** (entspricht dem Verhalten von Kupfer und Silber).

Zinkoxyd, ZnO, ist ein *weißes*, in Wasser unlösliches Pulver. Erhitzt man Zink an der Luft, so verbrennt es zu Zinkoxyd, das als Malerfarbe (Zinkweiß) dient. Zinkoxyd wirkt schwach antiseptisch und trocknend; es findet in Pudern und Salben medizinische Verwendung.

Zinksulfid, ZnS, ist im Gegensatz zu den Sulfiden der anderen Schwermetalle *weiß* und dient als Malerfarbe, besonders in Mischung mit Bariumsulfat (Lithopone). Es löst sich in verdünnten starken Säuren und läßt sich daher aus salzsauren Zinksalzlösungen durch Zuleiten von Schwefelwasserstoff nicht fällen. Vollständig wird es dagegen ausgefällt, wenn die Lösung essigsauer und acetathaltig ist:

$$Zn^{++} + H_2S + 2\,CH_3COO^- \rightarrow ZnS + 2\,CH_3COOH.$$

Zinkphosphat, $Zn_3(PO_4)_2$, ist weiß und in Wasser unlöslich; in Säuren, sogar in Essigsäure, ist es löslich. Dies benutzt man in der Analyse, um das Zink von Eisen und Aluminium zu trennen, weil Ferri-eisen und Aluminium in essigsaurer Lösung bei Zugabe von Natriumphosphat als Phosphate ausfallen, während Zink in Lösung bleibt.

Die Theorie der Schwefelwasserstoff-Fällung.

Nicht bloß Zink, sondern auch andere Metalle werden um so unvollständiger von Schwefelwasserstoff gefällt, je saurer die Lösung ist. Hierfür gibt es folgende Erklärung. Alle wäßrigen Lösungen, die mit Schwefelwasserstoff gesättigt sind, enthalten zwar sehr *nahe gleiche* Mengen *Schwefelwasserstoff* im Liter, nämlich ebensoviel wie gesättigtes Schwefelwasserstoffwasser; stark saure Lösungen enthalten jedoch nach der Sättigung mit Schwefelwasserstoff viel *weniger Sulfidionen* als die weniger sauren Lösungen. Je mehr Wasserstoffionen von vornherein anwesend sind, desto geringer muß der Dissoziationsgrad des Schwefelwasserstoffs sein, weil seine Dissoziation in Wasserstoffionen und Sulfidionen umkehrbar ist:

$$H_2S \rightleftharpoons 2\,H^+ + S^{--}.$$

Hieraus folgt, daß Schwefelwasserstoff in schwach saurer Lösung eine stärkere Fällungswirkung hat als in stark saurer; es ist ja nicht der Gehalt einer Lösung an Schwefelwasserstoff, sondern ihr Gehalt an *Sulfidionen*, von dem es abhängt, ob oder gegebenenfalls wie vollständig ein Metall ausgefällt wird. Die Ausfällung beginnt, sobald das Produkt der Konzentrationen von Metallion und *Sulfidion* größer wird als das Löslichkeitsprodukt des betreffenden Metallsulfids, und die Ausfällung dauert solange an, bis das Produkt der beiden erwähnten Konzentrationen unter den Wert des Löslichkeitsproduktes gesunken ist.

Folgende Reihe von Lösungen besitzt steigenden Säuregrad (sinkendes pH) und abnehmende Konzentration des Sulfidions:

1. Ammoniumsulfid.
2. Schwefelwasserstoffwasser, mit Zusatz von Natriumacetat und wenig Essigsäure.
3. Schwefelwasserstoffwasser, mit Zusatz gleicher Teile Natriumacetat und Essigsäure.
4. Schwefelwasserstoffwasser, gemischt mit ein Viertel seines Volumens verdünnter Salzsäure.
5. Schwefelwasserstoffwasser, gemischt mit dem gleichen Volumen konz. Salzsäure.

Setzt man zu diesen Lösungen Manganosulfat, Ferrosulfat, Zinksulfat, Wismutnitrat und Cuprisulfat, so werden in der ersten Lösung alle 5 Metalle als Sulfide gefällt; in der zweiten Lösung fallen nur Eisen, Zink, Wismut und Kupfer aus; in der dritten nur Zink, Wismut und Kupfer; in der vierten Lösung nur Wismut und Kupfer, und in der fünften schließlich nur noch Kupfer.

Diese Ergebnisse lassen sich durch die abnehmende Konzentration der Sulfidionen erklären, und sie zeigen, daß die Löslichkeitsprodukte der Sulfide in der Reihenfolge: Mangan, Eisen, Zink, Wismut, Kupfer abfallen.

Quecksilber (Hydrargyrum).

Hg = 200,61.

In der Natur kommt Quecksilber *frei* und als rotes Mercurisulfid, HgS *(Zinnober)*, vor. Man gewinnt es durch Rösten quecksilberhaltiger Erze. Hierbei verdampft das freie Metall, während das

Sulfid zu Schwefeldioxyd und Quecksilberdampf verbrennt; bei der Abkühlung der Abgase verdichtet sich das gesamte Quecksilber in freiem Zustand.

Quecksilber ist bei gewöhnlicher Temperatur flüssig und wird bei —39⁰ fest. Es ist sehr schwer (Dichte 13,6) und besitzt bereits bei Zimmertemperatur einen meßbaren Dampfdruck (etwa $^1/_{1\,000\,000}$ Atm.). Man kann es leicht destillieren; es siedet bei 357⁰.

Chemische Eigenschaften. Mit den meisten Metallen bildet Quecksilber Legierungen, die sog. Amalgame. Mit Natrium verbindet es sich unter bedeutender Wärmeentwicklung zu Natriumamalgam, das als Reduktionsmittel viel verwendet wird. Will man Zink in einem galvanischen Element als Elektrode verwenden, so amalgamiert man es durch Einreiben mit Quecksilber und wenig Säure; amalgamiertes Zink löst sich nämlich nur sehr langsam in verdünnten Säuren, weil die Wasserstoffentwicklung an den blanken amalgamierten Oberflächen nur schwierig in Gang kommt. Legierungen von Zinn und Silber bilden Amalgame, die nach einiger Zeit erhärten und als Zahnplomben verwendet werden. Gold amalgamiert sich sehr leicht, weswegen Goldgegenstände nicht in Berührung mit Quecksilber kommen dürfen. Eisen bildet kein Amalgam; daher kann man Quecksilber in eisernen Flaschen versenden.

Erhitzt man Quecksilber an der Luft bis nahe an seinen Siedepunkt, so oxydiert es sich langsam zu rotem Quecksilberoxyd, HgO; bei stärkerem Erhitzen wird aber der Sauerstoff wieder abgespalten. Quecksilber steht also an der Grenze der Edelmetalle. In der Spannungsreihe steht Quecksilber ziemlich tief, gerade noch über den Edelmetallen. Kupfer kann Quecksilber noch ausfällen; eine Kupfermünze wird daher amalgamiert, wenn man sie in eine Lösung von Mercuronitrat taucht. In verdünnter Schwefelsäure und in Salzsäure löst sich Quecksilber nicht auf. Mit warmer konz. Schwefelsäure bildet es Mercurisulfat, $HgSO_4$, unter Entwicklung von Schwefeldioxyd. In Salpetersäure löst es sich unter Entwicklung von Stickoxyden; in kalter, verdünnter Säure und in Gegenwart überschüssigen Metalls erhält man Mercuronitrat, mit warmer Säure und Säureüberschuß Mercurinitrat.

Reinigung von Quecksilber. Um die mechanisch beigemengten Verunreinigungen zu entfernen, filtriert man Quecksilber, am besten durch Leder. Außer mechanischen Verunreinigungen kann Quecksilber, da es viele Metalle aufzulösen vermag, auch gelöste Fremdstoffe enthalten. Die meisten können durch Schütteln des Quecksilbers mit einer Lösung von Mercuronitrat entfernt werden: dabei müssen alle Metalle, die in der Spannungsreihe über dem

Quecksilber. Mercuriverbindungen.

Quecksilber stehen, in Lösung gehen (unter Ausscheidung einer äquivalenten Menge Quecksilber), z. B.
$$Zn + Hg_2^{++} \rightarrow 2\,Hg + Zn^{++}.$$
Mercuroion

Die in der Spannungsreihe unter dem Quecksilber stehenden Metalle können durch Destillation des Quecksilbers, am besten im Vakuum, entfernt werden.

Einatmen von Quecksilberdämpfen kann zu sehr ernsten *Vergiftungserscheinungen* führen. Diese Gefahr besteht auch bei Zimmertemperatur, bei der der Dampfdruck des Metalles noch sehr gering ist. Es soll also im Laboratorium gut darauf geachtet werden, Quecksilber nicht zu verschütten. Alle löslichen Quecksilberverbindungen sind giftig (s. unten), auch die schwer löslichen sind zum Teil gefährlich.

Diesen Giftwirkungen steht aber eine erhebliche therapeutische Bedeutung des Metalls und einiger seiner Verbindungen (s. unten) gegenüber. Das Metall selbst wird z. B. in kolloidaler Lösung oder in Salben gegen Syphilis verwendet.

Der Quecksilberlichtbogen, der in einem Gefäß aus Quarzglas brennt, ist reich an ultravioletten Strahlen und die wichtigste Quelle dieser in der Lichttherapie häufig verwendeten Lichtsorte.

Quecksilber ist in den *Mercuroverbindungen* einwertig (mit zwei positiven Ladungen auf zwei Quecksilberatomen) und in den *Mercuriverbindungen* zweiwertig. Alle Quecksilberverbindungen *verflüchtigen* sich beim Erhitzen. Sie sind *giftig*, wenn sie nicht wie Mercurisulfid oder Mercurochlorid praktisch unlöslich sind.

Mercuriverbindungen.

Mercurinitrat, $Hg(NO_3)_2$. Eine Lösung von Mercurinitrat entsteht bei der Auflösung von Quecksilber in überschüssiger warmer verdünnter Salpetersäure. Die Lösungen dieses Salzes enthalten Mercuriionen, Hg^{++}, und Nitrationen, NO_3^-; sie scheiden, falls nicht eine hinreichende Menge freier Säure, d. h. Wasserstoffionen, anwesend ist, beim Verdünnen mercurioxydhaltige Nitrate aus. Diese Hydrolyse geht etwa nach dem Schema:
$$2\,Hg^{++} + H_2O + 2\,NO_3^- \rightarrow HgO \cdot Hg(NO_3)_2 + 2\,H^+.$$

Mercurichlorid (Sublimat, *Hydrargyrum bichloratum*), $HgCl_2$, ist ein weißes, kristallinisches Pulver und ziemlich leichtlöslich in Wasser (ein Teil Salz bei gewöhnlicher Temperatur in 15 Teilen Wasser). Es wird aus Quecksilber dargestellt, das zunächst durch Erwärmen mit konz. Schwefelsäure in Mercurisulfat übergeführt wird:
$$Hg + 2\,H_2SO_4 \rightarrow HgSO_4 + SO_2 + 2\,H_2O;$$
das gebildete Mercurisulfat wird hiernach mit Natriumchlorid gemischt und erwärmt, wobei das flüchtige Mercurichlorid *wegsublimiert*:
$$HgSO_4 + 2\,NaCl \rightarrow HgCl_2 + Na_2SO_4.$$

In Lösung leitet Mercurichlorid die Elektrizität nur schlecht; dies beweist, daß das Salz nur *wenig ionisiert* ist. Genauere Messungen haben ergeben, daß nur wenige Prozente des Chlors als Chloridion abgespalten ist; der Rest ist an das Quecksilber *komplex* gebunden. Das Chlorid scheidet, wegen seines komplexen Aufbaus, nicht so leicht wie das Nitrat schwerlösliche oxydhaltige Salze ab; es ist jedoch genügend stark hydrolysiert, um deutlich sauer zu reagieren.

S. S. 106.

Mercurichlorid wird von Stannochlorid zuerst zu Mercurochlorid reduziert, und hierauf zu freiem Quecksilber. Mit starken Basen entsteht ein gelber Niederschlag von Mercurioxyd, HgO. Hier spaltet, wie beim Silber, das eigentlich zu erwartende Hydroxyd sofort Wasser ab. Mit wäßrigem Ammoniak gibt Mercurichlorid einen weißen Niederschlag von Mercuriamidchlorid, $HgNH_2Cl$, der unter der Bezeichnung **weißer Präcipitat** in der Medizin verwendet wird:

S. S. 313.

$$HgCl_2 + 2 NH_3 \rightarrow HgNH_2Cl + NH_4{}^+ + Cl^-.$$

Mercurichloridlösungen dienen zur Desinfektion. Die gewöhnliche **Sublimatlösung** enthält etwa $1\%_{00}$ Mercurichlorid. Da die Lösung *sehr giftig* und nicht, wie etwa Carbolwasser, am Geruch kenntlich ist, setzt man oft einen roten oder blauen Farbstoff zu, um Verwechslungen zu vermeiden. Chirurgische Instrumente aus Eisen werden von Sublimat angegriffen; wie man schon aus der Stellung des Quecksilbers in der Spannungsreihe schließen kann, wird Quecksilber von Eisen ausgefällt:

S. S. 285.

$$Fe + HgCl_2 \rightarrow Fe^{++} + Hg + 2 Cl^-.$$

Die desinfizierende Wirkung ist eine Eigenschaft der *freien Mercuriionen*. Daher ist das komplexe Mercurichlorid ein schwächeres Desinfektionsmittel als das ionisierte Mercurinitrat. Man zieht jedoch das Chlorid vor, weil es weniger dazu neigt, die besprochenen oxydhaltigen Niederschläge auszuscheiden. Die sog. Sublimatpastillen enthalten außer dem Farbstoff noch Kochsalz, dessen Chlorionen nicht nur die geringe Ionisation des Mercurichlorids zurückdrängen, sondern mit $HgCl_2$ das komplexe Anion $HgCl_3{}^-$ bilden. Die Lösungen werden dadurch neutral und noch haltbarer, und ihre fällende Wirkung auf Eiweißstoffe wird gemildert.

Mercurijodid, HgJ_2, ist ein roter, in Wasser unlöslicher Stoff; dargestellt wird er durch Fällung aus Mercurichlorid mit der berechneten Menge Kaliumjodid ($HgCl_2 + 2 J^- \rightarrow HgJ_2 + 2 Cl^-$). Es löst sich in Kaliumjodid unter Bildung des *komplexen Doppeljodids*: $2 K^+ \cdot HgJ_4{}^{--}$; aus dessen Lösung wird von Natriumhydroxyd kein Mercurioxyd gefällt. Eine alkalische Lösung dieses Kaliummercurijodids gibt mit Ammoniak einen gelbroten Niederschlag und dient unter der Bezeichnung NESSLERs Reagens zum Nachweis kleiner Mengen Ammoniak, z. B. im Trinkwasser.

Mercuroverbindungen.

Mercuronitrat, $Hg_2(NO_3)_2$, ist ein grauweißer, kristallinischer, in Wasser leicht löslicher Stoff. In wäßriger Lösung spaltet er sich in Mercuroionen, Hg_2^{++}, und Nitrationen, NO_3^-; ähnlich wie bei Mercurinitrat hydrolysieren die Lösungen leicht unter Ausscheidung oxydhaltiger Salze. Eine Lösung des Salzes erhält man beim Schütteln von Mercurinitratlösung mit überschüssigem Quecksilber:

$$Hg^{++} + Hg \rightarrow Hg_2^{++}.$$

Mercurochlorid (Kalomel, *Hydrargyrum chloratum*), Hg_2Cl_2, ist weiß, in Wasser und Salzsäure unlöslich. Es dient als abführendes und harntreibendes Medikament. Dargestellt wird es durch Fällen einer Lösung von Mercuronitrat mit Salzsäure:

$$Hg_2^{++} + 2\,Cl^- \rightarrow Hg_2Cl_2.$$

In wäßrigem Ammoniak färbt es sich schwarz, wobei sich eine Mischung aus feinverteiltem, freiem Quecksilber und weißem Präcipitat bildet:

$$Hg_2Cl_2 + 2\,NH_3 \rightarrow Hg + HgNH_2Cl + NH_4^+ + Cl^-.$$

Das **Mercuroion**, Hg_2^{++}, besteht aus zwei Quecksilberatomen, die zusammen zwei Elektronen abgegeben haben. Es enthält also, wie das Cuproion, Cu^+, eine positive Ladung auf ein Metallatom. Im Gegensatz zum Cuproion ist es recht beständig und bildet in wäßriger Lösung nur in geringem Ausmaß Quecksilber und Mercuriion. Im Gegenteil, Mercuriionen verwandeln sich beim Schütteln mit metallischem Quecksilber nahezu vollständig in Mercuroionen. Bezüglich der Löslichkeiten erinnern die Mercurosalze etwas an die Cuprosalze; so sind beide Chloride in Wasser unlöslich.

Übersicht über die Zinkgruppe.

Die Zinkgruppe umfaßt folgende Schwermetalle:

Zink	(Cadmium)	Quecksilber
$Zn = 65{,}38$	$(Cd = 112{,}41)$	$Hg = 200{,}61$.

Diese Metalle haben alle einen recht niedrigen Schmelzpunkt und gehören zu den flüchtigsten Metallen. Sie sind zweiwertig; Quecksilber tritt jedoch auch einwertig auf. Die Verbindungen, in denen sie zweiwertig sind, ähneln einigermaßen den Verbindungen der Calciumgruppe; namentlich die Zinksalze erinnern an die Magnesiumsalze. Im Gegensatz zu den Metallen der Calciumgruppe werden jedoch Zink und Quecksilber von Schwefelwasserstoff gefällt; auch geben die Metalle der Zinkgruppe viele komplexe Verbindungen, z. B. bildet das Zink mit Ammoniak lösliche Komplexe, das Quecksilber mit den Halogenen wenig dissoziierte, komplexe Salze.

Die Zinngruppe.

Die dritte Gruppe der Schwermetalle enthält nur seltene Stoffe; wir gehen daher gleich zu der Besprechung der vierten Gruppe über, deren wichtigste Vertreter Zinn und Blei sind.

Zinn (Stannum).

Sn = 118,70.

Zinn kommt in der Natur als Zinndioxyd, SnO_2 *(Zinnstein)*, vor. Das Metall wird hieraus durch Reduktion mit Kohle gewonnen. Es ist weiß, leicht schmelzbar (Sm. 230⁰) und besitzt eine ausgeprägte kristallinische Struktur; beim Biegen knirscht es, weil die Kristalle gegenseitig verschoben werden. Als Metall ist es weich und ohne besonders wertvolle mechanische Eigenschaften. Sein Preis ist ungefähr der gleiche wie der des Kupfers; es ist wesentlich teurer als Blei und Zink. Seine praktisch wichtigen Verbindungen zeichnen sich vor denen der genannten Metalle durch wesentlich geringere Giftigkeit aus. Große Mengen Zinn werden zum Verzinnen von Kupfer und Eisen, sowie für Legierungen verwendet. **Weißblech**, verzinntes Eisenblech, wird viel für Küchengeräte, Milcheimer u. ä. verwendet; **Bronze** ist eine rötliche Legierung aus Zinn und Kupfer; **Lötmetall** ist eine leicht schmelzbare Legierung aus Zinn und Blei. **Stanniolpapier** wird durch Auswalzen des Zinns in dünne Blätter hergestellt.

Chemische Eigenschaften. Luft und Wasser wirken bei gewöhnlicher Temperatur nur wenig auf Zinn ein. Erwärmt und geschmolzen bedeckt es sich allmählich, namentlich bei starkem Erhitzen, mit einer Schicht von *Zinnasche*, einer Mischung aus Zinnoxyd und Zinn. In der Spannungsreihe steht es gleich oberhalb des Wasserstoffs; es löst sich daher in Salzsäure unter Bildung von Stannochlorid und gasförmigem Wasserstoff:

$$Sn + 2\,HCl \rightarrow SnCl_2 + H_2.$$

Gegenüber Salpetersäure benimmt es sich wie ein Metalloid; es wird zu weißer, in Wasser unlöslicher Zinnsäure oxydiert:

$$3\,Sn + 4\,HNO_3 \rightarrow 3\,SnO_2 \cdot aq + 4\,NO + 2\,H_2O.$$

Zinnsäure wird hier $SnO_2 \cdot aq$ geschrieben um anzudeuten, daß ihre Zusammensetzung derjenigen von Zinndioxydhydraten mit wechselndem Wassergehalt entspricht.

Graues Zinn. Bei niedriger Temperatur kann sich Zinn in einen grauen, *nicht mehr metallähnlichen* Stoff umwandeln, der spezifisch leichter ist als das weiße Zinn. Die Umwandlung beginnt an einzelnen Stellen; da das graue Zinn voluminöser ist als das weiße, so sieht es aus, als ob auf dem Metall Beulen entstanden wären. Das graue Zinn ist nicht mehr zusammenhängend, und die angegriffenen Gegenstände zerfallen schließlich. Sehr unangenehm ist noch, daß eine Art von „Ansteckung" stattfindet, d. h. daß ein Keim von grauem Zinn in weißem Metall die Umwandlung hervorrufen kann; so erscheint die Bezeichnung *Zinnpest* ganz natürlich. Orgelpfeifen aus Zinn wurden nicht selten von der Zinnpest zerstört, auf Grund der niedrigen Temperatur, die im Winter in den Kirchen herrschte. Die Umwandlungstemperatur liegt ungefähr bei 20°, aber erst bei wesentlich niedrigeren Temperaturen beginnt die Umwandlung von selbst. Durch Erwärmen auf 30 bis 40° kann man leicht das weiße Zinn aus dem grauen wiedergewinnen; aber damit wird natürlich die zerstörte Form der ursprünglichen Gegenstände nicht wieder hergestellt.

Zinn bildet zwei Reihen von Verbindungen: in den *Stannoverbindungen* ist es zweiwertig und verhält sich wie ein Metall; in den *Stanniverbindungen* ist es vierwertig und ähnelt mehr einem säurebildenden Metalloid.

Stannoverbindungen.

Stannochlorid, $SnCl_2$, ist ein weißes, kristallinisches, leicht lösliches Salz, das durch Auflösen von Zinn in warmer konz. Salzsäure hergestellt wird. Von Wasser wird es unter Ausscheidung eines hydroxydhaltigen Niederschlags hydrolysiert, wenn nicht etwas freie Säure zugegen ist. Aus der Luft nimmt die Lösung allmählich Sauerstoff auf; dabei bildet sich Zinnsäure, die ausfällt, wenn die Lösung nicht stark sauer ist:

$$Sn^{++} + O + H_2O \rightarrow SnO_2 \cdot aq + 2H^+.$$

Die große Neigung Sauerstoff oder Chlor aufzunehmen kennzeichnet das Stannochlorid als kräftiges *Reduktionsmittel*. In der Analyse benutzt man es zur Reduktion von Mercurichlorid zu weißem, unlöslichem Mercurochlorid und weiter zu grauem Quecksilber:

$$2 HgCl_2 + SnCl_2 \rightarrow Hg_2Cl_2 + SnCl_4;$$
$$Hg_2Cl_2 + SnCl_2 \rightarrow 2 Hg + SnCl_4.$$

Stanniverbindungen.

Stannioxyd (Zinndioxyd, Zinnstein), SnO_2, ist in Wasser unlöslich. Es ist ein Säureanhydrid und erinnert in seinen Eigenschaften an das Kieselsäureanhydrid. Geschmolzen mit Alkalien bildet es Salze, z. B. Natriumstannat, Na_2SnO_3, das in Wasser löslich ist und sich von einer Zinnsäure H_2SnO_3 ableitet. Verwendet wird Stannioxyd zum Trüben von Emaille.

Zinnsäure ($SnO_2 \cdot aq$) ist, wie Kieselsäure, mit wechselndem Wassergehalt bekannt; sie ist in Wasser unlöslich, bildet aber leicht kolloidale Lösungen.

Stannichlorid, $SnCl_4$, wird dargestellt durch Einwirkung von Chlor auf schwach erwärmtes Zinn. Es ist — im Gegensatz zu Stannochlorid — *nicht salzähnlich*, sondern eine wasserklare *Flüssigkeit*, die von Wasser zu kolloidaler Zinnsäure und Salzsäure *hydrolysiert* wird:

$$SnCl_4 + 2 H_2O \rightarrow SnO_2 \cdot aq + 4 HCl.$$

Mit Kaliumchlorid bildet es Kaliumchlorostannat, K_2SnCl_6 ($2K^+$ $SnCl_6^{--}$), das Kaliumsalz der Zinnchlorwasserstoffsäure (Chlorozinnsäure), H_2SnCl_6, worin das Chlor die gleiche Rolle spielt, wie etwa der Sauerstoff in den gewöhnlichen Säuren. Ihr Ammoniumsalz, $(NH_4)_2SnCl_6$ (Pinksalz), findet als Beize in der Kattunfärberei Verwendung.

Stannisulfid, SnS_2, ist gelb und in Wasser unlöslich. In Natriumsulfid löst es sich zu Natriumsulfostannat, Na_2SnS_3, einem Salz der **Sulfozinnsäure**, H_2SnS_3, worin der Schwefel die Stelle übernommen hat, die der Sauerstoff in den bekannten Sauerstoffsäuren einnimmt.

Weder Stannioxyd, noch Stannichlorid, noch Stannisulfid haben salzartigen Charakter; von allen drei Stoffen leiten sich jedoch — durch Addition von Wasser, Chlorwasserstoff bzw. Schwefelwasserstoff — Säuren ab:

$$SnO_2 + H_2O = H_2SnO_3 \text{ (Zinnsäure);}$$
$$SnCl_4 + 2\ HCl = H_2SnCl_6 \text{ (Zinnchlorwasserstoffsäure);}$$
$$SnS_2 + H_2S = H_2SnS_3 \text{ (Sulfozinnsäure).}$$

Zinn verhält sich also in seinen *vierwertigen* Verbindungen ganz wie ein *Metalloid*, und erinnert besonders an Silicium. Zinnsäure entspricht der Kieselsäure, Zinnchlorwasserstoffsäure der Siliciumfluorwasserstoffsäure.

Blei (Plumbum).
Pb = 207,22.

Blei wird aus *Bleiglanz*, PbS, einem ziemlich verbreiteten, metallglänzenden, kristallinischen Mineral gewonnen. Durch Rösten verwandelt man zunächst dieses Sulfid in Bleioxyd und reduziert darauf das Oxyd mit Kohle. Blei ist ein weiches, bei 330° schmelzendes Metall. Von Zinn unterscheidet es sich dadurch, daß ihm die schöne weiße Farbe fehlt und daß es beim Biegen nicht knirscht. Blei ist sehr schwer (Dichte 11,4), und wird daher für Geschosse und Schrot verwendet. Bleirohre dienen bei Installationen als biegsame Zwischenglieder zwischen den festen Eisenröhren und den installierten Apparaten. Wichtige Bleilegierungen sind das **Lötmetall** (Blei und Zinn) und das **Hartblei** (Blei und Antimon), das für Lettern in der Druckerei verwendet wird.

Chemische Eigenschaften. Blei hält sich an der Luft oder im Wasser viel schlechter als Zinn; der Angriff besteht aber doch in den meisten Fällen nur in einem matten Überzug. Geschmolzenes Blei oxydiert sich bei längerem Erhitzen. In der Spannungsreihe steht Blei nahe beim Zinn, verhält sich jedoch gegenüber Säuren anders. Da Bleisulfat in Wasser unlöslich ist, löst Schwefelsäure das Metall nur, wenn sie nahezu völlig wasserfrei ist. Daher wird Blei als Baumaterial für die Bleikammern der Schwefelsäurefabriken verwendet. Auch Salzsäure löst Blei nur schlecht, weil Bleichlorid schwer löslich ist. Dagegen löst Salpetersäure das Metall leicht unter Bildung von Bleinitrat und Entwicklung von Stickoxyden. Organische Säuren, z. B. Essigsäure, greifen in Anwesenheit von Sauerstoff (Luft) Blei an, weswegen es für Küchengeräte verboten ist:

$$Pb + 2\ CH_3COOH + \tfrac{1}{2} O_2 \rightarrow Pb^{++} + 2\ CH_3COO^- + H_2O.$$

Plumboverbindungen.

Blei bildet eine Reihe *Plumboverbindungen*, in denen es zweiwertig ist und in der Oxydationsstufe 2 auftritt, entsprechend dem Bleioxyd, PbO.

Bleinitrat, $Pb(NO_3)_2$, ist weiß, kristallinisch und leicht löslich; es wird durch Auflösen von Blei in Salpetersäure dargestellt:
$$3\,Pb + 8\,HNO_3 \rightarrow 3\,Pb(NO_3)_2 + 4\,H_2O + 2\,NO.$$

Bleiacetat (Bleizucker), $Pb(CH_3COO)_2$, ist ebenfalls löslich. Es entsteht beim Auflösen von Bleioxyd in Essigsäure:
$$PbO + 2\,CH_3COOH \rightarrow Pb(CH_3COO)_2 + H_2O.$$
Das Salz ist *sehr giftig*.

Das **Bleiion**, Pb^{++}. Die Lösungen von Bleinitrat und Bleiacetat enthalten Bleiionen. Das Bleiion wird durch viele verschiedene Stoffe ausgefällt, weil es eine große Anzahl *schwer löslicher* Verbindungen bildet. Sulfationen (z. B. Schwefelsäure) fällen es als weißes, unlösliches **Bleisulfat** (ähnlich wie Bariumsulfat). Sulfidionen (z. B. Schwefelwasserstoff) in nicht zu saurer Lösung, fällen das schwarze **Bleisulfid**. Chromationen (z. B. Kaliumchromat) fällen Bleiionen als **Bleichromat**: $Pb^{++} + CrO_4^{--} \rightarrow PbCrO_4$, einen gelben Stoff, der als Anstrichfarbe (Chromgelb) verwendet wird. Chloridionen, z. B. Salzsäure, fällen aus nicht zu schwachen Bleiionenlösungen das weiße **Bleichlorid**, $PbCl_2$, das in kaltem Wasser nur wenig, in warmem Wasser leicht löslich ist. Hydroxylionen (z. B. wäßriges Ammoniak) fällen Bleiionen als weißes **Bleihydroxyd**, $Pb(OH)_2$, das sich in kochendem Wasser in gelbes Bleioxyd umwandelt.

Natriumhydroxyd fällt zunächst die Bleiionen als Bleihydroxyd; S. S. 241. in überschüssigem Natriumhydroxyd löst sich jedoch diese Fällung wieder auf unter Bildung von **Natriumplumbit**, $Na^+ \cdot Pb(OH)O^-$, weil das Bleihydroxyd als Säure auftreten kann:
$$Pb(OH)_2 + HO^- \rightarrow Pb(OH)O^- + H_2O.$$
Plumbition

In dieser alkalischen Bleilösung ist das Blei *komplex* an den Sauerstoff gebunden und sitzt im Säurerest. Daher wird es aus diesen Lösungen weder durch Sulfationen noch durch Chromationen ausgefällt; im Gegenteil: sowohl Bleisulfat als auch Bleichromat lösen sich in Natriumhydroxyd unter Bildung von Natriumplumbit und Natriumsulfat (oder -chromat). Säuert man die alkalischen Lösungen wieder an, so fallen die unlöslichen Bleisalze wieder aus.

Bleioxyd (Bleiglätte), PbO, wird aus Blei gewonnen, indem man das Metall in einem Ofen erhitzt und Luft zubläst. Das Oxyd ist gelb, sehr schwer löslich in Wasser, löst sich jedoch leicht in Salpetersäure und Essigsäure, wobei sich die Bleisalze und Wasser bilden.

Bleiweiß ist ein bleihydroxydhaltiges Bleicarbonat, das als weiße Anstrichfarbe dient. Es hat eine gute Deckkraft, färbt sich jedoch in schwefelwasserstoffhaltiger Luft schwarz und ist giftiger als Zinkweiß.

Plumbiverbindungen.

In den *Plumbiverbindungen*, von denen die wichtigste das Bleidioxyd ist, hat das Blei die Wertigkeit vier.

Bleidioxyd, PbO_2, ist ein dunkelbrauner, fester Stoff. In Salpetersäure ist es unlöslich; mit Salzsäure gibt es Plumbochlorid und Chlor:

$$PbO_2 + 4\,HCl \rightarrow PbCl_2 + Cl_2 + 2\,H_2O.$$

S.S. 63. Die Hälfte seines Sauerstoffs vermag also Chlorwasserstoff zu Chlor zu oxydieren (ist aktiv). Bleidioxyd ist ein sehr kräftiges *Oxydationsmittel*. Es kann als Anhydrid einer unbekannten **Bleisäure**, H_4PbO_4, aufgefaßt werden.

Mennige, Pb_3O_4, kann als das Plumbosalz dieser Bleisäure, nämlich $Pb_2(PbO_4)$, formuliert werden. In dieser Schreibweise erscheinen zwei zweiwertige und ein vierwertiges Bleiatom. Mennige ist ein rotes Pulver und entsteht beim Erhitzen von Bleioxyd auf etwa 400° an der Luft. Bei der Behandlung mit Salpetersäure geht Bleioxyd in Lösung, und das dunkle Bleidioxyd bleibt zurück:

$$PbO_2 \cdot 2\,PbO + 4\,HNO_3 \rightarrow PbO_2 + 2\,Pb(NO_3)_2 + 2\,H_2O.$$

Von Salzsäure wird es in Plumbochlorid und Chlor verwandelt:

$$PbO_2 \cdot 2\,PbO + 8\,HCl \rightarrow 3\,PbCl_2 + Cl_2 + 4\,H_2O.$$

Von den vier Sauerstoffatomen der Mennige ist also nur das eine aktiv, d. h. imstande, Chlorwasserstoff zu Chlor zu oxydieren. Mennige dient als rote Malerfarbe und besonders als Rostschutz für Eisengegenstände.

Den wertvollen Eigenschaften von Blei und von vielen Bleiverbindungen, die zu sehr umfangreicher Anwendung in Industrie und Gewerbe geführt haben, steht ihre erhebliche *Giftigkeit* gegenüber. Bleivergiftungen gehören — neben Kohlenoxydvergiftungen — zu den häufigsten gewerblichen Vergiftungen. Der Organismus nimmt Blei leicht auf und hält es lange zurück. Ständige Zufuhr so kleiner Bleimengen, daß sie einzeln keine bemerkbaren Erscheinungen hervorrufen können, führt häufig zu schweren, ja tödlichen Vergiftungen (*chronische* Bleivergiftung). Die Aufnahme des Bleies kann dabei sowohl durch den Verdauungskanal, als auch durch Einatmen bleihaltigen Staubes geschehen. — Bleihaltige Präparate werden jetzt in der Medizin weniger als früher angewendet.

Der Bleiakkumulator.

Der **Bleiakkumulator** ist ein praktisch sehr wichtiges galvanisches Element, in dem man elektrische Stromenergie aufspeichern kann, um im geeigneten Zeitpunkt über sie verfügen zu können. Er wird auch für sehr große Leistungen gebaut. Die eine Elektrode besteht aus *Blei*, das feinkörnig in einem Bleirahmen eingepreßt ist; die andere Elektrode enthält *Bleidioxyd* als braune Paste. Die Füllung ist reine verdünnte Schwefelsäure. Entnimmt man aus dem Element Strom, so entsteht an beiden Elektroden Bleisulfat, an der Bleidioxydelektrode außerdem Wasser, nach folgenden Schemata:

Bleielektrode: $\quad\quad\quad\quad Pb + SO_4^{--} \to PbSO_4 + 2$ Elektronen
(Negativer Pol) $\quad\quad\quad\quad$ (Oxydation von Pb zur Pb(2)-stufe)
Bleidioxydelektrode: $PbO_2 + SO_4^{--} + 4 H^+ + 2$ Elektronen $\to PbSO_4 + 2 H_2O$
(Positiver Pol) $\quad\quad\quad\quad$ (Reduktion der Pb(4)- zur Pb(2)-stufe)

Beide Vorgänge sind bei sachgemäßer Leitung praktisch vollständig umkehrbar. Nach einer gewissen Stromentnahme (d. h. nach gewissem Umfang der Bleisulfatbildung) kann man durch Zuführen von Elektronen in die Bleielektrode (d. h. durch Anschließen der Bleielektrode an den negativen, der Dioxydelektrode an den positiven Pol einer Stromquelle) das gebildete Bleisulfat und Wasser wieder zersetzen, so daß also als Bruttovorgang geschrieben werden kann:

$$Pb + PbO_2 + 4 H^+ + 2 SO_4^{--} \underset{\text{Ladung}}{\overset{\text{Entladung}}{\rightleftharpoons}} 2 PbSO_4 + 2 H_2O.$$

Die Spannung des Bleiakkumulators ist bei mäßiger Belastung rund 2 Volt. Die Konzentration der Säure nimmt bei der Entladung ständig ab, weil SO_4^{--}-Ionen und H^+-Ionen verbraucht werden, dafür aber Wasser entsteht; die Säuredichte ist daher ein sicheres Maß für den Entladungszustand.

Übersicht über die Zinngruppe.

Die Zinngruppe umfaßt folgende Schwermetalle:

(Germanium) $\quad\quad$ Zinn $\quad\quad$ Blei
(Ge = 72,60) $\quad\quad$ Sn = 118,70 $\quad\quad$ Pb = 207,22.

Die Metalle schmelzen niedrig. Sie bilden Salze, in denen sie als zweiwertige Metalle auftreten; außerdem bilden sie Verbindungen, in denen sie sich wie vierwertige Metalloide verhalten und sich hierin als Untergruppe der vierten Gruppe der Metalloide, also ähnlich dem Kohlenstoff, Silicium usw. erweisen.

Die Antimongruppe.

Zu dieser fünften Gruppe gehören **Antimon** und **Wismut**.

Antimon (Stibium).
Sb = 121,76.

Antimon ist ein weißes, sprödes und hartes Metall, das hauptsächlich in Legierungen verwendet wird. Ein Zusatz von Antimon zu Blei und Zinn macht diese Metalle härter. In seinen Verbindungen ist es drei- und fünfwertig.

Antimontrioxyd, Sb_2O_3, besitzt sowohl basischen wie sauren Charakter. Mit Säuren bildet es unbeständige Antimonsalze, worin das Antimon als dreiwertiges Metall auftritt:

$$Sb_2O_3 + 6\,HCl \rightarrow 2\,SbCl_3 + 3\,H_2O.$$

Mit Basen bildet es die ebenfalls unbeständigen Antimonite, wo sich das Antimon im Säurerest der antimonigen Säure befindet:

$$Sb_2O_3 + 6\,NaOH \rightarrow 2\,Na_3SbO_3 + 3\,H_2O.$$

Antimonpentoxyd, Sb_2O_5, ist ausgeprägt sauer. Die zugehörige Säure heißt Antimonsäure, ihre Salze heißen Antimoniate. Das lösliche Kaliumsalz der Formel $K_2H_2Sb_2O_7$ dient zum Nachweis von Natriumionen; das zugehörige Natriumpyroantimoniat ist unlöslich und zeigt unter dem Mikroskop charakteristische Formen. Kaliumpyroantimoniat ergibt mit Säuren eine weiße flockige Fällung der unlöslichen Antimonsäure und mit den meisten Metallsalzen ebenfalls amorphe, unlösliche Antimoniate.

Antimonpentasulfid (Goldschwefel), Sb_2S_5, dient zum Vulkanisieren von Kautschuk, der hiervon seine rote Farbe bekommt.

Wismut (Bismutum).
Bi = 209,00.

Wismut ist ein weißes, kristallinisches Metall mit einem Stich ins rötliche. Verwendet wird es für leicht schmelzende Legierungen. *Woodmetall* schmilzt bei 68°; es besteht aus 15 Teilen Wismut, 8 Teilen Blei, 4 Teilen Zinn und 3 Teilen Cadmium.

In seinen Verbindungen ist Wismut meist dreiwertig. Das Trioxyd, Bi_2O_3, tritt, im Gegensatz zu dem analogen Antimonoxyd, ausschließlich als Basenanhydrid auf.

Wismutnitrat, $Bi(NO_3)_3$, stellt man durch Auflösen von Wismut in Salpetersäure her:

$$Bi + 4\,HNO_3 \rightarrow Bi(NO_3)_3 + NO + 2\,H_2O.$$

Es enthält das dreiwertige Wismution, Bi^{+++}. In reinem Wasser tritt Hydrolyse ein, wobei sich Salpetersäure und ein weißer Niederschlag aus hydroxydhaltigem („basischem") Wismutnitrat bilden:

$$Bi(NO_3)_3 + 2\,H_2O \rightarrow Bi(OH)_2NO_3 + 2\,HNO_3.$$
Basisches
Wismutnitrat

Zusatz von *Salpetersäure* verringert die Hydrolyse; daher löst sich Wismutnitrat in salpetersäurehaltigem Wasser. Umgekehrt wird eine konzentrierte klare Lösung von Wismutnitrat, wie sie bei hinreichendem Zusatz von Salpetersäure entsteht, bei Zusatz von *Wasser* unklar, weil das basische Salz ausfällt. Die Reaktion ist also umkehrbar. Das basische Nitrat *(Bismutum subnitricum)* wird in der Medizin als antiseptisches und sekretionsbeschränkendes Mittel verwendet. Große Bedeutung haben Wismutverbindungen in der Behandlung der Syphilis gewonnen.

Wismutsalze geben mit wäßrigem Ammoniak einen weißen Niederschlag von Wismuthydroxyd:

$$Bi^{+++} + 3\,NH_3 + 3\,H_2O \rightarrow Bi(OH)_3 + 3\,NH_4^+,$$

und mit Schwefelwasserstoff einen schwarzen Niederschlag von **Wismutsulfid, Bi_2S_3**.

Im periodischen System gehören Antimon und Wismut zu der Stickstoffgruppe. Wie die Metalloide dieser Gruppe treten sie drei- und fünfwertig auf. Alle Schwermetalle der zugehörigen Untergruppe sind selten.

Legierungen.

Unter einer *Legierung* versteht man einen zusammengesetzten Stoff mit metallischen Eigenschaften. Viele Metalle bilden beim einfachen Zusammenschmelzen miteinander Legierungen; diese besitzen andere, oft wertvollere, Eigenschaften als die reinen Metalle, weswegen sie in großem Maßstabe Anwendung finden. Kupfer, Silber, Gold, Zink, Zinn, Blei und Antimon werden seit alter Zeit sehr viel in Legierungen verwendet; in neuerer Zeit gewinnen Leichtmetall-Legierungen, die Magnesium, Aluminium u. a. enthalten, immer größere Wichtigkeit. Auch mit Metalloiden bilden die Metalle gelegentlich Legierungen. Gewöhnlich nehmen sie aber nur eine geringe Menge Metalloid auf. So ist alles technische Eisen mit einer geringen Menge Kohlenstoff legiert.

Aufbau. Eine Legierung aus zwei Metallen, eine *binäre* Legierung, kann einen sehr verschiedenen Aufbau besitzen. Unter dem Mikroskop erweisen sich viele binäre Legierungen als eine innige mechanische Mischung *zweier verschiedener Kristallarten*. So kann man nach geeignetem Schliff und nach Ätzung der Flächen im Lötmetall (Sn,Pb) getrennte Kristalle von Blei und Zinn unterscheiden. Auch in Silber-Kupferlegierungen kann man nach geeigneter Behandlung die Kristalle von Silber und Kupfer nebeneinander liegen sehen. In Messing (Cu,Zn) und in Bronze (Cu,Sn) bestehen dagegen die unter dem Mikroskop sichtbaren Kristalle aus chemischen Verbindungen, z. B. Cu_2Zn_3 oder Cu_3Sn.

Die einzelnen Kristallarten einer binären Legierung bestehen nicht immer aus den beiden chemisch reinen Metallen oder aus chemisch reinen Verbindungen, sondern enthalten oft den anderen Bestandteil *in fester Lösung*. So enthalten die Zinnkristalle im Lötmetall etwas Blei gelöst, und ebenso die Bleikristalle etwas Zinn. Bisweilen können zwei Metalle homogene Mischungen (feste Lösungen) in jedem beliebigen Verhältnis bilden. In diesem Fall besteht eine Legierung solcher Metalle nur aus *einer* Art von Kristallen *(Mischkristalle)*. Dies trifft z. B. für die Legierungen aus Silber und Gold zu.

Man kann daher die Legierungen nach ihrem Aufbau in 3 Gruppen teilen:

1. Legierungen, die aus einer **mechanischen Mischung** von Kristallen der eingehenden Metalle bestehen.

2. Legierungen, die als einen ihrer Strukturbestandteile Kristalle einer **chemischen Verbindung** enthalten.
3. Legierungen, die aus homogenen **Mischkristallen** bestehen.

Schmelz- und Erstarrungskurven. Legierungen schmelzen gewöhnlich niedriger als ihre Bestandteile. Wir wollen das Schmelzen und Erstarren des Lötmetalles etwas näher betrachten, das im festen Zustande eine mechanische Mischung der zwei zusammengeschmolzenen Metalle Zinn und Blei ist.

In Abb. 17 ist das Verhalten des Lötmetalles beim Schmelzen und Erstarren graphisch dargestellt. Die Abszisse bedeutet den Gehalt der Legierung an Blei in Gewichtsprozenten, die Ordinate bedeutet die Temperatur.

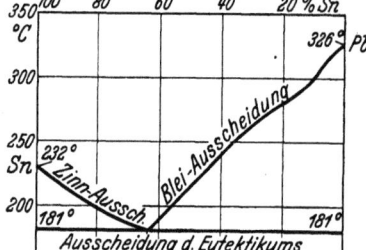

Abb. 17. Erstarrungsdiagramm der Zinn-Blei-Legierungen.

In flüssigem Zustand mischen sich Zinn und Blei in *jedem Verhältnis*. Flüssige Mischungen, die weniger als 36% Blei enthalten, scheiden beim Erstarren zuerst Zinn aus. Die Temperatur, bei der diese Ausscheidung beginnt, ist auf dem Kurvenast in der linken Hälfte der Abbildung wiedergegeben, der als „Zinnausscheidung" bezeichnet ist. Je mehr Blei die Legierung enthält, desto niedriger liegt die Temperatur, bei der die Ausscheidung des Zinnes beginnt. Alle Legierungen mit mehr als 36% Blei scheiden beim Erstarren zunächst Bleikristalle aus. Die Temperaturen, bei denen diese Ausscheidungen beginnen, sind in der Kurve der rechten Hälfte der Abbildung vereinigt, die mit „Bleiausscheidung" bezeichnet ist. Die Legierung mit 36% Blei besitzt von allen Legierungen den niedrigsten Schmelzpunkt (181°) und scheidet beim Erstarren gleichzeitig Blei und Zinn aus; sie heißt die *eutektische Legierung* oder kurz das *Eutektikum*.

Das Schmelzdiagramm gestattet das Verhalten aller Mischungen vorauszusehen. Schmilzt man z. B. eine Legierung aus 80% Blei und 20% Zinn zusammen und kühlt sie langsam ab, so wird sie, wie man aus Abb. 17 abliest, bei 280° anfangen Bleikristalle auszuscheiden; dadurch wird die *flüssige Phase* immer ärmer an Blei und der Schmelzpunkt muß ständig sinken. Ist der Bleigehalt auf 36% gesunken, so muß die Temperatur den Schmelzpunkt der eutektischen Legierung 181° erreicht haben, und bei weiterem Wärmeentzug muß sich die eutektische Mischung von Zinn und Blei abscheiden; dabei kann die Temperatur nicht weiter sinken, bevor die Legierung nicht vollständig erstarrt ist. Unter dem Mikroskop sieht man, daß die erstarrte Legierung aus großen Bleikristallen besteht, die von einer feinkristallinen Mischung von Zinn- und Bleikristallen, der eutektischen Legierung, umgeben ist. Die geneigten Kurven in der Abbildung („Zinnausscheidung" und „Bleiausscheidung") geben, wie gesagt, die Temperaturen an, bei denen die Zinn-Bleilegierungen anfangen zu erstarren; die wagrechte Linie, die mit „Ausscheidung des Eutektikums" bezeichnet ist, gibt die Temperatur an, bei der jede Legierung vollständig erstarrt ist. Der senkrechte Abstand zwischen beiden Kurven stellt also das Temperatur*intervall* dar, innerhalb dessen die gesamte Erstarrung vor sich geht. Nur für die eutektische Legierung verschwindet das Intervall: Eine eutektische Legierung erstarrt und schmilzt also, wie ein reiner Stoff, bei konstanter Temperatur, sie zeigt einen bestimmten Schmelzpunkt (vgl. das ähnliche Verhalten von konstant siedenden flüssigen Gemischen!). S.S. 20, 66.

Die Chromgruppe.

Zu dieser sechsten Gruppe der Schwermetalle gehören **Chrom, Molybdän, Wolfram** und **Uran**.

Chrom.

$Cr = 52{,}01$.

Chrom ist ein sprödes, weißglänzendes Metall mit sehr hohem Schmelzpunkt. In den Chromiverbindungen verhält es sich wie ein dreiwertiges Metall (basisches Oxyd), in den Chromaten wie ein sechswertiges Metalloid (das Oxyd ist ein Säureanhydrid). Verwendet wird Chrom als Zusatz für Spezialstähle (besonders rostfreie), und neuerdings auch vielfach zum Verchromen von Messing- und Eisengegenständen.

Chromatverbindungen.

Kaliumdichromat (auch: Kaliumbichromat), $K_2Cr_2O_7$, ist die wichtigste Chromverbindung. Es ist ein schön kristallisierendes, rotes Salz, das die Ionen $2\,K^+$ und $Cr_2O_7^{--}$ enthält. Die wäßrigen Lösungen sind orange gefärbt. Gibt man eine *Base* zu, so schlägt die Farbe in rein *gelb* um, weil aus dem roten Dichromation und den Hydroxylionen das gelbe Chromation entsteht:

$$Cr_2O_7^{--} + 2\,HO^- \rightarrow 2\,CrO_4^{--} + H_2O.$$

Benutzt man als Base Kaliumhydroxyd, so gewinnt man aus der gelben Lösung durch Eindampfen Kristalle des gelben **Kaliumchromats**, K_2CrO_4, das die Ionen $2\,K^+$ und CrO_4^{--} enthält.

Gibt man eine Säure zu der Lösung von Kaliumchromat, so erhält man das Dichromat zurück, wie der Farbumschlag zu orange anzeigt:

$$2\,CrO_4^{--} + 2\,H^+ \rightarrow Cr_2O_7^{--} + H_2O.$$

Kaliumdichromat kann als Salz der **Dichromsäure**, $H_2Cr_2O_7$, und Kaliumchromat als Salz der **Chromsäure**, H_2CrO_4, aufgefaßt werden. Diese beiden Säuren sind in fester Form nicht bekannt. Gibt man konz.

Schwefelsäure in größerer Menge zu Lösungen von Kaliumchromat oder Kaliumdichromat, so fällt das rote, kristallinische **Chromtrioxyd**, CrO_3, aus, das Anhydrid der beiden Säuren:

$$2\, H_2CrO_4 - H_2O = H_2Cr_2O_7;$$
$$H_2Cr_2O_7 - H_2O = 2\, CrO_3.$$

Die Chromate und besonders die freie Chromsäure sind starke *Oxydationsmittel*; viel verwendet wird im Laboratorium zu gründlicher Reinigung von Glasgeräten die sog. Chromsäuremischung, eine Mischung von Kaliumdichromat und Schwefelsäure, die auch in galvanischen Elementen und in der organischen Chemie zu Oxydationen gebraucht wird. Lösungen von Chromtrioxyd *(Acidum chromicum)*, die Dichromsäure enthalten, werden als Ätzmittel in der Medizin verwendet.

Bleichromat, $PbCrO_4$, ist gelb und in Wasser, wie in verdünnten Säuren, schwer löslich. Als Anstrichfarbe hat es die Bezeichnung Chromgelb. Beim analytischen Nachweis des Bleies identifiziert man das ausgefällte Bleisulfat, indem man es in Bleichromat verwandelt; hierzu löst man es in Natriumhydroxyd, setzt Kaliumchromat zu und fällt mit einem geringen Überschuß von Salpetersäure oder Essigsäure.

Die Chromate ähneln in ihren Löslichkeiten und in ihrer Zusammensetzung den Sulfaten; so sind Barium- und Bleichromat, wie die entsprechenden Sulfate, in Wasser unlöslich. Die Dichromate sind den Pyrosulfaten analog, aber, im Gegensatz zu diesen, in wäßriger Lösung beständig.

Chromiverbindungen.

In diesen Verbindungen ist das Chrom dreiwertig. **Chromichlorid** hat die Formel $CrCl_3$ und **Chrominitrat** $Cr(NO_3)_3$. Die Chromiverbindungen erinnern etwas an die Aluminiumsalze; so gibt es den violetten **Chromialaun**, $KCr(SO_4)_2 \cdot 12\, H_2O$, der vollständig analog dem gewöhnlichen Alaun aufgebaut ist, $KAl(SO_4)_2 \cdot 12\, H_2O$. Die Chromiverbindungen sind gewöhnlich *grün* oder *violett*. Sie entstehen bei der Reduktion von Chromaten. Die Chromsäuremischung wird grün, wenn sie oxydierend gewirkt hat, weil die Chromsäure darin in grünes Chromisulfat übergeht.

Die Oxydationsstufe der Chromatverbindungen entspricht dem Chromtrioxyd, CrO_3; die Chromiverbindungen gehören zu der gleichen Oxydationsstufe wie das Chromioxyd Cr_2O_3. Bei einer Oxydation mit Hilfe von Chromatverbindungen werden also pro Chromatom anderthalb Sauerstoffatome (drei Sauerstoffäquivalente) abgegeben:

$$2\, CrO_3 = Cr_2O_3 + 3\, O.$$

Für die Sauerstoffabgabe einer Mischung von Kaliumdichromat und Schwefelsäure gilt folgende Gleichung:

$$K_2Cr_2O_7 + 4\, H_2SO_4 \rightarrow K_2SO_4 + Cr_2(SO_4)_3 + 4\, H_2O + 3\, O,$$

oder mit Ionen geschrieben:

$$Cr_2O_7^{--} + 8\, H^+ \rightarrow 2\, Cr^{+++} + 4\, H_2O + 3\, O.$$

Molybdän, Wolfram, Uran.

Ammoniummolybdat, $(NH_4)_2MoO_4$, ist das Ammoniumsalz der **Molybdänsäure**, H_2MoO_4, deren Anhydrid das **Molybdäntrioxyd**, MoO_3, ist. In saurer Lösung verbindet sich die Molybdänsäure mit der Orthophosphorsäure zu der **Phosphormolybdänsäure**, einer komplexen Säure der Zusammensetzung $H_3PO_4 \cdot 12\, MoO_3 \cdot aq$. Diese komplexe Säure bildet ein gelbes, in Salpetersäure sehr schwer lösliches Ammoniumsalz. Gibt man

Ammoniummolybdat im Überschuß zu einer salpetersauren Lösung von Phosphorsäure, so fällt dieses gelbe Ammoniumsalz der Phosphormolybdänsäure aus, was zum Nachweis und zur quantitativen Bestimmung der Phosphorsäure dient. S. S. 176.

Wolfram. Alle Metalle der Chromgruppe besitzen einen hohen Schmelzpunkt; besonders Wolfram schmilzt sehr hoch, etwa bei 3500°. In Metalldrahtglühlampen besteht der Glühdraht aus dünnen Wolframdrähten, die von allen Drähten die höchsten Temperaturen vertragen ohne zu schmelzen oder zu verdampfen; zu je höherer Temperatur ein Glühdraht dauernd erhitzt werden kann, desto besser ist die Lichtausbeute der elektrischen Energie.

Uran ist das seltenste Metall der Chromgruppe. Von allen bekannten Elementen hat es das höchste Atomgewicht (238,14). Uran ist besonders wegen seiner *Radioaktivität* wichtig. Sehr langsam, im Lauf einiger Milliarden Jahre, wandelt es sich über mehrere Zwischenglieder in Radium um, unter Abgabe von im ganzen drei Heliumatomen ($238 - 3 \cdot 4 = 226$). Uranhaltige Mineralien, wie z. B. die **Pechblende**, U_3O_8, enthalten immer Radium und sind die wichtigsten Rohstoffe zur Herstellung dieses Elementes und seiner Verbindungen. S. S. 262.

Übersicht über die Chromgruppe.

Zur Chromgruppe gehören:

Chrom	Molybdän	Wolfram	Uran
Cr = 52,01	Mo = 96,0	W = 184,0	U = 238,14.

Diese Metalle schließen sich als Untergruppe an die Metalloide der Schwefelgruppe dadurch an, daß sie alle Säuren bilden, die von Trioxyden des Typus RO_3 abgeleitet sind. In diesen Säuren sind die Metalle sechswertig, wie der Schwefel in der Schwefelsäure. Außerdem können sie auch mit niedrigerer Valenz auftreten. So ist das Chrom in den Chromiverbindungen dreiwertig. Die Oxyde und Hydroxyde, in denen diese Metalle mit geringerer Wertigkeit als sechs auftreten, besitzen gewöhnlich basischen Charakter und bilden mit Säuren Salze.

Die Mangangruppe.

Von dieser siebenten Schwermetallgruppe soll nur ein Glied, nämlich das **Mangan**, hier besprochen werden.

Mangan.
Mn = 54,93.

Mangan kommt in der Natur hauptsächlich als **Mangandioxyd**, MnO_2 *(Braunstein)*, vor.

Es bildet vier wichtige Reihen von Verbindungen, wobei jede Reihe ihre charakteristische Oxydationsstufe und Wertigkeit hat:

	Zugehöriges Oxyd		Wertigkeit
Manganoverbindungen .	MnO	(basisch)	2
Mangandioxyd	MnO_2	(neutral)	4
Manganate	MnO_3	(sauer)	6
Permanganate	Mn_2O_7	(sauer)	7

Mit steigendem Oxydationsgrad erhält das Mangan immer stärker ausgeprägten säurebildenden Charakter, ähnlich wie dies auch beim Zinn, Antimon und Chrom der Fall ist.

Manganoverbindungen.

Manganosulfat, $MnSO_4$, wird durch starkes Erhitzen von Braunstein mit konz. Schwefelsäure dargestellt. Hierbei wird die Hälfte des im Braunstein enthaltenen Sauerstoffs, der sog. *aktive* Sauerstoff, frei:

S. S. 63.

$$MnO_2 + H_2SO_4 \rightarrow MnSO_4 + H_2O + \tfrac{1}{2} O_2.$$

Manganochlorid, $MnCl_2$, entsteht bei der Auflösung von Braunstein in Salzsäure:

$$MnO_2 + 4\,HCl \rightarrow MnCl_2 + 2\,H_2O + Cl_2.$$

Die Reaktion, bei der sich *freies Chlor* entwickelt, wurde früher besprochen, weil sie zur Chlordarstellung dient. Die Salzsäure wirkt auf den Braunstein viel leichter ein als Schwefelsäure, weil der aktive Sauerstoff in Gegenwart von Salzsäure sich nicht frei zu entwickeln braucht, sondern sofort von der Salzsäure zur Oxydation, d. h. zur Bildung von Chlor und Wasser, verbraucht wird.

Manganonitrat, $Mn(NO_3)_2$. Mit Salpetersäure reagiert Braunstein nicht. Erhitzt man Braunstein mit Salpetersäure, so verdampft die Säure, bevor die Reaktionstemperatur erreicht ist; gibt man jedoch ein *Reduktionsmittel* zu, das den aktiven Sauerstoff binden kann, z. B. Oxalsäure, so vollzieht sich die Bildung von Manganonitrat in glattem Verlauf:

$$MnO_2 + 2\,HNO_3 + (COOH)_2 \rightarrow Mn(NO_3)_2 + 2\,H_2O + 2\,CO_2.$$

Das **Manganoion,** Mn^{++}. Alle bisher genannten Manganosalze sind in Wasser leicht löslich. Sie enthalten das doppelt geladene Manganoion, das an das Zinkion erinnert, jedoch schwach rötlich ist. In saurer Lösung sind die Manganosalze sehr beständig. In alkalischer Lösung dagegen werden sie leicht von dem Sauerstoff der Luft zu einem Hydrat des Mangandioxyds oxydiert. Bei Zugabe von Alkalien zu einer Manganoionenlösung fällt sofort weißes Manganohydroxyd, $Mn(OH)_2$, aus:

$$Mn^{++} + 2\,HO^- \rightarrow Mn(OH)_2,$$

das vom Luftsauerstoff, oder noch schneller durch Bromwasser, zu dem braunen **Mangandioxydhydrat** oxydiert wird:

$$Mn(OH)_2 + O \rightarrow MnO_2 \cdot H_2O;$$

$$Mn(OH)_2 + Br_2 + 2\,HO^- \rightarrow MnO_2 \cdot H_2O + 2\,Br^- + H_2O.$$

Mangandioxyd.

Mangandioxyd, MnO_2, ist schwarz und unlöslich in Wasser, Alkalien und verdünnten Säuren, mit Ausnahme von Salzsäure und anderen reduzierenden Säuren. Verwendet wird es zur Darstellung von Manganverbindungen, als *Oxydationsmittel* (z. B. bei der Chlordarstellung und in Trockenelementen) und als Katalysator.

Manganate.

Kaliummanganat, K_2MnO_4, ist ein Salz der Mangansäure, H_2MnO_4. Man stellt es dar durch Erhitzen von Braunstein mit Kaliumhydroxyd unter Luftzutritt:

$$MnO_2 + 2\,KOH + \tfrac{1}{2} O_2 \rightarrow K_2MnO_4 + H_2O.$$

Das Salz ist dunkelgrün und in Wasser leicht löslich.

Alle Manganate besitzen die gleiche *grüne* Farbe, wie Kaliummanganat. Man schreibt daher diese Farbe dem Manganation, MnO_4^{--}, zu. Die Formel des Ions und die Löslichkeit seiner Salze erinnern an das Sulfation (SO_4^{--}). Die Farbe des Manganations ist so intensiv, daß man sie zum Nachweis recht geringer Mengen Mangan benutzen kann; hierzu schmilzt man den Stoff mit Natriumcarbonat und Salpeter, und sieht nach, ob sich dabei eine grüne Masse bildet, etwa nach dem Schema:

$$MnO_2 + Na_2CO_3 + NaNO_3 \rightarrow Na_2MnO_4 + CO_2 + NaNO_2.$$

Die Oxydationsstufe des Mangans beträgt in den Manganaten 6 (entsprechend dem Oxyd MnO_3).

Gibt man Säure zu einer grünen Manganatlösung, so wird sie augenblicklich rotviolett und scheidet gleichzeitig einen braunen Niederschlag aus. Das grüne Manganation reagiert nämlich sofort mit Wasserstoffionen, unter Bildung von rotvioletten Permanganationen (MnO_4^-) und von braunem Mangandioxydhydrat:

$$3\,MnO_4^{--} + 4\,H^+ \rightarrow 2\,MnO_4^- + MnO_2 \cdot H_2O + H_2O.$$

Bei der Reaktion gibt ein Manganation zwei Äquivalente Sauerstoff an zwei andere Manganationen ab. Dabei wird es selbst zu Mangandioxyd reduziert, oxydiert jedoch gleichzeitig die zwei anderen Manganationen zu Permanganationen.

Permanganate.

Kaliumpermanganat, $KMnO_4$, ist ein Salz der Übermangansäure, $HMnO_4$. Man stellt das Salz dar durch Zuleiten von Chlor in eine Lösung von Kaliummanganat, worauf man zur Kristallisation eindampft:

$$K_2MnO_4 + \tfrac{1}{2}\,Cl_2 \rightarrow KMnO_4 + KCl;$$

oder als Ionengleichung:

$$MnO_4^{--} + \tfrac{1}{2}\,Cl_2 \rightarrow MnO_4^- + Cl^-.$$

Bei dieser Reaktion geht das Mangan aus der Oxydationsstufe 6 in die Stufe 7 über. Jedes Manganatom erfordert also ein Äquivalent Sauerstoff:

$$MnO_3 + \tfrac{1}{2}\,O = \tfrac{1}{2}\,Mn_2O_7.$$

Dieses Äquivalent Sauerstoff wird vom Chlor geliefert, das vom freien Zustand (Oxydationsstufe 0) übergeht in die niedrigere Stufe HCl (Oxydationsstufe -1), wobei ein Äquivalent Sauerstoff pro Chloratom frei wird: S. S. 71.

$$\tfrac{1}{2}\,Cl_2 + \tfrac{1}{2}\,H_2O = HCl + \tfrac{1}{2}\,O.$$

Kaliumpermanganat kristallisiert in dunklen Kristallen, die einen eigenartigen grünen Oberflächenglanz besitzen. In Wasser löst es sich mit intensiv *rotvioletter* Farbe. Es ist ein kräftiges *Oxydationsmittel*; so oxydiert es z. B. Schwefeldioxyd zu Schwefelsäure, Ferrosalze zu Ferrisalzen, und viele organische Stoffe, z. B. Oxalsäure zu Kohlendioxyd und Wasser. In saurer Lösung gelten für diese Oxydationen folgende Reaktionsschemata:

$5\,SO_2 + 2\,MnO_4^- + 2\,H_2O \rightarrow 5\,SO_4^{--} + 2\,Mn^{++} + 4\,H^+;$
$5\,Fe^{++} + MnO_4^- + 8\,H^+ \rightarrow 5\,Fe^{+++} + Mn^{++} + 4\,H_2O;$
$5\,H_2C_2O_4 + 2\,MnO_4^- + 6\,H^+ \rightarrow 10\,CO_2 + 2\,Mn^{++} + 8\,H_2O.$

Kaliumpermanganat *(Kalium permanganicum)* wird in der Medizin als antiseptisches und desodorisierendes Mittel verwendet; bei vielen Vergiftungen dient es, wegen seiner Oxydationswirkung, als Gegengift. Hygienisch wichtig ist seine Verwendung zur Bestimmung der *organischen Verunreinigungen in Wasser.* Je mehr Permanganat ein Brunnen- oder Quellwasser beim Kochen mit überschüssiger Schwefelsäure reduziert, desto mehr organische Stoffe enthält es, und desto weniger geeignet ist es als Trinkwasser.

Gelegentlich können in natürlichem Wasser auch Ferrosalze, Schwefelwasserstoff und Nitrite einen Verbrauch von Permanganat verursachen.

Wirken Permanganate (MnO_4^-) in *saurer* Lösung oxydierend, so werden sie zu *Mangano*salzen (Mn^{++}) reduziert, welche die in saurer Lösung beständigsten Manganverbindungen sind. Hierbei verliert das Permanganat 5 Äquivalente Sauerstoff, seine Oxydationsstufe sinkt von 7 auf 2. Dies sieht man auch aus folgendem Schema:

$$\tfrac{1}{2}\,Mn_2O_7 = MnO + \tfrac{5}{2}\,O.$$

Bei der Oxydation durch Permanganate in *alkalischer* Lösung werden diese nur bis zum *Mangandioxydhydrat* reduziert, welches die in basischem Medium beständigste Manganverbindung ist. Hierbei sinkt die Oxydationsstufe von 7 nur auf 4, und drei Äquivalente Sauerstoff werden abgegeben, wie man aus dem Schema ersieht:

$$Mn_2O_7 = MnO_2 + \tfrac{3}{2}\,O.$$

Wegen der eindrucksvollen Farbänderungen hat man Permanganatlösungen früher als *mineralisches Chamäleon* bezeichnet.

Die Formeln der Permanganate sind denen der Perchlorate analog; hiermit schließt sich das Mangan, das ja in den Permanganaten siebenwertig ist, in einer Untergruppe an die Halogengruppe an.

Die Eisengruppe.

Die achte Gruppe der Schwermetalle umfaßt *Eisen, Kobalt, Nickel, Platin*, sowie einige seltene Metalle, die gewöhnlich das Platin begleiten (die sog. Platinmetalle).

Eisen (Ferrum).
Fe = 55,84.

Vorkommen. Eisen kommt an vielen Stellen der Erdoberfläche vor; man trifft es als Ferrioxyd, Fe_2O_3 (im *Eisenglanz*), als

Ferroferrioxyd, Fe_3O_4 (im *Magneteisenstein*), als Ferrihydroxyd, $Fe_2O_3 \cdot xH_2O$ (im *Brauneisenstein, Ockererz*), als Ferrocarbonat, $FeCO_3$ (im *Spateisenstein, Toneisenstein*) und schließlich als *Pyrit* oder *Schwefelkies*, FeS_2. In geringer Menge findet es sich in fast allen natürlich vorkommenden Stoffen und in allen Lebewesen. Der rote Blutfarbstoff, das Hämoglobin, ist eine organische Eisen(Ferro-)verbindung. S. S. 192

Eisen ist ein weißglänzendes, schwer schmelzbares Metall (Sm. 1600⁰) mit einer Dichte von etwa 8. Es ist stark *magnetisch*; diese Eigenschaft besitzen auch die meisten seiner Verbindungen, wenn auch oft in geringerem Grade. In reinem Zustand ist es ziemlich weich und zäh; glühend läßt es sich schmieden und schweißen. Mechanische Kaltbearbeitung macht es, wie andere Metalle, härter; durch Ausglühen kann man ihm jedoch seine ursprüngliche Weichheit wieder erteilen. Die Eigenschaften des Eisens verändern sich sehr stark durch kleine Beimengungen fremder Stoffe. Eisen, das mehr als 0,5% Kohlenstoff enthält, kann man *härten*, indem man es glühend in kaltes Wasser taucht; dabei wird es hart und spröde wie Glas. Enthält es *mehr als 2% Kohlenstoff*, so läßt es sich *nicht mehr schmieden*, weil es dann selbst in der Glut so hart und spröde bleibt, daß es bei der Bearbeitung springt.

Ein geringer Phosphorgehalt macht Eisen kaltspröde; ein geringer Gehalt an Schwefel macht es in der Wärme spröde.

Chemische Eigenschaften. Eisen *rostet* an atmosphärischer Luft, indem es sich unter Aufnahme von *Sauerstoff und Wasser* in braunes Ferrihydroxyd verwandelt:

$$2 Fe + \tfrac{3}{2} O_2 + xH_2O \rightarrow Fe_2O_3 \cdot xH_2O.$$

In der Glut bedeckt es sich an der Luft mit einer oxydhaltigen Schicht, die bei der Bearbeitung abspringt (Hammerschlag). In der Spannungsreihe steht Eisen über dem Wasserstoff, aber nicht so hoch wie Zink. In verdünnten Säuren löst es sich leicht unter Wasserstoffentwicklung. Mit verdünnter Schwefelsäure erhält man eine Lösung von Ferrosulfat, mit Salzsäure eine Lösung von Ferrochlorid. Auch verdünnte Salpetersäure löst Eisen leicht: aber wegen der Oxydationswirkung der Salpetersäure wird hierbei nicht Wasserstoff, sondern Stickoxyd entwickelt, und es bildet sich nicht Ferronitrat, sondern Ferrinitrat:

$$Fe + 4 HNO_3 \rightarrow Fe(NO_3)_3 + NO + 2 H_2O.$$

Konzentrierte Salpetersäure greift Eisen nicht an, sondern macht es im Gegenteil chemisch weniger angreifbar „*passiv*", so daß es hierauf auch von *verdünnter* Salpetersäure schwierig angegriffen wird. Die Passivität verschwindet, sobald man das passive Eisen unter der Säure mit einem Stück Zink berührt. Im ganzen ist Eisen, wenn kein Wasser anwesend ist, recht widerstandsfähig. Man kann konz. Schwefelsäure in gußeisernen

Behältern aufbewahren; auch flüssiges Chlor läßt sich, wenn es nur vollständig wasserfrei ist, in eisernen Flaschen transportieren.

Das Rosten des Eisens. Eisen rostet in feuchter Luft und zwar besonders schnell, wenn die Feuchtigkeit so groß ist, daß sich Wassertropfen darauf niederschlagen. Die Gegenwart von Kohlendioxyd und anderen sauren Stoffen befördert die Rostbildung, während umgekehrt basische Stoffe, z. B. Zement, sie verlangsamen. Einmal gebildet, wirkt der Rost durchaus nicht als Schutzschicht für das Metall, im Gegenteil erhöht er die Korrosionsgeschwindigkeit. Rost kann sich daher in kurzer Zeit tief in Eisen einfressen. Man schützt das Eisen gegen den Rost durch Anstriche mit Ölfarbe oder durch Überzüge anderer Metalle; als Metallschutzschichten dienen Nickel oder Chrom für Fahrradteile und Automobilzubehör, Zinn für Küchengeräte und Milchkannen (Weißblech), Zink für größere Gefäße (galvanisiertes Eisen).

In der Praxis wird als Rostschutz meistens der Ölfarbenanstrich verwendet; da dieser Anstrich aber für Feuchtigkeit und Sauerstoff etwas durchlässig ist, handelt es sich durchaus nicht um einen vollkommenen Schutz.

S. S. 285. Um das Verhalten der verschiedenen Metalle als Überzüge auf dem Eisen zu verstehen, muß man zunächst berücksichtigen, daß ein Metall gewöhnlich desto weniger von der Atmosphäre angegriffen wird, je tiefer es in der Spannungsreihe steht, also je edler es ist. Von großer Wichtigkeit ist aber auch folgender Sachverhalt, den man häufig wahrnehmen kann, wenn sich zwei Metalle berühren: bei einer galvanischen Wirkung *konzentriert* sich der Angriff auf das *unedlere Metall*, so daß dieses viel stärker angegriffen wird als sonst, während im Gegensatz das andere Metall hierdurch gegen den Angriff geschützt wird. Zinn und Nickel stehen in der Spannungsreihe unter dem Eisen; in Übereinstimmung hiermit halten sich verzinnte und vernickelte Eisengegenstände viel länger blank als ungeschützte. Bekommt aber die Verzinnung oder Vernicklung an einzelnen Stellen Löcher, so rostet das Eisen an diesen Stellen ganz besonders schnell, und das schützende Metall wird sich in dem Maße, wie sich der Rost ausbreitet, abschälen. Zink steht in der Spannungsreihe über dem Eisen, daher werden verzinkte Gegenstände schnell matt und unansehnlich; weil jedoch die entstandene Schicht aus hydroxydhaltigem Zinkcarbonat das Zink recht gut gegen weiteren Angriff beschützt, kann sich eine Zinkschicht sehr lange halten, und selbst dann, wenn sie einige Risse bekommt, rostet das Eisen nur in ganz geringem Grade; hier konzentriert sich der Angriff der Atmosphäre durch die galvanische Wirkung auf das Zink, solange noch überhaupt etwas vorhanden ist.

Die Herstellung des Eisens und die technischen Eisensorten.

Die Herstellung von Eisen. Am vorteilhaftesten benutzt man die eisenreichsten Erze, den Eisenglanz und den Magneteisenstein. Schweden besitzt mächtige Lager dieser Erze; die deutschen und englischen Eisenerze enthalten das Eisen meistens als Ferrihydroxyd oder Ferrocarbonat. Die ferrihydroxydhaltigen Erze sind oft recht unrein und dann nicht so gut zur Metallgewinnung geeignet.

Man gewinnt das Eisen aus seinen Erzen, indem man diese mit Koks mischt und unter Luftzutritt in turmhohen Schachtöfen, den sog. *Hochöfen*, niederschmilzt. Bei der im Innern des Hochofens herrschenden hohen Temperatur entreißt der Koks den Eisenerzen den Sauerstoff, und das freigemachte Eisen sammelt sich, bedeckt mit flüssiger *Schlacke*, als Schmelze unten im Hochofen an; es wird mehrmals am Tage hieraus abgelassen. Die Schlacke enthält die Verunreinigungen der Erze und die Koksasche. Sind diese Bestandteile schwer schmelzbar, so muß man durch geeigneten *Zuschlag* von Kalk oder Quarz dafür sorgen, eine flüssige Schlacke zu erzeugen. In einem modernen Hochofen werden im Tag mehrere Hundert Tonnen Eisen hergestellt.

Die chemischen Vorgänge im Hochofen sind etwa folgende. Erwärmte Luft (der ,,Gebläsewind") tritt von unten ein und bildet mit dem heißen Koks zuerst Kohlendioxyd, später, wie früher besprochen, auch Kohlen- S. S. 198. monoxyd. Dieses Gas reduziert nun die Erze, etwa nach dem Schema:
$$Fe_2O_3 + 3\,CO \rightleftharpoons 2\,Fe + 3\,CO_2.$$
Die Reaktion ist umkehrbar; Kohlenmonoxyd muß daher im Überschuß vorhanden sein. Daher enthalten die Abgase (das ,,Gichtgas") reichlich (etwa 25%) Kohlenmonoxyd, und dienen — außer zum Vorwärmen des Gebläsewindes — auch als Brennstoff.

Roheisen, Gußeisen. Das Eisen, wie es aus dem Hochofen kommt, heißt Roheisen. Es enthält stets 2—5% Kohlenstoff und kann viele andere Fremdstoffe enthalten, z. B. Silicium und Phosphor. Wegen seiner Verunreinigungen schmilzt es niedriger als reines Eisen, bei etwa 1200°, ist sehr spröde und *nicht schmiedbar*. Die Hauptmenge des Roheisens wird durch besondere Reinigung in schmiedbares Eisen übergeführt. Ein Teil wird jedoch als Gußeisen in den Eisengießereien zum Gießen von Öfen und anderen Gegenständen verwendet, die keine besondere mechanische Beanspruchung auszuhalten haben, und bei denen die Sprödigkeit des Roheisens der Anwendung nicht hinderlich ist (Eisenguß im Gegensatz zum Stahlguß).

Schmiedbares Eisen. Roheisen ist die billigste Eisensorte. Um hieraus das viel wertvollere schmiedbare Eisen zu gewinnen, muß man die Verunreinigungen des Roheisens entfernen. Hierzu schmilzt man das Roheisen und verbrennt durch Zuführen von Luft die Kohle und die anderen Fremdstoffe. Der Kohlenstoff entweicht in Form seiner Oxyde; Silicium wird verschlackt zu Siliciumdioxyd oder zu Silicat; Phosphor verbrennt zu Oxyd, aber nur dann vollständig, wenn man Kalk zusetzt (basischer Zuschlag), so daß der oxydierte Phosphor als Calciumphosphat verschlackt wird (Thomasschlacke).

Arbeitet man bei der Reinigung des Roheisens bei so hoher Temperatur, daß man das schmiedbare Eisen in geschmolzenem

Zustand gewinnt, so scheidet es sich von selbst von der Schlacke und wird daher sehr gleichmäßig. Im technischen Sprachgebrauch heißt *alles schmiedbare Eisen, das in flüssigem Zustand gewonnen wird*, Stahl (neuerdings wird jedoch auch als Stahl jedes eisenreiche Metall bezeichnet, dessen Härte und Zugfestigkeit bestimmte Minimalwerte übersteigen, ohne weitere Rücksicht auf chemische Zusammensetzung oder Herstellung). Heutzutage stellt man das meiste schmiedbare Eisen in flüssigem Zustande her; früher konnte man nicht bei so hoher Temperatur arbeiten, daß sich das hochschmelzende gereinigte Eisen flüssig erhalten konnte. Es wurde in teigähnlicher Konsistenz gewonnen und von der beigemengten Schlacke durch ein beschwerliches mechanisches Verfahren unter dem Dampfhammer getrennt. Ein solches Produkt wird auch heute noch an manchen Stellen gewonnen und Schmiede- (Schweiß-) eisen genannt.

Schmiedbares Eisen, das über 0,5% Kohlenstoff enthält, läßt sich, wie oben erwähnt, durch Abschrecken in kaltem Wasser *härten*. Die folgende Zusammenstellung gibt an, wie das schmiedbare Eisen je nach seiner Herstellungsweise und seiner Härtbarkeit genannt wird.

Übersicht über die schmiedbaren Eisensorten.

	Kohlenstoffarm, nicht härtbar:	Kohlenstoffreich, härtbar:
Flüssig hergestellt:	weicher Stahl oder Flußeisen	harter Stahl
Teigig hergestellt:	Schweißeisen	Schweißstahl.

Die erwähnten Bezeichnungen für die Eisensorten entsprechen dem technischen Gebrauch. Die Schmiede bezeichnen die Eisensorten etwas anders. Sie nennen jedes schmiedbare Eisen, das sich härten läßt, Stahl, und alles schmiedbare Eisen, das sich nicht härten läßt, Schmiedeeisen.

Die Anwendung des schmiedbaren Eisens. Weicher Stahl (Flußeisen) wird zu Eisenträgern in der Bautechnik, zu Eisenplatten für Kessel und Schiffe, für Schienen, für Eisendraht und als Band- und Rundeisen verwendet. Harter Stahl wird in Kanonen und Panzerplatten angewendet, sowie zu Werkzeug und Geräten, z. B. Messer, Spaten, Pflugscharen usw. Schweißeisen dient hauptsächlich zu Schmiedearbeiten, Schweißstahl zur Herstellung von Werkzeug.

Bessemerstahl, Thomasstahl und Martinstahl bezeichnen Stahlsorten, die etwas verschieden hergestellt sind.

Bessemerstahl wird gewonnen, indem man in die sog. Bessemerbirnen Luft durch das geschmolzene Roheisen bläst.

Technische Eisensorten. Stähle.

Hierzu soll das Roheisen reich an Kohlenstoff und Silicium, aber arm an Phosphor sein. Bei der Verbrennung des Kohlenstoffs und besonders des Siliciums wird so viel Wärme frei, daß die Temperatur um mehrere Hundert Grade steigt, und daher das Eisen immer geschmolzen bleibt, obwohl sein Schmelzpunkt in gleichem Maße steigt, wie die Verunreinigungen verbrannt werden. Das Eisen muß von vornherein arm an Phosphor sein, und zwar deswegen, weil man bei diesem Prozeß den Phosphor nicht vollständig wegoxydieren kann, ohne gleichzeitig viel Eisen durch Oxydation zu verlieren. Man arbeitet gewöhnlich mit Portionen von etwa 15 Tonnen Roheisen; eine solche Portion wird im Laufe von 20—30 Min. in Bessemerstahl umgewandelt.

Thomasstahl stellt man in gleicher Weise her, nur gibt man hierzu einen Zuschlag von Kalk. Hierdurch wird, wie oben erwähnt, auch der Phosphor vollständig verschlackt. Zur Darstellung von Thomasstahl kann man das billige phosphorreiche Roheisen anwenden, das für den ursprünglichen Bessemerprozeß unbrauchbar ist. Die calciumphosphathaltige Schlacke, die beim Thomasprozeß entsteht, dient feingemahlen als Phosphatdünger (Thomasmehl). S. S. 175.

Martinstahl wird durch Zusammenschmelzen von Roheisen mit Abfall von Schmiedeeisen oder Stahl (Schrott) in einem Siemens-Martin-Ofen gewonnen. Ein solcher Ofen ermöglicht die Erzeugung so hoher Temperaturen, daß man in ihm schmiedbares Eisen schmelzen kann. Diese hohe Temperatur erreicht man durch Heizen mit S. S. 211. Generatorgas und durch die Ausnützung der Wärme des Abgases für die Vorwärmung der Verbrennungsluft *(Regenerativfeuerung)*. Leitet man in den Ofen reichlich Sekundärluft, um eine *oxydierende* Flamme zu erhalten, so werden die Verunreinigungen des Roheisens allmählich oxydiert, und damit verflüchtigt oder verschlackt. Die Bedeutung des Siemens-Martin-Verfahrens beruht in der Ausnützung der Abfälle von schmiedbarem Eisen (Schrott).

Tiegelstahl wird durch Umschmelzen anderer Stahlsorten in kleineren Tiegeln hergestellt. Er ist sehr homogen und läßt sich mit genau bestimmter konstanter Zusammensetzung herstellen. Benutzt wird er für feineres Werkzeug.

Spezialstähle erhalten durch den Zusatz besonderer Stoffe eigentümliche wertvolle Eigenschaften. Durch Zusatz von Chrom erhält man rostfreie Stähle, die zu Messern und Instrumenten benutzt werden. Zusatz von Nickel ergibt den zähen Nickelstahl, der in Panzerplatten und Geschützen Verwendung findet. Zusatz von Wolfram und etwas Chrom liefert den sog. Schnellarbeitsstahl, der seine große Härte behält, selbst wenn er bei der Anwendung glühend wird.

Die Härtung des Stahls. Die Anwendbarkeit der harten Stähle zur Herstellung von Werkzeug beruht darauf, daß man einem Stück Stahl durch Härten und darauffolgendes Anlassen eine für jeden Zweck geeignete Härte erteilen kann. Die durch Glühen und nachfolgendes Abschrecken in kaltem Wasser gehärteten Gegenstände sind für die meisten Zwecke zu spröde; erhitzt man jedoch diesen glasharten Stahl auf einige Hundert Grade *(Anlassen)*, so kann man ihm einen Teil seiner Härte und Spröde nehmen und zwar desto mehr, je stärker man ihn erhitzt. Die Schmiede beurteilen diese Temperatur nach der *Anlauffarbe*, die der Stahl an einer blanken Stelle annimmt. Diese Farbe kommt von der Bildung einer dünnen Oxydhaut her.

Rasierklingen werden zu hellgelber Farbe (225^0), Taschenmesser dunkelgelb (245^0), Scheren braun (260^0), Tischmesser purpur (270^0), Uhrfedern blau (290^0) und Sägeblätter dunkelblau (320^0) angelassen.

Die Theorie der Härtung. Der Kohlenstoff im Eisen kann in verschiedener Weise gebunden sein. Man kann ihn erstens in Graphitkristallen oder als amorphen Kohlenstoff ausgeschieden finden. Die gewöhnliche graue Farbe des Gußeisens rührt von seinem Graphitgehalt her. Es können zweitens die weißen, metallähnlichen Kristalle des Zementits zugegen sein, einer Verbindung aus Kohlenstoff und Eisen mit der Formel Fe_3C. Schließlich kann man den Kohlenstoff auch in dem festen Eisen gelöst finden; dieser gelöste Kohlenstoff macht das Eisen sehr hart und wird daher Härtungskohle genannt.

Wird kohlenstoffhaltiger Stahl über 750^0 erwärmt, so löst sich der Kohlenstoff im Eisen als Härtungskohle. Bei *langsamer* Abkühlung scheidet sich der Kohlenstoff in Form von Zementitkristallen aus, und man erhält eine Grundmasse von *weichem, kohlenstoffreiem Eisen*. Kühlt man jedoch plötzlich ab *(schreckt man ab)*, so bleibt nicht genug Zeit zur Ausscheidung des Zementits, der Kohlenstoff bleibt als Härtungskohle gelöst und gibt dem Stahl seine Härte. Beim Anlassen vollzieht sich in größerem oder geringerem Umfang die Umwandlung der Härtungskohle in Zementit.

Die Wertigkeit des Eisens. In den *Ferroverbindungen* ist Eisen zweiwertig, in den *Ferriverbindungen* dreiwertig. In einzelnen Verbindungen hat Eisen auch höhere Wertigkeit.

Ferroverbindungen.

Die Ferroverbindungen sind bezüglich ihrer Löslichkeit und Zusammensetzung den Zink- und Manganoverbindungen ähnlich. Sie besitzen gewöhnlich eine hellgrünliche Färbung.

Ferrosulfat, $FeSO_4$ (ältere Bezeichnung: schwefelsaures Eisenoxydul), wird durch Auflösen von Eisen in verdünnter Schwefelsäure dargestellt. Aus der Lösung scheiden sich beim Eindampfen

Ferroverbindungen.

hellgrüne, wasserhaltige Kristalle von Ferrosulfat ($FeSO_4 \cdot 7H_2O$, Eisenvitriol) aus. In der Landwirtschaft wird Ferrosulfat zur Unkrautbekämpfung verwendet. Beim Bespritzen mit schwacher Ferrosulfatlösung gehen viele Unkräuter zugrunde, während die Getreidepflanzen durch diese Behandlung wenig geschädigt werden. An der Luft oxydiert sich Ferrosulfat langsam zu braunem, schwer löslichem, hydroxydhaltigem Ferrisulfat:

$$2\,FeSO_4 + \tfrac{1}{2}\,O_2 + H_2O \to 2\,Fe(OH)SO_4.$$

Daher zeigen die Ferrosulfatkristalle oft braune Flecken, und die Lösungen lassen beim Stehen einen braunen Niederschlag ausfallen. Durch Zugabe von einigen Promille Schwefelsäure kann man die Bildung dieses Niederschlags verhindern, weil die Oxydation in Gegenwart von Schwefelsäure zu dem löslichen normalen Ferrisulfat führt (und außerdem langsamer vor sich geht):

$$2\,FeSO_4 + \tfrac{1}{2}\,O_2 + H_2SO_4 \to Fe_2(SO_4)_3 + H_2O.$$

Das Ferroion, Fe^{++}. Eine Lösung von Ferrosulfat enthält das Eisen in Form des hellgrün gefärbten, hydratisierten Ferroions. Die Anwesenheit dieses Ions in einer Lösung wird durch den Niederschlag von Berliner Blau nachgewiesen, der mit Kaliumferricyanid entsteht. Das Ferroion wird ausgefällt: S.S. 201.

von Hydroxylionen als Ferrohydroxyd: $Fe^{++} + 2\,HO^- \to Fe(OH)_2$;
von Phosphationen als Ferrophosphat: $3\,Fe^{++} + 2\,PO_4^{---} \to Fe_3(PO_4)_2$;
von Sulfidionen als Ferrosulfid: $Fe^{++} + S^{--} \to FeS$.

Mit Cyanidionen bildet es das komplexe Ferrocyanidion: S.S. 107.
$$Fe^{++} + 6\,CN^- \to Fe(CN)_6^{----}.$$

Ferrohydroxyd, $Fe(OH)_2$, ist weiß und oxydiert sich an der Luft rasch zu braunem Ferrihydroxyd:

$$2\,Fe(OH)_2 + \tfrac{1}{2}\,O_2 + H_2O \to 2\,Fe(OH)_3.$$

Ferrophosphat, $Fe_3(PO_4)_2$, ist in Säuren löslich, sogar in Essigsäure; deshalb muß das Eisen im Analysengang als Ferrisalz vorliegen, wenn es mit Natriumphosphat in essigsaurer, acetathaltiger Lösung gefällt werden soll.

Ferrosulfid, FeS, auf nassem Weg gewonnen, stellt einen tief schwarzen, in Säuren leicht löslichen Niederschlag dar. Das Ferrosulfid (Schwefeleisen), das zur Darstellung von Schwefelwasserstoff dient, erhält man durch Zusammenschmelzen von Eisen und Schwefel. S.S. 88.

Ferrocarbonat, $FeCO_3$, kommt in der Natur als *Spateisenstein* vor. Das Carbonat löst sich in kohlensäurehaltigem Wasser als Hydrocarbonat: S.S. 257.

$$FeCO_3 + CO_2 + H_2O \to Fe^{++} + 2\,HCO_3^-,$$

also analog dem Calciumcarbonat, und findet sich daher oft im Quellwasser, das hiervon einen unangenehmen metallischen Geschmack bekommt (Stahlquellen). An der Luft oxydiert sich eine solche Lösung, und das Eisen scheidet sich als rostfarbenes Ferrihydroxyd aus:

$$2\,Fe^{++} + 4\,HCO_3^- + \tfrac{1}{2}\,O_2 + H_2O \to 2\,Fe(OH)_3 + 4\,CO_2.$$

Ton, der noch nicht der Atmosphäre ausgesetzt war, ist bläulich oder grau, weil er das Eisen als schwachgefärbtes Ferrocarbonat oder Ferrosilicat enthält *(Blauton)*. Kommt er beim Ausgraben mit dem Luftsauerstoff in Berührung, so wird er gelb oder braun, weil die Ferroverbindungen zu Ferrihydroxyd oxydiert werden.

Kaliumferrocyanid, $K_4Fe(CN)_6$, ist ein gelbes, kristallinisches *Komplexsalz*. Seine Lösung zeigt keine der Reaktionen des Ferroions mehr; weder gibt sie Berliner Blau mit Kaliumferricyanid, noch Ferrophosphat mit Natriumphosphat, noch Ferrosulfid mit Ammoniumsulfid. Es enthält das Eisen in dem sehr beständigen Ferrocyanidion, $Fe(CN)_6^{----}$, das als Anion der Ferrocyanwasserstoffsäure, $H_4Fe(CN)_6$, aufgefaßt werden kann.

Ferriverbindungen.

Die Ferriverbindungen sind in ihrer Zusammensetzung und Löslichkeit den Aluminium- und Chromiverbindungen ähnlich. Sie sind meistens gelb oder braun gefärbt.

Ferrisulfat (ältere Bezeichnung: schwefelsaures Eisenoxyd), $Fe_2(SO_4)_3$, wird durch Oxydation von Ferrosulfat in schwefelsaurer Lösung dargestellt, wofür das Ionenschema gilt:

$$2\,Fe^{++} + 2\,H^+ + O \to 2\,Fe^{+++} + H_2O.$$

Die Salpetersäure ist hierfür ein sehr bequemes Oxydationsmittel, weil die als Reduktionsprodukte entstehenden Stickoxyde gasförmig entweichen, und der Überschuß an Salpetersäure abgedampft werden kann. Man kann so das gebildete Ferrisulfat leicht rein erhalten. Mit Ammoniumsulfat bildet es den **Eisenalaun**, $(NH_4)Fe(SO_4)_2 \cdot 12H_2O$, eine schön kristallisierende, fast ungefärbte Ferriverbindung, die nicht komplex ist, sondern die drei Ionenarten: Ferriionen, Sulfationen und Ammoniumionen enthält. (Analogie zu Aluminium und Chrom.)

Ferrichlorid, $FeCl_3$ *(Ferrum sesquichloratum)*, wird dargestellt, indem man zunächst Eisen in Salzsäure unter Bildung von Ferrochlorid auflöst und dieses dann mit freiem Chlor oxydiert:

$$2\,FeCl_2 + Cl_2 \to 2\,FeCl_3,$$

oder als Ionenschema:

$$2\,Fe^{++} + Cl_2 \to 2\,Fe^{+++} + 2\,Cl^-.$$

Durch Eindampfen der gelbbraunen Lösung erhält man das Salz als wasserhaltige, braungelbe, zerfließliche Kristallmasse. Das Salz wird bei kleinen Verletzungen zum Stillen von Blutungen verwendet.

Ferrihydroxyd (ältere Bezeichnung: Eisenoxydhydrat), $Fe_2O_3 \cdot xH_2O$, entsteht bei der Fällung von Ferrisalzen mit Basen, außerdem beim Rosten des Eisens und bei der Oxydation von Ferrocarbonat. Bei diesen verschiedenen Reaktionen entsteht es als brauner amorpher Niederschlag veränderlicher Zusammensetzung. Das normal zusammengesetzte Ferrihydroxyd, $Fe(OH)_3$ oder $Fe_2O_3 \cdot 3H_2O$, ist unbeständig und spaltet gleich bei seiner Fällung mehr oder weniger Wasser ab. Beim Glühen verliert es allen Wasserstoff in Form von Wasser und hinterläßt als Rückstand **Ferrioxyd, Fe_2O_3**. Verwendet wird dies als Polierrot. Eine Reihe häufig benutzter, gelber, brauner und roter Anstrichfarben (Ocker, Englisch und Pariser Rot, usw.) besteht aus Ferrihydroxyd oder Ferrioxyd. Diese zwei Stoffe können je nach ihrer Zusammensetzung oder Herstellungsweise, in sehr verschiedenen Farbtönen auftreten.

Ferrihydroxyd ist eine *sehr schwache Base*. Aus einer schwachen Säure, wie Kohlensäure, kann es Wasserstoffionen kaum merklich wegnehmen (d. h. Ferricarbonat wird nicht gebildet); sogar seine Verbindungen mit starken Säuren sind unbeständig und in wäßriger Lösung weitgehend *hydrolysiert*, wobei freie Säure und dunkelbraune hydroxyd- oder oxydhaltige, lösliche Verbindungen entstehen. Verdünnte Lösungen von Ferrichlorid und Ferrisulfat werden beim Erwärmen wegen der mit der Zeit fortschreitenden Hydrolyse immer dunkler; schließlich fallen Niederschläge von Ferrihydroxyd aus. Schematisch und ohne Rücksicht auf den Hydratwassergehalt der Ionen kann man dies etwa formulieren:

$$Fe^{+++} + H_2O \rightarrow FeOH^{++} + H^+,$$
$$FeOH^{++} + H_2O \rightarrow Fe(OH)_2^+ + H^+,$$
$$Fe(OH)_2^+ + H_2O \rightarrow Fe(OH)_3 + H^+.$$

In frisch gefälltem Zustand läßt sich Ferrihydroxyd in einer sehr geringen Menge Salzsäure (oder Ferrichlorid) auflösen, wobei sich eine dunkelbraune, kolloidale Lösung bildet. Hier wirkt die Salzsäure (das Ferrichlorid) peptisierend. S. S. 233.

Das **Ferriion, Fe^{+++}**, ist, wie das Aluminiumion, mit $6\,H_2O$ hydratisiert und nicht gefärbt. Mit Kaliumferrocyanid gibt es einen Niederschlag von Berliner Blau, was als Nachweis für das S. S. 201. Ion dient. Mit Kaliumferricyanid gibt es weder einen Niederschlag noch eine blaue Färbung. In essigsaurer und gleichzeitig acetathaltiger Lösung gibt es, in Analogie zum Aluminium, mit Natriumphosphat einen fast weißen Niederschlag von **Ferriphosphat**: S. S. 269.

$$Fe^{+++} + HPO_4^{--} + C_2H_3O_2^- \rightarrow FePO_4 + C_2H_4O_2.$$

Mit Basen entsteht Ferrihydroxyd als Niederschlag. Die Fähigkeit *komplexe Verbindungen* zu bilden, ist beim Ferriion größer als beim Ferroion. Mit Cyanidionen vereinigt es sich zu dem sehr beständigen Ferricyanidion, $Fe(CN)_6^{---}$. Auch mit den meisten organischen Säuren bildet es Komplexe. Mit Phenolen und gewissen anderen hydroxylhaltigen organischen Stoffen entstehen *violette* (manchmal blaue oder auch grüne) Verbindungen in der sog. Eisenchloridreaktion.

Kaliumferricyanid, $K_3Fe(CN)_6$, ist ein rotbraunes, kristalli-
S.S. 200. siertes Komplexsalz; seine Komplexnatur zeigt sich daran, daß es keine Reaktion des Ferriions mehr zeigt: es gibt weder Berliner Blau mit Kaliumferrocyanid, noch Ferrihydroxyd mit Alkalien. Ionisiert ist es nach dem Schema:

$$K_3Fe(CN)_6 \rightarrow 3\,K^+ + Fe(CN)_6^{---}.$$

Eisen und Eisenverbindungen wurden früher vielfach medizinisch bei besonderen Formen von Blutarmut verwendet, haben jedoch an Bedeutung in dieser Hinsicht erheblich eingebüßt. Ferroverbindungen sind medizinisch im allgemeinen wertvoller als Ferriverbindungen.

Der Übergang zwischen den Ferro- und Ferriverbindungen.

In den Ferroverbindungen entspricht die Oxydationsstufe des Eisens dem Oxyd FeO, und in den Ferriverbindungen dem Oxyd Fe_2O_3. Das Oxydationsschema für den Übergang zwischen diesen Verbindungen wird also:

$$2\,FeO + O = Fe_2O_3.$$

Hieraus geht hervor, daß man pro Eisenatom mit einem halben Atom Sauerstoff, d. h. mit einem Äquivalent Sauerstoff oxydieren muß, wenn das Eisenatom vom Ferro- in den Ferrizustand gebracht werden soll; entsprechendes gilt für die umgekehrte Reaktion. Hier wie in anderen ähnlichen Fällen hilft zu der Übersicht die folgende Regel: *Man muß ein Äquivalent Sauerstoff pro Metallatom zuführen, wenn die Elektrovalenz des Metalls um eine Einheit steigen soll.*

Beispiel 1. Ein Sauerstoffatom kann in Gegenwart von Schwefelsäure zwei Moleküle Ferrosulfat in Ferrisulfat überführen:

$$2\,FeSO_4 + H_2SO_4 + O \rightarrow Fe_2(SO_4)_3 + H_2O.$$

Beispiel 2. Zwei Moleküle Salpetersäure geben bei der Um-
S.S. 158. wandlung in Stickoxyd drei Sauerstoffatome ab; sie können daher in Gegenwart von Schwefelsäure sechs Moleküle Ferrosulfat zu Ferrisulfat oxydieren:

$$6\,FeSO_4 + 3\,H_2SO_4 + 2\,HNO_3 \rightarrow 3\,Fe_2(SO_4)_3 + 2\,NO + 4\,H_2O.$$

Im ganzen kann ein Nitration in saurer Lösung drei Ferroionen zu Ferriionen oxydieren:

$$3\,Fe^{++} + 4\,H^+ + NO_3^- \rightarrow 3\,Fe^{+++} + 2\,H_2O + NO.$$

Beispiel 3. Ein Molekül Chlor, Cl_2, ist als Oxydationsmittel
S.S. 71. einem Sauerstoffatom gleichwertig und kann daher, wie oben gezeigt,

zwei Moleküle Ferrochlorid zu Ferrichlorid oxydieren, d. h. also im ganzen zwei Ferroionen zu Ferriionen.

Beispiel 4. Ein Molekül Schwefelwasserstoff kann ein Sauerstoffatom aufnehmen, indem es sich zu Schwefel und Wasser umsetzt; es kann daher zwei Moleküle Ferrichlorid zu Ferrochlorid reduzieren oder allgemeiner zwei Ferriionen zu Ferroionen: S. S. 88.

$$2\,Fe^{+++} + H_2S \rightarrow 2\,Fe^{++} + 2\,H^+ + S.$$

Die Ferroverbindungen besitzen eine oft recht große Neigung, Sauerstoff aufzunehmen und in Ferriverbindungen überzugehen. Daher lassen sich *Ferroverbindungen in vielen Fällen als Reduktionsmittel benutzen*. Ferrosalze reduzieren z. B. Salpetersäure zu Stickoxyd, Goldsalze zu metallischem Gold, Chlor zu Chloridion usw. Doch ist die Neigung des Eisens, in den Ferrizustand überzugehen, nicht so groß, als daß nicht auch *Ferrisalze gegenüber oxydierbaren Stoffen als Oxydationsmittel* auftreten könnten, wobei sie in Ferroverbindungen übergehen. Ferrisalze können z. B. Schwefelwasserstoff zu Schwefel oxydieren.

Der Einfluß von Säuren und Basen auf die Oxydation von Ferroverbindungen. Will man als Oxydationsprodukt aus Ferrosalzen *normale* Ferrisalze gewinnen, so muß man für Zugabe von Säure sorgen; die normalen Ferrisalze enthalten ja auf ein Eisenatom ein Äquivalent Säurerest mehr als die Ferrosalze. Dies erhellt auch schon aus den oben gegebenen Beispielen. Hieraus darf man aber nicht schließen, daß die Oxydation der Ferroverbindungen in saurer Lösung besonders schnell vor sich geht. Im Gegenteil sind die Ferrosalze in Anwesenheit starker Säuren recht beständig, z. B. oxydiert sich Ferrosulfat bei Gegenwart freier Schwefelsäure nur langsam an der Luft zu Ferrisulfat. In Gegenwart basischer Stoffe sind die Ferrosalze meist sehr unbeständig; z. B. oxydiert sich Ferrosulfat, wenn Calciumcarbonat zugesetzt wird, an der Luft sehr schnell zu Ferrihydroxyd, wobei sich gleichzeitig Calciumsulfat und Kohlendioxyd bilden.

Andere Eisenverbindungen.

Pyrit (Schwefelkies), FeS_2, kommt in der Natur an vielen Stellen vor, sowohl als schweres, kompaktes, messingähnliches Mineral, wie auch als feine dunkle Teilchen. In Wasser und in verdünnten Säuren ist es unlöslich. Unter dem Einfluß des Sauerstoffs und der Feuchtigkeit der Atmosphäre verwittert Pyrit langsam zu Ferrosulfat und Schwefelsäure:

$$FeS_2 + H_2O + \tfrac{7}{2}O_2 \rightarrow Fe^{++} + 2\,H^+ + 2\,SO_4^{--}.$$

Trifft Wasser, das die bei dieser Verwitterung gebildeten Stoffe enthält, mit Calciumcarbonat zusammen, so geht, *soferne kein Sauerstoff vorhanden ist*, folgende Reaktion vor sich:

$$Fe^{++} + 2\,H^+ + 2\,SO_4^{--} + 2\,CaCO_3 \rightarrow Fe^{++} + 2\,HCO_3^- + 2\,CaSO_4.$$

Diese Reaktion erklärt das häufige Vorkommen von Eisen in Quellen. *In Gegenwart von Sauerstoff* wird das Ferroion weiter oxydiert, und es scheidet sich rostfarbenes Ferrihydroxyd aus:

$$2\,Fe^{++} + 4\,HCO_3^- + \tfrac{1}{2}O_2 + H_2O \rightarrow 2\,Fe(OH)_3 + 4\,CO_2.$$

Bjerrum-Ebert, Lehrb. der anorg. Chemie.

Man kann daher eisenhaltiges Wasser von Eisen befreien, indem man Luft durchleitet und das gebildete Ferrihydroxyd sich absetzen läßt.

S.S. 93. In großer Menge wird Pyrit als Rohstoff für die Darstellung von Schwefelsäure verbraucht, weil er bei der Verbrennung Schwefeldioxyd liefert, und dieser Stoff durch Oxydation in Schwefelsäure übergeführt werden kann. Dagegen wird Pyrit zur Darstellung von Eisen nicht verwendet.

Eisenpentacarbonyl, $Fe(CO)_5$, entsteht durch direkte Vereinigung von fein verteiltem Eisen mit Kohlenmonoxyd unter Druck und bei erhöhter Temperatur. Die leicht flüchtige Flüssigkeit ist in Wasser unlöslich, in organischen Lösungsmitteln löslich. Technische Bedeutung hat sie als Zusatz zu Autobenzin zur Unterdrückung des „Klopfens" der Motoren, und zur Gewinnung reinsten Eisens (besonders für katalytische Zwecke). Die Dämpfe sind giftig; auch die Aufnahme durch die unverletzte Haut ist gefährlich.

Nickel.
Ni = 58,69.

Nickel ist wie Eisen ein weißes, schwer schmelzbares magnetisches Metall. Es besitzt einen schönen Glanz und wird an der Luft nur langsam angegriffen. In bedeutender Menge dient es zum Vernickeln von eisernen Gegenständen und zur Herstellung von Legierungen, z. B. von Neusilber (Nickel, Kupfer, Zink) und Nickelstahl (Nickel, Eisen). Als Kontaktsubstanz wird es bei der Hydrierung von organischen Stoffen verwendet, z. B. bei

S.S. 53. der Härtung von fetten Ölen.

Nickelsalze sind im wasserhaltigen Zustand grün. Das Nickel besitzt in ihnen die Elektrovalenz 2 (Ni^{++}). Die Salze ähneln den Ferrosalzen.

Man *vernickelt* auf galvanischem Wege. Der Gegenstand wird als Kathode in ein Bad gesenkt, das Nickelsulfat enthält; als Anode dient eine Platte aus Reinnickel. Der Strom scheidet Nickel auf dem Objekt aus; gleichzeitig gibt die Anodenplatte ebensoviel Nickel an die Lösung ab, die also während der Elektrolyse nicht verarmt.

Kobalt.
Co = 58,94.

Kobalt ähnelt als Metall, sowie in gewissen Verbindungen dem Nickel. Die Kobaltsalze sind, wenn wasserhaltig, rot; wasserfrei sind sie blau. Sie enthalten zweiwertiges Kobalt. Ein Kobaltsilicat (Smalte) wird als blauer Farbstoff in der Porzellanindustrie viel verwendet. Eine Kobaltverbindung anderer Art ist

Natriumkobaltinitrit, $Na_3Co(NO_2)_6$. Es enthält dreiwertiges Kobalt, was aus folgender Schreibweise besonders klar hervorgeht: $3 NaNO_2 \cdot Co(NO_2)_3$. Es ist ein gelbbraunes, leichtlösliches *Komplexsalz*, dessen Ionenspaltung nach folgendem Schema verläuft:

$$Na_3Co(NO_2)_6 \rightarrow 3\,Na^+ + Co(NO_2)_6^{---}$$

Erwärmt zersetzt sich diese Lösung unter Bildung von Kobaltsalz.
S.S. 247. Das zugehörige Kaliumsalz ist gelb und in Wasser schwer löslich, was zum

Nachweis von Kaliumionen benutzt wird. — Vom dreiwertigen Kobalt leiten sich zahlreiche *Komplexsalze* ab, die großenteils charakteristisch gefärbt sind.

Platin.
Pt = 195,23.

Platin ist ein weißes, sehr schweres (Dichte 21,4) und schwer schmelzbares (Sm. 1770⁰) Edelmetall. Beim Erhitzen an der Luft oxydiert es sich nicht; auch von den gewöhnlichen Säuren wird es nicht angegriffen, sondern nur von Königswasser. Wegen seiner *Unangreifbarkeit* und seines *hohen Schmelzpunktes* werden Platintiegel oder -schalen bei chemischen Arbeiten sehr viel verwendet. S. S. 159.

Platin ist sehr teuer; Platinapparate sind daher mit Vorsicht zu behandeln. Besonders darf man nicht vergessen, daß sich Platin in Königswasser und anderen *chlorhaltigen* bzw. *-entwickelnden* Flüssigkeiten auflöst, und daß es bei höherer Temperatur von vielen Metallen zerstört wird, z. B. von Blei und Zinn (nicht jedoch von Nickel und Eisen), außerdem auch von Phosphor und Schwefel. In Platintiegeln darf man keine Mischungen schmelzen, in denen beim Erhitzen niedrig schmelzende Metalle oder Phosphor entstehen, also z. B. keine Mischungen von Blei- oder Phosphorverbindungen mit Kohle.

Der *Wärmeausdehnungskoeffizient* des Platins ist ungefähr dem des Glases gleich; daher kann man Platin in Glas einschmelzen, was bei der Fabrikation von physikalischen Instrumenten angewandt wird.

Besonders in feinverteiltem Zustand als Platinschwamm oder Platinschwarz wirkt das Metall als *Katalysator* für viele chemische Reaktionen: Wasserstoff verbindet sich an Platinschwamm schon S. S. 59. bei Zimmertemperatur mit Sauerstoff. Kolloidal verteiltes Platin ist ein wichtiger Katalysator in der organischen Chemie (Hydrierung). *Platiniertes* Platin ist elektrolytisch mit einer schwarzen S. S. 118, Schicht feinverteilten Metalles (Platinschwarz) überzogen und wird 286. für Wasserstoffelektroden verwendet. Als Kontakt dient Platin endlich auch bei der technischen Herstellung von Schwefeltrioxyd S. S. 92. und bei der Verbrennung von Ammoniak zu Salpetersäure. S. S. 158.

Platin tritt entweder zweiwertig (in den *Platoverbindungen*) oder vierwertig auf (in den *Plativerbindungen*).

Platinchlorwasserstoffsäure, H_2PtCl_6, enthält vierwertiges Platin. Sie bildet sich bei der Auflösung von Platin in Königswasser:

$$Pt + 2 HCl + 4 Cl \rightarrow H_2PtCl_6,$$

und erscheint nach dem Eindampfen der Lösung in rotbraunen Kristallen. Sie ist eine starke Säure, und in wäßriger Lösung nach folgendem Schema dissoziiert:

$$H_2PtCl_6 \rightarrow 2 H^+ + PtCl_6^{--}.$$

Beim Erhitzen spaltet die Säure — in Umkehrung des zuerst gegebenen Schemas — Chlorwasserstoff und Chlor ab, wonach reines Platin zurückbleibt.

Das Kaliumsalz der Säure, Kaliumplatinchlorid, K_2PtCl_6, ist in Wasser schwer und in Weingeist praktisch nicht löslich; dieses Verhalten wird zur quantitativen Bestimmung des Kaliums benutzt. Auch Ammoniumplatinchlorid, $(NH_4)_2PtCl_6$ ist schwer löslich. Es hinterläßt nach dem Glühen das Platin als poröse Masse mit großer Oberfläche, als **Platinschwamm**.

Oxydations- und Reduktionsmittel.

S.S. 71f. Die **Oxydationsstufe** eines Stoffes nimmt nicht nur dann zu, wenn der Stoff *Sauerstoff aufnimmt*, wie etwa in der Reaktion: $SO_2 + O \to SO_3$. Eine solche Zunahme tritt auch bei der *Aufnahme von Chlor* oder von anderen Atomen bzw. Atomgruppen ein, die als *Säurereste* oder *Anionen* auftreten können *(elektronegative Radikale)*, also z. B. in den Reaktionen: $FeCl_2 + Cl \to FeCl_3$; $2 FeSO_4 + SO_4 \to Fe_2(SO_4)_3$; $Ag + NO_3 \to AgNO_3$. Die Oxydationsstufe wächst auch, wenn ein Stoff *Wasserstoff* oder *Metall abgibt*, oder allgemeiner solche Atome bzw. Atomgruppen, die als *Kationen* auftreten können *(elektropositive Radikale)*; z. B. bei den Reaktionen: $2 HCl \to Cl_2 + 2 H$; $K_2MnO_4 \to KMnO_4 + K$. Besondere Wichtigkeit beansprucht die Tatsache, daß die Oxydationsstufe auch dann zunimmt, wenn ein Atom, Ion oder Radikal entweder *positive Ladungen aufnimmt* oder *negative Ladungen abgibt*, also: wenn es *Elektronen (E^-)* *abgibt*; z. B. in den Reaktionen: $Fe^{++} \to Fe^{+++} + E^-$; $Cu \to Cu^{++} + 2 E^-$; $Cl^- \to Cl + E^-$; $MnO_4^{--} \to MnO_4^- + E^-$.

Als **Oxydationsmittel** kann daher jeder Stoff wirken, der imstande ist, entweder elektronegative Atome bzw. Radikale (O, Cl, SO_4, NO_3 usw.) abzugeben, oder elektropositive Atome, bzw. Radikale (H, Metalle usw.) oder Elektronen aufzunehmen.

Beispiele für Oxydationsmittel:

Kaliumchlorat . . $KClO_3 \to KCl + 3 O$;
Ferrichlorid . . . $FeCl_3 \to FeCl_2 + Cl$;
Chlor . . . . $Cl_2 + 2 H \to 2 HCl$, oder:
$Cl_2 + 2 Na \to 2 NaCl$, oder:
$Cl_2 + 2 E^- \to 2 Cl^-$;
Ferriion . . . . . $Fe^{+++} + E^- \to Fe^{++}$;
Cupriion . . . . . $Cu^{++} + 2 E^- \to Cu$;
Ferricyanidion . . $Fe(CN)_6^{---} + E^- \to Fe(CN)_6^{----}$

Umgekehrt wirken als **Reduktionsmittel** alle Stoffe, die entweder elektronegative Atome bzw. Radikale (O, Cl usw.) aufnehmen können, oder elektropositive Atome bzw. Radikale (H, Metalle) oder Elektronen abgeben können.

Beispiele für Reduktionsmittel:
- Phosphorige Säure $\quad H_3PO_3 + O \to H_3PO_4$;
- Schwefeldioxyd . $\quad SO_2 + H_2O + O \to H_2SO_4$;
- Stannochlorid . . $\quad SnCl_2 + Cl_2 \to SnCl_4$;
- Oxalsäure . . . . $\quad H_2C_2O_4 \to 2\,CO_2 + 2\,H$;
- Jodwasserstoff . . $\quad 2\,HJ \to J_2 + 2\,H$;
- Natriumjodid. . . $\quad 2\,NaJ \to J_2 + 2\,Na$;
- Jodion . . . . . . $\quad 2\,J^- \to J_2 + 2\,E^-$;
- Ferroion . . . . . $\quad Fe^{++} \to Fe^{+++} + E^-$;
- Zink . . . . $\quad Zn \to Zn^{++} + 2\,E^-$.

Oxydations- und Reduktionskapazität. Unter der Oxydationskapazität versteht man die Anzahl Oxydationsäquivalente, die ein Molekül, Ion usw. bei seiner Oxydationswirkung abgibt. Ein abgegebenes Sauerstoffatom bedeutet zwei Oxydationsäquivalente; ein abgegebenes Halogenatom, ein aufgenommenes Wasserstoffatom, sowie ein aufgenommenes Elektron, bedeuten ein Oxydationsäquivalent. Die Oxydationskapazität eines bestimmten Moleküls, Ions usw. kann sich mit den äußeren Umständen verändern, weil von diesen Umständen die Reduktionsprodukte eines Stoffes abhängen können. So ist die Oxydationskapazität des Permanganations in saurer Lösung 5, in basischer Lösung jedoch nur 3. S. S. 326.

Die Reduktionskapazität eines Reduktionsmittels ist ganz analog definiert durch die Anzahl Oxydationsäquivalente, die das Molekül, bezw. Ion bei der Reduktion aufnimmt.

Wie es zu jeder Säure eine zugehörige (korrespondierende) Base gibt, kann man jedem Oxydationsmittel ein *zugehöriges* (korrespondierendes) Reduktionsmittel zuordnen. Hat ein bestimmtes Oxydationsmittel oxydierend gewirkt, so ist das zugehörige Reduktionsmittel entstanden, und umgekehrt: aus der oxydierenden Schwefelsäure wird das reduzierende Schwefeldioxyd, aus dem reduzierenden Jodwasserstoff das oxydierende Jod. Dabei muß jedoch bemerkt werden, daß zu einem starken Oxydationsmittel ein sehr schwaches Reduktionsmittel gehört und umgekehrt. Solche äußerst schwachen Reduktions- und Oxydationsmittel bezeichnet man in der Umgangssprache gewöhnlich nicht als Reduktions- oder Oxydationsmittel (ähnlich wie man sehr schwache Säuren und Basen nicht als solche, sondern als neutrale Stoffe bezeichnet). S. S. 121, 124.

In dem folgenden Verzeichnis verschiedener zusammengehöriger Oxydations- und Reduktionsmittel sind ihre Kapazitäten angeführt. Erinnert sei daran, daß jede Kapazität nur für die spezielle angeschriebene Reaktion gilt. Man beachte besonders die vielen verschiedenen Kapazitätswerte, die bei der Salpetersäure vorkommen.

Tabelle 22.
Die Oxydationskapazitäten verschiedener Oxydationsvorgänge.

Oxydationsmittel		Reduktionsmittel		Kapazität
$\frac{1}{2} Cl_2$	=	Cl^-	$-E^-$	1
ClO_3^-	=	Cl^-	$+3\,O$	6
H_2SO_4	=	SO_2	$+2\,H+2\,O$	2
HNO_3	=	NO_2	$+H+O$	1
HNO_3	=	HNO_2	$+O$	2
HNO_3	=	NO	$+H+2\,O$	3
HNO_3	=	$\frac{1}{2} N_2$	$+H+3\,O$	5
HNO_3	=	NH_3	$-2\,H+3\,O$	8
Na^+	=	Na	$-E^-$	1
$HgCl_2$	=	Hg	$+2\,Cl$	2
MnO_4^-	=	MnO_4^{--}	$-E^-$	1
MnO_4^-	=	MnO_2	$+2\,O+\;E^-$	3
MnO_4^-	=	Mn^{++}	$+4\,O+3\,E^-$	5
MnO_2	=	Mn^{++}	$+2\,O+2\,E^-$	2
Fe^{+++}	=	Fe^{++}	$-E^-$	1
$Fe(CN)_6^{---}$	=	$Fe(CN)_6^{----}$	$-E$	1
$2\,CO_2$	=	$H_2C_2O_4$	$-2\,H$	2

Redoxreaktionen. Bei jeder Oxydation reagiert das Oxydationsmittel mit einem Reduktionsmittel; dabei bilden sich die zu den Ausgangsstoffen gehörigen (korrespondierenden) Reduktions- und Oxydationsmittel, d. h. in jedem solchen Reaktionsgemisch vollzieht sich *gleichzeitig eine Oxydation und eine Reduktion*. Analoges gilt natürlich für jede Reduktion. Ob wir eine Reaktion als Oxydation oder als Reduktion bezeichnen, hängt nur von dem Zweck ab, den wir mit der Reaktion verfolgen. Die Reaktion zwischen Kupfer und Salpetersäure:

$$3\,Cu + 8\,HNO_3 \rightarrow 3\,Cu(NO_3)_2 + 2\,NO + 4\,H_2O$$

wird z. B. dann eine Oxydation genannt, wenn man sie ausführt, um Cuprinitrat aus Kupfer zu gewinnen; als Reduktion bezeichnet man sie, wenn man die Darstellung von Stickoxyd aus Salpetersäure beabsichtigt. Theoretisch korrekt ist es daher nur, von *Reduktions-Oxydations-Reaktionen* zu sprechen oder, wie man neuerdings oft kürzer sagt: von *Redoxreaktionen*.

Soll man das Schema für eine Redoxreaktion anschreiben, so ist es gewöhnlich am bequemsten, zuerst das Molekülverhältnis zu berechnen, in dem das Oxydationsmittel mit dem Reduktionsmittel reagiert. Ist die Kapazität des Oxydationsmittels a und die des Reduktionsmittels b, so muß das Molekülverhältnis den Wert $b:a$ besitzen.

Beispiel. Die Oxydation der Oxalsäure mit Kaliumpermanganat in schwefelsaurer Lösung. Bei der Oxydation mit Permanganat in saurer Lösung bildet sich Manganosalz, und die Oxydationskapazität des Permanganates ist nach Tabelle 22 gleich 5. Die Oxalsäure wird zu Kohlendioxyd oxydiert, wobei ihre Reduktionskapazität 2 ist. Folglich können 2 Moleküle Kaliumpermanganat 5 Moleküle Oxalsäure oxydieren, wobei im ganzen

$2 \times 5 = 10$ Oxydationsäquivalente von dem Permanganat zur Oxalsäure übergehen. Aus den Atomen der 2 Moleküle Permanganat werden die Moleküle $K_2SO_4 + 2\,MnSO_4$, und die 5 Moleküle Oxalsäure bilden $10\,CO_2$. Zur Sulfatbildung werden $3\,H_2SO_4$ verbraucht; der gesamte Wasserstoff der linken Seite muß zu Wasser werden, d. h. es müssen $8\,H_2O$ gebildet werden. Das Reaktionsschema wird daher:

$$2\,KMnO_4 + 5\,H_2C_2O_4 + 3\,H_2SO_4 \to K_2SO_4 + 2\,MnSO_4 + 10\,CO_2 + 8\,H_2O.$$

Die Richtigkeit der Rechnung kann man prüfen, indem man abzählt, ob auf beiden Seiten gleich viele Sauerstoffatome stehen.

Die oxydierende und reduzierende Kraft von Redoxsystemen. Wir haben oben das quantitative Maß für die *Säurestärke* eines Stoffes kennen gelernt: die *Wasserstoffionenkonzentration* c_{H^+} einer Lösung, in der die Konzentrationen der Säure und der zugehörigen Base *einander gleich*, z. B. gleich $c = 1$, sind. Die Säure-Basengleichgewichte stellen sich rasch ein und c_{H^+} läßt sich bequem messen; daher ist das Maß für die Säurestärke eines Stoffes, seine Säuredissoziationskonstante, im allgemeinen leicht zugänglich.

S. S. 128.

S.S. 116f.

Analog läßt sich die *Oxydationskraft* eines Stoffes messen, wenn er sich unter Entwicklung von Sauerstoff mit dem zugehörigen Reduktionsmittel genügend rasch ins Gleichgewicht setzt. Das Maß ist der *Sauerstoffdruck*, der nach Eintritt des Gleichgewichtes in demjenigen Redoxsystem herrscht, in dem alle gelösten (am Redoxsystem beteiligten) Stoffe die Konzentration $c = 1$ und alle eventuell beteiligten Gase (außer natürlich Sauerstoff) den Druck 1 Atm. besitzen. Eine Schwierigkeit besteht allerdings darin, daß sich solche Gleichgewichte oft nur langsam oder gar nicht einstellen (im Gegensatz zu den Säuren-Basensystemen), und daß sich die zugehörigen Sauerstoffdrucke deshalb auch nur schwierig messen lassen. Der Sauerstoffdruck über einem im Gleichgewicht befindlichen Redoxsystem wächst mit der oxydierenden Kraft des Systems; er nimmt ab, wenn seine reduzierende Kraft wächst. Liegt der Sauerstoffdruck eines solchen Redoxsystems über 1 Atm., so wirkt das Oxydationsmittel stärker oxydierend als freier Sauerstoff unter den gleichen Umständen, und das zugehörige Reduktionsmittel reduziert nur äußerst schwach. Liegt dagegen der Sauerstoffdruck eines Systems unter dem Wert 10^{-86} Atm., so ist das Reduktionsmittel des Redoxsystems ein stärkeres Reduktionsmittel als freier Wasserstoff unter den gleichen Umständen, und das zugehörige Oxydationsmittel oxydiert nur äußerst schwach. Der angeführte Wert, 10^{-86} Atm., ist nämlich der Sauerstoffdruck, der sich bei 18^0 im Gleichgewicht der Reaktion:

S. S. 60f.

$$2\,H_2O \rightleftharpoons 2\,H_2 + O_2,$$

mit flüssigem Wasser und mit Wasserstoffgas von 1 Atm. Druck, einstellt (was rasch allerdings nur bei Anwesenheit eines Katalysators, z. B. von platiniertem Platin, geschieht).

An Stelle des in einem Redoxsystem herrschenden Sauerstoffdruckes, der vielleicht anschaulich, aber schwer zu bestimmen ist, läßt sich in vielen Fällen das leichter meßbare Oxydationspotential benutzen.

Das Oxydationspotential. *Oxydationsmittel* zeichnen sich dadurch
S.S. 340. aus, daß sie *Elektronen aufnehmen* können; umgekehrt können Reduktionsmittel Elektronen abgeben. Daher wird eine Platinelektrode, die in ein Redoxsystem eintaucht (insoferne sich das *Elektronengleichgewicht* genügend schnell einstellt, was allerdings durchaus nicht immer der Fall ist) ein elektrisches Potential annehmen, das um so höher ist, je stärker oxydierend das Redoxsystem wirkt. Man mißt gewöhnlich das *Oxydationspotential* gegen eine Wasserstoffelektrode in 1 norm. Wasserstoffionenlösung. In einer solchen Elektrode ist der Druck des Wasserstoffgases 1 Atm., während der Sauerstoffdruck die, schon oben erwähnte, winzige Größe von 10^{-86} Atm. besitzt. Ist dieses Oxydationspotential Null, so wirkt das Redoxsystem ebenso stark reduzierend wie freier Wasserstoff in saurer Lösung; Redoxsysteme mit negativem Potential sind noch stärkere Reduktionsmittel. Ist das Potential positiv, so wirkt das Redoxsystem schwächer reduzierend und stärker oxydierend; beträgt es $+1,23$ Volt, so wirkt das Redoxsystem ebenso stark oxydierend wie freier Sauerstoff in saurer Lösung.

S.S. 286f. Die für die Spannungsreihe maßgebenden *Normalpotentiale* der Metalle messen in diesem Sinne das *Reduktionsvermögen der Metalle* und das *Oxydationsvermögen der Metallverbindungen (der Metallionen)*, und sind gute Beispiele für die Bedeutung des Oxydationspotentials. Alle Metalle mit negativem Normalpotential (Alkali-, Erdalkalimetalle, Zink, Eisen usw.) sind starke Reduktionsmittel, und zwar um so wirksamere, je negativer ihr Normalpotential ist. Andererseits wirken die Ionen derjenigen Metalle, die positive Normalpotentiale besitzen, oxydierend, und zwar um so stärker, je positiver das Normalpotential ist; Silbersalze, wie auch die Salze der übrigen Edelmetalle, sind z. B. starke Oxydationsmittel.

Die Normalpotentiale gelten bekanntlich für solche galvanische Ketten, in denen das betreffende Metall von einer genau 1 mol. Lösung seines Ions umgeben ist. Das Potential jedes Metalles gegen die Normalwasserstoffelektrode wird negativer, wenn man die umgebende Metallionenkonzentration geringer macht — sei es durch Verdünnen einer Lösung, sei es durch Wegfangen der Ionen durch Zugabe eines Komplexbildners. Hieraus folgt, daß man in dieser Weise auch die Wirksamkeit eines Metalles als Reduktionsmittel planmäßig verändern kann.

Sachverzeichnis.

Verbindungen, deren Namen im Register fehlen, suche man unter dem Wort, mit dem der Name beginnt; also: Ferrichlorid unter Ferriverbindungen usw. *Kursive Zahlen* bedeuten die Stelle der ausführlichen Darstellung.

Abraumsalze 249.
Absättigen von Valenzen 44.
Abschrecken von Gleichgewichten 60.
Absoluter Nullpunkt 28, 197.
Absorption 182.
Acetate 8, 120.
Acetation als Base 123.
Acetylen *187*, 197.
ACHESON-Graphit 183.
Acidität 127.
Ackerboden 161, 188, 220, 230, 249.
Adsorption *182*, 231.
Adstringierende Wirkung 289.
Äquimolare Lösungen 37, 39.
Äquivalent (auch Äquivalentgewicht) 11, 27, *46*, 98, 103.
Äquivalente Proportionen 27.
Ätzkali 247.
Ätznatron 241.
Ätzwirkung 289.
Affinität 62, 110, 196, 286.
Aggregatzustände 18.
Aggressives Wasser 258.
Aktivkohle 182.
Alaun 270, 322, 334.
Albit 220.
Alizaringelb GG 117.
Alkalien 5.
Alkalimetalle 4, 238, 279.
—, Nachweis 261.
Alkalische Reaktion 7, 113.
Alkalisilicate 218.
Alkogel 230.
Alkohol 121, 137, 209.
Alkosol 230.
Allotropie 83.
Altern von Solen 229.
Aluminate 268f.
Aluminium 266.
— carbid 203.
— ion, als Hexaquoion 119, 128, *268*.
— verbindungen 269f.

Amalgame 153, 239, *308*.
Ameisensäure 193.
Ammincupriionen 291.
Ammoniak 124, 132, *148*, 197, 202.
— salpeter 161.
— sodaprozeß 244.
— synthese 53, *149*.
Ammonium-amalgam 153.
— chlorid 133, *152*.
— ion 122, 130, *150*.
— molybdat 322.
— phosphormolybdat 176.
— platinchlorid 340.
— salze 119, *150ff*.
— sulfid 89.
Amorph 17, 19.
Ampholyte 124, 270.
Analyse 1.
Anhydrid 3.
Anionbasen 124.
Anionen 100.
Anionsäuren 121.
Anlassen 332.
Anlauffarben 332.
Anode 100.
Anorthit 220.
Anthrazit 204.
Antichlor 70, *97*, 246.
Antimon 318.
Apatit 72, *170*, 174, 253.
Aq 176, 196.
Aquokomplexe 299.
Argillite 220, 230.
Argon 84, 235.
ARISTOTELES' Elemente 5f.
ARRHENIUS 113.
Arsen und Verbindungen 178f.
Asbest 220, 250.
Assimilation 188, 251.
Assoziation 73, 185.
α-Teilchen 277, 282.

Atmosphärische Luft 53, *83*, 146, 181, 236.
Atmung 4, 188, 192.
Atom 12.
— bau 276.
— gewicht 33, 281.
— gewichte, internationale XII.
— —, praktische 281.
— gitter (Diamant) 183.
— kern 104, 264, 276, *282*.
— nummer 277.
— symbole 34.
— theorie von BOHR 278f.
— umwandlungen 282.
AUER-Strumpf 214.
Auriverbindungen 297.
Auroverbindungen 297.
Auskopierpapier 296.
Austreiben einer Säure 65, 110, 126, 166.
Autogenes Schweißen 82.
— Schneiden 82.
AVOGADROs Hypothese 29, 31, 37, 48.
— Zahl 32, 104.

Backmittel 153, 192.
Barium 260, 285.
— sulfat 140.
— verbindungen 260f.
Baryt 5.
— wasser 10, 260.
Base 9, 120, 122.
Basenaustausch 272.
Basische Reaktion 7, 113.
— Salze 143.
Basizität 98.
Benzin 187, 208f.
Berechnungen, chemische 46.
—, thermochemische 195.
Bergkristall 214.
Berliner Blau 201.
Beryllium XII, 275, 277.
BERZELIUS 49.
Bessemerstahl 330.
Beton 256.
Bicarbonate 190.
Bildungswärme 197f.
Bindung, chemische 301.
—, heteropolare 302.
—, homöopolare 303.
—, ionogene 237.
—, komplexe 107.
Bindungselektronen 303.
BIRKELAND-EYDE 155, 158.

Bisulfate 95.
Bittersalz 253.
Blattgold 297.
Blaukreuzstoffe 180.
Blausäure 199.
Blei 265, 285, *314*.
— akkumulator 317.
— arsenat 179, 230.
— glätte 315.
— kammermethode 93.
— nitrat 22.
— verbindungen 315f.
— weiß 316.
Blitzlicht 251.
Blut, pH-Wert 136.
Blutkohle 182.
— laugensalze 201.
BOHR, Atomtheorie von 278.
Bor *234*, 283.
Borsäure 108, 130, *234*.
— verbindungen 234.
Bordelaiser Brühe 290.
Brandbomben 268.
Brauneisenstein 327.
Braunkohle 181, 204.
Braunstein 2, 63, 77, *323f.*, 342.
Brennstoffe 203ff.
Briketts 205.
Brillant 181.
Brom 73f.
— ide 73.
— kresolpurpur 117.
— phenolblau 117.
— thymolblau 117.
— wasserstoff *73*, 197.
Bronze 288, 312, 319.
BROWNsche Bewegung 28, 225f.
Bruttoreaktion 65.
BUNSEN-Flamme 212.

Cadmium XII, 275, 311.
Caesium XII, 250.
Calcium *253*, 267, 285.
— carbid 203.
— carbonat 142, 191, *257*.
— cyanamid 147, 161, *202*.
— gruppe 266.
— kreislauf 258.
— nitrat 160.
— phosphat 170, 174f.
— salze 253f., 259.
— sulfat 140f, 256.
Carbaminsäure 153.
Carbide 203.

Sachverzeichnis.

Carbonate 120, 143, *191*.
Carbonation, als Base 123.
Carbonsäuren 193.
Carborundum 215.
Carboxylgruppe 193.
Carburieren 211.
Carnallit 246, 249, 251.
Cassiopeium XII, 275.
Cer XII, 275.
Ceroxyd 214.
Chamäleon, mineralisches 326.
Chemische Berechnungen 46.
— Bindung 299, 301, 303.
— Formeln 34, 40.
— Gleichgewichte 60, 162.
— Gleichungen 41, 141, 144.
— Verbindungen 14, 18, 24f.
— Vorgänge 58, 76, 162, 194.
Chilesalpeter 147, 160f., 243.
Chinhydronelektrode 117.
Chlor *63*, 145, 242, 281, 304, 340.
— cyan 202.
— kalk 69.
— knallgas 64.
— saure Salze, s. Chlorate.
— säure 70.
— stickstoff 162.
— wasser 63.
— wasserstoff *65*, 130, 197.
Chlorate *69*, 242.
Chlorite 68.
Chlorophyll 251.
Chrom 321.
Chromatverbindungen 321.
Chromgelb 315.
Chromiverbindungen 322.
Chromsäure 321.
Cupriverbindungen 289f.
Cuproverbindungen 291f.
Curcuma 7, 113, 117, 235.
CURIE 266.
Cyanamid 202.
Cyanide 200.
Cyanverbindungen 199f.
— wasserstoff 130, *199*.

DALTON 48.
Dampfdichte 32.
Dampfdruck 29, 53.
DANIELL-Element 286.
Darmgase 187.
DAVY 5, 212.
Dehydrierung 63.
Dekantieren 14.

Desoxydation 51.
Destillation 14.
—, Tieftemperatur — 209.
—, trockene 205.
Dialyse 224.
Diamant *181*, 183, 197, 303.
Diamminsilberion 295.
Diaphragma 242.
Dichromsäure 321.
Dicyanoauriation 298.
Dicyandiamid 202.
Dicyanosilberion 295.
Dielektrizitätskonstante 138.
Diffusion 38.
Dihydrophosphation 128ff., 174.
Dipol 185, 302.
Dispersitätsgrad 227.
Dissoziation 60.
—, elektrolytische 99.
Dissoziations-exponent 129.
— druck 254.
— grad *60*, *108*, 133.
— konstante, von Säuren 129, 168.
DÖBEREINER 60.
Dolomit 251.
Doppelspat, isländischer 257.
Doppelte Umsetzung 67.
DOWSON-Gas 212.
Druckeinfluß auf das Gleichgewicht 165.
Druckhydrierung 209.
Düngemittel 71, 161, 174, 191, 202, 249, 255.
Dunkelfeldbeleuchtung 227.
Dyspropsium XII, 275.

Eau de Javelle 69.
Edelgase 235, 278.
Edelmetalle 4, 285, 293, 308.
EHRLICH 180.
Einbasische Säuren 98.
Einfrieren des Gleichgewichts 60.
Eisen 267, 285, *326*.
— beton 256.
— verbindungen 332f.
Elektrische Ladung kolloider Teilchen 232ff.
Elektroden 100.
—, Chinhydron- 117.
—, unangreifbare 101, 181.
—, Wasserstoff- 118, 286, 344.
Elektrolyse 99, 242.
— von Natriumsulfat 102.
—, Schmelz- 239, 251, 253, 267.

Elektrolyte, schwache 109.
—, starke 109.
Elektrolytische Dissoziation 99.
Elektronegative Atome und Radikale 340.
Elektronen 104, 236, 263, 276, 279.
— gruppen in Atomen 278.
— paar, gemeinsames 303.
Elektroneutralität 103, 141, 232, 273.
Elektropositive Atome und Radikale 238, 284, 340.
Elektrovalenz 300.
Elemente 1, 5, 12, 14, 263.
—, Beständigkeit der 282.
Elementaranalyse 2, 289.
Elementarladung, elektrische 104.
Elementarvorgänge 280.
ELSTER und GEITEL 266.
Emaille 223, 234.
Emanation 264.
Emulsion 224.
Endotherm 164, 194.
Entglasen 222.
Entwickler 296.
Entwicklungspapier 296.
Entzündungstemperatur 59, 203f.
Enzym 77, 161.
Erbium XII, 275.
Erdalkalimetalle 4, 279.
Erde, Alter der 265.
Erden 5.
Erdgas 186, 236.
Erdkruste, Zusammensetzung 266.
Erdmetalle, seltene 274f.
Erdöl 181, 208.
Erhaltung der Materie 12.
Erstarrungs-punkt 15.
— diagramm 320.
Essigsäure 7, 98, 107f., 132f.
—, Strukturformel 193.
Europium XII, 275.
Eutektikum 320.
Exotherm 164, 194.
Exposition 296.
Exsikkator 57.

Fällungsreaktionen 67, 140.
FARADAY 102f., 113.
Fayence 221.
FEHLINGsche Lösung 291.
Feldspäte 219, 267.
Ferri-cyanwasserstoff 200.
— rhodanid 202.
— verbindungen 334.

Ferro-cyanwasserstoff 200.
— verbindungen 332.
Feuchtigkeit, relative 53, 84.
Feuerstein 214.
Filtrieren 13, 226f.
Fixiersalz 97, 246, 296.
Flammen 212.
Flammpunkt 209.
Flaschenglas 222.
Flüssige Luft 82, 147, 202.
Fluor 72.
— wasserstoff 73, 197.
Flußeisen 330.
Fluß-säure 73, 223.
— spat 72, 253, 258.
Formel, chemische 34.
Formelgewicht 46.
Fraktionieren 14, 16.

Gadolinium XII, 275.
Gallerte 230.
Gallium XII, 275.
Galvanisiertes Eisen 305, 328.
Gasdruck 29, 80.
Gase 18, 29.
—, Dichte 32.
—, Löslichkeit 24, 81.
—, Molgewicht 30f.
Gasglühstrumpf 213.
Gasmaskenkohle 182.
Gasreinigungsmasse 210.
Gasschutz 70.
Gastheorie, kinetische 29.
Gaswasser 152, 210.
GAY-LUSSAC 30, 35, 48.
— Turm 94.
Gefrierpunkt von Lösungen 23.
Gefrierpunkts-bestimmung 106.
— erniedrigung, molare 39, 40.
— kurve 22.
Gel 230.
Gelatinieren 230.
Gelbkreuzstoffe 70.
Generatorgas 211.
Germanium XII, 275f., 317.
Gichtgas 212, 329.
Gips 85, 253, *256*.
Glas 17, *222*f., 234, 259.
Glaubersalz 243.
Gleichgewicht, chemisches 61, 131, 164f.
Gleichung, chemische 41, 144.
—, thermochemische 195.
Glimmer 219, 267.

Sachverzeichnis.

Glover-Turm 94.
Glühdraht 323.
Gneis 220.
Gold 285, *297*.
— schwefel 318.
Gramm-äquivalent 46.
— atom 34.
— mol 32.
Granit 220.
Graphit 181, 197.
Grenzgesetze für verdünnte Lösungen 40, 140, 167.
Grubengas 186, 212.
Grünspan 290.
Grundstoff, s. Element.
Guldberg und Waage, Massenwirkungsgesetz 166.
Gußeisen 329.

Haber-Bosch-Verfahren 148f.
Hämoglobin 192, 327.
Härte des Wassers 54, 257f.
Härtungskohle 332.
Hafnium XII, 275.
Halbdurchlässige Wände 36.
Halbneutralisierte Säuren- oder Basenlösungen 128f.
Halbwertszeit 265.
Halogene 50, *62*, 76.
Hammerschlag 327.
Harnstoff 161, 202.
Hartblei 314.
Heizen 206.
Heizwert 206, 209.
Helium *236*, 263f., 278.
Henry, Gesetz von 24.
Hess, Gesetz von 194.
Heterogene Katalyse 77.
— Stoffe 13, 224f.
— Vorgänge 78.
Heteropolare Verbindungen 302.
Hexaquo-aluminiumion 130, *268f*.
— ferriion 130, *335*.
Hirschhornsalz 152f.
Hochofen 329.
Höllenstein 294.
Holmium XII, 275.
Holz 204.
— essig 205.
— kohle 182, 205.
— teer 205.
Homöopolare Bindung 303.
Homogene Katalyse 77.
— Stoffe 13.

Homogene Vorgänge 78.
Humusstoffe 188, 220, 230, 258.
Hydratation 103, 232.
Hydrate 3, 55.
Hydrazin 153.
Hydrierung 51, 53, 338f.
Hydrocarbonate 120, 130, *190*, 257.
Hydrogel 230.
Hydrolyse 64, 134, 145.
— von Salzen 89, 119.
Hydrosole 230.
Hydrosulfate 95.
Hydrosulfation, Säurestärke 130.
Hydrosulfidion, Säurestärke 130.
Hydrosulfite 92.
Hydrosulfition, Säurestärke 130.
Hydroxoniumion 104, 113, 122, 125, 130.
Hydroxyde 9f., 43, 56, 123ff., 143, 232, 241.
Hydroxyl 45.
Hydroxylion 109, 123, 125, 130.
Hygroskopische Stoffe 55.
Hypochlorite *69*, 76, 242.
Hypophosphite 177.

Impfen einer Lösung 22.
Indikatoren 7, 117.
Indium XII, 275.
Ionen 99, 103, 144.
—, koagulierende Wirkung 229, 233.
—, komplexe 106.
—, Schutzwirkung der 233.
— gitter 111, 302.
Ionium 265.
Ionisation in Salzlösungen 106.
—, reiner Säuren 112.
— sprodukt des Wassers 114, 134, 168.
Ionogene Bindung 237.
Ionophil 138.
Ionophob 138.
Iridium XII, 275.
Isoelektrischer Punkt 233.
Isotonische Lösungen 37.
Isotope Elemente 265, 280.

Jauche 161.
Jenaer Glas 222.
Jod 74.
Jodate 76.
Jodide 75.
Jod-säure 75.
— stickstoff 162.

Jod-tinktur 75.
— titration 97.
— wasserstoff 75, 197, 341.

Kälte 79, 148.
Kainit 246, 249, 251.
Kali 5, 249.
— feldspat 218, 246.
— salpeter 160.
Kalium *246*, 263, 267, 285.
— bromid 74.
— chlorat *70*, 138 ff., 165, 340.
— cyanat, -cyanid 200.
— dichromat 321.
— dünger 249.
— ferricyanid 200, 336.
— ferrocyanid 106, 200, 334.
— jodid 75.
— nitrat 160.
— permanganat 325.
— salze 247f.
— —, Übersicht 250.
— silbercyanid 200, 295.
— thiocyanat 201.
Kalk 5, 254f.
— ammonchlorid 152, 161.
— ammonsalpeter 152, 161.
— feldspat 220.
— milch 255.
— mörtel 255.
— salpeter 160f.
— spat 257.
— stein 180, 253, 257.
— stickstoff 147, 161, *202*, 259.
— wasser 10, 255.
Kalomel 311.
Kammersäure 94, 175.
Kaolin 218, 220, 230, 267.
Kapillarwasser 57.
Karat 181, 297.
Karlsbader Salz 243.
Katalase 58.
Katalyse, heterogene, homogene 77f.
Kathode 100.
Kationen 100.
— austausch 272.
Kationsäuren 122.
Kaustisches Kali 247.
— Natron 241.
Kautschuk 87, 187, 318.
Kern eines Atoms 104, 264, 276.
Kernladungszahl 276f., 280.
Kesselstein 14, 257.
Kieselgur 214.

Kieselsäure 216f.
Kieserit 251f.
Kippscher Apparat 52.
Kjeldahls Methode 94.
Klinker 256.
Knallgas 51, 59.
Knochen 170.
— kohle 182.
Koagulation 229.
Kobalt 338.
— initrition 247.
Kochpunkt 15.
— salz 240.
—, physiologische — Lösung 240.
Königswasser 159, 297, 339.
Kohäsionskräfte 18, 29, 232, 302.
Kohle 203.
—, medizinische 182.
Kohlehydrierung 53, 209.
Kohlendioxyd 84, *187*, 195ff.
Kohlenmonoxyd (= Kohlenoxyd) *192*, 198, 207, 210f., 338.
Kohlensäure 108, 130ff., *189*, 216.
— anhydrid 187.
— schnee 188.
Kohlensaure Salze, s. Carbonate.
Kohlenstaubfeuerung 206.
Kohlenstoff 180f., 267, 327.
—, amorpher 182.
—, Kreislauf des — in der Natur 188.
— als Reduktionsmittel 89, 199.
Kohlenwasserstoffe 186.
Koks 182, 205, 329.
Kollargol 294.
Kolloidale Lösungen 223.
Kolloide 36, 230, 232, 302.
Komplexe Salze, Säuren und Ionen *106*f., 200, 271, 285, 291, 295, *299*, 306, 310, 334, 336.
Kongorot 117.
Konservieren 67, 79, 92, 234, 240.
Konstante Proportionen 24.
Kontakt 77, 163, 339.
Konzentration, molare 98, 114.
—, Einfluß auf chemische Gleichgewichte 165.
Koordinationszahl 299.
Korrespondierende Oxydations- und Reduktionsmittel 341.
— Säuren und Basen 121, 124.
Kraftgas 212.
Kreide 180, 253, 257.
Kristall 16, 17f., 22, 111, 183.
— glas 222.
— oide 231.

Sachverzeichnis. 351

Kristallwasser 23, 55.
Kritische Temperatur 29.
Kupfer 285, *288*.
— kies 288.
— legierungen 288.
— verbindungen 289f.
Kryolith 72, 238, 267, 299.
Krypton 235.

Lachgas 154.
Lackmus 7, 113, 117, 137.
Lanthan XII, 275.
Lapis 294.
Latentes Bild 296.
LAVOISIER 5.
LEBLANC-Sodaprozeß 243, 248.
LE CHATELIER, Prinzip von 163, 166, 183, 187, 197, 198.
Legierungen 319.
Leichtmetalle 4, 236.
—, Legierungen 251, 267.
Leitfähigkeit 99 f., 108.
Leuchtgas 186, 204, *210*.
Leunasalpeter 152.
Linienspektrum 263.
Litergewicht 31.
Lithium 250.
— atom 278.
Lithopone 261, 306.
Löslichkeit, 21, 24, 138.
— von Salzen 140.
— sprodukt 138, 140, 169.
Lösungen 16, 25, 36.
—, äquimolare 37, 39.
—, feste 17, 319, 332.
—, gesättigte 20.
—, kolloidale 223.
—, übersättigte 22.
Lösungsmittel 137, 199.
Lötmetall 312, 314, 319.
Luft, s. Atmosphärische Luft.
Luftgas 211.
Luftionen 262.
Luftschutz 96.
Lutetium XII, 275.
Lyophil 232.
Lyophob 232.

Magma 219.
Magnesia 5, 251.
— mixtur 176.
Magnesit 250.
Magnesium *250*, 267, 281, 285.

Magnesium-ammoniumphosphat 139, 176, *251*.
— silicid 215.
— sulfid 89.
— verbindungen 251f.
Magneteisenstein 327.
Mangan 323.
— sulfid 307.
— verbindungen 324f.
Marmor 180, 253.
MARSHsche Probe 178.
Martinstahl 331.
Massenwirkungsgesetz 80, 167.
Masut 208.
Materie, Erhaltung der 12.
Mechanische Mischung 13, 17, 25.
— Wärmetheorie 28.
Meerschaum 250.
Meerwasser 54, 73f., 109, 238, 240, 246, 251.
Mehrbasische Säuren 98.
Melasse 248.
Membran 36, 224 ff.
MENDELEJEFF 274.
Mennige 316.
Mercuri-chlorid 106, *309*, 342.
— sulfid 89, 307.
— verbindungen 309.
Mercuroverbindungen 311.
Mergel 180, 191, 257.
Mesothorium 266.
Messing 288, 305, 319.
Metakieselsäure 216.
Metallatome 12, 105, 230, 279.
Metalle 4, 100, 232, 236f., 283, 301.
Metallkalke 5.
Metalloidatome 105, 236, 279.
Metalloide 50.
Metaphosphorsäure 172.
Methan 185, 186, 203, 302.
Methylorange 7, 117.
Methylrot 7, 117.
MEYER, L. 274.
Mineralwasser 54, 189.
Mischkristalle 319.
Modifikation 81, 86, 170, 196, 257.
Mörtel 255.
Mol 32
Molare Konzentration XI, 98, 114.
Molarität 98.
Molekül 18.
— gitter 111, 302.
— größe und Siedepunkt 184.
Molgewicht 30, 35.
Molybdän 322.

Monohydrophospation 132, 174.
Multiple Proportionen 26.

Naphtha 208.
Naphthalin 187.
Natrium *238*, 267, 285.
— acetat 120, 123, 135.
— aluminat 268.
— amalgam 239, 308.
— arsenit 179.
— bromid 74.
— carbonat 120, 123, *191*.
— chlorid 21 f., 63, 111, 186, *240*, 279.
— cyanid 200.
— formiat 193.
— goldchlorid 298.
— hydrocarbonat 120, 123, *191*.
— hydrosulfat 95, 119.
— hypochlorit 69.
— kobaltinitrit 247, 338.
— nitrat 22, 160f.
— nitrit 157.
— oxyd 9, *242*.
— pentasulfid 90.
— perborat 235.
— peroxyd 58, *242*.
— phosphat 136, 173, 269.
— plumbit 315.
— salze 240ff.
— silicat 218.
— stannat 313.
— sulfat 22, 101f.
— sulfid 89, 120.
— sulfit 92.
— sulfostannat 314.
— tetrathionat 97.
— thiosulfat 70, 97, 295f.
— verbindungen 239f.
Natron 5, 241.
— feldspat 238.
— hydrat 241.
— kalk 255.
— lauge 10, 241.
— salpeter 160.
Naturgas 186.
Nebel, künstlicher 96.
Neodym XII, 275.
Neon 235, 278, 281.
Nesslers Reagens 310.
Neusilber 288, 305, 338.
Neutralbasen 124.
Neutrale Reaktion 7, 115f.
Neutralisation 10, 41, 76, 113.
Neutralisationswärme 127, 196.

Neutralrot 117.
Neutralsäuren 122.
Nickel 285, 338.
— stahl 331.
Niob XII, 175.
Nitrate 160.
Nitride 147.
Nitrite 157.
Nitrose 94.
Nomenklatur der Oxyde 84.
— von Säuren und Salzen 68.
Normalität 98.
Normal-bedingungen 31.
— potentiale der Metalle 286, 344.
— volumen von Gasen 32.

Ocker 335.
— erz 327.
Oleum 96.
Organische Verbindungen 180, 186.
Ortho-kieselsäure 216.
— klas 220.
— phosphorsäure 172.
— silicate 216.
Osmium XII, 275.
Osmometer 37.
Osmotischer Druck 36, 224.
Oxalate 8.
Oxalsäure 7, 40, 341.
Oxydation 51, 63, 185.
Oxydations-kapazität 341.
— mittel 340.
— potential 344.
— stufe *71*, 97, 292, 325, 336, 340.
Oxyde 2, 10f., 84f., 143, 236f.
Oxyhämoglobin 192.
Ozon *83*, 164, 197.

Palladium XII, 275.
Paraffin 187, 208.
Pariser Grün 179.
Partialdruck 53, 81.
Passivität 268, 327.
Patina 288.
Pechblende 262, 323.
Peptisierung 228.
Perborat 235.
Perchlorate 71.
Perhydrol 57.
Periodisches System 273.
Permanganate *325*, 342.
Permutit 258, *272*, 303.
Peroxyde 58, 85, 242.

Sachverzeichnis.

Petroleum 187, 208.
Pharmazeutische Namen 68.
Phenolphthalein 7, 113, *117*, 252.
Phenolrot 117.
Phlogistontheorie 6.
Phosphate 120, 143, *173*.
Phosphite 176.
Phosphor *170*, 197.
Phosphorige Säure *176*, 341.
Phosphorit 72, *170*, 253.
Phosphor-molybdänsäure 322.
— oxychlorid 178.
— pentachlorid 178.
— pentoxyd 57, 172.
— säure 98, 108, 130 ff., *172*, 175 f.
— trichlorid 177.
— wasserstoff 177.
Photographie 296.
PLANCK, Quantenhypothese 280.
Platin 59, 92, 158, 339.
— schwamm, — schwarz 340.
Platiniertes Platin 118, 286, 343.
Plumbiverbindungen 316.
Plumbition 315.
Plumboverbindungen 315.
Polonium 265.
Polykieselsäuren 217.
Polymorphie 86.
Polysulfide 90.
Porzellan 221.
— ton 220.
Pottasche 248.
Präcipitat, weißer 310.
Praseodym XII, 275.
Proportionen, äquivalente 27.
—, konstante 24.
—, multiple 26.
Proton 104, 112, 277, 282.
PROUTs Hypothese 276, 282.
Puffermischungen 135, 174.
Pyrit 85, 90, 93, 327, *337*.
Pyrophosphorsäure 172.
Pyroschwefelsäure 96.

Quantenmechanik 280, 302, 303.
Quarz 214, 217.
— glas 215.
— glasquecksilberlampe 309.
Quecksilber 281, 285, *307*.
— verbindungen 309f.
Quellkalk 258.
Quellung 231.

Radikal 45.
Radioaktive Strahlen 263.
Radioaktivität 262.
Radium 262.
— verbindungen 262.
Radon 264.
Rauchgasanalyse 208.
Reagens 96, 141.
Reaktion, alkalische, basische, neutrale, saure 3, 7, 113.
Reaktions-skala 116.
— zahl (= pH) 115f.
Reaktionen, analytische 141.
—, chemische s. Vorgang.
Reaktions-geschwindigkeit 58f., 76f., 162.
— gleichungen und -schemata 41, 144.
— trägheit 162f.
— weg 81.
Redoxreaktionen 342.
Reduktion 51, 89, 228.
Reduktions-kapazität 341.
— mittel 51, 63, 89, 185, 341.
Regenerativfeuerung 331.
Regenerator 212.
Reine Stoffe 14f.
Reversibler Vorgang 61, 162.
Reziproke Reaktion 61.
Reziprokes Salzpaar 109.
Rhenaniaphosphat 176.
Rhenium XII, 275.
Rhodium XII, 275.
Rhodanwasserstoff 202.
Riesenmoleküle 183, 217, 303.
Roheisen 329.
RÖNTGEN-Strahlen 111, 183, 261.
Rösten 89.
Rosten 327f.
Rubidium 250.
Rubin 267, 270.
Ruß 182, 213.
Ruthenium XII, 275.
RUTHERFORD 104, 266, 276.

Säure-äquivalent 98.
— anhydrid 3.
— radikal 45.
— rest 8, 67.
Säuren 7, 120.
—, Basizität 98.
—, Dissoziation (Ionisation) 107f., 112, 121.
—, Löslichkeit von Salzen in 89, 137, *141*.

Säuren, Stärke (auch Stärkezahlen) 109, 129f.
—, Umsetzungen mit Basen 125.
Salmiakgeist 149.
Salpeter 147.
— bakterien 161.
— säure 107, 130, *157*, 327, 342.
Salpetrige Säure 157.
Salvarsan 179.
Salze 8, 11, 41, 279.
—, Aufbau 111, 302.
—, Darstellung 126, 259.
—, Hydrolyse 89, 119f., 135.
—, Ionisation der Lösungen 106.
—, Löslichkeit 137f.
—, Mischungen 109.
—, Nomenklatur 68.
—, Reaktionszahl in Lösungen 119, 128.
Salzsäure *65*, 107, 130.
Samarium XII, 275.
Sand(-stein) 214.
Sanocrysin 298.
Saphir 267, 270.
Sauerstoff *81*, 267, 281, 343f.
— gerät 83.
— gruppe 50, 81, 275.
Saure Salze 9 (s. Hydro-).
Scandium XII, 275.
Schädlingsbekämpfung 87, 90, 179, 200, 259, 290.
Scheidewasser 157.
Schmelz-diagramm 319.
— elektrolyse 239, 251, 253, 267.
— punkt 15.
Schmiedbares Eisen 329, 330.
Schmieröle 187, 208.
Schmirgel 267, 270.
Schornsteinverlust 206.
Schrott 331.
Schutzkolloid 229.
Schutzwirkung von Ionen 233.
Schwache Elektrolyte 109.
Schwarzpulver 160.
Schwefel *85*, 210, 267.
— dioxyd *90*, 341.
— eisen 333.
— kalkbrühe 90, 259, 288.
— kies 86, 90, 93, 327, *337*.
— kohlenstoff 199.
— milch 87.
— säure *93*, 107, 130, 342.
— — anhydrid 92.
— —, rauchende 96.
— saure Salze, s. Sulfate.

Schwefelwasserstoff *88*, 108, 130.
— fällung, Theorie 307.
Schweflige Säure 75, 77, 81, *91*, 108, 130.
Schwefligsäureanhydrid 89.
Schweinfurter Grün 179, 290.
Schweißeisen 330.
Schweißstahl 330.
Schwermetalle 4, 237, 283. 287.
Schwermetallsalze 120, 289.
Schwerspat 260.
Seife 242, 247, 257.
Selen XII, 81, 275.
Seltene Erdmetalle 274f.
Semipermeable Wände 36.
Sicherheitslampe 212.
Siedepunkt 15, 29, 184, 302.
Siedepunkts-erhöhung, molare 40.
— kurven 22f., 66.
Silber 285, *293*.
— cyanid 200.
— halogenide 67, 140, *294*.
— verbindungen 294f.
Silicate 143, *218*.
Silicatmineralien 219.
Silicium 214, 267.
— verbindungen 214f., 223.
Silo-Futter 67.
Soda 243.
Sol 230.
Solvatation 232.
SOLVAY-Sodaprozeß 244.
Spannungsreihe der Metalle 283, 285.
Spateisenstein 327.
Spektralanalyse 235.
Spinell 270.
Sprit 209.
Stärke-zahl(-exponent) von Säure-Basen-Systemen 129, 130, 168.
Stahl 330ff.
Standardlösungen für Puffer 135.
Stannate 313.
Stanniolpapier 312.
Stannoverbindungen 313.
Stannoverbindungen 313.
Starke Elektrolyte 109f.
Staßfurter Salze 246ff.
Steingut 221.
Steinkohle 180, 204.
— ngas 210.
Steinsalz 63, 238, 240.
Stickoxyd 93, *154f.*, 197.
Stickoxydul 154.
Stickstoff *146f.*, 267.
— dioxyd 155.

Sachverzeichnis. 355

Stickstoff-dünger 161.
— gruppe 50, 146, 180.
STOCK, A., Nomenklatur 85.
Stöchiometrie 27.
Stöchiometrische Gesetze 24f.
Stromleitung 101.
Strontium 266.
Strukturformeln 44, 56, 72, 97, 177, 193.
Sublimat 309.
Sublimation 74, 151.
Sulfate 95.
Sulfation 304.
Sulfide *88*, 143, 159, 232, 307.
Sulfite 92.
Sulfitlauge 92.
Sulfozinnsäure 314.
Sumpfgas 187.
Superphosphat *174*, 259.
Suspension 224.
Sylvin 247.
Synthese 1.

Tantal XII, 275.
Tellur XII, 81, 275.
Terbium XII, 275.
Teer 210.
Terpentin 187.
Tetrammincupriion 291.
Tetraquocupriion 290, 299.
Tetrathionsäure 97.
Thallium XII, 275.
Thermit 268.
Thermochemie 194.
Thiocyansäure 202.
Thioschwefelsäure 96.
Thiosulfatosilberion 295, 299.
Thomas-mehl(-phosphat) *175*, 259, 331.
Thomasstahl 330f.
THOMSEN, J. 197.
Thorium 263ff.
— oxyd 214.
Thüringerglas 222.
Thulium XII, 275.
Thymolblau 117.
Thymolphthalein 117.
Tiegelstahl 331.
Tierkohle 182.
Tieftemperaturdestillation 209.
Titan XII, 275.
Titration 97.
Titrieranalyse 99.
Ton *220*, *225*, 229f., 267, 334.

Ton-eisenstein 327.
— erde 5, *269*.
— waren 221.
Torf 204.
Total-base(-säure) 108, 129, 132f.
Trijodide 74, 138.
Trijodion 145.
Trockene Destillation 205.
Trockenmittel 55f., 95, 172, 258.
Trocknen 56, 238.
Tropäolin 00 117.
Turgeszenz 38.
TURNBULLs Blau 201.
Tusche 182, 228, 230.
TYNDALL-Phänomen 226.

Überchlorsäure 71.
Ultramarin 271f.
Ultramikroskopie 227.
Ultramikroskopische Teilchen 225.
Ultraviolette Strahlung 215, 309.
Umkehrbarer Vorgang 61, 162.
Umkristallisieren 16.
Umsatz-Zeit-Diagramm 79.
Umschlagsgebiete von Indikatoren 117.
Umwandlungstemperatur 23, 86.
Unterchlorige Säure *68*, 108, 130.
Unterphosphorige Säure 177.
Uran 263, 265, 323.
— -Radiumfamilie 265.
Urease 161.
Urteer 209.

Vakuumexsikkator 57.
Valenz(-zahl) *42*, 85, 103, 279, 301.
— strich 44, 303.
Vanadium XII, 275.
VAN'T HOFF 49.
—, Regel von 78.
Vaseline 187, 208.
Verbindung, chemische 14, 18, 24.
Verbrennung 2, 82.
Verbrennungs-temperatur 82.
— wärme 82, 195.
— zone 212.
Verchromen 321.
Verdampfen 29.
Verdampfungswärme 196.
Verdünnungsgesetz 133.
Verflüssigung 29.
Verkalken 5f.
Verkohlen 182, 204, 205.

Vernickeln 338.
Verschiebungssätze 282.
Versilberung, galvanische 296.
Verwitterung 55, 220, 337.
Vitriolöl 93.
Vollsalz 76.
Volumänderungen bei Gasreaktionen 30, 35, 165.

Wärmetheorie, mechanische 28.
Wärmetönung 169, *194*, 196.
Wärmeverlust 206.
Wasser *53*, 83, 130, 185, 302, 343.
—, aggressives 258.
—, als Base, Säure und Ampholyt 121, 124.
—, Bildung 58f., 343.
—, Bildungswärme 197.
—, eisenhaltiges 337f.
—, hartes und weiches 54, 257.
—, Ionisation(-sprodukt) 111, 114, 130, 134, 168.
—, Verunreinigungen 310, 326.
Wasserdampf, thermische Dissoziation 60f.
Wasserentziehende Stoffe 57, 94, 172, 247, 258.
Wassergas 52, 209, *211*.
Wasserglas 218.
Wasserstoff 33, *50f.*, 281, 284f., 343f.
— atom 278, 304.
— elektrode 118, 286, 344.
— ion, als Hydroxoniumion 104.

Wasserstoffionen-konzentration(-exponent) 115f., 287.
Wasserstoff-kern (= Proton) 277.
— peroxyd *57*, 85, 130, 164.
Weingeist 209.
Weinstein 144, 248.
Weißblech 312.
WERNER, A. 300.
Wiederbelebung 82, 188.
Wismut und -verbindungen 318.
— sulfid 307.
Wolfram 323.
Woodmetall 318.

Zement 256.
Zentralatom 299f.
Zeolithkomplex (des Bodens) 220.
Zerfallstheorie der radioaktiven Umwandlungen 263.
Zerfließliche Stoffe 55.
Ziegelsteine 221.
Zink 285, *304*.
— gruppe, Übersicht über die →311.
— sulfid 307.
— verbindungen 306.
— weiß 306.
Zinn 312.
— stein 312.
— verbindungen 313f.
Zinnober 307.
Zirkonium XII, 275.
Zündhölzer 171.
Zusammengesetzte Stoffe 17, 25.
Zustandsform 18, 196.

MIX
Papier aus verantwortungsvollen Quellen
Paper from responsible sources
FSC® C105338

If you have any concerns about our products,
you can contact us on
ProductSafety@springernature.com

In case Publisher is established outside the EU,
the EU authorized representative is:
Springer Nature Customer Service Center GmbH
Europaplatz 3, 69115 Heidelberg, Germany

Printed by Libri Plureos GmbH
in Hamburg, Germany